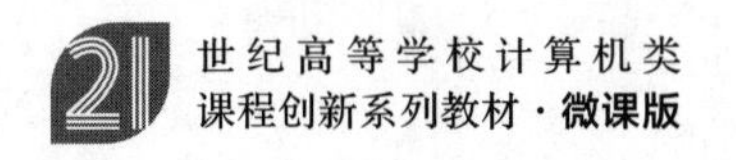


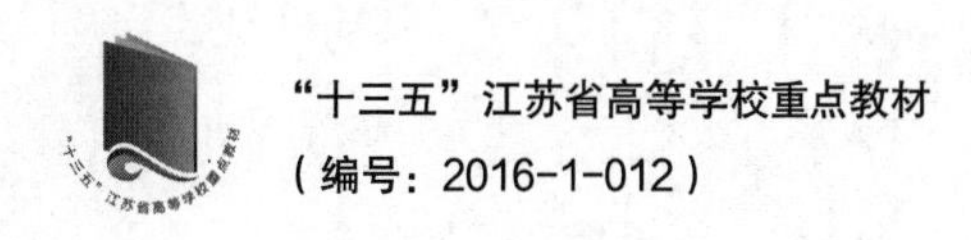


# SoC单片机原理与应用

第3版 · 微课视频版


鲍可进 / 主编

赵念强　申屠浩　陈向益 / 编著

清华大学出版社

北京

## 内容简介

本书以C8051F020为例介绍了SoC型的单片机原理及应用，该系列单片机具有与MCS-51完全兼容的指令内核和丰富的外设接口及片内资源。书中详细叙述了该单片机的基本结构、指令系统及用C51语言对片内资源的编程方法、C8051F系列单片机应用系统的开发方法及实验项目等方面的内容。本书附有习题、实验题、应用实例及程序源码，大部分内容配有微课视频供读者自学，同时提供用于教学的PPT课件。

全书内容自成体系，语言通俗流畅，结构合理紧凑。本书可作为高等院校单片机课程的教材及实验指导书，也可作为相关电子技术人员的参考书。



**图书在版编目(CIP)数据**

SoC单片机原理与应用：微课视频版/鲍可进主编. —3版. —北京：清华大学出版社，2023.8
21世纪高等学校计算机类课程创新系列教材：微课版
ISBN 978-7-302-63725-7

Ⅰ.①S… Ⅱ.①鲍… Ⅲ.①微控制器－高等学校－教材 Ⅳ.①TP368.1

中国国家版本馆CIP数据核字(2023)第099797号

**责任编辑**：黄 芝 张爱华
**封面设计**：刘 键
**责任校对**：李建庄
**责任印制**：朱雨萌

**出版发行**：清华大学出版社
**网 址**：http://www.tup.com.cn，http://www.wqbook.com
**地 址**：北京清华大学学研大厦A座 **邮 编**：100084
**社 总 机**：010-83470000 **邮 购**：010-62786544
**投稿与读者服务**：010-62776969，c-service@tup.tsinghua.edu.cn
**质量反馈**：010-62772015，zhiliang@tup.tsinghua.edu.cn
**课件下载**：http://www.tup.com.cn，010-83470236
**印 装 者**：三河市铭诚印务有限公司
**经 销**：全国新华书店
**开 本**：185mm×260mm **印 张**：23.5 **字 数**：569千字
**版 次**：2011年1月第1版 2023年8月第3版 **印 次**：2023年8月第1次印刷
**印 数**：1～1500
**定 价**：69.80元

产品编号：093882-01

# 前　言

单片微型计算机简称单片机，是典型的嵌入式微控制器。随着电子技术的飞速发展，目前的单片机已经集成了 A/D、D/A 转换器，存储器，$I^2C$，CAN、SPI 总线接口及一些专用外设，形成了 SoC(System on Chip)型的单片机，或称为系统级芯片，也有称片上系统，在工业控制、机电一体化、通信终端、智能仪表、家用电器等诸多领域得到了广泛应用，已成为传统机电设备进化为智能化机电设备的重要手段。因此，高等理工科院校师生和工程技术人员了解和掌握 SoC 型的单片机原理和应用技术是十分必要的。

目前，单片机已经形成很多种类，C8051F 系列单片机就是一种典型的 SoC 型单片机，原是 Cygnal 公司的产品，该公司于 2003 年并入 Silicon Laboratories 公司。C8051F 系列单片机具有与 MCS-51 完全兼容的指令内核，采用流水线(Pipeline)处理技术，不再区分时钟周期和机器周期，能在执行指令期间预处理下一条指令，提高了指令执行效率。而且大部分 C8051F 系列单片机具备控制系统所需的模拟和数字外设，包括看门狗、ADC、DAC、电压比较器、电压基准输出、定时器、PWM、定时器捕捉和方波输出等，并具备多种总线接口，包括 UART、SPI、SMBUS(与 $I^2C$ 兼容)总线以及 CAN 总线等。C8051F 系列单片机采用 Flash ROM 技术，集成 JTAG，支持在线编程和调试。C8051F 系列单片机的诸多特点和优越性，使其广受单片机系统设计工程师青睐，成为很多测控系统设计的首选机型。

本书以 C8051F020 为讲述对象，是因为该单片机为 C8051F 系列单片机中功能较全、最具有代表性的一款。熟悉 C8051F020 单片机工作原理和编程方法后，可较快地对 C8051F 系列其他单片机上手编程。事实上，模拟和数字外设以及各种总线具有共性，因而本书也可作为其他厂商单片机的参考资料，书中例程稍加修改，即可应用于其他单片机。而且本书大部分代码采用 C51 语言编写，这也是单片机应用的发展方向，同时增强了程序的可读性和可移植性。

书中 C51 的介绍着重在与标准 C 语言的不同之处，读者应该在具备一定 C 语言编程知识的基础上阅读本书内容。书中大部分章节附有习题，以供读者练习。本书提供教学用的 PPT、实验的源代码的电子文档，供读者参考。

本版调整了部分内容的次序，大部分内容增加了微课视频，以适应目前网络教学及自学的需求。

本书由鲍可进担任主编，书中第 1 章、第 2 章、第 5 章由鲍可进编写，第 3 章由赵念强、申屠浩编写，第 4 章由赵念强编写，第 6 章由申屠浩、赵念强编写，第 7 章由陈向益、鲍可进编写,第 8 章由陈向益编写,微课视频由赵念强录制,鲍可进对全书进行了修改并统稿。

本书在编写过程中参考了有关书刊、资料,在此对有关作者一并表示感谢。

由于编者水平有限,书中不妥之处在所难免,恳请读者批评指正。

编　者

2023 年 4 月

# 目　录

# 第1章　概　述

集成电路(IC)的发展已有60多年的历史,它一直遵循摩尔定律所揭示的规律推进,现已进入深亚微米阶段。信息市场的需求和微电子自身的发展,引发了以微细加工(集成电路尺寸不断缩小)为主要特征的多种工艺集成技术和面向应用的系统级芯片的发展。随着半导体产业进入超深亚微米乃至纳米加工时代,已经可以在单一集成电路芯片上实现复杂的电子系统,诸如手机芯片、数字电视芯片、DVD芯片等。在未来几年内,上亿个晶体管、几千万个逻辑门都可望在单一芯片上实现。SoC设计技术始于20世纪90年代中期,随着半导体工艺技术的发展,IC设计者能够将越来越复杂的功能集成到单硅片上,SoC正是在集成电路向集成系统(IS)转变的大方向下产生的。1994年Motorola发布的FlexCore系统(用来制作基于68000和PowerPC的定制微处理器)和1995年LSILogic公司为Sony公司设计的SoC,可能是基于IP(Intellectual Property)核完成SoC设计的最早报道。由于SoC可以充分利用已有的设计积累,显著地提高了ASIC的设计能力,因此发展非常迅速,引起了工业界和学术界的关注。本书要介绍的单片机就是目前发展起来的SoC型的单片机,它集成了丰富的接口和硬件资源,形成了单片的智能控制系统。

## 1.1　单片机的发展概况

1971年Intel公司制造出第一片微型机芯片4004之后,开始了微型机时代。将微处理器、存储器和外围设备集成到一块芯片上,这就是单片微型计算机(Single Chip Microcomputer),简称单片机。单片机是应工业测控的需求而诞生的,它的结构与指令功能都是按照工业控制要求设计的,故也叫单片微控制器(Single Chip Microcontroller,SCM),它在控制领域大显身手,装入各种智能化产品之中,所以又称为嵌入式微控制器(Embedded Microcontroller),也有文献将其称为微控制器单元(Micro Controller Unit,MCU)。

### 1.1.1　*单片机的发展历史*

从最初的单片机到如今的新一代单片机,其发展历史大致可以分为四个阶段。

第一阶段(1974—1976年),单片机的初级阶段。因受工艺技术水平的限制,单片机结构和功能都很简单。例如仙童公司生产的F8单片机,内部仅有8位CPU、64字节RAM和2个并行口,还需一些其他芯片才能组合成一台完整的微型机。

第二阶段(1976—1978年),低性能单片机阶段。以美国Intel公司的MCS-48为代表。该系列单片机内集成有8位CPU、并行I/O接口、一个8位的定时器/计数器、片内64或128字节RAM,程序存储空间最大4KB,但无串行通信口,不宜多机使用。

第三阶段(1978—1983 年),高性能单片机阶段。这一阶段推出的单片机虽然仍采用 8 位 CPU,但均有多级中断功能、串行通信接口、16 位的定时器/计数器,而且片内 ROM、RAM 容量加大,寻址空间范围可达 64KB,有的片内还带有 A/D 转换器接口。这一阶段单片机的生产厂家众多,产品系列也特别多,主要的有 Intel 公司的 MCS-51、Motorola 公司的 6801 和 ZILOG 公司的 Z8 等。这类产品由于具有优异的性能价格比,因而获得了极其广泛的应用。尤其是 MCS-51 系列单片机,特别适合于控制应用,在我国教育和经济建设等各个领域大显身手,经久不衰,是我国单片机应用的主流系列。

第四阶段(1983 年至今),暂且称作新一代单片机阶段。这一阶段单片机的最重要标志是"单片机"的含义已发生了根本改变。目前仍然保留单片机这一习惯叫法,但大家也都明白它是指 Single-chip Microcontroller。近年来,单片机的技术不断发展,主要反映在内部结构、功率消耗、外部电压等级以及制造工艺上。目前,用户对单片机的需要越来越多,要求也越来越高。下面介绍单片机的技术进步状况。

**1. 内部结构的进步**

单片机在内部已集成了越来越多的部件,这些部件包括一般常用的电路,如定时器、比较器、A/D 转换器、D/A 转换器、串行通信接口、看门狗电路、LCD 控制器等。

有的单片机为了构成控制网络或形成局部网,内部含有局部网络控制模块 CAN。例如,Infineon 公司的 C505C、C515C、C167CR、C167CS-32FM、81C90,Silicon Laboratories 公司的 C8051F500,Motorola 公司的 68HC08AZ 系列等。特别是在单片机 C167CS-32FM 中,内部还含有两个 CAN。因此,这类单片机十分容易构成网络。特别是在控制系统较为复杂时,构成一个控制网络十分有用。

为了能在变频控制中方便地使用单片机,形成最具经济效益的嵌入式控制系统,有的单片机内部设置了专门用于变频控制的脉宽调制控制电路,这些单片机有 Fujitsu 公司的 MB89850 系列、MB89860 系列,Motorola 公司的 MC68HC08MR16、MR24 等。在这些单片机中,脉宽调制电路有 6 个通道输出,可产生三相脉宽调制交流电压,并且内部含死区控制等功能。

特别引人注目的是,现在有的单片机已采用所谓的三核(Tri-Core)结构。这是一种建立在系统级芯片(System on a Chip)概念上的结构。这种单片机由三个核组成:微控制器和 DSP 核;数据和程序存储器核;外围专用集成电路(ASIC)。这种单片机的最大特点在于把 DSP 和微控制器做在一个片上。虽然从结构定义上讲,DSP 是单片机的一种类型,但其作用主要反映在高速计算和特殊处理上,如快速傅里叶变换等。把它和传统单片机结合集成,大幅提高了单片机的功能,这是目前单片机较大的进步之一。这种单片机最典型的有 Infineon 公司的 TC10GP,Hitachi 公司的 SH7410、SH7612 等。这些单片机都是高档单片机,MCU 都是 32 位的,而 DSP 采用 16 或 32 位结构,工作频率一般在 60MHz 以上。

**2. 功耗、封装及电源电压的进步**

现在新的单片机的功耗越来越小,特别是很多单片机都设置了多种工作方式,这些工作方式包括等待、暂停、睡眠、空闲、节电等。Silicon Laboratories 公司的单片机 C8051F020 是一个很典型的例子,在空闲时,其功耗为 0.2mA,而在节电方式中,其功耗只有 10μA。而在功耗上最令人惊叹的是 TI 公司的单片机 MSP430 系列,它是一个 16 位的系列,有超低功耗工作方式。它的低功耗方式有 LPM1、LPM3、LPM4 三种。当电源为 3V 时,如果工作于

LMP1 方式，则即使外围电路处于活动状态，由于 CPU 不活动，振荡器也只处于 1～4MHz，这时功耗只有 50μA；如果工作于 LPM3 方式，则振荡器处于 32kHz，这时功耗只有 1.3μA；如果工作于 LPM4 方式，则 CPU、外围及振荡器 32kHz 都不活动，功耗只有 0.1μA。

现在单片机的封装水平已大大提高，随着贴片工艺的出现，单片机也大量采用了各种合符贴片工艺的封装方式，以大量减少体积。在这种形势下，Microchip 公司推出的 8 引脚的单片机特别引人注目。这是 PIC12CXXX 系列。它含有 0.5～2KB 程序存储器、25～128B 数据存储器、6 个 I/O 端口以及一个定时器，有的还含 4 道 A/D，完全可以满足一些低档系统的应用。扩大电源电压范围以及在较低电压下仍然能工作是今天单片机发展的目标之一。目前，一般单片机都可以在 3.3～5.5V 条件下工作。而一些厂家则生产出可以在 2.2～6V 条件下工作的单片机。这些单片机有 Fujitsu 公司的 MB89191～89195、MB89121～125A、MB89130 系列等，应该说该公司的 F2MC-8L 系列单片机绝大多数都满足 2.2～6V 的工作电压条件。TI 公司的 MSP430X11X 系列的最小工作电压也是 2.2V 的。

**3. 工艺上的进步**

现在的单片机基本上采用 CMOS 技术，但大多数已经采用了 0.6μm 以上的光刻工艺，有个别的公司，如 Motorola 公司已采用 0.35μm 甚至 0.25μm 技术。这些技术的进步极大地提高了单片机的内部密度和可靠性。

**4. 以单片机为核心的嵌入式系统**

单片机的另外一个名称就是嵌入式微控制器，原因在于它可以嵌入任何微型或小型仪器或设备中。目前，把单片机嵌入式系统和 Internet 连接已是一种趋势。但是，Internet 一向采用肥服务器、瘦客户机的技术。这种技术用于在互联网上存储及访问大量数据是合适的，但对于控制嵌入式器件就成了“杀鸡用牛刀”了。要实现嵌入式设备和 Internet 连接，就需要把传统的 Internet 理论和嵌入式设备的实践都颠倒过来。为了使复杂的或简单的嵌入式设备，例如单片机控制的机床、单片机控制的门锁，能切实可行地和 Internet 连接，就要求专门为嵌入式微控制器设备设计网络服务器，使嵌入式设备和 Internet 相连，并通过标准网络浏览器进行过程控制。

目前，为了把单片机为核心的嵌入式系统和 Internet 相连，已有多家公司在进行这方面的研究，较为典型的有 EmWare 公司和 TASKING 公司。

EmWare 公司提出嵌入式系统入网的方案——EMIT 技术。这个技术包括三个主要部分，即 emMicro、emGateway 和网络浏览器。其中，emMicro 是嵌入设备中的一个只占内存容量 1KB 的极小的网络服务器；emGateway 作为一个功能较强的用户或服务器，用于实现对多个嵌入式设备的管理，还有标准的 Internet 通信接入以及网络浏览器的支持。网络浏览器使用 emObjects 进行显示和嵌入式设备之间的数据传输。

如果嵌入式设备的资源足够，则 emMicro 和 emGateway 可以同时装入嵌入式设备中，实现 Internet 的直接接入；否则，将要求 emGateway 和网络浏览器相互配合。EmWare 的 EMIT 软件技术使用标准的 Internet 协议对 8 位和 16 位嵌入式设备进行管理，但比传统上的开销小得多。

纵观单片机的发展历程，单片机已经由纯粹的单片微型机到增加一定接口以适用于一般控制应用而成为单片机微控制器。为了适应不同用户的各种各样的专门应用，在通常的 CPU 内核之外又增加了有相适应的特有功能的外设驱动器，称为片上系统(SoC)，单片机又发展成为嵌入式微控制器。

## 1.1.2 典型的8位单片机产品

世界上单片机的生产厂商众多,单片机的型号更多,目前常用单片机产品的位数有8位、16位、32位,本节介绍一些著名的半导体厂商典型的8位单片机产品,以使读者对目前的8位单片机产品有一个大概的了解,在开发单片机应用系统时,为读者选择单片机提供参考。

**1. Intel公司的单片机**

Intel公司是最早推出单片机的大公司之一,其产品有MCS-48、MCS-51和MCS-96三大系列几十个型号的单片机。MCS-51系列既包括三个基本型:8031(无ROM型)、8051(ROM型)、8751(EPROM型),以及对应的低功耗型号:80C31、80C51、87C51,因而MCS-51特指Intel公司的这几种型号。目前Intel公司已不再推出新品种的单片机,但Intel公司MCS-51系列单片机的结构为其他一些大公司所采纳,它们推出了许多适用于不同场合的新型的51系列单片机,使这个系列的单片机仍被广泛应用,8051是世界上产量排名第二的著名单片机CPU。表1-1列出了Intel公司MCS-51单片机产品的特性。

**表1-1 Intel公司MCS-51单片机产品的特性**

| 型　号 | ROM/EPROM/KB | RAM/B | 时钟频率/MHz | I/O端口线 | 定时器/计数器 | 串行口 | 中断源 | PCA通道 | A/D通道 | 省电方式 |
|---|---|---|---|---|---|---|---|---|---|---|
| 8031AH | — | 128 | 12 | 32 | 2 | 1 | 5 | 0 | 0 | — |
| 8051AH | 4 | 128 | 12 | 32 | 2 | 1 | 5 | 0 | 0 | — |
| 8051AHP | 4 | 128 | 12 | 32 | 2 | 1 | 5 | 0 | 0 | — |
| 8051H | 4 | 128 | 12 | 32 | 2 | 1 | 5 | 0 | 0 | — |
| 8051BH | 4 | 128 | 12 | 32 | 2 | 1 | 5 | 0 | 0 | — |
| 8032AH | — | 256 | 12 | 32 | 3 | 1 | 6 | 0 | 0 | — |
| 8052AH | 8 | 256 | 12 | 32 | 3 | 1 | 6 | 0 | 0 | — |
| 8752BH | 8 | 256 | 12 | 32 | 3 | 1 | 6 | 0 | 0 | — |
| 80C31BH | — | 128 | 12,16 | 32 | 2 | 1 | 5 | 0 | 0 | √ |
| 80C51BH | 4 | 128 | 12,16 | 32 | 2 | 1 | 5 | 0 | 0 | √ |
| 80C51BHP | 4 | 128 | 12,16 | 32 | 2 | 1 | 5 | 0 | 0 | √ |
| 87C51 | 4 | 128 | 12～24 | 32 | 2 | 1 | 5 | 0 | 0 | √ |
| 80C32 | — | 256 | 12～24 | 32 | 3 | 1 | 6 | 0 | 0 | √ |
| 80C52 | 8 | 256 | 12～24 | 32 | 3 | 1 | 6 | 0 | 0 | √ |
| 87C52 | 8 | 256 | 12～24 | 32 | 3 | 1 | 6 | 0 | 0 | √ |
| 80C54 | 16 | 256 | 12～24 | 32 | 3 | 1 | 6 | 0 | 0 | √ |
| 87C54 | 16 | 256 | 12～24 | 32 | 3 | 1 | 6 | 0 | 0 | √ |
| 80C58 | 32 | 256 | 12～24 | 32 | 3 | 1 | 6 | 0 | 0 | √ |
| 87C58 | 32 | 256 | 12～24 | 32 | 3 | 1 | 6 | 0 | 0 | √ |

续表

| 型　　号 | ROM/EPROM/KB | RAM/B | 时钟频率/MHz | I/O端口线 | 定时器/计数器 | 串行口 | 中断源 | PCA通道 | A/D通道 | 省电方式 |
|---|---|---|---|---|---|---|---|---|---|---|
| 80L52 | 8 | 256 | 12～20 | 32 | 3 | 1 | 6 | 0 | 0 | √ |
| 87L52 | 8 | 256 | 12～20 | 32 | 3 | 1 | 6 | 0 | 0 | √ |
| 80L54 | 18 | 256 | 12～20 | 32 | 3 | 1 | 6 | 0 | 0 | √ |
| 87L54 | 16 | 256 | 12～20 | 32 | 3 | 1 | 6 | 0 | 0 | √ |
| 80L58 | 32 | 256 | 12～20 | 32 | 3 | 1 | 6 | 0 | 0 | √ |
| 87L58 | 32 | 256 | 12～20 | 32 | 3 | 1 | 6 | 0 | 0 | √ |
| 80C51FA | — | 256 | 12,16 | 32 | 3 | 1 | 7 | 5 | 0 | √ |
| 83C51FA | 8 | 256 | 12,16 | 32 | 3 | 1 | 7 | 5 | 0 | √ |
| 87C51FA | 8 | 256 | 12～24 | 32 | 3 | 1 | 7 | 5 | 0 | √ |
| 83C51FB | 16 | 256 | 12～24 | 32 | 3 | 1 | 7 | 5 | 0 | √ |
| 87C51FB | 16 | 256 | 12～24 | 32 | 3 | 1 | 7 | 5 | 0 | √ |
| 83C51FC | 32 | 256 | 12～24 | 32 | 3 | 1 | 7 | 5 | 0 | √ |
| 87C51FC | 32 | 256 | 12～24 | 32 | 3 | 1 | 7 | 5 | 0 | √ |
| 80L51FA | — | 256 | 12～20 | 32 | 3 | 1 | 7 | 5 | 0 | √ |
| 83L51FA | 8 | 256 | 12～20 | 32 | 3 | 1 | 7 | 5 | 0 | √ |
| 87L51FA | 8 | 256 | 12～20 | 32 | 3 | 1 | 7 | 5 | 0 | √ |
| 83L51FB | 16 | 256 | 12～20 | 32 | 3 | 1 | 7 | 5 | 0 | √ |
| 87L51FB | 16 | 256 | 12～20 | 32 | 3 | 1 | 7 | 5 | 0 | √ |
| 83L51FC | 32 | 256 | 12～20 | 32 | 3 | 1 | 7 | 5 | 0 | √ |
| 87L51FC | 32 | 256 | 12～20 | 32 | 3 | 1 | 7 | 5 | 0 | √ |
| 80C51GB | — | 256 | 12,16 | 48 | 3 | 1 | 15 | 10 | 8 | √ |
| 83C51GB | 8 | 256 | 12,16 | 48 | 3 | 1 | 15 | 10 | 8 | √ |
| 87C51GB | 8 | 256 | 12,16 | 48 | 3 | 1 | 15 | 10 | 8 | √ |
| 80C152JA | — | 256 | 16.5 | 40 | 2 | 1 | 11 | 0 | 0 | √ |
| 80C152JB | — | 256 | 16.5 | 56 | 2 | 1 | 11 | 0 | 0 | √ |
| 83C152JA | 8 | 256 | 16.5 | 40 | 2 | 1 | 11 | 0 | 0 | √ |
| 80C51SL-BG | — | 256 | 16 | 24 | 2 | 1 | 10 | 0 | 4 | √ |
| 81C51SL-BG | 8 | 256 | 16 | 24 | 2 | 1 | 10 | 0 | 4 | √ |
| 83C51SL-BG | 8 | 256 | 16 | 24 | 2 | 1 | 10 | 0 | 4 | √ |
| 80C51SLAH | — | 256 | 16 | 24 | 2 | 1 | 10 | 0 | 4 | √ |
| 81C51SLAH | 16 | 256 | 16 | 24 | 2 | 1 | 10 | 0 | 4 | √ |
| 83C51SLAH | 16 | 256 | 16 | 24 | 2 | 1 | 10 | 0 | 4 | √ |
| 87C51SLAH | 16 | 256 | 16 | 24 | 2 | 1 | 10 | 0 | 4 | √ |
| 80C51SLAL | — | 256 | 16 | 24 | 2 | 1 | 10 | 0 | 4 | √ |
| 81C51SLAL | 16 | 256 | 16 | 24 | 2 | 1 | 10 | 0 | 4 | √ |
| 83C51SLAL | 16 | 256 | 16 | 24 | 2 | 1 | 10 | 0 | 4 | √ |
| 87C51SLAL | 16 | 256 | 16 | 24 | 2 | 1 | 10 | 0 | 4 | √ |

**2. ATMEL 公司的单片机**

ATMEL 公司 1984 年成立于美国加利福尼亚州的圣何塞,专门生产各类非易失性存储器,即 EPROM、EEPROM 等。为了介入单片机市场,ATMEL 公司在 1994 年以 EEPROM 技术和 Intel 公司的 80C31 单片机核心技术进行交换,从而取得 80C31 核的使用权。ATMEL 公司将先进的 Flash 技术和 80C31 核相结合,生产出具有 8051 结构的 Flash 型和 EEPROM 型单片机(尤其是 89C51 和 89C52),由于和 Intel 的 MCS-51 系列单片机中的典型产品完全兼容、开发和使用简便,因此在我国得到了广泛的应用。表 1-2 列出了 ATMEL 公司的 8051 结构的单片机主要产品的特性。

**表 1-2 ATMEL 公司的 8051 结构的单片机主要产品的特性**

| 型　　号 | 程序存储器/KB | RAM/B | 时钟频率/MHz | I/O 端口线 | 定时器/计数器 | 串行口 | 中断源 | WDT | A/D 通道 | ISP | 工作电压/V | 省电方式 |
|---|---|---|---|---|---|---|---|---|---|---|---|---|
| AT80F51 | 4(OTP) | 128 | 12 | 32 | 2 | 1 | 5 | — | — | — | 5 | √ |
| AT80F52 | 8(OTP) | 256 | 20 | 32 | 3 | 1 | 8 | — | — | — | 5 | √ |
| AT89C1051U | 1 Flash | 64 | 24 | 15 | 2 | 1 | 6 | — | — | — | 2.7~6 | √ |
| AT89C2051 | 2 Flash | 128 | 24 | 15 | 2 | 1 | 6 | — | — | — | 2.7~6 | √ |
| AT89C4051 | 4 Flash | 128 | 24 | 15 | 2 | 1 | 6 | — | — | — | 2.7~6 | √ |
| AT89C51 | 4 Flash | 128 | 24 | 32 | 2 | 1 | 6 | — | — | — | 5 | √ |
| AT89C52 | 8 Flash | 256 | 24 | 32 | 3 | 1 | 8 | — | — | — | 5 | √ |
| AT89C55 | 20 Flash | 256 | 33 | 32 | 3 | 1 | 8 | — | — | — | 5 | √ |
| AT89LV51 | 4 Flash | 128 | 12 | 32 | 2 | 1 | 6 | — | — | — | 2.7~6 | √ |
| AT89LV52 | 8 Flash | 256 | 12 | 32 | 3 | 1 | 8 | — | — | — | 2.7~6 | √ |
| AT89S53 | 12 Flash | 256 | 24 | 32 | 3 | 1+SPI | 9 | √ | — | — | 4~6 | √ |
| AT89S8252 | 8 Flash<br>2 EEPROM | 256 | 24 | 32 | 3 | 1+SPI | 9 | √ | — | — | 4~6 | √ |
| AT87F51 | 4 Flash | 128 | 24 | 32 | 2 | 1 | 6 | — | — | — | 5 | √ |
| AT87F52 | 8 Flash | 256 | 24 | 32 | 3 | 1 | 8 | — | — | — | 5 | √ |
| AT87F51RC | 32 Flash | 512 | 24 | 32 | 3 | 1 | 8 | √ | — | — | 4~6 | √ |
| AT89LV55 | 20 Flash | 256 | 12 | 32 | 3 | 1 | 8 | — | — | — | 2.7~6 | √ |
| AT89LS53 | 12 Flash | 256 | 12 | 32 | 3 | 1+SPI | 9 | √ | — | — | 2.7~6 | √ |
| AT89LS8252 | 8 Flash<br>2 EEPROM | 256 | 12 | 32 | 3 | 1+SPI | 9 | √ | — | — | 2.7~6 | √ |
| AT89S4D12 | 132 Flash | 256 | 12 | 5 | 2 | SPI | 5 | — | — | — | 3.3 | √ |
| AT89C51ED2 | 64 Flash、<br>2 EEPROM | 2048 | 60 | 50/34 | 3 | 1+SPI | 9 | √ | — | √ | 2.7~5.5 | √ |
| AT89C51IC2 | 32 Flash | 1280 | 60 | 34 | 3 | 1+SPI | 10 | √ | — | √ | 2.7~5.5 | √ |
| AT89C51ID2 | 64 Flash、<br>2 EEPROM | 2048 | 60 | 50/34 | 3 | 1+SPI | 10 | √ | — | √ | 2.7~5.5 | √ |
| AT89C51RB2 | 16 Flash | 1280 | 60 | 32 | 3 | 1+SPI | 9 | √ | — | √ | 2.7~5.5 | √ |
| AT89C51RC | 32 Flash | 512 | 33 | 32 | 3 | 1 | 8 | √ | — |  | 4.0~6.0 | √ |
| AT89C51RC2 | 32 Flash | 1280 | 60 | 32 | 3 | 1+SPI | 9 | √ | — | √ | 2.7~5.5 | √ |
| AT89C51RD2 | 64 Flash、<br>2 EEPROM | 2048 | 60 | 50/34 | 3 | 1+SPI | 9 | √ | — | √ | 2.7~5.5 | √ |
| T89C5115 | 16 Flash<br>2 EEPROM | 512 | 40 | 20 | 3 | 1+SPI | 14 | √ | √ | √ | 3.0~5.5 | √ |

续表

| 型　号 | 程序存储器/KB | RAM/B | 时钟频率/MHz | I/O端口线 | 定时器/计数器 | 串行口 | 中断源 | WDT | A/D通道 | ISP | 工作电压/V | 省电方式 |
|---|---|---|---|---|---|---|---|---|---|---|---|---|
| T89C51AC2 | 32 Flash<br>2 EEPROM | 1280 | 40 | 34 | 3 | 1+SPI | 14 | √ | √ | √ | 3.0～5.5 | √ |
| AT89C51CC03 | 64 Flash、<br>2 EEPROM | 2048 | 40 | 36 | 3 | 1+SP,<br>CAN | 14 | √ | √ | √ | 3.0～5.5 | √ |
| AT89C5131 | 32 Flash<br>4 EEPROM | 1280 | 48 | 34 | 3 | 1+SPI,<br>USB | 14 | √ | — | √ | 3.0～3.6 | √ |
| AT89C5132 | 64 Flash | 2304 | 20 | 44 | 2 | 1+SPI,<br>USB,<br>$I^2C$ | 14 | √ | √ | √ | 3.0 | √ |

**3. Silicon Laboratories 公司的单片机**

C8051F 系列单片机是一种典型的高性能 SoC 单片机，原是 Cygnal 公司的产品，该公司于 2003 年并入 Silicon Laboratories 公司。这种单片机具有与 MCS-51 完全兼容的指令内核，采用流水线处理技术，不再区分时钟周期和机器周期，能在执行指令期间预处理下一条指令，提高了指令执行效率。而且大部分 C8051F 单片机具备控制系统所需的模拟和数字外设，包括看门狗、ADC、DAC、电压比较器、电压基准输出、定时器、PWM、定时器捕捉和方波输出等，并具备多种总线接口，包括 UART、SPI、SMBUS(与 $I^2C$ 兼容)总线以及 CAN 总线。C8051F 系列单片机采用 Flash ROM 技术，集成 JTAG，支持在线编程。C8051F 系列单片机的诸多特点和优越性，使其广受单片机系统设计工程师青睐，成为很多测控系统设计的首选机型。这种单片机的调试系统支持存储器和寄存器的检查和修正，设置断点、观察点、单步、运行和停止命令。Silicon Laboratories 开发工具能够实现全速及非插入式在线调试。表 1-3 列出了 Silicon Laboratories 公司的部分 C8051F 系列单片机的主要特性。

**4. 其他著名公司的 8 位单片机**

(1) Motorola 公司的单片机：Motorola 公司的单片机品种特别多，8 位机主要有 68HC05、68HC08 和 68HC11。68HC05 是 Motorola 公司推出的一种采用 HCMOS 技术的 8 位单片机，是世界上产量排名第一的著名单片机 CPU。它的典型代表为 MC68HC705C8A，它有 8 位 CPU、8KB EPROM、304B RAM、16 位多功能定时器、34 根 I/O 线(31 根双向 I/O 线、3 根中断和定时器输入/输出线)、串行通信口、串行扩展口、看门狗、5 个中断向量(9 个中断源)。68HC05 有几十种型号，它们的程序存储器(ROM、EPROM)和 RAM 容量、引脚封装、存储空间分配、I/O 功能各不相同，以适应各种不同应用场合的不同需要。68HC08 系列单片机的主要特点是提供便于开发、价格低廉的 Flash 存储器型单片机产品，具有 16 位多功能定时模块，并行口具有拉高、开路、键中断、大电流驱动等功能，具有 UART、SPI、A/D 等特殊 I/O 部件。

(2) Toshiba 公司的单片机：Toshiba 公司的单片机具有功能强、可靠性高、价格低等特点，特别适合于空调、电冰箱等家电产品。Toshiba 公司有 TLCS-470 系列 4 位单片机，TLCS870、TLCS870/X、TLCS870/C、TLCS-900 系列 8 位机，TLCS-900 系列 16/32 位单片机。这些单片机 CPU 及指令功能强，而且有丰富的外围部件。

表 1-3　Silicon Laboratories公司的部分C8051F系列单片机的主要特性

| 型　号 | MIPS（峰值） | Flash存储器/KB | RAM/B | 外部存储器接口 | 串行接口 | 定时器（16位） | 可编程计数器阵列（PCA） | 内部振荡器精度（±%） | 数字端口I/O | ADC分辨率/位 | ADC最大速率/ksps | ADC输入 | 电压基准 | 温度传感器 | DAC分辨率/位 | DAC输出 | 电压比较器 | 封　装 |
|---|---|---|---|---|---|---|---|---|---|---|---|---|---|---|---|---|---|---|
| C8051F005 | 25 | 32 | 2304 | — | UART,SMBus,SPI | 4 | 5 | 20 | 32 | 12 | 100 | 8 | √ | √ | 12 | 2 | 2 | TQFP64 |
| C8051F015 | 25 | 32 | 2304 | — | UART,SMBus,SPI | 4 | 5 | 20 | 32 | 10 | 100 | 8 | √ | √ | 12 | 2 | 2 | TQFP64 |
| C8051F020 | 25 | 64 | 4352 | √ | 2 UARTs,SMBus,SPI | 5 | 5 | 20 | 64 | 12 | 100 | 8 | √ | √ | 12 | 2 | 2 | TQFP100 |
| C8051F021 | 25 | 64 | 4352 | √ | 2 UARTs,SMBus,SPI | 5 | 5 | 20 | 32 | 10 | 100 | 8 | √ | √ | 12 | 2 | 2 | TQFP64 |
| C8051F022 | 25 | 64 | 4352 | √ | 2 UARTs,SMBus,SPI | 5 | 5 | 20 | 64 | 10 | 100 | 8 | √ | √ | 12 | 2 | 2 | TQFP100 |
| C8051F023 | 25 | 64 | 4352 | √ | 2 UARTs,SMBus,SPI | 5 | 5 | 20 | 32 | 12 | 100 | 8 | √ | √ | 12 | 2 | 2 | TQFP64 |
| C8051F040 | 25 | 64 | 4352 | √ | CAN2.0B,2 UARTs,SMBus,SPI | 5 | 6 | 2 | 64 | 12 | 100 | 13 | √ | √ | 12 | 2 | 3 | TQFP100 |
| C8051F060 | 25 | 64 | 4352 | √ | CAN2.0B,2 UARTs,SMBus,SPI | 5 | 6 | 2 | 59 | 16 | 1000 | 2 | √ | √ | 12 | 2 | 3 | TQFP100 |
| C8051F064 | 25 | 64 | 4352 | √ | 2 UARTs,SMBus,SPI | 5 | 6 | 2 | 59 | 16 | 1000 | 2 | √ | — | — | — | 3 | TQFP100 |
| C8051F120 | 100 | 128 | 8448 | √ | 2 UARTs,SMBus,SPI | 5 | 6 | 2 | 64 | 12 | 100 | 8 | √ | √ | 12 | 2 | 2 | TQFP100 |
| C8051F124 | 50 | 128 | 8448 | √ | 2 UARTs,SMBus,SPI | 5 | 6 | 2 | 64 | 10 | 100 | 8 | √ | √ | 12 | 2 | 2 | TQFP100 |
| C8051F126 | 50 | 128 | 8448 | √ | 2 UARTs,SMBus,SPI | 5 | 6 | 2 | 64 | 10 | 100 | 8 | √ | √ | 12 | 2 | 2 | TQFP100 |
| C8051F130 | 100 | 128 | 8448 | √ | 2 UARTs,SMBus,SPI | 5 | 6 | 2 | 64 | 10 | 100 | 8 | √ | √ | — | — | 2 | TQFP100 |
| C8051F206 | 25 | 8 | 1280 | — | UART,SPI | 3 | — | 20 | 32 | 12 | 100 | 32 | — | — | — | — | 2 | TQFP48 |
| C8051F230 | 25 | 8 | 256 | — | UART,SPI | 3 | — | 20 | 32 | — | — | — | — | — | — | — | 2 | TQFP48 |
| C8051F236 | 25 | 8 | 1280 | — | UART,SPI | 3 | — | 20 | 32 | — | — | — | — | — | — | — | 2 | TQFP48 |
| C8051F300 | 25 | 8 | 256 | — | UART,SMBus | 3 | 3 | 2 | 8 | 8 | 500 | 8 | — | √ | — | — | 1 | MLP11 |
| C8051F304 | 25 | 4 | 256 | — | UART,SMBus | 3 | 3 | 20 | 8 | — | — | — | — | — | — | — | 1 | MLP11 |
| C8051F305 | 25 | 2 | 256 | — | UART,SMBus | 3 | 3 | 20 | 8 | — | — | — | — | — | — | — | 1 | MLP11 |
| C8051F310 | 25 | 16 | 1280 | — | UART,SMBus,SPI | 4 | 5 | 2 | 29 | 10 | 200 | 21 | — | √ | — | — | 2 | LQFP32 |
| C8051F314 | 25 | 8 | 1280 | — | UART,SMBus,SPI | 4 | 5 | 2 | 29 | — | — | — | — | √ | — | — | 2 | LQFP32 |
| C8051F315 | 25 | 8 | 1280 | — | UART,SMBus,SPI | 4 | 5 | 2 | 25 | — | — | — | — | √ | — | — | 2 | MLP28 |
| C8051F320 | 25 | 16 | 2304 | — | USB 2.0,UART,SMBus,SPI | 4 | 5 | 1.5 | 25 | 10 | 200 | 17 | √ | √ | — | — | 2 | LQFP32 |
| C8051F326 | 25 | 16 | 1536 | — | USB 2.0,UART,SMBus,SPI | 2 | — | 1.5 | 15 | — | — | — | √ | √ | — | — | — | QFN28 |

续表

| 型　号 | MIPS（峰值） | Flash 存储器 /KB | RAM /B | 外部存储器接口 | 串行接口 | 定时器（16 位） | 可编程计数器阵列（PCA） | 内部振荡器精度（±%） | 数字端口 I/O | ADC 分辨率/位 | ADC 最大速率 /ksps | ADC 输入 | 电压基准 | 温度传感器 | DAC 分辨率/位 | DAC 输出 | 电压比较器 | 封　装 |
|---|---|---|---|---|---|---|---|---|---|---|---|---|---|---|---|---|---|---|
| C8051F327 | 25 | 16 | 1536 | — | USB 2.0，UART，SMBus，SPI | 2 | — | 1.5 | 15 | — | — | — | √ | √ | — | — | — | QFN28 |
| C8051F330 | 25 | 8 | 768 | — | UART，SMBus，SPI | 4 | 3 | 2 | 17 | 10 | 200 | 16 | √ | √ | 10 | 1 | 1 | MLP20 |
| C8051F330D | 25 | 8 | 768 | — | UART，SMBus，SPI | 4 | 3 | 2 | 17 | 10 | 200 | 16 | √ | √ | 10 | 1 | 1 | PDIP20 |
| C8051F331 | 25 | 8 | 768 | — | UART，SMBus，SPI | 4 | 3 | 2 | 17 | — | — | — | — | — | — | — | 1 | MLP20 |
| C8051F340 | 48 | 64 | 5376 | √ | USB 2.0，2×UART，SMBus，SPI | 4 | 5 | 1.5 | 40 | 10 | 200 | 17 | √ | √ | — | — | 2 | TQFP48 |
| C8051F347 | 25 | 32 | 3328 | — | USB 2.0，UART，SMBus，SPI | 4 | 5 | 1.5 | 25 | 10 | 200 | 17 | √ | √ | — | — | 2 | LQFP32 |
| C8051F350 | 50 | 8 | 768 | — | UART，SMBus，SPI | 4 | 3 | 2 | 17 | 24 | 1000 | 8 | — | √ | 8 | 2 | 1 | LQFP32 |
| C8051F360-GQ | 100 | 32 | 1024 | √ | UART，SMBus，SPI | 4 | 3 | 2 | 39 | 10 | 200 | 16 | √ | √ | 10 | 1 | 2 | TQFP48 |
| C8051F361-GQ | 100 | 32 | 1024 | — | UART，SMBus，SPI | 4 | 3 | 2 | 27 | 10 | 200 | 16 | √ | √ | 10 | 1 | 2 | LQFP32 |
| C8051F410 | 50 | 32 | 2304 | — | UART，SMBus，SPI | 4 | 6 | 2 | 24 | 12 | 200 | 24 | √ | √ | 12 | 2 | 2 | LQFP32 |
| C8051F411 | 50 | 32 | 2304 | — | UART，SMBus，SPI | 4 | 6 | 2 | 20 | 12 | 200 | 24 | √ | √ | 12 | 2 | 2 | MLP28 |
| CP2102 | — | 1024 | 1024 | — | UART to USB Bridge | — | — | √ | — | — | — | — | — | — | — | — | — | MLP28 |
| CP2103 | — | 1024 | 1024 | — | UART to USB Bridge | — | — | √ | 4 | — | — | — | — | — | — | — | — | MLP28 |
| C8051F500 | 50 | 64 | 4352 | √ | CAN 2.0，LIN 2.0，SPI，UART，SMBus | 4 | 6 | 0.5 | 40 | 12 | 200 | 32 | √ | √ | — | — | 2 | 48-pin 7×7 QFN9×9 QFP |
| C8051F520 | 25 | 8 | 256 | — | LIN 2.0，SPI，UART | 3 | 3 | 0.5 | 6 | 12 | 200 | 6 | — | √ | — | — | — | 10-pin 3×3 QFN |
| C8051F530 | 25 | 8 | 256 | — | LIN 2.0，SPI，UART | 3 | 3 | 0.5 | 16 | 12 | 200 | 6 | — | √ | — | — | — | 20-pin TSSOP/QFN |
| C8051F700 | 25 | 15 | 512 | — | UART，SMBus，SPI | 4 | 3 | 2 | 54 | 10 | 500 | 16 | √ | √ | — | — | 1 | 64-pin 12×12 QFP |
| C8051F920 | 25 | 32 | 4352 | √ | UART，SMBus，SPIX2 | 4 | 6 | 2 | 24 | 10 | 300 | 23 | √ | √ | — | — | 2 | LQFP32 |
| C8051F930 | 25 | 64 | 4352 | √ | UART，SMBus，SPIX2 | 4 | 6 | 2 | 24 | 10 | 300 | 23 | √ | √ | — | — | 2 | LQFP32 |
| C8051T600 | 25 | 8OTP | 256 | — | UART，SMBus | 3 | 3 | 2 | 8 | 10 | 500 | 8 | — | √ | — | — | 1 | QFN11/SOIC14 |
| C8051T610 | 25 | 16OTP | 1280 | — | UART，SMBus | 4 | 4 | 2 | 29 | 10 | 500 | 21 | — | √ | — | — | 2 | LQFP32 |

(3) Philips 公司生产的 8051 结构的 80C51 系列 8 位单片机、采用 8051 结构的 16 位单片机、以 68000 为核的 16 位单片机。其中 80C51 系列 8 位单片机品种多、片内资源丰富、容易开发应用产品,因此得到广泛的应用。80C51 系列单片机的特点是具有便于开发的 Flash 存储器型单片机,具有 SMBus 串口、8～10 位 A/D 转换器、CAN BUS 接口,程序存储器和数据存储器容量大。

除此以外,著名的单片机厂商还有 Hitachi、Siemens、NS、三菱、Microchip、Zilog 等公司,产品型号众多,并不断有新产品问世。这些产品可用于各种不同应用场合和不同的应用需求。如今,凡是我们能想到的行业和领域都能看到单片机的应用例子,科技的发展和社会的需求促使计算机的嵌入式应用在近年来得到迅速发展,并且这种发展的势态将越来越迅猛。

# 1.2 单片机的应用及发展趋势

## 1.2.1 单片机的应用

单片机具有体积小、重量轻、价格便宜、功耗低、控制功能强及运算速度快等特点,因而在国民经济建设、军事及家用电器等各个领域均得到了广泛的应用,对各个行业的技术改造和产品的更新换代起着重要的推动作用。

**1. 单片机在智能仪表中的应用**

单片机广泛应用于电力系统、交通运输工具、计量等各种仪器仪表之中,使仪器仪表更加智能化,并提高了它们的测量精度,加强了功能,简化了结构,便于使用、维护和改进。例如,智能电参数仪表,出租车计价器,电阻、电容、电感测量仪,船舶航行状态记录仪,烟叶水分测试器,智能超声波测厚仪等。

**2. 单片机在机电一体化中的应用**

机电一体化是机械工业发展的方向。机电一体化产品是指集机械技术、微电子技术、自动化技术和计算机技术于一体,具有智能化特征的机电产品。例如,数控铣床、车床、钻床、磨床等。单片微型机的出现促进了机电一体化,它作为机电产品中的控制器,能充分发挥其体积小、可靠性高、功能强、安装方便等优点,大大强化了机器的功能,提高了机器的自动化、智能化程度。

**3. 单片机在实时控制中的应用**

单片机也广泛地用于各种实时控制系统中,如对工业上各种窑炉的温度、酸度、化学成分的测量和控制。汽车电子中微型控制器的使用越来越多,将测量技术、自动控制技术和单片机技术相结合,充分发挥数据处理和实时控制功能,使系统工作于最佳状态,提高系统的生产效率和产品的质量。在航空航天、通信、遥控、遥测等各种实时控制系统中都可以用单片机作为控制器。

**4. 单片机在分布式多机系统中应用**

分布式多机系统具有功能强、可靠性高的特点。在比较复杂的系统中,都采用分布式多机系统。系统中有若干功能各异的计算机,各自完成特定的任务,它们又通过通信相互联系、协调工作。单片机在这种多机系统中,往往作为一个终端机,安装在系统的某些节点上,对现场信息进行实时的测量和控制。高档的单片机多机通信(并行或串行)功能很强,它们在分布式多机系统中将发挥很大的作用。

**5. 单片机在家用电器等消费类领域中的应用**

许多日常产品都包含用户完全意识不到的嵌入式智能。有研究表明,在经济发达地区,一般的消费者每天中午前接触到的物品中就包含近100个嵌入式单片机。从烤面包机、吹风机、无绳电话、安全系统、微波炉、洗衣机到汽车的众多产品都加入了嵌入式智能器件来增强可靠性、改善能效、保证安全、提高产品灵活性或简化用户接口。单片机应用到消费类产品之中,能大大提高它们的性能价格比,因而受到用户的青睐,提高产品在市场上的竞争力。目前家用电器几乎都是单片机控制的计算机产品,例如空调、冰箱、洗衣机、微波炉、彩电、音响、家庭报警器、电子宠物、手机、MP3等。

### 1.2.2 单片机的发展趋势

目前计算机系统的发展已明显地朝三个方向发展,这三个方向就是巨型化、单片化、网络化。要解决复杂系统计算和高速数据处理问题,仍然是巨型机在起作用,故巨型机在朝高速及处理能力的方向努力。单片机在出现时,Intel公司就给其取名为嵌入式微控制器(Embedded Microcontroller)。单片机最明显的优势就是可以嵌入各种仪器、设备中。这一点是巨型机和网络不可能做到的。

可以说现在的单片机产品处于百花齐放、百家争鸣的时期,世界上各大芯片制造公司都推出了自己的单片机,从8位、16位到32位,数不胜数,应有尽有,有与主流C51系列兼容的,也有不兼容的,但它们各具特色,功能互补,为单片机的应用提供了广阔的天地。纵观单片机的发展过程,可以预示单片机的发展趋势,大致有:

**1. 低成本高度集成的单片机片上系统(SoC)**

单片机发展的一个重要趋势是寻求应用系统在芯片上的最大化解决。因此,专用单片机的发展自然形成了SoC化趋势。随着微电子技术、IC设计、EDA工具的发展,基于SoC的单片机应用系统设计会有较大的发展。因此,对单片机的理解可以从单片微型计算机、单片微控制器延伸到单片应用系统。目前单片机已可集成越来越多的内置部件。常用的部件有存储器类,包括程序存储器ROM/OTPROM/EPROM/EEPROM/Flash和数据存储器SRAM/SDRAM/SSRAM;有串行接口类,包括UART、SPI、$I^2C$、CAN、IR、Ethernet、HDLC;有并行接口类,包括Centronics、PCI、IDE、GPIO等;有定时和时钟类,包括Timer/Counter、RTC、Watchdog、Clockout;有专用和外围接口类,包括Comparer(比较器)、ADC、DAC、LCD控制器、DMA、PWM、PLL、MAC、温度传感器等。甚至有的公司已把语音、图像部件也集成到单片机中,目的就是在单个器件中集成所有需要用到的部件,构成片上系统。由于Silicon Laboratories公司推出的C8051F系列的单片机在一个芯片中集成了构成数据采集系统或控制系统所需要的几乎所有的数字和模拟外围接口和功能部件,所以这种混合信号芯片被称为SoC。

**2. 8位单片机的市场份额依然领先**

如果单片机的总体需求在不断增长,8位单片机是否能够保持出货量最大的地位?答案是肯定的。因为有几个因素都表明了这一趋势。首先,ASCII字符本身就是8位数据类型,并且可容易地扩展为多字节,而不会增加结构的复杂性(如大多数32位系统中的边界对齐或部分字操作)。"让事情尽可能简单"的原则有助于更快地完成系统设计、验证并投入生产,同时减少潜在问题。

许多使用 32 位单片机作为中央处理器的应用通常都采用一个 8 位单片机作为协处理器来处理外围任务,这样可以使主处理器集中处理核心任务。

将所有复杂的软件和硬件都集中到单个处理器可能会延长开发时间,并且几乎肯定会延长设计验证周期。软件开发的一条理论表明开发时间并不与软件规模成正比。如果软件规模加倍(代码行数是常用的基准),那么由于系统验证的关系,开发时间肯定会是原来的两倍或更长。由于有许多相互依赖关系,需要测试才能保证正常工作,因此验证周期将延长。更好的方法可能是对每种任务采用较小规模的专用处理器,将系统划分为多个更小、更好管理的部分,从而使软件规模更小且更容易验证。大型的 32 位处理器在通信应用中起着重要的作用,但 8 位单片机仍然可提供关键的外围功能。

**3. 处器理的多核结构**

随着嵌入式应用的深入,特别是在数字通信和网络中的应用,对处理器提出了更高的要求。为适应这种情况,现在已出现多核结构的处理器。Motorola 公司研发的 MPC8260 PowerQUICC Ⅱ就是一种先进的为电信和网络市场设计的集成通信微处理器。它融合了两个 CPU——嵌入式 PowerPC 内核和通信处理模块(CPM)。由于 CPM 分担了嵌入式 PowerPC 核的外围工作任务,因此这种双处理器体系结构功耗反而要低于传统体系结构的处理器。Infineon 公司推出的 TC10GP 和增强型 TC1130 都是三核结构的微处理器。它同时具备 RISC、CISC 和 DSP 功能,是一种建立在 SoC 概念上的结构。这种单片机由三个核组成:微控制器和 DSP 核;数据和程序存储器核;外围专用集成电路(ASIC)。这种单片机的最大特点是把 DSP 和微控制器融合成一个单内核,大幅提高了微控制器的功能。具有类似结构的还有 Hitachi 公司的 SH7410、SH7612 等。它们用于既需要 SCM 又需要 DSP 功能的场合,比使用单独 SCM 和 DSP 的组合提供了更优越的性能。

**4. 功耗更低**

现在新推出的单片机的功耗越来越小,很多单片机都有多种工作方式,包括等待、暂停、休眠、空闲、节电等工作方式。例如 Philips 的 P87LPC762,空闲状态下的电流为 1.5mA,而在节电方式下电流只有 0.5mA。很多单片机还允许在低振荡频率下以极低的功耗工作。例如,P87LPC764 在 32.768kHz 低频下,正常工作电流仅为 Idd=16μA(VDD=3.6V),空闲模式下 Idd=7μA(VDD=3.6V)。

**5. 电压范围更宽**

扩大电源电压范围以及在较低电压下仍然能工作是现在新推出的单片机的一个特点。目前一般单片机都可以在 3.3~5.5V 的范围内工作,有些产品则可以在 2.2~6V 的范围内工作。例如,Fujitsu 的 MB8919X、MB8912X 和 MB89130 系列以及 F2MC-8L 系列 MCU,绝大多数工作电压范围都为 2.2~6V;而 TI 的 MSP430X11X 系列的工作电压可以低达 2.2V。Motorola 公司针对长时间处在待机模式的装置所设计的超省电 HCS08 系列单片机,已经把可工作的最低电压降到了 1.8V。

**6. 工艺更先进和封装更小**

现在单片机的封装水平已大大提高,有越来越多的单片机采用了各种贴片封装形式,以满足便携式手持设备的需要。Microchip 公司推出了目前世界上体积最小的 6 引脚

PIC10F2XX系列单片机。为了适应各种应用的需要,减少驱动电路,很多单片机的输出能力都有了很大提高,Motorola公司的单片机的I/O端口灌电流可达8mA以上,而Microchip公司的单片机可达20～25mA,其他如AMD、Fujitsu、NEC、Infineon、Hitachi、Atmel、Toshiba等公司的都为8～20mA。

**7. 开发形式、手段和工具**

随着开发对象复杂度的提高,硬件和软件设计比例发生了很大变化。软件开发的比重越来越大,复杂系统的设计已不可能由一个设计师包揽硬件和软件,而必须由一个团队来分工合作完成。由此也推动了开发形式、手段和工具的发展,特别是硬件/软件协同设计和验证技术、设计管理技术(如软件版本管理软件)和各种嵌入式系统设计工具软件的发展。过去,几乎所有4/8/16位MCU的开发都必须要有用于实时调试的专用在线仿真器,其开发过程总是先设计、制作和调试好硬件,同时进行软件编程,在调试好硬件电路板之前,对软件最多仅能进行关于纯逻辑和计算的调试;只有在已调试好的硬件基础上,才能进行系统应用软件的调试,所有可以提供的程序库或应用软件包都是专用的。对于32位嵌入式处理器来说,随着时钟频率越来越高(50～400MHz),加上复杂的封装形式(如BGA),ICE已越来越难以胜任开发工具的工作。目前替代的基本方法是借助于JTAG接口构成JTAG调试器,直接从CPU获取调试信息而使得产品的设计简化,从而使得开发工具的价格反而要低于ICE。实际上8位单片机的开发也已采用该技术,如Silicon Laboratories公司推出的C8051F系列单片机。软件和硬件工程师并行工作是一种发展潮流。通过协同设计,特别是协同验证技术,软件工程师能尽早在真实硬件上测试,而硬件工程师能尽早在原型设计周期中验证他们的设计。

因为嵌入式系统的复杂性和多样性,不可能有一个包打天下的统一的完整解决方案,所以不同的EDA供应商推出了各种商用嵌入式系统设计环境。如有Synopsys公司的CoCentric System Studio、Cadence公司的"虚拟元件协同设计"(VCC)、CoWare公司的CoWare N2C等,还有世界各地的大学也为嵌入式系统设计开发出各种用于特定应用的免费工具。开发平台能让产品可靠和迅速上市是嵌入式系统的普遍要求。为了提高时效,过去"一切自行设计"的模式已逐渐被"尽量采用具有IP的产品"所代替。这又推动了标准实时操作系统(RTOS)和相应的调试技术的发展。32位架构的MPU/MCU的资源丰富,指令集相对庞大,而且系统软件也更加复杂,特别当系统有多任务实时保证的要求时,通常要选用一种RTOS作为开发平台来对应用软件中的多任务进行调度。当系统需要连接Internet/实现图形用户界面(GUI)或文件系统(FS)时,若采用支持TCP/IP协议栈/GUI/FS的嵌入式操作系统,可极大地降低复杂多任务系统开发的难度。RTOS的引入解决了嵌入式软件开发标准化的难题,促进嵌入式开发软件的模块化和可移植化,为软件工程化管理打下基础。随着嵌入式系统中软件比重不断上升、应用程序越来越大,这对开发人员的知识结构、应用程序接口和程序档案的组织管理等都提出了新的要求。引入RTOS相当于引入了一种新的管理模式,对于开发单位和开发人员都是一个飞跃。在从8/16位MCU向32位转换时,所用软件开发语言也发生了变化。过去大部分8/16位单片机都没有太多的性能冗余,软件编写必须完全适合其有限的处理功能,因此软件开发大部分用汇编语言编写。在8/16位单片机上采用C、PL/M等高级语言编程,再用相关编译器转换为相应机器语言执行,早在几十年前就已尝试并推广;但由于当时编译器的编译效率还不够高,高级语言程序的额外开销相对比较大、运行效率下降，再加上 8/16 位单片机本身处理速度有限，推广进度缓慢。最近几年，就 8/16 位单片机而言，随着 C 编译器效率和单片机性能的大幅度提高，用高级语言代替汇编语言也渐成趋势，典型的单片机都推出了自己的 C 编译器。其中 Keil C51 的编译效率已达到很高水平，经过优化的用 Keil C51 编写的程序编译后的运行效率甚至要高于普通开发者直接用汇编语言编写的程序。

## 习 题 1

1. 什么是 SoC 型的单片机？有何特点？
2. 简述单片机发展历史及发展趋势。
3. 单片机在哪些领域有应用？列出 10 种含有单片机的产品或设备。

# 第2章　SoC单片机的结构与原理

## 2.1　C8051F系列单片机总体结构

### 2.1.1　C8051F系列单片机简介

C8051F系列单片机是集成的混合信号片上系统，具有与MCS-51内核及指令集完全兼容的微控制器，除了具有标准8051的数字外设部件外，片内还集成了数据采集和控制系统中常用的模拟部件和其他数字外设及功能部件。该产品原来是属于总部位于美国得克萨斯州的美国Cygnal公司，这是1999年3月成立的一家新兴的半导体公司，该公司专业从事混合信号片上系统单片机的设计与制造，于2003年并入Silicon Laboratories公司。公司看好了8位单片机的市场前景，目前更新了原51单片机结构，设计了具有自主产权的CIP-51内核，使得51单片机焕发了新的生命力，其运行速度高达100MIPS。现已设计并为市场提供了几十种C8051F系列片上系统单片机。

C8051F系列单片机的功能部件包括模拟多路选择器、可编程增益放大器、ADC、DAC、电压比较器、电压基准、温度传感器、SMBus/$I^2C$、UART、SPI、可编程计数器/定时器阵列(PCA)、定时器、数字I/O端口、电源监视器、看门狗定时器和时钟振荡器等。该系列中所有型号的单片机都有内置的Flash存储器和256B的内部RAM，有些型号还可以访问外部数据存储器RAM即XRAM。

C8051F系列单片机是真正能独立工作的片上系统。CPU有效地管理模拟和数字外设，可以关闭单个或全部外设以节省功耗。Flash存储器还具有在系统中重新编程的能力，既可用作程序存储器，又可用作非易失性数据存储。应用程序可以使用MOVC和MOVX指令对Flash存储器进行读或改写。

片内JTAG调试电路允许使用安装在最终应用系统上的产品SCM进行非侵入式(不占用片内资源)、全速、在系统调试。该调试系统支持观察和修改存储器和寄存器，支持断点、观察点、单步及运行和停机命令。在使用JTAG调试时，所有模拟和数字外设都可全功能运行。Silicon Laboratories提供一个集成开发环境(IDE)，包括编辑器、宏汇编器、调试器和编程器。IDE的调试器和编程器与C8051F之间通过JTAG实现接口，提供快速和有效的系统编程和调试，也有第三方提供的宏汇编器和C编译器。

调试环境示意图如图 2-1 所示。

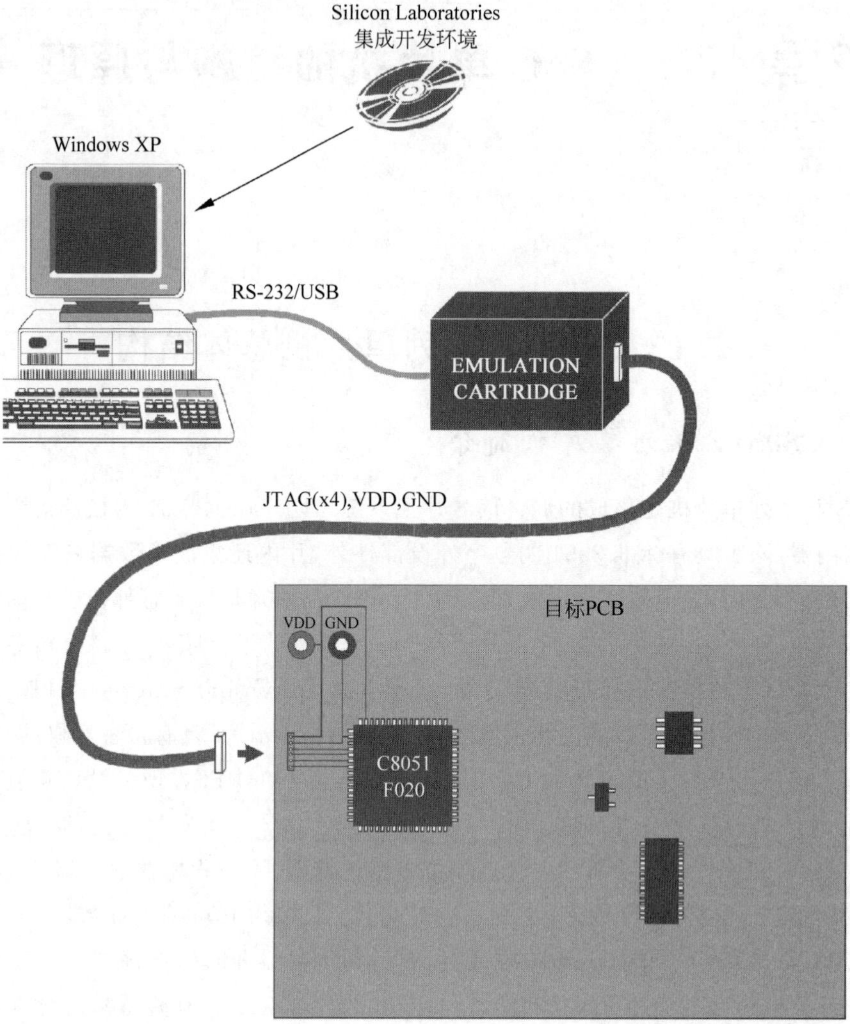

图 2-1　调试环境示意图

### 2.1.2　CIP-51 内核

C8051F 系列单片机内核采用与 MCS-51 兼容的 CIP-51。

CIP-51 采用流水线结构,与标准的 8051 结构相比,其指令执行速度有很大的提高。在一个标准的 8051 中,除 MUL 和 DIV 以外,所有指令都需要 12 或 24 个系统时钟周期,最大系统时钟频率为 12～24MHz。而对于 CIP-51 内核,70%的指令的执行时间为 1 或 2 个系统时钟周期,只有 4 条指令的执行时间大于 4 个系统时钟周期。

CIP-51 共有 111 条指令。表 2-1 列出了指令条数与执行时所需的系统时钟周期数的关系。

表 2-1　指令数与系统时钟周期数的关系

| 执行周期数 | 1 | 2 | 2/3 | 3 | 3/4 | 4 | 4/5 | 5 | 8 |
|---|---|---|---|---|---|---|---|---|---|
| 指令数 | 26 | 50 | 5 | 16 | 7 | 3 | 1 | 2 | 1 |

如 C8051F02X 系列中的 CIP-51 工作在最大系统时钟频率 25MHz 时，它的峰值速度达到 25MIPS。图 2-2 给出了几种 8 位微控制器内核工作在最大系统时钟时的峰值速度的比较关系。

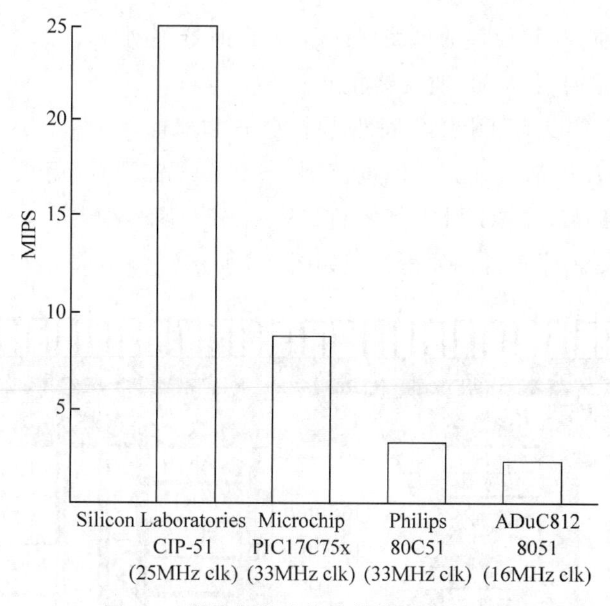


图 2-2　微控制器内核峰值执行速度比较

CIP-51 内核与标准 8051 相比，扩展的中断系统向 CIP-51 提供 22 个中断源(标准 8051 只有 7 个中断源)，这样允许大量的模拟和数字外设中断微控制器。一个中断驱动的系统需要较少的处理器干预，因而有更高的执行效率。在设计一个多任务实时系统时，这些增加的中断源是非常有用的。CIP-51 内核有多达 7 个复位源：片内 VDD 监视器、看门狗定时器、时钟丢失检测器、比较器 0 提供的电压检测器、软件强制复位、CNVSTR 引脚及 RST 引脚。

## 2.1.3　C8051F020 单片机的片上资源

C8051F020 单片机是 C8051F 系列中一个较有代表性的型号，本书主要以该型号来介绍 C8051F 系列单片机的结构原理及编程应用。该器件是完全集成的混合信号系统级 SCM 芯片，具有 64 个数字 I/O 引脚。下面列出了一些主要特性。

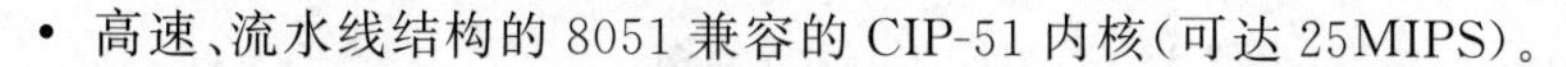

- 高速、流水线结构的 8051 兼容的 CIP-51 内核(可达 25MIPS)。
- 全速、非侵入式的在系统调试接口(片内)。
- 真正 12 位、100ksps 的 8 通道 ADC，带 PGA 和模拟多路开关。

- 真正 8 位 500ksps 的 ADC,带 PGA 和 8 通道模拟多路开关。
- 两个 12 位 DAC,具有可编程数据更新方式。
- 64KB+128B 可在系统编程的 Flash 存储器。
- 4352(4096+256)B 的片内 RAM。
- 可寻址 64KB 地址空间的外部数据存储器接口。
- 硬件实现的 SPI、SMBus/$I^2C$ 和两个 UART 串行接口。
- 5 个通用的 16 位定时器。
- 具有 5 个捕捉/比较模块的可编程计数器/定时器阵列。
- 片内看门狗定时器、VDD 监视器和温度传感器。

所有模拟和数字外设均可由用户固件使能/禁止和配置。

C8051F 系列单片机都可在工业温度范围(-45~+85℃)内用 2.7~3.6V 的电压工作。I/O 端口、/RST 和 JTAG 引脚都容许 5V 的输入信号电压。C8051F020 为 100 脚 TQFP 封装,如图 2-3 所示。片内原理框图如图 2-4 所示。

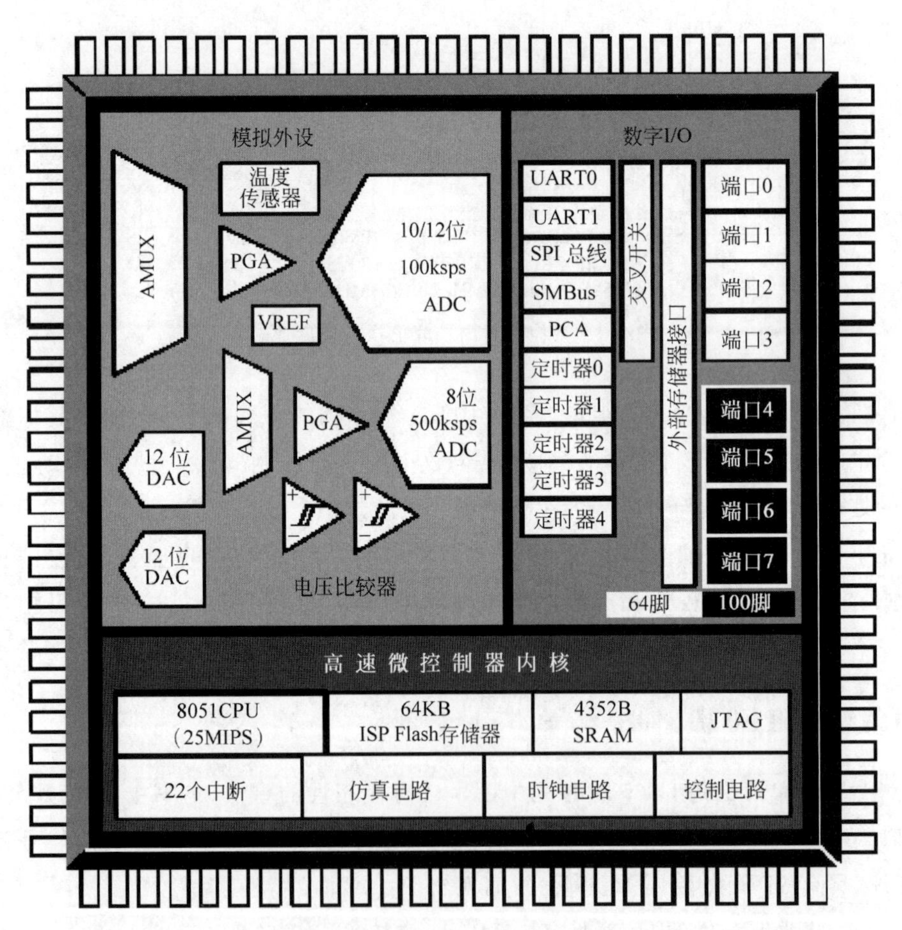


图 2-3 C8051F020 芯片示意图

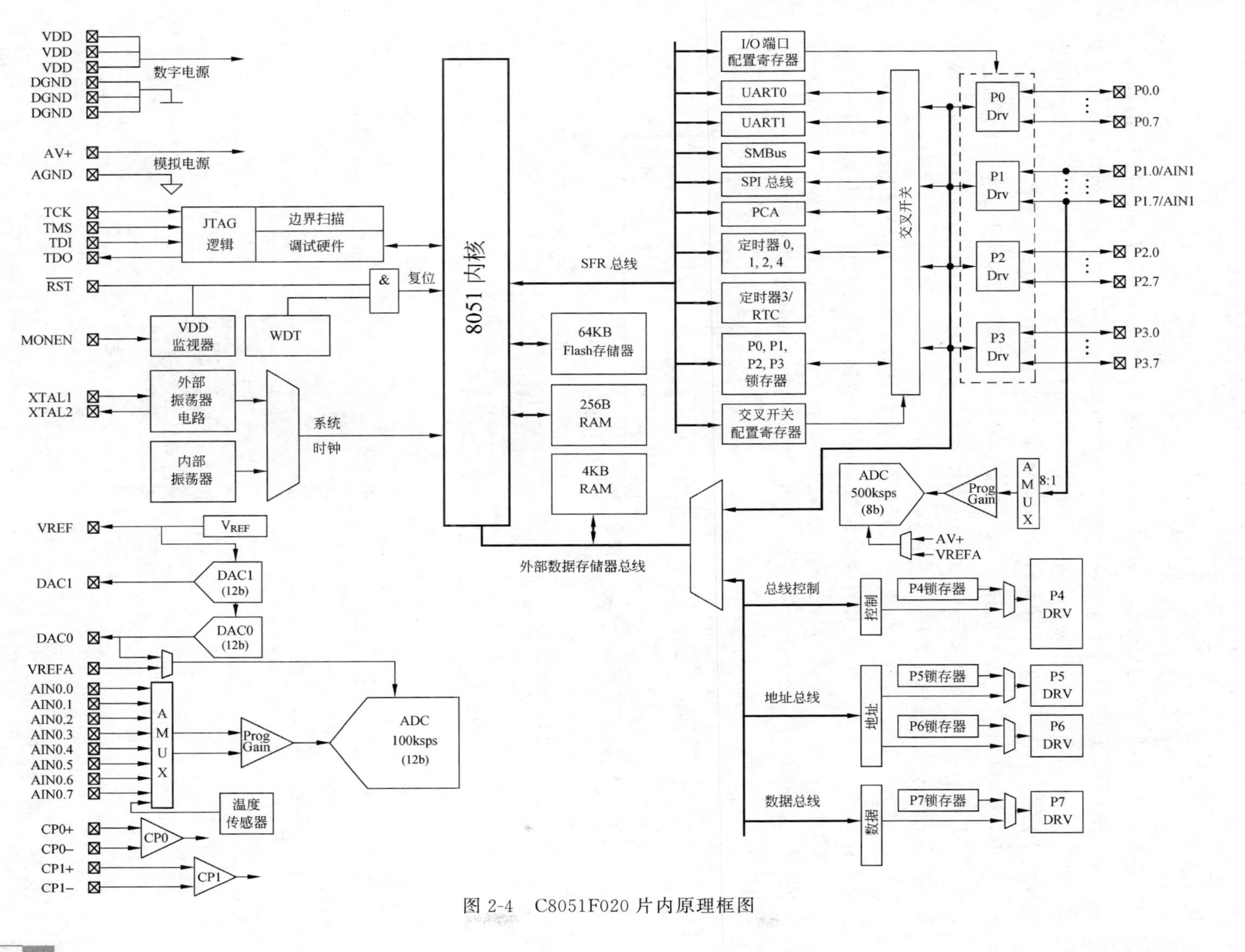


图 2-4　C8051F020 片内原理框图

## 2.2 C8051F020 存储器组织

C8051F020 与标准的 8051 的存储器空间资源兼容,存储器共有 5 个独立的存储空间:程序存储空间、内部数据存储空间、特殊功能寄存器存储空间、位寻址存储空间、外部数据存储空间。在 C8051F020 中的 CIP-51 有一些与标准的 8051 不同的地方:外部数据存储器地址空间的 4KB RAM 块嵌入到芯片内部,同时有一个可用于访问外部数据存储器的外部数据存储器接口(EMIF)。这个片内的 4KB RAM 块可以在整个 64KB 外部数据存储器地址空间中被寻址(以 4KB 为边界重叠)。外部数据存储器地址空间可以只映射到片内存储器、只映射至片外存储器,或两者的组合(4KB 以下的地址指向片内,4KB 以上的地址指向 EMIF)。EMIF 可以被配置为地址/数据线复用方式或非复用方式。

C8051F020 的程序存储器也有一点特别的地方,包含 64KB+128B 的 Flash 存储器,该存储器以 512B 为一个扇区,可以在系统编程,且不需特别的编程电压。0xFE00~0xFFFF 的 512B 被保留,由工厂使用。另加一个地址为 0x10000~0x1007F 的 128B 的扇区,该扇区可作为一个小的软件常数表使用。图 2-5 给出了 C8051F020 系统的存储器结构。

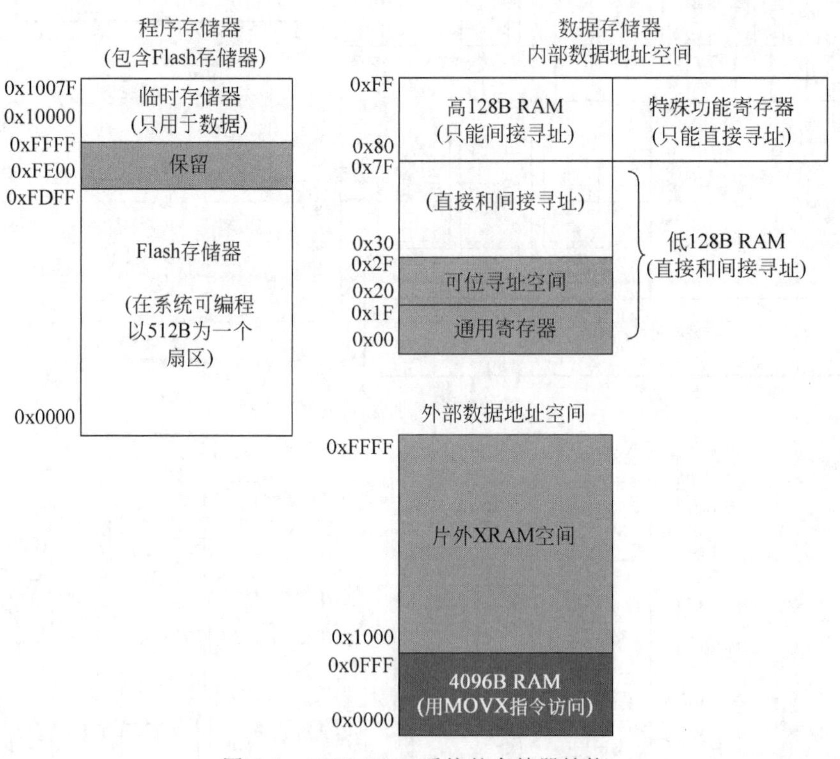


图 2-5 C8051F020 系统的存储器结构

### 2.2.1 程序存储器

CIP-51 有 64KB+128B 的程序存储器空间。C8051F020 在这个程序存储器空间中实现了 65 536B 可在系统编程的 Flash 存储器,组织在一个连续的存储块内,地址为 0x0000~

0xFFFF。注意,该存储器中有 512B(0xEE00～0xFFFF)保留给工厂使用,不能用于存储用户程序。另外增加了一个 128B 的小扇区,地址为 0x10000～0x1007F,该扇区可作为一个小的软件常数表使用。程序存储器通常被认为是只读的,但是 CIP-51 可以通过设置程序存储读写控制寄存器(PSCTL,见表 2-3)中的存储写允许位(PSCTL.0),用 MOVX 指令对程序存储器写入。这一特性为 CIP-51 提供了更新程序代码和将程序存储器空间用于非易失性数据存储的机制。具体如何用指令对程序存储器写入数据请参考 Silicon Laboratories 提供的 C8051F020 数据手册。

对 Flash 存储器编程的最简单的方法是使用由 Silicon Laboratories 公司或第三方供应商提供的编程工具,通过 JTAG 接口编程。这是对未初始化器件的唯一的编程方法。

### 2.2.2 内部数据存储器

CIP-51 的内部数据存储器有 256B 的 RAM,位于 0x00～0xFF 的地址空间。数据存储器中的低 128B 用于通用寄存器和临时存储器。可以用直接或间接寻址方式访问数据存储器的低 128B。0x00～0x1F 为 4 个通用寄存器区,每个区有 8 个寄存器。接下来的 16B,地址为 0x20～0x2F,既可以按字节寻址又可以作为 128 个位地址用直接位寻址方式访问。数据存储器中的高 128B 只能用间接寻址访问。该存储区与特殊功能寄存器(SFR)占据相同的地址空间,但物理上与 SFR 空间是分开的。当寻址高于 0x7F 的地址时,指令所用的寻址方式决定了 CPU 是访问数据存储器的高 128B 还是访问 SFR。使用直接寻址方式的指令将访问 SFR 空间,间接寻址高于 0x7F 地址的指令将访问数据存储器的高 128B。图 2-5 中给出了 CIP-51 数据存储器组织的示意图。

通用寄存器共有 4 组,每组有 8 个寄存器 R0～R7,占据内部 RAM 的 0x00～0x1F 单元地址。在任一时刻,CPU 只能使用 4 组寄存器中的一组寄存器,并把正在使用的那组寄存器称为当前寄存器组。到底使用哪一组寄存器,由程序状态字寄存器 PSW 中的 RS1、RS0 的状态组合来决定(见 2.2.3 节 SFR 中的 PSW)。

### 2.2.3 特殊功能寄存器

0x80～0xFF 的直接寻址存储器空间为特殊功能寄存器(Special Function Register,SFR)的地址空间。SFR 提供对 CIP-51 的资源和外设的控制及 CIP-51 与这些资源和外设之间的数据交换。CIP-51 具有标准 8051 中的全部 SFR,还增加了一些用于配置和访问专有子系统的 SFR。这就允许在保证与 MCS-51™ 指令集兼容的前提下增加新的功能。任何时刻用直接寻址访问 0x80～0xFF 的存储器空间将访问 SFR。地址以 0x0 或 0x8 结尾(能被 8 整除)的 SFR(例如 P0、TCON、P1、SCON、IE 等)既可以按字节寻址也可以按位寻址,所有其他 SFR 只能按字节寻址。SFR 空间中未使用的地址保留为将来使用,访问这些地址会产生不确定的结果,应予避免。下面介绍几个常用的 SFR。

ACC(Accumulator)是累加器,它是运算器中最重要的工作寄存器,用于存放参加运算的操作数和运算结果。指令系统中常用 A 表示累加器。

B 寄存器(B Register)也是运算器中的一个工作寄存器,在乘法和除法运算中存放操作数和运算结果,在其他运算中,可以作为一个中间结果寄存器使用。

SP(Stack Pointer)是 8 位的堆栈指针,数据进入堆栈前 SP 加 1,数据退出堆栈后 SP 减

1,复位后SP为0x07。若不对SP设置初值,则堆栈在0x08开始的区域。理论上堆栈可以位于256字节数据存储器中的任何位置,但0x08～0x1F单元分别属于通用工作寄存器1～3组,0x20～0x2F是位寻址区,如果程序要用到这些区,最好把SP值改为更大的值。一般在内部RAM的0x30～0xFF单元中开辟堆栈。SP一经确定,堆栈的位置也就跟着确定下来,由于SP可以初始化为不同的值,因此,堆栈位置是浮动的。

DPTR(Data Pointer)为16位的数据指针,它由DPH、DPL所组成,一般作为访问外部数据存储器的地址指针使用,保存一个16位的地址,CPU对DPTR操作也可以对高位字节DPH和低位字节DPL单独进行。

PSW(Program Status Word)是程序状态字,一个8位寄存器,用于存放程序运行中的各种状态信息。其中有些位的状态是根据程序执行结果,由硬件自动设置的,而有些位的状态则使用软件方法设定。PSW的位状态可以用专门指令进行测试,也可以用指令读出。一些条件转移指令根据PSW某些位的状态进行程序转移。PSW的各位定义如下:

| R/W | R/W | R/W | R/W | R/W | R/W | R/W | R | 复位值 |
|---|---|---|---|---|---|---|---|---|
| CY | AC | F0 | RS1 | RS0 | OV | F1 | PARITY | 00000000 |
| 位7 | 位6 | 位5 | 位4 | 位3 | 位2 | 位1 | 位0<br>(可位寻址) | SFR地址:<br>0xD0 |

其中,各位的含义如下:

位7(CY)——进位标志。

当最后一次算术操作产生进位(加法)或借位(减法)时,该位置1。其他算术操作将其清0。

位6(AC)——辅助进位标志。

当最后一次算术操作向高半字节有进位(加法)或借位(减法)时,该位置1。其他算术操作将其清0。

位5(F0)——用户标志0。

这是一个可位寻址、受软件控制的通用标志位。

位4和位3(RS1和RS0)——寄存器区选择。

这两位在寄存器访问时用于选择寄存器区,如表2-2所示。

**表2-2 通用寄存器组的选择**

| RS1 | RS0 | 寄存器区 | 片内RAM地址 |
|---|---|---|---|
| 0 | 0 | 第0组 | 0x00～0x07 |
| 0 | 1 | 第1组 | 0x08～0x0F |
| 1 | 0 | 第2组 | 0x10～0x17 |
| 1 | 1 | 第3组 | 0x18～0x1F |

位2(OV)——溢出标志。

该位在下列情况下被置1:

- ADD、ADDC或SUBB指令引起符号位变化溢出。
- MUL指令引起溢出(结果大于255)。

• DIV 指令的除数为 0。

• ADD、ADDC、SUBB、MUL 和 DIV 指令的其他情况使该位清 0。

位 1(F1)——用户标志 1。

这是一个可位寻址、受软件控制的通用标志位。

位 0(PARITY)——奇偶标志。

若累加器中有奇数个 1 时该位置 1,有偶数个 1 时清 0。

其他 SFR 的详细说明可参见本书相应章节的相关部分及 Silicon Laboratories 提供的 C8051F020 数据手册。表 2-3 列出了 C8051F 中 CIP-51 的全部 SFR(以字母顺序排列)。

**表 2-3 C8051F 中 CIP-51 的全部 SFR(以字母顺序排列)**

| 寄存器 | 地址 | 说　明 | 寄存器 | 地址 | 说　明 |
|---|---|---|---|---|---|
| ACC | 0xE0 | 累加器 | P0 | 0x80 | 端口 0 锁存器 |
| ADC0CF | 0xBC | ADC0 配置寄存器 | P0MDOUT | 0xA4 | 端口 0 输出方式配置寄存器 |
| ADC0CN | 0xE8 | ADC0 控制寄存器 | P1 | 0x90 | 端口 1 锁存器 |
| ADC0GTH | 0xC5 | ADC0 下限(大于)数据字(高字节) | P1MDIN | 0xBD | 端口 1 输入方式寄存器 |
| ADC0GTL | 0xC4 | ADC0 下限(大于)数据字(低字节) | P1MIOUT | 0xA5 | 端口 1 输出方式配置寄存器 |
| ADC0H | 0xBF | ADC0 数据字(高字节) | P2 | 0xA0 | 端口 2 锁存器 |
| ADC0L | 0xBE | ADC0 数据字(低字节) | P2MDOUT | 0xA6 | 端口 2 输出方式配置寄存器 |
| ADC0LTH | 0xC7 | ADC0 上限(小于)数据字(高字节) | P3 | 0xB0 | 端口 3 锁存器 |
| ADC0LTL | 0xC6 | ADC0 上限(小于)数据字(低字节) | P3IF | 0xAD | 端口 3 中断标志寄存器 |
| ADC1CF | 0xAB | ADC1 配置寄存器 | P3MDOUT | 0xA7 | 端口 3 输出方式配置寄存器 |
| ADC1CN | 0xAA | ADC1 控制寄存器 | P4 | 0x84 | 端口 4 锁存器 |
| ADC1 | 0x9C | ADC1 数据字 | P5 | 0x85 | 端口 5 锁存器 |
| AMX0CF | 0xBA | ADC0 MUX 配置寄存器 | P6 | 0x86 | 端口 6 锁存器 |
| AMX0SL | 0xBB | ADC0 MUX 通道选择寄存器 | P7 | 0x96 | 端口 7 锁存器 |
| AMX1SL | 0xAC | ADC1 MUX 通道选择寄存器 | P74OUT | 0xB5 | 端口 4-7 输出方式寄存器 |
| B | 0xF0 | B 寄存器 | PCA0CN | 0xD8 | PCA 控制寄存器 |
| CKCON | 0x8E | 时钟控制寄存器 | PCA0CPH0 | 0xFA | PCA 捕捉模块 0 高字节 |
| CPT0CN | 0x9E | 比较器 0 控制寄存器 | PCA0CPH1 | 0xFB | PCA 捕捉模块 1 高字节 |
| CPT1CN | 0x9F | 比较器 1 控制寄存器 | PCA0CPH2 | 0xFC | PCA 捕捉模块 2 高字节 |
| DAC0CN | 0xD4 | DAC0 控制寄存器 | PCA0CPH3 | 0xFD | PCA 捕捉模块 3 高字节 |
| DAC0H | 0xD3 | DAC0 数据字(高字节) | PCA0CPH4 | 0xFE | PCA 捕捉模块 4 高字节 |
| DAC0L | 0xD2 | DAC0 数据字(低字节) | PCA0CPL0 | 0xEA | PCA 捕捉模块 0 低字节 |
| DAC1CN | 0xD7 | DAC1 控制寄存器 | PCA0CPL1 | 0xEB | PCA 捕捉模块 1 低字节 |
| DAC1H | 0xD6 | DAC1 数据字(高字节) | PCA0CPL2 | 0xEC | PCA 捕捉模块 2 低字节 |
| DAC1L | 0xD5 | DAC1 数据字(低字节) | PCA0CPL3 | 0xED | PCA 捕捉模块 3 低字节 |
| DPH | 0x83 | 数据指针(高字节) | PCA0CPL4 | 0xEE | PCA 捕捉模块 4 低字节 |
| DPL | 0x82 | 数据指针(低字节) | PCA0CPM0 | 0xDA | PCA 模块 0 方式寄存器 |
| EIE1 | 0xE6 | 扩展中断允许 1 | PCA0CPM1 | 0xDB | PCA 模块 1 方式寄存器 |

续表

| 寄存器 | 地址 | 说　明 | 寄存器 | 地址 | 说　明 |
|---|---|---|---|---|---|
| EIE2 | 0xE7 | 扩展中断允许 2 | PCA0CPM2 | 0xDC | PCA 模块 2 方式寄存器 |
| EIP1 | 0xF6 | 扩展中断优先级 1 | PCA0CPM3 | 0xDD | PCA 模块 3 方式寄存器 |
| EIP2 | 0xF7 | 扩展中断优先级 2 | PCA0CPM4 | 0xDE | PCA 模块 4 方式寄存器 |
| EMI0CN | 0xAF | 外部存储器接口控制寄存器 | PCA0H | 0xF9 | PCA 计数器高字节 |
| EMI0CF | 0xA3 | 外部存储器接口配置寄存器 | PCA0L | 0xE9 | PCA 计数器低字节 |
| EMI0TC | 0xA1 | 外部存储器接口时序控制寄存器 | PCA0MD | 0xD9 | PCA 方式寄存器 |
| FLACL | 0xB7 | Flash 访问限制 | PCON | 0x87 | 电源控制寄存器 |
| FLSCL | 0xB6 | Flash 寄存器定时预分频器 | PSCTL | 0x8F | 程序存储读写控制寄存器 |
| IE | 0xA8 | 中断允许寄存器 | PSW | 0xD0 | 程序状态字 |
| IP | 0xB8 | 中断优先级控制寄存器 | RCAP2H | 0xCB | 定时器/计数器 2 捕捉(高字节) |
| OSCICN | 0xB2 | 内部振荡器控制寄存器 | RCAP2L | 0xCA | 定时器/计数器 2 捕捉(低字节) |
| OSCXCN | 0xB1 | 外部振荡器控制寄存器 | RCAP4H | 0xE5 | 定时器/计数器 4 捕捉(高字节) |
| RCAP4L | 0xE4 | 定时器/计数器 4 捕捉(低字节) | T4CON | 0xC9 | 定时器/计数器 4 控制寄存器 |
| REF0CN | 0xD1 | 电压基准控制寄存器 | TCON | 0x88 | 定时器/计数器控制寄存器 |
| RSTSRC | 0xEF | 复位源寄存器 | TH0 | 0x8C | 定时器/计数器 0 高字节 |
| SADDR0 | 0xA9 | UART0 从地址寄存器 | TH1 | 0x8D | 定时器/计数器 1 高字节 |
| SADDR1 | 0xF3 | UART1 从地址寄存器 | TH2 | 0xCD | 定时器/计数器 2 高字节 |
| SADEN0 | 0xB9 | UART0 从地址允许寄存器 | TH4 | 0xF5 | 定时器/计数器 4 高字节 |
| SADEN1 | 0xAE | UART1 从地址允许寄存器 | TL0 | 0x8A | 定时器/计数器 0 低字节 |
| SBUF0 | 0x99 | UART0 数据缓冲器 | TL1 | 0x8B | 定时器/计数器 1 低字节 |
| SBUF1 | 0xF2 | UART1 数据缓冲器 | TL2 | 0xCC | 定时器/计数器 2 低字节 |
| SCON0 | 0x98 | UART0 控制寄存器 | TL4 | 0xF4 | 定时器/计数器 4 低字节 |
| SCON1 | 0xF1 | UART1 控制寄存器 | TMOD | 0x89 | 定时器/计数器方式寄存器 |
| SMB0ADR | 0xC3 | SMBus 0 从地址寄存器 | TMR3CN | 0x91 | 定时器 3 控制寄存器 |
| SMB0CN | 0xC0 | SMBus 0 控制寄存器 | TMR3H | 0x95 | 定时器 3 高字节 |
| SMB0CR | 0xCF | SMBus 0 时钟速率寄存器 | TMR3L | 0x94 | 定时器 3 低字节 |
| SMB0DAT | 0xC2 | SMBus 0 数据寄存器 | TMR3RLH | 0x93 | 定时器 3 重载值高字节 |
| SMB0STA | 0xC1 | SMBus 0 状态寄存器 | TMR3RLL | 0x92 | 定时器 3 重载值低字节 |
| SP | 0x81 | 堆栈指针 | WDTCN | 0xFF | 看门狗定时器控制 |
| SPI0CFG | 0x9A | SPI 配置寄存器 | XBR0 | 0xE1 | I/O 端口交叉开关控制 0 |
| SPI0CKR | 0x9D | SPI 时钟速率寄存器 | XBR1 | 0xE2 | I/O 端口交叉开关控制 1 |
| SPI0CN | 0xF8 | SPI 控制寄存器 | XBR2 | 0xE3 | I/O 端口交叉开关控制 2 |
| SPI0DAT | 0x9B | SPI 数据寄存器 | 0x97,0xA2,0xB3,0xB4,0xCE,0xDF | | 保留 |
| T2CON | 0xC8 | 定时器/计数器 2 控制寄存器 | | | |

## 2.2.4 位寻址区

CIP-51的内部RAM中0x20～0x2F单元以及特殊功能寄存器中地址为8的倍数的特殊功能寄存器可以位寻址，它们构成了CIP-51的位存储器空间。这些RAM单元和特殊功能寄存器既有一个字节地址(8位作为一个整体的地址)，每一位又有一个位地址。表2-4列出了内部RAM中位寻址区的位地址编址，特殊功能寄存器中具有位寻址功能的位地址编址在各章节涉及时再介绍。在内部RAM的0x20～0x2F位寻址区域中，16个单元的每一位都有一个位地址，它们占据位地址空间的0x00～0x7F。这16个单元的每一位都可以视作一个软件触发器，用于存放各种程序标志、位控制变量。同样，位寻址区的RAM单元也可以作为一般的数据缓冲器使用。CPU对这部分RAM既可以字节操作也可以位操作。CIP-51内的布尔处理器能对位地址空间中的位存储器直接寻址，对它们执行置1、清0、取反、测试等操作。布尔处理器的这种功能提供了把逻辑式(组合逻辑)直接变为软件的简单明了的方法。不需要过多的数据传送、字节屏蔽和测试分支树，就能实现复杂的组合逻辑功能。

表2-4 内部RAM中位寻址区的位地址编址

| 地址 | 位地址 | | | | | | | |
|---|---|---|---|---|---|---|---|---|
| | D7 | D6 | D5 | D4 | D3 | D2 | D1 | D0 |
| 0x2F | 0x7F | 0x7E | 0x7D | 0x7C | 0x7B | 0x7A | 0x79 | 0x78 |
| 0x2E | 0x77 | 0x76 | 0x75 | 0x74 | 0x73 | 0x72 | 0x71 | 0x70 |
| 0x2D | 0x6F | 0x6E | 0x6D | 0x6C | 0x6B | 0x6A | 0x69 | 0x68 |
| 0x2C | 0x67 | 0x66 | 0x65 | 0x64 | 0x63 | 0x62 | 0x61 | 0x60 |
| 0x2B | 0x5F | 0x5E | 0x5D | 0x5C | 0x5B | 0x5A | 0x59 | 0x58 |
| 0x2A | 0x57 | 0x56 | 0x55 | 0x54 | 0x53 | 0x52 | 0x51 | 0x50 |
| 0x29 | 0x4F | 0x4E | 0x4D | 0x4C | 0x4B | 0x4A | 0x49 | 0x48 |
| 0x28 | 0x47 | 0x46 | 0x45 | 0x44 | 0x43 | 0x42 | 0x41 | 0x40 |
| 0x27 | 0x3F | 0x3E | 0x3D | 0x3C | 0x3B | 0x3A | 0x39 | 0x38 |
| 0x26 | 0x37 | 0x36 | 0x35 | 0x34 | 0x33 | 0x32 | 0x31 | 0x30 |
| 0x25 | 0x2F | 0x2E | 0x2D | 0x2C | 0x2B | 0x2A | 0x29 | 0x28 |
| 0x24 | 0x27 | 0x26 | 0x25 | 0x24 | 0x23 | 0x22 | 0x21 | 0x20 |
| 0x23 | 0x1F | 0x1E | 0x1D | 0x1C | 0x1B | 0x1A | 0x19 | 0x18 |
| 0x22 | 0x17 | 0x16 | 0x15 | 0x14 | 0x13 | 0x12 | 0x11 | 0x10 |
| 0x21 | 0x0F | 0x0E | 0x0D | 0x0C | 0x0B | 0x0A | 0x09 | 0x08 |
| 0x20 | 0x07 | 0x06 | 0x05 | 0x04 | 0x03 | 0x02 | 0x01 | 0x00 |

## 2.2.5 外部RAM和片内XRAM

C8051F020单片机有外部数据空间64KB，可以存放程序运行中的数据或常数等，芯片内有外部数据存储器空间的4096B RAM(XRAM)，还有外部数据存储器接口(EMIF)可用于访问片外存储器和存储器映射的I/O器件。外部存储器空间可以用外部传送指令(MOVX)和数据指针(DPTR)访问，或者通过使用R0或R1用间接寻址方式访问。如果MOVX指令使用一个8位地址操作数(例如@R1)，则16位地址的高字节由外部存储器接口控制寄存器(EMIOCN)提供。注意,MOVX 指令还用于写 Flash 存储器(见 2.2.1 节)。默认情况下 MOVX 指令访问 XRAM。EMIF 可被配置为使用低 I/O 端口(P0～P3)或高 I/O 端口(P4～P7)。由于目前串行总线存储器芯片的使用越来越普及,有关外部数据存储器的扩展问题在这里不多讨论,有兴趣的读者可参考 Silicon Laboratories 提供的 C8051F020 数据手册,或者去了解串行总线存储器芯片的使用方法,6.2.3 节中有类似的例子可以参考。

# 2.3 中断系统

通常一个单片机系统的 CPU 跟外围设备(如键盘、显示器等)沟通的方法有轮询(Polling)以及中断(Interrupt)两种。轮询的方法是 CPU 依照某种既定法则,依序查询每一外围设备 I/O 是否需要服务,此种方法 CPU 需花费一些时间来做查询服务,当 I/O 设备增多时,查询服务时间也相对增加,因此势必浪费许多 CPU 时间,降低整体的效率。

## 2.3.1 中断概念

什么是中断呢?好比平时人们做自己的事,不会去理会电话机是否存在,当有人欲借助电话机与主人通话时,此刻电话机就会传来振铃通知主人;当主人听到振铃后,暂时放下手边的工作,而去接电话。相似地,CPU 平时执行主程序,当外围设备需要服务时,会主动发信号告诉 CPU,当 CPU 得知有外围设备需要服务时,会依某种既定法则去执行服务子程序。所以,中断方法很明显不需花太多时间做查询服务的工作。

所以可以对中断做如下定义:在计算机程序运行过程中,当中央处理器(CPU)正在处理某事件时外界发生了更为紧急的请求,要求 CPU 暂停当前的工作,转而去处理这个紧急事件,处理完毕后,再回到原来被中断的地方,继续原来的工作,这样的过程称为中断。实现这一功能的部件称为中断系统,要求 CPU 中断的请求源称为中断源。中断系统是为使处理机对外界异步事件具有处理能力而设置的。功能越强的中断系统,其对外界异步事件处理能力就越强。不同的计算机系统的中断源数目不一样,MCS-51 系列单片机有 5～16 个中断源,而本书中介绍的 C8051F020 系列单片机支持 22 个中断源;单片机的中断系统一般允许多个中断源,当几个中断源同时向 CPU 请求中断时,就存在 CPU 优先响应哪一个中断源请求的问题。

通常根据中断源的轻重缓急排队,优先处理最紧急事件的中断请求源,即规定每一个中断源有一个优先级别,CPU 总是最先响应级别最高的中断。它可分为两个中断优先级,即高优先级和低优先级;可实现两级中断嵌套。用户可以用关中断指令(或复位)来屏蔽所有的中断请求,也可以用开中断指令使 CPU 接收中断申请。即每一个中断源的优先级都可以由程序来设定。

当 CPU 正在处理一个中断源请求时,发生了另一个优先级比它高的中断源请求。如果 CPU 能够暂停对原来的中断源的处理程序,转而去处理优先级更高的中断源请求,处理完以后,再回到原来的低级中断处理程序,这样的过程称为中断嵌套。具有这种功能的中断系统称为多级中断系统;没有中断嵌套功能的则称为单级中断系统。

具有二级中断服务程序嵌套的中断过程如图 2-6 所示。

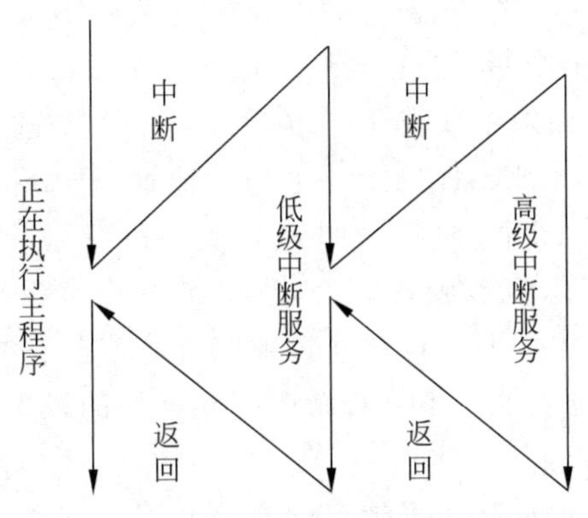


图 2-6　二级中断服务程序嵌套的中断过程

## 2.3.2　C8051F 中断系统

C8051F020 的中断系统结构示意图如图 2-7 所示，相对于 MCS-51 的中断系统，它是一个扩展的中断系统，支持 22 个中断源，由与中断有关的特殊功能寄存器如中断允许控制寄存器 IE，扩展中断允许控制寄存器 EIE1、EIE2，中断优先级控制寄存器 IP，扩展中断优先级控制寄存器 EIP1、EIP2，相关的中断源标志寄存器（如 TCON、SCON 的相关位作中断源的标志位）和中断顺序查询逻辑等组成。中断顺序查询逻辑也称硬件查询逻辑，22 个中断源的中断请求是否会得到响应，要受中断允许寄存器 IE、EIE1、EIE2 各位的控制，它们的优先级分别由 IP、EIP1、EIP2 各位来确定；同一优先级内的各中断源同时请求中断时，就由内部的硬件查询逻辑来确定响应次序；不同的中断源有不同的中断矢量。

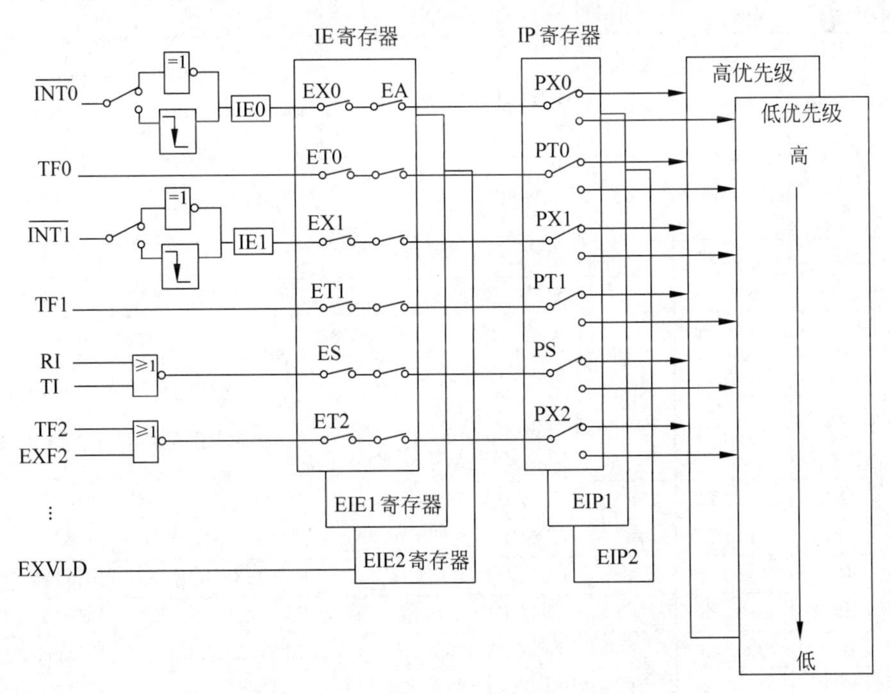


图 2-7　C8051F020 中断系统结构示意图

中断源在片内外设与外部输入引脚之间的分配随器件的不同而变化。每个中断源可以在一个 SFR 中有一个或多个中断标志。当一个外设或外部源满足有效的中断条件时,相应的中断标志被置为逻辑 1。如果中断被允许,在中断标志被置位时将产生中断。一旦当前指令执行完,CPU 就产生一个 LCALL 到一个预定地址,开始执行中断服务程序(ISR)。每个 ISR 必须以 RETI 指令结束,使程序回到中断前执行完的那条指令的下一条指令。如果中断未被允许,中断标志将被硬件忽略,程序继续正常执行。每个中断源都可以用一个 SFR(IE-EIE2)中的相关中断允许位允许或禁止,但是必须首先置 1EA 位(IE.7)以保证每个单独的中断允许位有效。不管每个中断允许位的设置如何,清 0EA 位将禁止所有中断。

某些中断标志在 CPU 进入 ISR 时被自动清除。但大多数中断标志不是由硬件清除的,必须在 ISR 返回前用软件清除。如果一个中断标志在 CPU 执行完中断返回(RETI)指令后仍然保持置位状态,则会立即产生一个新的中断请求,CPU 将在执行完下一条指令后重新进入 ISR。

**1. 中断源**

C8051F020 单片机有 22 个中断源,如表 2-5 所示。在中断源中有外部事件中断、串口(UART0、UART2、SPI、SMBus 等)、定时器/计数器、电压比较器、A/D 转换等。

表 2-5 C8051F020 单片机的中断源

| 中断源 | 中断向量 | 优先级 | 中断标志 | 使能 | 优先级控制 |
|---|---|---|---|---|---|
| 复位 | 0x0000 | 最高 | 无 | 始终使能 | 总是最高 |
| 外部中断 0(INT0) | 0x0003 | 0 | IE0(TCON.1) | EX0(IE.0) | PX0(IP.0) |
| 定时器 0 溢出 | 0x000B | 1 | IF0(TCON.5) | ET0(IE.1) | PT0(IP.1) |
| 外部中断 1(INT1) | 0x0013 | 2 | IE1(TCON.3) | EX1(IE.2) | PX1(IP.2) |
| 定时器 1 溢出 | 0x001B | 3 | IF1(TCON.7) | ET1(IE.3) | PT1(IP.3) |
| UART0 | 0x0023 | 4 | RI(SCON0.0)<br>TI(SCON0.1) | ES0(IE.4) | PS0(IP.4) |
| 定时器 2 溢出(或 EXF2) | 0x002B | 5 | TF2(T2CON.7) | ET2(IE.5) | PT2(IP.5) |
| 串行外设接口 | 0x0033 | 6 | SPIF(SPI0CN.7) | ESPI0(EIE1.0) | PSPI0(EIP1.0) |
| SMBus 接口 | 0x003B | 7 | SI(SMB0CN.3) | ESMB0(EIE1.1) | PSMB0(EIP1.1) |
| ADC0 窗口比较 | 0x0043 | 8 | AD0WINT<br>(ADCONCN.2) | EWADC0(EIE1.2) | PWADC0(EIP1.2) |
| 可编程计数器阵列 | 0x004B | 9 | CF(PCA0CN.7)<br>CCFn(PCA0CN.n) | EPCA0(EIE1.3) | PPCA0(EIP1.3) |
| 比较器 0 下降沿 | 0x0053 | 10 | CP0FIF(CPT0CN.4) | ECP0F(EIE1.4) | PCP0F(EIP1.4) |
| 比较器 0 上升沿 | 0x005B | 11 | CP0RIF(CPT0CN.3) | ECP0R(EIE1.5) | PCP04(EIP1.5) |
| 比较器 1 下降沿 | 0x0063 | 12 | CP1FIF(CPT1CN.4) | ECP1F(EIE1.6) | PCP1F(EIP1.6) |
| 比较器 1 上升沿 | 0x006B | 13 | CP1RIF(CPT1CN.3) | ECP1R(EIE1.7) | PCP1R(EIP1.7) |
| 定时器 3 溢出 | 0x0073 | 14 | TF3(TMR3CN.7) | ET3(EIE2.0) | PT3(EIP2.0) |
| ADC0 转换结束 | 0x007B | 15 | AD0INT(ADC0CN.5) | EADC0(EIE2.1) | PADC0(EIP2.1) |

续表

| 中断源 | 中断向量 | 优先级 | 中断标志 | 使能 | 优先级控制 |
|---|---|---|---|---|---|
| 定时器4溢出 | 0x0083 | 16 | TF4(T4CON.7) | ET4(EIE2.2) | PT4(EIP2.2) |
| ADC1转换结束 | 0x008B | 17 | AD1INT(ADC1CN.5) | EADC1(EIE2.3) | EADC1(EIE2.3) |
| 外部中断6 | 0x0093 | 18 | IE6(PRT3IF.5) | EX6(EIE2.4) | PX6(EIP2.4) |
| 外部中断7 | 0x009B | 19 | IE7(PRT3IF.6) | EX7(EIE2.5) | PX7(EIP2.5) |
| UART1 | 0x00A3 | 20 | RI(SCON1.0)<br>TI(SCON1.1) | ES1(EIE2.6) | PS1(EIP2.6) |
| 外部晶体振荡器准备好 | 0x00AB | 21 | XTLVLD(OSCXNCN.7) | EXVLD(EIE2.7) | PXVLD(EIP2.7) |

1) 外部中断源

与MCS-51兼容的两个外部中断源——外部中断0($\overline{INT0}$)和外部中断1($\overline{INT1}$),可被配置为低电平触发或下降沿触发输入,由IT0(TCON.0)和IT1(TCON.2)的设置决定。IE0(TCON.1)和IE1(TCON.3)分别为外部中断$\overline{INT0}$和$\overline{INT1}$的中断标志(TCON的具体格式见4.1节的有关介绍)。如果一个$\overline{INT0}$或$\overline{INT1}$外部中断被配置为边沿触发,则CPU在转向ISR时将自动清除相应的中断标志。当被配置为电平触发时,中断标志将跟随外部中断输入引脚的状态,外部中断源必须一直保持输入有效直到中断请求被响应。在ISR返回前必须使该中断请求无效,否则将产生另一个中断请求。C8051F020中还有另外2个外部中断源(外部中断6、7)为边沿触发输入,可以被配置为下降沿触发或上升沿触发。这些中断的中断标志和配置位在端口3中断标志寄存器P3IF中,具体设置见2.4节中有关端口3的介绍。

2) 定时器/计数器溢出中断源

定时器/计数器溢出中断由内部定时器中断源产生,故它们属于内部中断。C8051F020内部有5个16位定时器/计数器,其中3个(T0～T2)与MCS-51兼容。受内部定时脉冲或由T0/T1/T2/T2EX/T4/T4EX引脚上输入的外部定时脉冲控制,向CPU提出溢出中断请求。除此之外,C8051F系列单片机还有可编程计数器阵列(PCA)在满足条件时向CPU提出的中断请求。

3) 串行口发送/接收中断

串行口发送/接收中断由内部串行口中断源产生,故也是一种内部中断。C8051F020中有两个UART串行口(UART0、UART1),串行口中断分为串行口发送中断和串行口接收中断两种。在串行口进行发送/接收数据时,每当串行口发送/接收完一组串行数据时,串行口电路自动使串行口控制寄存器SCON中的TI或RI中断标志位置位,并自动向CPU发出串行口中断请求,CPU响应串行口中断后便立即转入串行口中断服务程序执行。因此,只要在串行中断服务程序中安排一段对SCON中TI和RI中断标志位状态的判断程序,便可区分串行口是发生了接收中断请求还是发送中断请求。串行口控制寄存器SCON各位定义请参阅4.3节中有关UART的介绍。

除此以外,C8051F020还有串行外设接口SPI、SMBus两种串口接口的中断源。

4) 其他中断源

C8051F020 单片机还有电压比较器、A/D 转换、晶振准备好等中断源,具体原理将在相关内容章节中介绍。



**2. 中断控制**

C8051F 系列单片机对中断源的开放和屏蔽,以及每个中断源是否被允许中断,都受中断允许寄存器 IE、EIE1、EIE2 控制。每个中断源优先级的设定,则由中断优先级寄存器 IP、EIP1、EIP2 控制。寄存器状态可通过程序由软件设定。

1) 中断使能控制

CIP-51 没有专门的开中断和关中断指令,中断的开放和关闭是通过中断允许寄存器 IE、EIE1、EIE2 进行两级控制的。所谓两级控制,是指有一个中断允许总控制位 EA,配合各中断源的中断允许控制位共同实现对中断请求的控制。这些中断允许控制位集成在中断允许寄存器 IE、EIE1、EIE2 中,中断允许寄存器 IE 各位的定义如下:

| R/W | R/W | R/W | R/W | R/W | R/W | R/W | R/W | 复位值 |
|---|---|---|---|---|---|---|---|---|
| EA | IEGF0 | ET2 | ES0 | ET1 | EX1 | ET0 | EX0 | 00000000 |
| 位 7 | 位 6 | 位 5 | 位 4 | 位 3 | 位 2 | 位 1 | 位 0<br>(可位寻址) | SFR 地址:<br>0xA8 |

其中,各位的含义如下:

位 7(EA)——CPU 中断总允许位。EA=0,CPU 关中断,禁止一切中断;EA=1,CPU 开放中断。每个中断源是开放还是屏蔽分别由各自的允许位确定。

位 6(IEGF0)——通用标志位 0。该位用作软件控制的通用标志位。

位 5(ET2)——定时器 2 中断允许位。ET2=1 允许定时器 2 中断;否则禁止中断。

位 4(ES0)——串行口 UART0 中断允许位。ES0=1,允许串行口的接收和发送中断;ES0=0 禁止串行口中断。

位 3(ET1)——定时器 1 中断允许位。ET1=1,允许 T1 中断;否则禁止中断。

位 2(EX1)——外部中断 1($\overline{INT1}$)的中断允许位。EX1=1 允许外部中断 1 中断;否则禁止中断。

位 1(ET0)——定时器 0 的中断允许位。ET0=1 允许 T0 中断;否则禁止中断。

位 0(EX0)——外部中断 0($\overline{INT0}$)的中断允许位。EX0=1 允许外部中断 0 中断;否则禁止中断。

中断允许寄存器 IE 的单元地址是 0xA8,各控制位(位地址为 0xA8~0xAF)可以进行字节寻址,也可以进行位寻址。所以既可以用字节传送指令,又可以用位操作指令来对各个中断请求加以控制。

例如,可以采用如下字节传送指令来开放定时器 T0 的溢出中断:

```
MOV  IE,#82H
```

也可以用位寻址指令,则需采用如下两条指令实现同样功能:

```
SETB  EA
SETB  ET0
```

在 C8051F 系列单片机复位后，IE 各位被复位成 0 状态，CPU 处于关闭所有中断的状态。所以，在单片机复位以后，用户必须通过程序中的指令来开放所需中断。

中断允许寄存器 EIE1 各位的定义如下：

| R/W | R/W | R/W | R/W | R/W | R/W | R/W | R/W | 复位值 |
|---|---|---|---|---|---|---|---|---|
| ECP1R | ECP1F | ECP0R | ECP0F | EPCA0 | EWADC0 | ESMB0 | ESPI0 | 00000000 |
| 位 7 | 位 6 | 位 5 | 位 4 | 位 3 | 位 2 | 位 1 | 位 0 | SFR 地址：0xE6 |

其中，各位的含义如下：

位 7(ECP1R)——允许比较器 1(CP1)上升沿中断。该位设置 CP1 的中断屏蔽。

ECP1R=0：禁止 CP1 上升沿中断。

ECP1R=1：允许 CP1RIF 标志位(CPT1CN.5)的中断请求。

位 6(ECP1F)——允许比较器 1(CP1)下降沿中断。该位设置 CP1 的中断屏蔽。

ECP1F=0：禁止 CP1 下降沿中断。

ECP1F=1：允许 CP1FIF 标志位(CPT1CN.4)的中断请求。

位 5(ECP0R)——允许比较器 0(CP0)上升沿中断。该位设置 CP0 的中断屏蔽。

ECP0R=0：禁止 CP0 上升沿中断。

ECP0R=1：允许 CP0RIF 标志位(CPT0CN.5)的中断请求。

位 4(ECP0F)——允许比较器 0(CP0)下降沿中断。该位设置 CP0 的中断屏蔽。

ECP0F=0：禁止 CP0 下降沿中断。

ECP0F=1：允许 CP0FIF 标志位(CPT0CN.4)的中断请求。

位 3(EPCA0)——允许可编程计数器阵列(PCA0)中断。该位设置 PCA0 的中断屏蔽。

EPCA0=0：禁止所有 PCA0 中断。

EPCA0=1：允许 PCA0 的中断请求。

位 2(EWADC0)——允许 ADC0 窗口比较中断。该位设置 ADC0 窗口比较的中断屏蔽。

EWADC0=0：禁止 ADC0 窗口比较中断。

EWADC0=1：允许 ADC0 窗口比较中断请求。

位 1(ESMB0)——允许 SMBus0 中断。该位设置 SMBus0 的中断屏蔽。

ESMB0=0：禁止 SMBus0 中断。

ESMB0=1：允许 SI 标志位(SMB0CN.3)的中断请求。

位 0(ESPI0)——允许串行外设接口 0 中断。该位设置 SPI0 的中断屏蔽。

ESPI0=0：禁止 SPI0 中断。

ESPI0=1：允许 SPIF 标志位(SPI0CN.7)的中断请求。

中断允许寄存器 EIE2 各位的定义如下：

| R/W | R/W | R/W | R/W | R/W | R/W | R/W | R/W | 复位值 |
|---|---|---|---|---|---|---|---|---|
| EXVLD | ES1 | EX7 | EX6 | EADC1 | ET4 | EADC0 | ET3 | 00000000 |
| 位 7 | 位 6 | 位 5 | 位 4 | 位 3 | 位 2 | 位 1 | 位 0 | SFR 地址：0xE7 |

其中,各位的含义如下:

位 7(EXVLD)——允许外部时钟源有效(XTLVLD)中断。该位设置 XTLVLD 的中断屏蔽。

EXVLD=0:禁止 XTLVLD 中断。

EXVLD=1:允许 XTLVLD 标志位(OSCXCN.7)的中断请求。

位 6(ES1)——允许 UART1 中断。该位设置 UART1 的中断屏蔽。

ES1=0:禁止 UART1 中断。

ES1=1:允许 UART1 中断。

位 5(EX7)——允许外部中断 7。该位设置外部中断 7 的中断屏蔽。

EX7=0:禁止外部中断 7。

EX7=1:允许外部中断 7 输入引脚的中断请求。

位 4(EX6)——允许外部中断 6。该位设置外部中断 6 的中断屏蔽。

EX6=0:禁止外部中断 6。

EX6=1:允许外部中断 6 输入引脚的中断请求。

位 3(EADC1)——允许 ADC1 转换结束中断。该位设置 ADC1 转换结束的中断屏蔽。

EADC1=0:禁止 ADC1 转换结束中断。

EADC1=1:允许 ADC1 转换结束产生的中断请求。

位 2(ET4)——允许定时器 4 中断。该位设置定时器 4 的中断屏蔽。

ET4=0:禁止定时器 4 中断。

ET4=1:允许 TF4 标志(T4CON.7)产生的中断请求。

位 1(EADC0)——允许 ADC0 转换结束中断。该位设置 ADC0 转换结束的中断屏蔽。

EADC0=0:禁止 ADC0 转换结束中断。

EADC0=1:允许 ADC0 转换结束产生的中断请求。

位 0(ET3)——允许定时器 3 中断。该位设置定时器 3 中断屏蔽。

ET3=0:禁止定时器 3 中断。

ET3=1:允许 TF3 标志位(TMR3CN.7)的中断请求。

2) 中断优先级别的设定

C8051F020 单片机具有两个中断优先级。对于所有的中断源,均可由软件设置为高优先级中断或低优先级中断,并可实现两级中断嵌套。

一个正在执行的低优先级中断服务程序,能被高优先级中断源所中断。同级或低优先级中断源不能中断正在执行的中断服务程序。每个中断源的中断优先级都可以通过程序来设定,由中断优先级寄存器 IP、EIP1、EIP2 统一管理。

中断优先级寄存器 IP 各位的定义如下:

| R/W | R/W | R/W | R/W | R/W | R/W | R/W | R/W | 复位值 |
|---|---|---|---|---|---|---|---|---|
| — | — | PT2 | PS0 | PT1 | PX1 | PT0 | PX0 | 00000000 |
| 位 7 | 位 6 | 位 5 | 位 4 | 位 3 | 位 2 | 位 1 | 位 0<br>(可位寻址) | SFR 地址:<br>0xB8 |

其中，各位的含义如下：

位 7 和位 6——未用。读=11b，写=忽略。

位 5(PT2)——定时器 2 中断优先级控制。该位设置定时器 2 中断的优先级。

PT2=0：定时器 2 中断为低优先级。

PT2=1：定时器 2 中断为高优先级。

位 4(PS0)——UART0 中断优先级控制。该位设置 UART0 中断的优先级。

PS0=0：UART0 中断为低优先级。

PS0=1：UART0 中断为高优先级。

位 3(PT1)——定时器 1 中断优先级控制。该位设置定时器 1 中断的优先级。

PT1=0：定时器 1 中断为低优先级。

PT1=1：定时器 1 中断为高优先级。

位 2(PX1)——外部中断 1 优先级控制。该位设置外部中断 1 的优先级。

PX1=0：外部中断 1 中断为低优先级。

PX1=1：外部中断 1 中断为高优先级。

位 1(PT0)——定时器 0 中断优先级控制。该位设置定时器 0 中断的优先级。

PT0=0：定时器 0 中断为低优先级。

PT0=1：定时器 0 中断为高优先级。

位 0(PX0)——外部中断 0 优先级控制。该位设置外部中断 0 的优先级。

PX0=0：外部中断 0 为低优先级。

PX0=1：外部中断 0 为高优先级。

当系统复位后，IP 各位均为 0，所有中断源设置为低优先级中断。IP 也是可进行寻址和位寻址的特殊功能寄存器。

中断优先级寄存器 EIP1 各位的定义如下：

| R/W | R/W | R/W | R/W | R/W | R/W | R/W | R/W | 复位值 |
|---|---|---|---|---|---|---|---|---|
| PCP1R | PCP1F | PCP0R | PCP0F | PPCA0 | PWADC0 | PSMB0 | PSPI0 | 00000000 |
| 位 7 | 位 6 | 位 5 | 位 4 | 位 3 | 位 2 | 位 1 | 位 0 | SFR 地址：0xF6 |

其中，各位的含义如下：

位 7(PCP1R)——比较器 1(CP1)上升沿中断优先级控制。该位设置 CP1 中断的优先级。

PCP1R=0：CP1 上升沿中断为低优先级。

PCP1R=1：CP1 上升沿中断为高优先级。

位 6(PCP1F)——比较器 1(CP1)下降沿中断优先级控制。该位设置 CP1 中断的优先级。

PCP1F=0：CP1 下降沿中断为低优先级。

PCP1F=1：CP1 下降沿中断为高优先级。

位 5(PCP0R)——比较器 0(CP0)上升沿中断优先级控制。该位设置 CP0 中断的优先级。

PCP0R=0：CP0 上升沿中断为低优先级。

PCP0R=1：CP0 上升沿中断为高优先级。

位 4(PCP0F)——比较器 0(CP0)下降沿中断优先级控制。该位设置 CP0 中断的优先级。

PCP0F=0：CP0 下降沿中断设置为低优先级。

PCP0F=1：CP0 下降沿中断设置为高优先级。

位 3(PPCA0)——可编程计数器阵列(PCA0)中断优先级控制。该位设置 PCA0 中断的优先级。

PPCA0=0：PCA0 中断设置为低优先级。

PPCA0=1：PCA0 中断设置为高优先级。

位 2(PWADC0)——ADC0 窗口比较器中断优先级控制。该位设置 ADC0 窗口中断的优先级。

PWADC0=0：ADC0 窗口中断为低优先级。

PWADC0=1：ADC0 窗口中断为高优先级。

位 1(PSMB0)——SMBus0 中断优先级控制。该位设置 SMBus0 中断的优先级。

PSMB0=0：SMBus 中断为低优先级。

PSMB0=1：SMBus 中断为高优先级。

位 0(PSPI0)——串行外设接口 0 中断优先级控制。该位设置 SPI0 中断的优先级。

PSPI0=0：SPI0 中断为低优先级。

PSPI0=1：SPI0 中断为高优先级。

中断优先级寄存器 EIP2 各位的定义如下：

| R/W | R/W | R/W | R/W | R/W | R/W | R/W | R/W | 复位值 |
|---|---|---|---|---|---|---|---|---|
| PXVLD | XTLVLD | PX7 | PX6 | PADC1 | PT4 | PADC0 | PT3 | 00000000 |
| 位 7 | 位 6 | 位 5 | 位 4 | 位 3 | 位 2 | 位 1 | 位 0 | SFR 地址：0xF7 |

其中,各位的含义如下：

位 7(PXVLD)——外部时钟源有效(XTLVLD)中断优先级控制。该位设置 XTLVLD 中断的优先级。

PXVLD=0：XTLVLD 中断为低优先级。

PXVLD=1：XTLVLD 中断为高优先级。

位 6(XTLVLD)——UART1 中断优先级控制。该位设置 UART1 中断的优先级。

UART1=0：UART1 中断为低优先级。

UART1=1：UART1 中断为高优先级。

位 5(PX7)——外部中断 7 优先级控制。该位设置外部中断 7 的优先级。

PX7=0：外部中断 7 为低优先级。

PX7=1：外部中断 7 为高优先级。

位 4(PX6)——外部中断 6 优先级控制。该位设置外部中断 6 的优先级。

PX6=0：外部中断 6 设置为低优先级。

PX6＝1：外部中断 6 设置为高优先级。

位 3(PADC1)——ADC1 转换结束中断优先级控制。该位设置 ADC1 转换结束中断的优先级。

PADC1＝0：ADC1 转换结束中断为低优先级。

PADC1＝1：ADC1 转换结束中断为高优先级。

位 2(PT4)——定时器 4 中断优先级控制。该位设置定时器 4 中断的优先级。

PT4＝0：定时器 4 中断设置为低优先级。

PT4＝1：定时器 4 中断设置为高优先级。

位 1(PADC0)——ADC0 转换结束中断优先级控制。该位设置 ADC 转换结束中断的优先级。

PADC0＝0：ADC 转换结束中断为低优先级。

PADC0＝1：ADC 转换结束中断为高优先级。

位 0(PT3)——定时器 3 中断优先级控制。该位设置定时器 3 中断的优先级。

PT3＝0：定时器 3 中断为低优先级。

PT3＝1：定时器 3 中断为高优先级。

C8051F 的中断优先级只有高和低两级。所以在工作过程中必然会有两个或两个以上中断源处于同一中断优先级。若出现这种情况，内部中断系统对各中断源的处理遵循以下两条基本原则：

- 低优先级中断可以被高优先级中断所中断，反之不能。
- 一种中断(不管是什么优先级)一旦得到响应，与它同级的中断就不能再中断它。

为了实现这两条规则，中断系统内部包含两个不可寻址的“优先级激活”触发器。其中一个指示某高优先级的中断正在得到服务，所有后来的中断都被阻断；另一个指示某低优先级的中断正在得到服务，所有同级的中断都被阻断，但不阻断高优先级的中断。

当 CPU 同时收到几个同一优先级的中断请求时，哪一个的请求将得到服务，取决于内部的硬件查询顺序，CPU 将按自然优先级顺序确定该响应哪个中断请求。其自然优先级由硬件形成，排列如图 2-8 所示(详见表 2-5)。

| 中断源 | 同级自然优先级 |
| --- | --- |
| 外部中断0 | 最高级 |
| 定时器0 中断 | ↓ |
| 外部中断1 | |
| 定时器1 中断 | |
| 串行口0 中断 | |
| 定时器2 中断 | |
| ⋮ | |
| 串行口1 中断 | |
| 外部晶振准备好 | 最低级 |

图 2-8　自然优先级排队

### 3. 中断响应过程

中断响应时间取决于中断发生时 CPU 的状态。C8051F 系列单片机的中断系统在每个系统时钟周期对中断标志采样并对优先级译码。因此最快的响应时间为 5 个系统时钟周期：一个周期用于检测中断，4 个周期完成对 ISR 的长调用(LCALL)。如果中断标志有效时 CPU 正在执行 RETI 指令，则需要再执行一条指令才能进入中断服务程序。因此，最长的中断响应时间(没有其他中断正被服务或新中断具有较高优先级)发生在 CPU 正在执行 RETI 指令，而下一条指令是 DIV 的情况。在这种情况下，响应时间为 18 个系统时钟周期：

1 个时钟周期检测中断；

5 个时钟周期执行 RETI;

8 个时钟周期完成 DIV 指令;

4 个时钟周期执行对 ISR 的长调用(LCALL)。

如果 CPU 正在执行一个具有相同或更高优先级的中断的 ISR,则新中断要等到当前 ISR 执行完(包括 RETI 和下一条指令)才能得到服务。

在 CPU 响应中断时,先置位相应的优先级状态触发器(不可寻址,该触发器指出 CPU 开始处理的中断优先级别),然后执行一条硬件子程序调用指令,控制转移到相应的入口,清 0 中断请求标志(有些中断源如 RI、TI 不能被清除,需要中断服务程序软件清除)。接着把程序计数器 PC 的内容压入堆栈(但不保护 PSW),将被响应的中断服务程序的入口地址送程序计数器 PC,各中断源服务程序的入口地址可参见表 2-5 中的中断向量栏。从该栏可看出,每个中断向量(中断服务程序入口地址)的间隔为 8 字节,这 8 字节是放不下对应的中断服务程序的。通常会在中断入口安排一条相应的跳转指令,以跳到用户设计的中断处理程序入口。

CPU 执行中断处理程序一直到 RETI 指令为止。RETI 指令是表示中断服务程序的结束,CPU 执行完这条指令后,清 0 响应中断时所置位的优先级状态触发器,然后从堆栈中弹出顶上的 2 字节到程序计数器 PC,CPU 从原来被打断处重新执行被中断的程序。

**4. 外部中断触发方式的选择**

在外部中断源中,外部中断 0($\overline{\text{INT0}}$)、外部中断 1($\overline{\text{INT1}}$)有如下两种触发方式。

1) 电平触发方式

若定义外部中断 0 或 1 为电平触发方式,则该中断标志的触发器的状态随着 CPU 的每个机器周期(C8051F 系列单片机的机器周期与系统时钟周期相同)采样到的外部中断输入线的电平变化而变化,并且外部中断输入信号必须有效(保持低电平),直至 CPU 响应该中断为止,同时在中断服务程序返回之前必须使外部中断输入信号无效,否则 CPU 在中断返回后又会再次响应中断。所以使用电平触发方式时一定要注意两点:外部中断输入信号是以低电平输入的;中断服务程序能够清除外部中断输入请求信号。

2) 边沿触发方式

若定义外部中断 0 或 1 为边沿触发方式,外部中断标志触发器锁存外部中断输入线上的负跳变,即使 CPU 暂时不响应,中断申请标志也不会丢失。在这种方式中,如果相继连续两次采样,一个周期采样到外部中断输入为高,下一个周期采样到低,则置位中断申请触发器,直至 CPU 响应此中断时才清 0。这样不会丢失中断,但输入的脉冲宽度至少保持一个时钟周期才能被 CPU 采样到。外部中断的边沿触发方式适合于以脉冲形式输入的外部中断请求,也适合以负跳变形式输入的外部中断请求。

## 2.4 端口输入/输出

C8051F020 单片机是高集成度的混合信号片上系统,有 8 个 8 位 I/O 端口、64 个数字 I/O 引脚。低端口(P0、P1、P2 和 P3)既可以按位寻址也可以按字节寻址。高端口(P4、P5、P6 和 P7)只能按字节寻址。所有引脚都耐 5V 电压,都可以被配置为漏极开路或推挽输出方式和弱上拉。I/O 端口单元的原理框图如图 2-9 所示。I/O 端口引脚的电气特性如表 2-6 所示。

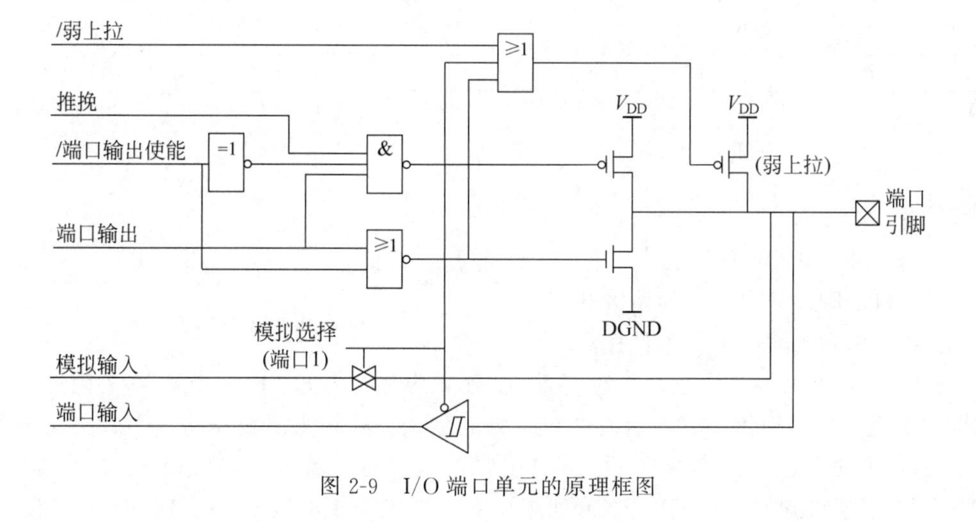


图 2-9　I/O 端口单元的原理框图

**表 2-6　I/O 端口引脚的电气特性**

| 参　　数 | 条　　件 | 最小值 | 典型值 | 最大值 | 单位 |
|---|---|---|---|---|---|
| 输出高电压($V_{OH}$) | $I_{OH}=-10\mu A$,I/O 端口为推挽方式<br>$I_{OH}=-3mA$,I/O 端口为推挽方式<br>$I_{OH}=-10mA$,I/O 端口为推挽方式 | $V_{DD}-0.1$<br>$V_{DD}-0.7$ | $V_{DD}-0.8$ | | V |
| 输出低电压($V_{OL}$) | $I_{OL}=10\mu A$<br>$I_{OL}=8.5mA$<br>$I_{OL}=25mA$ | | 1.0 | 0.1<br>0.6 | V |
| 输入高电压($V_{IH}$) | | $0.7V_{DD}$ | | | V |
| 输入低电压($V_{IL}$) | | | | $0.3V_{DD}$ | V |
| 输入漏电流 | DGND<端口引脚<$V_{DD}$,高阻态<br>弱上拉禁止<br>弱上拉使能 | | 10 | ±1 | μA |
| 输入电容 | | | 5 | | pF |

注：$V_{DD}=2.7\sim3.6V$，$-40\sim+85$℃(除非另有说明)。

每个端口引脚的输出方式都可被配置为漏极开路或推挽方式，默认状态为漏极开路。在推挽方式，向端口数据寄存器中的相应位写逻辑 0 将使端口引脚被驱动到 GND，写逻辑 1 将使端口引脚被驱动到 $V_{DD}$。在漏极开路方式，向端口数据寄存器中的相应位写逻辑 0 将使端口引脚被驱动到 GND，写逻辑 1 将使端口引脚处于高阻状态。当系统中不同器件的端口引脚有共享连接，即多个输出连接到同一个物理线时(例如 SMBus 连接中的 SDA 信号)，使用漏极开路方式可以防止不同器件之间的争用。

端口 0～3 可以位寻址，引脚的输出方式由 P$n$MDOUT($n$=0～3)寄存器中的对应位决定，也就是每个端口有一个对应的输出方式配置寄存器，0～3 端口的输出方式配置寄存器类似。

如 P0MDOUT 的各位定义如下：

| R/W | R/W | R/W | R/W | R/W | R/W | R/W | R/W | 复位值 |
|---|---|---|---|---|---|---|---|---|
| | | | | | | | | 00000000 |
| 位7 | 位6 | 位5 | 位4 | 位3 | 位2 | 位1 | 位0 | SFR 地址：0xA4 |

其中,各位的含义如下:

位7～0(P0MDOUT.[7:0])——端口0输出方式位。

0:端口引脚的输出方式为漏极开路。

1:端口引脚的输出方式为推挽。

例如,P3MDOUT.7为逻辑1时将P3.7配置为推挽方式;P3MDOUT.7为逻辑0时将P3.7配置为漏极开路方式。所有端口引脚的默认方式均为漏极开路。不管交叉开关是否将端口引脚分配给某个数字外设,端口引脚的输出方式都受 P*n*MDOUT 寄存器控制。例外情况是:连接到SDA、SCL、RX0(如果UART0工作于方式0)、RX1(如果UART1工作于方式0)的端口引脚总是被配置为漏极开路输出,而与 P*n*MDOUT 寄存器中对应位的设置值无关。

P1.[7:0]可以被配置为ADC1的输入AIN1.[7:0]。所以对于P1端口还有一个输入方式寄存器P1MDIN用来配置引脚。在这种情况下,交叉开关的引脚分配将跳过这些引脚,它们的数字输入通路被禁止,由P1MDIN决定。

P1MDIN 各位定义如下:

| R/W | R/W | R/W | R/W | R/W | R/W | R/W | R/W | 复位值 |
|---|---|---|---|---|---|---|---|---|
| | | | | | | | | 11111111 |
| 位7 | 位6 | 位5 | 位4 | 位3 | 位2 | 位1 | 位0 | SFR 地址：0xBD |

其中,各位的含义如下:

位7～0(P1MDIN.[7:0])——端口1输入方式位。

0:端口引脚被配置为模拟输入方式。数字输入通路被禁止(读端口位总是返回0)。引脚的弱上拉被禁止。

1:端口引脚被配置为数字输入方式。读端口位将返回引脚的逻辑电平。弱上拉状态由WEAKPUD位(XBR2.7)决定。

端口4～7不可位寻址,引脚的输出方式由P74OUT寄存器中的位决定。P74OUT中的每一位控制端口4～7中一组引脚(每组4位)的输出方式。P74OUT.7为逻辑1时将端口7中高4位(P7.[7:4])的输出方式配置为推挽方式;P74OUT.7为逻辑0时将端口7中高4位(P7.[7:4])的输出方式配置为漏极开路。

P74OUT 各位定义如下:

| R/W | R/W | R/W | R/W | R/W | R/W | R/W | R/W | 复位值 |
|---|---|---|---|---|---|---|---|---|
| P7H | P7L | P6H | P6L | P5H | P5L | P4H | P4L | 00000000 |
| 位7 | 位6 | 位5 | 位4 | 位3 | 位2 | 位1 | 位0 | SFR 地址：0xB5 |

其中,各位的含义如下:

位 7(P7H)——端口 7 高 4 位输出方式位。

0:P7.[7:4]配置为漏极开路。

1:P7.[7:4]配置为推挽方式。

位 6(P7L)——端口 7 低 4 位输出方式位。

0:P7.[3:0]配置为漏极开路。

1:P7.[3:0]配置为推挽方式。

位 5(P6H)——端口 6 高 4 位输出方式位。

0:P6.[7:4]配置为漏极开路。

1:P6.[7:4]配置为推挽方式。

位 4(P6L)——端口 6 低 4 位输出方式位。

0:P6.[3:0]配置为漏极开路。

1:P6.[3:0]配置为推挽方式。

位 3(P5H)——端口 5 高 4 位输出方式位。

0:P5.[7:4]配置为漏极开路。

1:P5.[7:4]配置为推挽方式。

位 2(P5L)——端口 5 低 4 位输出方式位。

0:P5.[3:0]配置为漏极开路。

1:P5.[3:0]配置为推挽方式。

位 1(P4H)——端口 4 高 4 位输出方式位。

0:P4.[7:4]配置为漏极开路。

1:P4.[7:4]配置为推挽方式。

位 0(P4L)——端口 4 低 4 位输出方式位。

0:P4.[3:0]配置为漏极开路。

1:P4.[3:0]配置为推挽方式。

### 2.4.1 优先权交叉开关译码器

C8051F020 单片机有大量的数字资源需要通过 4 个低端 I/O 端口 P0、P1、P2 和 P3 才能使用。P0、P1、P2 和 P3 中的每个引脚既可定义为通用的 I/O 端口(GPIO)引脚,又可以分配给一个数字外设或功能(例如,UART0 或 $\overline{\text{INT1}}$)。系统设计者控制数字功能的引脚分配,只受可用引脚数的限制。这种资源分配的灵活性是通过使用优先权交叉开关译码器实现的。低端 I/O 端口的功能框图如图 2-10 所示。注意,不管引脚被分配给一个数字外设或是作为通用 I/O,总是可以通过读相应的数据寄存器得到 I/O 端口引脚的状态。端口 1 的引脚可以用作 ADC1 的模拟输入。在执行目标地址为片外 XRAM 的 MOVX 指令时,外部存储器接口可以在低端口或高端口有效。有关外部存储器接口的详细信息见 Silicon Laboratories 提供的 C8051F020 数据手册。高端口可以作为 GPIO 引脚按字节访问。

优先权交叉开关译码器,或称为"交叉开关",按优先权顺序将端口 0～3 的引脚分配给器件上的数字外设(UART、SMBus、PCA、定时器等)。端口引脚的分配顺序是从 P0.0 开始,可以一直分配到 P3.7。为数字外设分配端口引脚的优先权顺序为 UART0 具有最高优

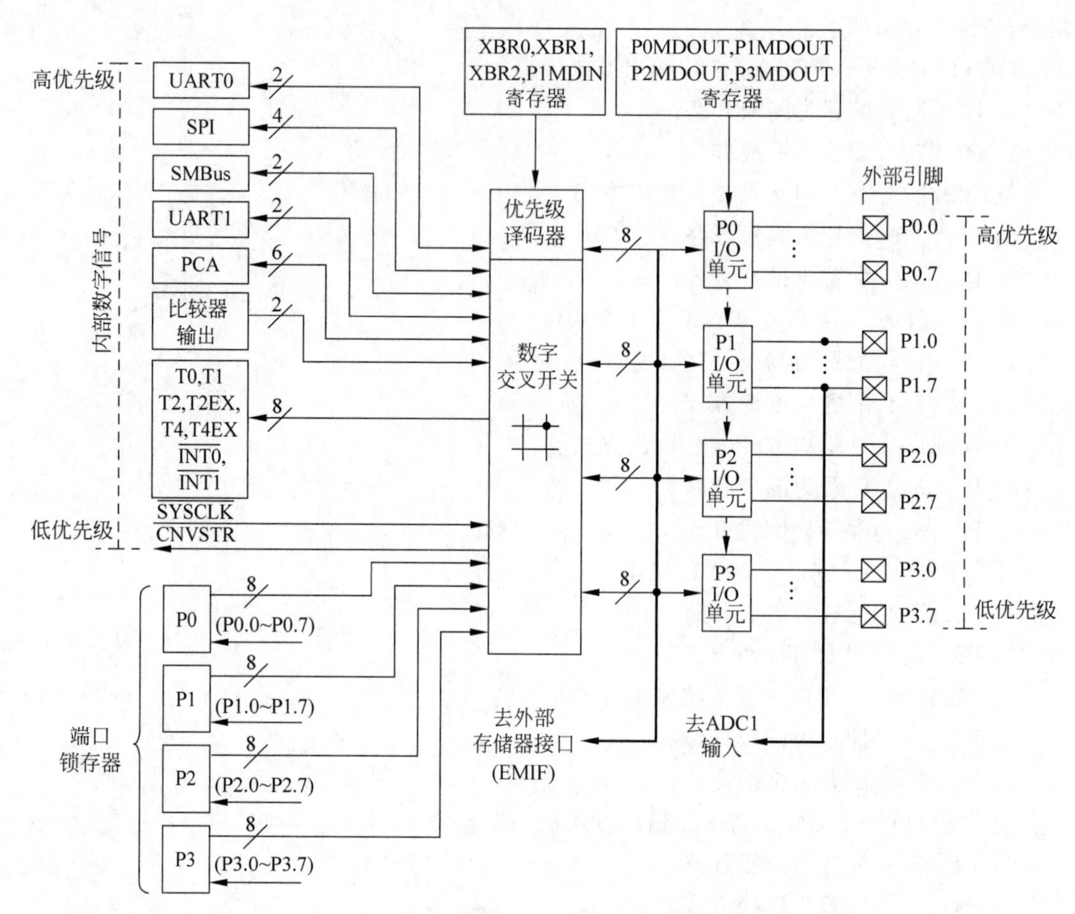


图 2-10　低端 I/O 端口的功能框图

先权,而 CNVSTR 具有最低优先权。优先权交叉开关的配置是通过 3 个特殊功能寄存器 XBR0、XBR1、XBR2 来实现的,当交叉开关配置寄存器 XBR0、XBR1 和 XBR2 中外设的对应使能位被设置为逻辑 1 时,交叉开关将端口引脚分配给外设。例如,如果 UART0EN 位(XBR0.2)被设置为逻辑 1,则 TX0 和 RX0 引脚将分别被分配到 P0.0 和 P0.1。因为 UART0 有最高优先权,所以当 UART0EN 位被设置为逻辑 1 时其引脚将总是被分配到 P0.0 和 P0.1。如果一个数字外设的使能位未被设置为逻辑 1,则其端口将不能通过器件的端口引脚被访问。注意,当选择了串行通信外设(即 SMBus、SPI 或 UART)时,交叉开关将为所有相关功能分配引脚。例如,不能为 UART0 功能只分配 TX0 引脚而不分配 RX0 引脚。被使能的外设的每种组合导致唯一的器件引脚分配。优先权交叉开关译码表如图 2-11 所示。

端口 0～3 中所有未被交叉开关分配的引脚都可以作为通用 I/O(GPIO)引脚,通过读或写相应的端口数据寄存器(具体寄存器的格式可查阅 Silicon Laboratories 提供的 C8051F020 数据手册),这是一组既可以按位寻址也可以按字节寻址的 SFR,被交叉开关分配的那些端口引脚的输出状态受使用这些引脚的数字外设的控制。向端口数据寄存器(或相应的端口位)写入时对这些引脚的状态没有影响。不管交叉开关是否将引脚分配给外设,读一个端口数据寄存器(或端口位)将总是返回引脚本身的逻辑状态。唯一的例外发生在执行

| | P0 | | | | | | | | P1 | | | | | | | | P2 | | | | | | | | P3 | | | | | | | | 交叉开关寄存器位 |
|---|---|---|---|---|---|---|---|---|---|---|---|---|---|---|---|---|---|---|---|---|---|---|---|---|---|---|---|---|---|---|---|---|---|
| 引脚I/O | 0 | 1 | 2 | 3 | 4 | 5 | 6 | 7 | 0 | 1 | 2 | 3 | 4 | 5 | 6 | 7 | 0 | 1 | 2 | 3 | 4 | 5 | 6 | 7 | 0 | 1 | 2 | 3 | 4 | 5 | 6 | 7 | |
| TX0 | ● | | | | | | | | | | | | | | | | | | | | | | | | | | | | | | | | UART0EN:XBR0.2 |
| RX0 | | ● | | | | | | | | | | | | | | | | | | | | | | | | | | | | | | | |
| SCK | ● | | ● | | | | | | | | | | | | | | | | | | | | | | | | | | | | | | SPI0EN:XBR0.1 |
| MISO | | ● | | ● | | | | | | | | | | | | | | | | | | | | | | | | | | | | | |
| MOSI | | | ● | | ● | | | | | | | | | | | | | | | | | | | | | | | | | | | | |
| NSS | | | | ● | | ● | | | | | | | | | | | | | | | | | | | | | | | | | | | |
| SDA | ● | | ● | | ● | | ● | | | | | | | | | | | | | | | | | | | | | | | | | | SMB0EN:XBR0.0 |
| SCL | | ● | | ● | | ● | | ● | | | | | | | | | | | | | | | | | | | | | | | | | |
| TX1 | ● | | ● | | ● | | ● | | ● | | | | | | | | | | | | | | | | | | | | | | | | UART1EN:XBR2.2 |
| RX1 | | ● | | ● | | ● | | ● | ● | ● | | | | | | | | | | | | | | | | | | | | | | | |
| CEX0 | ● | | ● | | ● | | ● | | ● | ● | ● | | | | | | | | | | | | | | | | | | | | | | PCA0ME:XBR0.[5:3] |
| CEX1 | | ● | | ● | | ● | | ● | ● | ● | ● | ● | | | | | | | | | | | | | | | | | | | | | |
| CEX2 | | | ● | | ● | | ● | | ● | ● | ● | ● | ● | | | | | | | | | | | | | | | | | | | | |
| CEX3 | | | | ● | | ● | | ● | ● | ● | ● | ● | ● | ● | | | | | | | | | | | | | | | | | | | |
| CEX4 | | | | | ● | | ● | | ● | ● | ● | ● | ● | ● | ● | | | | | | | | | | | | | | | | | | |
| ECI | ● | ● | ● | ● | ● | ● | ● | ● | ● | ● | ● | ● | ● | ● | ● | ● | | | | | | | | | | | | | | | | | ECI0E:XBR0.6 |
| CP0 | ● | ● | ● | ● | ● | ● | ● | ● | ● | ● | ● | ● | ● | ● | ● | ● | ● | | | | | | | | | | | | | | | | CP0E:XBR0.7 |
| CP1 | ● | ● | ● | ● | ● | ● | ● | ● | ● | ● | ● | ● | ● | ● | ● | ● | ● | ● | | | | | | | | | | | | | | | CP1E:XBR1.0 |
| T0 | ● | ● | ● | ● | ● | ● | ● | ● | ● | ● | ● | ● | ● | ● | ● | ● | ● | ● | ● | | | | | | | | | | | | | | T0E:XBR1.1 |
| $\overline{INT0}$ | ● | ● | ● | ● | ● | ● | ● | ● | ● | ● | ● | ● | ● | ● | ● | ● | ● | ● | ● | ● | | | | | | | | | | | | | INT0E:XBR1.2 |
| T1 | ● | ● | ● | ● | ● | ● | ● | ● | ● | ● | ● | ● | ● | ● | ● | ● | ● | ● | ● | ● | ● | | | | | | | | | | | | T1E:XBR1.3 |
| $\overline{INT1}$ | ● | ● | ● | ● | ● | ● | ● | ● | ● | ● | ● | ● | ● | ● | ● | ● | ● | ● | ● | ● | ● | ● | | | | | | | | | | | INT1E:XBR1.4 |
| T2 | ● | ● | ● | ● | ● | ● | ● | ● | ● | ● | ● | ● | ● | ● | ● | ● | ● | ● | ● | ● | ● | ● | ● | | | | | | | | | | T2E:XBR1.5 |
| T2EX | ● | ● | ● | ● | ● | ● | ● | ● | ● | ● | ● | ● | ● | ● | ● | ● | ● | ● | ● | ● | ● | ● | ● | ● | | | | | | | | | T2EXE:XBR1.6 |
| T4 | ● | ● | ● | ● | ● | ● | ● | ● | ● | ● | ● | ● | ● | ● | ● | ● | ● | ● | ● | ● | ● | ● | ● | ● | ● | | | | | | | | T4E:XBR2.3 |
| T4EX | ● | ● | ● | ● | ● | ● | ● | ● | ● | ● | ● | ● | ● | ● | ● | ● | ● | ● | ● | ● | ● | ● | ● | ● | ● | ● | | | | | | | T4EXE:XBR2.4 |
| $\overline{SYSCLK}$ | ● | ● | ● | ● | ● | ● | ● | ● | ● | ● | ● | ● | ● | ● | ● | ● | ● | ● | ● | ● | ● | ● | ● | ● | ● | ● | ● | | | | | | SYSCKE:XBR1.7 |
| CNVSTR | ● | ● | ● | ● | ● | ● | ● | ● | ● | ● | ● | ● | ● | ● | ● | ● | ● | ● | ● | ● | ● | ● | ● | ● | ● | ● | ● | ● | | | | | CNVSTE:XBR2.0 |
| | | | | | | ALE | $\overline{RD}$ | $\overline{WR}$ | AIN1.0/A8 | AIN1.1/A9 | AIN1.2/A10 | AIN1.3/A11 | AIN1.4/A12 | AIN1.5/A13 | AIN1.6/A14 | AIN1.7/A15 | A8m/A0 | A9m/A1 | A10m/A2 | A11m/A3 | A12m/A4 | A13m/A5 | A14m/A6 | A15m/A7 | AD0/D0 | AD1/D1 | AD2/D2 | AD3/D3 | AD4/D4 | AD5/D5 | AD6/D6 | AD7/D7 | |
| | | | | | | | | | AIN1输入/非复用地址高 | | | | | | | | 复用地址高/非复用地址低 | | | | | | | | 复用数据/非复用数据 | | | | | | | | |

图 2-11　优先权交叉开关译码表

读一修改一写指令(ANL、ORL、XRL、CPL、INC、DEC、DJNZ、JBC、CLR、SET 和位传送操作)期间。在读一修改一写指令的读周期,所读的值是端口数据寄存器的内容,而不是端口引脚本身的状态。因为交叉开关寄存器影响器件外设的引脚分配,所以它们通常在外设被配置前由系统的初始化代码配置。一旦配置完毕,将不再对其重新编程。交叉开关寄存器被正确配置后,通过将 XBARE(XBR2.6)设置为逻辑 1 来使能交叉开关。被交叉开关分配给输入信号(例如 RX0)的引脚所对应的输出驱动器将被禁止,以保证端口数据寄存器和 P*n*MDOUT 寄存器的值不影响这些引脚的状态。

## 2.4.2　端口 0～3 的 I/O 初始化

### 1. 配置端口引脚的输出方式

在 XBARE(XBR2.6)被设置为逻辑 1 之前,端口 0～3 的输出驱动器保持禁止状态。每个端口引脚的输出方式都可被配置为漏极开路或推挽方式,默认状态为漏极开路。在推挽方式,向端口数据寄存器中的相应位写逻辑 0 将使端口引脚被驱动到 GND,写逻辑 1 将使端口引脚被驱动到 $V_{DD}$。在漏极开路方式,向端口数据寄存器中的相应位写逻辑 0 将使端口引脚被驱动到 GND,写逻辑 1 将使端口引脚处于高阻状态。当系统中不同器件的端口引脚有共享连接,即多个输出连接到同一个物理线时(例如 SMBus 连接中的 SDA 信号),使用漏极开路方式可以防止不同器件之间的争用。端口 0～3 引脚的输出方式由 P*n*MDOUT

寄存器中的对应位决定。例如，P3MDOUT.7 为逻辑 1 时将 P3.7 配置为推挽方式；P3MDOUT.7 为逻辑 0 时将 P3.7 配置为漏极开路方式。所有端口引脚的默认方式均为漏极开路。不管交叉开关是否将端口引脚分配给某个数字外设，端口引脚的输出方式都受 P*n*MDOUT 寄存器控制。例外情况是：连接到 SDA、SCL、RX0(如果 UART0 工作于方式 0)、RX1(如果 UART1 工作于方式 0)的端口引脚总是被配置为漏极开路输出，而与 P*n*MDOUT 寄存器中的对应位的设置值无关。

**2. 配置端口引脚为数字输入**

通过设置输出方式为"漏极开路"并向端口数据寄存器中的相应位写 1 将端口引脚配置为数字输入。例如，设置 P3MDOUT.7 为逻辑 0 并设置 P3.7 为逻辑 1 即可将 P3.7 配置为数字输入。如果一个端口引脚被交叉开关分配给某个数字外设，并且该引脚的功能为输入(例如 UART0 的接收引脚 RX0)，则该引脚的输出驱动器被自动禁止。

**3. 弱上拉**

每个端口引脚都有一个内部弱上拉部件，在引脚与 $V_{DD}$ 之间提供阻性连接(约 100kΩ)，在默认情况下该上拉器件被使能。弱上拉部件可以被总体禁止，通过向弱上拉禁止位(WEAKPUD, XBR2.7)写 1 实现。当任何引脚被驱动为逻辑 0 时，弱上拉自动取消；即输出引脚不能与其自身的上拉部件冲突。对于端口 1 的引脚，将引脚配置为模拟输入时上拉部件也被禁止。

**4. 配置端口 1 的引脚为模拟输入(AIN.[7:0])**

端口 1 的引脚可以用作 ADC1 模拟多路开关的模拟输入。通过向 P1MDIN 寄存器中的对应位写 0 即可将端口引脚配置为模拟输入。默认情况下，端口引脚为数字输入方式。将一个端口引脚配置为模拟输入的过程如下：

(1) 禁止引脚的数字输入路径。这可以防止在引脚上的电压接近 $V_{DD}/2$ 时消耗额外的电源电流。读端口数据为将返回逻辑 0，与加在引脚上的电压无关。

(2) 禁止引脚的弱上拉部件。

(3) 使交叉开关在为数字外设分配引脚时跳过该引脚。

**注意**：被配置为模拟输入的引脚的输出驱动器并没有被明确地禁止。因此被配置为模拟输入的引脚所对应的 P1MDOUT 位应被设置为逻辑 0(漏极开路方式)，对应的端口数据位应被设置为逻辑 1(高阻态)。需要注意的是，将一个端口引脚用作 ADC1 模拟多路开关的输入时并不要求将其配置为模拟输入，但强烈建议这样做。有关 ADC1 的更详细信息见第 5 章有关内容。

**5. 外部存储器接口引脚分配**

如果外部存储器接口(EMIF)被设置在低端口(端口 0～3)，EMIFLE(XBR2.1)位应被设置为逻辑 1，以使交叉开关不将 P0.7($\overline{WR}$)、P0.6($\overline{RD}$)和 P0.5($\overline{ALE}$)(如果外部存储器接口使用复用方式)分配给外设。图 2-12 给出了 EMIFLE=1 并且 EMIF 工作在复用方式时的交叉开关译码表的示例。在图中可以看到，P0.5、P0.6、P0.7 不能分配，P1 口可以分配或作为模拟量输入，P2、P3 用作外部存储器的地址总线和数据总线，也不能分配。图 2-13 给出了 EMIFLE=1 并且 EMIF 工作在非复用方式时的交叉开关译码表的示例。在图中可以看到，非复用方式没有 ALE 信号，但有 $\overline{RD}$、$\overline{WR}$ 信号，故 P0.6、P0.7 不能分配，P1、P2、P3 口用于非复用方式的外部存储器的地址总线和数据总线，也不能分配。如果外部存储器接口被设置在低端口并且发生一次片外 MOVX 操作，则在该 MOVX 指令执行期间外部存储器接口将控制有关端口引脚的输出状态，而不管交叉开关寄存器和端口数据寄存器的设置如何。端口引脚的输出配置不受 EMIF 操作的影响，但读操作将禁止数据总线上的输出驱动器。

(EMIFLE = 1; EMIF 工作在复用方式; P1MDIN = 0xFF)

| | P0 | | | | | | | | P1 | | | | | | | | P2 | | | | | | | | P3 | | | | | | | | 交叉开关寄存器位 |
|---|---|---|---|---|---|---|---|---|---|---|---|---|---|---|---|---|---|---|---|---|---|---|---|---|---|---|---|---|---|---|---|---|---|
| 引脚I/O | 0 | 1 | 2 | 3 | 4 | 5 | 6 | 7 | 0 | 1 | 2 | 3 | 4 | 5 | 6 | 7 | 0 | 1 | 2 | 3 | 4 | 5 | 6 | 7 | 0 | 1 | 2 | 3 | 4 | 5 | 6 | 7 | |
| TX0 | ● | | | | | | | | | | | | | | | | | | | | | | | | | | | | | | | | UART0EN:XBR0.2 |
| RX0 | | ● | | | | | | | | | | | | | | | | | | | | | | | | | | | | | | | |
| SCK | ● | | ● | | | | | | | | | | | | | | | | | | | | | | | | | | | | | | SPI0EN:XBR0.1 |
| MISO | | ● | | ● | | | | | | | | | | | | | | | | | | | | | | | | | | | | | |
| MOSI | | | ● | | ● | | | | | | | | | | | | | | | | | | | | | | | | | | | | |
| NSS | | | | ● | | | | | ● | | | | | | | | | | | | | | | | | | | | | | | | |
| SDA | ● | | ● | | ● | | | | | ● | | | | | | | | | | | | | | | | | | | | | | | SMB0EN:XBR0.0 |
| SCL | | ● | | ● | | | | | ● | | ● | | | | | | | | | | | | | | | | | | | | | | |
| TX1 | ● | | ● | | ● | | | | | ● | | ● | | | | | | | | | | | | | | | | | | | | | UART1EN:XBR2.2 |
| RX1 | | ● | | ● | | | | | ● | | ● | ● | ● | | | | | | | | | | | | | | | | | | | | |
| CEX0 | ● | | ● | | ● | | | | | ● | | ● | ● | ● | | | | | | | | | | | | | | | | | | | PCA0ME:XBR0.[5:3] |
| CEX1 | | ● | | ● | | | | | ● | | ● | ● | ● | ● | ● | | | | | | | | | | | | | | | | | | |
| CEX2 | | | ● | | ● | | | | | ● | | ● | ● | ● | ● | ● | | | | | | | | | | | | | | | | | |
| CEX3 | | | | ● | | | | | ● | | ● | ● | ● | ● | ● | ● | ● | | | | | | | | | | | | | | | | |
| CEX4 | | | | | ● | | | | | ● | | ● | ● | ● | ● | ● | ● | ● | | | | | | | | | | | | | | | |
| ECI | ● | ● | ● | ● | ● | | | | ● | ● | ● | ● | ● | ● | ● | ● | ● | ● | ● | | | | | | | | | | | | | | ECI0E:XBR0.6 |
| CP0 | ● | ● | ● | ● | ● | | | | ● | ● | ● | ● | ● | ● | ● | ● | ● | ● | ● | ● | | | | | | | | | | | | | CP0E:XBR0.7 |
| CP1 | ● | ● | ● | ● | ● | | | | ● | ● | ● | ● | ● | ● | ● | ● | ● | ● | ● | ● | ● | | | | | | | | | | | | CP1E:XBR1.0 |
| T0 | ● | ● | ● | ● | ● | | | | ● | ● | ● | ● | ● | ● | ● | ● | ● | ● | ● | ● | ● | ● | | | | | | | | | | | T0E:XBR1.1 |
| $\overline{INT0}$ | ● | ● | ● | ● | ● | | | | ● | ● | ● | ● | ● | ● | ● | ● | ● | ● | ● | ● | ● | ● | ● | | | | | | | | | | INT0E:XBR1.2 |
| T1 | ● | ● | ● | ● | ● | | | | ● | ● | ● | ● | ● | ● | ● | ● | ● | ● | ● | ● | ● | ● | ● | ● | | | | | | | | | T1E:XBR1.3 |
| $\overline{INT1}$ | ● | ● | ● | ● | ● | | | | ● | ● | ● | ● | ● | ● | ● | ● | ● | ● | ● | ● | ● | ● | ● | ● | ● | | | | | | | | INT1E:XBR1.4 |
| T2 | ● | ● | ● | ● | ● | | | | ● | ● | ● | ● | ● | ● | ● | ● | ● | ● | ● | ● | ● | ● | ● | ● | ● | ● | | | | | | | T2E:XBR1.5 |
| T2EX | ● | ● | ● | ● | ● | | | | ● | ● | ● | ● | ● | ● | ● | ● | ● | ● | ● | ● | ● | ● | ● | ● | ● | ● | ● | | | | | | T2EXE:XBR1.6 |
| T4 | ● | ● | ● | ● | ● | | | | ● | ● | ● | ● | ● | ● | ● | ● | ● | ● | ● | ● | ● | ● | ● | ● | ● | ● | ● | ● | | | | | T4E:XBR2.3 |
| T4EX | ● | ● | ● | ● | ● | | | | ● | ● | ● | ● | ● | ● | ● | ● | ● | ● | ● | ● | ● | ● | ● | ● | ● | ● | ● | ● | ● | | | | T4EXE:XBR2.4 |
| $\overline{SYSCLK}$ | ● | ● | ● | ● | ● | | | | ● | ● | ● | ● | ● | ● | ● | ● | ● | ● | ● | ● | ● | ● | ● | ● | ● | ● | ● | ● | ● | ● | | | SYSCKE:XBR1.7 |
| CNVSTR | ● | ● | ● | ● | ● | | | | ● | ● | ● | ● | ● | ● | ● | ● | ● | ● | ● | ● | ● | ● | ● | ● | ● | ● | ● | ● | ● | ● | ● | | CNVSTE:XBR2.0 |
| | | | | | | ALE | $\overline{RD}$ | $\overline{WR}$ | AIN1.0/A8 | AIN1.1/A9 | AIN1.2/A10 | AIN1.3/A11 | AIN1.4/A12 | AIN1.5/A13 | AIN1.6/A14 | AIN1.7/A15 | A8m/A0 | A9m/A1 | A10m/A2 | A11m/A3 | A12m/A4 | A13m/A5 | A14m/A6 | A15m/A7 | AD0/D0 | AD1/D1 | AD2/D2 | AD3/D3 | AD4/D4 | AD5/D5 | AD6/D6 | AD7/D7 | |
| | | | | | | | | | AIN1输入/非复用地址高 | | | | | | | | 复用地址高/非复用地址低 | | | | | | | | 复用数据/非复用数据 | | | | | | | | |

图 2-12　复用方式时的交叉开关译码表

## 2.4.3　端口 4～7

端口 4～7 的所有端口引脚都可用作通用 I/O(GPIO)，通过读和写相应的端口数据寄存器访问每个端口，这些端口数据寄存器是一组按字节寻址的特殊功能寄存器。读端口数据寄存器时，返回的是端口引脚本身的逻辑状态。例外的情况发生在执行读－修改－写指令(ANL、ORL、XRL、JBC、CPL、INC、DEC、DJNZ、JBC、CLR、SET 及位传送操作)期间。在读－修改－写指令的读周期，读入的是端口数据寄存器的内容，而不是端口引脚本身的状态。

**1. 配置端口引脚的输出方式**

每个端口引脚的输出方式都可被配置为漏极开路或推挽方式。在推挽方式，向端口数据寄存器中的相应位写逻辑 0 将使端口引脚被驱动到 GND，写逻辑 1 将使端口引脚被驱动到 $V_{DD}$。在漏极开路方式，向端口数据寄存器中的相应位写逻辑 0 将使端口引脚被驱动到

(EMIFLE = 1; EMIF 工作在非复用方式; P1MDIN = 0xFF)

| | P0 | | | | | | | | P1 | | | | | | | | P2 | | | | | | | | P3 | | | | | | | | |
|---|---|---|---|---|---|---|---|---|---|---|---|---|---|---|---|---|---|---|---|---|---|---|---|---|---|---|---|---|---|---|---|---|---|
| 引脚I/O | 0 | 1 | 2 | 3 | 4 | 5 | 6 | 7 | 0 | 1 | 2 | 3 | 4 | 5 | 6 | 7 | 0 | 1 | 2 | 3 | 4 | 5 | 6 | 7 | 0 | 1 | 2 | 3 | 4 | 5 | 6 | 7 | 交叉开关寄存器位 |
| TX0 | ● | | | | | | | | | | | | | | | | | | | | | | | | | | | | | | | | UART0EN:XBR0.2 |
| RX0 | | ● | | | | | | | | | | | | | | | | | | | | | | | | | | | | | | | |
| SCK | ● | | ● | | | | | | | | | | | | | | | | | | | | | | | | | | | | | | SPI0EN:XBR0.1 |
| MISO | | ● | | ● | | | | | | | | | | | | | | | | | | | | | | | | | | | | | |
| MOSI | | | ● | | ● | | | | | | | | | | | | | | | | | | | | | | | | | | | | |
| NSS | | | | ● | | ● | | | | | | | | | | | | | | | | | | | | | | | | | | | |
| SDA | ● | | ● | | ● | | | | ● | | | | | | | | | | | | | | | | | | | | | | | | SMB0EN:XBR0.0 |
| SCL | | ● | | ● | | ● | | | | ● | | | | | | | | | | | | | | | | | | | | | | | |
| TX1 | ● | | ● | | ● | | | | ● | | ● | | | | | | | | | | | | | | | | | | | | | | UART1EN:XBR2.2 |
| RX1 | | ● | | ● | | ● | | | | ● | ● | ● | | | | | | | | | | | | | | | | | | | | | |
| CEX0 | ● | | ● | | ● | | | | ● | | ● | ● | ● | | | | | | | | | | | | | | | | | | | | PCA0ME:XBR0.[5:3] |
| CEX1 | | ● | | ● | | ● | | | | ● | ● | ● | ● | ● | | | | | | | | | | | | | | | | | | | |
| CEX2 | | | ● | | ● | | | | ● | | ● | ● | ● | ● | ● | | | | | | | | | | | | | | | | | | |
| CEX3 | | | | ● | | ● | | | | ● | ● | ● | ● | ● | ● | ● | | | | | | | | | | | | | | | | | |
| CEX4 | | | | | ● | | | | ● | | ● | ● | ● | ● | ● | ● | ● | | | | | | | | | | | | | | | | |
| ECI | ● | ● | ● | ● | ● | ● | | | ● | ● | ● | ● | ● | ● | ● | ● | ● | ● | | | | | | | | | | | | | | | ECI0E:XBR0.6 |
| CP0 | ● | ● | ● | ● | ● | ● | | | ● | ● | ● | ● | ● | ● | ● | ● | ● | ● | ● | | | | | | | | | | | | | | CP0E:XBR0.7 |
| CP1 | ● | ● | ● | ● | ● | ● | | | ● | ● | ● | ● | ● | ● | ● | ● | ● | ● | ● | ● | | | | | | | | | | | | | CP1E:XBR1.0 |
| T0 | ● | ● | ● | ● | ● | ● | | | ● | ● | ● | ● | ● | ● | ● | ● | ● | ● | ● | ● | ● | | | | | | | | | | | | T0E:XBR1.1 |
| $\overline{INT0}$ | ● | ● | ● | ● | ● | ● | | | ● | ● | ● | ● | ● | ● | ● | ● | ● | ● | ● | ● | ● | ● | | | | | | | | | | | INT0E:XBR1.2 |
| T1 | ● | ● | ● | ● | ● | ● | | | ● | ● | ● | ● | ● | ● | ● | ● | ● | ● | ● | ● | ● | ● | ● | | | | | | | | | | T1E:XBR1.3 |
| $\overline{INT1}$ | ● | ● | ● | ● | ● | ● | | | ● | ● | ● | ● | ● | ● | ● | ● | ● | ● | ● | ● | ● | ● | ● | ● | | | | | | | | | INT1E:XBR1.4 |
| T2 | ● | ● | ● | ● | ● | ● | | | ● | ● | ● | ● | ● | ● | ● | ● | ● | ● | ● | ● | ● | ● | ● | ● | ● | | | | | | | | T2E:XBR1.5 |
| T2EX | ● | ● | ● | ● | ● | ● | | | ● | ● | ● | ● | ● | ● | ● | ● | ● | ● | ● | ● | ● | ● | ● | ● | ● | ● | | | | | | | T2EXE:XBR1.6 |
| T4 | ● | ● | ● | ● | ● | ● | | | ● | ● | ● | ● | ● | ● | ● | ● | ● | ● | ● | ● | ● | ● | ● | ● | ● | ● | ● | | | | | | T4E:XBR2.3 |
| T4EX | ● | ● | ● | ● | ● | ● | | | ● | ● | ● | ● | ● | ● | ● | ● | ● | ● | ● | ● | ● | ● | ● | ● | ● | ● | ● | ● | | | | | T4EXE:XBR2.4 |
| $\overline{SYSCLK}$ | ● | ● | ● | ● | ● | ● | | | ● | ● | ● | ● | ● | ● | ● | ● | ● | ● | ● | ● | ● | ● | ● | ● | ● | ● | ● | ● | ● | | | | SYSCKE:XBR1.7 |
| CNVSTR | ● | ● | ● | ● | ● | ● | | | ● | ● | ● | ● | ● | ● | ● | ● | ● | ● | ● | ● | ● | ● | ● | ● | ● | ● | ● | ● | ● | ● | | | CNVSTE:XBR2.0 |
| | | | | | | ALE | $\overline{RD}$ | $\overline{WR}$ | AIN1.0/A8 | AIN1.1/A9 | AIN1.2/A10 | AIN1.3/A11 | AIN1.4/A12 | AIN1.5/A13 | AIN1.6/A14 | AIN1.7/A15 | A8m/A0 | A9m/A1 | A10m/A2 | A11m/A3 | A12m/A4 | A13m/A5 | A14m/A6 | A15m/A7 | AD0/D0 | AD1/D1 | AD2/D2 | AD3/D3 | AD4/D4 | AD5/D5 | AD6/D6 | AD7/D7 | |
| | | | | | | | | | AIN1输入/非复用地址高 | | | | | | | | 复用地址高/非复用地址低 | | | | | | | | 复用数据/非复用数据 | | | | | | | | |

图 2-13　非复用方式时的交叉开关译码表

GND,写逻辑 1 将使端口引脚处于高阻状态。当系统中不同器件的端口引脚有共享连接,即多个输出连接到同一个物理线时(例如 SMBus 连接中的 SDA 信号),使用漏极开路方式可以防止不同器件之间的冲突。端口 4~7 引脚的输出方式由 P74OUT 寄存器中的位决定。P74OUT 中的每一位控制端口 4~7 中一组引脚(每组 4 位)的输出方式。P74OUT.7 为逻辑 1 时将端口 7 中高 4 位(P7.[7:4])的输出方式配置为推挽方式;P74OUT.7 为逻辑 0 时将端口 7 中高 4 位(P7.[7:4])的输出方式配置为漏极开路。

**2. 配置端口引脚为数字输入**

通过设置输出方式为"漏极开路"并向端口数据寄存器中的相应位写 1 将端口引脚配置为数字输入。例如,设置 P74OUT.7 为逻辑 0 并设置 P7.7 为逻辑 1 即可将 P7.7 配置为数字输入。

**3. 弱上拉**

同端口 0~3。

**4. 外部存储器接口**

如果外部存储器接口(EMIF)被设置在高端口(端口 4~7),则 EMIFLE(XBR2.1)位被设置为逻辑 0。如果外部存储器接口被设置在高端口并且发生一次片外 MOVX 操作,则在该 MOVX 指令执行期间外部存储器接口将控制有关端口引脚的输出状态,而不管端口数据寄存器的设置如何。端口引脚的输出配置不受 EMIF 操作的影响，但读操作将禁止数据总线上的输出驱动器。

### 2.4.4 端口特殊功能寄存器

下面仅仅给出 3 个交叉开关寄存器的格式，其他特殊功能寄存器上面已经提及一些，详细的内容可参考 Silicon Laboratories 提供的 C8051F020 数据手册。

XBR0：I/O 端口交叉开关寄存器 0。

I/O 端口交叉开关寄存器 XBR0 各位的定义如下：

| R/W | R/W | R/W | R/W | R/W | R/W | R/W | R/W | 复位值 |
|---|---|---|---|---|---|---|---|---|
| CP0E | ECI0E | PCA0ME | | | UART0EN | SPI0EN | SMB0EN | 00000000 |
| 位 7 | 位 6 | 位 5 | 位 4 | 位 3 | 位 2 | 位 1 | 位 0 | SFR 地址：0xE1 |

其中，各位的含义如下：

位 7(CP0E)——比较器 0 输出使能位。

0：CP0 不连到端口引脚。

1：CP0 连到端口引脚。

位 6(ECI0E)——PCA0 外部计数器输入使能位。

0：PCA0 外部计数器输入不连到端口引脚。

1：PCA0 外部计数器输入连到端口引脚。

位 5～3(PCA0ME)——PCA0 模块 I/O 使能位。

000：所有的 PCA0 I/O 都不连到端口引脚。

001：CEX0 连到端口引脚。

010：CEX0、CEX1 连到 2 个端口引脚。

011：CEX0、CEX1、CEX2 连到 3 个端口引脚。

100：CEX0、CEX1、CEX2、CEX3 连到 4 个端口引脚。

101：CEX0、CEX1、CEX2、CEX3、CEX4 连到 5 个端口引脚。

110：保留。

111：保留。

位 2(UART0EN)——UART0 I/O 使能位。

0：UART0 I/O 不连到端口引脚。

1：UART0 的 TX 连到 P0.0，RX 连到 P0.1。

位 1(SPI0EN)——SPI 总线 I/O 使能位。

0：SPI0 I/O 不连到端口引脚。

1：SPI0 的 SCK、MISO、MOSI 和 NSS 连到 4 个端口引脚。

位 0(SMB0EN)——SMBus 总线 I/O 使能位。

0：SMBus0 I/O 不连到端口引脚。

1：SMBus0 的 SDA 和 SCL 连到 2 个端口引脚。

**1. XBR1：I/O 端口交叉开关寄存器 1**

I/O 端口交叉开关寄存器 XBR1 各位的定义如下：

| R/W | R/W | R/W | R/W | R/W | R/W | R/W | R/W | 复位值 |
|---|---|---|---|---|---|---|---|---|
| SYSCKE | T2EXE | T2E | INT1E | T1E | INT0E | T0E | CP1E | 00000000 |
| 位 7 | 位 6 | 位 5 | 位 4 | 位 3 | 位 2 | 位 1 | 位 0 | SFR 地址：0xE2 |

其中，各位的含义如下：

位 7(SYSCKE)——$\overline{\text{SYSCLK}}$ 输出使能位。

0：$\overline{\text{SYSCLK}}$ 不连到端口引脚。

1：$\overline{\text{SYSCLK}}$ 连到端口引脚。

位 6(T2EXE)——T2EX 使能位。

0：T2EX 不连到端口引脚。

1：T2EX 连到端口引脚。

位 5(T2E)——T2 使能位。

0：T2 不连到端口引脚。

1：T2 连到端口引脚。

位 4(INT1E)——$\overline{\text{INT1}}$ 使能位。

0：$\overline{\text{INT1}}$ 不连到端口引脚。

1：$\overline{\text{INT1}}$ 连到端口引脚。

位 3(T1E)——T1 使能位。

0：T1 不连到端口引脚。

1：T1 连到端口引脚。

位 2(INT0E)——$\overline{\text{INT0}}$ 使能位。

0：$\overline{\text{INT0}}$ 不连到端口引脚。

1：$\overline{\text{INT0}}$ 连到端口引脚。

位 1(T0E)——T0 使能位。

0：T0 不连到端口引脚。

1：T0 连到端口引脚。

位 0(CP1E)——比较器 1 输出使能位。

0：CP1 不连到端口引脚。

1：CP1 连到端口引脚。

**2. XBR2：I/O 端口交叉开关寄存器 2**

I/O 端口交叉开关寄存器 XBR2 各位的定义如下：

| R/W | R/W | R/W | R/W | R/W | R/W | R/W | R/W | 复位值 |
|---|---|---|---|---|---|---|---|---|
| WEAKPUD | XBARE | — | T4EXE | T4E | UART1E | EMIFLE | CNVSTE | 00000000 |
| 位 7 | 位 6 | 位 5 | 位 4 | 位 3 | 位 2 | 位 1 | 位 0 | SFR 地址：0xE3 |

其中,各位的含义如下:

位 7(WEAKPUD)——弱上拉禁止位。

0:弱上拉全局使能。

1:弱上拉全局禁止。

位 6(XBARE)——交叉开关使能位。

0:交叉开关禁止。端口 0、1、2 和 3 的所有引脚被强制为输入方式。

1:交叉开关使能。

位 5——未用。读=0,写=忽略。

位 4(T4EXE)——T4EX 输入使能位。

0:T4EX 不连到端口引脚。

1:T4EX 连到端口引脚。

位 3(T4E)——T4 输入使能位。

0:T4 不连到端口引脚。

1:T4 连到端口引脚。

位 2(UART1E)——UART1 I/O 使能位。

0:UART1 I/O 不连到端口引脚。

1:UART1 TX 和 RX 连到两个端口引脚。

位 1(EMIFLE)——外部存储器接口低端口使能位。

0:P0.7、P0.6 和 P0.5 的功能由交叉开关或端口锁存器决定。

1:如果 EMI0CF.4=0(外部存储器接口为复用方式),则 P0.7($\overline{WR}$)、P0.6($\overline{RD}$)和 P0.5($\overline{ALE}$)被交叉开关跳过,它们的输出状态由端口锁存器和外部存储器接口决定。

1:如果 EMI0CF.4=1(外部存储器接口为非复用方式),则 P0.7($\overline{WR}$)和 P0.6($\overline{RD}$)被交叉开关跳过,它们的输出状态由端口锁存器和外部存储器接口决定。

位 0(CNVSTE)——外部转换启动输入使能位。

0:CNVSTR 不连到端口引脚。

1:CNVSTR 连到端口引脚。

### 2.4.5 交叉开关引脚分配示例

在本例中,将配置交叉开关,为 UART0、SMBus、UART1、$\overline{INT0}$ 和 $\overline{INT1}$ 分配端口引脚(共 8 个引脚)。另外,将外部存储器接口配置为复用方式并使用低端口;还将 P1.2、P1.3 和 P1.4 配置为模拟输入,以便用 ADC1 测量加在这些引脚上的电压。该例的交叉开关配置表如图 2-14 所示。配置步骤如下:

(1) 按 UART0EN=1、UART1E=1、SMB0EN=1、INT0E=1、INT1E=1 和 EMIFLE=1 设置 XBR0、XBR1 和 XBR2,则有 XBR0=0x05,XBR1=0x14,XBR2=0x06。

(2) 将外部存储器接口配置为复用方式并使用低端口,有 PRTSEL=0(EMI0CF.5),EMD2(EMI0CF.4)=0。

(3) 将作为模拟输入的端口 1 引脚配置为模拟输入方式:设置 P1MDIN 为 0xE3(P1.4、P1.3 和 P1.2 为模拟输入,所以它们的对应 P1MDIN 被设置为逻辑 0)。

(4) 设置 XBARE=1 以使能交叉开关:XBR2=0x46。UART0 有最高优先权,所以 P0.0 被分配给 TX0,P0.1 被分配给 RX0。SMBus 的优先权次之,所以 P0.2 被分配给

(EMIFLE = 1; EMIF 工作在复用方式; P1MDIN = 0xE3
XBR0 = 0x05; XBR1 = 0x14; XBR2 = 0x46)

| | P0 | | | | | | | | P1 | | | | | | | | P2 | | | | | | | | P3 | | | | | | | | 交叉开关寄存器位 |
|---|---|---|---|---|---|---|---|---|---|---|---|---|---|---|---|---|---|---|---|---|---|---|---|---|---|---|---|---|---|---|---|---|---|
| 引脚I/O | 0 | 1 | 2 | 3 | 4 | 5 | 6 | 7 | 0 | 1 | 2 | 3 | 4 | 5 | 6 | 7 | 0 | 1 | 2 | 3 | 4 | 5 | 6 | 7 | 0 | 1 | 2 | 3 | 4 | 5 | 6 | 7 | |
| TX0 | ● | | | | | | | | | | | | | | | | | | | | | | | | | | | | | | | | UART0EN:XBR0.2 |
| RX0 | | ● | | | | | | | | | | | | | | | | | | | | | | | | | | | | | | | |
| SCK | • | | • | | | | | | | | | | | | | | | | | | | | | | | | | | | | | | SPI0EN:XBR0.1 |
| MISO | | • | | • | | | | | | | | | | | | | | | | | | | | | | | | | | | | | |
| MOSI | | | • | | • | | | | | | | | | | | | | | | | | | | | | | | | | | | | |
| NSS | | | | • | | | | | • | | | | | | | | | | | | | | | | | | | | | | | | |
| SDA | • | | ● | | • | | | | | • | | | | | | | | | | | | | | | | | | | | | | | SMB0EN:XBR0.0 |
| SCL | | • | | ● | | | | | • | | | | | • | | | | | | | | | | | | | | | | | | | |
| TX1 | • | | • | | ● | | | | | • | | | | | • | | | | | | | | | | | | | | | | | | UART1EN:XBR2.2 |
| RX1 | | • | | • | | | | | ● | | | | | • | • | • | | | | | | | | | | | | | | | | | |
| CEX0 | • | | • | | • | | | | | • | | | | | • | • | • | | | | | | | | | | | | | | | | PCA0ME:XBR0.[5:3] |
| CEX1 | | • | | • | | | | | • | | | | | • | • | • | • | • | | | | | | | | | | | | | | | |
| CEX2 | | | • | | • | | | | | • | | | | | • | • | • | • | • | | | | | | | | | | | | | | |
| CEX3 | | | | • | | | | | • | | | | | • | • | • | • | • | • | • | | | | | | | | | | | | | |
| CEX4 | | | | | • | | | | | • | | | | | • | • | • | • | • | • | • | | | | | | | | | | | | |
| ECI | • | • | • | • | • | | | | • | • | | | | • | • | • | • | • | • | • | • | • | | | | | | | | | | | ECI0E:XBR0.6 |
| CP0 | • | • | • | • | • | | | | • | • | | | | • | • | • | • | • | • | • | • | • | • | | | | | | | | | | CP0E:XBR0.7 |
| CP1 | • | • | • | • | • | | | | • | • | | | | • | • | • | • | • | • | • | • | • | • | • | | | | | | | | | CP1E:XBR1.0 |
| T0 | • | • | • | • | • | | | | • | • | | | | • | • | • | • | • | • | • | • | • | • | • | • | | | | | | | | T0E:XBR1.1 |
| $\overline{INT0}$ | • | • | • | • | • | | | | • | ● | | | | • | • | • | • | • | • | • | • | • | • | • | • | • | | | | | | | INT0E:XBR1.2 |
| T1 | • | • | • | • | • | | | | • | • | | | | • | • | • | • | • | • | • | • | • | • | • | • | • | • | | | | | | T1E:XBR1.3 |
| $\overline{INT1}$ | • | • | • | • | • | | | | • | • | | | | ● | • | • | • | • | • | • | • | • | • | • | • | • | • | • | | | | | INT1E:XBR1.4 |
| T2 | • | • | • | • | • | | | | • | • | | | | • | • | • | • | • | • | • | • | • | • | • | • | • | • | • | • | | | | T2E:XBR1.5 |
| T2EX | • | • | • | • | • | | | | • | • | | | | • | • | • | • | • | • | • | • | • | • | • | • | • | • | • | • | • | | | T2EXE:XBR1.6 |
| T4 | • | • | • | • | • | | | | • | • | | | | • | • | • | • | • | • | • | • | • | • | • | • | • | • | • | • | • | • | | T4E:XBR2.3 |
| T4EX | • | • | • | • | • | | | | • | • | | | | • | • | • | • | • | • | • | • | • | • | • | • | • | • | • | • | • | • | • | T4EXE:XBR2.4 |
| $\overline{SYSCLK}$ | • | • | • | • | • | | | | • | • | | | | • | • | • | • | • | • | • | • | • | • | • | • | • | • | • | • | • | • | • | SYSCKE:XBR1.7 |
| CNVSTR | • | • | • | • | • | | | | • | • | | | | • | • | • | • | • | • | • | • | • | • | • | • | • | • | • | • | • | • | • | CNVSTE:XBR2.0 |
| | | | | | | ALE | $\overline{RD}$ | $\overline{WR}$ | AIN1.0/A8 | AIN1.1/A9 | AIN1.2/A10 | AIN1.3/A11 | AIN1.4/A12 | AIN1.5/A13 | AIN1.6/A14 | AIN1.7/A15 | A8m/A0 | A9m/A1 | A10m/A2 | A11m/A3 | A12m/A4 | A13m/A5 | A14m/A6 | A15m/A7 | AD0/D0 | AD1/D1 | AD2/D2 | AD3/D3 | AD4/D4 | AD5/D5 | AD6/D6 | AD7/D7 | |
| | | | | | | | | | AIN1输入/非复用地址高 | | | | | | | | 复用地址高/非复用地址低 | | | | | | | | 复用数据/非复用数据 | | | | | | | | |

图 2-14 实例的交叉开关配置表

SDA,P0.3 被分配给 SCL。接下来是 UART1,所以 P0.4 被分配给 TX1。由于外部存储器接口选在低端口(EMIFLE=1),所以交叉开关跳过 P0.6($\overline{RD}$)和 P0.7($\overline{WR}$)。又因为外部存储器接口被配置为复用方式,所以交叉开关也跳过 P0.5(ALE)。下一个未被跳过的引脚 P1.0 被分配给 RX1。接下来是 $\overline{INT0}$,被分配到引脚 P1.1。将 P1MDIN 设置为 0xE3,使 P1.2、P1.3 和 P1.4 被配置为模拟输入,导致交叉开关跳过这些引脚。下面优先权高的是 $\overline{INT1}$,所以下一个未跳过的引脚 P1.5 被分配给 $\overline{INT1}$。在执行对片外操作的 MOVX 指令期间,外部存储器接口将驱动端口 2 和端口 3。

(5) 将 UART0 的 TX 引脚(TX0,P0.0)、UART1 的 TX 引脚(TX1,P0.4)、ALE、$\overline{RD}$、$\overline{WR}$(P0.[7:5])的输出设置为推挽方式,通过设置 P0MDOUT=0xF1 来实现。

(6) 通过设置 P2MDOUT=0xFF 和 P3MDOUT=0xFF 将 EMIF 端口(P2、P3)的输出方式配置为推挽方式。

(7) 通过设置 P1MDOUT=0x00(配置输出为漏极开路)和 P1=0xFF(逻辑 1 选择高阻态)禁止 3 个模拟输入引脚的输出驱动器。

## 2.4.6 片上资源配置工具 Config 的应用

**1. Config 介绍**

C8051F 系列单片机是一个功能强大而又复杂的片上系统单片机,在内部资源的配置和使用上需要反复阅读的数据手册，为了简化这一过程，Silicon Laboratories 公司提供了专门的片上资源配置工具用来简化资源的配置过程，这一工具就是 Config 软件。利用该软件可以不需要完全了解 C8051F 系列单片机所有细节，只针对自己需要使用的资源来产生单片机的初始配置代码，而且可以根据自己项目的实际选择生成配置代码的语言，极大地提高了开发的效率。Config 软件可以从 Silicon Laboratories 公司网站下载得到，目前版本为 Config2 version 4.11。

在安装完 Config 软件后，运行软件出现对话框（见图 2-15），在该对话框中选择自己开发使用的 C8051F 系列单片机的具体型号或打开已经存在的工程文件，例如，开发中如果使用的是 C8051F020 单片机，则在 Select device 列表框中选择 C8051F02x，在右边的 Select part 中选择 C8051F020，完成后，单击 OK 按钮进入软件的配置窗口，如图 2-16 所示。

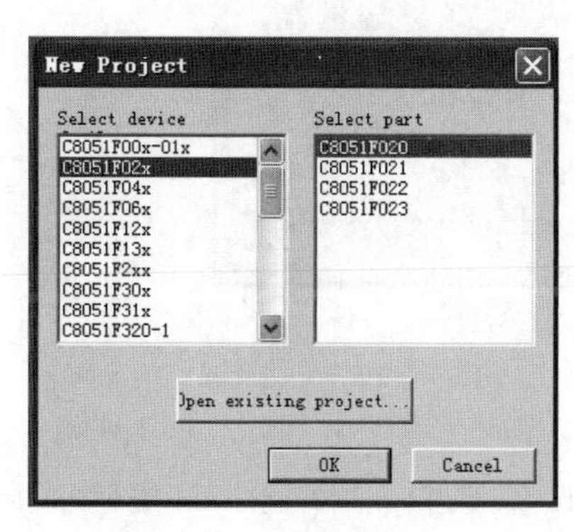


图 2-15　选择单片机型号

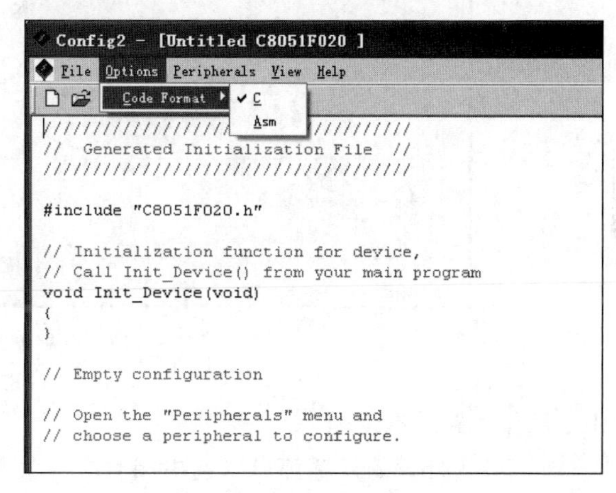


图 2-16　选择编程语言

在软件的菜单 Options 中选择使用的编程语言，如用 C51。选择菜单 Peripherals 可以分别选中单片机中某一外设资源进行配置，如选中 Port I/O，则对输入输出引脚进行配置（见图 2-17），进入下一个界面，如图 2-18 所示。

窗口中显示了 C8051F020 单片机 I/O 端口交叉开关的配置，即引脚对 UART、SPI、SMBus 等资源的分配及 Port1～7 的输出模式、模拟量的输入配置、外接存储器的配置等。下面则是根据配置选项由软件自动产生的 C51 语言源代码，代码是汇编语言还是 C 语言取决于开始的选项，在软件中可以根据自己开发时使用的资源进行选择，则相应的初始配置代码就会自动由软件添加到下面的代码窗口中。

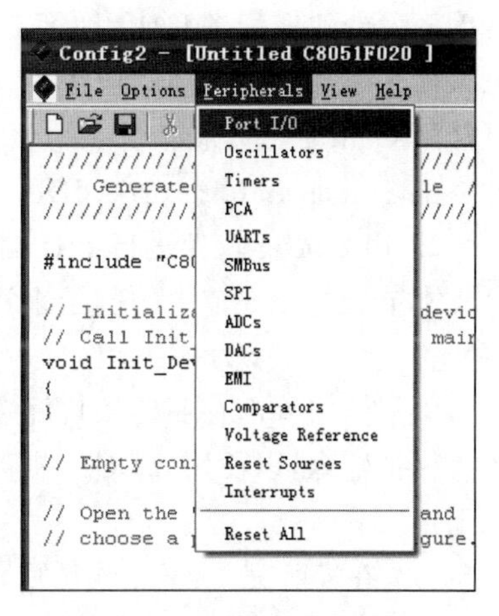


图 2-17　选择要配置的外设

例如，图 2-18 中使用了资源 UART0、SMBus、UART1；使用外接存储器及 4 路模拟量输入。所以 P0.0 用作 TX0；P0.1 用作 RX0；P0.2 用作 SDA；P0.3 用作 SCL；P0.4 用作 TX1；P0.5、P0.6、P0.7 分别用作 ALE、RD、WR 引脚；P1.1 用作 RX1；P1.0、P1.2、P1.3、

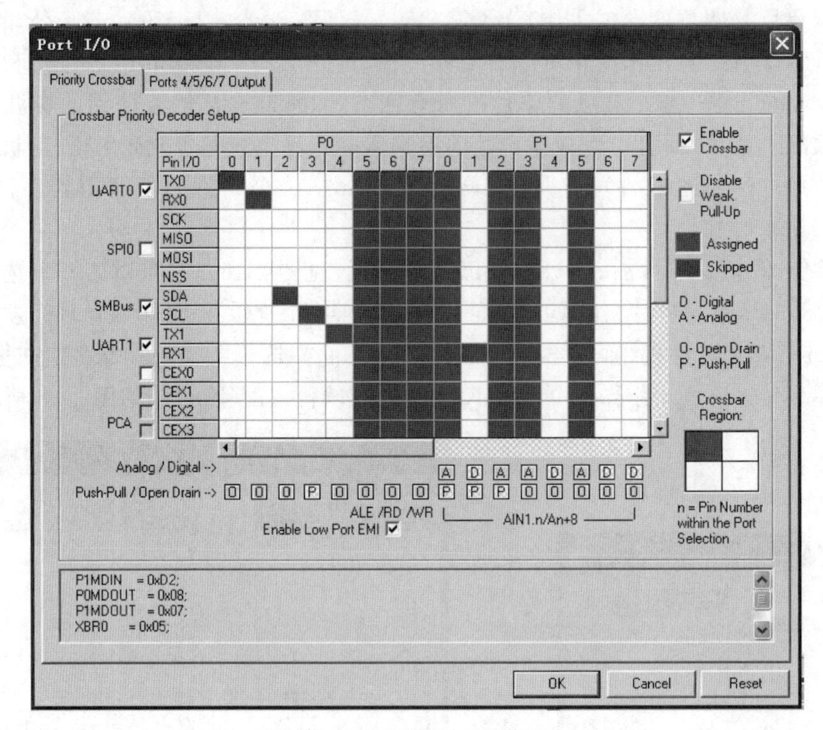


图 2-18 配置交叉开关

P1.5 用作 4 路模拟量输入。

其他各个外设的设置都可以选中相对应的菜单进行设置,设置完后单击 OK 按钮即自动产生响应的程序代码。

当然 Config 软件只是帮助开发者完成单片机初始化代码的自动产生,生成的代码只是帮助开发者快速配置和使用 C8051F 系列单片机复杂的内部资源,自己的应用开发中资源怎么使用还要根据具体的应用进行设计,它并不能代替开发者完成所有的用户逻辑要求,并且使用 Config 工具最好是在对 C8051F 系列单片机比较熟悉的基础之上。Config 工具软件搭配 Silicon Laboratories IDE 开发环境一起可以加快项目的开发进程。

**2. 用 Config 软件进行 I/O 端口配置示例**

本节以 2.4.5 节中的例子来进行端口的分配,这次使用 Config 软件进行。在本例中,将配置交叉开关,为 UART0、SMBus、UART1、$\overline{\text{INT0}}$ 和 $\overline{\text{INT1}}$ 分配端口引脚(共 8 个引脚)。另外,将外部存储器接口配置为复用方式并使用低端口。还将 P1.2、P1.3 和 P1.4 配置为模拟输入,以便用 ADC1 测量加在这些引脚上的电压。使用 Config 软件的配置过程如下:

(1) 在安装完 Config 软件后,运行软件出现对话框,则在 Select device 列表框中选择 C8051F02x,在右边的 Select part 中选择 C8051F020,完成后,单击 OK 按钮进入软件的配置窗口。

(2) 在配置窗口的菜单 Options 中选择 C51,在菜单 Peripherals 中可以分别选中单片机中某一外设资源进行配置,先选中 Port I/O 对输入/输出引脚进行配置,配置交叉开关,为 UART0、SMBus、UART1、$\overline{\text{INT0}}$ 和 $\overline{\text{INT1}}$ 分配端口引脚(见图 2-19)。

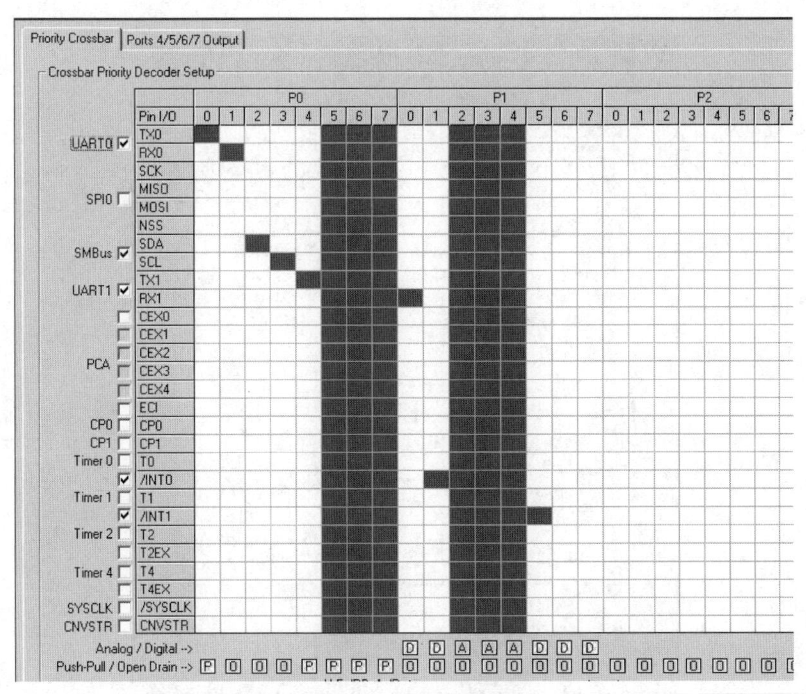


图 2-19　配置过程图示

（3）分别选中 Oscillators、Times、Interrupt、Reset Sources 做相应的设置，如果需要对其他外设进行更细致的设置，可以根据要求在相应的菜单中进行，如定时器的工作模式、定时参数等。如所有的配置完毕，单击 OK 按钮，即可产生 C51 的源代码。在这个例子中，假设时钟取外部晶振，频率为 11.0592MHz（见图 2-20），设置外部中断 $\overline{\text{INT0}}$ 和 $\overline{\text{INT1}}$ 为边沿触发方式、允许中断、看门狗初始状态为关闭（见图 2-21 和图 2-22）。

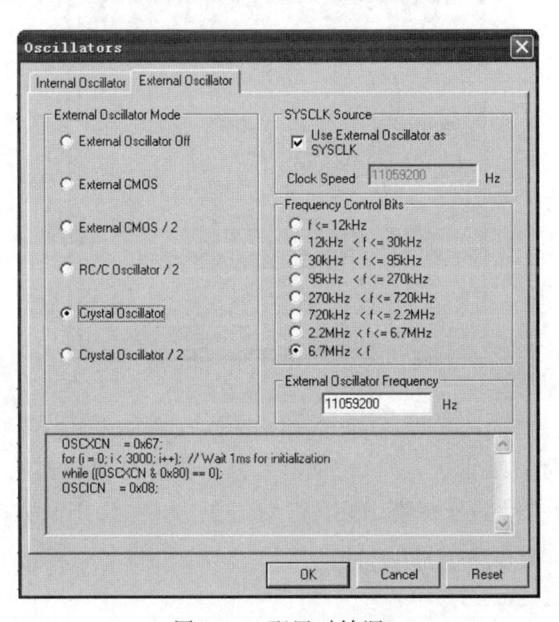


图 2-20　配置时钟源

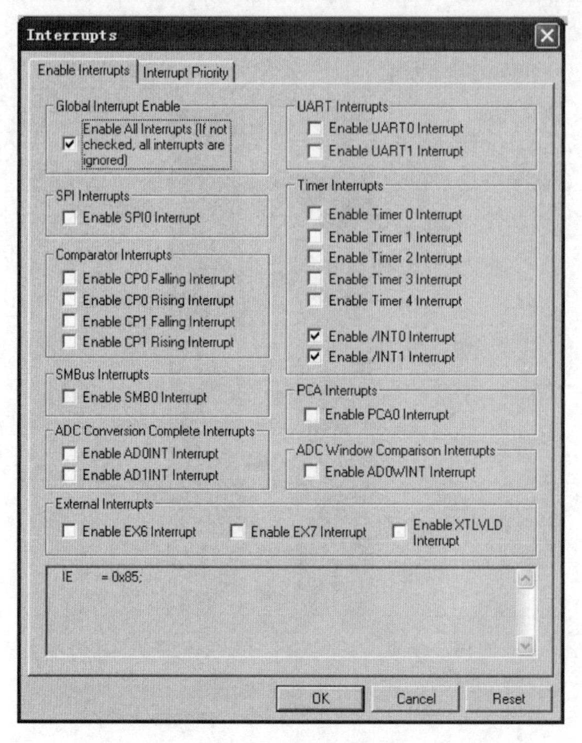


图 2-21 配置中断

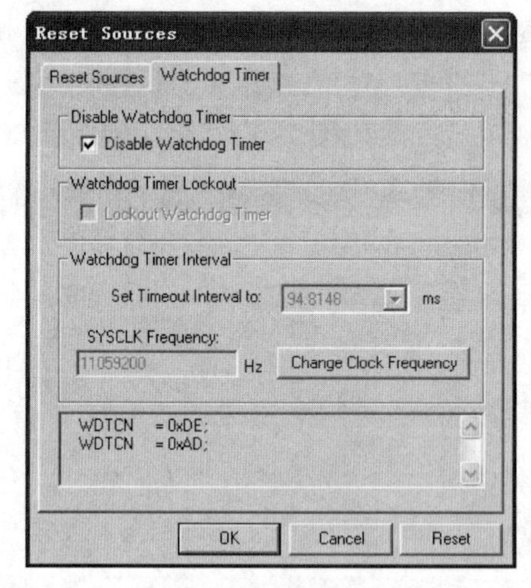


图 2-22 关闭看门狗

这样整个配置过程就结束了,窗口中就有了整个配置结果的初始化代码,本配置产生的C51 代码如下(产生的注释部分有错,如引脚 ALE 的分配,本书已做了相应的修改):

```
/////////////////////////////////////
//Generated Initialization File //
/////////////////////////////////////
```

```
#include "C8051F020.h"

//Peripheral specific initialization functions,
//Called from the Init_Device() function
void Reset_Sources_Init()
{
    WDTCN     = 0xDE;
    WDTCN     = 0xAD;
}

void Timer_Init()
{
    TCON     = 0x05;
    TMOD     = 0x01;
}

void Port_IO_Init()
{
    //P0.0 - TX0 (UART0), Push-Pull, Digital
    //P0.1 - RX0 (UART0), Open-Drain, Digital
    //P0.2 - SDA (SMBus), Open-Drain, Digital
    //P0.3 - SCL (SMBus), Open-Drain, Digital
    //P0.4 - TX1 (UART1), Push-Pull, Digital
    //P0.5 - Skipped,     Push-Pull, ALE
    //P0.6 - Skipped,     Push-Pull, /RD
    //P0.7 - Skipped,     Push-Pull, /WR

    //P1.0 - RX1 (UART1) Open-Drain, Digital
    //P1.1 - INT0 (Tmr0), Open-Drain, Digital
    //P1.2 - Skipped,     Open-Drain, Analog
    //P1.3 - Skipped,     Open-Drain, Analog
    //P1.4 - Skipped,     Open-Drain, Analog
    //P1.5 - INT1 (Tmr1), Open-Drain, Digital
    //P1.6 - Unassigned,  Open-Drain, Digital
    //P1.7 - Unassigned,  Open-Drain, Digital

    //P2.0 - Unassigned,  Open-Drain, Digital
    //P2.1 - Unassigned,  Open-Drain, Digital
    //P2.2 - Unassigned,  Open-Drain, Digital
    //P2.3 - Unassigned,  Open-Drain, Digital
    //P2.4 - Unassigned,  Open-Drain, Digital
    //P2.5 - Unassigned,  Open-Drain, Digital
    //P2.6 - Unassigned,  Open-Drain, Digital
    //P2.7 - Unassigned,  Open-Drain, Digital

    //P3.0 - Unassigned,  Open-Drain, Digital
    //P3.1 - Unassigned,  Open-Drain, Digital
    //P3.2 - Unassigned,  Open-Drain, Digital
    //P3.3 - Unassigned,  Open-Drain, Digital
    //P3.4 - Unassigned,  Open-Drain, Digital
```

```
    //P3.5 - Unassigned,  Open-Drain, Digital
    //P3.6 - Unassigned,  Open-Drain, Digital
    //P3.7 - Unassigned,  Open-Drain, Digital

    P1MDIN = 0xE3;
    P0MDOUT = 0xF1;
    XBR0 = 0x05;
    XBR1 = 0x14;
    XBR2 = 0x46;
}

void Oscillator_Init()
{
    int i = 0;
    OSCXCN  = 0x67;
    for (i = 0; i < 3000; i++);         //Wait 1ms for initialization
    while ((OSCXCN & 0x80) == 0);
    OSCICN  = 0x08;
}

void Interrupts_Init()
{
    IE        = 0x85;
}

//Initialization function for device,
//Call Init_Device() from your main program
void Init_Device(void)
{
    Reset_Sources_Init();
    Timer_Init();
    Port_IO_Init();
    Oscillator_Init();
    Interrupts_Init();
}
```

如果在图 2-16 中选择汇编语言，则经过同样的配置过程，本配置示例最终产生的汇编语言的初始化代码如下(删除了部分不影响阅读的注释)：

```
;----------------------------------------
;- Generated Initialization File --
;----------------------------------------
$include (C8051F020.inc)
public Init_Device
INIT SEGMENT CODE
    rseg INIT
;Peripheral specific initialization functions,
;Called from the Init_Device label
Reset_Sources_Init:
    mov WDTCN,     #0DEh
    mov WDTCN,     #0ADh
```

```
    ret
Timer_Init:
    mov TCON,      #005h
    mov TMOD,      #001h
    ret
Port_IO_Init:
    mov P1MDIN,    #0E3h
    mov P0MDOUT,   #0F1h
    mov XBR0,      #005h
    mov XBR1,      #014h
    mov XBR2,      #046h
    ret
Oscillator_Init:
    mov OSCXCN,    #067h
    mov R0,        #030        ;Wait 1ms for initialization
Osc_Wait1:
    clr A
    djnz ACC,      $
    djnz R0,       Osc_Wait1
Osc_Wait2:
    mov A,         OSCXCN
    jnb ACC.7,     Osc_Wait2
    mov OSCICN,    #008h
    ret
Interrupts_Init:
    mov IE,        #085h
    ret
;Initialization function for device,
;Call Init_Device from your main program
Init_Device:
    lcall Reset_Sources_Init
    lcall Timer_Init
    lcall Port_IO_Init
    lcall Oscillator_Init
    lcall Interrupts_Init
    ret
end
```

通过产生的代码和2.4.5节最后得到的配置参数对比，发现Config软件更周全地为用户生成了各个外设使用的详细信息，包含了详尽的注释，代码结构清晰，易于集成使用。

## 2.5 电源管理方式

CIP-51有空闲方式（等待方式）和停机方式（掉电方式）两种可软件编程的电源管理方式，以进一步降低功耗，它们特别适用于电源功耗要求很低的应用场合，这类应用系统往往是直流供电或停电时依靠备用电源供电，以维持系统的持续工作。在空闲方式，CPU停止运行，而外设和时钟处于活动状态。在停机方式，CPU停止运行，所有的中断和定时器（时钟丢失检测器除外）都处于非活动状态，系统时钟停止。由于在空闲方式下时钟仍然运行，所以功耗与进入空闲方式之前的系统时钟频率和处于活动状态的外设数目有关(10μA～5mA)。停机方式消耗最少的功率(0.2μA)。具体电气参数参见附录 C。虽然 CIP-51 具有空闲和停机方式(与任何标准 8051 结构一样),但最好禁止不需要的外设,以使整个 MCU 的功耗最小。每个模拟外设在不用用时都可以被禁止,使其进入低功耗方式。像定时器、串行总线这样的数字外设在不使用时消耗很少的功率。关闭闪速存储器可以减小功耗,与进入空闲方式类似,关闭振荡器可以消耗更少的功率,但需要靠复位来重新启动 MCU。除此以外,功耗的减小可以根据 CMOS 数字器件的功率方程来考虑:

$$功耗=CV^2f$$

其中:

$C$——CMOS 的负载电容;

$V$——电源电压;

$f$——系统时钟的频率。

从功率方程可以看出,功率大小与系统的电压高低、系统时钟频率高低成正比。一个低功耗的设计应尽量采用最低的电源电压、最低的系统频率,并尽可能地使用电源管理方式,以最大限度地节省功耗。这些条件中大多数都可以用软件实验或控制。这也是嵌入式应用的一个研究内容。

控制 CIP-51 电源管理方式主要是电源控制寄存器(PCON)。其格式如下:

| R/W | R/W | R/W | R/W | R/W | R/W | R/W | R/W | 复位值 |
|---|---|---|---|---|---|---|---|---|
| SMOD0 | SSTAT0 | — | SMOD1 | SSTAT1 | — | STOP | IDLE | 00000000 |
| 位 7 | 位 6 | 位 5 | 位 4 | 位 3 | 位 2 | 位 1 | 位 0 | SFR 地址:0x87 |

其中,各位的含义如下:

位 7～2——见 4.3.2 节的介绍。

位 1(STOP)——停机方式选择。向该位写 1 将使 CIP-51 进入停机方式。该位读出值总是为 0。

1:CIP-51 被强制进入掉电方式(关闭内部振荡器)。

位 0(IDLE)——空闲方式选择。向该位写 1 将使 CIP-51 进入空闲方式。该位读出值总是为 0。

1:CIP-51 被强制进入空闲方式(关闭供给 CPU 的时钟信号,但定时器、中断和所有外设保持活动状态)。

## 2.5.1 空闲方式

将空闲方式选择位(PCON.0)置 1,导致 CIP-51 停止 CPU 运行并进入空闲方式,在执行完对该位置 1 的指令后 CIP-51 立即进入空闲方式。所有内部寄存器和存储器都保持原来的数据不变。所有模拟和数字外设在空闲方式期间都可以保持活动状态。有被允许的中断发生或 $\overline{\text{RST}}$(系统复位)有效将结束空闲方式。当有一个被允许的中断发生时,空闲方式选择位(PCON.0)被清 0,CPU 将继续工作。该中断将得到服务,中断返回(RETI)后将开始执行设置空闲方式选择位的那条指令的下一条指令。如果空闲方式因一个内部或外部复位而结束，则 CIP-51 进行正常的复位过程并从地址 0x0000 开始执行程序。如果 WDT 被使能并满足条件产生一个内部看门狗复位，则结束空闲方式。这一功能可以保护系统不会因为对 PCON 寄存器的意外写入而导致永久性停机。如果不需要这种功能，可以在进入空闲方式之前禁止看门狗。为节省功耗，可以在系统没有任务需要处理时允许系统一直保持在空闲状态，等待一个外部激励唤醒系统。

### 2.5.2 停机方式

将停机方式选择位(PCON.1)置 1，导致 CIP-51 进入停机方式，在执行完对该位置 1 的指令后 CIP-51 立即进入停机方式。在停机方式，CPU 和振荡器都被停止，实际上所有的数字外设都停止工作。在进入停机方式之前，必须关闭每个模拟外设。只有内部或外部复位能结束停机方式。复位时，CIP-51 进行正常的复位过程并从地址 0x0000 开始执行程序。如果时钟丢失检测器被使能将产生一个内部复位，从而结束停机方式。如果想要使 CPU 的休眠时间长于 100μs 的时钟丢失检测器超时时间，则应禁止时钟丢失检测器。

## 2.6 复位与时钟

### 2.6.1 复位源

单片机的复位电路可以很容易地将控制器置于一个预定的默认状态，即复位状态。C8051F 系列单片机在进入复位状态时，将发生以下过程：

- CIP-51 内核停止程序执行；
- 特殊功能寄存器(SFR)被初始化为所定义的复位初始值；
- 外部端口引脚被置于一个已知状态；
- 中断和定时器被禁止。

所有的 SFR 都被初始化为预定值，SFR 中各位的复位初始值在 SFR 的详细说明中有定义。在复位期间内部数据存储器的内容不发生改变，复位前存储的数据保持不变。但由于堆栈指针特殊功能寄存器被复位，堆栈实际上已丢失，尽管堆栈中的数据未发生变化。

I/O 端口锁存器的复位值为 0xFF(全部为逻辑高电平)，内部弱上拉有效，使外部 I/O 引脚处于高电平状态。外部 I/O 引脚并不立即进入高电平状态，而是在进入复位状态后的 4 个系统时钟之内。注意，在复位期间弱上拉是被禁止的，在器件退出复位状态时弱上拉被使能。这就使得在器件保持在复位状态期间可以节省功耗。对于 $V_{DD}$ 监视器复位，/RST 引脚被驱动为低电平，直到 $V_{DD}$ 复位超时结束。

在退出复位状态时，程序计数器(PC)被复位为地址值 0x0000，CIP-51 内核使用内部振荡器，频率约为 2MHz，作为默认的系统时钟。有关选择和配置系统时钟源的详细说明见 2.6.5 节。看门狗定时器被使能，使用其最长的超时时间(见 2.6.4 节中“4. 看门狗定时器复位”的介绍)。一旦系统时钟源稳定，单片机从地址 0x0000 开始执行程序。

有 7 个能使 C8051F 系列单片机进入复位状态的复位源：上电/掉电复位、外部/RST 引脚复位、外部 CNVSTR 信号复位、软件命令复位、比较器 0 复位、时钟丢失检测器和看门狗定时器超时复位。复位源框图如图 2-23 所示。下面对每个复位源进行说明。

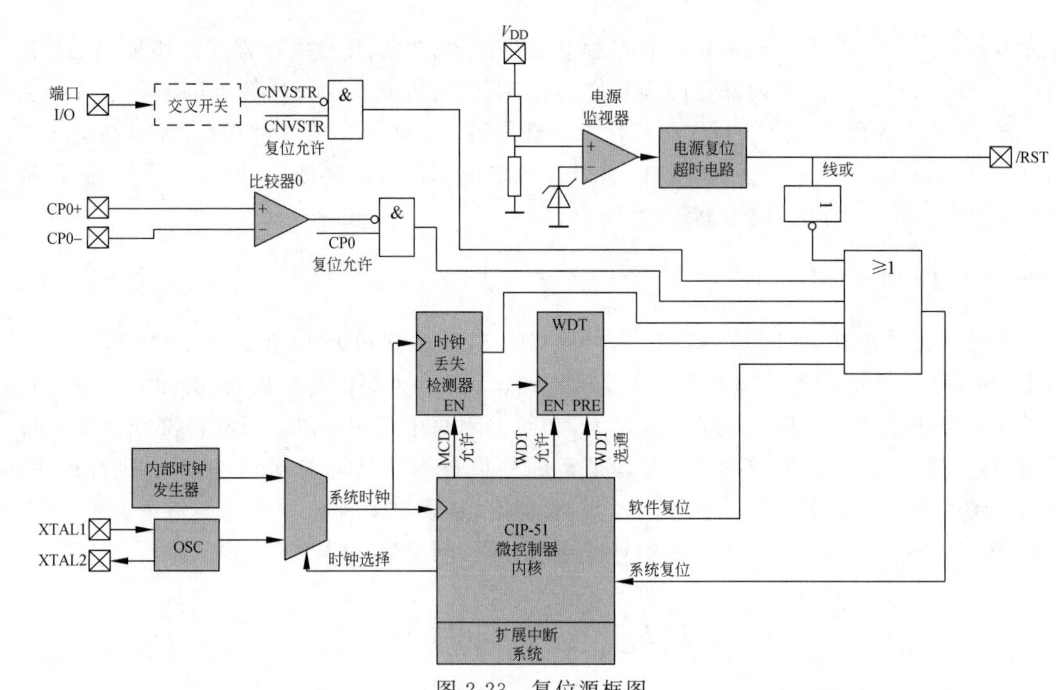


图 2-23　复位源框图

## 2.6.2　上电/掉电复位

### 1. 上电复位

C8051F020 有一个电源监视器，在上电期间该监视器使单片机保持在复位状态，直到 $V_{DD}$ 上升到超过 $V_{RST}$ 电平(见图 2-24 的时序图)。有关电源监视器电路的电气特性如表 2-7 所示。$\overline{\text{RST}}$ 引脚一直被置为低电平，直到 100ms 的 $V_{DD}$ 监视器超时时间结束，这 100ms 的等待时间是为了使 $V_{DD}$ 电源稳定。通过将 MONEN 引脚直接连 $V_{DD}$ 来使能 $V_{DD}$ 监视器，这是 MONEN 引脚的推荐配置。

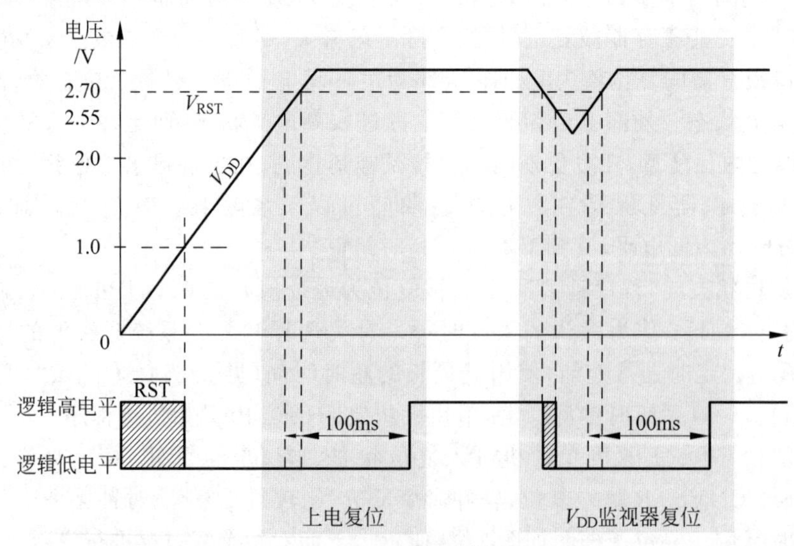


图 2-24　复位时序图

表 2-7　复位源的电气特性

| 参　　数 | 条　　件 | 最小值 | 典型值 | 最大值 | 单位 |
|---|---|---|---|---|---|
| $\overline{RST}$ 输出高电平 | $I_{OH}=-3mA$ | $V_{DD}-0.7$ | | | V |
| $\overline{RST}$ 输出低电平 | $I_{OL}=8.5mA, V_{DD}=2.7\sim3.6V$ | | | 0.6 | V |
| $\overline{RST}$ 输入高电平 | | $0.7V_{DD}$ | | | V |
| $\overline{RST}$ 输入低电平 | | | | $0.3V_{DD}$ | V |
| $\overline{RST}$ 输入漏电流 | $\overline{RST}=0.0V$ | | 50 | | μA |
| $\overline{RST}$ 输出有效 $V_{DD}$ | | 1.0 | | | V |
| $\overline{RST}$ 输出有效 AV+ | | 1.0 | | | V |
| $V_{DD}$ POR 门限($V_{RST}$) | | 2.40 | 2.55 | 2.70 | V |
| 产生系统复位的最小 $\overline{RST}$ 低电平时间 | | 10 | | | ns |
| 复位时间延迟 | 从 $V_{DD}$ 超过复位门限到 $\overline{RST}$ 的上升沿 | 80 | 100 | 120 | ms |
| 时钟丢失检测器超时 | 从最后一个系统时钟到产生复位 | 100 | 220 | 500 | μs |

在退出上电复位状态时，PORSF 标志(复位源特殊功能寄存器的第 1 位，RSTSRC.1)被硬件置为逻辑 1，而 RSTSRC 寄存器中的其他复位标志是不确定的，PORSF 标志被任何其他复位清为 0。由于所有的复位都导致程序从同一个地址(0x0000)开始执行，软件可以通过读 PORSF 标志来确定是否为上电导致的复位。在一次上电复位后，内部数据存储器中的内容应被认为是不确定的。复位源寄存器 RSTSRC 位定义如下：

| R | R/W | R/W | R/W | R | R | R/W | R | 复位值 |
|---|---|---|---|---|---|---|---|---|
| — | CNVRSEF | C0RSEF | SWRSEF | WDTRSF | MCDRSF | PORSF | PINRSF | 可变 |
| 位 7 | 位 6 | 位 5 | 位 4 | 位 3 | 位 2 | 位 1 | 位 0 | SFR 地址 0xEF |

注：不要对该寄存器进行“读－修改－写”操作。

其中，各位的含义如下：

位 7——保留。

位 6(CNVRSEF)——转换启动复位源使能和标志。

写 0：CNVSTR 不是复位源；写 1：CNVSTR 是复位源(低电平有效)。

读 0：前面的复位不是来自 CNVSTR；读 1：前面的复位来自 CNVSTR。

位 5(C0RSEF)——比较器 0 复位使能和标志。

写 0：比较器 0 不是复位源；写 1：比较器 0 是复位源(低电平有效)。

读 0：前面的复位不是来自比较器 0；读 1：前面的复位来自比较器 0。

位 4(SWRSEF)——软件强制复位和标志。

写 0：无作用；写 1：强制产生一个内部复位，$\overline{RST}$ 引脚不受影响。

读 0：前面的复位不是来自写 SWRSF 位；读 1：前面的复位来自写 SWRSF 位。

位 3(WDTRSF)——看门狗定时器复位标志。

0：前面的复位不是来自 WDT 超时；1：前面的复位来自 WDT 超时。

位 2(MCDRSF)——时钟丢失检测器标志。

0：前面的复位不是来自时钟丢失检测器超时；1：前面的复位来自时钟丢失检测器超时。

位 1(PORSF)——强制上电复位和标志。

写 0：无作用；写 1：强制产生一个上电复位，$\overline{\text{RST}}$ 引脚被驱动为低电平。

读 0：前面的复位不是来自 POR；读 1：前面的复位来自 POR。

位 0(PINRSF)——硬件引脚复位标志。

0：前面的复位不是来自 $\overline{\text{RST}}$ 引脚；1：前面的复位来自 $\overline{\text{RST}}$ 引脚。

**2. 掉电复位**

当发生掉电或因电源不稳定而导致单片机的工作电源 $V_{DD}$ 下降到低于复位电压 $V_{RST}$ 电平时，电源监视器将复位引脚 $\overline{\text{RST}}$ 置于低电平，并使 CIP-51 内核回到复位状态。当工作电压 $V_{DD}$ 回升到超过复位电压 $V_{RST}$ 电平时，CIP-51 内核将离开复位状态，过程与上电复位相同(见图 2-24)。注意，即使内部数据存储器的内容未因掉电复位而发生变化，也无法确定 $V_{DD}$ 是否下降到维持数据有效所需要的电压以下。这可以通过 PORSF 标志来了解，如果 PORSF 标志被置为 1，则数据可能不再有效。

## 2.6.3 外部复位

**1. 外部复位引脚 $\overline{\text{RST}}$ 复位**

外部复位引脚 $\overline{\text{RST}}$ 提供了使用外部电路强制单片机进入复位状态的手段。在复位引脚 $\overline{\text{RST}}$ 上加一个低电平有效信号将导致单片机进入复位状态。最好能提供一个外部上拉和(或)对 $\overline{\text{RST}}$ 引脚的去耦电路以防止由于强噪声而引起复位。在低有效的 $\overline{\text{RST}}$ 信号撤除后，单片机将保持在复位状态至少 12 个时钟周期。从外部引脚复位状态退出后，PINRSF 标志(RSTSRC. 0)被置位。

**2. 外部 CNVSTR 引脚复位**

向 CNVRSEF 标志(RSTSRC. 6)写 1 可以将外部 CNVSTR 信号配置为复位源。CNVSTR 信号可以出现在 P0、P1、P2 或 P3 的任何 I/O 引脚，具体的配置可参见 2. 5. 1 节。注意，交叉开关必须被配置为使 CNVSTR 信号接到正确的 I/O 端口。应该在将 CNVRSEF 置 1 之前配置并使能交叉开关。当被配置为复位源时，CNVSTR 为低电平有效。在发生 CNVSTR 复位之后，CNVRSEF 标志(RSTSRC. 6)的读出值为 1，表示本次复位源为 CNVSTR；否则该位读出值为 0。$\overline{\text{RST}}$ 引脚的状态不受该复位的影响。

## 2.6.4 内部复位

**1. 软件强制复位**

向 SWRSEF 位写 1 将强制产生一个上电复位，过程和前面上电复位的过程相同，这可以为程序中用指令手段强制进行复位的提供了便利。

**2. 时钟丢失监测器复位**

时钟丢失检测器实际上是由单片机系统时钟触发的单稳态电路，如果未收到系统时钟的时间大于 100μs，那么单稳态电路将超时并产生内部复位。在发生时钟丢失检测器复位后，MCDRSF 标志(RSTSRC. 2)将被置为逻辑 1，表示本次复位源为时钟丢失监测器 MSD；否则该位被清为逻辑 0。$\overline{\text{RST}}$ 引脚的状态不受该复位的影响。要使用该功能，可把内部振荡器控制特殊功能寄存器(即 OSCICN 寄存器，可参见 2. 6. 5 节)中的 MSCLKE 位置 1，以便使能时钟丢失检测器。

**3. 比较器0复位**

向C0RSEF标志(RSTSRC.5)写1可以将比较器0配置为复位源。应在写C0RSEF之前用CPT0CN.7(见5.4节)使能比较器0,以防止通电瞬间在输出端产生抖动,从而产生不希望的复位。比较器0复位是低电平有效:如果同相端输入电压(CP0+引脚)小于反相端输入电压(CP0-引脚),则单片机被置于复位状态。在发生比较器0复位之后,C0RSEF标志(RSTSRC.5)的读出值为1,表示本次复位源为比较器0;否则该位被清0。$\overline{\text{RST}}$引脚的状态不受该复位的影响。

**4. 看门狗定时器复位**

C8051F020单片机内部有一个使用系统时钟的可编程看门狗定时器(Watch Dog Timer,WDT),当看门狗定时器溢出时,WDT将强制单片机进入复位状态。为了防止复位,必须在溢出发生前由应用软件重新触发WDT。如果系统出现了软件/硬件错误,使应用软件不能重新触发WDT,则WDT将溢出并产生一个复位,这可以防止系统失控。$\overline{\text{RST}}$引脚的状态不受该复位的影响。

在从任何一种复位退出时,WDT被自动使能并使用默认的最大时间间隔运行。系统软件可以根据需要禁止WDT或将其锁定为运行状态以防止意外产生的禁止操作。WDT一旦被锁定,在下一次系统复位之前将不能被禁止。

WDT是一个21位的使用系统时钟的定时器,该定时器测量对其控制寄存器的两次特定写操作的时间间隔。如果这个时间间隔超过了编程的极限值,将产生一个WDT复位。可以根据需要用软件使能和禁止WDT,或根据要求将其设置为永久性使能状态。看门狗的功能可以通过看门狗定时器控制寄存器(WDTCN)控制。WDTCN看门狗定时器控制寄存器的位定义如下:

| R/W | R/W | R/W | R/W | R/W | R/W | R/W | R/W | 复位值 |
|---|---|---|---|---|---|---|---|---|
| | | | | | | | | xxxxx111 |
| 位7 | 位6 | 位5 | 位4 | 位3 | 位2 | 位1 | 位0 | SFR地址 0xFF |

其中,各位的含义如下:

位7~0——WDT控制。

写入0xA5将使能并重新装载WDT。

写入0xDE后4个系统周期内写入0xAD,将禁止WDT。

写入0xFF将锁定禁止功能。

位4——看门狗状态位(读)。

读WDTCN.4得到看门狗定时器的状态。

0:WDT处于不活动状态。

1:WDT处于活动状态。

位2~0——看门狗定时器超时间隔设置位。

位WDTCN.[2:0]设置看门狗的超时间隔。在写这些位时,WDTCN.7必须被置为0。

(1) 使能/复位 WDT。

向 WDTCN 寄存器写入 0xA5 将使能并复位看门狗定时器。如果应用中使用了 WDT 的功能,用户的应用软件应周期性地向 WDTCN 写入 0xA5,以防止看门狗定时器溢出。每次系统复位都将使能并复位 WDT。

(2) 禁止 WDT。

向 WDTCN 寄存器写入 0xDE 后再写入 0xAD 将禁止 WDT。下面的 C51 语言代码段说明了禁止 WDT 的过程。

```
EA = 0;              //禁止所有中断
WDTCN = 0xDE;        //禁止看门狗定时器
WDTCN = 0xAD;
EA = 1;              //重新允许中断
```

写 0xDE 和写 0xAD 必须发生在 4 个时钟周期之内,否则禁止操作将被忽略,故在这个过程期间应禁止中断,以避免两次写操作之间有延时。

(3) 锁定 WDT 的禁止功能。

向 WDTCN 写入 0xFF 将使禁止功能无效。一旦锁定,在下一次复位之前禁止操作将被忽略。写 0xFF 并不使能或复位看门狗定时器。如果应用程序想一直使用看门狗,则应在初始化代码中向 WDTCN 写入 0xFF。

(4) 设置 WDT 定时间隔。

WDTCN.[2:0]控制看门狗超时时间间隔。超时间隔由下面的公式给出:

$$4^{3+\mathrm{WDTCN}[2:0]} \times T_{\mathrm{SYSCLK}}, \quad T_{\mathrm{SYSCLK}} \text{ 为系统时钟周期}$$

对于 2MHz 的系统时钟,超时间隔的范围是 0.032~524.288ms。在设置这个超时间隔时,位 WDTCN.7 必须为 0。读寄存器 WDTCN 将返回编程的超时间隔。在系统复位后,WDTCN.[2:0]为二进制的 111b。

## 2.6.5 系统时钟

C8051F020 单片机有一个内部振荡器和一个外部振荡器驱动电路,每个驱动电路都能产生系统时钟。振荡器框图如图 2-25 所示。系统时钟的选择使用具有高度的可配置性,灵活而易于使用。

系统时钟可以自由地在内部振荡器和外部振荡器之间进行切换,也可以在选择内部振荡器时让外部振荡器保持在允许状态,这样可以避免在系统时钟被切换到外部振荡器时的启动延迟。外部振荡器的使用具有高度的可配置性,时基信号可以来自于外接晶体、外部 RC 网络、外部电容电路和外部 CMOS 电平时钟源。内外振荡器的使用和配置只需要两个特殊功能寄存器 OSCICN(内部振荡器控制寄存器)和 OSCXCN(外部振荡器控制寄存器)。

单片机在复位后从内部振荡器启动,内部振荡器可以被使能或者禁止,其振荡频率可以用内部振荡器控制寄存器(OSCICN)设置(稍后介绍),表 2-8 给出了内部振荡器的电气特性。

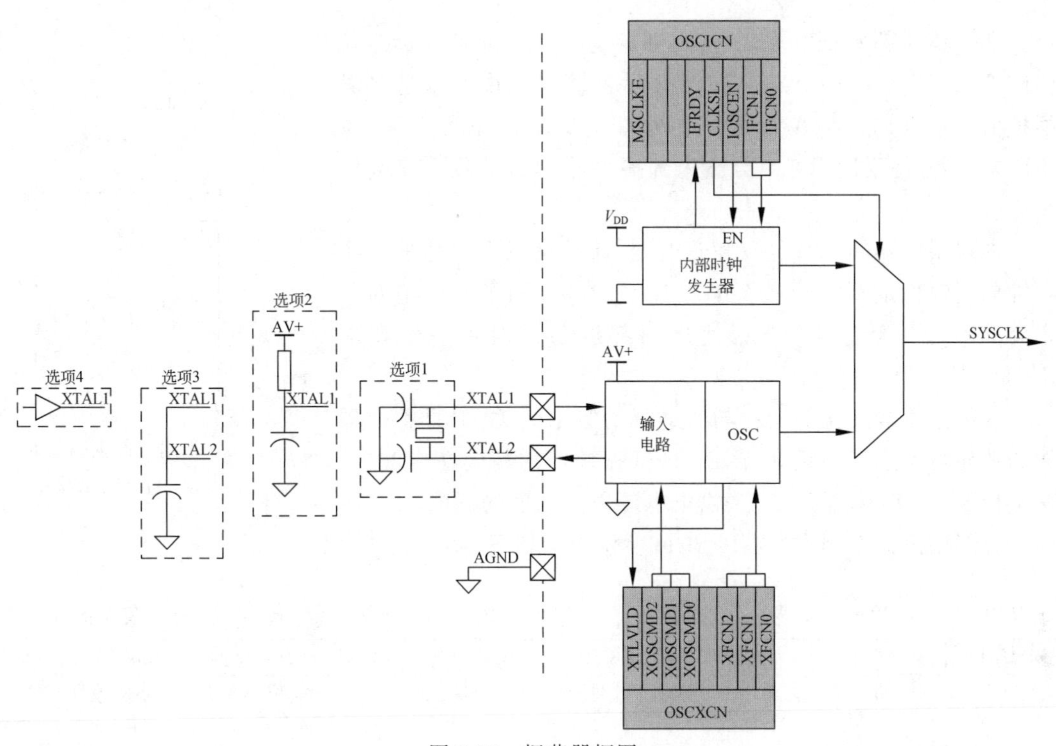

图 2-25　振荡器框图

**表 2-8　内部振荡器的电气特性**

| 参　　数 | 条　　件 | 最小值 | 典型值 | 最大值 | 单位 |
|---|---|---|---|---|---|
| 内部振荡器频率 | OSCICN.[1:0]=00 | 1.5 | 2 | 2.4 | MHz |
| | OSCICN.[1:0]=01 | 3.1 | 4 | 4.8 | |
| | OSCICN.[1:0]=10 | 6.2 | 8 | 9.6 | |
| | OSCICN.[1:0]=11 | 12.3 | 16 | 19.2 | |
| 内部振荡器电流消耗(从 $V_{DD}$) | OSCICN.2=1 | — | 200 | — | μA |

当 $\overline{\text{RST}}$ 引脚为低电平时，两个振荡器都被禁止。单片机可以从内部振荡器或外部振荡器运行，可使用 OSCICN 寄存器中的 CLKSL 位在两个振荡器之间随意切换。外部振荡器需要一个外部谐振器、并行方式的晶体、电容或 RC 网络连接到 XTAL1 和 XTAL2 引脚之间，必须在 OSCXCN 寄存器中为这些外部振荡源中的某一个配置振荡器电路。一个外部 CMOS 时钟也可以通过驱动 XTAL1 引脚提供系统时钟，在这种配置下，XTAL1 引脚用作 CMOS 时钟输入。使用外部振荡器时应注意，引脚 XTAL1 和 XTAL2 不耐 5V 电压，XTAL1 和 XTAL2 电压应保持在 AV+和 AGND 之间。

**1. 内部振荡器**

C8051F020 单片机复位后，内部振荡器工作在 2MHz，并且系统默认它作为系统时钟。如果系统设计只使用内部振荡器而不使用外部振荡器，则 XTAL1 引脚应该如图 2-26 所示那样从外部接地或者通过将 XOSCMD 位(OSCXCN.[6～4])设置为 000，从内部接地。如果系统需要 $\overline{\text{RST}}$ 引脚长时间保持低电平，则建议将 XTAL1 从外部接地。

用 IFCN 位(OSCICN.[1:0])对内部振荡器编程。如表 2-8 所示，可以有 4 种频率供选择。在振荡器频率发生改变后,内部振荡器频率准备好标志位IFRDY(OSCICN.4)变为逻辑 0,表示振荡器频率尚未达到其编程值。一旦内部振荡器频率稳定在它的最新编程频率,读IFRDY 位将得到逻辑 1。当然内部振荡器的启动几乎是瞬时完成的。

内部振荡器的频率可以随意改变,而且可以在很短的几个时钟周期内稳定到它的最新编程频率,所以,如果对于绝对频率要求不是很敏感的应用,使用内部振荡器时不一定要对IFRDY 位进行查询。

内部振荡器本身的功耗与所选择的频率无关,但是整个器件的功耗与所选择的频率有关。内部振荡器的精度在±20%,这个精度值已经考虑到工艺、供电电压以及温度的影响。

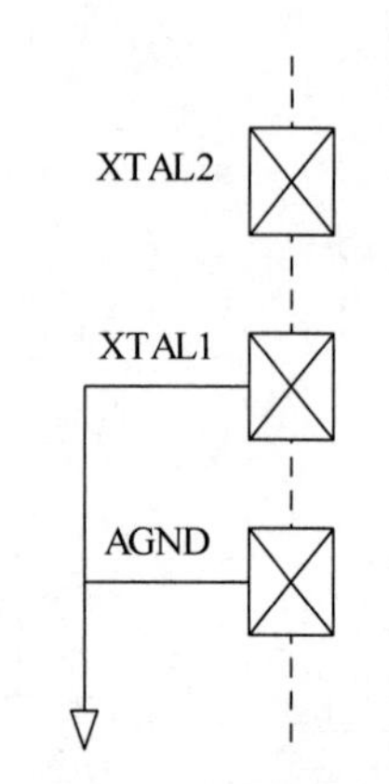

图 2-26 不用外部振荡器时 XTAL1 引脚接地

内部振荡器控制寄存器 OSCICN 位定义如下:

| R/W | R/W | R/W | R/W | R/W | R/W | R/W | R/W | 复位值 |
|---|---|---|---|---|---|---|---|---|
| MSCLKE | — | — | IFRDY | CLKSL | IOSCEN | IFCN1 | IFCN0 | 00010100 |
| 位 7 | 位 6 | 位 5 | 位 4 | 位 3 | 位 2 | 位 1 | 位 0 | SFR 地址 0xB2 |

其中,各位的含义如下:

位 7(MSCLKE)——时钟丢失检测器使能位。

0:禁止时钟丢失检测器;

1:使能时钟丢失检测器,检测到时钟丢失时间大于 100μs 将触发复位。

位 6 和位 5——未用。读=00b,写=忽略。

位 4(IFRDY)——内部振荡器频率准备好标志。

0:内部振荡器频率不是按 IFCN 位指定的速度运行;

1:内部振荡器频率按 IFCN 位指定的速度运行。

位 3(CLKSL)——系统时钟源选择位。

0:选择内部振荡器作为系统时钟;

1:选择外部振荡器作为系统时钟。

位 2(IOSCEN)——内部振荡器使能位。

0:内部振荡器禁止;

1:内部振荡器使能。

位 1 和位 0(IFCN1 和 IFCN0)——内部振荡器频率控制位。

00:内部振荡器典型频率为 2MHz;

01:内部振荡器典型频率为 4MHz;

10:内部振荡器典型频率为 8MHz;

11:内部振荡器典型频率为 16MHz。

**2. 外部振荡器**

C8051F020 单片机支持 4 种不同的外部振荡器配置:外部晶体、外部 RC 振荡电路、外部电容振荡电路和外部 CMOS 驱动器。为了使用外部振荡器，首先应该配置外部振荡器配置寄存器 OSCXCN，然后将 CLKSL 位（内部振荡器控制寄存器 OSCICN.3）设置为逻辑 1，即选择外部振荡器作为系统时钟。在使用外接晶体振荡器的应用时，由于晶体振荡器的启动需要几毫秒，因此需要在将 CLKSL 置为逻辑 1 之前等待晶体振荡器有效标志位 XTLVLD（外部振荡器控制寄存器 OSCXCN.7）变为逻辑 1；而在外部电容振荡电路和外部 RC 振荡电路的应用中，外部振荡器的启动是瞬时完成的，不需要这个步骤。外部振荡器控制寄存器 OSCXCN 位定义如下：

| R | R/W | R/W | R/W | R/W | R/W | R/W | R/W | 复位值 |
|---|---|---|---|---|---|---|---|---|
| XTLVLD | XOSCMD2 | XOSCMD1 | XOSCMD0 | — | XFCN2 | XFCN1 | XFCN0 | 00000000 |
| 位 7 | 位 6 | 位 5 | 位 4 | 位 3 | 位 2 | 位 1 | 位 0 | SFR 地址 0xB1 |

其中，各位的含义如下：

位 7（XTLVLD）——晶体振荡器有效标志（只在 XOSCMD=11x 时有效）。

0：晶体振荡器未用或未稳定；

1：晶体振荡器正在运行并且工作稳定。

位 6 和位 4（XOSCMD2～0）——外部振荡器方式位。

00x：关闭，XTAL1 引脚内部接地；

010：系统时钟为来自 XTAL1 引脚的外部 CMOS 时钟；

011：系统时钟为来自 XTAL1 引脚的外部 CMOS 时钟的 2 分频；

10x：RC/C 振荡器方式 2 分频；

110：晶体振荡器方式；

111：晶体振荡器方式 2 分频。

位 3——保留。读=无定义，写=忽略。

位 2～0（XFCN2～0）——外部振荡器频率控制位。二进制值 000～111 如表 2-9 所示。

**表 2-9 外部振荡器频率控制位**

| XFCN | 晶体（XOSCMD=11x） | RC（XOSCMD=10x） | C（XOSCMD=10x） |
|---|---|---|---|
| 000 | $f \leqslant 12$kHz | $f \leqslant 25$kHz | $K$ 因子=0.44 |
| 001 | 12kHz$<f\leqslant$30kHz | 25kHz$<f\leqslant$50kHz | $K$ 因子=1.4 |
| 010 | 30kHz$<f\leqslant$95kHz | 50kHz$<f\leqslant$100kHz | $K$ 因子=4.4 |
| 011 | 95kHz$<f\leqslant$270kHz | 100kHz$<f\leqslant$200kHz | $K$ 因子=13 |
| 100 | 270kHz$<f\leqslant$720kHz | 200kHz$<f\leqslant$400kHz | $K$ 因子=38 |
| 101 | 720kHz$<f\leqslant$2.2MHz | 400kHz$<f\leqslant$800kHz | $K$ 因子=100 |
| 110 | 2.2MHz$<f\leqslant$6.7MHz | 800kHz$<f\leqslant$1.6MHz | $K$ 因子=420 |
| 111 | $f>$6.7MHz | 1.6MHz$<f\leqslant$3.2MHz | $K$ 因子=1400 |

晶体方式（电路见图 2-27，选项 1；XOSCMD=11x）

选择 XFCN 值匹配晶体振荡器频率。

RC 方式（电路见图 2-28，选项 2；XOSCMD=10x）

选择振荡器频率范围：

$f$——$1.23(10^3)/(R \cdot C)$，其中：

$f$——以 MHz 为单位的振荡频率;

$C$——以 pF 为单位的电容值;

$R$——以 kΩ 为单位的上拉电阻值;

C 方式(电路见图 2-29,选项 3; XOSCMD=10x)

对于所需的振荡频率选择 $K$ 因子(KF):

$f$——KF/($C$ · $AV_+$),其中:

$f$——以 MHz 为单位的振荡频率;

$C$——XTAL1、XTAL2 引脚上的电容值,以 pF 为单位;

$AV_+$——供给 MCU 的模拟电源电压值,以 V 为单位。

1) 外部晶体举例

如果使用晶体或陶瓷谐振器作为单片机的外部振荡器源,则电路应为图 2-25 中的选项 1,电路的连接如图 2-27 所示。这种配置需要将 XOSCMD 设置为 110 以直接使用晶体频率,或者设置为 111 以允许 2 分频器。应从表 2-9 中的晶体列选择外部振荡器频率控制值(XFCN)。例如,一个 11.0592MHz 的晶体要求的 XFCN 值为 111b。

当外部晶体振荡器稳定运行时,晶体振荡器有效标志(OSCXCN 寄存器中的 XTLVLD)被硬件置为逻辑 1。XTLVLD 检测电路要求在使能振荡器工作和检测 XTLVLD 之间至少有 1ms 的启动时间,在外部振荡器稳定之前就切换到外部振荡器可能导致不可预见的后果。程序中建议的过程为:

(1) 使能外部振荡器;

(2) 等待至少 1ms;

(3) 查询 XTLVLD 是否为 1,如果是则进入步骤(4),否则继续查询该标志位;

(4) 将系统时钟切换到外部振荡器。

**注意**:晶体振荡器电路对 PCB 的布局非常敏感,应将晶体尽可能地靠近器件的 XTAL 引脚,并在晶体引脚接负载电容;引线应尽可能短,并用地平面屏蔽,防止其他引线引入噪声或干扰。

2) 外部 RC 振荡电路举例

如果使用 RC 网络作为单片机的外部振荡器源(图 2-25 中的选项 2),则电路连接如图 2-28 所示,串联的 RC 的连接点在模拟电源和模拟地之间。电容不能大于 100pF,但如果使用很小的电容(约小于 20pF),则总电容可能主要由 PCB 电路板的寄生电容决定。

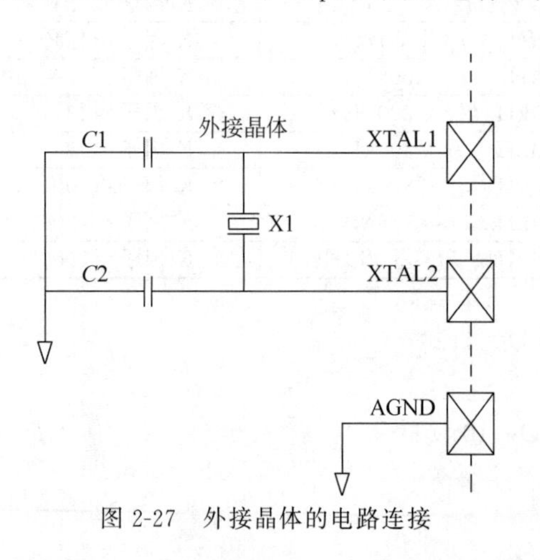


图 2-27 外接晶体的电路连接

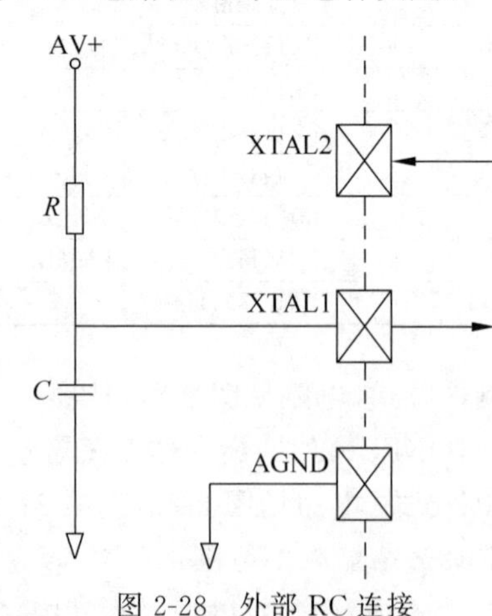


图 2-28 外部 RC 连接

首先选择能产生所要求的振荡频率的 RC 网络值，振荡频率的计算按照下面的公式进行：

$$f_{osc}=(1.23\times1000)\left(\frac{1}{R\cdot C}\right)$$

其中：

$f_{osc}$——振荡频率(MHz)；

$R$——充电电阻(kΩ)；

$C$——电容值(包括寄生电容，pF)。

为了将器件配置为 RC 方式，XOSCMD 必须被设置为 100 或 101。内部分频器始终被允许，在上面的计算公式中已经考虑了 2 分频器，还必须将 XFCN 设置为一个足够高的值来支持所选择的频率，表 2-9 列出了 XFCN 值和所需要的频率之间的关系。XFCN 总是可以被设置为比表 2-9 中的数值大的值，但是这样将导致较高的振荡器工作电流。如果 XFCN 设置得太低，则振荡器频率将低于上述公式所估计的数值，并且可能产生寄生时钟脉冲。

所选择的电容应该为 10～100pF，电容值越低，寄生电容对最终频率的影响越大。

如果所希望的频率是 100kHz，选 $R=246$kΩ，$C=50$pF，则

$f_{osc}=(1.23\times10^3)/(RC)=(1.23\times1000)/(246\times50)=0.1$M(Hz)$=100$k(Hz)；

XFCN　lb(fosc/25kHz)；

XFCN　lb(100kHz/25kHz)＝lb(4)；

XFCN　2，或代码 010b。

3) 外部电容振荡电路举例

如果使用外部电容作为单片机的外部振荡器源(图 2-25 中的选项 3)，则电路如图 2-29 所示，XTAL1 和 XTAL2 连接在一起，电容接在 XTAL 引脚和模拟地之间。电容不能大于 100pF，但如果使用很小的电容(小于约 20pF)，则总电容将主要由 PCB 的寄生电容决定。为了确定 OSCXCN 寄存器中所需要的外部振荡器频率控制值(XFCN)，选择要用的电容并利用下面的方程计算振荡频率。

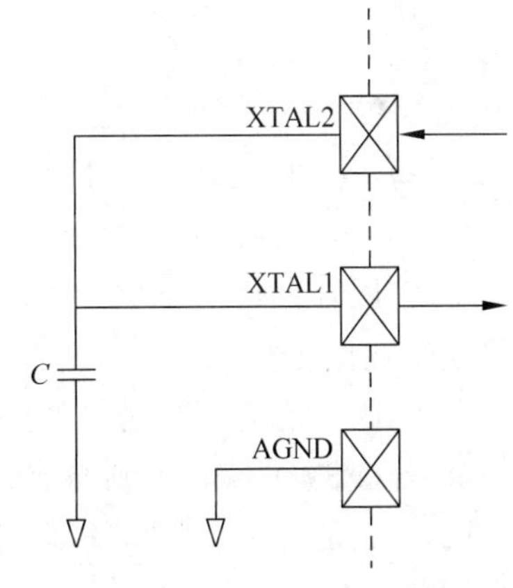

图 2-29　外部电容方式的连接

外部电容方式下的振荡频率由下面的公式计算：

$$f_{osc}=\mathrm{KF}/(C\cdot \mathrm{AV}_+)$$

其中：

$f_{osc}$——振荡频率(MHz)；

KF——$K$ 因子(见表 2-9)；

$C$——电容值(包括寄生电容)(pF)；

$\mathrm{AV}_+$——加在 $\mathrm{AV}_+$ 引脚的模拟电源电压值(V)。

外部电容方式与外部 RC 方式类似，区别在于电容的充电电流由输出到 XTAL2 的可编程电流源提供，所使用的电容应该为 10～100pF，电容值越低，则寄生电容对最终频率的影响越大。由于存在电容的误差、寄生电容以及内部电流源误差等因素，因此实际的振荡频

率难以精确估算。

假设 $AV_+ = 3.0V$，$C = 50pF$，则

$f_{osc} = KF/(C \cdot VDD) = KF/(50 \times 3)$

$f_{osc} = KF/150$

如果所需要的频率大约为 90kHz，从表 2-9 中选择 $K$ 因子，得到 KF=13，则

$$f_{osc} = 13/150MHz = 0.087MHz，或 87kHz$$

因此，本例中要用的 XFCN 值为 011b。

4) 外部 CMOS 驱动器

C8051F020 的系统时钟可以由一个接到 XTAL1 引脚的外部 CMOS 时钟源提供，如图 2-25 的选项 4。在该配置下，XTAL2 引脚应悬空，如图 2-30 所示。另外 XOSCMD 位应设置为 010 以直接使用输入频率，或设置为 011 以允许 2 分频器。

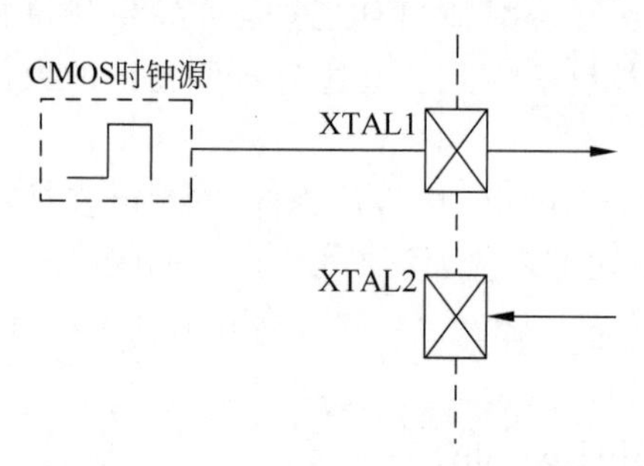


图 2-30　外接 CMOS 时钟源的连接

# 习　题　2

1. 写出 C8051F020 单片机片上资源。

2. CIP-51 有哪些存储空间？分别说明各个存储空间的功能及寻址范围。

3. CIP-51 的内部 RAM 空间有多少字节？它们在应用中有什么专门的用途？堆栈一般应设置在位置？

4. CIP-51 有哪些寻址方式？位寻址能寻找到哪些位？

5. 若(PSW)=0x10，则当前的 R0～R7 在内部 RAM 中的哪些单元？

6. 什么是中断？C8051F 系列单片机的中断源有多少？在什么情况下可以实现中断嵌套？为什么？

7. 叙述中断的响应过程。一个中断请求从提出到 CPU 响应最短要多长时间？如果 CPU 响应中断的条件全部具备，响应中断最长的时间为多少？在什么情况下会出现这个响应时间？

8. 什么是优先权交叉开关译码器？C8051F020 单片机有多少数字 I/O 端口？C8051F 系列单片机的引脚与片内资源是如何对应的？

9. 假如一个单片机应用系统中要用到的资源为 UART0、SMBus、SPI 和 CP0 分配端口引脚(共 9 个引脚)。另外，将外部存储器接口配置为复用方式并使用低端口。同时还将 P1.2、P1.3 和 P1.4 配置为模拟输入，以便用 ADC1 测量加在这些引脚上的电压。试用

Config 软件进行优先权交叉开关译码器的配置，写出配置步骤，配置 XBR0～XBR2 等相关 SFR 的值。

10. 如何才能节省单片机的功耗？C8051F 系列单片机的电源管理有哪些方式？

11. C8051F 系列单片机进入空闲方式时，单片机的振荡器是否工作？采用什么办法能使单片机退出空闲方式？

12. C8051F020 有几个复位源？分别是什么？你在项目中最常使用的是什么复位源？

13. 在简单的实验程序中，如果看门狗定时器复位不需要使用，该如何禁用？

14. 简要描述 C8051F020 单片机时钟振荡源可以有哪些选择。

15. C8051F020 单片机在使用外部晶体振荡器作为振荡源时，在系统从内部振荡源切换到外部晶体振荡器时要注意什么？

# 第3章 51单片机编程语言

## 3.1 单片机的编程语言概述

51单片机的编程语言可以是汇编语言，也可以是高级语言，如由C语言演变而成的C51语言等。汇编语言产生的目标代码短，占用的存储空间小，执行速度快，能充分发挥单片机的硬件功能。但对于复杂的应用来讲，使用汇编语言编程复杂，程序的可读性和可移植性不强。高级语言产生的目标代码长，占用的存储空间大，执行速度慢。但这是相对于汇编语言来讲的，其实C语言在大多数情况下的机器代码生成效率和汇编语言相当，但可读性和可移植性却远远超过汇编语言，编程效率也大大高于汇编语言。

可见，汇编语言和高级语言各有优缺点，在应用中应根据实际情况选用。如果应用系统的存储空间比较小，且对实时性的要求很高，则应选用汇编语言编程；如果系统的存储空间比较大，且对实时性的要求不是很高，则C51语言是理想的编程语言。如果系统中有部分模块对实时性的要求很高，而其他模块对实时性的要求不是很高，则可以将两种语言结合，程序的主体部分使用C51编程，对实时性要求高的模块用汇编语言编程，然后将汇编语言程序模块嵌入C51语言程序中。

用高级语言和汇编语言编写的源程序都必须转换为目标程序（机器语言），单片机才能执行。目前很多公司都将编辑器、汇编器、编译器、连接/定位器、符号转换程序做成了软件包，称为集成开发环境（Integrated Developing Environment，IDE），如Keil μVision、Silicon Laboratories IDE等。用户进入集成开发环境，编辑好程序后，只需单击相应的菜单或快捷工具按钮就可以完成汇编/编译、连接/定位、程序下载等功能，还可以在线跟踪调试。

可见，汇编语言和高级语言都是开发单片机应用系统必须掌握的编程语言。本书以目前流行的C51为主要编程语言，同时兼顾传统的汇编语言。本章首先简要介绍51单片机的寻址方式和指令系统，然后通过几个编程实例介绍汇编语言程序设计中的几种基本结构程序的设计方法和技巧，最后重点讲述C51语言的基础知识及编程方法。在集成开发环境中调试汇编语言程序和C51语言程序的方法见本书第8章。

## 3.2 CIP-51指令介绍

CIP-51系统控制器的指令集与标准MCS-51™指令集完全兼容，可以使用标准8051的开发工具开发CIP-51的软件。所有的CIP-51指令共111条，在二进制机器码和功能上与 MCS-51™产品完全等价(如操作码、寻址方式、对 PSW 标志的影响等),但是指令时序与标准 8051 不同。

在很多的 8051 产品中,机器周期和时钟周期是不同的,机器周期的长度在 2～12 个时钟周期之间,如 Intel 公司的 MSC-51 单片机的机器周期的长度为 12 个时钟周期。但是 CIP-51 只基于时钟周期,所有指令时序都以时钟周期计算,也就是说,CIP-51 的机器周期与时钟周期相等。由于 CIP-51 采用了流水线结构,大多数指令执行所需的时钟周期数与指令的字节数一致。条件转移指令在不发生转移时的执行周期数比发生转移时少一个。附录 A 给出了 CIP-51 指令一览表,包括每条指令的助记符、字节数和时钟周期数。

### 3.2.1 寻址方式

寻址方式就是根据指令中给出的地址寻找真实操作数地址的方式。8051 单片机的寻址方式有以下 7 种。

**1. 寄存器寻址**

寄存器寻址时,指令中地址码给出的是某一通用寄存器的编号,寄存器的内容为操作数。例如指令

```
MOV      A,  R0     ;A←(R0)
```

8051 可用寄存器寻址的空间是 R0～R7,ACC,DPTR,B。

**2. 直接寻址**

直接寻址时,指令中地址码部分直接给出了操作数的有效地址。例如指令

```
MOV      A,  4FH    ;A←(0x4F)
```

可用于直接寻址的空间是内部 RAM 低 128B(包括其中的可位寻址区)、特殊功能寄存器。

**3. 寄存器间接寻址**

寄存器间接寻址时,指令中给出的寄存器的内容为操作数的地址,而不是操作数本身,即寄存器为地址指针。例如指令

```
MOV  A,@R1   ;A←((R1))
```

8051 中可以用 R0 或 R1 间接寻址片内或片外 RAM 的 256B 范围,可以用 DPTR 或 PC 间接寻址 64KB 外部 RAM 或 ROM。

**4. 立即寻址**

立即寻址时,指令中地址码部分给出的就是操作数。即取出指令的同时立即得到了操作数。例如指令

```
MOV  A,#6FH   ;A←0x6F
```

**5. 变址寻址**

变址寻址时,指定的变址寄存器的内容与指令中给出的偏移量相加,所得的结果作为操作数的地址。例如指令

```
MOVC  A,@A+DPTR  ;A←((A)+(DPTR))
```

不论是用 DPTR 还是 PC 来提供基址指针,变址寻址方式都只适用于 8051 的程序存储器,通常用于读取数据表。

**6. 相对寻址**

相对寻址时,由程序计数器 PC 提供的基地址与指令中提供的偏移量 rel 相加,得到操作数的地址。这时指出的地址是操作数与现行指令的相对位置。例如指令

```
SJMP  rel  ;PC←(PC)+2+rel
```

**7. 位寻址**

位寻址时,操作数是二进制数的某一位,指令中使用位地址指明要操作的位,例如指令

```
SETB  bit  ;(bit)←1
```

8051 可用于位寻址的空间是内部 RAM 的可位寻址区和 SFR 区中的字节地址可以被 8 整除(即地址以 0 或 8 结尾)的寄存器所占空间。

## 3.2.2 51 指令集

8051 单片机的指令按其功能可分为以下 5 大类。

- 数据传送指令。
- 算术运算指令。
- 逻辑运算指令。
- 布尔运算指令。
- 程序分支指令。

**1. 数据传送指令**

数据传送指令是将数据由来源地址传送至目的地址,除 XCH 与 XCHD 外,数据传送指令均不会改变来源地址数据内容。8051 的数据传送指令共分以下 7 种,下面分别给予叙述。

**MOV(一般传送指令)**:将来源地址所指定的数据复制到目的地址所指定的单元。此种操作不影响任何标志,这种指令主要用于内部 RAM 及寄存器之间的数据传送。共有以下 16 种寻址格式:

```
MOV    A,Rn            ;A←(Rn)
MOV    A,direct        ;A←(direct)
MOV    A,@Ri           ;A←((Ri))
MOV    A,#data         ;A← data
MOV    Rn,A            ;Rn←(A)
MOV    Rn,direct       ;Rn←(direct)
MOV    Rn,#data        ;Rn← data
MOV    direct, A       ;direct←(A)
MOV    direct, Rn      ;direct←(Rn)
MOV    direct,direct   ;direct←(direct)
MOV    direct,@Ri      ;direct←((Ri))
MOV    direct,#data    ;direct← data
MOV    @Ri,A           ;(Ri)←(A)
MOV    @Ri,direct      ;(Ri)←(direct)
MOV    @Ri,#data       ;(Ri)← data
MOV    DPTR,#data16    ;DPTR← data16
```

**MOVC(查表指令)**：在程序区段复制一字节数据到A累加器，此种指令经常用于查表程序中。共有以下2种寻址格式：

```
MOVC    A,@A+DPTR        ;A←((A)+(DPTR))
MOVC    A,@A+PC          ;PC←(PC)+1; A←((A)+(PC))
```

**MOVX(外部数据存储器读写指令)**：在外部数据存储器区段复制一字节数据到A累加器，或将A累加器中的数据复制到被寻址的外部数据存储器区段。共有以下4种寻址格式：

```
MOVX    A,@DPTR          ;A←((DPTR))
MOVX    A,@Ri            ;A←((Ri))
MOVX    @DPTR,A          ;(DPTR)←(A)
MOVX    @Ri,A            ;(Ri)←(A)
```

注意，MOVX指令的寻址地址有8位和16位两种，16位时是通过DPTR寄存器中的16位地址来寻找64KB存储器范围的单元。8位时是通过Ri中的内容作为地址的低8位，特殊功能寄存器EMIOCN的内容作为地址的高8位来寻找64KB存储器范围的单元。具体见2.2.5节。

**PUSH(压栈指令)**：将数据推进堆栈，执行指令时先将SP加1，再将数据压入堆栈。指令格式：

```
PUSH    direct           ;SP←(SP)+1; (SP)←(direct)
```

**POP(出栈指令)**：将数据由堆栈顶端取出，执行指令时先将数据取出，再将SP减1。

```
POP     direct           ;direct←(SP); SP←(SP)-1
```

**XCH(字节交换指令)**：将累加器内数据与指定寻址的内容数据互换。有如下3种寻址格式：

```
XCH     A,Rn             ;(A)⟺(Rn)
XCH     A,direct         ;(A)⟺(direct)
XCH     A,@Ri            ;(A)⟺((Ri))
```

**XCHD(半字节交换指令)**：将累加器内低4位数据与指定寻址的内容低4位数据互换。指令格式：

```
XCHD    A,@Ri            ;(A)3～0 ⟺((Ri))3～0
```

**2. 算术运算指令**

算术运算指令包括四则运算(加减乘除)、加1、减1以及BCD码十进制加法调整指令等，共有8种指令。分别叙述如下。

**ADD(加指令)**：将指定寻址的内容加上累加器内容，并将结果存入累加器中，此种运算会影响特殊功能寄存器PSW。有如下4种寻址格式：

```
ADD     A,Rn             ;A←(A)+(Rn) (n: 0～7)
ADD     A,direct         ;A←(A)+(direct)
ADD     A,@Ri            ;A←(A)+((Ri))
ADD     A,#data          ;A←(A)+data
```

**ADDC(带进位加指令)**：将指定寻址的内容加上累加器内容，再加上进位标志 CY，并将结果存入累加器中。有如下 4 种寻址格式：

```
ADDC    A,Rn          ;A←(A)+(Rn)+(CY)
ADDC    A,direct      ;A←(A)+(direct)+(CY)
ADDC    A,@Ri         ;A←(A)+((Ri))+(CY)
ADDC    A,#data       ;A←(A)+data+(CY)
```

以上两个加运算后，如果位 7 有进位，则特殊功能寄存器 PSW 的进位标志 CY 被设定为 1，否则为 0；如果位 3 有进位，则特殊功能寄存器的辅助进位标志 AC 被设定为 1，否则为 0。此种运算也会影响 OV(溢出标志)，当溢出标志为 1 时，表示两个带符号正数相加变为负数(溢出)或两个带符号负数相加变为正数(溢出)。

**DA(十进制调整指令)**：将 A 累加器内容作 BCD 码调整。指令格式：

```
DA      A             ;若 AC=1 或 A3～0>9，则 A←(A)+0x06
                      ;若 CY=1 或 A7～4>9，则 A←(A)+0x60
```

**DEC(减 1 指令)**：将指定寻址的内容减 1。注意，这种运算不影响任何标志，且当递减至 0x0 时再递减变为 0xFF，共有以下 4 种寻址格式：

```
DEC     A             ;A←(A)-1
DEC     direct        ;direct←(direct)-1
DEC     @Ri           ;(Ri)←((Ri))-1
DEC     Rn            ;Rn←(Rn)-1
```

**DIV(除法指令)**：将累加器 A 和寄存器 B 作无符号数相除。指令格式：

```
DIV     AB            ;(A)/(B),A←商、B←余数
```

**INC(加 1 指令)**：将指定寻址的内容加 1。注意，此种运算不影响任何标志，且当递增至 0xFF(8b)或 0xFFFF(DPTR)时，再递增变为 0。共有以下 5 种寻址格式：

```
INC     A             ;A←(A)+1
INC     direct        ;direct←(direct)+1
INC     @Ri           ;(Ri)←((Ri))+1
INC     Rn            ;Rn←(Rn)+1
INC     DPTR          ;DPTR←(DPTR)+1
```

**MUL(乘法指令)**：将累加器 A 和寄存器 B 作无符号数相乘。此结果产生一个 16 位数据。注意，若运算后 B 寄存器不为 0，则溢出标志被设为 1。指令格式：

```
MUL     AB            ;(A)×(B),A←乘积低字节、B←乘积高字节
```

**SUBB(带借位减法指令)**：将累加器 A 的内容减去指定寻址的内容，再减去进位标志 CY，并将结果存入累加器中。共有 4 种寻址格式：

```
SUBB    A,Rn          ;A←(A)-(Rn)-(CY)
SUBB    A,direct      ;A←(A)-(direct)-(CY)
SUBB    A,@Ri         ;A←(A)-((Ri))-(CY)
SUBB    A,#data       ;A←(A)-data-(CY)
```

如果位 7 有借位，则进位标志 CY 被设定为 1；如果位 3 有借位，则辅助进位标志 AC

被设定为 1。此种运算会影响溢出标志，当溢出标志为 1 时，表示一个带符号正数减一个带符号负数变为负数(溢出)，或一个带符号负数减一个带符号正数变为正数(溢出)。

**3. 逻辑运算指令**

8051 的逻辑运算指令包括 AND、OR、XOR、NOT、左/右移位、清除、高/低 4 位对调等指令。分别叙述如下。

**ANL(逻辑与指令)**：将两个被指定寻址的内容相对应的位分别做逻辑与运算，并将结果存入目的地址中。共有以下 6 种寻址格式：

```
ANL     A,Rn             ;A←(A)∧(Rn)
ANL     A,direct         ;A←(A)∧(direct)
ANL     A,@Ri            ;A←(A)∧((Ri))
ANL     A,#data          ;A←(A)∧data
ANL     direct,A         ;direct←(direct)∧(A)
ANL     direct,#data     ;direct←(direct)∧data
```

逻辑与指令常用于清 0 字节的某些位。欲清 0 的位用“0”去“与”，欲保留的位用“1”去“与”。

**ORL(逻辑或指令)**：将两个被指定寻址的内容相对应的位分别做逻辑或运算，并将结果存入目的地址中。共有以下 6 种寻址格式：

```
ORL     A,Rn             ;A←(A)∨(Rn)
ORL     A,direct         ;A←(A)∨(direct)
ORL     A,@Ri            ;A←(A)∨((Ri))
ORL     A,#data          ;A←(A)∨data
ORL     direct,A         ;direct←(direct)∨(A)
ORL     direct,#data     ;direct←(direct)∨data
```

逻辑或指令常用于置 1 字节的某些位。欲置 1 的位用“1”去“或”，欲保留的位用“0”去“或”。

**XRL(逻辑异或指令)**：将两个被指定寻址的内容相对应的位分别做逻辑异或运算，并将结果存入目的地址中。共有以下 6 种寻址格式：

```
XRL     A,Rn             ;A←(A)⊕(Rn)
XRL     A,direct         ;A←(A)⊕(direct)
XRL     A,@Ri            ;A←(A)⊕((Ri))
XRL     A,#data          ;A←(A)⊕data
XRL     direct,A         ;direct←(direct)⊕(A)
XRL     direct,#data     ;direct←(direct)⊕data
```

逻辑异或指令常用于去取反字节的某些位。欲取反的位用“1”去“异或”，欲保留的位用“0”去“异或”。

**CLR(累加器清 0 指令)**：将累加器 A 内容清除为 0。指令格式：

```
CLR     A                        ;A←0
```

**CPL(累加器取反指令)**：将累加器 A 内容每位求反。指令格式：

```
CPL     A                        ;A←(A)的每位求反,即 0→1,1→0
```

**RL(累加器左移指令)**：将累加器 A 的内容左环移一位。指令格式：

```
RL      A                    ;
```

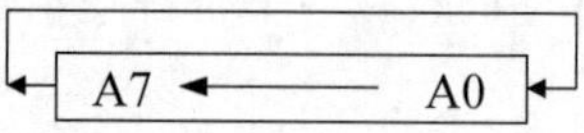

**RLC(累加器带进位左移指令)**：将累加器 A 的内容与进位左环移一位。指令格式：

```
RLC     A                    ;
```

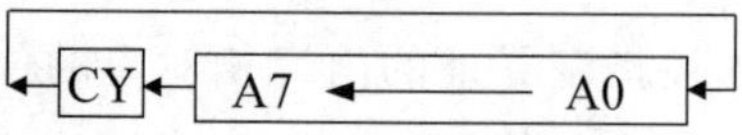

**RR(累加器右移指令)**：将累加器 A 的内容右环移一位。指令格式：

```
RR      A                    ;
```

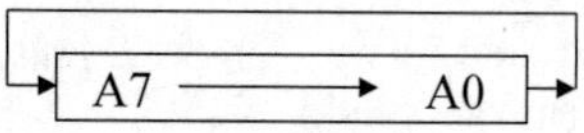

**RRC(累加器带进位右移指令)**：将累加器 A 的内容与进位右环移一位。指令格式：

```
RRC     A                    ;
```

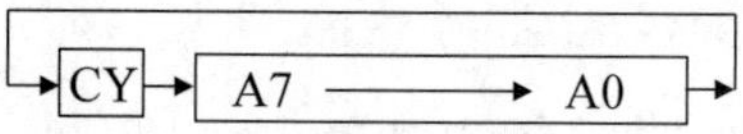

**SWAP(4 位互换指令)**：将累加器 A 的高 4 位与低 4 位互换。指令格式：

```
SWAP    A                    ;
```

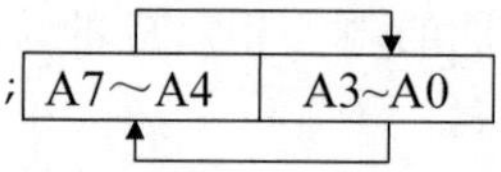

A7～A4 A3~A0

**4. 布尔运算指令**

8051 的布尔运算指令是比较特殊的一种运算，它可针对可位寻址的内部 RAM、寄存器进行操作。进位标志 CY 就是这种操作运算的累加器。布尔运算指令包括清除、置位、取反、与、或及位传送等指令，共有 6 种。分别叙述如下。

**CLR(清除)**：可清除 CY 标志或任一可位寻址的位。指令格式：

```
CLR     C                    ;CY←0
CLR     bit                  ;bit←0
```

**SETB(置位)**：可设定 CY 标志或任一可位寻址的位，使其为 1。指令格式：

```
SETB    C                    ;CY←1
SETB    bit                  ;bit←1
```

**CPL(取反)**：可取反 CY 标志或任一可位寻址的位，使其 1 变 0、0 变 1。指令格式：

```
CPL     C                    ;CY←(CY)的反,即 0→1,1→0
CPL     bit                  ;bit←(bit)的反,即 0→1,1→0
```

**ANL(与)**：两个位作逻辑与。指令格式：

```
ANL     C,bit                ;CY←(CY)∧(bit)
ANL     C,/bit               ;CY←(CY)∧(bit)的反
```

**ORL(或)**：两个位作逻辑或。

```
ORL     C,bit                ;CY←(CY)∨(bit)
ORL     C,/bit               ;CY←(CY)∨(bit)的反
```

**MOV(位传送指令)**：两个操作数中要有一个为 CY 标志，另一个为可位寻址的直接位

地址。指令格式：

```
MOV     C,bit           ;CY←(bit)
MOV     bit,C           ;bit←(CY)
```

**5. 程序分支指令**

单片机在执行程序时，程序指令一般是依顺序执行的，而程序分支指令则是用来改变程序指令执行的顺序，使程序设计更加方便。程序分支指令有无条件跳转、有条件跳转、调用子程序、子程序返回、中断返回等指令。分别叙述如下。

**JC(有进位跳)**：判断 CY 标志等于 1 然后跳转。指令格式：

```
JC      rel             ;若 CY = 1 则 PC←(PC) + 2 + rel
                        ;若 CY = 0 则 PC←(PC) + 2
```

**JNC(无进位跳)**：判断 CY 标志等于 0 然后跳转。指令格式：

```
JNC     rel             ;若 CY = 0 则 PC←(PC) + 2 + rel
                        ;若 CY = 1 则 PC←(PC) + 2
```

**JB(位 1 跳)**：判断给出位等于 1 然后跳转。给出的位应该是可位寻址。指令格式：

```
JB      bit,rel         ;若 bit = 1 则 PC←(PC) + 3 + rel
                        ;若 bit = 0 则 PC←(PC) + 3
```

**JNB(位 0 跳)**：判断给出位等于 0 然后跳转。给出的位应该是可位寻址。指令格式：

```
JNB     bit,rel         ;若 bit = 0 则 PC←(PC) + 3 + rel
                        ;若 bit = 1 则 PC←(PC) + 3
```

**JBC(位 1 跳并清除)**：判断给出位等于 1 然后跳转，并清除此位为 0。给出的位应该是可位寻址。指令格式：

```
JBC     bit,rel         ;若 bit = 1 则 PC←(PC) + 3 + rel 且 bit←0
                        ;若 bit = 0 则 PC←(PC) + 3
```

**JZ(A 为 0 跳)**：判断累加器等于 0，然后跳转。指令格式：

```
JZ      rel             ;若(A) = 0 则 PC←(PC) + 2 + rel
                        ;若(A)≠0 则 PC←(PC) + 2
```

**JNZ(A 为非 0 跳)**：判断累加器不等于 0，然后跳转。指令格式：

```
JNZ     rel             ;若(A)≠0 则 PC←(PC) + 2 + rel
                        ;若(A) = 0 则 PC←(PC) + 2
```

**CJNE(比较不相等跳)**：比较两个操作数，若不相等就跳转。共有 4 种寻址格式：

```
CJNE    A,direct,rel    ;若(A)≠(direct)则 PC←(PC) + 3 + rel,CY 按规则形成
                        ;若(A) = (direct)则 PC←(PC) + 3,CY = 0
CJNE    A,#data,rel     ;若(A)≠ data 则 PC←(PC) + 3 + rel,CY 按规则形成
                        ;若(A) = data 则 PC←(PC) + 3,CY = 0
CJNE    Rn,#data,rel    ;若(Rn)≠ data 则 PC←(PC) + 3 + rel,CY 按规则形成
                        ;若(Rn) = data 则 PC←(PC) + 3,CY = 0
CJNE    @Rn,#data,rel   ;若((Rn))≠ data 则 PC←(PC) + 3 + rel,CY 按规则形成
```

```
                        ;若((Rn)) = data 则 PC←(PC) + 3,CY = 0
```

**DJNZ(减 1 不为 0 跳)**:若寻址内容不等于 0 则跳转。指令格式:

```
DJNZ    Rn,rel          ;Rn←(Rn) - 1
                        ;若(Rn)≠ 0 则 PC←(PC) + 2 + rel
                        ;若(Rn) = 0 则 PC←(PC) + 2
DJNZ    direct,rel      ;direct←(direct) - 1
                        ;若(direct)≠ 0 则 PC←(PC) + 3 + rel
                        ;若(direct) = 0 则 PC←(PC) + 3
```

**LJMP(长跳转指令)**:64KB 内存范围内无条件跳转。指令格式:

```
LJMP    addr16          ;PC← addr16
```

**AJMP(短跳转指令)**:2KB 内存范围内无条件跳转。指令格式:

```
AJMP    addr11          ;PC←(PC) + 2,PC10～0← addr11
```

**SJMP(相对跳转指令)**:在此指令前 128B 或后 128B 范围内跳转。指令格式:

```
SJMP    rel             ;PC←(PC) + 2,PC←(PC) + rel
```

**JMP(散转指令)**:跳转至@A+DPTR 所指定的地址。指令格式:

```
JMP     @A + DPTR       ;PC←(A) + (DPTR)
```

**LCALL(长调用指令)**:64KB 内存范围内子程序调用。指令格式:

```
LCALL   addr16          ;PC←(PC) + 3
                        ;SP←(SP) + 1 ,(SP)←PC7～0
                        ;SP←(SP) + 1 ,(SP)←PC15～8
                        ;PC← addr16
```

**ACALL(短调用指令)**:2KB 内存范围内子程序调用。指令格式:

```
ACALL   addr16          ;PC←(PC) + 2
                        ;SP←(SP) + 1 ,(SP)←PC7~0
                        ;SP←(SP) + 1 ,(SP)←PC15~8
                        ;PC10~0← addr11
```

**RET(子程序返回)**:指令格式:

```
        RET             ;PC15~8←((SP)),SP←(SP) - 1
                        ;PC7~0←((SP)),SP←(SP) - 1
```

**RETI(中断返回)**:指令格式:

```
        RETI            ;PC15~8←((SP)),SP←(SP) - 1
                        ;PC7~0←((SP)),SP←(SP) - 1
                        ;清除相应中断优先级状态位
```

最后还有一条空操作指令:

```
        NOP             ;PC←(PC) + 1
```

该指令仅产生一个机器周期的延时,不进行任何操作。

## 3.3 汇编语言

### 3.3.1 伪指令

汇编语言也称符号语言，是使用助记符表示的机器指令进行编程的一种语言。通常把用汇编语言编写的程序称为汇编语言源程序，但机器不能直接识别和执行汇编语言源程序，必须将其翻译成机器语言程序（目标程序），计算机才能执行。这个翻译过程称为汇编。汇编有手工汇编和机器汇编两种方式。手工汇编是通过人工查找指令代码表，得到每条指令的机器代码；机器汇编是通过计算机执行一种系统软件（汇编程序）自动完成的。

当使用机器汇编时，必须在源程序中为汇编程序提供一些辅助信息，以便帮助其完成源程序的翻译并生成目标代码，如源程序中哪些是指令、哪些是数据，数据是字节还是字，代码存放的目的地址在哪里以及程序翻译到哪里结束等。这些为汇编程序提供必要的辅助信息，控制其汇编过程的命令称为伪指令。这里要注意，伪指令不是控制计算机执行某种操作的指令，仅仅是在机器汇编时为汇编程序提供必要的信息。因此，汇编时伪指令并不产生供机器直接执行的机器码，也不会直接影响存储器中代码和数据的分布。

不同的51汇编程序对伪指令的定义有所不同，但基本的用法是相似的，下面介绍一些常用的伪指令及其基本用法。

**1. 定位伪指令ORG**

格式：

```
ORG   m
```

其中，m一般为以十进制或十六进制数表示的16位地址，用来指定该伪指令后面的指令的汇编地址，即生成机器指令的起始存储地址，也可以用来指定其后的数据定义伪指令所定义的数据的起始存储地址。

在一个汇编语言源程序中允许使用多条定位伪指令，但其值不应和前面生成的机器指令存放地址重叠。在实际应用中，一般仅设置中断服务子程序和主程序的起始存放地址，其他程序或常数依次存放即可。

**例3.1** 定位伪指令的用法举例。

```
        ORG    0000H
START:  AJMP   MAIN
          ⋮
        ORG    0100H
MAIN:   MOV    SP,#30H
          ⋮
```

以START开始的程序汇编为机器代码后从0000H单元开始存放，以MAIN开始的程序机器代码则从0100H单元开始连续存放。

从前面的介绍可知，单片机复位后程序计数器PC的值为0000H，即从地址0开始执行程序，所以汇编语言源程序一般都以伪指令ORG 0000H开始。如果在源程序开始处没有

ORG 伪指令,则汇编程序将从自动从 0000H 单元开始存放目标程序。但是我们还知道,程序存储器的 0003H、000BH、0013H 等单元为中断服务程序的入口地址,一般不应该被覆盖,否则相应的中断功能无法实现,所以可以在程序存储器的 0000H 处安排一条转移指令,将主程序转移到程序存储器的其他地方,本例中将程序的真正入口设置在程序存储器的 0100H 处。

**2. 汇编结束伪指令 END**

格式:

```
END
```

END 是汇编语言源程序的结束标志,表示汇编结束。机器汇编时遇到 END 就认为源程序已经结束,对 END 后面的指令都不再汇编。因此一个源程序只能有一个 END 伪指令,并且必须放在汇编语言源程序的末尾。

**3. 定义字节伪指令 DB**

格式:

[标号:] DB  $x_1$, $x_2$, …, $x_n$

定义字节伪指令 DB(Define Byte)将其右边的数据依次存放到以左边标号为起始地址的存储单元中,$x_i$ 为字节数据,可以采用二进制、十进制、十六进制和 ASCII 码等多种表示形式。DB 通常用于定义一个常数表。

**例 3.2** 定义字节伪指令的用法举例。

```
     ORG  7F00H
TAB: DB   01110010B,16H,45
     DB   '8','MCS - 51'
```

汇编后存储单元内容为:

```
(7F00H) = 72H    (7F01H) = 16H    (7F02H) = 2DH    (7F03H) = 38H
(7F04H) = 4DH    (7F05H) = 43H    (7F06H) = 53H    (7F07H) = 2DH
(7F08H) = 35H    (7F09H) = 31H
```

**4. 定义字伪指令 DW**

格式:

[标号:] DW  $Y_1$, $Y_2$, …, $Y_n$

定义字伪指令 DW(Define Word)的功能与 DB 类似,但 DW 定义的是一个字(2 字节),主要用于定义 16 位地址表。汇编时,机器自动按高 8 位在前(低地址)、低 8 位在后(高地址)的格式存入存储器,这与 80x86 系列的微处理器正好相反。

**例 3.3** 定义字伪指令的用法举例。

```
      ORG  6000H
TAB:   DW  1254H,32H,161
       DW  'AB',TAB
```

汇编后存储单元内容为:

```
(6000H) = 12H    (6001H) = 54H    (6002H) = 00H    (6003H) = 32H
(6004H) = 00H    (6005H) = 0A1H   (6006H) = 41H    (6007H) = 42H
(6008H) = 60H    (6009H) = 00H
```

伪指令 DB 和 DW 均是根据源程序的需要,用来定义程序中用到的数据(地址)或数据块的,一般应放在源程序之后,汇编后的数据将紧挨着目标程序的末尾地址开始存放。

**5. 定义预留存储空间伪指令 DS**

格式:

```
[标号:] DS  数值表达式
```

定义预留存储空间伪指令 DS 从指定的地址开始,保留若干字节的内存空间作为备用。汇编时,将根据表达式的值决定从指定地址开始留出多少字节的存储空间,表达式也可以是一个指定的数值。

**例 3.4**　定义预留存储空间伪指令的用法举例。

```
ORG  0F00H
DS   10H
DB   20H,40H
```

汇编后,从 0F00H 开始,保留 16(10H)字节的内存单元,然后从 0F10H 开始,按照下一条 DB 伪指令给内存单元赋值,即(0F10H)＝20H,(0F11H)＝40H。保留的空间将由程序的其他部分决定其用处。

DB、DW 和 DS 伪指令都只对程序存储器起作用,不能用来对数据存储器的内容进行赋值或进行其他初始化工作。

**6. 等值伪指令 EQU**

格式:

```
字符名称  EQU  数据或汇编符号
```

等值伪指令 EQU 将其右边的数据或汇编符赋给左边的字符名称。"字符名称"被赋值后,在程序中就可以作为一个 8 位或 16 位的数据、地址或汇编符来使用了。

使用 EQU 伪指令时应注意,字符名称必须先定义后使用,通常将等值伪指令放在源程序的开头;在同一程序中,用 EQU 伪指令对标号赋值后,该标号的值在整个程序中不能再改变,即不能用 EQU 对同一个标号进行两次或两次以上的赋值。

**例 3.5**　等值伪指令的用法举例。

```
            ORG     8500H
AA          EQU     R1
A10         EQU     10H
DELAY       EQU     87E6H
            MOV     R0,A10      ;R0←(10H)
            MOV     A,AA        ;A←(R1)
            LCALL   DELAY       ;调用起始地址为 87E6H 的子程序
            END
```

EQU 赋值后,AA 为寄存器 R1,A10 为 8 位直接地址 10H,DELAY 子程序的入口地址为 87E6H。

**7. 数据地址赋值伪指令 DATA**

格式：

```
字符名称  DATA  表达式
```

数据地址赋值伪指令 DATA 的功能与 EQU 类似，是将其右边"表达式"的值赋给左边的"字符名称"。表达式可以是一个 8 位或 16 位的数据或地址，也可以是包含已定义"字符名称"在内的表达式，但不可以是一个汇编符号(如 R0、R7 等)。

DATA 伪指令定义的"字符名称"没有先定义后使用的限制，可以放在源程序的开头或末尾。

**8. 位地址定义伪指令 BIT**

格式：

```
字符名称  BIT  位地址
```

位地址定义伪指令 BIT 将其右边位地址赋给左边的字符名称。

**例 3.6** 位地址定义伪指令的用法举例。

```
A1      BIT  ACC.1
USER1   BIT  PSW.5
USER2   BIT  20H
```

这样就把位地址 ACC.1(累加器 ACC 的第 1 位)赋给了变量 A1，把位地址 PSW.5 赋给了变量 USER1，把位地址 20H 赋给了变量 USER2，在编程中 A1、USER1 和 USER2 就可以作为位地址使用了。

## 3.3.2 顺序程序设计

顺序程序是指执行顺序与源程序的书写顺序完全一致的一种程序结构，程序中不存在可引起程序流程发生改变的转移类指令。这种结构是所有结构中最简单、最基本的一种，也称为简单程序结构。

**例 3.7** 编写一个实现两个双字节无符号十进制数相加的程序。

设两个双字节无符号十进制数采用压缩的 BCD 码表示，分别存放在片内 RAM 的 40H、41H 和 50H、51H 单元，结果仍为压缩的 BCD 码，存放在片内 RAM 的 52H、51H 和 50H 单元中。程序如下：

```
DATA0     EQU  12H
DATA1     EQU  34H
DATA2     EQU  56H
DATA3     EQU  78H
ORG       0000H
AJMP      0100H
ORG       0100H
MOV       40H, #DATA0
MOV       41H, #DATA1    ;被加数送 41H,40H
MOV       50H, #DATA2
MOV       51H, #DATA3    ;加数送 51H,50H
MOV       A, 40H
```

```
    ADD       A, 50H        ;(40H) + (50H) →A
    DA        A
    MOV       50H, A        ;保存结果
    MOV       A, 41H
    ADDC      A, 51H        ;(41H) + (51H) + CY→A
    DA        A
    MOV       51H, A        ;保存结果
    MOV       52H, #0
    MOV       A, #0
    ADDC      A, 52H
    MOV       52H, A        ;进位 52H
LOOP0: SJMP   LOOP0
    END
```

程序中首先用 EQU 伪指令定义了 4 个常数(压缩的 BCD 码),这里要注意,常数后面的 H 一定不要漏掉,否则就不是 BCD 码了。如 12H 在计算机中的存储形式为 00010010B,可以表示 BCD 码的 12,而 12 在计算机中的存储形式为 00001100B(0CH),就不是 BCD 码。接着用 4 条 MOV 指令把 4 个常数分别存放到相应的存储单元中。最后进行相加运算,进行相加运算时应注意:

(1) 十进制的加法是在普通加法指令之后用 DA A 指令对结果进行调整实现的;

(2) 低字节相加用 ADD 指令,高字节相加要用 ADDC 指令;

(3) 两个双字节无符号十进制数的和有可能超出双字节的表示范围,要用 3 字节存储,第 3 字节为两数相加产生的进位,即 0 或 1。

本例实现的是十进制数 3412 和 7856 相加,结果为 11268。

程序的最后一条指令 LOOP0: SJMP LOOP0 是让程序原地踏步,不再往前执行。这条指令也可以用 SJMP \$代替,\$在指令中表示本条指令的地址。

### 3.3.3 分支程序设计

分支程序对程序中给定的条件进行判断,然后根据条件的成立与否决定程序的走向。

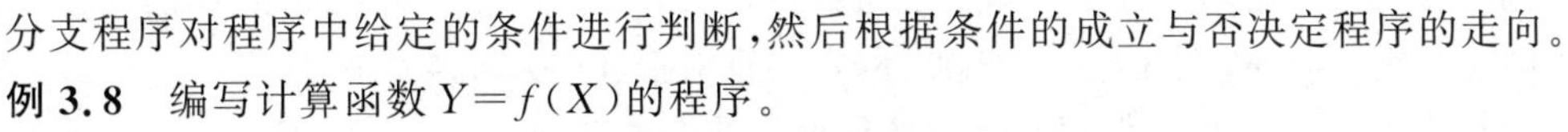

**例 3.8** 编写计算函数 $Y=f(X)$的程序。

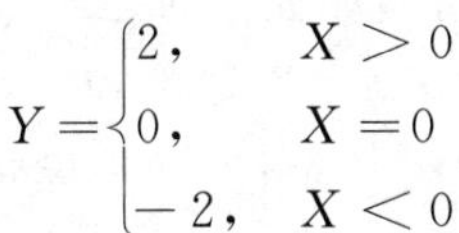

$$Y=\begin{cases}2, & X>0\\0, & X=0\\-2, & X<0\end{cases}$$

该函数有 3 个分支,要做两次判断:第 1 次将 $X$ 取到累加器中并用 JZ 指令判断其是否为 0;第 2 次用位条件转移指令判断 $X>0$ 还是 $X<0$。设 X 和 Y 分别存放在片内 RAM 的 30H 和 31H 单元,程序如下:

```
    $INCLUDE(C8051F020.INC)     ;包含文件
    X   EQU   30H
    Y   EQU   31H
    ORG       0000H
    AJMP      0100H
    ORG       0100H
    MOV       A, X
    JZ        DONE              ;若 X = 0,转 DONE
```

```
        JNB     ACC.7, POSI         ;若 X>0,则转 POSI
        MOV     A, #0FEH            ;若 X<0,则 A = -2(补码为 0FEH)
        LJMP    DONE
POSI:   MOV     A, #02H             ;保存结果
DONE:   MOV     Y, A
        SJMP    $
        END
```

.INC 包含文件类似于 C 语言中的.h 头文件,C8051F020.INC 中有对特殊功能寄存器的定义,如开头不加上语句 $INCLUDE(C8051F020.INC),汇编时因为找不到累加器 ACC 的定义而报 ACC.7 是非法位地址的错误信息。文件 C8051F020.INC 要和源文件放在同一个文件夹内。如果程序中只用到个别特殊功能寄存器,或者 C8051F020.INC 缺少所用特殊功能寄存器的定义,也可以在源程序中用 EQU(或 DATA)伪指令直接定义相关特殊功能寄存器,如本例中也可以用 ACC EQU 0E0H 语句替换 $INCLUDE(C8051F020.INC)语句。

### 3.3.4 循环程序设计

**1. 循环程序的结构**

顺序结构和分支结构中的指令一般只执行一次。而在一些实际应用系统中,往往同一组操作需要重复执行多次,这种有规律可循又需反复处理的操作可采用循环结构的程序来实现。这样结构可使程序简短,占用内存少,重复次数越多,运行效率越高。

循环程序一般包括以下几个部分:

(1) 初始化部分。程序在进入循环之前,应对各循环变量、其他变量和常量赋初值,为循环操作做必要的准备工作。

(2) 循环体部分。这一部分由重复执行部分和循环控制部分组成。这是循环程序的主体,又称为循环体。值得注意的是,每执行一次循环体后,必须为下一次循环创造条件。如对数据地址指针、循环计数器等循环变量进行修改,还要检查判断循环条件,若符合循环条件,则继续重复循环,不符合则退出循环,以实现对循环的判断与控制。

(3) 结束部分。用于保存和分析循环程序的处理结果。

循环程序设计的一个主要问题是循环次数的控制,一般有两种控制方法:第一种方法是先判断再处理,即先判断是否满足循环条件,如不满足,则不循环。这种结构的循环也称为当型循环,其流程图如图 3-1(a)所示。第二种方法是先处理再判断,即循环先执行一次后,再判断是否还需要下一次循环。这种结构的循环也称为直到型循环,其流程图如图 3-1(b)所示。

**例 3.9** 片外 RAM 的 BLOCK 单元开始有一个无符号数据块,数据块长度存放在片内 RAM 的 LEN 单元中,编程找出数据块中的最大数存入片内 RAM 的 MAX 单元。

这是基本搜索问题。可以采用两两比较的方法,取两者较大的数再与下一个数进行比较,若数据块长度(LEN) $=n$,则应比较 $n-1$ 次,最后较大的数就是数据块中的最大数。

程序中使用减法指令和借位标志 CY 来判断两数的大小,用 B 寄存器作比较与交换的暂存寄存器,使用 DPTR 作外部 RAM 的地址指针。流程图如图 3-2 所示,程序如下:

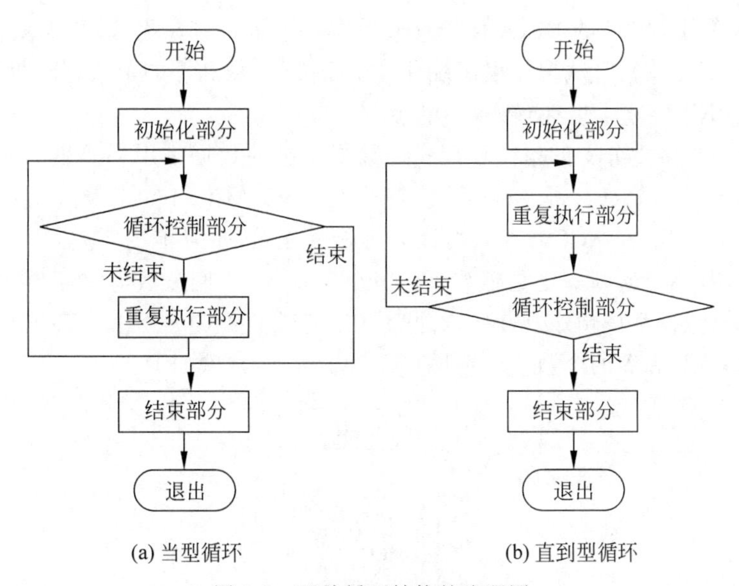

(a) 当型循环　　(b) 直到型循环

图 3-1　两种循环结构的流程图

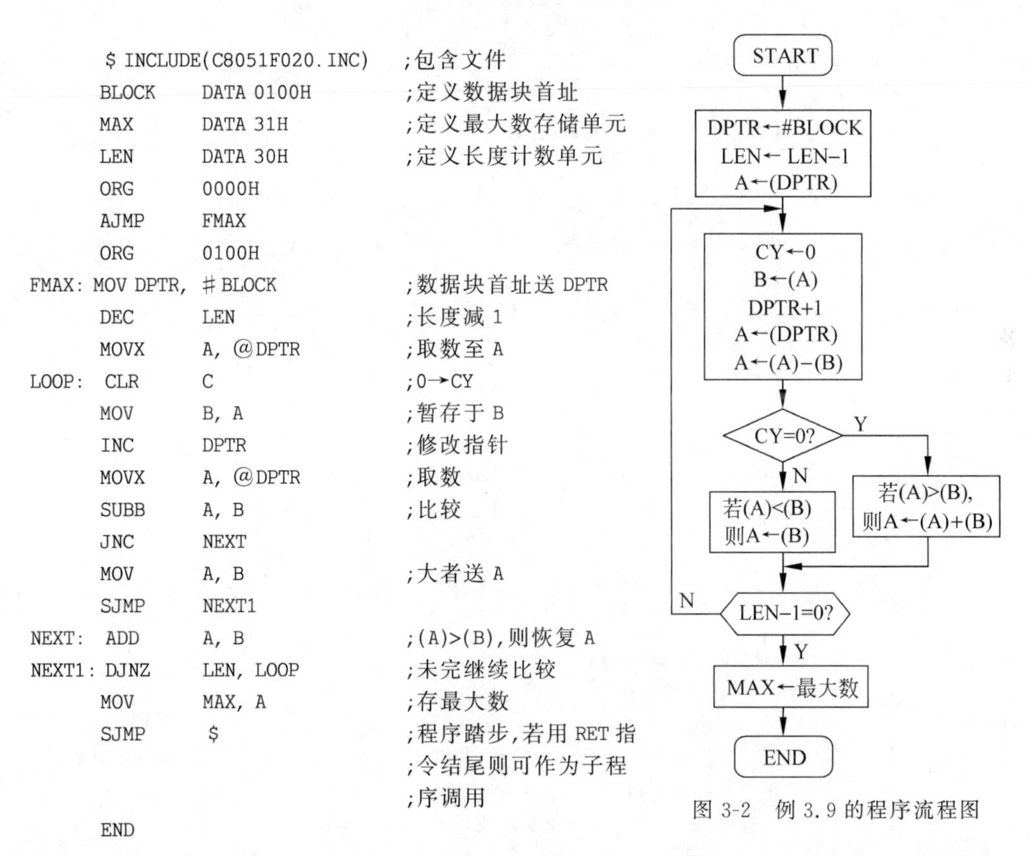

```
$ INCLUDE(C8051F020.INC)      ;包含文件
BLOCK     DATA 0100H          ;定义数据块首址
MAX       DATA 31H            ;定义最大数存储单元
LEN       DATA 30H            ;定义长度计数单元
ORG       0000H
AJMP      FMAX
ORG       0100H
FMAX: MOV DPTR, #BLOCK        ;数据块首址送 DPTR
DEC       LEN                 ;长度减 1
MOVX      A, @DPTR            ;取数至 A
LOOP:  CLR     C              ;0→CY
MOV       B, A                ;暂存于 B
INC       DPTR                ;修改指针
MOVX      A, @DPTR            ;取数
SUBB      A, B                ;比较
JNC       NEXT
MOV       A, B                ;大者送 A
SJMP      NEXT1
NEXT:  ADD     A, B           ;(A)>(B),则恢复 A
NEXT1: DJNZ    LEN, LOOP      ;未完继续比较
MOV       MAX, A              ;存最大数
SJMP       $                  ;程序踏步,若用 RET 指
                              ;令结尾则可作为子程
                              ;序调用
END
```



图 3-2　例 3.9 的程序流程图

程序中因为用减法指令 SUBB A，B 比较两数的大小，执行完后 A 中为两数的差，所以当 A 中的数据大于 B 中的数据时，需要对 A 中的数据用 ADD A，B 指令进行恢复。数据的比较也可以用 CJNE 指令实现，该指令可同时完成数据的比较与不相等时的转移功能，效率更高，作为练习请读者自己完成。

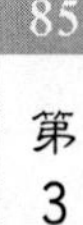

**例 3.10** 片外 RAM 的 BLOCK 单元开始有一个带符号数据块,数据块的长度存放在片内 RAM 的 LEN 单元。试编写程序统计其中正数、负数和零的个数,分别存入片内 RAM 的 PCOUNT、MCOUNT 和 ZCOUNT 单元。

这是一个包含多重分支的单循环程序。数据块中的数据是用补码表示的带符号数,因而首先用 JB ACC.7,REL 指令判断其符号位。若 ACC.7=1,则该数一定是负数,MCOUNT 单元加 1;若 ACC.7=0,则该数可能为正数,也可能为零,再用 JNZ REL 指令进一步判断之,若 A≠0,则一定是正数,PCOUNT 加 1;否则该数为零,ZCOUNT 加 1。当数据块中的所有数据都按顺序判断一次之后,PCOUNT、MCOUNT 和 ZCOUNT 单元中就分别对应正数、负数和零的个数。流程图如图 3-3 所示,程序如下:

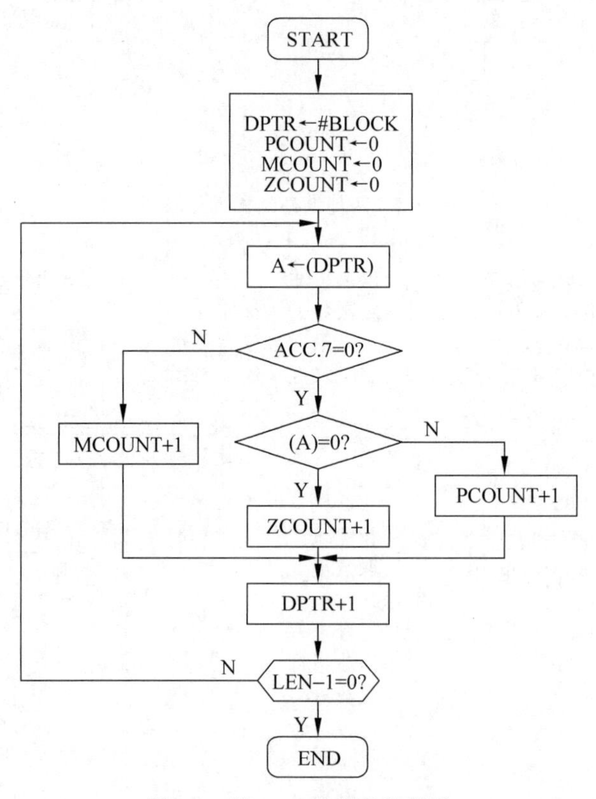


图 3-3 例 3.10 的程序流程图

```
        $ INCLUDE(C8051F020.INC)
        BLOCK       DATA 2000H      ;定义数据块首址
        LEN         DATA 30H        ;定义长度计数单元
        PCOUNT      DATA 31H        ;正数计数单元
        MCOUNT      DATA 32H        ;负数计数单元
        ZCOUNT      DATA 33H        ;零计数单元
        ORG         0000H
        AJMP        START
        ORG         0100H
START:  MOV         DPTR, #BLOCK
        MOV         PCOUNT, #0      ;计数单元清 0
        MOV         MCOUNT, #0
```

```
        MOV             ZCOUNT, #0
LOOP:   MOVX            A, @DPTR        ;取数
        JB              ACC.7, MCONT    ;若 ACC.7 = 1,转负计数
        JNZ             PCONT           ;若(A)≠0,转正计数
        INC             ZCOUNT          ;若(A) = 0,则零的个数加 1
        AJMP            NEXT
MCONT:  INC             MCOUNT          ;负数计数单元加 1
        AJMP            NEXT
PCONT:  INC             PCOUNT          ;正计数单元加 1
NEXT:   INC             DPTR            ;修正指针
        DJNZ            LEN, LOOP       ;未完继续
        SJMP            $
        END
```

**2. 多重循环**

在前面介绍的两个例子中,程序中都只包含一个循环,这种程序称为单重循环程序。而遇到复杂问题时,采用单重循环往往不够,必须采用多重循环才能解决。所谓多重循环(也称循环嵌套),就是在循环程序中还套有其他的循环程序。应注意,在多重循环中内外循环不能交叉,也不允许从外循环跳入到内循环,只能将内循环完整地包含在外循环当中。图 3-4(a)、图 3-4(b)所示是正确的循环嵌套形式,图 3-4(c)是应避免的不正确的循环嵌套形式。下面通过两个实例说明多重循环程序的设计方法。

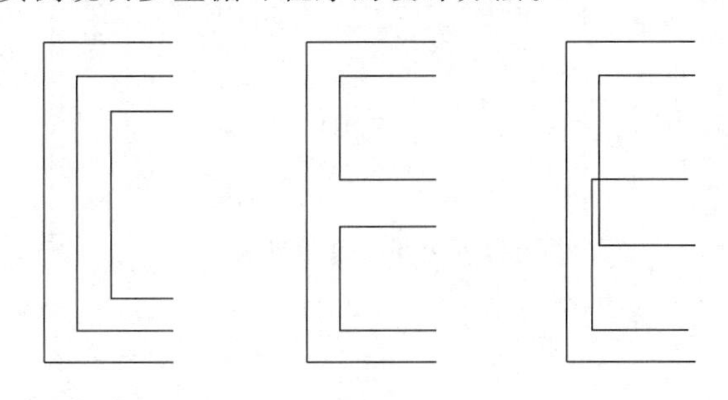

(a) 正确嵌套形式1　(b) 正确嵌套形式2　(c) 错误嵌套形式

图 3-4　多重循环的嵌套形式

**例 3.11**　片外 RAM 的 BLOCK 开始的单元中有一个无符号数据块,其长度存放在片内 RAM 的 LEN 单元中(为方便编程,假设长度<256)。编程将这些无符号数按递增顺序重新排列,并存入原存储区。

处理这个问题要利用双重循环结构,在内循环中将相邻两单元的数进行比较,若符合从小到大的次序则不做任何操作,否则应将两数交换。这样两两比较下去,$n-1$ 次比较之后所有的数都比较并交换完毕,最大数沉底,在下一个内循环中将减少一次比较与交换。为提高程序的执行效率,进行下一次内循环前,先检查上次内循环中有无数据交换发生,若从未交换过,则说明这些数据已按递增顺序排列,程序可提前结束(未执行完的外循环次数不需要再执行);否则将再进行下一次内循环,如此反复比较与交换,每次内循环的最大数都沉底,而较小的数一个个冒上来,因此这种排序方法称为"冒泡排序"。

程序中用 R0、R1 存放相邻两单元地址的低字节,采用 8 位 MOVX 指令访问 XRAM 中的数据,此时需要由外部存储器接口控制寄存器 EMIOCN 提供地址的高字节。因为数据

的个数小于 256,所以整个程序中 EMIOCN 的值不需要改变。用 R7、R6 作为外循环与内循环的循环计数器；用程序状态字 PSW 中的用户标志位 F0 作为交换标志位,内循环中有交换发生时则将 F0 置 1,进入外循环时将 F0 清 0。因为包含文件 C8051F020.INC 中没有 EMIOCN 的定义,所以需要用 DATA 或 EQU 伪指令定义 EMIOCN 的地址,也可以通过修改 C8051F020.INC 文件,加入 EMIOCN 的定义。

流程图如图 3-5 所示,程序如下：

```
          $ INCLUDE(C8051F020.INC)
          BLOCK     DATA 2200H
          LEN       DATA 51H
          TEM       DATA 50H
          EMIOCN    DATA 0AFH    ;外部存储器接口控制寄存器的地址
          ORG       0000H
          AJMP      START
          ORG       0100H
START:    MOV       DPTR, #BLOCK ;置数据块地址指针
          MOV       EMIOCN, DPH  ;EMIOCN 存放地址的高字节
          MOV       R7, LEN      ;置外循环计数初值
          DEC       R7           ;外循环最多执行 n-1 次
LOOP0:    CLR       F0           ;交换标志清 0
          MOV       R0, DPL
          MOV       R1,DPL       ;置相邻两数地址指针低字节
          INC       R1
          MOV       A, R7
          MOV       R6, A        ;置内循环计数器初值
LOOP1:    MOVX      A, @R0       ;取数
          MOV       TEM, A       ;暂存
          MOVX      A, @ R1      ;取下一个数
          CJNE      A, TEM, NEXT ;两相邻数比较,不等则转
          SJMP      NOCHA        ;相等不交换
NEXT:     JNC       NOCHA        ;CY = 0,不交换
          SETB      F0           ;置位交换标志
          MOVX      @R0, A
          XCH       A, TEM
          MOVX      @R1, A       ;两数交换
NOCHA:    INC       R0
          INC       R1           ;修改指针
          DJNZ      R6, LOOP1    ;内循环未完,则继续
          JNB       F0, HALT     ;若上次内循环中没有交换,则结束
          DJNZ      R7, LOOP0    ;未完,继续
HALT:     SJMP      $
          END
```

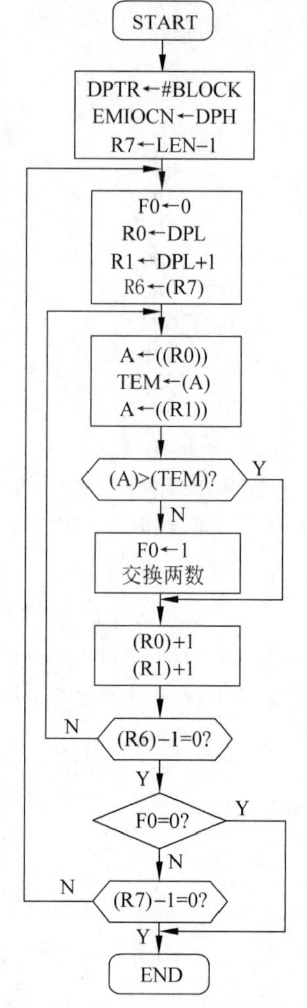


图 3-5　例 3.11 的程序流程图

**例 3.12**　设系统时钟频率为 20MHz,试编写延时 2ms 的延时子程序。

软件延时是靠处理器执行一段程序达到的,通常称为延时子程序。延时子程序通常采用双重或多重循环结构。在系统时钟频率确定之后,延时时间主要与两个因素有关：其一

是循环体(内循环)中指令的执行时间；其二是外循环变量(时间常数)的设置。

系统时钟频率为 20MHz,则一个时钟周期为 0.05μs,执行一条 DJNZ Rn,rel 指令需 2 个时钟周期,即 0.1μs。

延时 2ms 的子程序如下：

```
DELAY: MOV R7, #200          ;1 个时钟周期
DLY0: MOV R6, #100           ;1 个时钟周期
DLY1: DJNZ R6, DLY1          ;200 × (100 × 2 × 0.05) = 200 × 10μs = 2ms
      DJNZ R7, DLY0          ;2 个时钟周期
      RET                    ;2 个时钟周期
```

程序的注释部分给出了延时时间的计算,但这种计算不太精确,只计算了内循环一条指令(程序中的第 3 条指令)的执行时间,没有把其他指令的执行时间计算进去。若把所有指令的执行时间计算在内,则延时时间为

$$(10\mu s + 0.15\mu s) \times 200 + 0.15\mu s = 2030.15\mu s = 2.03015ms$$

其中,括号内的 10μs 为内循环执行时间,0.15μs 为第 2、4 条指令的执行时间,两者之和乘以 200 为外循环执行时间,括号外的 0.15μs 为第 1、5 条指令的执行时间。

如果要求延时时间比较精确,可通过修改循环次数和在循环体中增加 NOP 指令的方式实现。本例程序可修改如下：

```
DELAY: MOV  R7, #200
DLY0:  MOV  R6, #98
       NOP
DLY1:  DJNZ R6, DLY1          ;98 × 2 × 0.05 = 9.8μs
       DJNZ R7, DLY0
       RET
```

此程序的实际延时时间为

$$(9.8\mu s + 0.2\mu s) \times 200 + 0.15\mu s = 2000.15\mu s = 2.00015ms$$

如果需要延时更长时间,可以采用多重循环实现。注意,用软件实现延时时,应禁止中断,否则延时过程中若有中断发生,则会严重影响延时时间的准确性。

### 3.3.5 子程序设计

在大型程序或是多个不同的程序中,往往有许多地方需要执行同样的运算和操作。例如,求三角函数和各种加减乘除运算、代码转换以及延时程序等。如果编程过程中每遇到这样的操作都单独编写一段程序,会使编程工作十分烦琐,也会占用大量程序存储空间。通常将这些能完成某种基本操作的程序段单独编制成子程序,以供不同程序或同一程序的不同地方反复调用。在程序中需要执行这种操作的地方执行一条调用指令,转到子程序中完成规定操作后再返回到原来的程序中继续执行。这就是所谓的子程序结构。

为使子程序能在不同程序或同一程序中反复被调用,子程序应具备以下特征：

(1) 通用性。子程序应设计成能由各种应用程序调用的通用程序,这主要是通过可变参数实现的。

(2) 可浮动性。子程序可以不加任何修改地存放在存储器的任何区域。这要求在子程序中应避免使用绝对转移指令,子程序的首地址应该使用符号地址(即子程序名)。

(3) 可递归性和可重入性。可递归性是指子程序可以自己调用自己,可重入性是指一个子程序可以同时被多个程序调用。这两个特性主要是对大规模复杂系统程序的要求,对一般程序可以不做要求。

**1. 子程序的设计要点**

1) 子程序的结构

用汇编语言编制子程序时,要注意以下两个问题:

(1) 子程序的第一条指令必须有一个简单明了、见名识义的标号,此标号即为子程序名,代表该子程序的入口地址。在主程序中使用短调用指令 ACALL 或长调用指令 LCALL 和子程序名即可调用子程序。例如调用延时子程序可用:

```
LCALL  DELAY
```

或

```
ACALL  DELAY
```

其中,DELAY 就是子程序名,即延时子程序第一条指令的标号。这两条调用指令属于程序分支(转子)指令,不仅具有寻址子程序入口地址的功能,而且在转入子程序之前,硬件能自动将主程序的断点(调用指令的下一条指令地址)入栈保存,以使返回指令 RET 能正确返回。

(2) 子程序结尾必须有一条子程序返回指令 RET。该指令具有恢复主程序断点的功能,即从堆栈弹出断点至程序计数器 PC,以便继续执行主程序。一般来说,子程序调用指令和子程序返回指令要成对使用。注意,中断服务子程序的返回指令是 RETI,该指令除返回断点外,还会清除相应中断优先级状态位。

2) 参数传递

要使子程序具备通用性,子程序内部就不能使用固定的数据完成相关计算,子程序中使用的数据一般要由主程序以参数的形式提供,子程序的计算结果也应以参数的形式传给主程序。在调用一个子程序时,主程序应先把有关参数(也称入口条件)放到某些约定的位置,子程序在运行时,可以从约定的位置得到有关参数。同样在子程序结束前,也应把处理结果(也称出口条件)送到约定位置。返回后,主程序便可从这些位置中得到需要的结果,这就是参数传递。参数传递的方法有多种,下面将结合具体例子介绍。

3) 现场保护和恢复

进入子程序后,特别是进入中断服务子程序时,要特别注意现场保护和恢复问题。现场保护是指主程序中使用的 RAM 内容、各工作寄存器的内容、累加器 A 的内容和 DPTR 以及 PSW 等寄存器内容,都不应因转入子程序而改变。如果子程序所使用的寄存器和存储单元与主程序中使用的寄存器和存储单元有冲突,则在转入子程序后首先要采取保护措施。现场保护的一般方法是将要保护的单元和寄存器的内容压入堆栈,从而空出这些单元和寄存器供子程序使用。子程序返回主程序之前再将这些内容弹出到原工作单元,恢复主程序原来的状态,此即现场恢复。压栈与出栈应按相反的顺序进行,这样才能保证现场的正确恢复。例如:

```
子程序名: PUSH  ACC        ;保护现场
          PUSH  PSW
```

```
PUSH  DPL
PUSH  DPH
   …             ;子程序体
POP   DPH        ;恢复现场
POP   DPL
POP   PSW
POP   ACC
RET              ;子程序返回
```

对于一个具体的子程序是否要进行现场保护，以及哪些寄存器和存储单元需要保护，要视具体情况而定，不能一概而论。

通过前面的学习，我们知道工作寄存器有4个区，每区8个(R0～R7)，每个程序一般只使用其中的一个区。那么对工作寄存器的保护就可以通过简单的寄存器区切换来实现。如，通过以下两条指令就可以将工作寄存器切换到第2个区。

```
SET  RS1
CLR  RS0
```

4）堆栈设置

调用子程序时，主程序的断点将自动入栈；转入子程序后，现场的保护也要占用堆栈单元，尤其是多重子程序嵌套调用，要求堆栈有更多的空间。因此，恰当地设置堆栈指针SP的初值是十分重要的。

C8051F系列单片机堆栈指针SP的复位值为07H，程序中可将其设置在内部RAM的任意单元，但考虑00H～1FH为工作寄存器区，20H～2FH为可位寻址的区域，因此，一般将SP设置在30H以上的单元。

**2. 参数传递方法**

1）无须参数传递

这类子程序所需的参数是由子程序本身赋予的，不需要主程序给出。例如，例3.12的最后一句为RET指令，所以该例是子程序的结构形式。但该子程序延时2ms所需要的参数(内、外循环的次数)完全是在子程序内部直接赋值的，调用时只需在主程序中适当位置写入LCALL DELAY或ACALL DELAY指令即可。

2）用累加器和工作寄存器传递参数

这种方法要求在转入子程序之前把所需的入口参数存入累加器A和工作寄存器R0～R7中。在子程序中对这些数据进行相关操作，返回时，出口参数也保存在累加器和工作寄存器中。这种参数传递方法最直接、最简单，运算速度也最快。但由于工作寄存器的数量有限，不能传递更多的参数。

**例3.13** 编写计算$c=a^2+b^2$的程序，设$a$、$b$均小于10。$a$、$b$分别存放在片内RAM的31H、32H单元，结果$c$存入片内RAM的34H和33H单元(要求和为BCD码)。

因该算式两次用到平方值，所以可将求平方运算编写为子程序，主程序中两次调用，再求和即可。求平方值采用查表法实现，主程序和子程序编写如下：

主程序：

```
$INCLUDE(C8051F020.INC)
ORG     0000H
```

```
        AJMP    START
        ORG     0100H
START:  MOV     SP, #3FH
        MOV     A, 31H      ;取 a
        LCALL   SQR         ;求 a²
        MOV     R1, A
        MOV     A, 32H      ;取 b
        LCALL   SQR         ;求 b²
        ADD     A, R1       ;求和
        DA      A           ;调整
        MOV     33H, A
        MOV     A, #0
        ADDC    A, #0       ;计算和高位
        MOV     34H, A
        SJMP    $
```

子程序：

```
        ORG  0030H
   SQR: INC A               ;累加器 A 增加 1B 变址调整值
        MOVC A, @A + PC
        RET                 ;1B
   TAB: DB   00H, 01H, 04H, 09H, 16H, 25H, 36H, 49H, 64H, 81H
        END
```

主程序和子程序之间使用累加器 A 传递参数。查表指令 MOVC A,@A+PC 使用 A+PC 作为地址访问程序存储器,取出其内容送给累加器 A,执行该指令前,A 中存放的是待查表项数(由主程序设定)。但执行 MOVC A,@A+PC 指令时,PC 指向的是其下一条指令 RET 的首地址,而非表格首地址,因此要能正确查找到表格中的内容,必须使累加器 A 再加上一个变址调整值。这里的变址调整值即为 MOVC A,@A+PC 指令的下一条指令(RET 指令)到表首的间隔,即两处地址之间其他指令所占字节数,这里仅 RET 一条指令,占 1 字节,所以使用 INC A 指令。每条指令所占的字节数都可以在附录 A 中查到。若查表指令与表首之间指令较多,也可以通过指令标号相减的方式让汇编程序自动完成计算,从而省去人工查表的麻烦,如本例的查表子程序也可以按如下方式编写。

```
SQR:  ADD A, #(TAB - XX)    ;累加器 A 变址调整
      MOVC  A, @A + PC
XX:   RET
TAB:  DB     00H, 01H, 04H, 09H, 16H, 25H, 36H, 49H, 64H, 81H
      END
```

用 PC 内容作基址查表只能查距本指令 256B 以内的表格数据,称页内查表指令或短查表指令。查表子程序也可以用指令 MOVC A, @A+DPTR 实现,只要让 DPTR 指向表首,A 中存放待查数据即可,该指令可在 64KB 程序存储器范围内查表,称为长查表指令。本例用 MOVC A, @A+DPTR 实现的查表子程序如下：

```
      ORG  0030H
SQR:  MOV  DPTR, #TAB
      MOVC  A,@A + DPTR
      RET
```

```
TAB:  DB  00H, 01H, 04H, 09H, 16H, 25H, 36H, 49H, 64H, 81H
      END
```

3）通过操作数地址传递参数

该方法中主程序将子程序所需的操作数存入数据存储器中，调用子程序之前将操作数的地址作为入口参数存入 R0、R1 或 DPTR 中。子程序以 R0、R1 或 DPTR 间接寻址访问数据存储器即可取出所需数据，结束前将结果仍存入数据存储器中，并将其地址作为出口参数存入 R0、R1 或 DPTR 中。主程序再以 R0、R1 或 DPTR 间接寻址访问数据存储器即可取得运算结果。一般内部 RAM 由 R0、R1 作地址指针，外部 RAM 由 DPTR 作地址指针。这种参数传递方法可以节省传递数据的工作量，可实现变字长运算。

**例 3.14**　$n$ 字节求补子程序。

入口参数：(R0)＝待求补数低字节指针，(R7)＝$n-1$

出口参数：(R0)＝求补后的高字节指针

求补运算就是对数据(含符号位)变反加 1，程序如下：

```
CPLN: MOV     A, @R0
      CPL     A                ;最低字节取反
      ADD     A, #1            ;加 1
      MOV     @R0, A
NEXT: INC     R0
      MOV     A, @R0
      CPL     A                ;高字节取反
      ADDC    A, #0            ;传递进位
      MOV     @R0, A
      DJNZ    R7, NEXT
      RET
```

4）通过堆栈传递参数

堆栈可用于参数传递，在调用子程序前，主程序先把参与运算的操作数用 PUSH 指令压入堆栈。转入子程序后，用 POP 指令取出操作数进行相应运算，并把运算结果压入堆栈。返回主程序后，可用 POP 指令获取运算结果。值得注意的是，转向子程序时，主程序的返回地址也要压入堆栈，占用堆栈 2 字节，弹出参数时要用两条 DEC SP 指令修改 SP 指针，以便使 SP 指向操作数。另外在子程序返回指令 RET 之前要增加两条 INC SP 指令，以便使 SP 指向返回地址，保证能正确返回主程序。

**例 3.15**　在片内 RAM 的 HEX 单元存放两个十六进制数，编程将它们分别转换为 ASCII 码并存入片内 RAM 的 ASC 和 ASC+1 单元。

由于要进行两次转换，故可调用查表子程序完成。

主程序：

```
        $INCLUDE(C8051F020.INC)
        ORG     0000H
        HEX     DATA 20H
        ASC     DATA 30H
        AJMP    MAIN
        ORG     0100H
MAIN:   MOV     SP, #3FH
```

```
        PUSH   HEX              ;取被转换数
        LCALL  HASC             ;调用子程序
  * PC→ POP    ASC              ;ASCL→ASC
        MOV    A, HEX           ;取被转换数
        SWAP   A                ;处理高 4 位
        PUSH   ACC
        LCALL  HASC             ;调用子程序
        POP    ASC + 1          ;ASCH→ASC + 1
        AJMP   $
```

子程序：

```
HASC:   DEC  SP                 ;修改 SP 指向 HEX
        DEC  SP
        POP  ACC                ;弹出 HEX
        ANL  A, #0FH            ;屏蔽高 4 位
        ADD  A, #7              ;变址调整
        MOVC A, @A + PC         ;查表
        PUSH ACC                ;结果入栈 (2B)
        INC  SP                 ;修改 SP 指向断点位置(2B)
        INC  SP                 ;(2B)
        RET                     ;(1B)
ASCTAB: DB '0123456789ACBDEF'
        END
```

在主程序中将入口参数 HEX 入栈，即 HEX 被推入堆栈的 40H 单元，当执行 LCALL HASC 指令之后，主程序的返回地址 PC 也被压入堆栈，即 * PCL 被推入 41H 单元，* PCH 被推入 42H 单元，此时 SP＝42H，如图 3-6(a)所示。进入子程序 HASC 后，两条 DEC SP 指令使 SP 指向参数 HEX，如图 3-6(b)所示，然后用 POP 指令将其弹出。查表变换的结果通过 PUSH 指令压入到原来 HEX 所在的堆栈单元。返回子程序前用两条 INC 指令使 SP 指向存放返回地址的单元处，如图 3-6(c)所示，以便由 RET 指令正确返回。

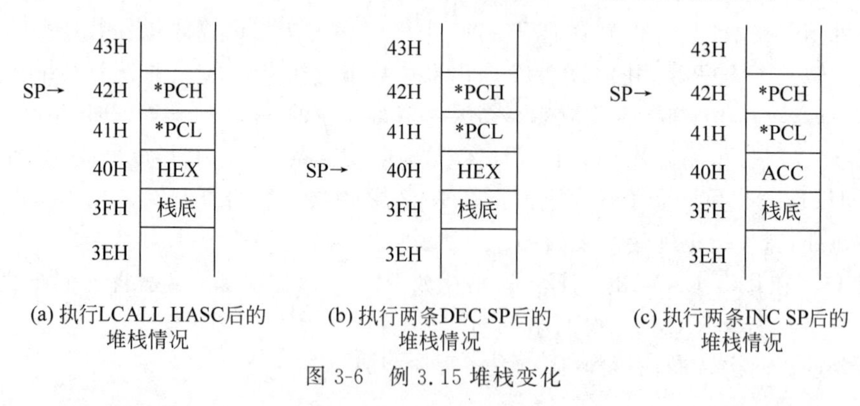


图 3-6　例 3.15 堆栈变化

使用堆栈传递参数，方法简单，能传递大量参数，不必为特定参数分配存储单元。

## 3.4　C51 语言

目前的嵌入式系统硬件性能和软件规模都有了很大的提高，为了提高程序开发效率和程序质量，开发人员更多采用 C 语言进行嵌入式软件程序设计。

使用C语言有以下优点：

- C语言具有结构性和模块化特点，便于程序的阅读和维护。
- C语言可移植性好，功能模块可以在不同项目中使用，从而减少了开发时间。
- C语言程序设计更加简明、清晰，可以减少编程错误，从而提高开发效率。
- C语言和微控制器是相对独立的，开发者无须详细了解微控制器的内部结构和处理过程，因此可以很快上手。

尽管C语言有以上优点，但有时必须采用C和汇编语言混合编程才能实现特定功能。在对实时响应时间有很严格要求的应用系统中，使用汇编语言是开发者的唯一选择。

C51语言是为8051单片机编程而设计的一种专用C语言，它完全兼容ANSI标准C语言规范，并针对8051单片机的体系结构的特点对ANSI C的关键字做了一些扩展。

### 3.4.1 C51关键字

关键字(Key Word)是一种具有固定名称和特定含义的标识符，又称为保留字(Reserved Word)。用户自定义的标识符不能和关键字同名。

ANSI C语言定义了32个关键字，还为预处理功能保留了关键字。C51语言除了支持ANSI C标准的关键字以外，还增加了若干关键字，按照其功能划分如下。

(1) 存储器类型相关：用来声明变量存储的内存区域(参见图2-5)。

code：用来定义位于8051程序代码存储区的只读变量。

bdata：用来定义位于8051可位寻址的内部数据存储区的变量。

data：用来定义位于8051可直接寻址的内部数据存储区的变量。

idata：用来定义位于8051可间接寻址的内部数据存储区的变量。

pdata：用来定义位于分页寻址的8051外部数据存储区的变量，页大小一般为256B。

xdata：用来定义位于8051外部数据存储区的变量，一般用于外部数据存储区不大于64KB的情况。

far：用来定义位于8051外部数据存储区的变量，一般用于外部数据存储区大于64B的情况。

bit：用来定义位于8051可位寻址的内部数据存储区的位变量。

_at_：用来对变量进行存储器绝对空间地址定位。

(2) 特殊功能寄存器相关：用来声明特殊功能寄存器。

sbit：声明可位寻址的特殊功能寄存器的特殊功能位。

sfr：声明8位的特殊功能寄存器。

sfr16：声明16位的特殊功能寄存器。

(3) 存储模式相关：用来声明没有显式指定存储类型的变量的存储区域。

small：小模式，变量默认存放在内部数据存储区。

compact：紧凑模式，变量默认存放在分页寻址的外部数据存储区。

large：大模式，变量默认存放在外部数据存储区(该区域一般不大于64KB)。

(4) 函数相关：用来声明函数的实现方法。

interrupt：专门用于中断服务函数的定义与声明。

reentrant：专门用于可重入函数的定义与声明。

using：专门用于指定函数内部使用的8051的工作寄存器组。

(5) 其他。

alien：用以声明与 PL/M51 兼容的函数。

_priority_：规定 RTX51 或 RTX51 Tiny 的任务优先级。

_task_：定义实时多任务函数。

## 3.4.2 C51 变量定义

### 1. 存储器类型

C51 编译器允许在变量声明时使用存储器类型(Memory Type)来指定变量所希望占用的存储区域类型。C51 中的存储器类型修饰符如表 3-1 所示。

表 3-1 C51 中的存储器类型修饰符

| 类型 | 存储器类型 | 存储区域 | 区域大小 | 对应的汇编语句 | 描述 |
|---|---|---|---|---|---|
| 代码区 | code | 程序存储区 | 64KB | MOVC XX,@A+DPTR | 用来存储只读变量 |
| 内部数据存储区 | bdata | 可位寻址的内部数据存储区 | 16B | MOV XX,ADDR | 还可使用位寻址来访问的区域 |
| | data | 直接寻址的内部数据存储区 | 128B | MOV XX,ADDR | 访问速度快(包含 bdata 区) |
| | idata | 间接寻址的内部数据区 | 256B | MOV XX,@Rn | 可访问整个内部数据区域(包含 data 区) |
| 外部数据存储区 | xdata | 外部数据存储区 | 64KB | MOVX XX,@DPTR | 使用 DPTR 来访问外部数据 |
| | far | 扩充的 RAM 和 ROM | | | 使用用户定义的专用例程或特殊芯片专用指令来访问 |
| | pdata | 分页的外部数据存储区 | 256B | MOVX XX,@Rn | 利用 R0,R1 来访问分页存储的外部数据 |

**注意**：idata 可用来访问整个内部数据存储区，即 256B，并不是仅局限于内部数据存储区的后 128B。

声明变量时可以说明变量的存储器类型，如下所示：

```
char data var1;                          //内部数据区的字符类型变量
char code text[] = "Hello world!";       //程序区的只读字串变量
unsigned long xdata array[100];          //外部数据区的无符号整型数组变量
float idata x,y,z;                       //间接寻址内部数据区的浮点变量
unsigned int pdata dimension;            //分页寻址外部数据区的无符号整型变量
unsigned char xdata vector[10][4][4];    //外部数据区的无符号字符类型的三维数组变量
char bdata flags;                        //可位寻址内部数据区的字符变量
```

说明：声明变量时存储区修饰符和数据类型修饰符的位置可以互换，即“char data x;”和“data char x;”是完全等效的。本书从一致性考虑，使用前一种格式。

### 2. 存储模式

如果在变量定义时未显式声明变量的存储器类型，则该变量的存储器类型由程序的存储模式(memory model)来决定。常见的存储模式有以下 3 种。

1）小模式

在小模式（small model）下，所有未显式声明存储器类型的变量，使用内部数据区来存放，即这种方式和用 data 进行显式声明一样。在这种存储模式下，变量的访问是最有效的。但是所有的数据对象（包括堆栈）都必须放在内部数据存储区中，可使用的数据存储区最少。

2）紧凑模式

在紧凑模式（compact model）下，所有未显式声明存储器类型的变量都使用分页寻址外部数据区来存放，即这种方式和用 pdata 显式声明一样。该模式利用 R0 和 R1 寄存器来进行间接寻址（@R0，@R1），此时最大可寻址 256B 的存储区域。这种方式的存取速度比小模式慢，但比大模式快。

使用紧凑模式时，C51 编译器使用@R0 和@R1 来访问外部数据区。R0 和 R1 寄存器的大小为 1 字节，因此只能存放所要访问单元的低 8 位地址。在紧凑模式下如果使用了超过 256B 的外部数据存储区，那么访问单元的高 8 位地址（即页地址）必须由端口 P2 来输出。开发人员必须为分页寻址设置合适的开始地址，编译器会使用这个开始地址在启动代码中对 P2 端口进行设置。

3）大模式

在大模式（large model）下，所有未显式声明存储器类型的变量都使用外部数据区来存放，即和用 xdata 显式说明一样。此时最大可寻址 64KB 的存储区域。此时会使用数据指针寄存器（DPTR）来进行间接寻址来访问相关数据。使用这种寻址方式效率低，生成的代码比小模式和紧凑模式下生成的代码都要长。

**注意**：小模式可以提供最快和最有效的代码，所以一般选择小模式。当所需数据存储区域较大时，可选择紧凑模式或者大模式。

**3. 设置存储模式**

有以下几种方式设置存储模式：

1）在 IDE 中的配置选项中设置

在 KEIL IDE 中，可以通过选择 Project→Options for Target 命令进入配置窗口。单击 Target 选项卡，更改 Memory Model 选择框的设定，如图 3-7 所示。

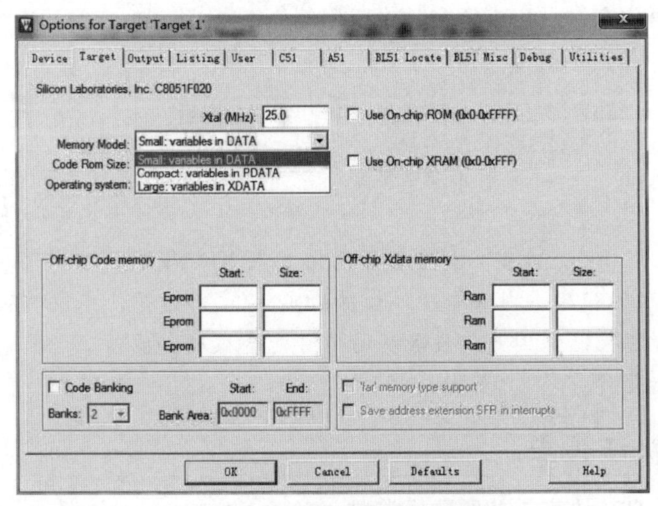


图 3-7　在 IDE 中设置存储模式

该选项的变更实际是通过 C51 的编译参数实现的,可单击 C51 选项卡查看。

小模式是默认模式,无额外选项;紧凑模式使用 COMPACT 选项;大模式使用 LARGE 选项。

2) 在代码中用编译选项设定

在文件开头位置,使用 #pragma[SMALL|COMPACT|LARGE]设置。如:

```
#pragma LARGE
```

3) 在函数声明中指定

在定义函数时,使用 large、compact、small 来指定函数内部默认的存储模式。如:

```
void add(int x,int y) large
```

**4. 指定变量的绝对地址**

开发者有时候希望把变量存储在指定的地址单元中,可用_at_关键词来将变量定位在一个绝对的内存地址单元。使用方法如下:

```
数据类型 存储器类型 变量名_at_变量所在绝对地址;
```

在_at_后面的绝对地址必须符合存储器类型的物理边界限制,即不超过存储区域的最大可寻址范围,该地址必须为常数。

绝对定位的变量遵循以下约束:

(1) 声明绝对定位的变量时,不能同时进行初始化赋值。

(2) 类型为 bit 的变量不能进行绝对地址定位。

(3) 只能对全局变量进行绝对定位,不能对局部变量进行。

下面的例子演示了如何用_at_关键字来定位不同类型的变量。

**例 3.16** _at_关键字的使用。

```
int xdata xval _at_ 0x8000;     //全局变量 xval 存储在 xdata 区的地址为 0x8000 和 0x8001 单元
void main(void) {
    xval = 0x1234;              //赋值,不能在声明时进行
}
```

可使用下列语句来在另一个源文件中引用例 3.16 中用_at_修饰的变量。

**例 3.17** _at_关键字修饰变量的引用。

```
extern int xdata xval;          //引入例 3.16 中声明的变量
void func(void){
    xval = 0x1000;              //重新赋值
}
```

**注意**:如果使用_at_关键字声明变量访问定义在 XDATA 区的外设,必须使用 volatile 关键字,以强制生成的代码去内存取硬件数据的实际值,而不是使用以前从硬件读入的保存在寄存器中的旧数据值。原因是外设数据的值可能会被硬件更改,必须确保 C 编译器不会将内存访问语句优化掉。

## 3.4.3 C51 数据类型

表 3-2 列出了 C51 语言支持的数据类型。

表 3-2　C51 语言支持的数据类型

| 数据类型 | C51 专用 | 长　度 | 取值范围 |
| --- | --- | --- | --- |
| signed char | | 单字节 | −128～+127 |
| unsigned char | | 单字节 | 0～255 |
| signed short | | 2 字节 | −32 768～+32 767 |
| unsigned short | | 2 字节 | 0～65 535 |
| signed int | | 2 字节 | −32 768～+32 767 |
| unsigned int | | 2 字节 | 0～65 535 |
| signed long | | 4 字节 | −2 147 483 648～+214 746 483 647 |
| unsigned long | | 4 字节 | 0～4 294 967 295 |
| float | | 4 字节 | −3.402 823E+38～−1.175 494E−38 或<br>1.175 494E−38～3.402 823E+38 |
| * | | 1～3 字节 | 对象的地址 |
| enum | | 1 字节或 2 字节 | −128～+127 或−32 768～+32 767 |
| bit | 专用 | 1 位 | 0 或 1 |
| sbit | 专用 | 1 位 | 0 或 1 |
| sfr | 专用 | 1 字节 | 0～255 |
| sfr16 | 专用 | 2 字节 | 0～65 535 |

**注意**：在未使用 signed/unsigned 关键字定义整数型变量时，变量是有符号数，还是无符号数由使用的编译器和相关设置共同决定。

C51 中有几种 ANSI C 所没有的特殊数据类型，这些数据类型是和存储区域和存储器类型的概念密切相关的。

**1. 特殊功能寄存器**

8051 系列的微控制器提供了一个独立的内存区，用来存放特殊功能寄存器（Special Function Register，SFR）。

SFR 用来进行定时器、计数器、串行 I/O、I/O 端口等内部资源的工作控制。SFR 驻留在 0X80 到 0XFF 内部地址空间，可按字节寻址，某些寄存器还可以按位寻址或按字寻址。

由于 8051 系列的微控制器所拥有的 SFR 的数量、名称和类型是不完全相同的，因此 C51 使用 sfr、sfr16 和 sbit 关键字对 SFR 进行声明。

C51 编译器为常用的微控制器提供预先定义的 SFR 头文件（.h 文件）。编程时用户可以通过引用对应的头文件，来获取 SFR 定义信息。例如，对标准的 8052 芯片，可使用 #include <reg52.h>语句。当然用户也可自行定义 SFR 头文件，甚至为 SFR 进行不同的命名。

**2. 8 位特殊功能寄存器（sfr）**

sfr 关键字可以用来定义 8051 单片机的 8 位特殊功能寄存器。格式如下：

```
sfr 特殊功能寄存器名 = 特殊功能寄存器的地址;
```

SFR 的声明和 C 变量的声明格式是一样的，只不过使用的修饰符不是 char 或 int，而是 sfr。

例如：

```
sfr P0  =  0x80;                //Port - 0,对应地址为 80H
sfr P1  =  0x90;                //Port - 1,对应地址为 90H
```

```
sfr P2 = 0xA0;                    //Port-2,对应地址为 0A0H
sfr P3 = 0xB0;                    //Port-3,对应地址为 0B0H
```



P0、P1、P2、P3 是 sfr 声明的特殊功能寄存器的名称。等号后的常量表示 SFR 所在的内存地址。地址必须是数值常量,不允许使用带运算符的表达式。

特殊功能寄存器名称只要是一个合法的 C 标识符即可,但一般使用大写名称,并和芯片手册中的 SFR 的名称一致。

**3. 16 位特殊功能寄存器(sfr16)**

8051 芯片可以将两个 8 位 SFR 作为一个 16 位寄存器来访问。条件是这两个 SFR 必须处在相邻地址上,并且是低字节在高字节地址的前面。

C51 提供了 sfr16 关键字来进行 16 位特殊功能寄存器的声明,声明时低字节地址被用来作为 16 位特殊功能寄存器的地址。定义格式如下:

```
sfr16 特殊功能寄存器名 = 特殊功能寄存器的低字节地址;
```

例如:

```
sfr16 T2 = 0xCC;                  //TL2 0CCH, TH2 0CDH
sfr16 RCAP2 = 0xCA;               //RCAP2L 0CAH, RCAP2H 0CBH
```

在这个例子中,T2 和 RCAP2 被声明为 16 位的特殊功能寄存器。

sfr16 声明和 sfr 声明的规则相同,等号后的地址是低字节所对应的地址。

**4. 普通位变量(bit)**

位变量(Bit Type)是指用一个二进制位表示的变量。位数据类型可以用来声明变量、参数表、函数返回值等。位数据变量声明和基本的数据类型声明一样,格式如下:

```
[存储种类] bit 变量名表;
```

所有的位变量都存储在内部数据区的可位寻址段中。因为该段只有 16 字节,所以在一个作用域内最多只能声明 128 个位变量。

位变量定义或声明时必须遵循以下规则:

(1) 禁止中断的函数(#pragma disable)和显式指定寄存器组(using n)的函数不能使用位变量返回值,否则编译器将产生一个错误信息。

(2) 不能将指针声明为指向一个位类型,同样也不能获取位变量的地址。

```
bit *ptr;                         //非法语句
```

(3) 不能声明位变量类型的数组。

```
bit ware [5];                     //非法语句
```

**例 3.18** 位变量使用示例。

```
bit done_flag = 0;                //全局位变量
bit testfunc (                    //函数返回值为位类型
    bit flag1,                    //位类型参数
    bit flag2)
{
    bit ret;                      //局部位变量
```

```
    ret = flag1&flag2;          //位变量运算
    return (ret);               //返回位类型值
}
```

**5. 特殊位变量(sbit)**

sbit 关键字有如下两种使用方式：

(1) 用来引用已经声明的可位寻址的对象的某一位。

```
sbit 位变量名 = 可位寻址变量名 ^指定的可寻址位的序号;

int bdata ibase;                //可位寻址的整型变量
char bdata cbase;               //可位寻址的字符型变量
long bdata lbase;
sbit mybit0 = ibase ^ 0;        //和 ibase 变量的位 0 (最低位)实现关联
sbit mybit15 = ibase ^ 15;      //和 ibase 变量的位 15 (最高位)实现关联
sbit bitc7 = cbase^ 7;          //和 cbase 变量的位 7 (最高位)实现关联
sbit bitl31 = lbase^ 31;        //和 lbase 变量的位 31 (最高位)实现关联
```

在上面的例子中的语句不是赋值语句，而是对 ibase、cbase、lbase 变量的特定位进行声明。表达式中在“^”符号后的表达式定义了位的位置。该表达式必须是一个常量。

**注意**：表达式的取值范围由变量声明中的基变量的数据类型来决定。对 char 和 unsigned char 类型，范围为 0～7；对 int、unsigned int、short、unsigned short 类型，为 0～15；对 long 和 unsigned long 为 0～31。

可以使用 bdata 来定义全局可位寻址变量和局部可位寻址变量。但由于 sbit 声明的变量必须为全局变量，因此 sbit 声明所使用的可位寻址变量必须为全局变量。

声明可位寻址对象的可寻址位时，必须使用 sbit 关键字，而不能使用 bit 关键字。

**例 3.19** sbit 与 bit 的区别。

```
int bdata iData = 1;
sbit sbTest = iData ^0;         //位寻址变量必须为全局变量
//sbTest 和 iData 的末位绑定, 此时 sbTest = 1,即 iData 末位的值
void main(void)
{
    bit bTest = iData^0;        //运行结果: iData = 1(不变), sbTest = 1(不变),bTest = 1
    //bTest 的值是 iData 的值和 0 按位异或,并取最后一位的值
    iData = 32;                 //运行结果: iData = 32,sbTest = 0, bTest = 1(不变)
    bTest = 0;                  //运行结果: iData = 32(不变), sbTest = 0(不变), bTest = 0
    sbTest = 1;                 //运行结果: iData = 33,sbTest = 1, bTest = 0(不变)
}
```

(2) 用来引用已经声明的特殊功能寄存器对象的某一位。

在 8051 应用中，经常需要对 SFR 中的可寻址位(特殊功能位)进行独立访问。可以用 sbit 数据类型将 SFR 中的可寻址位声明为特殊功能位。

```
sbit 位变量名 = 可寻址位的位地址;
```

**注意**：不是所有的 SFR 都是可位寻址的。只有那些 SFR 地址能被 8 整除的特殊功能寄存器的是可位寻址的，即 SFR 二进制地址表示的低 3 位应全为 0。例如，在地址为 0XA8(IE)和 0XD0(PSW)的 SFR 是可以位寻址的，而地址为 0X81(SP)和 0X89(TMOD)的 SFR 不能

位寻址。

任何合法标识符均可用在 sbit 声明中。等号右边的表达式定义了标识符的绝对位地址。有 3 种方法来声明位地址：

方法一：sfr_name ^ int_constant，即 SFR 寄存器名^整型常量。

这种方法使用已经定义的 SFR 作为 sbit 的基地址。该 SFR 必须可位寻址，^符号后的表达式定义了可寻址位的位编号。位编号必须是 0～7 的数。

```
sfr PSW = 0xD0;                 //声明寄存器名
sbit OV = PSW ^ 2;              //声明特殊功能位 OV
sbit CY = PSW ^ 7;              //声明特殊功能位 CY
sfr IE = 0xA8;                  //声明寄存器名
sbit EA = IE ^ 7;               //声明特殊功能位 EA
```

为了计算 SFR 中位的地址，用位的编号加上 SFR 寄存器的字节地址。上例中 sbit EA=IE ^ 7 等效于 sbit EA=0xAF，EA 的位地址等于 IE 的 SFR 寄存器地址 0xA8 加上位编号 7，等于 0XAF。

**注意**：由于 sfr16 所对应的寄存器是两个相邻寄存器，因此不可能两个地址均是 8 的倍数，从而 sfr16 定义的寄存器一般不能位寻址。

方法二：int_constant^int_constant，即整型常量^整型常量。

这种方法使用整型常数作为基地址。该地址必须地址值在 0X80～0XFF 之间，并且可以被 8 整除。^符号后的表达式定义了可寻址位的位编号。位编号必须是 0～7 的数。

```
sbit OV = 0xD0 ^ 2;
sbit CY = 0xD0 ^ 7;
sbit EA = 0xA8 ^ 7;
```

方法三：int_constant，即用绝对位地址来声明 sbit。

```
sbit OV = 0xD2;
sbit CY = 0xD7;
sbit EA = 0xAF;
```

**注意**：sbit、bit 和 ANSI C 语言中的位域(Bit Field)是 3 种不同的数据类型。使用 sbit 声明时，基对象必须可位寻址变量或者是可以位寻址的特殊功能寄存器。

### 3.4.4 C51 指针类型

C51 的指针和标准 C 中的指针功能相同。但是由于 8051 体系结构的不同存储区域的地址有重叠(如 data 区和 xdata 区均从地址 0 开始编址)，因此必须要在指针中保存额外的存储区域信息。

根据存储区域信息保存方式的不同，C51 提供了两种不同类型的指针：通用指针(Generic Pointer)和具体指针(Memory-specific Pointer)。

**1. 通用指针**

通用指针可以用来保存位于不同存储区域中的相同数据类型变量的地址。通用指针的声明和标准 C 中的指针声明是相同的，例如：

```
char  *s;                       //指向字符类型的指针
```

```
int   * numptr;                //指向整型类型的指针
long   * state;                //指向长整型类型的指针
```

由于一般情况下，8051 存储区域的最大寻址范围不大于 64KB，因此通用指针总是占用 3 字节。第 1 字节保存存储器类型编码值（见表 3-3），第 2 字节保存地址的高字节，第 3 字节保存地址的低字节。许多 C51 的库例程使用这种指针类型，通用指针类型可以访问任何存储区域内的变量。

**表 3-3　存储器类型编码值**

| 存储器类型 | idata/data/bdata | xdata | pdata | code |
|---|---|---|---|---|
| 编码值 | 0x00 | 0x01 | 0xFE | 0xFF |

下列代码表示了不同存储区的通用指针变量的赋值过程。

**例 3.20**　通用指针的使用。

```
void main(void)
{
    char * c_ptr;              //通用字符指针
    char data dj;              //data 区字符变量
    char xdata xj;             //xdata 区字符变量
    char code cj = 9;          //code 区字符变量

    c_ptr = &dj;
    c_ptr = &xj;
    c_ptr = &cj;
}
```

**2. 具体指针**

具体指针是在声明时指定了存储器类型的指针，仅用于保存指定存储区域中的指定数据类型变量的地址。

```
char data * str;               //指向 data 区的字符变量的指针
int  xdata  * numtab;          //指向 xdata 区的整型变量的指针
long  code  * powtab;          //指向 code 区的长整型变量的指针
```

因为存储器类型在编译时就已经指定，所以和通用指针不同，具体指针不需要保存存储器类型字节。具体指针可以保存在 1 字节（idata、data、bdata、pdata 类型指针，这些区域的最大寻址范围不大于 256B）或 2 字节（code 和 xdata 类型指针，这些区域的最大寻址范围不大于 64KB）中。

**例 3.21**　具体指针的使用。

```
void main(void)
{
    char data * c_ptr;         //指向 data 区的字符变量的指针
    char data dj;              //data 区字符变量
    char xdata xj;             //xdata 区字符变量

    c_ptr = &dj;
```

```
    c_ptr = &xj;              //非法语句
}
```



定义具体指针变量时可以使用两个存储器类型,“ * ”前的存储器类型修饰指针指向的数据,“ * ”后的存储器类型修饰指针本身,即指针所占据的存储区域类型。例如:

```
char data * xdata str;         //指向 data 区的字符变量的指针,指针变量本身存储在 xdata 区
int xdata * data numtab;       //指向 xdata 区的整型变量的指针,指针变量本身存储在 data 区
```

**注意**:使用通用指针类型的代码和具体指针类型的代码相比,完成相同的功能代码的运行速度要慢很多。这是因为通用指针类型只有在程序运行时才能知道实际的变量存储区类型,所以编译器就不能对内存访问进行优化,从而只能生成可以访问任意存储区的通用代码。如果必须优先考虑程序的运行速度,那么只要有可能就应该使用具体指针来替代通用指针。

### 3.4.5 C51 函数定义

**1. C51 函数完整声明**

综上所述,完整的函数声明如下:

```
[return_type] funcname([args]) [{small|compact|large}]
[reentrant][interrupt x][using y]
```

**2. 指定存储模式**

C51 定义函数时可使用 small、compact 或 large 这 3 个 C51 关键字来指明函数内部使用的存储模式。

**3. 可重入函数**

一个可重入函数可以在同一个时刻由多个进程共享。即当一个进程正在执行一个可重入函数,另一个进程可以中断该进程,然后执行同一个可重入函数,而不会影响函数的运行结果。

ANSI C 调用函数时会把函数的调用参数和函数中使用的局部变量存入堆栈。而 C51 使用固定的存储空间(称为局部数据区)来存放相关数据。所以在递归调用仅使用局部变量的函数时,ANSI C 函数总是可重入的,C51 中的函数是不能重入的(局部数据区存储的数据会被覆盖)。

为此必须使用 reentrant 函数属性来声明函数是可重入的,以便 C51 编译器对函数进行特殊处理。格式如下:

```
函数类型 函数名(形式参数列表) reentrant
```

C51 编译器为可重入函数创建一个模拟堆栈(软件方式实现)来完成参数传递和局部变量存储,从而解决数据信息覆盖问题。可重入函数一般占用较大的内存空间,运行起来也比较慢,并且不允许传递 bit 类型的变量,也不能定义 bit 类型的局变量。

可重入函数经常在实时应用系统中应用,也可在中断响应函数和非中断响应函数同时调用同一个函数时使用。

下面以斐波那契数列(Fibonacci Sequence)为例看一下可重入函数的应用。斐波那契数列定义:$F(0)=0, F(1)=1, F(n)=F(n-1)+F(n-2)(n\geqslant 2, n\in \mathrm{N}^*)$。

**例 3.22** 可重入函数的使用。

```
int fib(int num) reentrant
{
    int ret = 0;
    if(num == 0)
        ret = 0;
    else if(num == 1)
        ret = 1;
    else
        ret = fib(num - 1) + fib(num - 2);
    return ret;
}
void main(void)
{
    int x;
    x = fib(3);
    return;
}
```

使用 reentrant 关键字,变量 x 的值为 2,正确。

不使用 reentrant 关键字,编译时有警告,变量 x 的值为 1,错误。

**4. 中断响应函数**

传统的 8051 处理器的中断有 5 种,某些 8051 兼容类型可以有更多的中断,C51 最大支持 32 个中断。

中断响应函数的定义如下:

```
函数类型 函数名(形式参数列表) interrupt n
```

它将函数定义为中断响应函数。中断属性带一个值为 0～31 的整型参数,用来表示中断响应函数所对应的中断号,该参数不能是带运算符的表达式。

**注意**:仅能在函数定义时使用 interrupt 函数属性,不能在函数声明时使用 interrupt 函数属性。

中断响应过程如下:

(1) 当中断产生时,首先由硬件实现返回地址(PC 值)压入堆栈操作。

(2) 然后中断响应函数被调用,用软件方式实现以下处理:

- 使用语句将 ACC、B、DPH、DPL、PSW 这些特殊功能寄存器的值将保存在堆栈中(如果对应寄存器在中断处理函数中未被使用则不保存,由编译器自动判断)。
- 如果中断响应函数未使用 using 属性进行修饰,中断响应函数中所使用的通用寄存器的值保存到堆栈中。
- 对中断进行处理。
- 恢复保存寄存器的值,退出中断响应函数(其对应的汇编代码使用 RETI 指令退出,普通函数使用 RET 指令退出)。

(3) 执行 RETI 语句,硬件实现返回地址的载入,并跳转到对应语句执行。

**例 3.23** 中断响应函数定义。

```
int alarm_count = 0;            //中断计数
```

```
void falarm(void) interrupt 1   //中断号 1 对应中断源 T0
{
        alarm_count++;          //每产生一次 T0 中断,计数值增加 1
}
```



中断响应函数应遵循以下规则：

- 中断响应函数不能进行参数传递。
- 中断响应函数没有返回值。
- 不能在其他函数中直接调用中断响应函数。
- 如果在中断中调用了其他函数,则必须保证这些函数和中断响应函数使用了相同的寄存器组,并且这些函数应为可重入函数。
- C51 编译器将在绝对地址 8n+3 中存放一个绝对跳转指令,实现对中断响应函数的调用,其中 n 为中断号。

**5. 指定寄存器组**

可使用 using 函数说明属性来规定函数所使用的寄存器组。格式如下：

```
函数类型 函数名(形式参数列表)  using n
```

using 属性使用一个值为 0～3 的整型参数,这个参数表示使用的寄存器组的编号,这个参数不能使用带运算符的表达式。using 属性只能在函数定义中使用,不能在函数原型声明中使用。

使用 using 属性的函数将完成以下操作：

- 进入函数前,将当前使用的寄存器组的标号保存在堆栈中。
- 更改 PSW 的寄存器组选择位,选择设定的寄存器组作为当前的寄存器组。
- 函数退出时,将寄存器组恢复成进入函数前的寄存器组。

**例 3.24** 寄存器组的使用。

```
void test1(void)
{         char idata x = 0x10;     }
void test2(void) using 1
{         char idata x = 0x11;     }
void main(void)
{
    test1();
    test2();
}
```

反汇编代码：

```
…
; FUNCTION test1(BEGIN)
MOV     R0,#LOW x
MOV     @R0,#010H
RET
; FUNCTION test1(END)

…
; FUNCTION test2(BEGIN)
```

```
PUSH    PSW
MOV     PSW, # 08H
MOV     R0, # LOW x
MOV     @R0, # 011H
POP     PSW
RET
; FUNCTION test2(END)
```

可以看出，test2 使用 using 关键字，会在函数内部对 PSW 寄存器的 RS1、RS0 位进行更改，上例中改成了 01，对应 using 1，从而使用 BNAK 1 的相关寄存器。

**注意**：使用 using 属性就不能通过寄存器来返回值了。必须很小心地使用 using 属性，以避免出现错误。另外，即使用相同的寄存器组，使用 using 属性声明的函数也不能返回 bit 值(bit 值是通过 CF 标志来返回的，使用 using 属性的函数在退出时，将恢复 PSW 字，CF 是 PSW 字中的一位)。

使用寄存器组切换技术可以提高程序的运行速度，若使用不当则会导致参数传递错误，代码维护也比较麻烦，建议不要使用。

### 3.4.6 C51 程序设计的注意事项

C51 编译器能对 C 程序源代码进行处理，产生高度优化的代码。注意下面一些问题，可以获取性能更好的代码。

- 采用短变量。减小变量的数据宽度提高代码效率的最基本的方法。使用 C 语言编程时，用户习惯于对循环控制变量使用 int 类型，这对 8 位的单片机来说是一种极大的浪费，应该仔细考虑变量值可能的范围，然后选择合适的变量类型。很明显，经常使用的变量应该是 unsigned char，只占用 1 字节。
- 避免使用浮点运算。在 8 位操作系统上进行 32 位浮点数运算速度是很慢的，所以如果需要使用浮点数，可以考虑是否使用整型运算来替代浮点运算。整型(长整型)的运算速度要比浮点数的运算速度要快得多。另外两个浮点数比较是否相等时，一般不使用==运算符，而是采用两个数的差小于一个极小值来判断。
- 使用位变量。对于逻辑值应使用位变量，这将节省内存的使用，提高程序的运行速度。
- 用局部变量代替全局变量。全局变量始终占用内存空间，因此使用全局变量会占用更多的内存空间。而且在中断系统和多任务系统中，可能会出现几个过程同时使用全局变量的情况，因而必须对全局变量进行保护，才能确保不会出现错误的运行结果。
- 尽量使用内部数据存储区。应把经常使用的变量放在内部数据存储区中，这可使程序的运行速度得到提高，缩短代码长度。考虑存储速度，应按下面的顺序使用存储器：DATA、IDATA、PDATA、XDATA。
- 使用具体指针。程序中使用指针时，应指定指针的类型，确定它们指向的存储区域，这样程序代码会更加紧凑，运行速度更快。
- 使用库函数。常用的和汇编指令对应的库函数有循环左移和循环右移(字符类型)_crol_、_cror_，(int 类型)_irol_、_iror_，(long 类型)_lrol_、_lror_ 以及空操作

_nop_。这些例程直接对应着汇编指令,因而速度更快。

- 使用宏替代函数。对于小段代码,如使能某些电路或从锁存器中读取数据,可通过使用宏来替代函数。这使得程序有更好的可读性。编译器在碰到宏时,用事先定义的代码去替代宏。当需要改变宏时,只要修改宏的定义。这可以提高程序的可维护性。
- 存储器模式。C51 提供了 3 种存储器模式,应该尽量使用小模式。小模式下编译出的代码运行速度较快,但可以使用的内存空间较小。如果既希望可以使用较大的内存空间,又希望部分函数有较快的运行速度,此时可以使用混合的存储模式。例如,将项目设置为大模式,将部分经常执行的函数显式声明为小模式。这样编译器将该函数的局部变量存储在内部数据区中,因而可以较快地执行。

# 习 题 3

1. 片外 RAM 1000H～10FFH 单元有一个数据块,用汇编语言编写程序将其传送到片外 RAM 的 2500H 单元开始的区域中。

2. 用汇编语言编写将片内 RAM 的 31H、30H 单元中的 16 位二进制数(31H 中为高位)求补码后放回原单元的程序。

3. 用汇编语言编写将累加器 A 中的一位十六进制数(A 的高 4 位为 0)转换为 ASCII 码的程序,转换结果仍存放在累加器 A 中,要求用查表和非查表两种方式实现。

4. 用汇编语言编程实现函数

$$y=\begin{cases}x+1, & x>10\\0, & 5\leqslant x\leqslant 0\\-1, & x<5\end{cases}$$

设 $x$ 的值存放在片内 RAM 的 35H 单元,$y$ 的值存放在片内 RAM 的 36H 单元。

5. 假设累加器 A 中的内容为 0～5,编写根据累加器 A 的不同内容,转向不同分支进行处理的汇编语言程序。

6. 用汇编语言编写程序,将 R0 中的 8 位二进制数的各位用其 ASCII 码表示,结果保存放到片内 RAM 的 30H 开始的单元中。

7. 片内 RAM 的 HEXR 开始的单元中存放着一组十六进制数(一个单元放两位),数据的个数放在片内 RAM 的 LEN 单元中,用汇编语言编写程序将这些十六进制数转换为 ASCII 码,并存入片内 RAM 中 ASCR 开始的单元。

8. 程序存储器中有一个 5 行×8 列的表格,用汇编语言编程把行下标为 I、列下标为 J 的元素读入到累加器 A 中。

9. 用汇编语言编写程序,将累加器 A 中的 8 位二进制数转换为十进制数存放在片内 RAM 的 21H(百位)和 20H(十位和个位)单元中。

10. 用汇编语言编写程序实现图 3-8 所示的硬件逻辑功能。其中 P1.1、P1.2 和 P1.3 分别是端口线上的信息,IE0、IE1 为外部中断请求标志,25H 和 26H 为两个位地址。

11. 用汇编语言编程求两个无符号数据块中最大值的乘积。数据块的首地址分别为片内 RAM 的 60H 和 70H,每个数据块的第 1 字节用来存放数据块的长度。结果存入片内

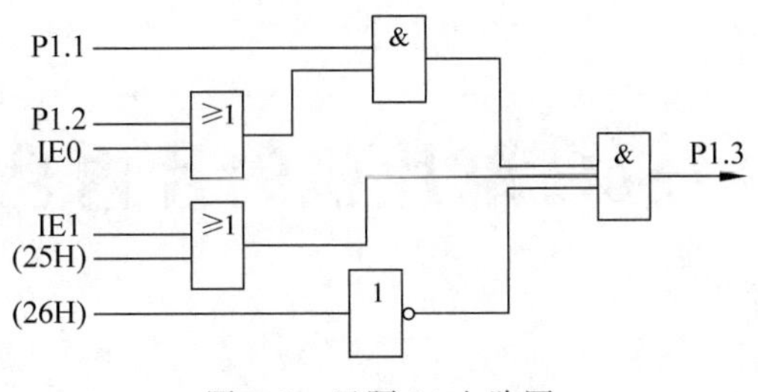


图 3-8　习题 10 电路图

RAM 的 5FH 和 5EH 单元中，要求求数据块中的最大值，用子程序实现。

12. 编写多字节无符号数加法子程序，入口参数为 R0 为被加数低位地址指针、R1 为加数低位地址指针、R2 为字节数。出口参数为 R0 为和的高位地址指针。

13. C51 有哪几种存储区域？如何将变量定义在这些区域中？如何进行绝对定位？

14. 存储种类、存储器类型各指什么？各自分为哪几类？

15. C51 的存储模式有哪几种？各有什么特点？

16. C51 有哪些特殊数据类型？

17. 什么是通用指针？什么是具体指针？两者各有什么优缺点？

18. C51 语言对函数定义进行了哪些扩展？

# 第4章 SoC单片机的片内功能部件

C8051F系列单片机是片内资源非常丰富的高速SoC型单片机，内部集成有控制系统所需的大部分模拟和数字外设，包括看门狗、ADC、DAC、电压比较器、电压基准输出、定时器、PWM、定时器捕捉和方波输出等，并具备多种总线接口，包括UART、SPI、SMBus(与$I^2C$兼容)总线以及CAN总线。本章主要介绍C8051F020单片机内数字资源的基本结构、工作原理和应用举例，包括定时器/计数器、可编程计数器阵列、UART通信接口等基本接口。片内模拟资源将在第5章介绍，其他高级数字接口将在第6章介绍。

## 4.1 定时器/计数器

在测控系统中，往往需要定时和对外部事件计数的功能，如定时控制、延时动作和转速测量等。实现定时和计数功能的部件分别称为定时器和计数器。实际上，定时和计数功能都可以通过对某种事件源的计数来实现，若计数的事件源是周期固定的脉冲，则可以实现定时功能，否则只能实现计数功能。因此可以将定时和计数功能合并，改由一个部件实现，称为定时器/计数器。实现定时/计数的方法一般有软件、专用硬件和可编程定时器/计数器3种方法。软件方法(如3.3.4节介绍的延时子程序)只能实现定时，且占用CPU时间，从而降低了CPU的使用效率。专用硬件方法可以实现精确的定时和计数，但参数调节不便。可编程定时器/计数器不占用CPU时间，与CPU并行工作，既可以实现精确的定时和计数，又可以通过编程设置其工作方式和其他参数，因此使用最为方便。

C8051F020内部有T0～T4共5个16位定时器/计数器，其中T0～T2与MCS-51中的定时器/计数器兼容，T3和T4为两个16位具有自动重装初值功能的定时器/计数器。T2、T3和T4既可以作为通用定时器使用，也可以用于ADC、DAC、SMBus和UART。这些定时器/计数器可以用于测量时间间隔，对外部事件计数或产生周期性的中断请求。T0和T1几乎完全相同，有4种工作方式。T2增加了一些T0和T1中没有的功能。T3与T2类似，但没有捕捉或波特率发生器方式。T4与T2基本相同，区别只在于：T2可用作UART0的波特率发生器，而T4可用作UART1的波特率发生器。5个定时器/计数器的工作方式如表4-1所示。

**表 4-1　C8051F020 定时器/计数器的工作方式**

| 工作方式 | 定时器 | | |
|---|---|---|---|
| | **T0/T1** | **T2/T4** | **T3** |
| 方式 0 | 13 位定时器/计数器 | 自动重装载的 16 位定时器/计数器 | 自动重装载的 16 位计数器/定时器 |
| 方式 1 | 16 位定时器/计数器 | 带捕捉的 16 位定时器/计数器 | — |
| 方式 2 | 8 位自动重装载的定时器/计数器 | UART0/ UART1 的波特率发生器 | — |
| 方式 3 | 两个 8 位定时器/计数器（只限于定时器 0） | — | — |

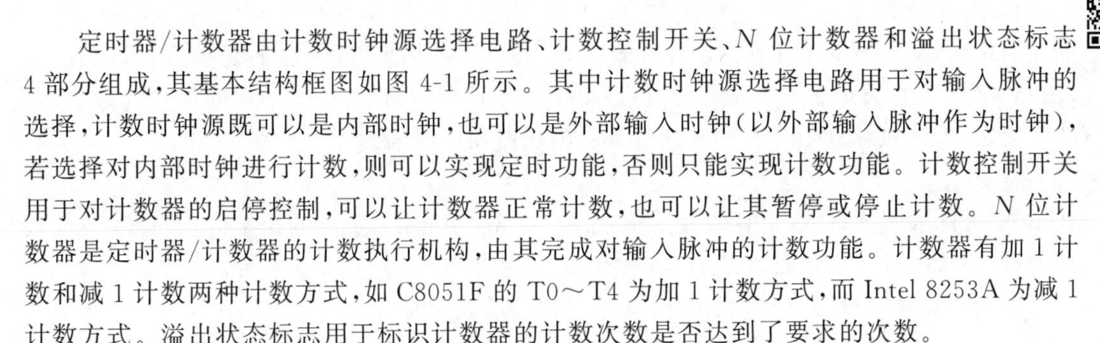

## 4.1.1　定时器/计数器的一般结构和工作原理

定时器/计数器由计数时钟源选择电路、计数控制开关、$N$ 位计数器和溢出状态标志 4 部分组成，其基本结构框图如图 4-1 所示。其中计数时钟源选择电路用于对输入脉冲的选择，计数时钟源既可以是内部时钟，也可以是外部输入时钟（以外部输入脉冲作为时钟），若选择对内部时钟进行计数，则可以实现定时功能，否则只能实现计数功能。计数控制开关用于对计数器的启停控制，可以让计数器正常计数，也可以让其暂停或停止计数。$N$ 位计数器是定时器/计数器的计数执行机构，由其完成对输入脉冲的计数功能。计数器有加 1 计数和减 1 计数两种计数方式，如 C8051F 的 T0～T4 为加 1 计数方式，而 Intel 8253A 为减 1 计数方式。溢出状态标志用于标识计数器的计数次数是否达到了要求的次数。

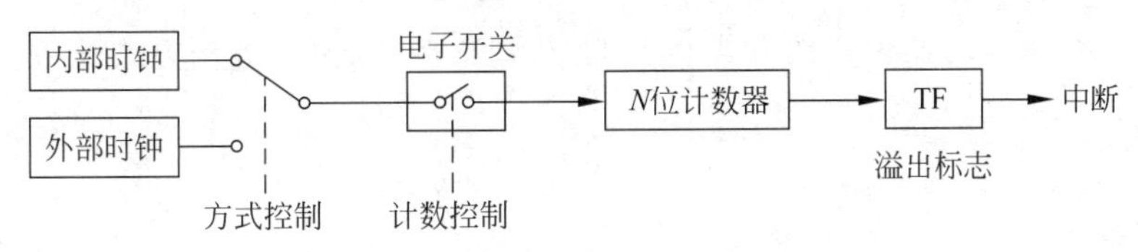


图 4-1　定时器的基本结构框图

C8051F 的定时器/计数器具有以下特点：

(1) 具有定时器和计数器两种基本工作模式。在每种工作模式下又可以进一步设定为特点各不相同的工作方式，如定时器 T0 和 T1 有方式 0 到方式 3 共 4 种工作方式。

(2) $N$ 位计数执行机构是一个二进制的加 1 计数器，采用加 1 计数的方式工作。当计数器计满（$N$ 位全为 1）回零时能自动设置溢出中断标志，并可向 CPU 请求中断，表示定时时间已到或计数次数已满。

(3) 在定时器模式下，可以对输入的时钟源进行直接计数也可以进行 12 分频计数。对输入的时钟进行 12 分频计数是为了与标准 8051 兼容，是否选择对输入的时钟进行 12 分频取决于对时钟控制寄存器 CKCON 的设定。时钟控制寄存器 CKCON 的格式如下：

| R/W | R/W | R/W | R/W | R/W | R/W | R/W | R/W | 复位值 |
|---|---|---|---|---|---|---|---|---|
| — | T4M | T2M | T1M | T0M | 保留 | 保留 | 保留 | 00000000 |
| 位 7 | 位 6 | 位 5 | 位 4 | 位 3 | 位 2 | 位 1 | 位 0 | SFR 地址：0x8E |

其中,各位的含义如下:

位 7——未用。读=0b,写=忽略。

位 6~3(T4M~T0M)——T4~T0 的时钟选择位(不包含 T3,T3 的时钟选择由 T3 控制寄存器 TMR3CN 的第 0 位 T3XCLK 决定),用于控制提供给定时器的系统时钟的分频系数。

0:定时器按系统时钟的 12 分频计数。

1:定时器按系统时钟频率计数。

**注意**:当定时器/计数器工作于波特率发生器方式或计数器方式时这些位的值被忽略。

位 2~0——保留。读=000b,写入值必须是 000b。

(4) 定时器模式下的定时时间和计数器模式下的计数次数均可由 CPU 通过程序设定,但均不能超过各自的最大值。最大定时时间和最大计数次数与定时器/计数器的位数有关,而位数又取决于工作方式的设定。

**1. 定时器模式**

当定时器/计数器工作在定时器模式时,每一个计数周期 $T$ 计数器加 1,直至计满溢出(由 $N$ 位全为 1,再加 1 变为全 0 的过程)产生中断请求。对于一个 $N$ 位的加 1 计数器,若 $T_{计数}$ 是已知的,则从初值 $a$ 开始加 1 计数至溢出所用的时间为:

$$T = T_{计数} \times (2^N - a)$$

式中 $N$ 为计数器的位数,由具体的工作方式决定,$a$ 为开始计数时的初始值,$T$ 计数为计数周期,即系统时钟或系统时钟的 12 分频。

由上式可见,当计数初始值 $a=0$ 时可以达到最大定时时间:

$$T_{max} = 2^N \times T_{计数}$$

例如,若 T0 在定时器模式的方式 0 下工作,则它按 13 位二进制方式计数,最大定时时间为:

$$T_{max} = 2^{13} \times T_{计数}$$

**2. 计数器模式**

当定时器/计数器工作在计数模式时,外部输入的信号加入计数输入端。外部输入信号的下降沿触发计数,计数器在每个时钟周期采样外部输入信号,若前一个周期的采样值为 1,后一个周期的采样值为 0,则计数器加 1,故识别一个从 1 到 0 的跳变需要 2 个时钟周期,所以,对外部输入信号最高的计数速率是时钟频率的 1/2。同时,外部输入信号的高电平与低电平保持时间均需大于一个时钟周期。例如,在电机转速控制中,通过计取测速传感器(如旋转编码器)的脉冲个数,就可以达到对电机转速进行测量的目的。

在计数器模式下,如果从初始值 TC 开始计数,至计满溢出时共可计数 $2^N - \mathrm{TC}$ 次。因此,如果已知要计数的次数 $C$,就可以通过下式计算所需要设定的初始值:

$$\mathrm{TC} = 2^N - C$$

例如,若 T0 在计数器模式的方式 0 下工作,如果要让 T0 计 200 次即产生溢出中断,则应让 T0 从初始值 7992($2^{13}-200$)开始计数。

由上式可见,当计数初始值为 0 时,可以达到最大计数次数 $2^N$。

一旦将定时器/计数器设置成某种工作方式并启动计数后,它就会按设定的工作方式独立运行,不再占用 CPU 的操作时间,直到加 1 计数器计满溢出,才向 CPU 申请中断,从而提高了 CPU 的使用效率。

### 4.1.2 定时器/计数器 T0 和 T1

定时器/计数器 T0 和 T1 的结构和工作原理基本相同,本节以 T0 为例介绍定时器/计数器 T0 和 T1 的结构和用法。

对定时器/计数器 T0 和 T1 的访问和控制是通过操作 SFR 实现的。与定时器/计数器 T0 和 T1 有关的 SFR 有 TL0、TL1、TH0、TH1、TCON 和 TMOD,如表 4-2 所示。T0 和 T1 都是 16 位的加 1 计数器,访问时以 2 字节的形式出现:一个低字节(TL0 或 TL1)和一个高字节(TH0 或 TH1)。定时器控制寄存器(TCON)用于允许/禁止定时器 T0 和定时器 T1 并指示它们的工作状态(是否溢出)。T0 有 4 种工作方式,T1 有 3 种工作方式,可以通过设置定时器方式寄存器(TMOD)中的方式选择位 T$n$M1 和 T$n$M0($n$ 为 0 或 1 分别对应 T0 和 T1)进行选择。下面先介绍 TCON 和 TMOD 两个 SFR,然后再对每种工作方式及其应用进行详细介绍。

表 4-2 定时器/计数器 T0 和 T1 的特殊功能寄存器

| 特殊功能寄存器 | 符号 | 地址 | 寻址方式 | 复位值 |
|---|---|---|---|---|
| 定时器控制寄存器 | TCON | 0x88 | 字节、位 | 0x00 |
| 定时器方式寄存器 | TMOD | 0x89 | 字节 | 0x00 |
| 定时器 T0 低字节 | TL0 | 0x8A | 字节 | 0x00 |
| 定时器 T1 低字节 | TL1 | 0x8B | 字节 | 0x00 |
| 定时器 T0 低高节 | TH0 | 0x8C | 字节 | 0x00 |
| 定时器 T1 低高节 | TH1 | 0x8D | 字节 | 0x00 |

**1. 定时器方式寄存器 TMOD**

特殊功能寄存器 TMOD 为 T0、T1 的工作方式寄存器,其格式如下:

| R/W | R/W | R/W | R/W | R/W | R/W | R/W | R/W | 复位值 |
|---|---|---|---|---|---|---|---|---|
| GATE1 | C/T1 | T1M1 | T1M0 | GATE0 | C/T0 | T0M1 | T0M0 | 00000000 |
| 位 7 | 位 6 | 位 5 | 位 4 | 位 3 | 位 2 | 位 1 | 位 0 | SFR地址:0x89 |
| T1方式字段 | | | | T0方式字段 | | | | |

TMOD 是 8 位的特殊功能寄存器,高 4 位用于设置 T1 的工作方式,低 4 位用于设置 T0 的工作方式,该寄存器复位后的初值为 00H。TMOD 不能位寻址,只能用字节方式设置。各位的功能如下:

1) T$n$M1、T$n$M0:工作方式选择位

T$n$M1、T$n$M0 用于选择 T0、T1 的工作方式,T0 有 4 种工作方式,即方式 0 到方式 3,而 T1 只有方式 0 到方式 2 共 3 种工作方式。T$n$M1、T$n$M0 与工作方式的对应关系如表 4-3 所示。

表 4-3 定时器/计数器 T0 和 T1 的工作方式

| T$n$M1 | T$n$M0 | 工作方式 | 功能说明 |
|---|---|---|---|
| 0 | 0 | 0 | 13 位定时器/计数器 |
| 0 | 1 | 1 | 16 位定时器/计数器 |
| 1 | 0 | 2 | 自动重装初值的 8 位定时器/计数器 |
| 1 | 1 | 3 | 仅适用于 T0,分为两个 8 位计数器,T1 设为方式 3 将停止计数 |

2) C/T*n*：计数器/定时器模式选择位

如前所述，计数器模式和定时器模式的差别是计数脉冲源和用途的不同，因此 C/T*n* 实际上是对计数脉冲源的选择，以决定具体的工作模式。

C/T*n*＝0 为定时方式。在定时方式中，以振荡器输出时钟脉冲或其 12 分频信号作为计数信号，每过一个计数周期定时器加 1。例如，晶振为 12MHz，若以振荡器输出的时钟作为计数信号，则定时器计数频率为 12MHz，计数的脉冲周期为 1/12μs；若用振荡器输出时钟的 12 分频信号作为计数信号，则定时器计数频率为 1MHz，计数的脉冲周期为 1μs。定时器从初始值开始加 1 计数，直至计满溢出，因其所需的时间是固定的，所以称为定时方式。

C/T*n*＝1 为外部事件计数方式，这种方式采用外部引脚 T0/T1 上的输入脉冲作为计数脉冲，外部引脚上的每一个负跳变计数器加 1。对外部输入脉冲计数的目的通常是测试脉冲的周期、频率或对输入的脉冲数进行累加等。

3) GATE*n*：门控位

门控位 GATE*n* 用于定时器/计数器 T0 和 T1 的启/停控制。

GATE*n* 为 1 时，定时器的计数受外部引脚输入电平的控制($\overline{\text{INT0}}$ 控制 T0 的运行，$\overline{\text{INT1}}$ 控制 T1 的运行)。只有 $\overline{\text{INT0}}$(或 $\overline{\text{INT1}}$)引脚为 1，且用软件对 TR0(或 TR1)置 1 时，才能启动定时器 T0(或 T1)开始计数。

GATE*n* 为 0 时，定时器的计数不受外部引脚输入电平的控制。只要用软件对 TR0(或 TR1)置位就能启动定时器 T0(或 T1)开始计数；复位 TR0(或 TR1)将暂停定时器 T0(或 T1)的计数。

**2. 定时器控制寄存器 TCON**

特殊功能寄存器 TCON 的高 4 位为定时器的运行控制位和溢出标志位，低 4 位为外部中断的触发方式选择位和外部中断请求标志位。该寄存器可以进行位寻址，既可以字节操作，也可以位操作。TCON 格式如下：

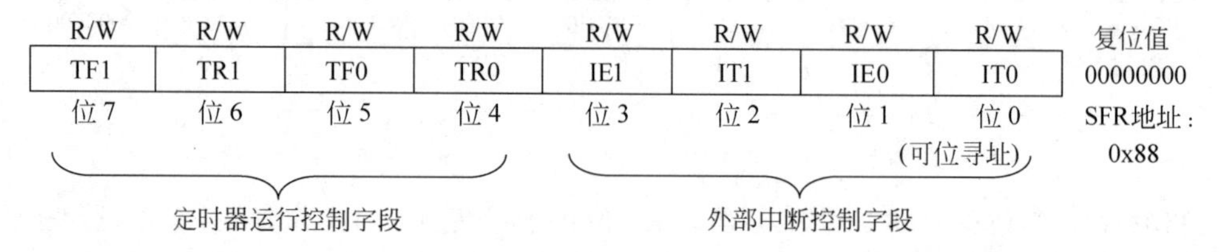


1) TR*n*：定时器 T0 和 T1 运行控制位

TR*n* 由软件置位和复位。当门控位 GATE*n* 为 0 时，T0(T1)的计数仅由 TR0(TR1)控制，TR0(TR1)为 1 时允许 T0(T1)计数，TR0(TR1)为 0 时禁止 T0(T1)计数；门控位 GATE*n* 为 1 时，仅当 TR0(TR1)等于 1 且在 $\overline{\text{INT0}}$($\overline{\text{INT1}}$)引脚上输入高电平时 T0(T1)才开始计数，TR0(TR1)为 0 或在 $\overline{\text{INT0}}$($\overline{\text{INT1}}$)引脚上输入低电平都将禁止 T0(T1)计数。

2) TF*n*：定时器 T0 和 T1 溢出标志位

定时器 T0(T1)启动以后，从初始值开始加 1 计数，当最高位产生溢出(从全 1 再加 1 变为全 0)时，硬件自动将 TF0(TF1)置 1。TF0(TF1)可以由程序查询和复位，同时 TF0(TF1)也是中断请求源，当 CPU 响应 T0(T1)中断时，TF0(TF1)可由硬件自动清 0。

3) IE*n*：外部中断 0($\overline{\text{INT0}}$)和外部中断 1($\overline{\text{INT1}}$)的中断标志位

当检测到外部中断 0 或 1 的中断请求时，该位由硬件自动置位。CPU 响应中断后该标志可自动清0。

4) IT$n$：外部中断0($\overline{\text{INT0}}$)和外部中断1($\overline{\text{INT1}}$)的触发方式选择位

外部中断0和外部中断1有低电平和下降沿两种触发方式，由该位设定。

IT$n$=0，低电平触发。

IT$n$=1，下降沿触发。

**3. T0和T1的交叉开关配置**

对于定时器T0，若需使用引脚$\overline{\text{INT0}}$和T0，则应将交叉开关寄存器XBR1中的INT0E(XBR1.2)和T0E(XBR1.1)置1，使确定的I/O引脚连到$\overline{\text{INT0}}$和T0；同时使交叉开关寄存器XBR2中的XBARE(XBR2.6)置1，以允许交叉开关，如图4-2(a)所示。

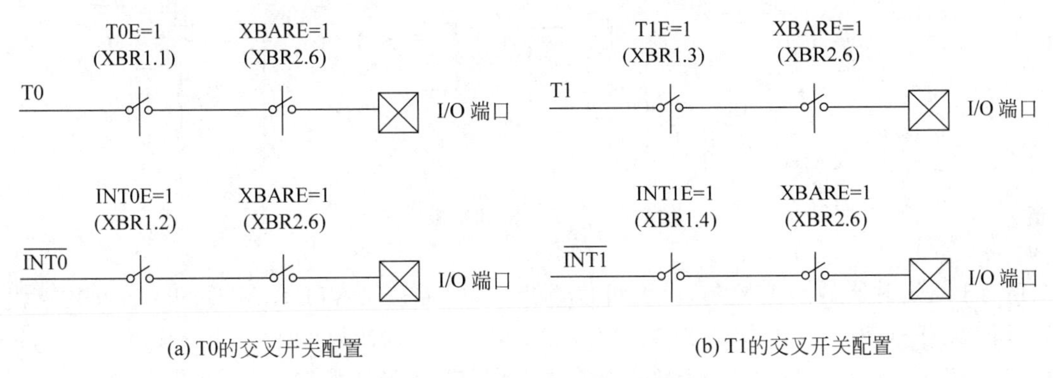

(a) T0的交叉开关配置　　(b) T1的交叉开关配置

图4-2　T0和T1的交叉开关配置

对于定时器T1，若需使用引脚$\overline{\text{INT1}}$和T1，则应将交叉开关寄存器XBR1中的INT1E(XBR1.4)和T1E(XBR1.3)置1，使确定的I/O引脚连到$\overline{\text{INT1}}$和T1；同时使交叉开关寄存器XBR2中的XBARE(XBR2.6)置1，以允许交叉开关，如图4-2(b)所示。

至于$\overline{\text{INT0}}$、T0、$\overline{\text{INT1}}$和T1到底连到哪一个I/O端口引脚，取决于整个系统中使用了哪些数字外设以及所使用的数字外设的优先级。

**4. T0和T1的工作方式和计数器结构**

由上可知，特殊功能寄存器TMOD中的T$n$M1、T$n$M0有4种组合，从而构成定时器/计数器T0和T1的4种工作方式(T1无方式3)。不同工作方式的计数器结构各不相同，功能上也有差别，下面以T0为例说明各种工作方式的结构和工作原理。

1) 方式0

定时器T0方式0的结构框图如图4-3所示。方式0为13位的计数器，由TL0的低5位和TH0组成，TL0低5位计数溢出时向TH0进位，TH0计数溢出时，将溢出标志TF0置1。

图4-3中有两个二选一的多路选择器。第一个多路选择器用于选择定时方式的计数源，其地址选择端由时钟控制寄存器CKCON的T0M位控制，当T0M=0时，选择系统时钟SYSCLK的12分频作为计数源；当T0M=1时，直接用系统时钟SYSCLK作为计数源。第二个多路选择器用于选择计数器的工作模式，其地址选择端由TMOD的C/T0位控制，当C/T0=0时，系统时钟或其12分频信号进入计数器，因此是定时工作模式；当C/T0=1时，外部信号从T0引脚输入到计数器，因此是计数工作模式。图4-3中的与门和或门逻辑

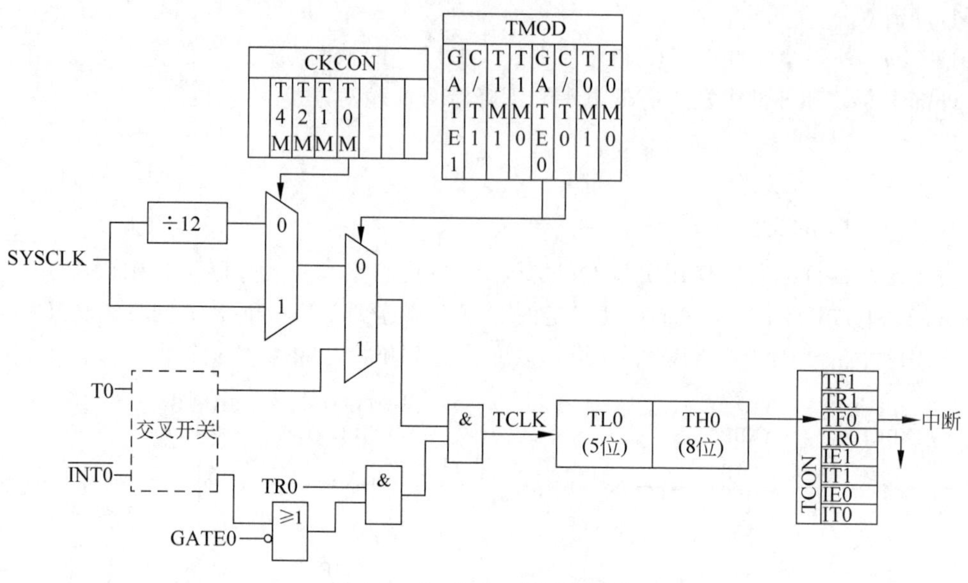


图 4-3　T0 方式 0 的结构框图

电路用于对定时器的启停控制，由图可以看出，当门控位 GATE0＝0 时，T0 的计数仅由 TR0 控制，TR0 为 1 时允许 T0 计数，TR0 为 0 时禁止 T0 计数；门控位 GATE0＝1 时，仅当 TR0 等于 1 且在 $\overline{\text{INT0}}$ 引脚上输入为高电平时 T0 才能计数，TR0 为 0 或在 $\overline{\text{INT0}}$ 引脚上输入低电平都将禁止 T0 计数。

若 T0 工作于方式 0 的定时器模式，计数初值为 $a$，则 T0 从初值 $a$ 加 1 计数至溢出所需的时间为：

$$T=\frac{12^{1-\text{T0M}}}{f_{\text{osc}}}\times(2^{13}-a)\ \mu\text{s}$$

式中，$f_{\text{osc}}$ 为系统时钟频率，T0M 为 T0 的时钟选择位。如果 $f_{\text{osc}}=12\text{MHz}$，则 T0M＝0 时，$T=(2^{13}-a)\mu\text{s}$；T0M＝1 时，$T=(2^{13}-a)/12\mu\text{s}$。

2）方式 1

方式 1 和方式 0 的差别仅仅在于计数器的位数不同，方式 1 为 16 位的定时器/计数器。T0 工作于方式 1 时，由 TH0 作为高 8 位，TL0 作为低 8 位，构成一个 16 位计数器。若 T0 工作于方式 1 定时，计数初值为 $a$，$f_{\text{osc}}=12\text{MHz}$，则 T0 从计数初值加 1 计数到溢出的定时时间为：T0M＝0 时，$T=(2^{16}-a)\mu\text{s}$；T0M＝1 时，$T=(2^{16}-a)/12\mu\text{s}$。

3）方式 2

方式 2 为自动重装初值的 8 位计数器方式，其结构框图如图 4-4 所示。

TL0 作为 8 位计数器对计数脉冲源进行计数，TH0 作为计数初值寄存器存放开始计数时的初始值。由图 4-4 可以看出，当 TL0 计数溢出时，一方面将溢出标志位 TF0 置 1，向 CPU 请求中断，同时将 TH0 的内容再次送入 TL0，使 TL0 从初始值开始重新加 1 计数，这个过程称为重载。可见，方式 2 适用于需要重复定时或计数的场合，且定时和计数的精度较高。T0 工作于方式 2 的定时时，虽然定时精度较高，但定时时间较短。T0 工作于方式 2 的定时时间可用下式计算：

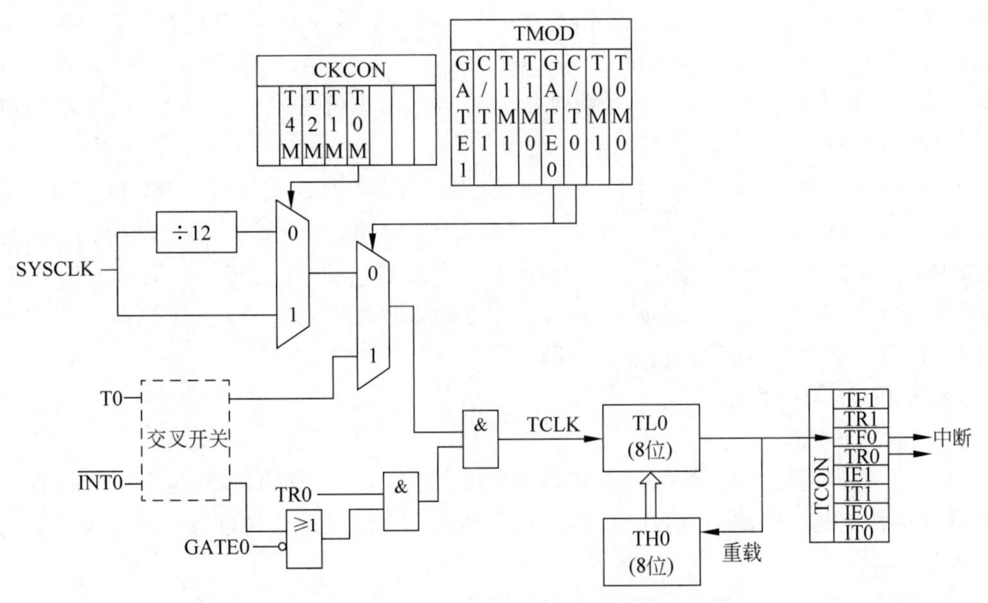


图 4-4　T0 方式 2 的结构框图

$$T=\frac{12^{1-\mathrm{T0M}}}{f_{\mathrm{osc}}}\times(2^{8}-a)\,\mu\mathrm{s}$$

4）方式 3

方式 3 只适用于 T0，若将 T1 设置为方式 3，则 T1 自动停止计数。T0 方式 3 的结构框图如图 4-5 所示。

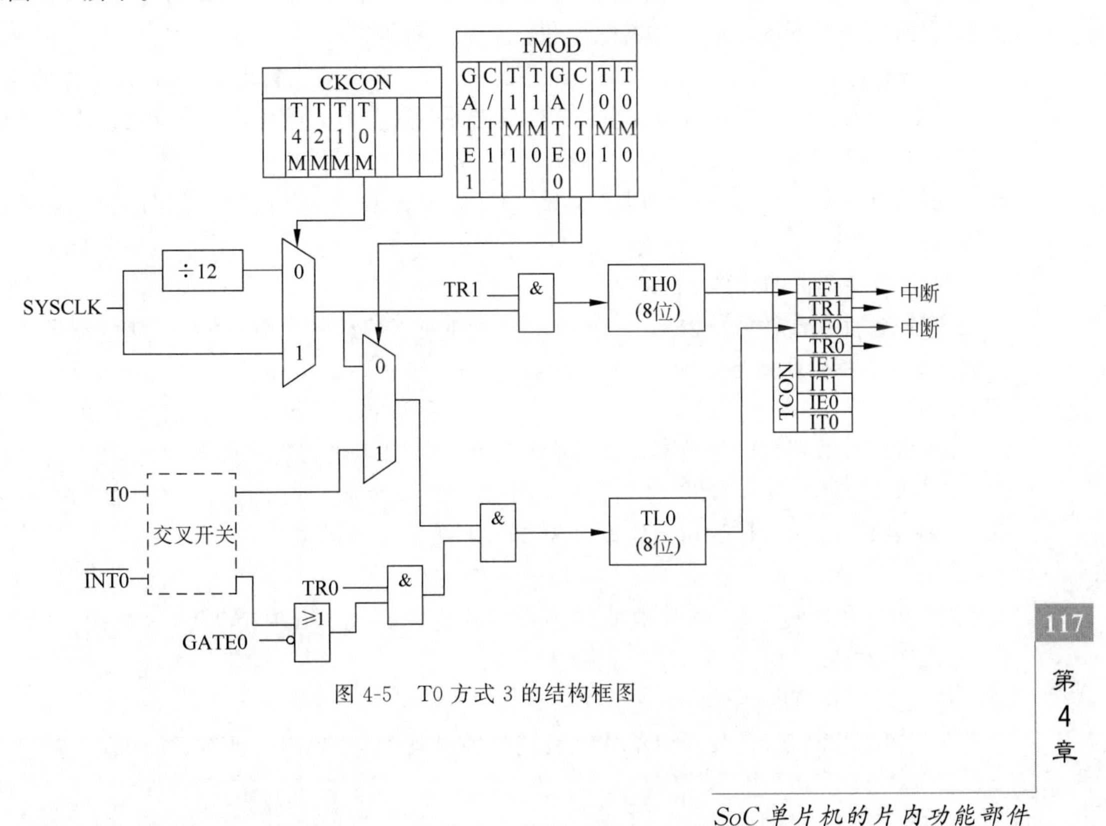


图 4-5　T0 方式 3 的结构框图

由图 4-5 可以看出,工作于方式 3 时,T0 被分成两个独立的 8 位计数器 TL0 和 TH0。TL0 使用原 T0 的所有状态控制位 GATE0、TR0、TF0 以及引脚 $\overline{\text{INT0}}$ 和 T0,TL0 可以作为 8 位定时器或计数器使用,TL0 计数溢出时将溢出标志位 TF0 置 1,TL0 的计数初值必须由软件每次设定。

TH0 被固定为一个 8 位定时器方式,并使用原 T1 的状态控制位 TR1 和 TF1。TR1 为 1 时,允许 TH0 计数,当 TH0 计数溢出时将溢出标志位 TF1 置 1。一般情况下,只有当 T1 用于串行口的波特率发生器时(此时不需要溢出中断),T0 才在需要时选择工作方式 3,以增加一个计数器。这时 T1 的运行由其工作方式来控制,方式 3 停止计数,方式 0~2 允许计数,计数溢出时并不将溢出标志位 TF1 置 1。

**5. T0 和 T1 的初始化**

1) 初始化步骤

C8051F 的内部定时器/计数器都是可编程的,其工作方式和工作过程均可通过程序对其进行设定和控制。因此,在启动定时器/计数器工作之前必须对它进行初始化编程。初始化步骤如下:

(1) 根据设计要求先给定时器方式寄存器 TMOD 送一个方式控制字,以设定定时器/计数器相应的工作方式。

(2) 若(1)中将定时器设置为定时方式,则需要设置时钟控制寄存器 CKCON,以确定定时方式时选择系统时钟还是系统时钟的 12 分频作为计数源;否则直接进入第(3)步。

(3) 根据实际需要给定时器/计数器选送定时器初值或计数器初值,以确定需要定时的时间或想要达到的计数次数。

(4) 根据需要给中断允许寄存器 IE 选送中断控制字和中断优先级寄存器 IP 选送中断优先级控制字,以开放相应定时器中断和设定其中断优先级。

(5) 给定时器控制寄存器 TCON 送控制命令字,以启动或禁止定时器/计数器的运行。

以上是对定时器/计数器 T0 和 T1 初始化的一般步骤,实际应用中可根据需要跳过某些步骤,如不用中断方式时,就可以省略步骤(4)。另外步骤(1)~(4)也不一定严格按顺序进行,但为保证定时/计数的准确性,步骤(5)一般放在最后,即等其他工作都做完后再启动计数。

2) 计数器初值的计算

定时器/计数器在计数模式下工作时,为达到要求的计数次数,必须给计数器送入一个计数初始值,否则计数器将从 0 开始计数。计数器初始值应送入到 TH0(TH1)和 TL0(TL1)中。

定时器/计数器中的计数器是在计数初始值的基础上进行加 1 计数的,并能在计数器从全 1 再加 1 变为全 0 时自动产生定时溢出中断请求。因此,可以把计数器计满为 0 所需要的计数次数设定为 $C$,计数初始值设定为 TC,由此便可得到如下的计算通式:

$$\mathrm{TC} = 2^{N} - C$$

式中,$N$ 为计数器的位数,与计数器的工作方式有关。方式 0 时 $N$ 为 13,方式 1 时 $N$ 为 16,方式 2 和方式 3 时 $N$ 为 8。

3) 定时器初值的计算

在定时器模式下,计数器对单片机系统时钟或其 12 分频进行计数。因此,定时器定时时间 T 的计算公式为：

$$T=(2^N-\mathrm{TC})\times T_{计数}$$

一般都是知道定时时间，需要计算定时初值，因此可把上式改写成：

$$\mathrm{TC}=2^N-T/T_{计数}$$

由前可知，在定时器模式下，是否需要对系统时钟 $f_{osc}$ 进行 12 分频由 T0M 决定，T0M 为 0 时，进行 12 分频计数；T0M 为 1 时，对系统时钟直接进行计数。所以有：

$$T_{计数}=\frac{12^{1-\mathrm{T0M}}}{f_{osc}}$$

所以：

$$\mathrm{TC}=2^N-\frac{T}{12^{1-\mathrm{T0M}}}\times f_{osc}$$

式中，$N$ 为计数器的位数，和定时器的工作方式有关；$T$ 为所要达到的定时时间；$f_{osc}$ 为系统时钟频率；TC 为定时器的定时初值。

由上式可见当 TC=0 时，定时器可以达到最大定时时间。由于 $N$ 的值和定时器的工作方式有关，因此不同工作方式下定时器的最大定时时间也不一样。例如，设时钟频率 $f_{osc}$ 为 12MHz，T0M 为 0，则 T0 的最大定时时间为：

方式 0：$T_{max}=2^{13}\times 1\mu s=8.192ms$

方式 1：$T_{max}=2^{16}\times 1\mu s=65.536ms$

方式 2 和方式 3：$T_{max}=2^{8}\times 1\mu s=0.256ms$

**6. T0 和 T1 的应用举例**

**例 4.1** 若 C8051F020 的系统时钟频率 $f_{osc}$ 为 12MHz，请分别计算 T0M=0 和 T0M=1 两种情况下，T0 定时 2ms 所需的定时器初值，并给出定时器 T0 的初始化程序。

(1) T0M=0 时，由于系统时钟为 12MHz，使用系统时钟的 12 分频作为计数源时，方式 2 和方式 3 的最大定时时间只有 0.256ms，因此要想获得 2ms 的定时时间，定时器必须工作在方式 0 或方式 1。

若采用方式 0，则根据上面的公式可得定时器初值为：

$$\mathrm{TC}=2^{13}-2ms/1\mu s=6192=1830\mathrm{H}=0001100000110000\mathrm{B}$$

考虑到 T0 在方式 0 时为 13 为定时器/计数器，由 TL0 的低 5 位和 TH0 组成，所以将上述数据的低 5 位给 TL0(简单起见，可以把 TL0 的高 3 位都当成 0)，再往上的 8 位给 TH0，即：TH0=0C1H，TL0=10H。

若采用方式 1，则根据公式可得定时器初值为：

$$\mathrm{TC}=2^{16}-2ms/1\mu s=63\,536=\mathrm{F830H}$$

即，TH0=0F8H，TL0=30H。

(2) T0M=1 时，直接对系统时钟进行计数，所以各方式下的最大定时时间应为 T0M=0 时的 1/12，要达到 2ms 的定时时间，只能使用方式 1。根据公式可算出此时的定时器初值为：

$$\mathrm{TC}=2^{16}-2ms\times 12MHz=2^{16}-2\times 12\times 10^{3}=41\,536=\mathrm{A240H}$$

即，TH0=0A2H，TL0=40H。

下面给出 T0 工作在方式 1 定时模式，T0M=0 时的初始化程序。

```
void T0_mode1_2ms_init(void)
{
    CKCON& = 0xf7;              //T0M = 0
    TMOD = 0x01;                //定时器 0,方式 1
    TH0 = 0xf8;                 //定时初值
    TL0 = 0x30;
    TCON| = 0x10;               //启动定时器 0
}
```

程序中的第一句和最后一句使用与运算和或运算,而没有直接使用赋值语句的目的是使本操作不影响其他定时器的工作。因为 TCON 可以位寻址,因此最后一句也可以用 TR0=1 代替。

上述方法是将定时器的定时初值先手工计算好,再在初始化程序中进行赋值,实际上初值的计算工作也可以交由计算机完成,本例中给定时器赋初值的语句也可以采用如下方法:

```
TH0 = (65536 - 2000)/256;
TL0 = (65536 - 2000) % 256;
```

或

```
TH0 = - 2000/256;
TL0 = - 2000 % 256;
```

这样将初值的计算交给编译程序进行,既可以省去手工初值计算的麻烦,又可以使初值很精确。语句中"/256"是为了取结果的高 8 位,"%256"是为了取结果的低 8 位。另外,因为整型数据只占 2 字节,所以无符号整型的取值范围为 0~65 535,因此 65 536 是溢出的,相当于 0,所以 65 536-2000 可直接用-2000 代替。

**例 4.2** 假设时钟频率 $f_{osc}=12\text{MHz}$,T1 工作于方式 1,产生 50ms 的定时中断,TF1 为高级中断源。试编写主程序和中断服务程序,使 P1.0 产生周期为 1s 的方波。

要在 P1.0 上产生周期为 1s 的方波,让 P1.0 周期性地每隔 500ms 取反一次即可实现。500ms 的定时时间可以由定时器实现,但由前可知,定时器的单次定时时间不可能达到 500ms,但可以让定时器多次定时以产生 500ms 的定时时间,如让定时器工作在方式 1,单次定时时间为 50ms,那么定时器中断 10 次就是 500ms 的时间。

(1) 确定定时初值。

要使定时时间达到 50ms,就必须使 T1M=0,即使用系统时钟的 12 分频作为计数源,则计数周期

$$T_{计数}=12/时钟频率=12/(12\times10^6)=1\mu s$$

由前面的公式 $TC=2^N-T/T_{计数}$,可计算出初值 $TC=2^{16}-50\times10^3=15\ 536=$ 3CB0H,即 TH1=0x3c,TL1=0xb0。

(2) 初始化程序。

初始化程序包括对定时器的初始化、对中断系统的初始化和对 I/O 端口的初始化,主要是对特殊功能寄存器 CKCON、TCON、TMOD、IE、IP 和 XBR2 的相应位进行正确的设置,并将时间常数送入定时器中。本例中将初始化操作放在主程序中完成,当程序规模较大时,应编写单独的初始化程序,以利于程序的模块化设计。

(3) 定时器中断服务程序。

中断服务程序除了完成产生要求的方波这一工作之外,还要注意将定时初值重新送入定时器中,为产生下一次中断做准备。

程序清单如下:

```
//主程序
#include <c8051f020.h>
sbit P1_0 = P1^0;
int count = 10;                 //10 次 T1 中断为 500ms
void main(void)
{
   WDTCN = 0xde;                //关看门狗定时器
   WDTCN = 0xad;
   XBR2 = 0x40;                 //使能端口输出
   CKCON& = 0xef;               //T1M = 0,对系统时钟进行 12 分频计数
   TMOD = 0x10;                 //T1 方式 1
   P1_0 = 0;
   TH1 = 0x3c;                  //T1 初值
   TL1 = 0xb0;
   IE| = 0x88;                  //允许 T1 中断
   IP| = 0x08;                  //TF1 中断为高优先级中断
   TCON| = 0x40;                //启动 T1
   while(1);                    //死循环,等待中断,产生方波
}
//中断服务程序
void Timer1_ISR (void) interrupt 3
{
   TH1 = 0x3c;                  //重装初值
   TL1| = 0xb0;
   count -- ;                   //中断计数
   if (count == 0)              //500ms 到,重赋计数变量初值,P1.0 取反
     {
       count = 10;
       P1_0 = !P1_0;
     }
}
```

主程序中首先关闭看门狗电路,否则看门狗定时时间一到就会引起系统重启,使变量 count 重新赋值为 10,无法实现预定功能。

中断服务程序中用语句 TL1|=0xb0 而没有直接用 TL1=0xb0 给 TL1 重赋初值,是因为 CPU 响应中断之前 T1 已经从 0 开始计数,CPU 响应中断时再从初值开始计数,这样会使定时产生误差,采用 TL1|=0xb0 赋值可以减小误差。

该例题也可以用查询方式实现,下面给出查询方式的程序,以拓宽读者思路。

```
# include <c8051f020.h>
sbit P1_0 =  P1^0;
void main(void)
{
   int count = 10;              //10 次 T1 中断为 500ms
```

```
    WDTCN = 0xde;                //关看门狗定时器
    WDTCN = 0xad;
    XBR2 = 0x40;                 //使能端口输出
    CKCON& = 0xef;               //T1M = 0,对系统时钟进行 12 分频计数
    TMOD = 0x10;                 //T1 方式 1
    P1_0 = 0;
    TR1 = 1;                     //启动 T1
    for(; ;)                     //死循环,产生方波
    {
        TH1 = - 50000/256;       //T1 初值
        TL1 = - 50000 % 256;
        do {} while(!TF1);       //查询等待 TF1 置位
        TF1 = 0;
        count -- ;
        if (count == 0)
        {
            count = 10;
            P1_0 = !P1_0;
        }
    }
}
```

### 4.1.3 定时器/计数器 T2 和 T4

定时器/计数器 T2 和 T4 的功能与结构基本相同,唯一的区别是在用作波特率发生器使用时,T2 用作 UART0 的波特率发生器,而 T4 用作 UART1 的波特率发生器。定时器/计数器 T2 和 T4 相关的特殊功能寄存器如表 4-4 所示。本节以定时器/计数器 T2 为例介绍它们的结构和功能。

表 4-4 定时器/计数器 T2 和 T4 的特殊功能寄存器

| 特殊功能寄存器 | 符 号 | 地 址 | 寻址方式 | 复位值 |
|---|---|---|---|---|
| 定时器 T2 控制寄存器 | T2CON | 0xC8 | 字节、位 | 0x00 |
| 定时器 T2 重装/捕捉寄存器低字节 | RCAP2L | 0xCA | 字节 | 0x00 |
| 定时器 T2 重装/捕捉寄存器高字节 | RCAP2H | 0xCB | 字节 | 0x00 |
| 定时器 T2 低字节 | TL2 | 0xCC | 字节 | 0x00 |
| 定时器 T2 高字节 | TH2 | 0xCD | 字节 | 0x00 |
| 定时器 T4 控制寄存器 | T4CON | 0xC9 | 字节 | 0x00 |
| 定时器 T4 重装/捕捉寄存器低字节 | RCAP4L | 0xE4 | 字节 | 0x00 |
| 定时器 T4 重装/捕捉寄存器高字节 | RCAP4H | 0xE5 | 字节 | 0x00 |
| 定时器 T4 低字节 | TL4 | 0xF4 | 字节 | 0x00 |
| 定时器 T4 高字节 | TH4 | 0xF5 | 字节 | 0x00 |

定时器/计数器 T2 是一个 16 位的定时器/计数器,由两个 8 位的 SFR 组成: TL2(低字节)和 TH2(高字节)。与 T0 和 T1 一样,它既可以使用系统时钟也可以使用一个外部输入引脚(T2)上的状态变化作为时钟源。定时器/计数器选择位 C/T2(T2 控制寄存器的第 1 位,即 T2CON.1)用于选择 T2 的时钟源。C/T2=0 时,选择系统时钟作为定时器的输入

(由 CKCON 中的定时器时钟选择位 T2M 进一步指定不分频或 12 分频)。C/T2=1 时,T2 输入引脚上的负跳变使计数器加 1。T2 还可以用于启动 ADC 数据转换和触发 DAC 的输出更新,T4 还可以用于触发 DAC 的输出更新。

T2 和 T4 提供了 T0 和 T1 所没有的功能。它们有 3 种工作方式:自动重装载的 16 位定时器/计数器方式、带捕捉的 16 位定时器/计数器方式和波特率发生器方式。通过设置定时器控制寄存器 T2CON 和 T4CON 中的配置位来选择 T2 和 T4 的工作方式。下面以 T2 为例,先介绍定时器 2 控制寄存器 T2CON,然后介绍定时器 2 的工作方式等。

**1. 定时器 2 控制寄存器 T2CON**

定时器 2 控制寄存器 T2CON 用于设置定时器 2 的工作方式、控制计数器工作以及保存计数器的工作状态。该寄存器可以位寻址,格式如下:

| R/W | R/W | R/W | R/W | R/W | R/W | R/W | R/W | 复位值 |
|---|---|---|---|---|---|---|---|---|
| TF2 | EXF2 | RCLK0 | TCLK0 | EXEN2 | TR2 | C/T2 | CP/RL2 | 00000000 |
| 位 7 | 位 6 | 位 5 | 位 4 | 位 3 | 位 2 | 位 1 | 位 0<br>(可位寻址) | SFR地址:<br>0xC8 |

其中,各位的含义如下:

位 7(TF2)——T2 溢出标志位。当 T2 溢出时由硬件置位。当允许 T2 中断时,该位置 1 会使 CPU 转向 T2 的中断服务程序。

**注意**:该位不能由硬件自动清 0,必须用软件清 0。当 RCLK0(位 5)或 TCLK0(位 4)为逻辑 1 时(波特率发生器方式),T2 溢出时不会将 TF2 置 1。

位 6(EXF2)——T2 外部中断标志位。当 EXEN2(位 3)为 1,并且 T2EX 输入引脚上发生负跳变时,硬件自动将该位置 1。在允许 T2 中断时,该位置 1 会使 CPU 转向 T2 的中断服务程序。

**注意**:该位不能由硬件自动清 0,必须用软件清 0。

位 5(RCLK0)——UART0 接收时钟选择位。选择 UART0 工作在方式 1 或方式 3 时,接收时钟使用的定时器。

0:T1 溢出作为接收时钟。

1:T2 溢出作为接收时钟。

位 4(TCLK0)——UART0 发送时钟选择位。选择 UART0 工作在方式 1 或方式 3 时,发送时钟使用的定时器。

0:T1 溢出作为发送时钟。

1:T2 溢出作为发送时钟。

位 3(EXEN2)——T2 外部中断允许控制位。当 T2 工作在波特率发生器以外的方式时,此位还用于控制是否允许 T2EX 引脚上的负跳变触发捕捉或自动重装载。

0:忽略 T2EX 引脚上的负跳变。

1:T2EX 引脚上的负跳变触发捕捉或自动重装载,并置位 EXF2。

位 2(TR2)——T2 运行控制位。该位用于 T2 的运行控制。

0:停止 T2 计数。

1:启动 T2 计数。

位 1(C/T2)——定时器/计数器工作模式选择位。

0：定时器模式，T2对由T2M(CKCON.5)定义的时钟进行加1计数。

1：计数器模式，T2对外部输入引脚T2上的负跳变进行加1计数。

位0(CP/RL2)——捕捉/自动重装载方式选择位。该位用于选择T2工作在捕捉方式还是自动重装载方式。只有当EXEN2为1时才能识别T2EX引脚上的负跳变并触发捕捉或自动重载。当RCLK0或TCLK0为1时，该位将被忽略，T2工作在自动重装载方式。

0：自动重装载方式。当T2溢出或T2EX引脚上发生负跳变时，自动进行初值的重装载。

1：捕捉方式。T2EX引脚上的负跳变触发对当前计数值的捕捉。

**注意**：*该位只有在EXEN2=1时才有效。*

为便于读者查阅，下面列出T4控制寄存器T4CON的格式，各位的含义与T2CON相同，此处不再赘述，但要注意T4CON不能进行位寻址。

| R/W | R/W | R/W | R/W | R/W | R/W | R/W | R/W | 复位值 |
|---|---|---|---|---|---|---|---|---|
| TF4 | EXF4 | RCLK1 | TCLK1 | EXEN4 | TR4 | C/T4 | CP/RL4 | 00000000 |
| 位7 | 位6 | 位5 | 位4 | 位3 | 位2 | 位1 | 位0 | SFR地址：0xC9 |

**2. 定时器2的交叉开关配置**

对于定时器2，若需使用引脚T2和T2EX，则应使交叉开关寄存器XBR1中的T2E(XBR1.5)和T2EXE(XBR1.6)置1；同时使交叉开关寄存器XBR2中的XBARE(XBR2.6)置1，使T2和T2EX连到确定的I/O端口，如图4-6所示。至于T2和T2EX到底连到哪个I/O端口，则取决于整个系统中使用了哪些数字外设以及所使用的数字外设的优先级。

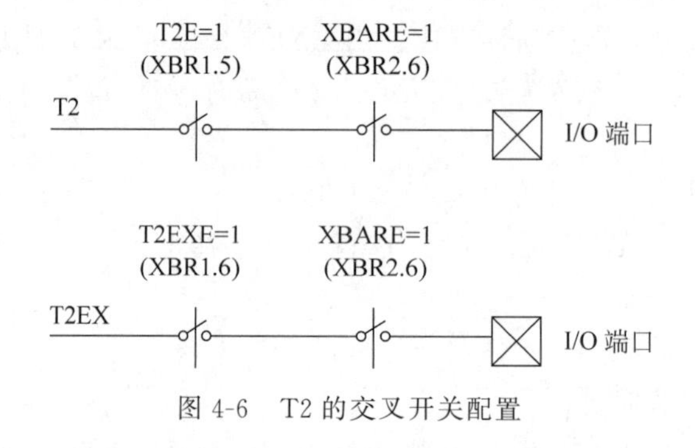


图4-6　T2的交叉开关配置

**3. 定时器2的工作方式和计数器结构**

T2有3种工作方式：自动重装载的16位定时器/计数器方式、带捕捉的16位定时器/计数器方式和波特率发生器方式。T2的工作方式由特殊功能寄存器T2CON的RCLK0、TCLK0和CP/RL2位控制，对应关系如表4-5所示。

表4-5　定时器/计数器T2的工作方式

| RCLK0 | TCLK0 | CP/RL2 | 工作方式 | 说　明 |
|---|---|---|---|---|
| 0 | 0 | 0 | 方式0 | 自动重装载的16位定时器/计数器方式 |
| 0 | 0 | 1 | 方式1 | 带捕捉的16位定时器/计数器方式 |
| 0 | 1 | × | 方式2 | UART0的发送波特率发生器方式 |
| 1 | 0 | × | | UART0的接收波特率发生器方式 |
| 1 | 1 | × | | UART0的接收和发送波特率发生器方式 |

1）方式 0：自动重装载的 16 位定时器/计数器方式

当 RCLK0＝0、TCLK0＝0、CP/RL2＝0 时，T2 工作在自动重装载的 16 位定时器/计数器方式，该方式的原理框图如图 4-7 所示。

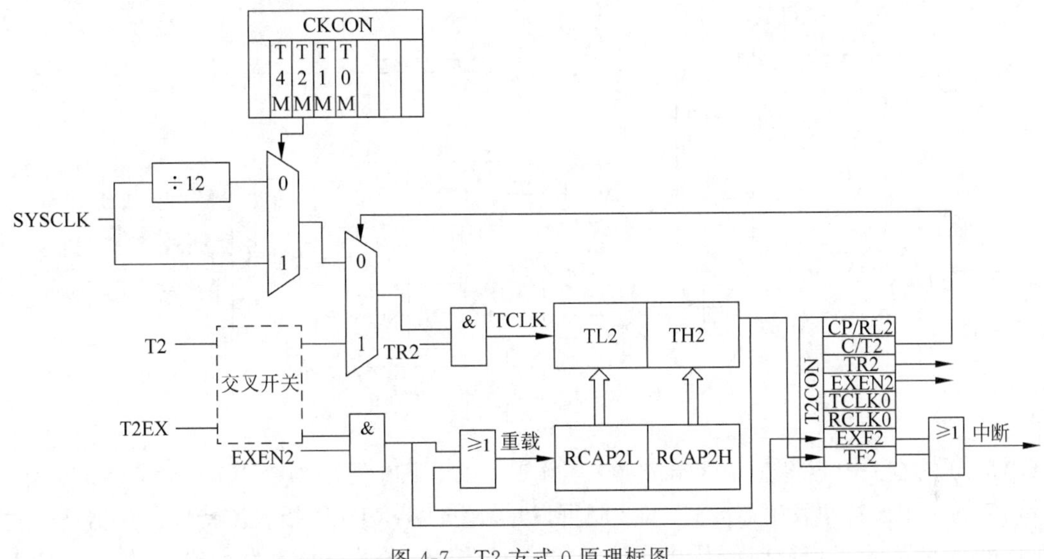


图 4-7　T2 方式 0 原理框图

由原理图可知，该方式下 T2 可以使用 SYSCLK、SYSCLK/12 或 T2 输入引脚上的负跳变作为计数时钟源。TH2(高位)和 TL2(低位)一起构成 16 位加 1 计数器，RCAP2H(高位)和 RCAP2L(低位)一起构成 16 位重装寄存器，存放计数初值。当 T2 溢出或 T2EX 引脚上有负跳变且 EXEN2＝1 时，则自动触发重装，将 RCAP2H 和 RCAP2L 中预置的初值重新装入 TH2 和 TL2，使 T2 重新开始计数，并将 T2 溢出中断标志位置 TF2 置 1。如果初值重装是由 T2EX 引脚上的负跳变引起的，同时还要将 T2 外部中断标志位 EXF2 置 1，并向 CPU 申请中断。如果 EXEN2＝0，将忽略 T2EX 引脚上的负跳变，只有当 T2 溢出时才重装载初值并向 CPU 申请中断。

2）方式 1：带捕捉的 16 位定时器/计数器方式

当 RCLK0＝0、TCLK0＝0、CP/RL2＝1 时，T2 工作在带捕捉的 16 位定时器/计数器方式，该方式的原理框图如图 4-8 所示。

与方式 0 类似，T2 可以使用 SYSCLK、SYSCLK/12 或 T2 输入引脚上的负跳变作为计数时钟源。与方式 0 不同的是，RCAP2H 和 RCAP2L 作为 16 位捕捉寄存器，用于保存捕捉到的当前计数值(TH2 和 TL2 中的值)。

该方式中，EXEN2＝0 时，RCAP2H 和 PCAP2L 不起作用，此时 T2 与 T1、T0 的方式 1 完全相同，即 C/T2＝0 时为 16 位定时器方式，C/T2＝1 时为 16 位计数器方式，计满溢出时 TF2＝1，并发送中断请求信号。T2 的初值必须由程序重新设定。EXEN2＝1 时为允许捕捉方式，T2EX 引脚上的负跳变将触发 TH2 和 TL2 中的当前计数值装入 RCAP2H 和 RCAP2L 中，此即捕捉。同时将 T2 外部中断标志位 EXF2 置 1，并发出中断请求。

3）方式 2：波特率发生器方式

当 UART0 工作于方式 1 或方式 3 时，T1 或 T2 都可以用作 UART0 的波特率发生器

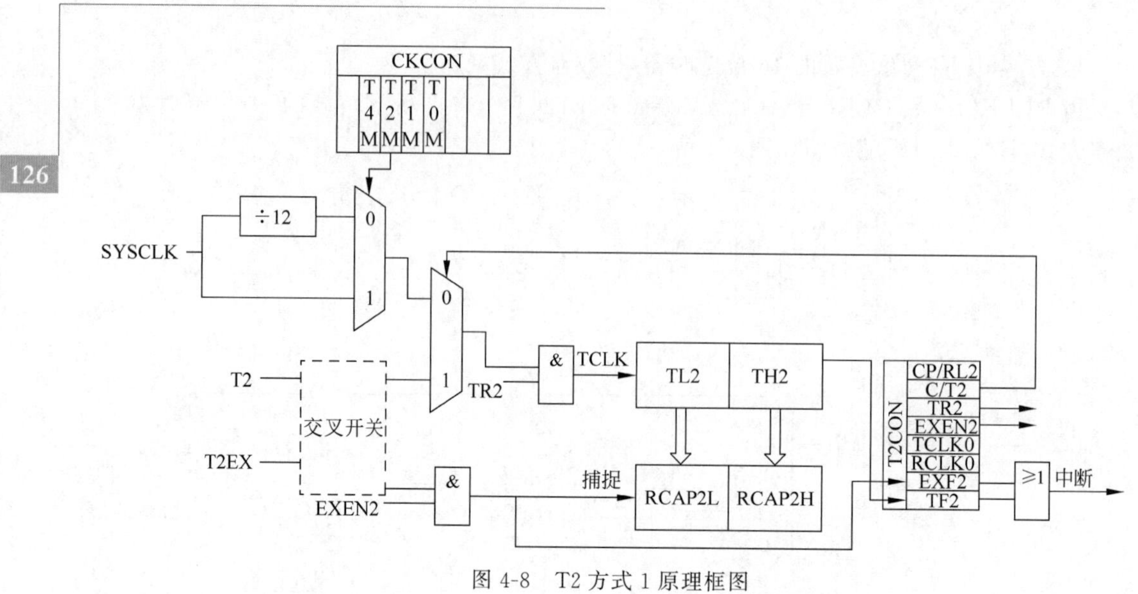


图 4-8　T2 方式 1 原理框图

(UART0 的有关内容将在 4.3 节介绍)。当 T2CON 寄存器中的 RCLK0 或 TCLK0 为 1 时,T2 工作于波特率发生器方式。T2 既可以单独作 UART0 的接收波特率发生器或发送波特率发生器,也可以同时既作接收波特率发生器又作发送波特率发生器,具体由 RCLK 和 TCLK 的值决定。方式 2 的原理框图如图 4-9 所示。

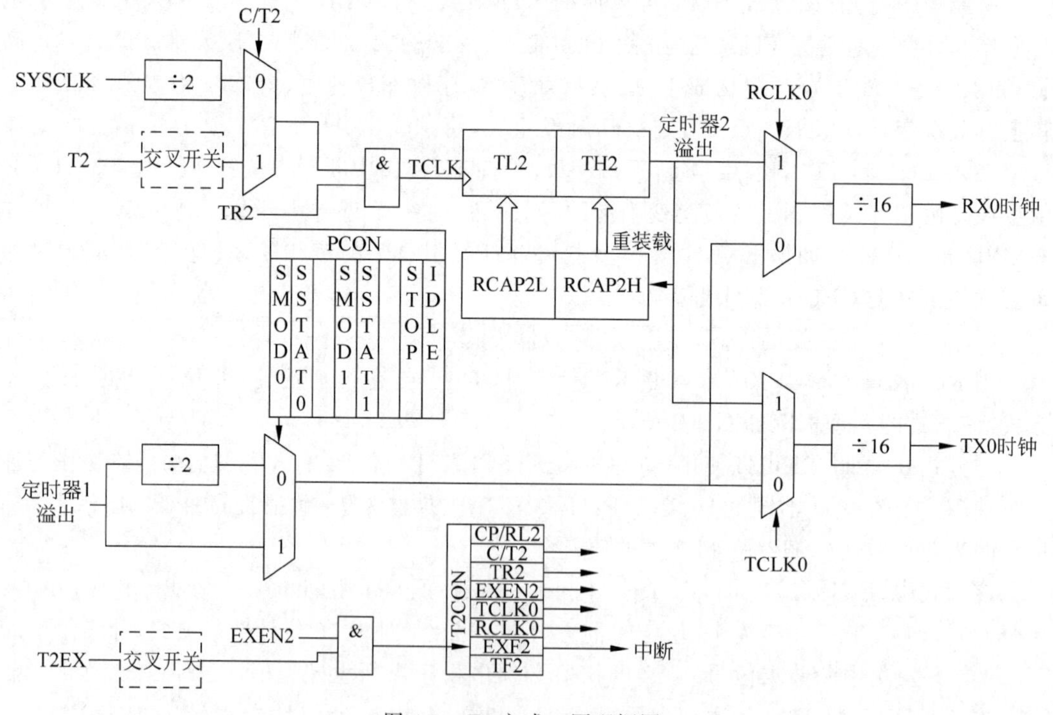


图 4-9　T2 方式 2 原理框图

T2 的波特率发生器方式与自动重装载方式相似。在溢出时,两个重装载寄存器 RCAP2H 和 RCAP2L 中的 16 位计数初值被自动装入计数器/定时器寄存器,但是不将溢出标志位 TF2 置 1，故不产生中断请求。溢出事件经 16 分频以后用作 UART0 的移位时钟脉冲。

工作在该方式时，T2 的计数源可以是系统时钟的 2 分频，也可以是外部引脚 T2 上的输入，这取决于 C/T2 的设置。当选择系统时钟的 2 分频作计数源时，T2 为 UART0 提供的波特率可以用如下公式计算：

$$波特率=\frac{\text{SYSCLK}}{32\times(65\,536-[\text{RCAP2H:RCAP2L}])}$$

式中，分母中乘以 32 是因为先对系统时钟进行 2 分频，又对溢出信号进行 16 分频。

当选择外部引脚 T2 上的输入作为计数源时，T2 为 UART0 提供的波特率可以用如下公式计算：

$$波特率=\frac{f_{\text{CLK}}}{16\times(65\,536-[\text{RCAP2H:RCAP2L}])}$$

其中，$f_{\text{CLK}}$ 为加在 T2 引脚上信号的频率，而[RCAP2H:RCAP2L]为重装寄存器中的 16 位初始值。

如前所述，T2 工作在波特率发生器方式时不能置位 T2 溢出标志 TF2，因而也不能产生中断。但是，从图 4-9 可以看出，如果 EXEN2＝1，则 T2EX 输入引脚上的负跳变将置位 EXF2 标志，并产生一个定时器 T2 中断(如果允许中断的话)。因此，T2EX 输入引脚可以当作额外的外部中断源使用。

定时器 T2 作为波特率发生器的应用将在 4.3 节的串行通信编程举例中给出，T2 其他方式的应用与 T0、T1 类似，作为练习，请读者将本节的例 4.2 用 T2 实现。

### 4.1.4 定时器 T3

**1. 定时器 T3 的结构**

定时器/计数器 T3 是一个 16 位的定时器/计数器，由两个 8 位的 SFR 组成：TMR3L(低字节)和 TMR3H(高字节)。T3 的时钟输入可以通过程序选择为外部振荡器的 8 分频、系统时钟或系统时钟的 12 分频。

与 T0/T1、T2/T4 不同，T3 只有 16 位自动重装初值定时器一种工作方式，初值保存在重装寄存器 TMR3RLL(低字节)和 TMR3RLH(高字节)中，T3 没有计数器方式。定时器 T3 相关的特殊功能寄存器如表 4-6 所示，原理框图如图 4-10 所示。

**表 4-6 定时器 T3 的特殊功能寄存器**

| 特殊功能寄存器 | 符　号 | 地　址 | 寻址方式 | 复位值 |
|---|---|---|---|---|
| 定时器 3 控制寄存器 | TMR3CN | 0x91 | 字节 | 0x00 |
| 定时器 3 重载寄存器低字节 | TMR3RLL | 0x92 | 字节 | 0x00 |
| 定时器 3 重载寄存器高字节 | TMR3RLH | 0x93 | 字节 | 0x00 |
| 定时器 3 低字节 | TMR3L | 0x94 | 字节 | 0x00 |
| 定时器 3 高字节 | TMR3H | 0x95 | 字节 | 0x00 |

T3 允许外部时钟源作计数输入信号的特性提供了实时时钟(RTC)方式。当 T3XCLK(TMR3CN.0)位为 1 时，T3 使用外部振荡器输入的 8 分频作为计数时钟，而与系统时钟的

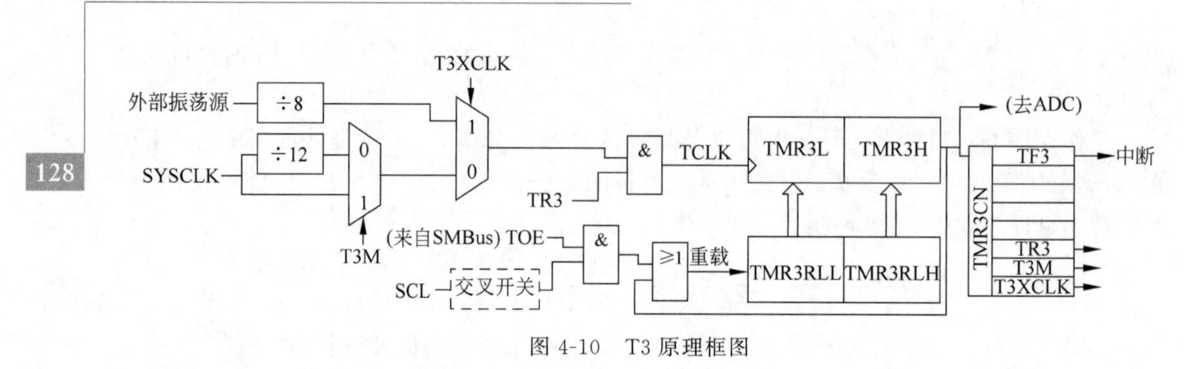


图 4-10　T3 原理框图

选择无关。这种独立的时钟源配置允许 T3 使用精确的外部振荡源,而系统时钟取自高速的内部振荡器。当 T3XCLK 位为 0 时,T3 的时钟源由 T3M 位(TMR3CN.1)指定。

除作为通用定时器使用外,T3 还可以用于启动 ADC 的数据转换(详见第 5 章)、SMBus 定时(见第 6 章)等。

**2. 定时器 T3 控制寄存器 TMR3CN**

T3 的使用比较简单,控制上只需要对 T3 控制寄存器 TMR3CN 进行编程,TMR3CN 的格式如下:

| R/W | R/W | R/W | R/W | R/W | R/W | R/W | R/W | 复位值 |
|---|---|---|---|---|---|---|---|---|
| TF3 | — | — | — | — | TR3 | T3M | T3XCLK | 00000000 |
| 位 7 | 位 6 | 位 5 | 位 4 | 位 3 | 位 2 | 位 1 | 位 0 | SFR地址:0x91 |

其中,各位的含义如下:

位 7(TF3)——T3 溢出标志位。当 T3 从 0xFFFF 加 1 到 0x0000 溢出时由硬件置位。当允许 T3 中断时,该位置 1 将使 CPU 转向 T3 的中断服务程序。

**注意**:该位不能由硬件自动清 0,必须用软件清 0。

位 6～3——未用。读=0000b,写=忽略。

位 2(TR3)——T3 运行控制位。该位用于 T3 的运行控制。

0:停止 T3 计数。

1:启动 T3 计数。

位 1(T3M)——T3 时钟选择位。该位用于选择提供给 T3 计数的系统时钟的分频系数。

0:T3 对系统时钟的 12 分频计数。

1:T3 对系统时钟直接计数。

位 0(T3XCLK)——T3 外部时钟选择位。该位用于选择定时器 T3 的计数时钟源是外部振荡器输入的 8 分频还是系统时钟。当 T3XCLK 为 1 时,将忽略 T3M 位的设置。

0:T3 的时钟源由 T3M 位定义。

1:T3 的时钟源来自外部振荡器输入的 8 分频。

**3. T3 应用举例**

**例 4.3**　C8051F020 的并行端口 P2、P3 连接 16 个共阳极 LED 指示灯,如图 4-11 所示。试编写程序使 P3 口所接的 LED 灯循环点亮,P2 口所接的 LED 灯实现走马灯效果,要求指示灯的状态每秒刷新 2 次。

由图 4-11 可知，LED 指示灯在端口输出 0（低电平）时点亮，输出 1（高电平）时熄灭。要实现题目要求的效果，只要定期刷新 P2、P3 口的状态即可。这里可以使用 T3 定时再加软件计数的方法达到所要求的时间，假设 T3 定时 0.1 秒产生中断，则软件计数器每 0.1 秒加 1，让计数器加到 5 时，改变 P2、P3 口的状态，就可以实现每秒 2 次更新 LED 灯的状态。

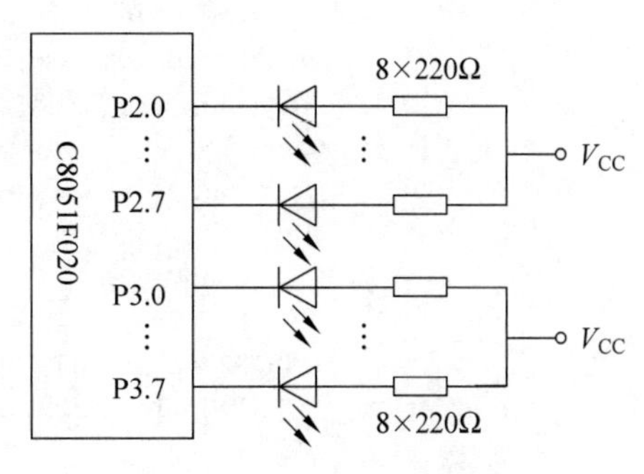


图 4-11　例 4.3 电路图

假设 T3XCLK＝0、T3M＝0，即按系统时钟的 12 分频计数，则根据前面定时器初值计算的方法可知，让定时器 T3 定时 0.1 秒的初值应为 $TC=2^{16}-\frac{T}{T_{计数}}=2^{16}-\frac{0.1}{12/SYSCLK}=2^{16}-\frac{SYSCLK}{12\times 10}$。下面给出实现这些功能的源程序：

```
#include <c8051f020.h>
sfr16 TMR3RL = 0x92;                //16 位 SFR
sfr16 TMR3 = 0x94;
#define SYSCLK 2000000              //系统时钟使用 2MHz
//函数声明
void PORT_Init(void);
void Timer3_Init(int counts);
void Timer3_ISR(void);
//P2 口 8 个 LED 产生走马灯效果所需的数据
        unsigned int xdata p2led[] = {0x7f,0xbf,0xdf,0xef,0xf7,0xfb,0xfd,0xfe};
        void main(void)
        {
            WDTCN = 0xde;           //禁止看门狗定时器
            WDTCN = 0xad;
            PORT_Init();            //端口初始化
            Timer3_Init(SYSCLK/12/10);     //T3 初始化,产生 0.1 秒的定时中断
            EA = 1;                 //开中断
            while (1);              //循环等待 T3 中断,产生走马灯效果
        }
        void PORT_Init(void)
        {
            XBR2 = 0x40;            //使能交叉开关
        }
        void Timer3_Init(int counts)
        {
            TMR3CN = 0x00;
            TMR3RL = -counts;       //T3 赋初值,也可以采用 8 位 SFR 方式,像例 4.2 那样
            TMR3 = 0xffff;          //立即重载
            EIE2 |= 0x01;           //开 T3 中断
            TMR3CN |= 0x04;         //启动 T3
        }
        void Timer3_ISR(void) interrupt 14
        {
```

```
        static int count;
        static int i = 9, j = 0;
        static int led = 0xff;   //P3 口 LED 灯的初始状态
        TMR3CN &= ~(0x80);       //清 TF3
        count++;
        if(count == 5)           //T3 中断 5 次更新一次 LED 灯状态
        {
            count = 0;
            P3 = led;
            P2 = p2led[j];       //查表
            led = led << 1;
            i--;
            j++;
            if(j == 8) j = 0;    //P2 口 LED 灯循环一个周期
            if(i == 0) {i = 9; led = 0xff;}          //P3 口 LED 灯循环一个周期
        }
    }
```

## 4.2 可编程计数器阵列

可编程计数器阵列(Programmable Counter Array,PCA)提供了增强的定时器功能,与标准 8051 的定时器/计数器相比,PCA 所需要的 CPU 干预更少。C8051F020 内部集成有一个可编程计数器阵列,称为 PCA0,其原理框图如图 4-12 所示。由原理框图可知,PCA0 包含一个专用的 16 位定时器/计数器和 5 个 16 位捕捉/比较模块。每个捕捉/比较模块有

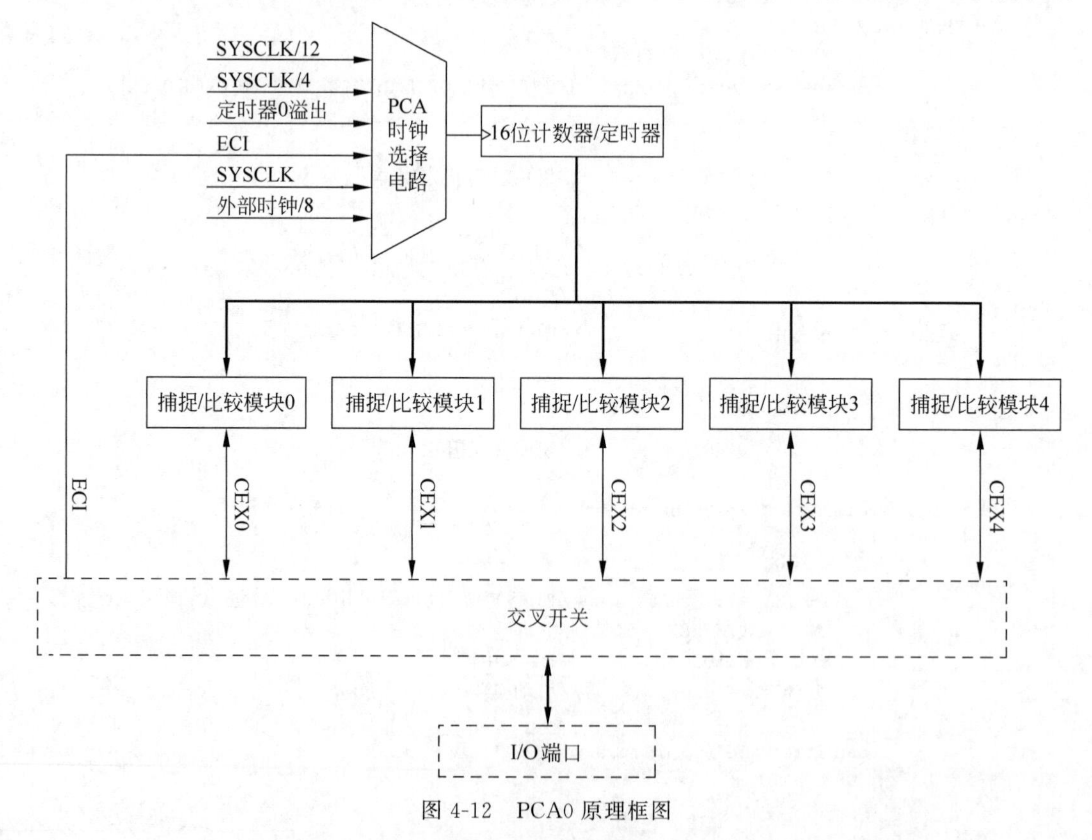


图 4-12　PCA0 原理框图

自己的 I/O 线(CEX$n$，$n$＝0..4)。通过交叉开关配置，可以将 CEX$n$ 连接到 I/O 端口。16 位专用定时器/计数器有 6 个计数脉冲源可以选择：系统时钟、系统时钟的 4 分频、系统时钟的 12 分频、外部振荡器时钟源的 8 分频、定时器 0 溢出、ECI 线上的外部时钟信号。捕捉/比较模块有 6 种工作方式：边沿触发捕捉、软件定时器、高速输出、频率输出、8 位 PWM 和 16 位 PWM。通过编程，各捕捉/比较模块可以独立地工作在这 6 种方式之一。

### 4.2.1 PCA0 交叉开关配置

在使用 PCA0 时，应将交叉开关寄存器 XBR0 的位 5～位 3(即 PCA0ME2～PCA0ME0)根据需要按表 4-7 的要求置 1。

**表 4-7 PCA0 的功能引脚与 I/O 端口的连接**

| PCA0ME2 (XBR0.5) | PCA0ME1 (XBR0.4) | PCA0ME0 (XBR0.3) | 连到 I/O 端口 | 连接数 |
|---|---|---|---|---|
| 0 | 0 | 0 | 所有 PCA0 口都不配置 I/O 端口 | 0 |
| 0 | 0 | 1 | CEX0 | 1 |
| 0 | 1 | 0 | CEX0、CEX1 | 2 |
| 0 | 1 | 1 | CEX0、CEX1、CEX2 | 3 |
| 1 | 0 | 0 | CEX0、CEX1、CEX2、CEX3 | 4 |
| 1 | × | × | CEX0、CEX1、CEX2、CEX3、CEX4 | 5 |

若 PCA0 定时器/计数器使用外部计数输入，则应将 ECI0E(XBR0.6)置 1；同时使交叉开关使能位 XBRE(XBR2.6)置 1，以允许交叉开关。PCA0 交叉开关配置示意图如图 4-13 所示。

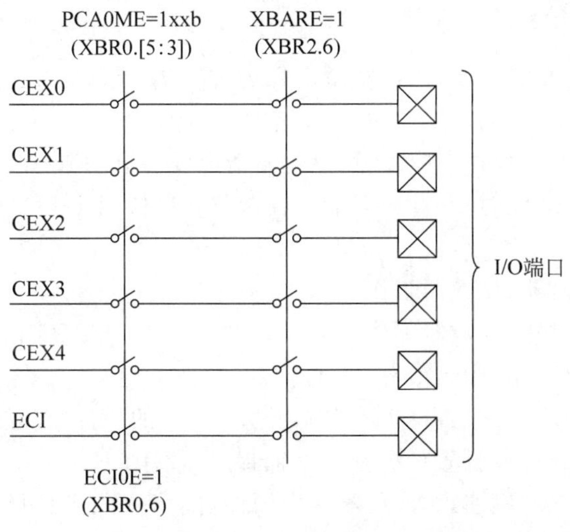


图 4-13 PCA0 交叉开关配置示意图

对于 PCA0 本身而言，交叉开关的优先顺序为 CEX0、CEX1、CEX2、CEX3、CEX4、CEI。至于 CEX0、CEX1、CEX2、CEX3、CEX4 及 CEI 到底连到哪一个 I/O 端口，则取决于整个系统使用了哪些数字外设以及所使用的数字外设的优先级。

## 4.2.2 PCA0 的特殊功能寄存器

对 PCA0 的编程和控制是通过读写系统控制器的特殊功能寄存器来实现的。PCA0 的特殊功能寄存器如表 4-8 所示。下面介绍 PCA0 控制寄存器 PCA0CN、方式选择寄存器 PCA0MD 以及捕捉/比较寄存器 PCA0CPM$n$ 的格式及各位的含义,对于 PCA0 中用到的纯数据寄存器,如 PCA0 定时器/计数器低字节 PCA0L 等这里不再一一列举,使用时只要从表 4-8 查询其地址即可。

表 4-8 PCA0 的特殊功能寄存器

| 特殊功能寄存器 | 符　号 | 地　址 | 寻址方式 | 复 位 值 |
|---|---|---|---|---|
| PCA0 控制寄存器 | PCA0CN | 0xD8 | 字节、位 | 0x00 |
| PCA0 方式选择寄存器 | PCA0MD | 0xD9 | 字节 | 0x00 |
| PCA0 捕捉/比较寄存器 | PCA0CPM$n$ | 0xDA～0xDE | 字节 | 0x00 |
| PCA0 定时器/计数器低字节 | PCA0L | 0xE9 | 字节 | 0x00 |
| PCA0 定时器/计数器高字节 | PCA0H | 0xF9 | 字节 | 0x00 |
| PCA0 捕捉模块低字节 | PCA0CPL$n$ | 0xEA～0xEE | 字节 | 0x00 |
| PCA0 捕捉模块高字节 | PCA0CPH$n$ | 0xFA～0xFE | 字节 | 0x00 |

### 1. PCA0 控制寄存器 PCA0CN

PCA0 控制寄存器 PCA0CN 的格式如下:

| R/W | R/W | R/W | R/W | R/W | R/W | R/W | R/W | 复位值 |
|---|---|---|---|---|---|---|---|---|
| CF | CR | — | CCF4 | CCF3 | CCF2 | CCF1 | CCF0 | 00000000 |
| 位 7 | 位 6 | 位 5 | 位 4 | 位 3 | 位 2 | 位 1 | 位 0<br>(可位寻址) | SFR地址:<br>0xD8 |

其中,各位的含义如下:

位 7(CF)——PCA0 定时器/计数器溢出标志位。当 PCA0 定时器/计数器从 0xFFFF 加 1 到 0x0000 溢出时,由硬件置位。在允许定时器/计数器溢出(CF)中断时,该位置 1 可使 CPU 转向 CF 中断服务程序。应注意,该位不能由硬件自动清 0,必须用软件清 0。

位 6(CR)——PCA0 定时器/计数器运行控制位。该位用于 PCA0 定时器/计数器的运行控制。

0:禁止 PCA0 定时器/计数器工作。

1:允许 PCA0 定时器/计数器工作。

位 5——未用。读=0b,写=忽略。

位 4～0(CCF4～0)——PCA0 捕捉/比较模块 4～0 的捕捉/比较标志位。在进行捕捉或发生一次匹配时,该位由硬件置位。在允许捕捉/比较(CCF)中断时,该位置 1 可使 CPU 转向 CCF 中断服务程序。应注意,该位不能由硬件自动清 0,必须用软件清 0。

### 2. PCA0 方式选择寄存器 PCA0MD

PCA0 方式选择寄存器 PCA0MD 的格式如下:

| R/W | R/W | R/W | R/W | R/W | R/W | R/W | R/W | 复位值 |
|---|---|---|---|---|---|---|---|---|
| CIDL | — | — | — | CPS2 | CPS1 | CPS0 | ECF | 00000000 |
| 位 7 | 位 6 | 位 5 | 位 4 | 位 3 | 位 2 | 位 1 | 位 0 | SFR地址:<br>0xD9 |

其中，各位的含义如下：

位 7(CIDL)——PCA0 定时器/计数器空闲控制位。该位规定 CPU 处于空闲方式时 PCA0 的工作方式。

0：当 CPU 处于空闲方式时，PCA0 继续正常工作。

1：当 CPU 处于空闲方式时，PCA0 停止工作。

位 6～4——未用。读=000b，写=忽略。

位 3～1(CPS2～0)——PCA0 定时器/计数器计数时钟源选择位。这些位选择 PCA0 计数器的计数时钟源，如表 4-9 所示。

**表 4-9　PCA0 计数脉冲源选择**

| CPS2 | CPS1 | CPS0 | 计数脉冲源 |
|---|---|---|---|
| 0 | 0 | 0 | 系统时钟的 12 分频 |
| 0 | 0 | 1 | 系统时钟的 4 分频 |
| 0 | 1 | 0 | 定时器 0 溢出 |
| 0 | 1 | 1 | ECI 负跳变(最大速率=系统时钟频率/4) |
| 1 | 0 | 0 | 系统时钟 |
| 1 | 0 | 1 | 外部振荡源 8 分频 |

位 0(ECF)——PCA0 定时器/计数器溢出中断允许位。该位是 PCA0 定时器/计数器溢出(CF)中断的允许位。

0：禁止 CF 中断。

1：当 CF(PCA0CN.7)置位时，允许 PCA0 定时器/计数器溢出中断。

### 3. PCA0 捕捉/比较寄存器 PCA0CPM*n*

PCA0 捕捉/比较寄存器 PCA0CPM*n*(*n*=0..4)的格式如下：

| R/W | R/W | R/W | R/W | R/W | R/W | R/W | R/W | 复位值 |
|---|---|---|---|---|---|---|---|---|
| PWM16*n* | ECOM*n* | CAPP*n* | CAPN*n* | MAT*n* | TOG*n* | PWM*n* | ECCF*n* | 00000000 |
| 位 7 | 位 6 | 位 5 | 位 4 | 位 3 | 位 2 | 位 1 | 位 0 | SFR地址：0xDA-0xDE |

其中，各位的含义如下：

位 7(PWM16*n*)——16 位脉冲宽度调制允许位。当工作在脉冲宽度调制方式(PWM*n*=1)时，该位用于在 8 位 PWM 方式和 16 位 PWM 方式之间进行选择。

0：选择 8 位 PWM 方式。

1：选择 16 位 PWM 方式。

位 6(ECOM*n*)——比较器功能允许位。该位用于允许/禁止 PCA0 模块 *n* 的比较器功能。

0：禁止。

1：允许。

位 5(CAPP*n*)——正沿捕捉功能允许位。该位用于允许/禁止 PCA0 模块 *n* 的正边沿捕捉功能。

0：禁止。

1：允许。

位 4(CAPN*n*)——负沿捕捉功能允许位。该位用于允许/禁止 PCA0 模块 *n* 的负边沿捕捉功能。

0：禁止。

1：允许。

位 3(MAT$n$)——匹配功能允许位。该位用于允许/禁止 PCA0 模块 $n$ 的匹配功能。如果允许，当 PCA0 计数器与一个模块的捕捉/比较寄存器匹配时，PCA0CN 寄存器中的 CCF$n$ 位将置位。

0：禁止。

1：允许。

位 2(TOG$n$)——电平切换功能允许位。该位用于允许/禁止 PCA0 模块 $n$ 的电平切换功能。如果允许，当 PCA0 计数器与一个模块的捕捉/比较寄存器匹配时，CEX$n$ 引脚的逻辑电平切换。如果 PWM$n$ 位也为 1，则模块工作在频率输出方式。

0：禁止。

1：允许。

位 1(PWM$n$)——脉宽调制方式允许位。该位用于允许/禁止 PCA0 模块的 PWM 功能。如果允许，CEX$n$ 引脚输出脉冲宽度调制信号。如果 PWM16$n$ 为 0，则使用 8 位 PWM 方式；如果 PWM16$n$ 为 1，则使用 16 位 PWM 方式。如果 TOG$n$ 位也为 1，则模块工作在频率输出方式。

0：禁止。

1：允许。

位 0(ECCF$n$)——捕捉/比较标志中断允许位。该位用于对捕捉/比较标志(CCF$n$)中断的禁止/允许控制。

0：禁止 CCF$n$ 中断。

1：允许 CCF$n$ 中断。当 CCF$n$ 位为 1 时，允许向 CPU 提出捕捉/比较中断请求。

### 4.2.3 PCA0 定时器/计数器

PCA0 定时器/计数器的原理框图如图 4-14 所示。由原理框图可知，16 位的 PCA0 定时器/计数器由 PCA0L(低字节)和 PCA0H(高字节)两个 8 位的 SFR 组成。在读 PCA0L 的同时自动锁存 PCA0H 的值。读 PCA0L 寄存器时 PCA0H 的值保持不变，直到读取 PCA0H 寄存器时为止。读 PCA0H 或 PCA0L 不影响计数器工作。PCA0MD 寄存器中的 CPS2～0 位用于选择 PCA 定时器/计数器的计数脉冲源，如表 4-9 所示。

由图 4-14 可知，电源控制寄存器 PCON 中的 IDLE 位、PCA0CN 寄存器中的 CR 位和 PCA0MD 寄存器中的 CIDL 位联合控制 PCA0 定时器/计数器的运行。当 IDLE＝1(即微控制器内核工作在空闲方式)，并且 CIDL＝1 时，PCA0 定时器/计数器停止运行。其他情况下由 CR 位控制 PCA0 定时器/计数器的运行，CR＝0 时使其停止运行；CR＝1 时使其正常工作。可见，清除 PCA0MD 寄存器中的 CIDL 位，则允许 PCA0 在微控制器内核处于空闲方式时继续正常工作。

当 PCA0 定时器/计数器从 0xFFFF 加 1 到 0x0000 溢出时，将 PCA0CN 中的计数器溢出标志(CF)置 1，如果允许 CF 中断，则可以产生一个中断请求。将 PCA0MD 中的 ECF 位置 1 即可允许 CF 中断，但要使 CF 中断得到响应，必须先总体允许 PCA0 中断，将 EA 位(IE.7)和 EPCA0 位(EIE1.3)置 1 可总体允许 PCA0 中断。应注意，CF 位不能由硬件自动清除，必须用软件清 0。PCA0 中断系统原理框图如图 4-15 所示。

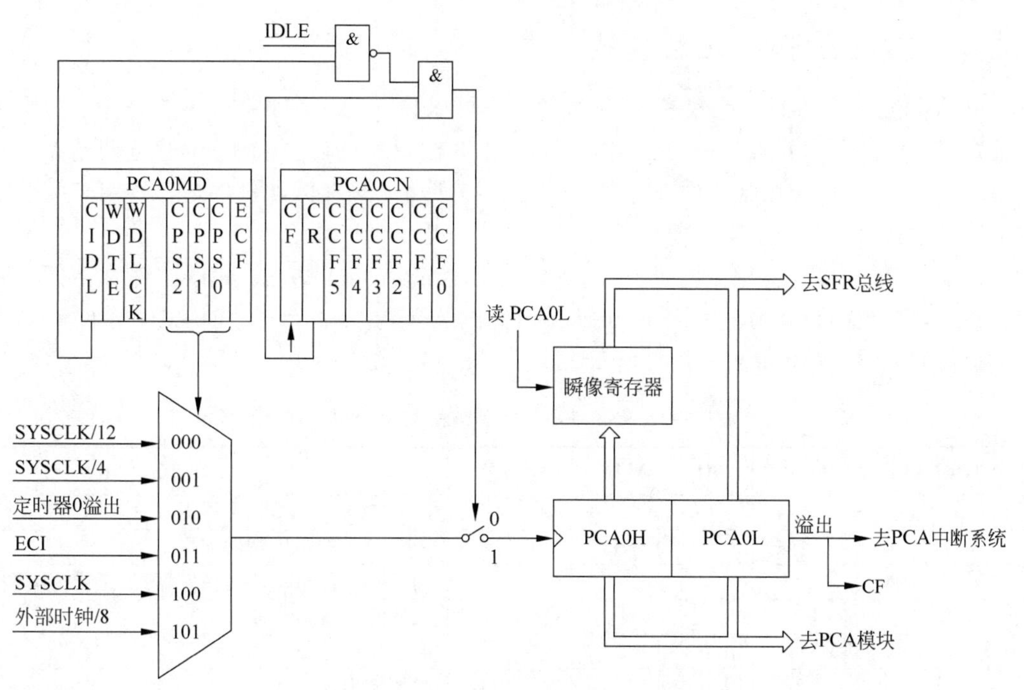


图 4-14　PCA0 定时器/计数器原理框图

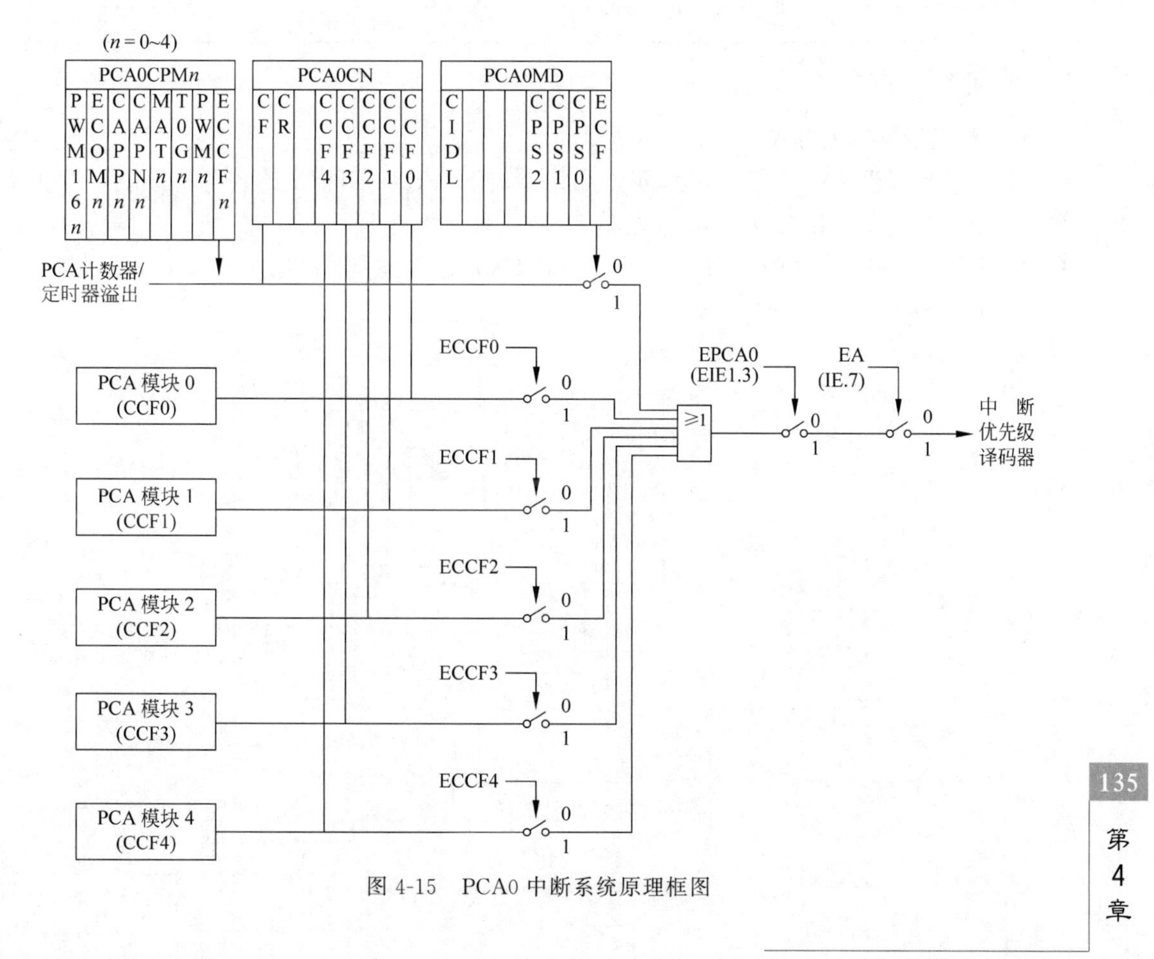


图 4-15　PCA0 中断系统原理框图

### 4.2.4 PCA0 捕捉/比较模块

PCA0 包含 5 个捕捉/比较模块,每个模块都可以独立工作在 6 种工作方式下:边沿触发捕捉、软件定时(比较)器、高速输出、频率输出、8 位脉宽调制器和 16 位脉宽调制器。每个模块在 CIP-51 系统控制器中都有属于自己的特殊功能寄存器。这些寄存器用于配置模块的工作方式以及与模块交换数据。

PCA0CPM*n* 寄存器用于配置 PCA0 捕捉/比较模块的工作方式,模块工作在不同方式时该寄存器各位的设置情况如表 4-10 所示。在 PCA0CPM*n* 寄存器中的 ECCF*n* 位置 1,将允许模块的 CCF*n* 中断,如图 4-15 所示。

表 4-10 PCA 捕捉/比较模块不同工作方式的 PCA0CPM 寄存器设置

| PWM16 | ECOM | CAPP | CAPN | MAT | TOG | PWM | 工作方式 |
|---|---|---|---|---|---|---|---|
| × | × | 1 | 0 | 0 | 0 | 0 | 用 CEX*n* 的正沿触发捕捉 |
| × | × | 0 | 1 | 0 | 0 | 0 | 用 CEX*n* 的负沿触发捕捉 |
| × | × | 1 | 1 | 0 | 0 | 0 | 用 CEX*n* 的电平改变触发捕捉(正或负沿) |
| × | 1 | 0 | 0 | 1 | 0 | 0 | 软件定时(比较)器 |
| × | 1 | 0 | 0 | 1 | 1 | 0 | 高速输出 |
| × | 1 | 0 | 0 | × | 1 | 1 | 频率输出 |
| 0 | 1 | 0 | 0 | × | 0 | 1 | 8 位脉冲宽度调制器 |
| 1 | 1 | 0 | 0 | × | 0 | 1 | 16 位脉冲宽度调制器 |

注:×=忽略

#### 1. 边沿触发捕捉方式

该方式的原理框图如图 4-16 所示。在该方式下,CEX*n* 引脚上出现的有效电平变化,可以触发捕捉 PCA0 定时器/计数器的值,并将其装入对应模块的 16 位捕捉/比较寄存器 PCA0CPH*n* 和 PCA0CPL*n* 中。这里应注意,CEX*n* 输入信号的高电平或低电平至少要持续两个系统时钟周期才能确保有效。

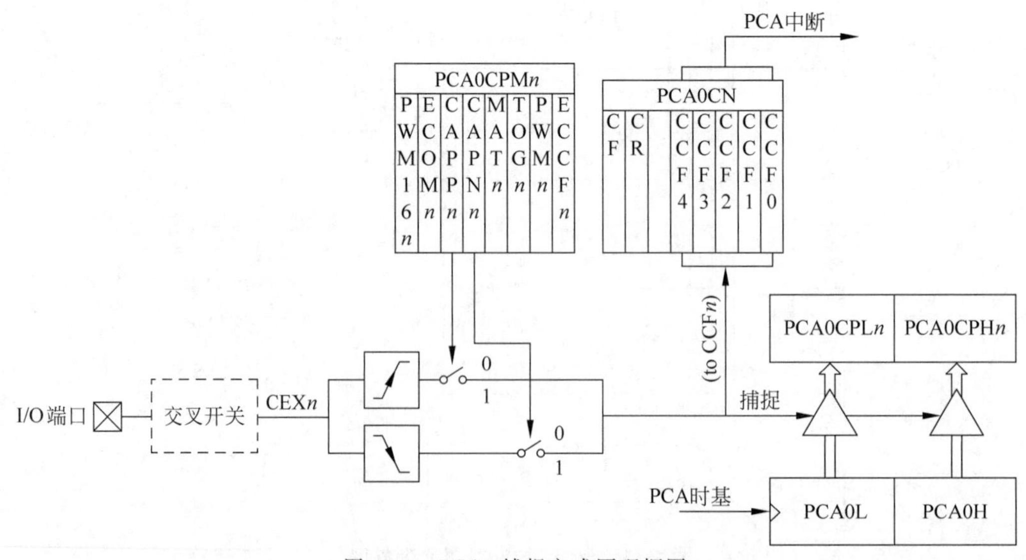

图 4-16 PCA0 捕捉方式原理框图

PCA0CPM$n$ 寄存器中的 CAPP$n$ 和 CAPN$n$ 位用于选择触发捕捉的电平变化类型：低电平到高电平（正沿）、高电平到低电平（负沿）或任何一种变化（正沿或负沿）。

当捕捉发生时，将 PCA0CN 中的捕捉/比较标志（CCF$n$）位置 1，如果此时允许 CCF 中断，则可以产生一个中断请求。应注意，CCF$n$ 位不能由硬件自动清 0，必须用软件清 0。

**2. 软件定时（比较）器方式**

软件定时（比较）器方式的原理框图如图 4-17 所示。在该方式下，系统将 PCA0 定时器/计数器与模块的 16 位捕捉/比较寄存器 PCA0CPH$n$ 和 PCA0CPL$n$ 的内容进行比较。当发生匹配时，将 PCA0CN 中的捕捉/比较标志（CCF$n$）置 1，如果此时允许 CCF 中断，则可产生一个中断请求。应注意，CCF$n$ 位不能由硬件自动清 0，必须用软件清 0。置 1 于 PCA0CPM$n$ 寄存器中的 ECOM$n$ 和 MAT$n$ 位可将 PCA0 设置在软件定时（比较）器方式。

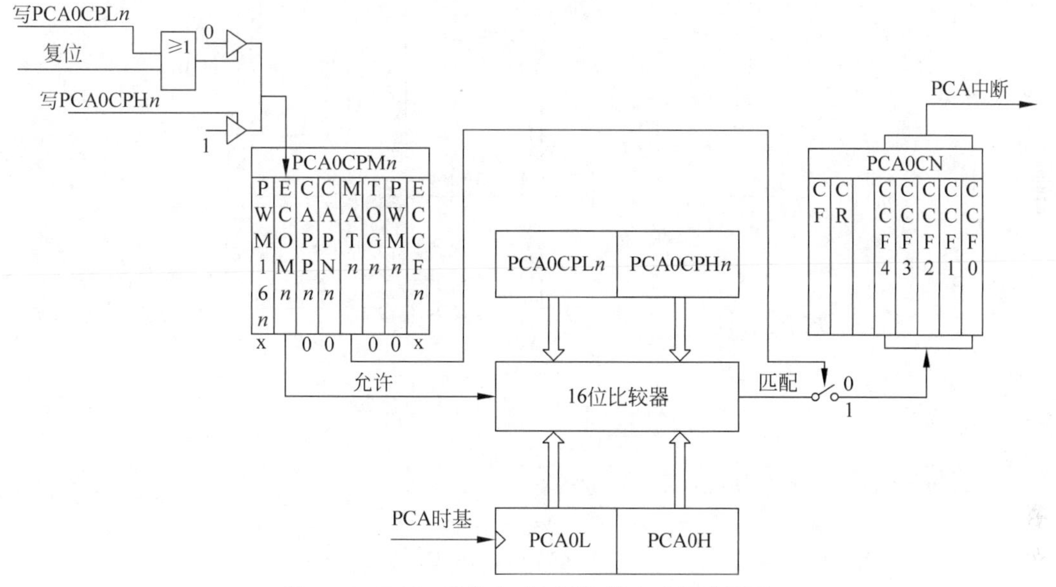


图 4-17　PCA0 软件定时（比较）器方式原理框图

由图 4-17 可知，对 PCA0CPL$n$ 的写操作，将导致 ECOM$n$ 位清 0；对 PCA0CPH$n$ 的写操作将导致 ECOM$n$ 位置 1。因此，在此方式时，向 PCA0 的捕捉/比较寄存器写入一个 16 位值时，应先写低字节，后写高字节。

**3. 高速输出方式**

高速输出方式的原理框图如图 4-18 所示。在该方式下，每当 PCA0 计数器中的计数值与模块的 16 位捕捉/比较寄存器 PCA0CPH$n$ 和 PCA0CPL$n$ 的内容发生匹配时，模块的 CEX$n$ 引脚上的逻辑电平将发生改变，并将 PCA0CN 中的捕捉/比较标志（CCF$n$）置 1，如果此时允许 CCF 中断，则可产生一个中断请求。置 1 于 PCA0CPM$n$ 寄存器中的 TOG$n$、MAT$n$ 和 ECOM$n$ 位可将 PCA0 设置为高速输出方式。

与软件定时器方式一样应注意，当向 PCA0 的捕捉/比较寄存器写入一个 16 位数值时，应先写低字节，后写高字节。

**4. 频率输出方式**

频率输出方式原理框图如图 4-19 所示。该方式在对应的 CEX$n$ 引脚产生可编程频率的方波。捕捉/比较寄存器的高字节 PCA0CPH$n$ 中保存输出电平改变前要计的 PCA 时钟

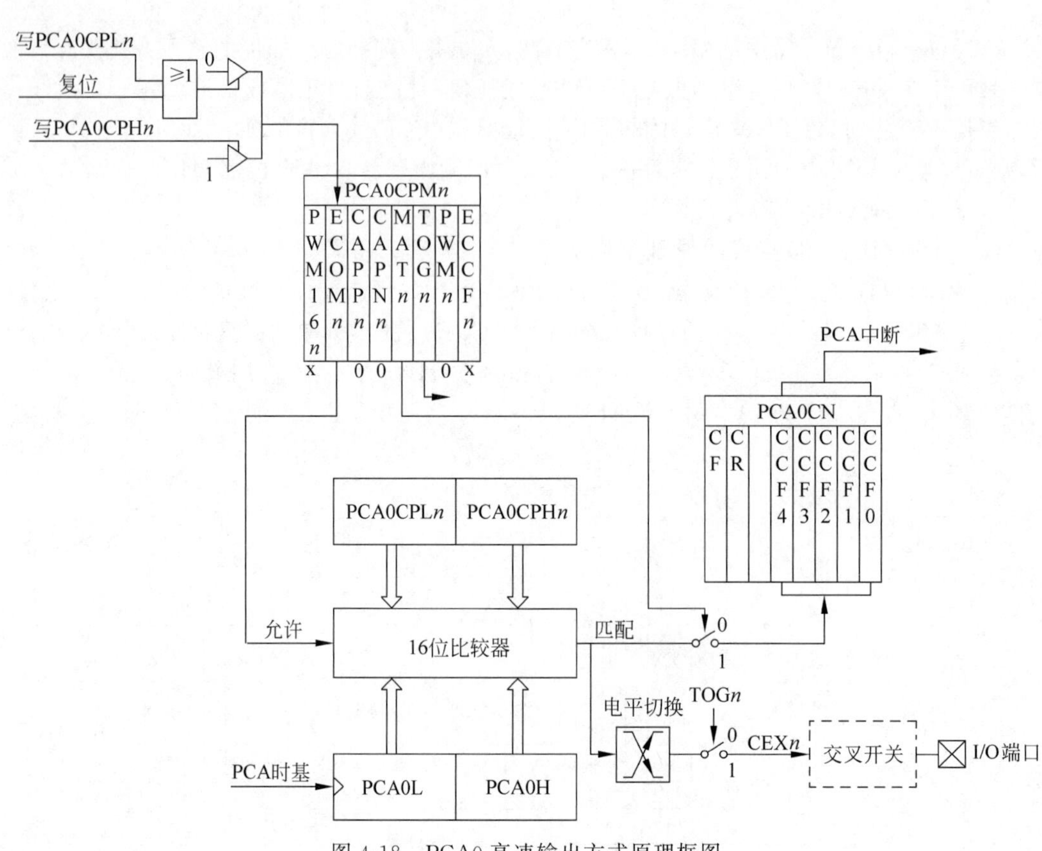


图 4-18 PCA0 高速输出方式原理框图

数。所产生的方波的频率由下式定义：

$$f_{\mathrm{CEX}n}=\frac{f_{\mathrm{PCA}}}{2\times \mathrm{PCA0CPH}n}$$

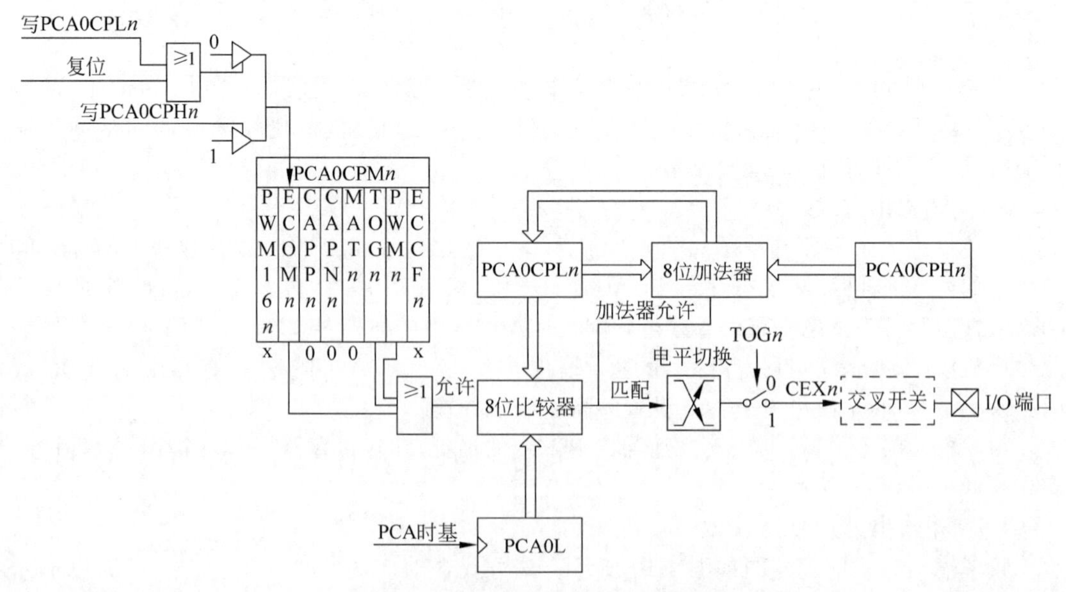


图 4-19 PCA0 频率输出方式原理框图

其中，$f_{PCA}$ 是由 PCA0 方式寄存器 PCA0MD 中的 CPS2～0 位选择的 PCA0 时钟频率。捕捉/比较模块的低字节 PCA0CPL$n$ 与 PCA0 计数器的低字节比较，两者匹配时，CEX$n$ 的电平发生改变，同时将高字节中的偏移值再次加到 PCA0CPL$n$。应注意，在该方式下如果允许模块匹配（CCF$n$）中断，则发生中断的速率为 $2f_{CEXn}$。置位 PCA0CPM$n$ 寄存器中 ECOM$n$、TOG$n$ 和 PWM$n$ 位可将 PCA0 设置为频率输出方式。

同样应注意，当向 PCA0 的捕捉/比较寄存器写入一个 16 位数值时，应先写低字节，后写入高字节。

**5. 8 位脉宽调制器方式**

该方式的原理框图如图 4-20 所示。在该方式下，每个模块都可以独立地在对应的 CEX$n$ 引脚上产生脉宽调制（Pulse-Width Modulation，PWM）输出。PWM 输出信号的频率取决于 PCA0 定时器/计数器的计数时钟源。使用模块捕捉/比较寄存器的低字节 PCA0CPL$n$ 可以改变 PWM 输出信号的占空比。当 PCA0 定时器/计数器的低字节 PCA0L 与 PCA0CPL$n$ 中的值相等时，CEX$n$ 输出高电平；当 PCA0L 中的计数值从 0xFF 加 1 到 0x00 溢出时，CEX$n$ 输出低电平，同时将保存在捕捉/比较寄存器高字节 PCA0CPH$n$ 中的值自动装入 PCA0CPL$n$ 中，不需软件干预。置 1 于 PCA0CPM$n$ 寄存器中的 ECOM$n$ 和 PWM$n$ 位可将 PCA0 设置为 8 位脉冲宽度调制器方式。

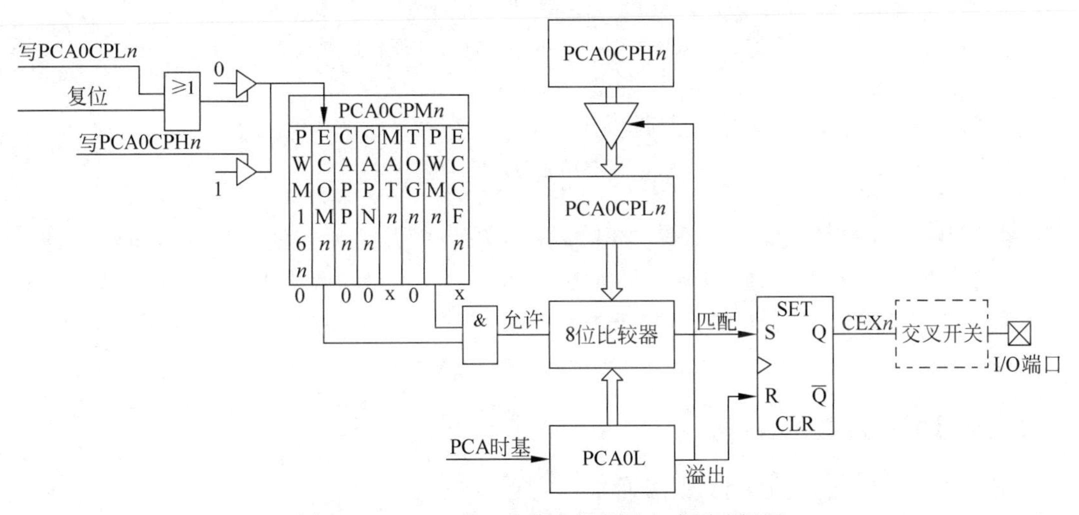


图 4-20　PCA0 的 8 位脉宽调制器方式原理框图

8 位 PWM 方式的占空比由下面的方程给出：

$$占空比=\frac{256-\mathrm{PCA0CPH}n}{256}$$

由此方程可知，当 PCA0CPH$n$=0 时占空比最大为 100%，PCA0CPH$n$=0xFF 时占空比最小为 0.39%。可以通过将 ECOM$n$ 位清 0 产生 0% 的占空比。

同样应注意，当向 PCA0 的捕捉/比较寄存器写入一个 16 位数值时，应先写低字节，后写入高字节。

**6. 16 位脉宽调制器方式**

每个 PCA0 模块都可以工作在 16 位 PWM 方式，该方式的原理框图如图 4-21 所示。

在该方式下,16 位捕捉/比较模块定义 PWM 信号低电平时间的 PCA0 时钟数。当 PCA0 计数器与模块的值匹配时,CEX$n$ 输出高电平;当计数器溢出时,CEX$n$ 输出低电平。为了输出一个占空比可变的波形,新值的写入应与 PCA0 的 CCF$n$ 匹配中断同步。置 1 于 PCA0CPM$n$ 寄存器中的 ECOM$n$、PWM$n$ 和 PWM16$n$ 位可以将 PCA0 设置为 16 位脉冲宽度调制器方式。为了输出一个占空比可变的波形,应将 ECCF$n$ 设置为 1,以允许匹配中断。

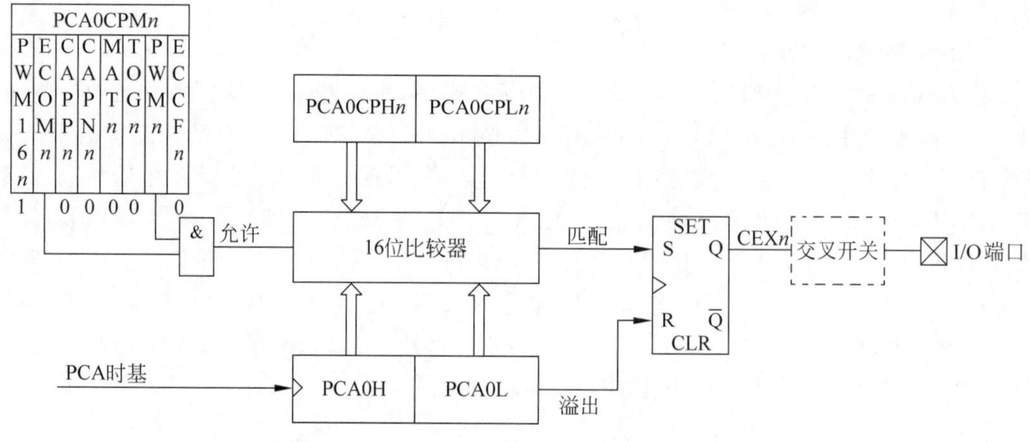


图 4-21　PCA0 的 16 位 PWM 方式原理框图

16 位 PWM 方式的占空比由下面的方程给出:

$$占空比 = \frac{65\,536 - \mathrm{PCA0CP}n}{65\,536}$$

由此方程可知,当 PCA0CP$n$=0 时占空比最大为 100%,当 PCA0CP$n$=0xFFFF 时占空比最小为 0.0015%。可以通过将 ECOM$n$ 位清 0 产生 0%的占空比。

同样应注意,当向 PCA0 的捕捉/比较寄存器写入一个 16 位数值时,应先写低字节,后写入高字节。

### 4.2.5　PCA0 应用举例

**例 4.4**　PCA0 模块 0 工作在 16 位 PWM 方式驱动直流电机。

(1) 工作原理。

设置 PCA0 模块 0 工作在 16 位 PWM 方式,从 I/O 端口 P0.0 输出方波脉冲,可以驱动直流电机,电路原理图如图 4-22 所示。改变脉冲方波的占空比,可以实现对直流电机的调速控制。

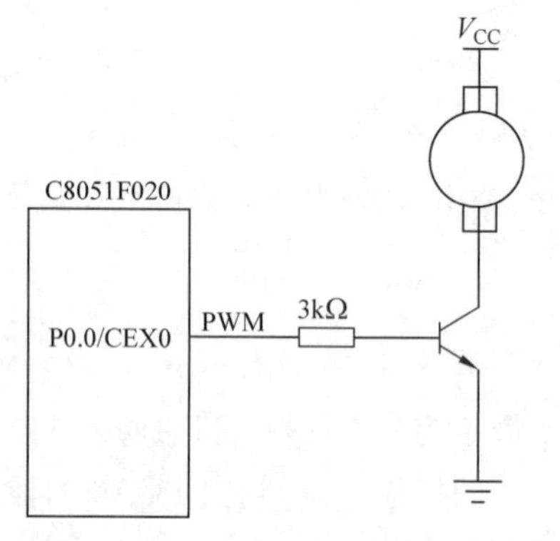


图 4-22　用 16 位 PWM 控制直流电机的电路原理图

(2) 相关特殊功能寄存器的配置。

与本例相关的特殊功能寄存器较多,下面列出一些主要寄存器的设置,其他寄存器的设置见程序清单。

① I/O 端口交叉开关寄存器 XBR0。

| CP0E | ECI0E | PCA0ME2 | PCA0ME1 | PCA0ME0 | UART0EN | SPI0EN | SMB0EN |
|---|---|---|---|---|---|---|---|
| 0 | 0 | 0 | 0 | 1 | 0 | 0 | 0 |

选择 PCA0ME=001B,CEX0 连接到端口 P0.0。XBR0=0x08。

② I/O 端口交叉开关寄存器 XBR2。

| WEAKPUD | XBARE | — | T4EXE | T4E | UART1E | EMIFLE | CNVSTE |
|---|---|---|---|---|---|---|---|
| 0 | 1 | 0 | 0 | 0 | 0 | 0 | 0 |

选择 WEAKPUD=0,允许全局弱上拉；XBARE=1,使能交叉开关。XBR2=0x40。

③ PCA0 方式选择寄存器 PCA0MD。

| CIDL | — | — | — | CPS2 | CPS1 | CPS0 | ECF |
|---|---|---|---|---|---|---|---|
| 0 | 0 | 0 | 0 | 1 | 0 | 0 | 1 |

选择 CIDL=0,在系统处于空闲方式时,PCA0 继续正常工作；CPS=100,使用系统时钟为 PCA0 计数器时钟源；ECF=1,允许 PCA0 定时器/计数器溢出中断。PCA0MD=0x09。

④ PCA0 捕捉/比较模块 0 寄存器 PCA0CPM0。

| PWM160 | ECOM0 | CAPP0 | CAPN0 | MAT0 | TOG0 | PWM0 | ECCF0 |
|---|---|---|---|---|---|---|---|
| 1 | 1 | 0 | 0 | 0 | 0 | 1 | 1 |

选择 PWM160=1,ECOM0=1,PWM0=1,使捕捉/比较模块 0 工作在 16 位 PWM 方式；ECCF0=1,允许捕捉/比较标志 CCF0 的中断请求；MAT0 位对 16 位 PWM 方式无影响,这里取 MAT0=0。PCA0CPM0=0xC3。

⑤ PCA0 捕捉模块 0 寄存器 PCA0CPL0 和 PCA0CPH0。

由前可知,16 位 PWM 方式的占空比为：

$$\text{占空比}=\frac{65\,536-\text{PCA0CP}n}{65\,536}$$

这里,模块 0 的 PCA0CP$n$ 由 PCA0CPL0 和 PCA0CPH0 组成。PCA0CPL0 和 PCA0CPH0 的值由占空比决定,即

$$\text{占空比}=\frac{65\,536-(\text{PCA0CPH0}\times 256+\text{PCA0CPL0})}{65\,536}$$

由该式可以计算出常用占空比与 PCA0CPL0 和 PCA0CPH0 的对应关系如表 4-11 所示。

**表 4-11　16 位 PWM 方式的占空比与 PCA0CPL0 和 PCA0CPH0 的对应关系**

| PCA0CPH0 | PCA0CPL0 | 占　空　比 |
|---|---|---|
| 0x80 | 0x00 | (0x1000−0x8000)/0x10000=1/2 |
| 0xc0 | 0x00 | (0x1000−0xc000)/0x10000=1/4 |
| 0xe0 | 0x00 | (0x1000−0xe000)/0x10000=1/8 |

⑥ 内部振荡器控制寄存器 OSCICN。

| MSCLKE | — | — | IFRDY | CLKSL | IOSCEN | IFCN1 | IFCN0 |
|---|---|---|---|---|---|---|---|
| 0 | 0 | 0 | 0 | 0 | 1 | 1 | 1 |

I0SCEN=1,使能内部振荡器。IFCN=11,选择 16MHz。OSCICN=0x07。

(3) 程序清单。

```
#include <c8051f020.h>
//函数原型声明
void Port_Init(void);                         //端口初始化程序
void PCA0_Init(void);                         //PCA0 初始化程序
void PCA0_ISR(void);                          //PCA0 中断服务程序
void main(void)
{
    WDTCN = 0xde;                             //关看门狗定时器
    WDTCN = 0xad;
    Port_Init();
    PCA0_Init();
    EA = 1;
    while(1);                                 //等待中断产生 PWM 波形
}
void Port_Init(void)                          //端口初始化程序
{
    XBR0 = 0x08;                              //CEX0 配置到端口 P0.0
    XBR2 = 0x40;                              //使能交叉开关和弱上拉
}
void PCA0_Init(void)                          //PCA0 初始化程序
{
    EIE1 = 0x08;                              //允许 PCA0 申请中断
    OSCICN = 0x07;                            //采用内部时钟,频率为 16MHz
    PCA0MD = 0x09;                            //使用系统时钟源,允许 PCA0 定时器/计数器溢出中断
    PCA0L = 0x00;                             //定时器/计数器初值为 0x0000
    PCA0H = 0x00;
    PCA0CPM0 = 0xc3;                          //PCA0 模块 0 为 16 位 PWM 方式,允许 CCF0 中断
    PCA0CPL0 = 0x00;
    PCA0CPH0 = 0x80;
    PCA0CN = 0x40;                            //启动 PCA0 定时器/计数器
}
void PCA0_ISR(void) interrupt 9               //PCA0 中断服务子程序
{
    CF = 0;                                   //清溢出中断标志
    CCF0 = 0;                                 //清匹配中断标志
    …                                         //其他功能,如改变占空比等
}
```

**例 4.5** 用 PCA0 边沿触发的捕捉方式测量方波的周期。

(1) 工作原理。

PCA0 负边沿触发的捕捉方式测量方波周期的电路图如图 4-23 所示。将 CEX0 配置到 P0.0 端口,并将被测方波信号由 P0.0 输入到 C8051F020 中的 PCA0。

输入时钟信号间隔 $T$ 微秒后便产生 1 次负跳变并触发中断,产生捕捉。这时在 $T$ 时间

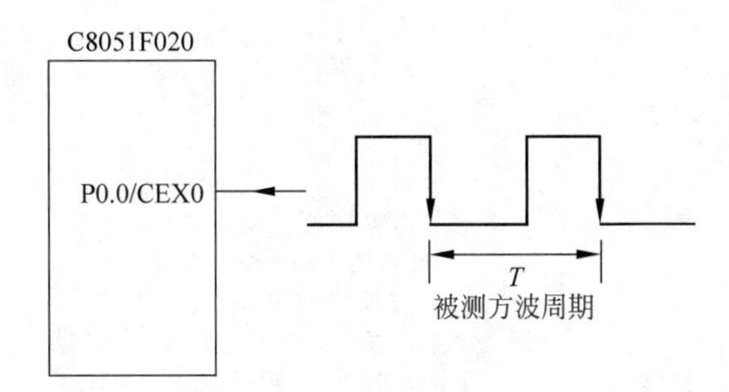


图 4-23　PCA0 负边沿捕捉方式测量方波周期的电路图

宽度内，两次负跳变之间的计数值存放在 16 位寄存器 PCA0CPH0 和 CPA0CPL0 中，可以读出。设该计数值的数值为 $D$，则

$$D = T \times 16\text{MHz}$$

或

$$T = \frac{D}{16\text{MHz}}$$

式中，$T$ 为被测方波的周期。16MHz 是程序选定的振荡器频率，它作为 PCA0 计数器的计数时钟源。

为提高测量精度，可以选择测量的时间宽度为 $100T$，$D$ 为 $100T$ 内的计数值的总和，然后取平均值可得到 $T$：

$$T = \frac{D}{100 \times 16\text{MHz}}$$

（2）相关特殊功能寄存器的配置。

大部分特殊功能寄存器的配置与例 4.4 相同，为节省篇幅，本例只给出相关特殊功能寄存器的值并进行必要的解释，不再列出详细的格式。

① I/O 端口交叉开关寄存器 XBR0 和 XBR2。

与例 4.4 相同，XBR0＝0x08，XBR2＝0x40。

② PCA0 方式选择寄存器(PCA0MD)。

与例 4.4 相同，PCA0MD＝0x09。

③ PCA0 捕捉/比较模块 0 寄存器 PCA0CPM0。

选择 CAPN0＝1，使捕捉/比较模块 0 工作在负边沿触发的捕捉方式；ECCF0＝1，允许捕捉/比较标志 CCF0 的中断请求。PCA0CPM0＝0x11。

④ 内部振荡器控制寄存器 OSCICN。

与例 4.4 相同，OSCICN＝0x07。

（3）程序清单。

```
#include <c8051f020.h>
//函数原型声明
void PORT_Init(void);                    //I/O端口初始化
void PCA0_Init(void);                    //PCA0 初始化
void PCA0_ISR(void);                     //PCA0 中断服务子程序
unsigned char i;                         //PCA0 中断次数计数器
void main(void) {
```

```
    float T,data0;                          //用于频率计算
    WDTCN = 0xde;                           //关看门狗定时器
    WDTCN = 0xad;
    PORT_Init();
    i = 0;
    EA = 1;                                 //开中断
    PCA0_Init();                            //PCA0 初始化
    while (i < 0x64);                       //等待 PCA0 中断 100 次
    PCA0CN = 0x00;                          //禁止 PCA0 定时器/计数器
    EIE1 = 0x00;                            //禁止 PCA0 中断
    data0 = (PCA0CPH0 * 256 + PCA0CPL0);    //处理来自 PCA0CPH0 和 PCA0CPL0 的数据
    data0 = data0/16.0;
    T = data0/100.0;                        //计算被测波形的周期,以 μs 为单位
}
void PORT_Init(void)                        //端口初始化程序
{
    XBR0 = 0x08;                            //CEX0 配置到端口 P0.0
    XBR2 = 0x40;                            //使能交叉开关和弱上拉
}
void PCA0_Init(void)                        //PCA0 初始化程序
{
     EIE1 = 0x08;                           //使能 PCA0 中断
     OSCICN = 0x07;                         //采用内部时钟,频率为 16MHz
     PCA0MD = 0x09;                         //使用系统时钟源,允许 PCA0 定时器/计数器溢出中断
     PCA0L = 0x00;
     PCA0H = 0x00;
     PCA0CPM0 = 0x11;                       //PCA0 负边沿捕捉方式,允许辅捉/比较标志的中断申请
     PCA0CPL0 = 0x00;
     PCA0CPH0 = 0x00;
     PCA0CN = 0x40;                         //启动 PCA0 定时器/计数器
}
void PCA0_ISR(void) interrupt 9             //PCA0 中断服务子程序
{
     i++;                                   //计中断次数
     CCF0 = 0;                              //清匹配中断标志 CCF0
}
```

# 4.3 UART 通信接口

C8051F020 单片机除具有 8 个 8 位并行接口外,还具有丰富的串行通信接口,包括两个 UART 通信接口、一个与 $I^2C$ 兼容的 SMBus 接口和一个 SPI 接口。UART 串行接口是全双工串行通信接口,即能同时进行串行发送和接收。它可以作 UART(通用异步接收和发送器)用,也可以作同步位移寄存器用。应用 UART 串行接口可以实现 C8051F 单片机系统之间点对点的单机通信、多机通信以及 C8051F 与系统机(如 IBM-PC 机等)的单机或多机通信。本节讲述 UART 通信接口,SMBus 和 SPI 接口将在第 6 章介绍。

## 4.3.1 串行通信及基础知识

**1. 数据通信的概念**

在实际工作中,计算机的 CPU 与外部设备之间常常要进行信息交换,一台计算机与其

他计算机之间也往往要交换信息，所有这些信息交换均可称为通信。

通信方式有两种，即并行通信和串行通信。并行通信是指数据的各位同时进行传送(发送或接收)的通信方式。其优点是传递速度快；缺点是数据有多少位，就需要多少根传送线。并行通信在位数多、传送距离又远时就不太适宜。

串行通信指数据是一位一位按顺序传送的通信方式，它的突出优点是只需一对传送线(利用电话线就可作为传送线)，这样就大大降低了传送成本，特别适用于远距离通信。其缺点是传送速度较低。

通常根据信息传送的距离决定采用哪种通信方式。例如，在IBM-PC与外部设备(如打印机等)通信时，如果距离小于3m，可采用并行通信方式；如果距离大于3m，则要采用串行通信方式。C8051F单片机具有并行和串行两种基本通信方式。

**2. 串行通信的传送方向**

串行通信的传送方向通常有3种：第一种为单工(Simplex)配置，只允许数据向一个方向进行传送，如图4-24(a)所示；第二种是半双工(Half-duplex)配置，允许数据向两个方向中的任何一个方向传送，但一次只能是一个发送，另一个接收，如图4-24(b)所示；第三种传送方式是全双工(Full-duplex)配置，允许同时双向传送数据，因此，全双工配置的串行通信需要两条数据线，如图4-24(c)所示。

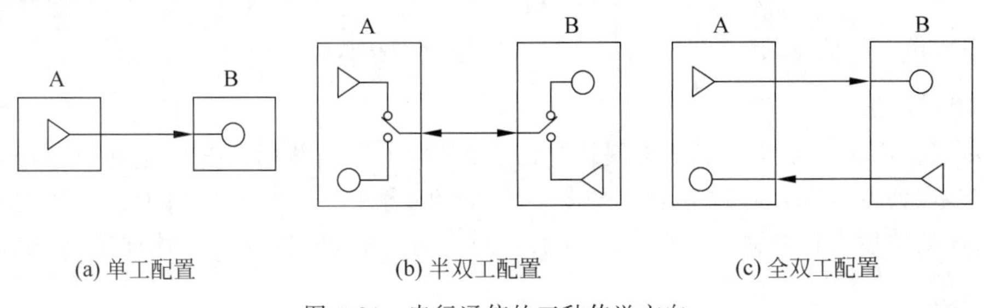


(a) 单工配置　　(b) 半双工配置　　(c) 全双工配置

图4-24　串行通信的三种传送方向

**3. 串行通信的两种基本方式**

串行通信有两种基本方式，即异步通信和同步通信。

1) 异步通信

异步通信以字符为单位，即一个字符一个字符地传送。异步通信用起始位0表示字符的开始，然后从低位到高位逐位传送数据，最后用停止位1表示字符结束，如图4-25所示。一个字符的完整信息(包括起始位和停止位)称为一个信息帧。图4-25(a)中，一帧信息包括1位起始位、8位数据位和1位停止位，图4-25(b)中，数据位增加到9位。在C8051F系列单片机系统中，第9位数据D8可以用作奇偶校验位，也可以在多机通信中用作地址/数据帧的标识位，D8＝1表示该帧传送的是地址信息，D8＝0表示该帧传送的是数据信息。两帧信息之间可以无间隔，也可以有间隔，且间隔时间可任意改变，间隔用空闲位1来填充。

在异步通信中，收发双方事先必须做好如下约定：

(1) 字符格式。双方要约定好字符的编码形式(如采用ASCII编码等)、奇偶校验形式以及起始位和停止位的规定。

(2) 波特率(Band Rate)。波特率是衡量数据传送速率的指标，单位是b/s(位/秒)，即每秒传送的位数。异步通信要求收发双方都以同样的波特率工作。

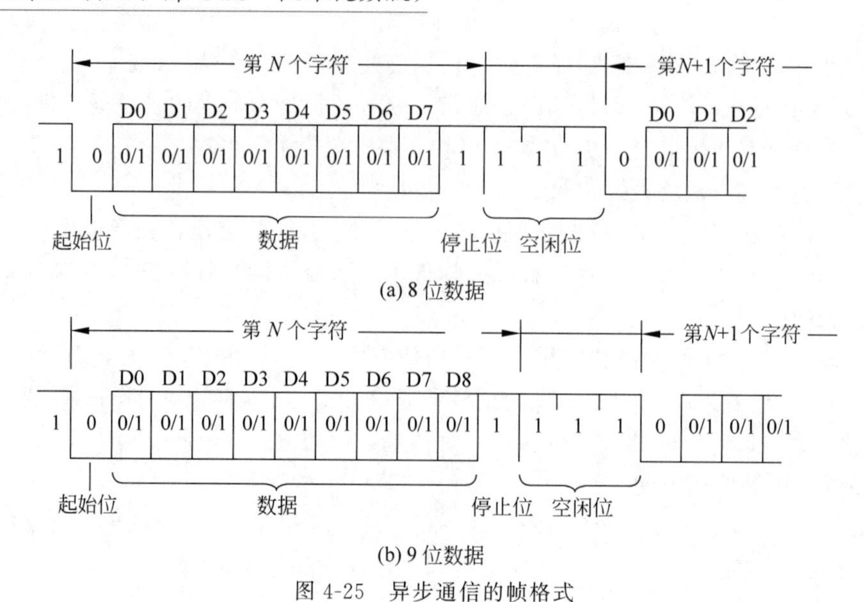


图 4-25 异步通信的帧格式

假设数据串行传送的速率是120字符/秒,而一个字符又由10位二进制信息组成:1位起始位、8位数据位和1位停止位。则其传送的波特率为:10b/字符×120字符/s=1200b/s。异步通信中传送1位信息的时间 $T_d$ 为波特率的倒数,本例中,$T_d=\frac{1}{1200}s\approx0.833ms$。

2) 同步通信

同步通信以若干字符组成的数据块为传送单位,每一个数据块开始处加上一个或两个同步字符,以使发送和接收双方取得同步。数据块的各个字符之间则取消了起始位和停止位,所以通信速度得以提高,如图4-26所示。同步通信时,如果发送的数据块之间有间隔,则发送同步字符予以填充。

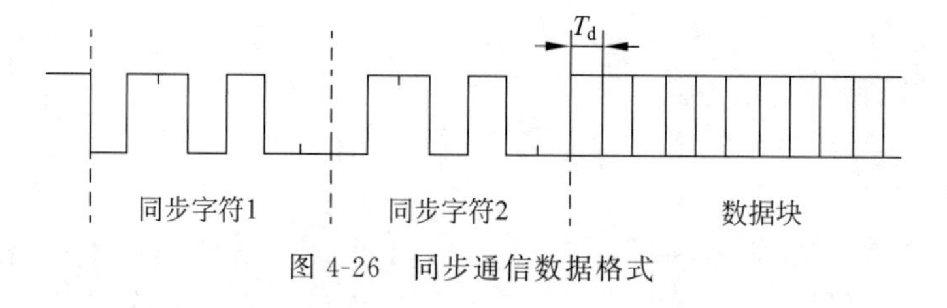


图 4-26 同步通信数据格式

## 4.3.2 串行接口的组成和特性

C8051F020有两个增强型全双工UART串行通信接口:UART0和UART1。所谓"增强型",是指这两个串行口都具有帧错误检测和多机通信地址硬件识别的功能。它们都可以工作在全双工异步方式或半双工同步方式,并且支持多处理器通信。两个UART的功能和组成基本一样,只是UART0使用定时器T1或T2作为波特率发生器,而UART1则使用定时器T1或T4作为波特率发生器。下面以UART0为代表讲述C8051F020的UART串行口,相关特殊功能寄存器中用 $n$ 进行区分,$n=0$ 表示针对UART0,$n=1$ 表示针对UART1。

**1. UART的组成**

C8051F020的UART串行口内部有独立的数据接收缓冲器和数据发送缓冲器,可以实现同时发送和接收数据的全双工通信。数据接收缓冲器只能读出而不能写入，数据发送缓冲器只能写入而不能读出，这两个数据缓冲器都用符号 SBUF*n* 来表示，SBUF0 的地址是 0x99，SBUF1 的地址是 0xF2。CPU 对特殊功能寄存器 SBUF*n* 执行写操作，就是将数据写入发送缓冲器；对 SBUF*n* 的读操作，就是读出接收缓冲器的内容。

UART 原理框图如图 4-27 所示。由原理图可知，发送电路由发送 SBUF、零检测器和

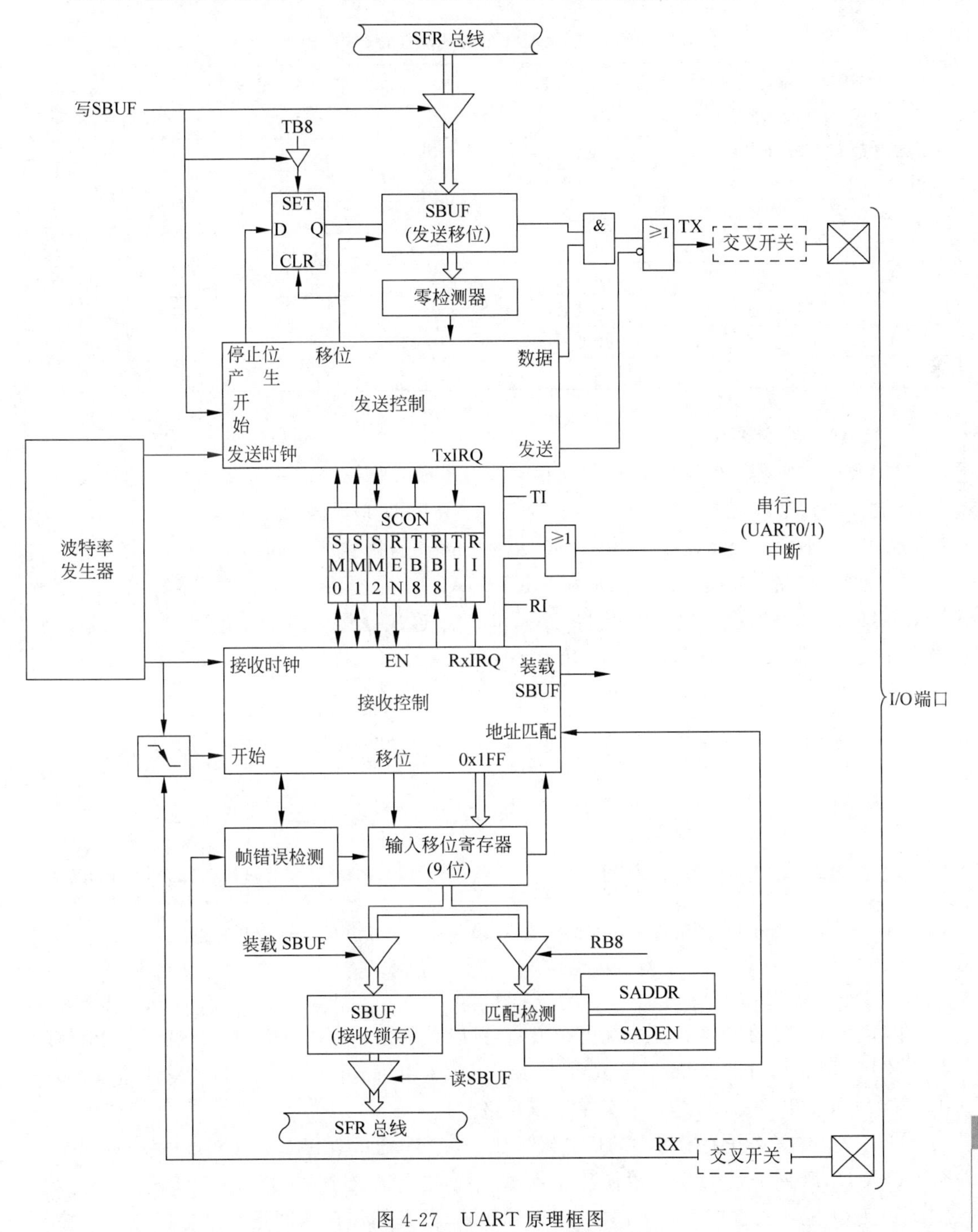


图 4-27 UART 原理框图

发送控制器等组成。接收电路由接收 SBUF、接收移位寄存器、接收控制器、帧错误检测电路、地址匹配检测电路等组成。除发送和接收电路以外,还有波特率发生器和交叉开关等部分,交叉开关可将接收与发送引脚配置到 I/O 线。



对 UART 的访问和控制是通过相关的特殊功能寄存器实现的,这些特殊功能寄存器如表 4-12 所示。

表 4-12　UART 的特殊功能寄存器

| 特殊功能寄存器 | 符　　号 | 地　　址 | 寻址方式 | 复　位　值 |
|---|---|---|---|---|
| UART0 控制寄存器 | SCON0 | 0x98 | 字节、位 | 0x00 |
| UART0 数据缓冲寄存器 | SBUF0 | 0x99 | 字节 | 0x00 |
| UART0 从地址寄存器 | SADDR0 | 0xA9 | 字节 | 0x00 |
| UART0 地址使能寄存器 | SADEN0 | 0xB9 | 字节 | 0x00 |
| UART1 控制寄存器 | SCON1 | 0xF1 | 字节 | 0x00 |
| UART1 数据缓冲寄存器 | SBUF1 | 0xF2 | 字节 | 0x00 |
| UART1 从地址寄存器 | SADDR1 | 0xF3 | 字节 | 0x00 |
| UART1 地址使能寄存器 | SADEN1 | 0xAE | 字节 | 0x00 |
| 电源控制寄存器 | PCON | 0x87 | 字节 | 0x00 |

**2. UART 的交叉开关配置**

UART 有两根对外信号线,即发送信号线 TX 和接收信号线 RX,使用时应配置交叉开关,将这两根信号线配置到 I/O 端口。使用 UART0 时应将交叉开关寄存器 XBR0 中的 UART0EN(XBR0.2)设置成 1,以便将 TX0 和 RX0 连接到相应的 I/O 端口。UART0 交叉开关配置示意图,如图 4-28(a)所示。使用 UART1 时应将交叉开关寄存器 XBR2 中的 UART1E(XBR2.2)设置成 1,以便将 TX1 和 RX1 连接到相应的 I/O 端口。此外,还应将交叉开关寄存器 XBR2 的 XBASE(XBR2.6)设置成 1,以允许交叉开关。UART1 交叉开关配置示意图如图 4-28(b)所示。

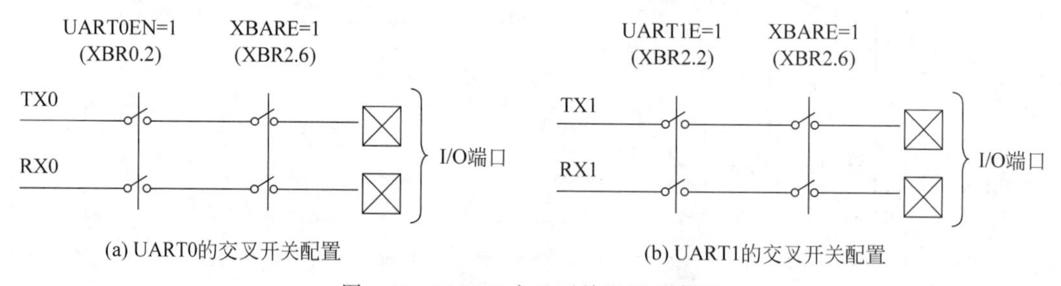


图 4-28　UART 交叉开关配置示意图

因为 UART0 在交叉开关中优先级最高,所以只要使用了 UART0,系统必将输出信号 TX0 连接到 P0.0 引脚,输入信号 RX0 连接到 P0.1 引脚。而且,RX0 和 TX0 配置的端口不受 P0MDOUT 的影响,总是工作在漏极开路方式。

UART1 在交叉开关配置中的优先级远比 UART0 低,其 TX1 和 RX1 到底配置到哪一个 I/O 端口,取决于整个系统中使用了哪些数字外设以及所使用的数字外设的优先级。RX1 和 TX1 配置的端口不受 P*n*MDOUT 的影响,总是工作在漏极开路方式。

### 3. 串行口控制寄存器 SCONn

串行口控制寄存器 SCONn 用于 UARTn 工作方式的设定、出错状态指示、第 9 数据发送位的设定与接收、发送和接收状态标志等功能。SCON0 的格式如下：

| R/W | R/W | R/W | R/W | R/W | R/W | R/W | R/W | 复位值 |
|---|---|---|---|---|---|---|---|---|
| SM00/FE0 | SM10/RXOV0 | SM20/TXCOL0 | REN0 | TB80 | PR80 | TI1 | RI0 | 00000000 |
| 位 7 | 位 6 | 位 5 | 位 4 | 位 3 | 位 2 | 位 1 | 位 0<br>(可位寻址) | SFR地址：<br>0x98 |

其中，各位的含义如下：

位 7～5——该 3 位的功能由 PCON 中的 SSTAT0 位决定。

- SSTAT0＝1 时，用于 UART0 的出错状态指示位。

FE0＝1 为帧格式错，即收到的停止位为 0；

RXOV0＝1 为接收覆盖错误，即前一字节还没有被 CPU 取走，接收器又锁存了一个新字节；

TXCOL0＝1 为发送冲突错误，即前一字节还没有发送完毕，用户又往 SBUF0 写入一新字节。

- SSTAT0＝0 时，SM00、SM10 按表 4-13 选择 UART0 的工作方式。

**表 4-13 UART0 的工作方式选择**

| SM00 | SM10 | 方式 | 功 能 说 明 |
|---|---|---|---|
| 0 | 0 | 0 | 同步方式(扩展移位寄存器方式，用于 I/O 端口扩展) |
| 0 | 1 | 1 | 8 位 UART，波特率可变(由 T1 或 T2 的溢出率决定) |
| 1 | 0 | 2 | 9 位 UART，波特率固定($f_{osc}/64$ 或 $f_{osc}/32$) |
| 1 | 1 | 3 | 9 位 UART，波特率可变(由 T1 或 T2 的溢出率决定) |

SM20 为多处理器通信允许位。

方式 0 时该位无作用。方式 1 时用于检查有效停止位。

0：忽略对停止位的检测。

1：只有接收到有效的停止位时才置位 RI0。

方式 2 和方式 3 时为多机通信允许位。

0：忽略对第 9 位的检测。

1：只有当第 9 位为 1 并且接收到的地址与 UART0 的地址或广播地址匹配时，才置位 RI0 并产生中断。这是多机通信中的地址监听。

位 4(REN0)——接收允许位。

该位允许/禁止 UART0 接收。

0：禁止 UART0 接收。

1：允许 UART0 接收。

位 3(TB80)——第 9 发送位。

对于方式 2 和方式 3，该位是发送的第 9 数据位，可根据需要由软件置位或复位。在方式 0 和 1 中该位未用。

位 2(RB80)——第 9 接收位。

对于方式2和方式3,该位是接收到的第9数据位。对于方式1,如SM20=0,该位是接收到的停止位。方式0不使用RB80。



位1(TI1)——发送中断标志位。

当UART0发送完1字节时(方式0是在发送完第8位后,其他方式是在发送停止位的开始时)该位由硬件置1。当允许UART0中断时,该位置1将使CPU转到UART0的中断服务程序。应注意,该位不能因中断响应而自动清0,必须由软件清0。

位0(RI0)——接收中断标志位。

当UART0接收到1字节时(方式0接收到第8位结束时,其他方式接收到停止位的中间时。另外还要根据SM20位进行选择)该位由硬件置1。当允许UART0中断时,该位置1将使CPU转到UART0的中断服务程序。该位同样不能因中断响应而自动清0,必须由软件清0。

SCON1的格式与SCON0基本相同,只是位7到位5的含义由PCON中的SSTAT1位决定,另外该寄存器只能字节寻址。限于篇幅,这里不再赘述,为便于读者查阅下面仅给出SCON1的格式:

| R/W | R/W | R/W | R/W | R/W | R/W | R/W | R/W | 复位值 |
|---|---|---|---|---|---|---|---|---|
| SM01/FE1 | SM11/RXOV1 | SM21/TXCOL1 | REN1 | TB81 | PR81 | TI1 | RI1 | 00000000 |
| 位7 | 位6 | 位5 | 位4 | 位3 | 位2 | 位1 | 位0 | SFR地址:0xF1 |

**4. 电源控制寄存器PCON**

PCON在前面C8051F系列单片机的节电方式中已经讲过。其第1位为停机方式选择位,第0位为空闲方式选择位。该寄存器中有4位与UART的波特率设置和出错状态有关。PCON的格式如下:

| R/W | R/W | R/W | R/W | R/W | R/W | R/W | R/W | 复位值 |
|---|---|---|---|---|---|---|---|---|
| SMOD0 | SSTAT0 | — | SMOD1 | SSTAT1 | — | STOP | IDLE | 00000000 |
| 位7 | 位6 | 位5 | 位4 | 位3 | 位2 | 位1 | 位0 | SFR地址:0x87 |

其中,各位的含义如下:

位7(SMOD0)——UART0波特率系数控制位。该位控制UART0的波特率是否加倍。

0:UART0的波特率不加倍。

1:UART0的波特率加倍。

位6(SSTAT0)——UART0增强状态方式选择位。该位控制对SCON0.5~SCON0.7位的访问方式。

0:读/写SCON0.5~SCON0.7时访问UART0方式设置位SM20~SM00。

1:读/写SCON0.5~SCON0.7时访问帧格式错误(FE0)、接收覆盖错误(RXOV0)和发送冲突错误(TXCOL0)状态位。

位5——保留。读出值无定义,写入时必须为0。

位4(SMOD1)——UART1波特率系数控制位。该位控制UART1的波特率是否加倍。

0:UART1的波特率不加倍。

1：UART1 的波特率加倍。

位 3(SSTAT1)——UART1 增强状态方式选择。该位控制对 SCON1.5～SCON1.7 位的访问方式。

0：读/写 SCON1.5～SCON1.7 时访问 UART1 方式设置位 SM21～SM01。

1：读/写 SCON1.5～SCON1.7 时访问帧格式错误(FE1)、接收覆盖错误(RXOV1)和发送冲突错误(TXCOL1)状态位。

位 2——保留。读出值无定义，写入时必须为 0。

位 1、位 0——见“2.5 电源管理方式”。

### 4.3.3 串行接口的工作方式

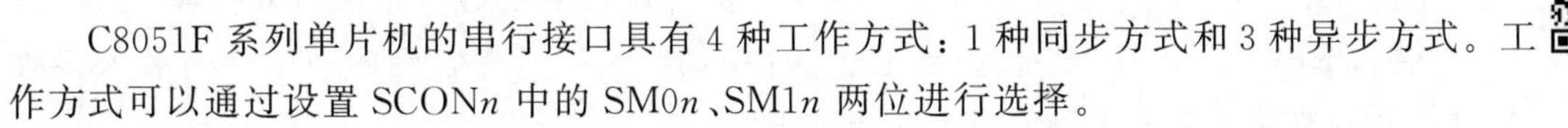

C8051F 系列单片机的串行接口具有 4 种工作方式：1 种同步方式和 3 种异步方式。工作方式可以通过设置 SCON*n* 中的 SM0*n*、SM1*n* 两位进行选择。

**1. 方式 0**

方式 0 为半双工方式，又称同步移位寄存器工作方式，该方式可用于串行扩展 I/O 接口。该方式发送时，发送 SBUF*n* 相当于一个并入串出的移位寄存器，从 C8051F 系列单片机的内部总线并行接收 8 位数据，并从 RX*n* 线串行输出；接收时，接收 SBUF*n* 相当于一个串入并出的移位寄存器，从 RX*n* 线接收一帧串行数据，并把它并行地送到内部总线。方式 0 的数据帧为 8 位，低位在前，高位在后，没有起始位和停止位。

在以方式 0 工作时，数据由 RX*n* 串行输入/输出，TX*n* 输出移位脉冲，使外部移位寄存器移位。方式 0 的波特率固定为振荡器频率的 1/12。在方式 0，RX*n* 被强制为漏极开路方式，通常需要外接一个上拉电阻。

发送过程：当 CPU 把要发送的数据写入发送 SBUF*n* 时，串行口即把 8 位二进制数据以 $f_{osc}/12$ 的速率由 RX*n* 引脚输出($f_{osc}$ 为系统时钟频率)，同时由 TX*n* 引脚输出同步移位脉冲。字符发送完毕后，将发送中断标志 TI*n* 置为 1，该标志可供 CPU 查询，也可以向 CPU 提出中断申请。方式 0 发送的时序图如图 4-29(a)所示。

接收过程：清除接收中断标志 RI*n* 并置位 SCON*n* 中的接收允许位 REN*n* 即可启动串行口接收数据，此时 RX*n* 为数据输入端，TX*n* 为同步信号输出端。接收器以 $f_{osc}/12$ 的波特率采样 RX*n* 引脚上的数据信息。接收完 8 位数据后重新置位 RI*n*，向 CPU 请求中断或供 CPU 查询。方式 0 接收的时序图如图 4-29(b)所示。

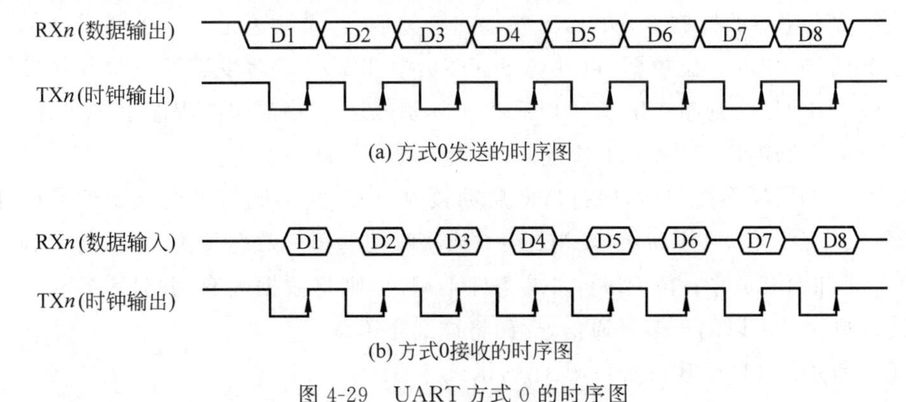


图 4-29 UART 方式 0 的时序图

**2. 方式 1**

方式 1 是标准的 8 位异步全双工方式,该方式下 TX$n$ 为数据输出线,RX$n$ 为数据输入线。一帧信息共 10 位:1 位起始位,8 位数据位(先低位后高位)和 1 位停止位。

发送过程:当 CPU 把要发送的数据写入发送 SBUF$n$ 时,串行口即启动发送过程。在波特率发送器的控制下,从 TX$n$ 端输出一帧信息,先发送起始位 0,接着从低位开始依次发送 8 位数据,最后发送停止位 1。字符发送完毕后,将发送中断标志 TI$n$ 置为 1,向 CPU 申请中断或供 CPU 查询。

接收过程:将接收允许位 REN$n$ 置 1 后,串行口即可开始接收。如果 RI$n$=0 且 SM2$n$=0,则收到停止位后将收到的数据字节装入接收 SBUF$n$,停止位装入 RB8$n$ 并置位 RI0。如果 RI$n$=0 且 SM2$n$=1,则只有收到的停止位为 1 时才将收到的数据字节装入接收 SBUF$n$,停止位装入 RB8$n$ 并置位 RI0。如果上述条件不满足,则不将收到的数据字节装入接收 SBUF$n$,停止位也不装入 RB8$n$,并且不置位 RI0。

UART 方式 1 的时序图如图 4-30 所示。方式 1 的波特率是由定时器的溢出率决定的,将在后面单独讨论。

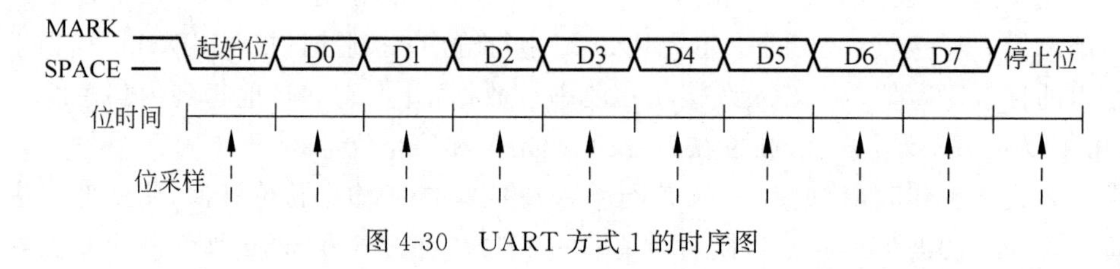


图 4-30 UART 方式 1 的时序图

**3. 方式 2 和方式 3**

方式 2 和方式 3 是 9 位异步全双工方式,该方式下 TX$n$ 为数据输出线,RX$n$ 为数据输入线。一帧信息共 11 位:1 位起始位、8 位数据位(先低位后高位)、1 位附加的第 9 位数据(发送时为 SCON$n$ 中的 TB8$n$,接收时第 9 位数据为 SCON$n$ 中的 RB8$n$)和 1 位停止位。方式 2 的波特率固定为振荡器频率的 1/64 或 1/32,而方式 3 的波特率由定时器 T1 或 T2 的溢出率确定(UART1 方式 3 的波特率由定时器 T1 或 T4 的溢出率确定)。

发送过程:CPU 向发送数据缓冲器 SBUF$n$ 写入一个数据就启动了串行口的发送过程,同时将 TB8$n$ 写入与发送 SBUF$n$ 相连的一个 D 触发器,构成输出移位寄存器的第 9 位。在波特率发生器的控制下,从 TX$n$ 端输出一帧信息,先发送起始位 0,接着从低位开始依次发送 SBUF$n$ 中的 8 位数据,再发送 SCON$n$ 中 TB8$n$,最后发送停止位并将发送中断标志位 TI$n$ 置 1,CPU 判断 TI$n$ 为 1 以后将 TI$n$ 清 0(或在中断服务程序中将其清 0),可以再次向 TB8$n$ 和 SBUF$n$ 写入一个新数据,再次启动串行口的发送。

接收过程:REN 置 1 以后,串行口即启动接收过程,检测到有效的起始位以后开始接收数据,先低位后高位,在 RI$n$=0,SM2$n$=0 或接收到的第 9 数据位为 1 时,将收到的数据装入 SBUF$n$ 和 RB8$n$ 并置位 RI$n$;如果条件不满足,则将数据丢弃,并且不置位 RI$n$。这种特性使得单片机可以用于多机通信,后面将详细介绍。

方式 2 和方式 3 的时序图如图 4-31 所示。

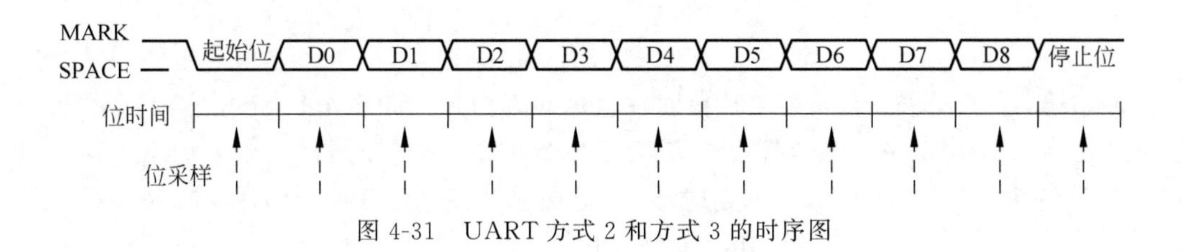


图 4-31　UART 方式 2 和方式 3 的时序图

## 4.3.4　波特率设计

在串行通信中,对收发双方数据传输的速率要有一定的约定。C8051F 串行口的 4 种工作方式中,方式 0 和方式 2 的波特率是固定的,而方式 1 和方式 3 的波持率由定时器的溢出率决定,是可变的。

**1. 波特率的计算方法**

(1) 方式 0 波特率。串行口方式 0 的波特率由振荡器的频率所确定:

$$方式0波特率=振荡器频率/12$$

(2) 方式 2 波特率。串行口方式 2 的波特率由振荡器的频率和 SMOD$n$ 联合确定:

$$方式2波特率=2^{SMODn}\times 振荡器频率/64$$

SMOD$n$ 为 0 时,波特率等于振荡器频率的 1/64;SMOD$n$ 为 1 时,波特率等于振荡器频率的 1/32。

(3) 方式 1 和方式 3 的波特率。

串行口方式 1 和方式 3 的波特率由定时器 T1 或 T2(UART0)/T4(UART1)的溢出率和 SMOD$n$ 确定。因为 T1、T2 和 T4 都是可编程的,可选波特率范围比较大,所以方式 1 和方式 3 是串行口最常用的工作方式。

**2. 波特率的产生**

1) 用定时器 T1 产生波特率

C8051F 系列单片机的定时器 T1 可以作为 UART0 和 UART1 的波特率发生器。当定时器 T1 作为串行口的波特率发生器时,串行口方式 1 和方式 3 的波特率由下式确定:

$$方式1和方式3波特率=2^{SMODn}\times (T1溢出率)/32$$

其中,T1 溢出率取决于计数速率和定时器的预置初始值。计数速率与 TMOD 寄存器中 C/T$n$ 的状态有关。当 C/T$n$=0 时,计数速率=振荡器频率或振荡器频率/12(由 CKCON 中的 T1M 决定);当 C/T$n$=1 时,计数速率取决于外部输入时钟的频率。

当定时器 T1 作为波特率发生器使用时,通常选用可自动重装初值工作方式,即方式 2。设计数初值为 $X$,则每过 256$-X$ 个计数周期,定时器 T1 就会溢出一次。为了避免因溢出而引起中断,此时应禁止 T1 中断。这时,溢出周期为:

$$\frac{256-X}{\text{SYSCLK}\times 12^{(\text{T1M}-1)}}$$

式中 SYSCLK 为系统振荡器频率。溢出率为溢出周期的倒数,所以有:

$$波特率=\left(\frac{2^{\text{SMOD}n}}{32}\right)\times\left(\frac{\text{SYSCLK}\times 12^{(\text{T1M}-1)}}{256-X}\right)$$

实际应用中,一般波特率是已知的,需要计算定时器的初值。由上式可得:

$$X = 256 - \frac{2^{SMODn} \times SYSCLK \times (12^{(T1M-1)})}{32 \times 波特率}$$

**例 4.6** 已知 C8051F 系列单片机时钟振荡频率为 11.0592MHz,选用定时器 T1 工作方式 2 作为 UART0 的波特率发生器,波特率为 2400b/s,求定时器 T1 的初值 $X$。

设波特率控制位 SMOD0=0,定时器 T1 计数脉冲控制位 T1M=0,则有:

$$X = 256 - \frac{11.0592 \times 10^6 \times 12^{-1}}{32 \times 2400} = 244 = 0xF4$$

用同样的方法可以计算出 TMOD0 和 T1M 为其他取值组合时初值。

为使用方便,表 4-14 列出了最常用的波特率以及相应的振荡器频率和 T1 计数初值。

**表 4-14 常用波特率**

| 振荡器频率(MHz) | 分频系数 | 定时器 1 装载值* | 波特率** /b·s⁻¹ | 振荡器频率(MHz) | 分频系数 | 定时器 1 装载值* | 波特率** /b·s⁻¹ |
|---|---|---|---|---|---|---|---|
| 25.0 | 434 | 0xE5 | 57 600(57 870) | 14.7456 | 512 | 0xE0 | 28 800 |
| 25.0 | 868 | 0xCA | 28 800 | 12.9024 | 112 | 0xF9 | 115 200 |
| 24.576 | 320 | 0xEC | 76 800 | 12.9024 | 448 | 0xE4 | 28 800 |
| 24.576 | 848 | 0xCB | 28 800(28 921) | 11.0592 | 96 | 0xFA | 115 200 |
| 24.0 | 208 | 0xF3 | 115 200(115 384) | 11.0592 | 384 | 0xE8 | 28 800 |
| 24.0 | 833 | 0xCC | 28 800(28 846) | 9.216 | 80 | 0xFB | 115 200 |
| 23.592 | 205 | 0xF3 | 115 200(113 423) | 9.216 | 320 | 0xEC | 28 800 |
| 23.592 | 819 | 0xCD | 28 800(28 911) | 7.3728 | 64 | 0xFC | 115 200 |
| 22.1184 | 192 | 0xF4 | 115 200 | 7.3728 | 256 | 0xF0 | 28 800 |
| 22.1184 | 768 | 0xD0 | 28 800 | 5.5296 | 48 | 0xFD | 115 200 |
| 18.432 | 160 | 0xF6 | 115 200 | 5.5296 | 192 | 0xF4 | 28 800 |
| 18.432 | 640 | 0xD8 | 28 800 | 3.6864 | 32 | 0xFE | 115 200 |
| 16.5888 | 144 | 0xF7 | 115 200 | 3.6864 | 128 | 0xF8 | 28 800 |
| 16.5888 | 576 | 0xDC | 28 800 | 1.8432 | 16 | 0xFF | 115 200 |
| 14.7456 | 128 | 0xF8 | 115 200 | 1.8432 | 64 | 0xFC | 28 800 |

注: * 假定 SMOD=1 且 T1M=1; ** 括号中为实际波特率值。

Silicon Laboratories 公司的配置向导软件具有波特率设置功能,可运行 Config 软件进行波特率设置。

2) 用定时器 T2 或 T4 产生波特率

C8051F 系列单片机的定时器 T2 和 T4 也可以作为波特率发生器使用,其中 T2 适用于 UART0,T4 适用于 UART1。下面以 T2 作为 UART0 的波特率发生器为例加以说明。

置位 T2CON 中的 TCLK0 或 RCLK0 位,T2 就工作于 UART0 的波特率发生器方式。这时 T2 的逻辑结构框图如图 4-9 所示。

C/T2=0 时,波特率计算公式为:

$$方式 1 或方式 3 波特率 = \frac{SYSCLK}{32 \times (65\,536 - [RCAP2H:RCAP2L])}$$

可得:

$$\text{RCAP2H:RCAP2L} = 65\,536 - \frac{\text{SYSCLK}}{32 \times \text{波特率}}$$

C/T2=1 时，波特率计算公式为：

$$\text{方式 1 或方式 3 波特率} = \frac{f_{\text{CLK}}}{16 \times (65\,536 - [\text{RCAP2H:RCAP2L}])}$$

其中，$f_{\text{CLK}}$ 为 T2 上输入信号的频率。可得：

$$\text{RCAP2H:RCAP2L} = 65\,536 - \frac{f_{\text{CLK}}}{32 \times \text{波特率}}$$

在 T2 计数过程中(TR2=1)不应该对 TH2、TL2 进行读/写。如果读，则读出结果不会精确(因为每个状态加 1)；如果写，则会影响 T2 的溢出率，从而使波特率不稳定。在 T2 的计数过程中可以对 RCAP2H 和 RCAP2L 进行读但不能写，如果写也将使波特率不稳定。因此，在初始化时，应先往 TH2、TL2、RCAP2H、RCAP2L 中写入初始值再将 TR2 置 1，启动 T2 计数。

### 4.3.5 串行口应用编程

串行通信的硬件连接好以后，接下来的主要工作就是编写串行通信程序。编写串行通信程序的要点归纳如下：

- 交叉开关配置。按图 4-28 所示，将 TX$n$ 和 RX$n$ 连接到相应的 I/O 端口。
- 设定波特率。串行口的波特率有两种，即固定波特率和可变波特率。当使用可变波特率时，应先计算 T1 或 T2/T4 的计数初值，并对相应的定时器进行初始化；如果使用固定波特率(方式 0、方式 2)，则此步骤可以省略。
- 填写控制字。即对 SCON$n$ 寄存器设定工作方式，如果是接收程序或双工通信方式，需要置 REN$n$=1(允许接收)，同时也要将 TI$n$、RI$n$ 清 0。
- 串行通信程序可以采用查询和中断两种方式编写。TI$n$ 和 RI$n$ 是一帧数据是否发送完成或接收齐的标志，可用于 CPU 查询；如果允许，也可以产生中断请求。两种方式的编程方法如下：

查询式发送程序：发送一个数据→查询 TI$n$→发送下一个数据(先发后查)。

查询式接收程序：查询 RI$n$→读入一个数据→查询 RI$n$→读下一个数据(先查后收)。

中断式发送程序：主程序发送一个数据→等待中断→中断服务程序发送下一个数据。

中断式接收程序：主程序等待中断→在中断服务程序中接收一个数据。

- 两种方式中，发送和接收数据后都要注意将 TI$n$ 或 RI$n$ 清 0。

为保证收、发双方的协调，除两边的波特率要一致外，双方可以约定(即通信协议)以某个字符作为发送数据的起始，发送方先发送这个特殊字符，待对方收到这个字符并给予回应后，再正式发送数据，对所发送的数据也可以采用累加和或异或和进行校验。

**1. 查询方式**

对于波特率可变的方式 1 和方式 3 来说，查询方式发送的流程如图 4-32(a)所示，接收的流程如图 4-32(b)所示，方式 0 和方式 2 只要跳过定时器的初始化即可。

**2. 中断方式**

中断方式对定时器和控制寄存器的初始化与查询方式类似，不同的是要置位 EA 和

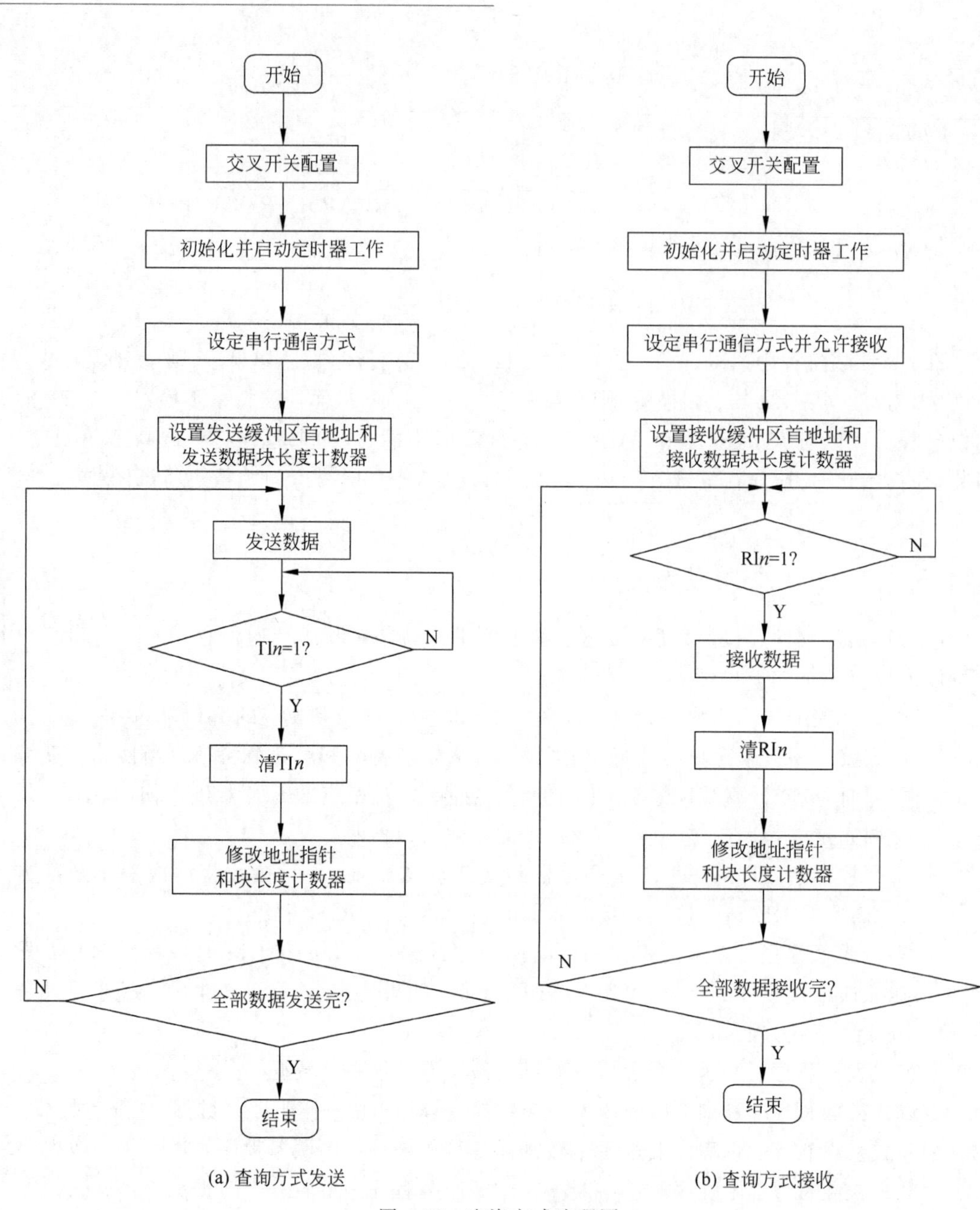


(a) 查询方式发送

(b) 查询方式接收

图 4-32　查询方式流程图

ES*n*,以允许串口中断。中断方式的发送和接收的流程图如图 4-33(a)和图 4-33(b)所示。

### 3. 串行通信编程举例

**例 4.7**　在 C8051F020 的片内数据存储器 0x20～0x3F 单元共有 32 字节数据,要求使用 UART0 的方式 1 发送出去,设传输波特率为 9600b/s,SYSCLK=12MHz。试分别用查询方式和中断方式编写发送程序和相应的接收程序。

假设采用 T1 工作于方式 2,作为波特率发生器,取 T1M=0、SMOD0=0,则 T1 的时间常数计算如下:

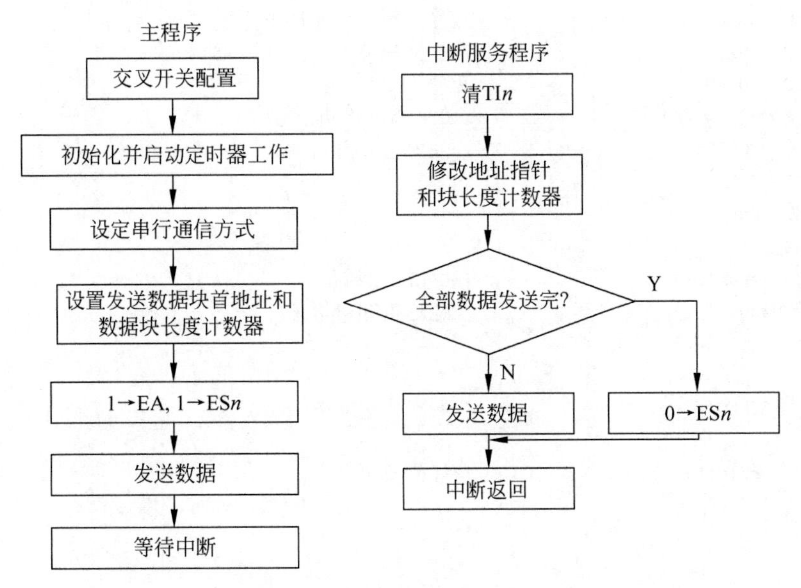


(a) 中断方式发送

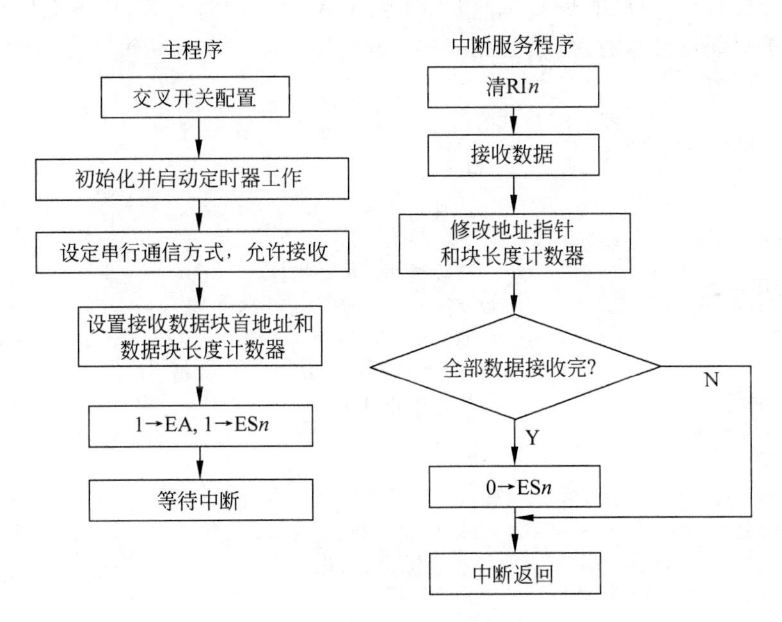


(b) 中断方式接收

图 4-33　中断方式流程图

$$X=256-\frac{2^{\mathrm{SMOD0}}\times \mathrm{SYSCLK}\times 12^{(\mathrm{T1M}-1)}}{32\times 波特率}=256-\frac{12\times 10^{6}\times 12^{(0-1)}}{32\times 9600}=253=0\mathrm{xFD}$$

查询方式发送程序：

```
#include <c8051f020.h>
void main(void)
{
    unsigned char i;
```

```
    char data * p;                  //发送数据块地址指针
    XBR0 = 0x04;                    //交叉开关配置,使能 UART0
    XBR2 = 0x40;                    //使能交叉开关
    P0MDOUT |= 0x01;                //TX0 为推挽输出方式
    TMOD = 0x20;                    //初始化并启动 T1
    TH1 = 0xFD;
    TL1 = 0xFD;
    TR1 = 1;
    SCON0 = 0x40;                   //UART0 初始化
    p = 0x20;                       //地址指针初始化
    for(i = 0;i < 32;i++)
    {
        SBUF0 = * p;                //一字节送发送 SBUF0
        p++;
        while(!TI0);                //等待发送完成
        TI0 = 0;
    }
}
```

需要注意的是,如果使用的是 UART1 而不是 UART0,因为 SCON1 不能位寻址,所以等待 TI1 变为 1 只能用其他方法,如 while((SCON1&0x01)==0x00)。

查询方式接收程序:

```
#include <c8051f020.h>
void main(void)
{
    unsigned char i;
    char data * p;                  //接收缓冲区地址指针
    XBR0 = 0x04;                    //交叉开关配置,使能 UART0
    XBR2 = 0x40;                    //使能交叉开关
    P0MDOUT |= 0x01;                //TX0 为推挽输出方式
    TMOD = 0x20;                    //初始化并启动 T1
    TH1 = 0xFD;
    TL1 = 0xFD;
    TR1 = 1;
    SCON0 = 0x50;                   //UART0 初始化,允许接收
    p = 0x20;                       //地址指针初始化
    for(i = 0;i < 32;i++)
    {
        while(!RI0);                //等待 UART0 接收一个字符
        RI0 = 0;
        * p = SBUF0;                //放入接收缓冲区
        p++;
    }
}
```

中断方式发送程序如下:

```
//主程序
#include <c8051f020.h>
char data * p;                      //发送数据块地址指针
```

```
void main(void)
{
    XBR0 = 0x04;                    //交叉开关配置,使能 UART0
    XBR2 = 0x40;                    //使能交叉开关
    P0MDOUT |= 0x01;                //TX0 为推挽输出方式
    TMOD = 0x20;                    //初始化并启动 T1
    TH1 = 0xFD;
    TL1 = 0xFD;
    TR1 = 1;
    SCON0 = 0x40;                   //UART0 初始化
    p = 0x20;                       //地址指针初始化
    EA = 1;                         //开中断
    ES0 = 1;
    SBUF0 = *p;                     //发送第一个字符
    while(1);                       //等待发送中断
}
//中断服务程序
void interrupt_UART0(void) interrupt 4
{
    TI0 = 0;                        //清发送中断标志
    p++;
    if(p<0x40)
        SBUF0 = *p;                 //发送下一字节
    else
        ES0 = 0;                    //关串口中断
}
```

中断方式接收程序如下：

```
//主程序
#include<c8051f020.h>
char data *p;                       //接收缓冲区地址指针
void main(void)
{
    XBR0 = 0x04;                    //交叉开关配置,使能 UART0
    XBR2 = 0x40;                    //使能交叉开关
    P0MDOUT |= 0x01;                //TX0 为推挽输出方式
    TMOD = 0x20;                    //初始化并启动 T1
    TH1 = 0xFD;
    TL1 = 0xFD;
    TR1 = 1;
    SCON0 = 0x50;                   //UART0 初始化,允许接收
    p = 0x20;                       //地址指针初始化
    EA = 1;                         //开 UART0 中断
    ES0 = 1;
    while(1);                       //等待接收中断
}
//中断服务程序
void interrupt_UART0(void) interrupt 4
{
    RI0 = 0;                        //清接收中断标志
```

```
    *p = SBUF0;                    //收到的字符送接收缓冲区
    p++;
    if(p >= 0x40) ES0 = 0;         //关 UART0 中断
}
```

**例 4.8** 试编写一个 UART0 带奇偶校验的发送程序。

C8051F 系列单片机的 UART 口没有单独的奇偶校验功能,但是我们知道,标准字符 ASCII 码只用 1 字节的低 7 位表示不同字符,最高位恒为 0,因此可以考虑借助字符 ASCII 码的最高位进行奇偶校验。另外,可以借助奇偶校验位 PARITY(PSW.0)形成字符的校验位,但必须先把字符送到累加器 ACC 中。

设 SYSCLK=11.0592MHz,波特率为 9600b/s,UART0 工作于方式 1,用 T2 作为波特率发生器,T2 的时间常数计算如下:

因为

$$\text{波特率}=\frac{\text{SYSCLK}}{32\times(65\,536-[\text{RCAP2H}:\text{RCAP2L}])}$$

所以

$$\text{RCAP2H}:\text{RCAP2L}=65\,536-\frac{\text{SYSCLK}}{32\times\text{波特率}}=65\,500=0\text{xFFDC}$$

程序如下:

```
#include <c8051f020.h>
#include <string.h>
char s[] = "C8051F020 Serial Communication";
char bdata c;
sbit c7 = c^7;
void main(void)
{
    char a,b = 0;
    XBR0 = 0x04;                  //交叉开关配置,使能 UART0
    XBR2 = 0x40;                  //使能交叉开关
    P0MDOUT |= 0x01;              //TX0 为推挽输出方式
    T2CON = 0x14;                 //T2 作为发送波特率发生器,TCLK0 = 1,TR2 = 1
    SCON0 = 0x40;                 //UART0 方式 1,不允许接收
    RCAP2H = 0xFF;
    RCAP2L = 0xDC;
    a = strlen(s);
    for(;b<a;b++)
    {
        c = s[b];
        ACC = c;                  //将字符送到累加器 ACC 中进行校验,形成校验位 P
        c7 = P;                   //P 即 PSW.0,在 c8051f020.h 中定义
        SBUF0 = c;
        while(!TI0);
        TI0 = 0;
    }
}
```

作为练习,请读者自己写出本程序对应的接收端程序。另外,UART$n$ 方式 2 和 3 的第

9 数据位 TB8*n*、RB8*n* 也可以用作奇偶校验位,请读者自己练习。

**例 4.9** A 机和 B 机按以下协议用 UART0 进行点对点通信：A 机开始发送时,先发送 0xAA 联络信号,B 机收到后回答一个 0xBB 信号,表示同意接收。A 机收到 0xBB 信号后开始发送数据,每发送完 1 字节便求一次累加校验和。假定数据块长度为 16 字节,数据缓冲区首地址为 BUF,数据发送完后马上发送校验和。B 机接收数据并将其存入以 BUF 为首地址的数据缓冲区,每接收到 1 字节也计算一次校验和,当收齐一个数据块后,再接收 A 机发来的校验和,并将其与自己计算出来的校验和进行比较。若二者相等,则说明接收正确,B 机回答 0x00；若二者不相等,则说明接收不正确,B 机回答 0xFF,请求重发。A 机收到 0x00 的回答后,结束发送；若收到的答复为非 0,则将数据重发一次。双方约定的波特率为 1200b/s,SYSCLK＝11.0592MHz,用定时器 T1 作为波特率发生器,取 T1M＝0、SMOD0＝0。试为 A 机和 B 机编写符合上述通信协议的程序。

点对点通信的双方基本等同,只是人为规定一个为发送方,另一个为接收方。可以编制含有初始化函数、发送函数、接收函数的程序,在主程序中根据程序的发送和接收设置选择变量 TR,根据 TR 的值选择要调用的函数。这样点对点通信的双方都运行此程序,只需在程序装入前进行人工设置选择变量,一个令 TR＝0,另一个令 TR＝1,然后分别编译,在两台机上分别装入并运行即可。

```
#include <c8051f020.h>
#define uchar unsigned char
#define TR 1                          //发送/接收控制,0 发送; 1 接收
uchar idata buf[16];                  //发送/接收缓冲区
uchar pf;                             //校验和
void init(void)                       //初始化函数
{
    XBR0 = 0x04;                      //交叉开关配置,使能 UART0
    XBR2 = 0x40;                      //使能交叉开关
    P0MDOUT |= 0x01;                  //TX0 为推挽输出方式
    TMOD = 0x20;                      //定时器 T1 方式 2,作为波特率发生器
    TH1 = 0xe8;
    TL1 = 0xe8;
    PCON = 0x00;
    TR1 = 1;
    SCON0 = 0x50;                     //UART0 方式 1,允许接收
}
void send(uchar idata *d)             //发送函数
{
    uchar i;
    do {
        SBUF0 = 0xAA;                 //发送联络信号
        while(!TI0);
        TI0 = 0;
        while(!RI0);
        RI0 = 0;
    }while((SBUF0^0xBB)!= 0);         //直到对方同意接收
    do{
        pf = 0;
```

```
            for(i = 0;i < 16;i++)
            {
                SBUF0 = d[i];               //发送 1 字节
                pf += d[i];                 //计算校验和
                while(!TI0);
                TI0 = 0;
            }
            SBUF0 = pf;                     //发送校验和
            while(!TI0);
            TI0 = 0;
            while(!RI0);                    //等待对方回应
            RI0 = 0;
        }while(SBUF0!= 0);                  //直到对方回应 00,否则重发
}
void receive(uchar idata * d)               //接收函数
{
    uchar i;
    do {
        while(!RI0);
        RI0 = 0;
    }while((SBUF0^0xAA)!= 0);               //接收发送请求
    SBUF0 = 0xBB;                           //回送应答
    while(!TI0);
    TI0 = 0;
    while(1)
    {
    pf = 0;
    for(i = 0;i < 16;i++)
    {
      while(!RI0);                          //接收并保存一个字符
      RI0 = 0;
      d[i] = SBUF0;
      pf += d[i];                           //计算校验和
    }
    while(!RI0);                            //接收校验和
    RI0 = 0;
    if((SBUF0^pf) == 0)
    {
        SBUF0 = 0x00;                       //回送接收正确应答
        while(!TI0);
        TI0 = 0;
        break;
    }
    else
    {
        SBUF0 = 0xFF;                       //回送接收出错应答,请求重发
        while(!TI0);
        TI0 = 0;
      }
    }
}
```

```
void main(void)                         //主程序
{
    init();
    if(!TR)
        send(buf);                      //TR = 0,发送
    else
        receive(buf);                   //TR = 1,接收
}
```

### 4.3.6 多机通信原理及应用

C8051F 系列单片机串行口的方式 2 和方式 3 具有多机通信功能,利用这一特性可构成多处理机通信系统。

**1. 多机通信系统原理**

图 4-34 是在单片机多机系统中常采用的总线型主从式多机系统。所谓主从式,即在多台单片机中,有一台是主机,其余的为从机。主机与各从机间可实现全双工通信,而各从机之间只能通过主机交换信息。当然,在采用不同的通信标准时(如 RS-422A 接口标准),还需进行相应的电平转换,以增大通信距离,还可以对传输信号进行光电隔离。

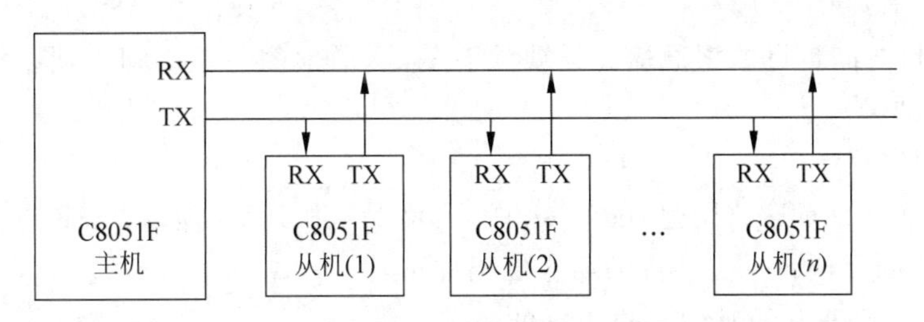


图 4-34　C8051F 主从式多机通信系统结构框图

在图 4-34 所示的主从式多机通信系统中,主机发送的信息可传送到各个从机或指定的从机,而各从机发送的信息只能被主机接收。多机通信的实现,主要靠主、从机之间正确地设置与判断多机通信控制位 SM2*n* 和发送或接收的第 9 数据位(TB8*n*、RB8*n*)。

C8051F 系列单片机内置 UART*n* 的地址识别硬件,通过对串口地址寄存器 SADDR*n* 和串口地址允许寄存器 SADEN*n* 两个 SFR 编程实现。SADEN*n* 用于设置 SADDR*n* 中地址的屏蔽位,SADEN*n* 中为 1 的位对应于 SADDR*n* 中用来检查接收到的地址字节的位;SADEN*n* 为 0 的位对应于 SADDR*n* 中“无关”的位。如,若 SADDR0＝00110101、SADEN0＝00001111,则 UART0 地址＝xxxx0101;若 SADDR0＝00110101、SADEN0＝11110011,则 UART0 地址＝0011xx01。

如果从机的 SM2*n*＝1,则只有当接收到的第 9 数据位(RB8*n*)为 1 时,收到有效的停止位并且接收的数据字节与 UART*n* 从地址匹配时,UART*n* 才会产生中断。在接收地址的中断处理程序中,从机应清除它的 SM2*n* 位,以允许后面接收数据字节时产生中断。一旦接收完整个数据块,被寻址的从机应将其 SM2*n* 位重新置 1,以忽略所有的数据传输,直到它收到下一个地址字节。在 SM2*n*＝1 时,UART*n* 忽略所有那些与 UART*n* 地址不匹配以及第 9 数据位不是 1 的字节。

可以将多个地址分配给同一个从机,也可以将一个地址分配给多个从机,从而允许同时

向多个从机进行“广播”式发送。广播地址是寄存器 SADDR*n* 和 SADEN*n* 的逻辑或,结果为 0 的位被视为“无关”。一般来说,广播地址 0xFF 会得到所有从机的响应,这里假设将“无关”位视为 1。主机可以被配置为接收所有的传输数据,或通过实现某种协议使主/从角色能临时变换以允许原来的主机和从机之间进行半双工通信。

**2. 多机通信协议**

根据 C8051F 系列单片机串行口的多机通信能力,多机通信可以按照以下协议进行。

(1) 将所有从机的 SM2*n* 位置 1,处于只接收地址帧的状态。

(2) 主机发送一帧地址信息,其中前 8 位为地址,第 9 位(TB8*n*)为地址/数据信息的标志位。第 9 位为 1,表示该帧为地址信息。

(3) 从机接收到地址帧后,各自将所接收到的地址与本从机的地址比较。地址相符的那个从机,将其 SM2*n* 位清 0,并把本机的地址发送回主机作为应答,然后开始接收主机随后发来的数据或命令信息;地址不符的从机,其 SM2*n* 位仍保持为 1,对主机随后发来的数据不予理睬,直至主机发送新的地址帧。

(4) 主机收到从机发回的应答地址后,确认地址是否相符。如果地址相符,则清 TB8*n*,然后开始发送命令,通知从机是进行数据接收还是进行数据发送;如果地址不符,则发复位命令(数据帧中 TB8*n*=1)。

(5) 主从机之间进行数据通信。需要注意的是,通信的各机之间必须以相同的帧格式及波特率进行通信。

**3. 多机通信程序**

设主机发送的地址联络信号 0x00、0x01、0x02 为从机地址,地址 0xFF 是命令各从机恢复其 SM2n=1 的复位命令。主机的命令编码如下:

- 0x01——请求从机接收主机数据的命令;
- 0x02——请求从机向主机发送数据的命令。

从机的状态字格式如下:

| ERR | 0 | 0 | 0 | 0 | 0 | TRDY | RRDY |
|---|---|---|---|---|---|---|---|

- ERR=1 表示从机接收到的命令是非法的;
- TRDY=1 表示从机已准备好向主机发送数据;
- RRDY=1 表示从机已准备好接收主机发送的数据。

通常从机以中断方式控制与主机的通信。程序分为主机程序和从机程序,约定一次传输的数据为 16 字节,以 0x02 地址的从机为例。

(1) 主机程序。

主机程序流程图如图 4-35 所示。

主机程序 master.c 如下:

```
#include <C8051F020.h>
#define uchar unsigned char
#define SLAVE 0x02                                      //从机地址
#define BN 16
uchar rbuf[16];
```

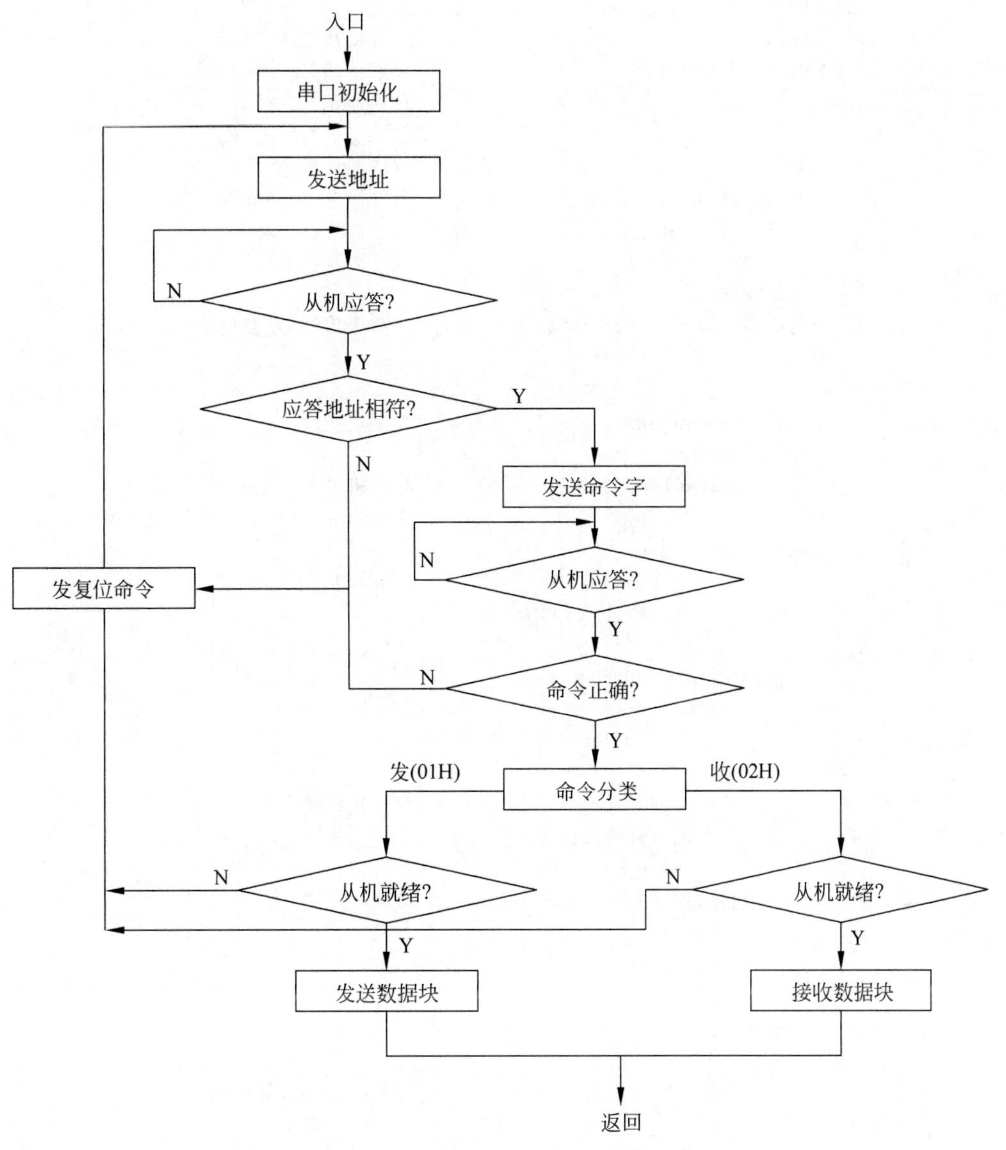


图 4-35　多机通信主机程序流程图

```
uchar idata tbuf[16] = {"master transmit"};
void err(void)                                  //发送复位命令,用 0xFF 表示
{
    SBUF0 = 0xff;
    while(!TI0);TI0 = 0;
}
uchar master(uchar addr,uchar command)          //主机函数
{
    uchar aa,i,p;
    while(1)
    {
        SBUF0 = addr;                           //发呼叫地址
```

```
        while(!TI0);TI0 = 0;
        while(!RI0);RI0 = 0;                        //等待从机地址应答
        if(SBUF0!= addr) err();                     //地址错,发复位信号
        else                                        //地址正确
        {
            TB80 = 0;                               //清地址标志
            SBUF0 = command;                        //发命令
            while(!TI0);TI0 = 0;
            while(!RI0);RI0 = 0;                    //等待从机命令应答
            aa = SBUF0;
            if((aa&0x80) == 0x80){TB80 = 1;err();}  //命令出错,发复位信号
            else
            {
              if(command == 0x01)                   //是发送命令
              {
                if((aa&0x01) == 0x01)               //从机准备好接收
                {
                    do{
                        p = 0;                      //清校验和
                        for(i = 0;i < BN;i++)
                        {
                            SBUF0 = tbuf[i];        //发送一数据
                            p += tbuf[i];           //计算校验和
                            while(!TI0);TI0 = 0;
                        }
                        SBUF0 = p;                  //发送校验和
                        while(!TI0);TI0 = 0;
                        while(!RI0);RI0 = 0;        //等待校验和应答
                    }while(SBUF0!= 0);              //接收出错,重发
                    TB80 = 1;                       //接收正确,置地址标志
                    return(0);
                }
                else
                {
                    TB80 = 1;err();                 //从机未准备好接收
                }
            }
            else                                    //接收命令
            {
                if((aa&0x02) == 0x02)               //从机准备好发送
                {
                    while(1)
                    {
                        p = 0;                      //清校验和
                        for(i = 0;i < BN;i++)
                        {
                            while(!RI0);RI0 = 0;    //接收一数据
                            rbuf[i] = SBUF0;
                            p += rbuf[i];           //计算校验和
                        }
                        while(!RI0);RI0 = 0;        //接收校验和
```

```
                            if(SBUF0 == p)
                            {
                                SBUF0 = 0x00;           //校验和相同,发 00
                                while(!TI0);TI0 = 0;
                                break;
                            }
                            else
                            {
                                SBUF0 = 0xff;           //校验和不同,发 FF 重新接收
                                while(!TI0);TI0 = 0;
                            }
                        }
                        TB80 = 1;                       //置地址标志
                        return(0);
                    }
                    {
                        TB80 = 1;err();                 //从机未准备好发送
                    }
                }
            }
        }
    }
}
void main(void)
{
    XBR0 = 0x04;                                        //交叉开关配置,使能 UART0
    XBR2 = 0x40;                                        //使能交叉开关
    P0MDOUT |= 0x01;                                    //TX0 为推挽输出方式
    TMOD = 0x20;                                        //T1 方式 2
    TH1 = 0xfd;
    TL1 = 0xfd;
    PCON = 0x00;
    TR1 = 1;
    SCON0 = 0xf8;                                       //UART0 方式 3、SM20 = 1、REN0 = 1、TB80 = 1
    master(SLAVE,0x01);
    master(SLAVE,0x02);
}
```

(2) 从机程序。

从机的中断服务程序流程图如图 4-36 所示。

从机程序 slave.c 如下：

```
#include <C8051F020.h>
#define uchar unsigned char
#define SLAVE 0x02                              //从机地址
#define BN 16
uchar trbuf[16];
uchar rebuf[16];
bit tready;
bit rready;
void main(void)
```

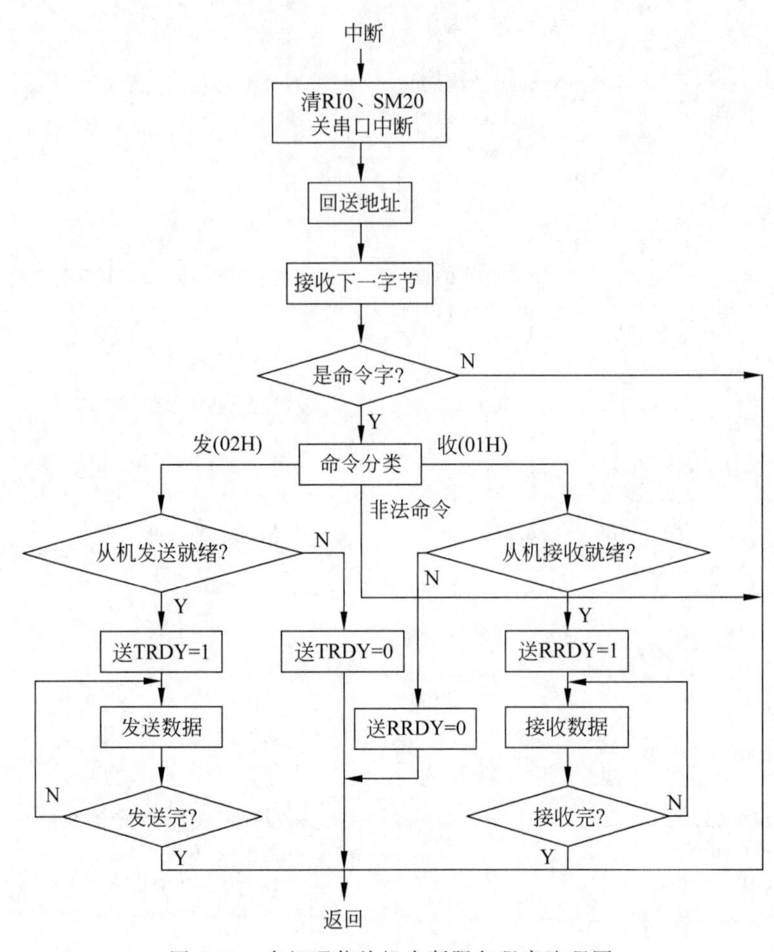


图 4-36　多机通信从机中断服务程序流程图

```
{
    XBR0 = 0x04;                              //交叉开关配置,使能 UART0
    XBR2 = 0x40;                              //使能交叉开关
    P0MDOUT |= 0x01;                          //TX0 为推挽输出方式
            TMOD = 0x20;                      //T1 方式 2
        TH1 = 0xfd;
        TL1 = 0xfd;
        PCON = 0x00;
        TR1 = 1;
        SADDR0 = SLAVE;                       //从机地址
        SADEN0 = 0xff;
        SCON0 = 0xf0;                         //UART0 方式 3、SM20 = 1、REN0 = 1、TB80 = 0
        ES0 = 1;EA = 1;                       //开 UART0 中断
        while(1){tready = 1;rready = 1;}      //准备好发送和接收
    }
    void ssio(void) interrupt 4 using 1
    {
        void str(void);                       //函数声明
        void sre(void);
```

```
        uchar a;
        RI0 = 0;
        ES0 = 0;
        SM20 = 0;                               //取消监听状态
        if(SBUF0 == 0xFF){SM20 = 1;ES0 = 1; goto reti;}          //是复位命令,继续监听
        SBUF0 = SLAVE;                          //回送从机地址
        while(!TI0);TI0 = 0;
        while(!RI0);RI0 = 0;                    //接收命令
        a = SBUF0;
        if(a == 0x01)                           //接收主机数据命令
        {
            if(rready == 1)
            {
              SBUF0 = 0x01;                     //发准备好接收状态字
              while(!TI0);TI0 = 0;
                         sre();
            }
            else
            {
                SBUF0 = 0x00;                   //未准备好接收
                while(!TI0);TI0 = 0;
              }
    }
    else
    {
        if(a == 0x02)                           //向主机发送数据命令
        {
          if(tready == 1)
          {
            SBUF0 = 0x02;                       //准备好发送
            while(!TI0);TI0 = 0;
            str();
          }
          else
          {
            SBUF0 = 0x00;                       //未准备好发送
            while(!TI0);TI0 = 0;
          }
    }
    else                                        //非法命令
    {
        SBUF0 = 0x80;                           //发命令非法状态字
        while(!TI0);TI0 = 0;
        SM20 = 1;ES0 = 1;                       //恢复监听
    }
 }
 reti:;
}
void str(void)                                  //发送数据块
{
    uchar p,i;
```

```
        tready = 0;
        do{
            p = 0;                                  //清校验和
            for(i = 0;i < BN;i++)
            {
                SBUF0 = trbuf[i];                   //发送一字节
                p += trbuf[i];                      //计算校验和
                while(!TI0);TI0 = 0;
            }
            SBUF0 = p;                              //发送校验和
            while(!TI0);TI0 = 0;
            while(!RI0);RI0 = 0;                    //接收主机应答
        } while(SBUF0!= 0);                         //主机接收不正确,重发
        SM20 = 1;
        ES0 = 1;
    }
    void sre(void)                                  //接收数据块
    {
        uchar p,i;
        rready = 0;
        while(1)
        {
            p = 0;                                  //清校验和
            for(i = 0;i < BN;i++)
            {
                while(!RI0);RI0 = 0;
                rebuf[i] = SBUF0;                   //接收一字节
                p += rebuf[i];                      //计算校验和
            }
            while(!RI0);RI0 = 0;                    //接收校验和
            if(SBUF0 == p){SBUF0 = 0x00;break;}     //校验和相同,发 00
            else
            {
                SBUF0 = 0xff;                       //校验和不同,发 FF,请求重发
                while(!TI0);TI0 = 0;
            }
        }
        SM20 = 1;
        ES0 = 1;
    }
```

# 习　题　4

1. C8051F020 单片机内部有哪几个定时器/计数器？它们由哪些 SFR 组成？

2. C8051F020 单片机的定时器/计数器各有哪几种工作方式？各种工作方式有什么特点？

3. 定时器/计数器用作定时器时,其定时时间与哪些因素有关？作为计数器时,对外部事件的频率有何限制？

4. 设 $f_{osc}$=12MHz,定时器处于不同工作方式时,最大定时时间各是多少?

5. 利用 C8051F020 单片机的 T0 进行计数,每 10 个脉冲,P1.0 取反一次,试用查询和中断两种方式编写实现该功能的程序。

6. 在 P1.0 引脚接一放大电路驱动扬声器,利用 T1 产生 1000Hz 的音频信号,从扬声器输出,编写实现该功能的程序。

7. 已知 C8051F020 单片机的系统时钟频率为 12MHz,利用定时器 T0,使 P1.2 每隔 350μs,输出一个 50μs 脉宽的正脉冲,编写实现该功能的程序。

8. 在 C8051F020 单片机中,已知系统时钟频率为 12MHz,编写程序使 P1.0 和 P1.1 分别输出周期为 2ms 和 50μs 的方波。

9. 利用 C8051F020 单片机的定时器 T0 测量某正脉冲的宽度,已知此脉冲的宽度小于 10ms,主机频率为 12MHz。编写程序,测量脉宽,并把结果转换为 BCD 码,顺序存放在以片内 50H 单元为首地址的内存单元中(50H 单元存个位)。

10. C8051F020 单片机的 PCA0 有哪几种工作方式?简述每种工作方式的特点。

11. PCA0 有几个中断源?怎样才能使 CPU 响应 PCA0 的中断请求?

12. 编写一个程序,利用 T3 产生方波输出,利用 PCA0 的 CEX4 捕捉测试方波的周期。

13. 编写一个程序,让 PCA0 的 CEX1 产生可调频率的方波。

14. 什么是串行异步通信,它有哪些特点,C8051F020 单片机的串行口有哪几种工作方式?

15. 当 C8051F020 单片机的串行口工作在方式 2 和方式 3 时,它的第 9 数据位可用作"奇偶校验位"进行传送,接收端用它来核对接收到的数据正确与否。试编写串行口方式 2 带奇偶校验的发送和接收程序。

16. 设甲、乙两机采用 UART0 方式 1 通信,波特率为 4800b/s,甲机发送 0、1、2、……、1FH,已机接收并存放在内部 RAM 以 20H 为首地址的单元,试用查询和中断两种方式编写甲、乙两机的程序(两机的系统时钟频率为 12MHz)。

# 第5章　模数和数模转换器

A/D 转换器简写为 ADC(Analog to Digital Converter),是一种能把模拟量转换为相应的数字量的电子器件。D/A 转换器简写为 DAC(Digital To Analog Converter),与 A/D 转换器相反,它能把数字量转换为相应的模拟量。在单片机控制系统中,经常需要用到 A/D 和 D/A 转换器。它们的功能及其在实时控制系统中的地位如图 5-1 所示。由图可见,被控实体的过程信号可以是电量(如电流、电压等),也可以是非电量(如温度、压力、传速等),其数值是随时间连续变化的。各种模拟量都可以通过变送器或传感器转换为相应的数字量送给单片机。单片机对过程信息进行运算和处理,把过程信息进行当地显示或打印等,同时将处理后的数字量送给 D/A 转换器,转换为相应的模拟量去对被控系统进行控制和调整,使系统处于最佳工作状态。

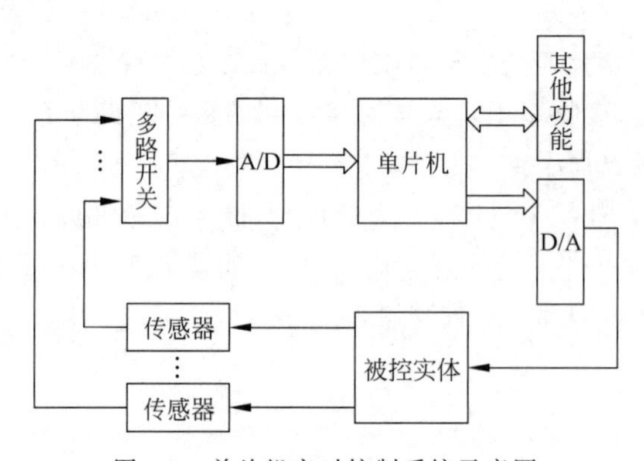


图 5-1　单片机实时控制系统示意图

上述分析表明：A/D 转换器在单片机控制系统中主要用于数据采集,向单片机提供被控对象的各种实时参数,以便单片机对被控对象进行监视和控制决策；D/A 转换器用于模拟控制,通过机械或电气手段对被控对象进行调整和控制。因此,A/D、D/A 转换器是架设在单片机和被控实体之间的桥梁,在单片机控制系统占有极其重要的地位。

C8051F020 是混合信号型单片机,在片内集成了模数(A/D)和数模(D/A)转换电路。下面分别进行叙述。

## 5.1　模数转换器

A/D 是将模拟量转换为数字量的器件。模拟量可以是电压、电流等电信号,也可以是声、光、压力、湿度、温度等随时间连续变化的非电的物理量。非电的模拟量可通过合适的传感器(如光电传感器、压力传感器、温度传感器)转换为电信号。

C8051F020 片内包含一个 9 通道的 12 位的模数转换器 ADC0 和 8 通道 8 位的模数转换器 ADC1。

## 5.1.1 模数转换原理和性能指标

**1. 转换原理**

A/D 转换器的种类很多,根据转换原理可以分计数式、并行式、双积分式、逐次逼近式等。计数式 A/D 转换器结构简单,但转换速度也很慢,所以很少采用。并行 A/D 转换器的转换速度最快,但因结构复杂而造价较高,只用于那些转换速度极高的场合。双积分式 A/D 转换器抗干扰能力强,转换精度也很高,但速度不够理想,常用于数字式测量仪表中。计算机中广泛采用逐次逼近式 A/D 转换器作为接口电路,它的结构不太复杂,转换速度也较高。下面仅对逐次逼近式和双积分式 A/D 转换器的转换原理进行简单介绍。

1) 逐次逼近式 A/D 转换器

逐次逼近式 A/D 也称逐次比较法 A/D。它由结果寄存器、D/A、比较器和置位控制逻辑等部件组成,原理框图如图 5-2 所示。

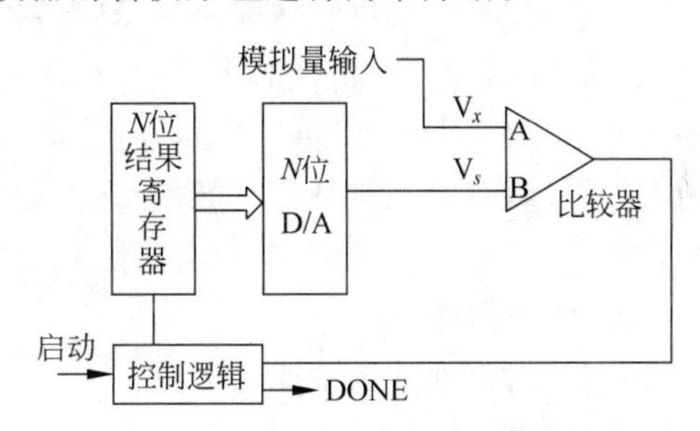

图 5-2 逐次逼近式 A/D 原理框图

这种 A/D 采用对分搜索法逐次比较、逐步逼近的原理来转换,整个转换过程是个"试探"过程。控制逻辑先置 1 结果寄存器最高位 $D_{n-1}$ 然后经 D/A 转换得到一个占整个量程一半的模拟电压 $V_s$,比较器将此 $V_s$ 和模拟输入电压 $V_x$ 比较,若 $V_x > V_s$ 则保留此位 $D_{n-1}$(为 1),否则清 0$D_{n-1}$ 位。然后控制逻辑置 1 结果寄存器次高位 $D_{n-2}$,连同 $D_{n-1}$ 一起送 D/A 转换,得到的 $V_s$ 再和 $V_x$ 比较,以决定 $D_{n-2}$ 位保留为 1 还是清 0,以此类推。最后,控制逻辑置 1 结果寄存器最低位 $D_0$,然后将 $D_{n-1}$、$D_{n-2}$、……、$D_0$ 一起送 D/A 转换。转换得到的结果 $V_s$ 和 $V_x$ 比较,决定 $D_0$ 位保留为 1 还是清 0。

至此,结果寄存器的状态便是与输入的模拟量 $V_x$ 对应的数字量。

2) 双积分式的 A/D 转换器

双积分式也称二重积分式,其实质是测量和比较两个积分的时间(它的工作原理见图 5-3):一个是对模拟输入电压积分的时间 $T_0$,此时间往往是固定的;另一个是以充电后的电压为初值,对参考电源 $V_{ref}$ 反向积分,积分电容被放电至零所需的时间 $T_i$($V_{ref}$ 与 $V_i$ 符号相反)。反向积分的斜率是固定的。模拟输入电压 $V_i$ 与参考电压 $V_{ref}$ 之比,等于上述两个时间之比。由于 $V_{ref}$、$T_0$ 固定,而放电时间 $T_i$ 可以测出,因而可计算出模拟输入电压的大小。

由于 $T_0$、$V_{ref}$ 为已知的固定常数,因此反向积分时间 $T_i$ 与输入模拟电压 $V_i$ 在 $T_0$ 时间内的平均值成正比。输入电压 $V_i$ 愈高,$V_A$ 愈大,$T_i$ 就愈长。在 $T_i$ 开始时刻,控制逻辑同时打开计数器的控制门开始计数,直到积分器恢复到零电平时,计数停止。则计数器所计出的数字即正比于输入电压 $V_i$ 在 $T_0$ 时间内的平均值,于是完成了一次 A/D 转换。

由于双积分型 A/D 转换是测量输入电压 $V_i$ 在 $T_0$ 时间内的平均值,因此对常态干扰(串模干扰)有很强的抑制作用,尤其对正负波形对称的干扰信号,抑制效果更好。

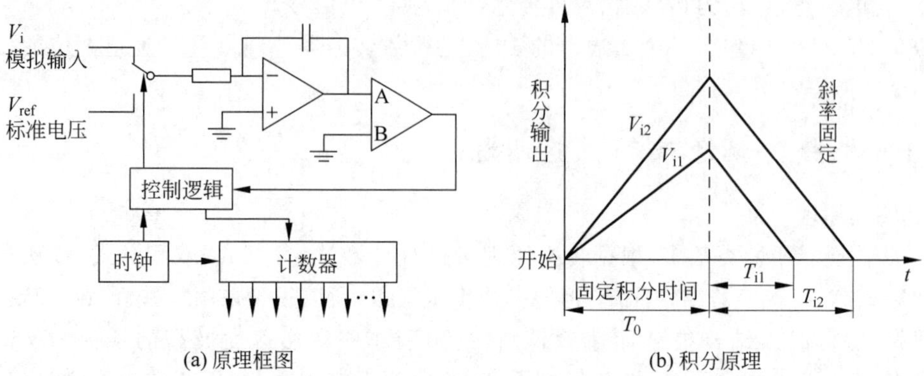

(a) 原理框图　　(b) 积分原理

图 5-3　双积分式 A/D 转换器工作原理图

双积分型的 A/D 转换器具有电路简单、抗干扰能力强、精度高等优点。但转换速度比较慢，常用的 A/D 转换芯片的转换时间为毫秒级。例如 12 位的积分型 A/D 芯片 ADCET12BC，其转换时间为 1ms。因此适用于模拟信号变化缓慢，采样速率要求较低，而对精度要求较高，或现场干扰较严重的场合。例如常在数字电压表中采用该芯片进行 A/D 采样。

**2. 性能指标**

衡量 A/D 性能的主要参数是：

1) 分辨率

分辨率(Resolution)是指输出的数字量变化一个相邻的值所对应的输入模拟量的变化值；取决于输出数字量的二进制位数。一个 $n$ 位的 A/D 转换器所能分辨的最小输入模拟增量定义为满量程值的 $2^{-n}$ 倍。例如，满量程为 10V 的 8 位 A/D 芯片的分辨率为 $10V \times 2^{-8} = 39mV$；而 16 位的 A/D 是 $10V \times 2^{-16} = 153\mu V$。

2) 满刻度误差

满刻度误差(Full Scale Error)也称增益误差，即输出全 1 时输入电压与理想输入量之差。

3) 转换速率

转换速率(Conversion Rate)是指完成一次 A/D 转换所需时间的倒数，是一个很重要的指标。A/D 转换器型号不同，转换速率差别很大。选用 A/D 转换器型号视应用需求而定，在被控系统的时间允许的情况下，应尽量选用便宜的逐次比较型 A/D 转换器。

4) 转换精度

A/D 转换器的转换精度(Conversion Accuracy)由模拟误差和数字误差组成。模拟误差是比较器、解码网络中的电阻值以及基准电压波动等引起的误差，数字误差主要包括丢失码误差和量化误差，前者属于非固定误差，由器件质量决定，后者和 A/D 输出数字量的位数有关，位数越多，误差越小。

### 5.1.2　C8051F020 的 ADC0 功能结构

C8051F020 的 ADC0 子系统就是一个 100ksps、12 位分辨率的逐次逼近寄存器型

ADC。ADC0 的最高转换速度为 100ksps，其转换时钟来源于系统时钟分频，分频值保存在寄存器 ADC0CF 的 ADCSC 位。C8051F020 的 ADC0 子系统功能框图如图 5-4 所示，它包括一个 9 通道的可编程模拟多路选择器(AMUX0)、一个可编程增益放大器(PGA0)和一个 100ksps、12 位分辨率的逐次逼近寄存器型 ADC，ADC 中集成了跟踪保持电路和可编程窗口检测器。AMUX0、PGA0、数据转换方式及窗口检测器都可用软件通过特殊功能寄存器来控制。ADC0 所使用的电压基准将在 5.3 节专门介绍。只有当 ADC0 控制寄存器中的 AD0EN 位被置 1 时 ADC0 子系统(ADC0、跟踪保持器和 PGA0)才被允许工作。当 AD0EN 位为 0 时，AD0C 子系统处于低功耗关断方式。

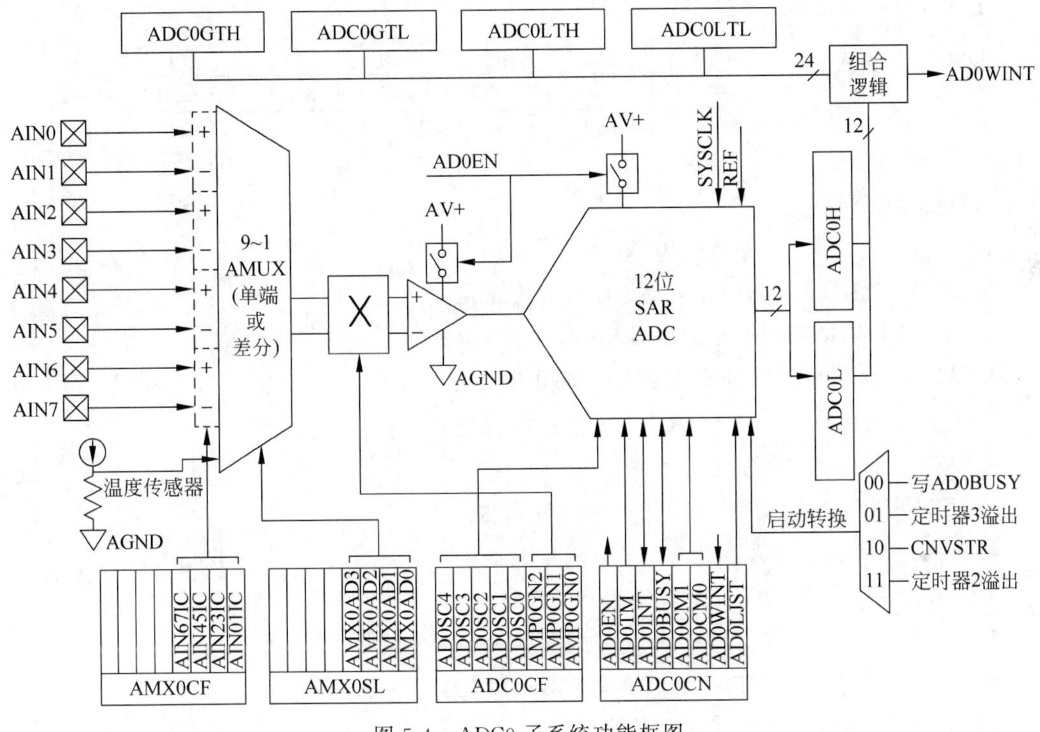


图 5-4　ADC0 子系统功能框图

从 ADC0 的功能框图可以看出，ADC0 的运行主要与图上标的 10 个 SFR 有关。8 个外部输入的模拟量可以通过配置寄存器 AMX0CF 设定为单端输入或双端输入；8 个外部输入的模拟量和一个内部温度传感器量通过通道选择寄存器 AMX0SL 设定在某一时刻通过多路选择器；从多路选择器出来的模拟量通过配置寄存器 ADC0CF 设定 ADC 转换速度和对模拟量的放大倍数；由控制寄存器 ADC0CN 对 ADC 进行模拟量转换的启动、启动方式、采样保持、转换结束、数字量格式等进行设定；12 位的转换好的数字量存放在数据字寄存器 ADC0H、ADC0L 中；ADC0 中提供了可编程窗口检测器，通过上下限寄存器 ADC0GTH、ADC0GTL、ADC0LTH、ADC0LTL 设定所需要的比较极限值。

在进行模拟量转换前设定好以上 SFR，CPU 就按设定好的模式在模拟量转换好时用指令读出数据寄存器中的数字量或在中断服务程序中读取数字量，然后再进行下一次的转换。ADC0 的电气特性见附录 C。

### 5.1.3 模拟多路选择器和 PGA

模拟多路选择器(Analog Multiplexer,AMUX)中的 8 个通道用于外部测量,而第 9 通道在内部被接到片内温度传感器。这 9 个模拟通道通过通道选择寄存器 AMX0SL 和配置寄存器 AMX0CF 进行选择和配置,可以将 AMUX 输入对编程为工作在差分或单端方式。这就允许用户对每个通道选择最佳的测量技术,甚至可以在测量过程中改变方式。在系统复位后 AMUX 的默认方式为单端输入。表 5-1 给出了每种配置下各通道的功能。

配置寄存器 AMX0CF 的格式如下:

| R/W | R/W | R/W | R/W | R/W | R/W | R/W | R/W | 复位值 |
|---|---|---|---|---|---|---|---|---|
| — | — | — | — | AIN67IC | AIN45IC | AIN23IC | AIN01IC | 00000000 |
| 位 7 | 位 6 | 位 5 | 位 4 | 位 3 | 位 2 | 位 1 | 位 0 | SFR地址:0xBA |

其中,各位的含义如下:

位 7～4——未使用。读=0000b;写=忽略。

位 3(AIN67IC)——AIN6、AIN7 输入对配置位。

0:AIN6 和 AIN7 为独立的单端输入。

1:AIN6 和 AIN7 为(分别为)+、-差分输入对。

位 2(AIN45IC)——AIN4、AIN5 输入对配置位。

0:AIN4 和 AIN5 为独立的单端输入。

1:AIN4、AIN5 为(分别为)+、-差分输入对。

位 1(AIN23IC)——AIN2、AIN3 输入对配置位。

0:AIN2 和 AIN3 为独立的单端输入。

1:AIN2、AIN3 为(分别为)+、-差分输入对。

位 0(AIN01IC)——AIN0、AIN1 输入对配置位。

0:AIN0 和 AIN1 为独立的单端输入。

1:AIN0、AIN1 为(分别为)+、-差分输入对。

注:对于被配置成差分输入的通道,ADC0 数据字格式为 2 的补码。

通道选择寄存器 AMX0SL 的格式如下:

| R/W | R/W | R/W | R/W | R/W | R/W | R/W | R/W | 复位值 |
|---|---|---|---|---|---|---|---|---|
| — | — | — | — | AMX0AD3 | AMX0AD2 | AMX0AD1 | AMX0AD0 | 00000000 |
| 位 7 | 位 6 | 位 5 | 位 4 | 位 3 | 位 2 | 位 1 | 位 0 | SFR地址:0xBB |

其中,各位的含义如下:

位 7～4——未使用。读=0000b;写=忽略。

位 3～0(AMX0AD3～0)——AMUX0 地址位。

0000～1111,根据表 5-1 选择 ADC 输入的通道。

**表 5-1　模拟通道配置**

| | | AMX0SL 位 3～0 | | | | | | | | |
|---|---|---|---|---|---|---|---|---|---|---|
| | | **0000** | **0001** | **0010** | **0011** | **0100** | **0101** | **0110** | **0111** | **1xxx** |
| AMX0CF<br>位 3～0 | 0000 | AIN0 | AIN1 | AIN2 | AIN3 | AIN4 | AIN5 | AIN6 | AIN7 | 温度传感器 |
| | 0001 | ＋(AIN0)<br>－(AIN1) | | AIN2 | AIN3 | AIN4 | AIN5 | AIN6 | AIN7 | 温度传感器 |
| | 0010 | AIN0 | AIN1 | ＋(AIN2)<br>－(AIN3) | | AIN4 | AIN5 | AIN6 | AIN7 | 温度传感器 |
| | 0011 | ＋(AIN0)<br>－(AIN1) | | ＋(AIN2)<br>－(AIN3) | | AIN4 | AIN5 | AIN6 | AIN7 | 温度传感器 |
| | 0100 | AIN0 | AIN1 | AIN2 | AIN3 | ＋(AIN4)<br>－(AIN5) | | AIN6 | AIN7 | 温度传感器 |
| | 0101 | ＋(AIN0)<br>－(AIN1) | | AIN2 | AIN3 | ＋(AIN4)<br>－(AIN5) | | AIN6 | AIN7 | 温度传感器 |
| | 0110 | AIN0 | AIN1 | ＋(AIN2)<br>－(AIN3) | | ＋(AIN4)<br>－(AIN5) | | AIN6 | AIN7 | 温度传感器 |
| | 0111 | ＋(AIN0)<br>－(AIN1) | | ＋(AIN2)<br>－(AIN3) | | ＋(AIN4)<br>－(AIN5) | | AIN6 | AIN7 | 温度传感器 |
| | 1000 | AIN0 | AIN1 | AIN2 | AIN3 | AIN4 | AIN5 | ＋(AIN6)<br>－(AIN7) | | 温度传感器 |
| | 1001 | ＋(AIN0)<br>－(AIN1) | | AIN2 | AIN3 | AIN4 | AIN5 | ＋(AIN6)<br>－(AIN7) | | 温度传感器 |
| | 1010 | AIN0 | AIN1 | ＋(AIN2)<br>－(AIN3) | | AIN4 | AIN5 | ＋(AIN6)<br>－(AIN7) | | 温度传感器 |
| | 1011 | ＋(AIN0)<br>－(AIN1) | | ＋(AIN2)<br>－(AIN3) | | AIN4 | AIN5 | ＋(AIN6)<br>－(AIN7) | | 温度传感器 |
| | 1100 | AIN0 | AIN1 | AIN2 | AIN3 | ＋(AIN4)<br>－(AIN5) | | ＋(AIN6)<br>－(AIN7) | | 温度传感器 |
| | 1101 | ＋(AIN0)<br>－(AIN1) | | AIN2 | AIN3 | ＋(AIN4)<br>－(AIN5) | | ＋(AIN6)<br>－(AIN7) | | 温度传感器 |
| | 1110 | AIN0 | AIN1 | ＋(AIN2)<br>－(AIN3) | | ＋(AIN4)<br>－(AIN5) | | ＋(AIN6)<br>－(AIN7) | | 温度传感器 |
| | 1111 | ＋(AIN0)<br>－(AIN1) | | ＋(AIN2)<br>－(AIN3) | | ＋(AIN4)<br>－(AIN5) | | ＋(AIN6)<br>－(AIN7) | | 温度传感器 |

在表 5-1 中可看出，从多路选择器出来的哪一个通道和单端或差分输入由通道选择寄存器 AMX0SL 和配置寄存器 AMX0CF 进行选择和配置，表左边的垂直方向表示配置寄存器 AMX0CF 低 4 位值，指出各通道的单端还是差分输入，表上边的水平方向表示通道选择寄存器 AMX0SL 的低 4 位，选择 9 路输入的中的某一路。

PGA(Programmable Gain Amplifier)即可编程增益放大器，它对 AMUX 输出信号的放大倍数由 ADC0 配置寄存器 ADC0CF 中的 AMP0GN2～0 确定。PGA 增益可以用软件编程为 0.5、1、2、4、8 或 16，复位后的默认增益为 1。注意，PGA0 的增益对温度传感器也起作用。

配置寄存器 ADC0CF 的格式如下：

| R/W | R/W | R/W | R/W | R/W | R/W | R/W | R/W | 复位值 |
|---|---|---|---|---|---|---|---|---|
| AD0SC4 | AD0SC3 | AD0SC2 | AD0SC1 | AD0SC0 | AMP0GN2 | AMP0GN1 | AMP0GN0 | 11111000 |
| 位 7 | 位 6 | 位 5 | 位 4 | 位 3 | 位 2 | 位 1 | 位 0 | SFR地址：0xBC |

其中，各位的含义如下：

位 7～3(AD0SC4～0)——ADC0 SAR 转换时钟周期控制位。

SAR 转换时钟来源于系统时钟，由下面的方程给出：

$$AD0SC = \frac{SYSCLK}{CLK_{SAR0}} - 1$$

其中，AD0SC 表示 AD0SC4～0 中保持的数值，$CLK_{SAR0}$ 表示所需要的 ADC0 SAR 时钟(注：ADC0 SAR 时钟应小于或等于 2.5MHz)。

位 2～0(AMP0GN2～0)——ADC0 内部放大器增益(PGA)。

000：增益＝1

001：增益＝2

010：增益＝4

011：增益＝8

10x：增益＝16

11x：增益＝0.5

### 5.1.4 ADC 的工作方式

#### 1. 转换过程

ADC0 的转换过程由控制寄存器 ADC0CN 来设置和控制。

控制寄存器 ADC0CN 的格式如下：

| R/W | R/W | R/W | R/W | R/W | R/W | R/W | R/W | 复位值 |
|---|---|---|---|---|---|---|---|---|
| AD0EN | AD0TM | AD0INT | AD0BUSY | AD0CM1 | AD0CM0 | AD0WINT | AD0LJST | 00000000 |
| 位 7 | 位 6 | 位 5 | 位 4 | 位 3 | 位 2 | 位 1 | 位 0<br>(可位寻址) | SFR地址：0xE8 |

其中，各位的含义如下：

位 7(AD0EN)——ADC0 使能位。

0：ADC0 禁止。ADC0 处于低耗停机状态。

1：ADC0 使能。ADC0 处于活动状态，并准备转换数据。

位 6(AD0TM)——ADC0 跟踪方式位。

0：当 ADC0 被使能时，除了转换期间之外一直处于跟踪方式。

1：由 AD0CM1～0 定义跟踪方式。

位 5(AD0INT)——ADC0 转换结束中断标志。该标志必须用软件清 0。

0：从最后一次将该位清 0 后，ADC0 还没有完成一次数据转换。

1：ADC0 完成了一次数据转换。

位 4(AD0BUSY)——ADC0 忙标志位。

读：

0：ADC0 转换结束或当前没有正在进行的数据转换。AD0INT 在 AD0BUSY 的下降沿被置 1。

1：ADC0 正在进行转换。

写：

0：无作用。

1：若 AD0CM1～0=00b，则启动 ADC0 转换。

位 3 和位 2(AD0CM1～0)——ADC0 转换启动方式选择位。

如果 AD0TM=0，则：

00：向 AD0BUSY 写 1 启动 ADC0 转换。

01：定时器 3 溢出启动 ADC0 转换。

10：CNVSTR 上升沿启动 ADC0 转换。

11：定时器 2 溢出启动 ADC0 转换。

如果 AD0TM=1，则：

00：向 AD0BUSY 写 1 时启动跟踪，持续 3 个 SAR 时钟，然后进行转换。

01：定时器 3 溢出启动跟踪，持续 3 个 SAR 时钟，然后进行转换。

10：只有当 CNVSTR 输入为逻辑低电平时 ADC0 跟踪，在 CNVSTR 的上升沿开始转换。

11：定时器 2 溢出启动跟踪，持续 3 个 SAR 时钟，然后进行转换。

位 1(AD0WINT)——ADC0 窗口比较中断标志。该位必须用软件清 0。

0：自该标志被清除后未发生过 ADC0 窗口比较匹配。

1：发生了 ADC0 窗口比较匹配。

位 0(AD0LJST)——ADC0 数据左对齐选择位。

0：ADC0H：ADC0L 寄存器数据右对齐。

1：ADC0H：ADC0L 寄存器数据左对齐。

C8051F020 单片机的 ADC0 有 4 种转换启动方式，由 ADC0CN 中的 ADC0 启动转换方式位(AD0CM1 和 AD0CM0)的状态决定。转换触发源有：

(1) 向 ADC0CN 的 AD0BUSY 位写 1；

(2) 定时器 3 溢出(即定时的连续转换)；

(3) 外部 ADC 转换启动信号的上升沿，CNVSTR；

(4) 定时器 2 溢出(即定时的连续转换)。

AD0BUSY 位在转换期间被置 1，转换结束后复 0。AD0BUSY 位的下降沿触发一个中断(当被允许时)并将中断标志 AD0INT(ADC0CN.5)置 1。转换数据被保存在 ADC 数据字的 MSB 和 LSB 寄存器：ADC0H 和 ADC0L。转换数据在寄存器对 ADC0H：ADC0L 中的存储方式可以是左对齐或右对齐的，由 ADC0CN 寄存器中 AD0LJST 位的编程状态决定。当通过向 AD0BUSY 写 1 启动数据转换时，应查询 AD0INT 位以确定转换何时结束(也可以使用 ADC0 中断)。建议的查询步骤如下：

(1) 写 0 到 AD0INT；

(2) 向 AD0BUSY 写 1；

(3) 查询并等待 AD0INT 变为 1；

(4) 处理 ADC0 数据。

2. 跟踪方式

ADC0CN 中的 AD0TM 位控制 ADC0 的跟踪保持方式。在默认状态下,除了转换期间外,ADC0 输入被连续跟踪。当 AD0TM 位为逻辑 1 时,ADC0 工作在低功耗跟踪保持方式。在该方式下,每次转换之前都有 3 个 SAR 时钟的跟踪周期(在启动转换信号有效之后)。当 CNVSTR 信号用于在低功耗跟踪保持方式启动转换时,ADC0 只在 CNVSTR 为低电平时跟踪;在 CNVSTR 的上升沿开始转换(见图 5-5)。当整个芯片处于低功耗待机或休眠方式时,跟踪可以被禁止(关断)。当 AMUX 或 PGA 的设置频繁改变时,低功耗跟踪保持方式也非常有用,可以保证建立时间需求得到满足。

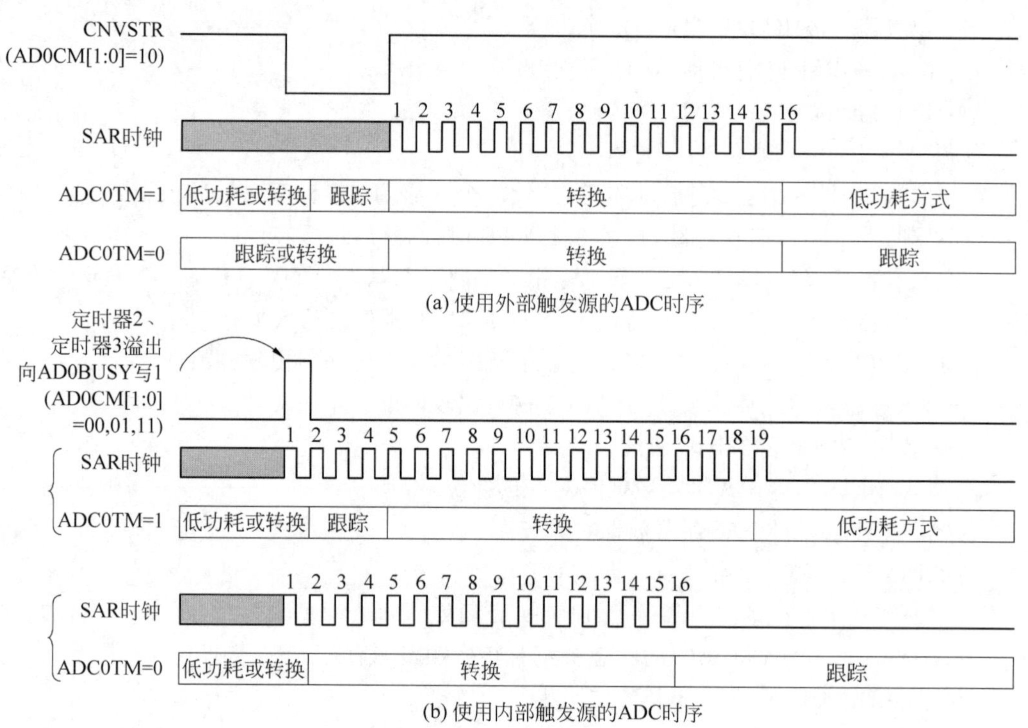


图 5-5 12 位 ADC 跟踪和转换时序

3. 建立时间要求

当 ADC0 输入配置发生改变时(AMUX 或 PGA 的选择发生变化),在进行一次精确的转换之前需要有一个最小的跟踪时间。该跟踪时间由 ADC0 模拟多路器的电阻、ADC0 采样电容、外部信号源阻抗及所要求的转换精度决定。图 5-6 给出了单端和差分方式下等效的 ADC0 输入电路。注意,这两种等效电路的时间常数完全相同。对于一个给定的建立精度(SA),所需要的 ADC0 建立时间可以用方程估算:

$$t = \ln\left[\frac{2^n}{\mathrm{SA}}\right] \times R_{\mathrm{TOTAL}} C_{\mathrm{SAMPLE}}$$

其中:

SA 是建立精度,用一个 LSB 的分数表示(例如,建立精度 0.25 对应 1/4 LSB);

$t$ 为所需要的建立时间,以秒为单位;

$R_{\mathrm{TOTAL}}$ 为 ADC0 模拟多路器电阻与外部信号源电阻之和;

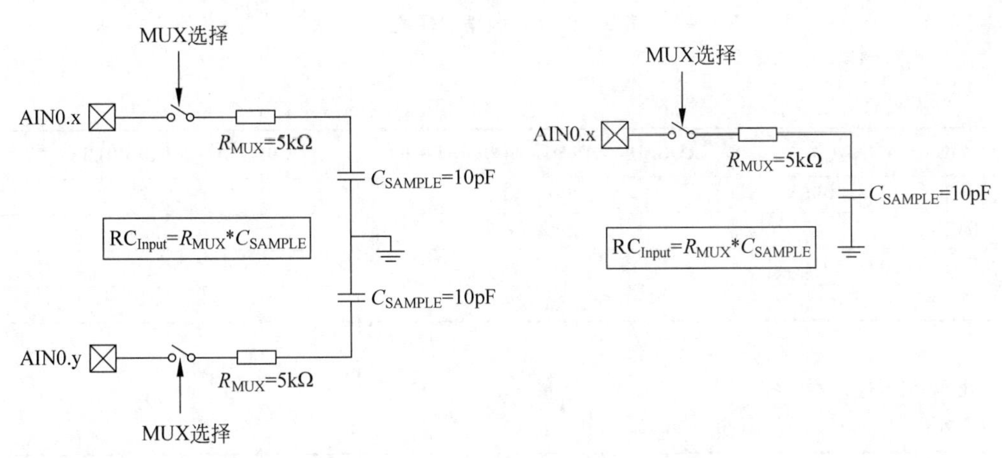


图 5-6　ADC0 等效输入电路

$n$ 为 ADC0 的分辨率,用比特表示。

当测量温度传感器的输出时,RTOTAL 等于 RMUX。

**注意**:在低功耗跟踪方式,每次转换需要用 3 个 SAR 时钟跟踪。对于大多数应用,3 个 SAR 时钟可以满足跟踪需要。

**4. 转换结果格式**

12 位的转换好的数字量存放在数据字寄存器 ADC0H、ADC0L 中。

数据字寄存器 ADC0H 的格式如下:

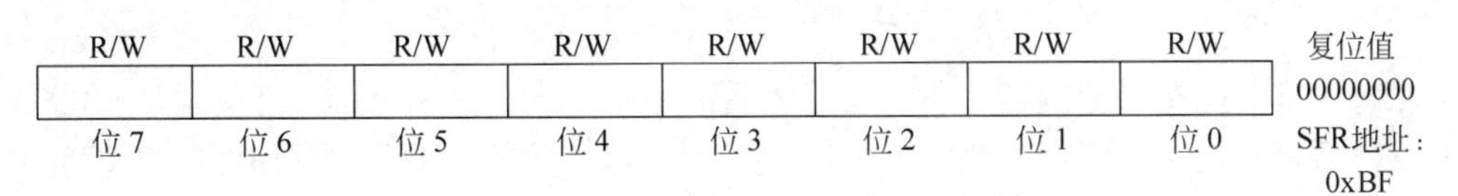

| R/W | R/W | R/W | R/W | R/W | R/W | R/W | R/W | 复位值 |
|---|---|---|---|---|---|---|---|---|
| | | | | | | | | 00000000 |
| 位 7 | 位 6 | 位 5 | 位 4 | 位 3 | 位 2 | 位 1 | 位 0 | SFR地址: 0xBF |

其中,各位的含义如下:

位 7～0——ADC0 数据字高字节。

当 AD0LJST=0:即寄存器数据右对齐,位 7～4 为位 3 的符号扩展位。位 3～0 是 12 位 ADC0 数据字的高 4 位。

当 AD0LJST=1:即寄存器数据左对齐,位 7～0 为 12 位 ADC0 数据字的高 8 位。

数据字寄存器 ADC0L 的格式如下:

| R/W | R/W | R/W | R/W | R/W | R/W | R/W | R/W | 复位值 |
|---|---|---|---|---|---|---|---|---|
| | | | | | | | | 00000000 |
| 位 7 | 位 6 | 位 5 | 位 4 | 位 3 | 位 2 | 位 1 | 位 0 | SFR地址: 0xBE |

其中,各位的含义如下:

位 7～0——ADC0 数据字低字节。

当 AD0LJST=0:即寄存器数据右对齐,位 7～0 为 12 位 ADC0 数据字的低 8 位。

当 AD0LJST=1:即寄存器数据左对齐,位 7～4 为 12 位 ADC0 数据字的低 4 位。位 3～0 总是 0。

表 5-2 列出了输入信号与转换结果代码及不同的方式之间的对应关系。

表 5-2 ADC 数据字转换表

AIN0 为单端输入方式：
(AMX0CF＝0x00，AMX0SL＝0x00)

| AIN0－AGND(伏) | ADC0H：ADC0L(AD0LJST＝0) | ADC0H：ADC0L(AD0LJST＝1) |
|---|---|---|
| VREF×(4095/4096) | 0x0FFF | 0xFFF0 |
| VREF/2 | 0x0800 | 0x8000 |
| VREF×(2047/4096) | 0x07FF | 0x7FF0 |
| 0 | 0x0000 | 0x0000 |

AIN0－AIN1 为差分输入对：
(AMX0CF＝0x01，AMX0SL＝0x00)

| AIN0－AIN1(伏) | ADC0H：ADC0L(AD0LJST＝0) | ADC0H：ADC0L(AD0LJST＝1) |
|---|---|---|
| VREF×(2047/2048) | 0x07FF | 0x7FF0 |
| VREF/2 | 0x0400 | 0x4000 |
| VREF×(1/2048) | 0x0001 | 0x0010 |
| 0 | 0x0000 | 0x0000 |
| －VREF×(1/2048) | 0xFFFF(－1d) | 0xFFF0 |
| －VREF/2 | 0xFC00(－1024d) | 0xC000 |
| －VREF | 0xF800(－2048d) | 0x8000 |

### 5.1.5 ADC0 可编程窗口检测器

ADC0 可编程窗口检测器提供一个中断，当 ADC0 转换值在 ADC0 下限(大于)寄存器 ADC0GTH：ADC0GTL 和 ADC0 上限(小于)寄存器 ADC0LTH：ADC0LTL 范围之内，并且中断开启时，引发相应中断。ADC0 可编程窗口检测器可应用于节能场合，例如让系统处于空闲方式，当 ADC0 输入信号(例如温度)在窗口检测器预设值的范围内时，引发中断，唤醒 CIP-51 进行相应的处理，既节能，又达到了监控的目的，同时也节省代码空间和 CPU 带宽。窗口检测器中断标志(ADC0CN 中的 AD0WINT 位)也可用于查询方式。

窗口设定值的高字节和低字节被装入 ADC0 下限(大于)和 ADC0 上限(小于)寄存器(ADC0GTH、ADC0GTL、ADC0LTH 和 ADC0LTL)。注意，窗口检测器标志既可以在测量数据位于用户编程的极限值以内时有效，也可以在测量数据位于用户编程的极限值以外时有效，这取决于 ADC0GTx 和 ADC0LTx 寄存器的编程值。

在默认情况下，ADC0GTH：ADC0GTL＝0xFFFF；ADC0LTH：ADC0LTL＝0x0000。所以使得电平在全范围内均不会引发监控中断。

在 ADC0LTH：ADC0LTL＞ADC0GTH：ADC0GTL 情况下，窗口检测中断条件为：

```
ADC0LTH:ADC0LTL ＜ADC0 转换值＜ADC0GTH:ADC0GTL
```

在 ADC0LTH：ADC0LTL＜ADC0GTH：ADC0GTL 情况下，窗口检测中断条件为：

```
ADC0 转换值＞ADC0GTH:ADC0GTL
```

或

```
ADC0 转换值＜ADC0LTH:ADC0LTL
```

图 5-7 中说明一个右对齐数据格式下，单端输入窗口检测器设置例子。

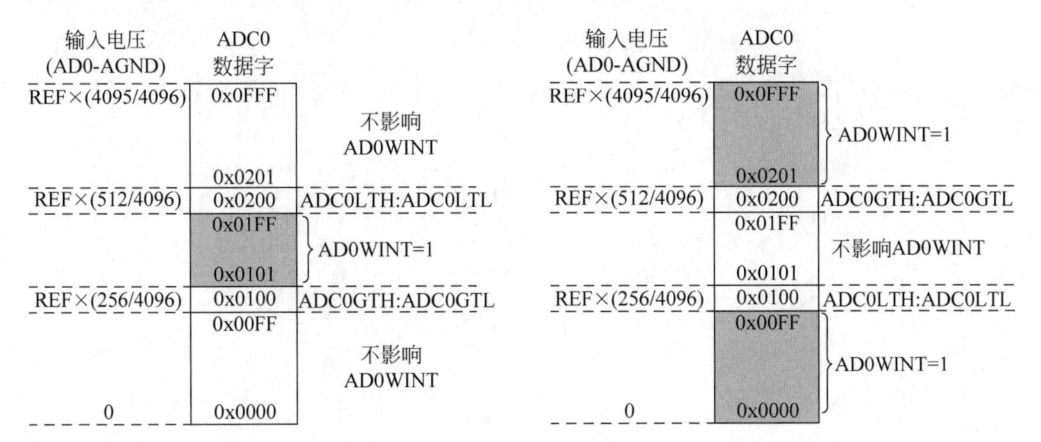


图 5-7 ADC0 右对齐的单端数据窗口中断示例

在图 5-7 的左边：

```
ADC0LTH:ADC0LTL = 0x0200, ADC0GTH:ADC0GTL = 0x0100
```

则当 0x0100＜ADC0 转换值＜0x0200 时，AD0WINT 自动置 1。若中断开启，则引发相应的中断（中断号为 8，与 ADC0 不是同一个中断）。AD0WINT 需要软件清 0。

在图 5-7 的右边：

```
ADC0LTH: ADC0LTL = 0x0100, ADC0GTH: ADC0GTL = 0x0200
```

右边的与左边的范围刚好相反。则当 ADC0 转换值＞0x0200 或 ADC0 转换值＜0x0100 时，窗口检测条件，产生 AD0WINT 自动置 1。

图 5-8 中说明一个右对齐数据格式下，差动输入窗口检测器设置例子。在差动模式下，右对齐数据格式与 int 相当，0x8000～0xFFFF 表示负数，0xFFFF 为－1，0xF800 为转换最小值（即负电平最大值）。

在图 5-8 的左边：

```
ADC0LTH: ADC0LTL = 0x0100, ADC0GTH:ADC0GTL = 0xFFFF
```

则当 0xFFFF（即－1）＜ADC0 转换值＜0x0100 时，AD0WINT 自动置 1。

在图 5-8 的右边：

```
ADC0LTH: ADC0LTL = 0xFFFF, ADC0GTH: ADC0GTL = 0x0100
```

右边的与左边的范围刚好相反。则当 ADC0 转换值＞0x0100 或 ADC0 转换值＜0xFFFF

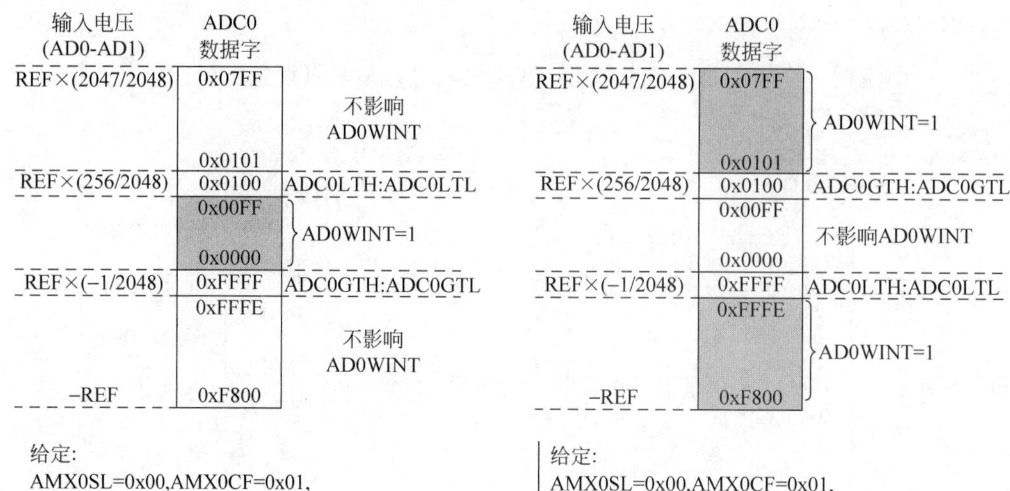


给定:
AMX0SL=0x00,AMX0CF=0x01,
AD0LJST=0,
ADC0LTH:ADC0LTL=0x0100,
ADC0GTH:ADC0GTL=0xFFFF。
如果0xFFFF<ADC0结果数据字<0x0100(2的补码,0xFFFF=−1),则ADC0转换结束会触发ADC0窗口比较中断(AD0WINT=1)。

给定:
AMX0SL=0x00,AMX0CF=0x01,
AD0LJST=0,
ADC0LTH:ADC0LTL=0xFFFF,
ADC0GTH:ADC0GTL=0x0100。
如果ADC0结果数据字<0xFFFF或>0x0100(2的补码,0xFFFF=−1),则ADC转换结束会触发ADC0窗口比较中断(AD0WINT=1)。

图 5-8　ADC0 右对齐的差分数据窗口中断示例

时,窗口检测条件,产生 AD0WINT 自动置 1。

至于左对齐数据格式相当于将转换值乘以 16(左移 4 位),其他有关窗口检测的规则与右对齐相似 ADC0 左对齐的单端数据输入的窗口检测中断示例见图 5-9,差分数据输入的窗口检测中断示例见图 5-10,请读者自行分析。

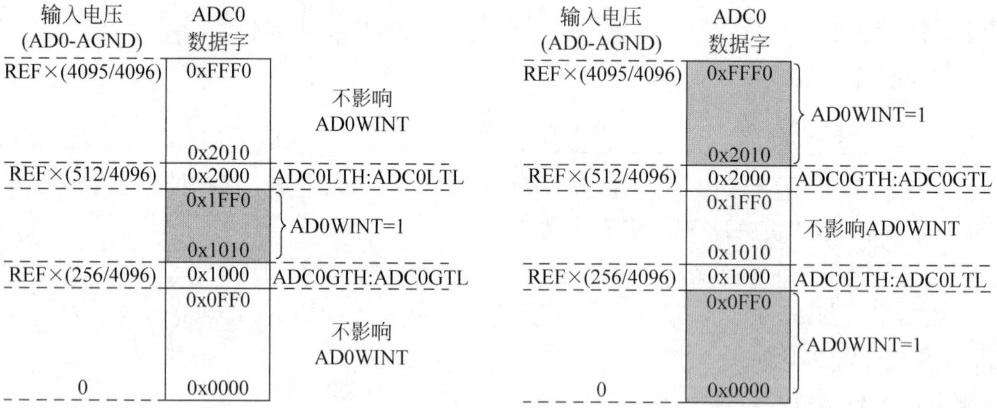

| 输入电压(AD0-AGND) | ADC0数据字 | |
|---|---|---|
| REF×(4095/4096) | 0xFFF0 | 不影响AD0WINT |
| | 0x2010 | |
| REF×(512/4096) | 0x2000 | ADC0LTH:ADC0LTL |
| | 0x1FF0 | AD0WINT=1 |
| | 0x1010 | |
| REF×(256/4096) | 0x1000 | ADC0GTH:ADC0GTL |
| | 0x0FF0 | 不影响AD0WINT |
| 0 | 0x0000 | |

给定:
AMX0SL=0x00,AMX0CF=0x00,ADLJST=0,
AD0LJST=1,
ADC0LTH:ADC0LTL=0x2000,
ADC0GTH:ADC0GTL=0x1000。
如果0x1000<ADC0数据字<0x20000,则ADC0转换结束会触发ADC0窗口比较中断(AD0WINT=1)。

| 输入电压(AD0-AGND) | ADC0数据字 | |
|---|---|---|
| REF×(4095/4096) | 0xFFF0 | AD0WINT=1 |
| | 0x2010 | |
| REF×(512/4096) | 0x2000 | ADC0GTH:ADC0GTL |
| | 0x1FF0 | 不影响AD0WINT |
| | 0x1010 | |
| REF×(256/4096) | 0x1000 | ADC0LTH:ADC0LTL |
| | 0x0FF0 | AD0WINT=1 |
| 0 | 0x0000 | |

给定:
AMX0SL=0x00,AMX0CF=0x00,
AD0LJST=1,
ADC0LTH:ADC0LTL==0x1000,
ADC0GTH:ADC0GTL=0x2000。
如果ADC0数据字<0x1000或>0x02000,则ADC0转换结束会触发ADC0窗口比较中断(AD0WINT=1)。

图 5-9　ADC0 左对齐的单端数据窗口中断示例

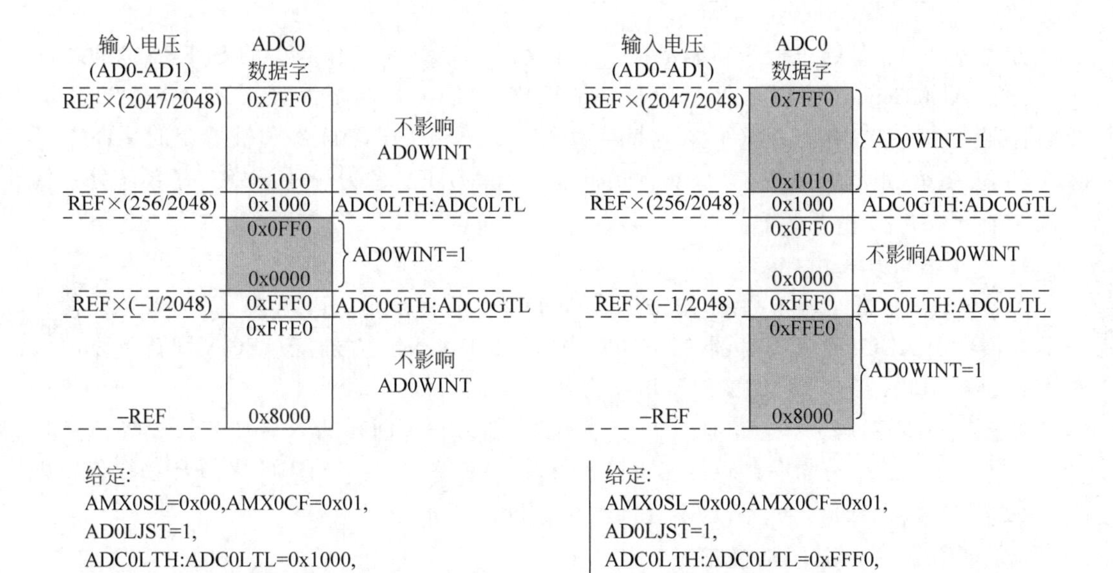

图 5-10　ADC0 左对齐的差分数据窗口中断示例

## 5.1.6　ADC1(8 位 ADC)

C8051F020 还有一个 ADC1 子系统,包括一个 8 通道的可配置模拟多路开关(AMUX1)、一个可编程增益放大器(PGA1)和一个 500ksps、8 位分辨率的逐次逼近寄存器型 ADC,该 ADC 中集成了跟踪保持电路。ADC1 的原理框图如图 5-11 所示。AMUX1、PGA1 及数据

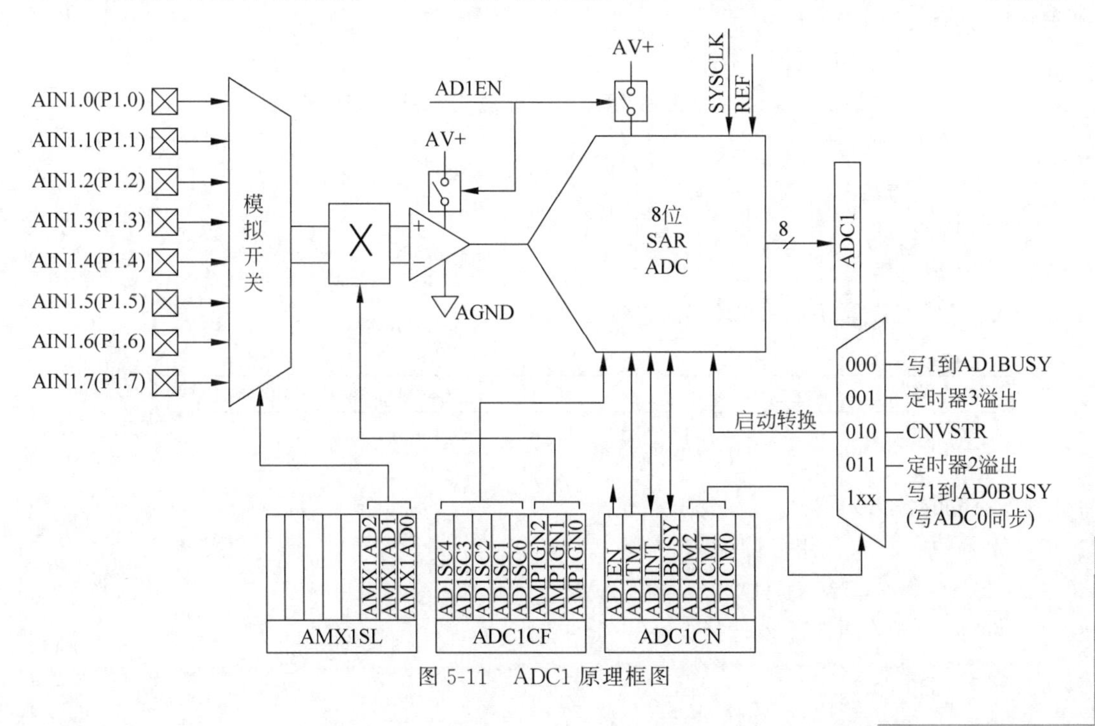

图 5-11　ADC1 原理框图

转换方式都可用软件通过特殊功能寄存器来配置。与 ADC1 工作有关的 SFR 有 ADC1 配置寄存器 ADC1CF、AMUX 配置寄存器 AMX1SL、ADC1 控制寄存器 ADC1CN、ADC1 数据寄存器 ADC1。只有当 ADC1 控制寄存器 ADC1CN 中的 AD1EN 位被置 1 时 ADC1 子系统(8 位 ADC、跟踪保持器和 PGA)才被使能。当 AD1EN 位为 0 时,ADC1 子系统处于低功耗关断方式。

**1. 模拟多路开关和 PGA**

ADC1 有 8 个通道用于测量,用寄存器 AMX1SL 选择通道。PGA 对 AMUX 输出信号的放大倍数由 ADC1 配置寄存器 ADC1CF 中的 AMP1GN1~0 确定。PGA 增益可以用软件编程为 0.5、1、2、4。复位时的默认增益为 0.5。

**注意**:AIN1 引脚也作为端口 1 的 I/O 引脚,当用作 ADC1 输入时必须被配置为模拟输入。为了将 AIN1 的某个引脚配置为模拟输入,要将寄存器 P1MDIN 中的对应位设置为 0。被选作模拟输入的端口 1 引脚不进入数字 I/O 交叉开关。

配置寄存器 ADC1CF 的格式如下:

| R/W | R/W | R/W | R/W | R/W | R/W | R/W | R/W | 复位值 |
|---|---|---|---|---|---|---|---|---|
| AD1SC4 | AD1SC3 | AD1SC2 | AD1SC1 | AD1SC0 | — | AMP1GN1 | AMP1GN0 | 11111000 |
| 位 7 | 位 6 | 位 5 | 位 4 | 位 3 | 位 2 | 位 1 | 位 0 | SFR地址:0xAB |

其中,各位的含义如下:

位 7~3:(AD1SC4~0)——ADC1 SAR 转换时钟周期控制位。

SAR 转换时钟频率由下面的方程计算:

$$AD1SC = \frac{SYSCLK}{CLK_{SAR1}} - 1$$

其中:SYSCLK 为系统时钟,AD1SC 为 AD1SC4~0 中的 5 位数值(注意,ADC1SAR 转换时钟应小于或等于 6MHz)。

位 2——未使用。读=0b;写=忽略。

位 1 和位 0(AMP1GN1~0)——ADC1 内部放大器增益(PGA)。

00:增益=0.5

01:增益=1

10:增益=2

11:增益=4

AMUX 配置寄存器 AMX1SL 的格式为:

| R/W | R/W | R/W | R/W | R/W | R/W | R/W | R/W | 复位值 |
|---|---|---|---|---|---|---|---|---|
| — | — | — | — | — | AMX1AD2 | AMX1AD1 | AMX1AD0 | 00000000 |
| 位 7 | 位 6 | 位 5 | 位 4 | 位 3 | 位 2 | 位 1 | 位 0 | SFR地址:0xAC |

其中,各位的含义如下:

位 7~3——未使用。读=00000b;写=忽略。

位 2~0——(AMX1AD2~0)——AMX1 地址位。

000~111:ADC1 输入选择如下:

000——选择 AIN1.0

001——选择 AIN1.1

010——选择 AIN1.2

011——选择 AIN1.3

100——选择 AIN1.4

101——选择 AIN1.5

110——选择 AIN1.6

111——选择 AIN1.7

**2. ADC1 的工作方式**

ADC1 的最高转换速度为 500ksps。ADC1 的转换时钟(SAR1 时钟)来源于系统时钟分频。由 ADC1CF 寄存器的 AD1SC 位决定(系统时钟/(AD1SC+1),0≤AD1SC≤31)。ADC1 转换时钟频率最大为 6MHz。ADC1 的转换过程主要由控制寄存器 ADC1CN 的设置来控制。ADC1 控制寄存器 ADC1CN 的格式为:

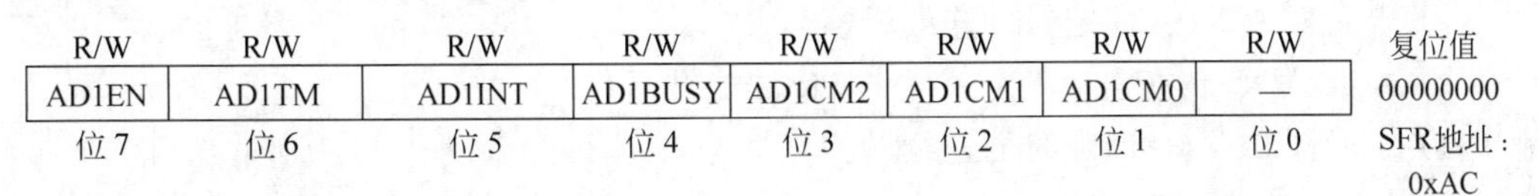

| R/W | R/W | R/W | R/W | R/W | R/W | R/W | R/W | 复位值 |
|---|---|---|---|---|---|---|---|---|
| AD1EN | AD1TM | AD1INT | AD1BUSY | AD1CM2 | AD1CM1 | AD1CM0 | — | 00000000 |
| 位 7 | 位 6 | 位 5 | 位 4 | 位 3 | 位 2 | 位 1 | 位 0 | SFR地址:0xAC |

其中,各位的含义如下:

位 7(AD1EN)——ADC1 使能位。

0:ADC1 禁止。ADC1 处于低功耗停机状态。

1:ADC1 使能。ADC1 处于活动状态,并准备转换数据。

位 6(AD1TM)——ADC1 跟踪方式位。

0:一般跟踪方式。当 ADC1 被使能时,除了转换期间之外一直处于跟踪方式。

1:低功耗跟踪方式。由 AD1CM2~0 定义跟踪方式。

位 5(AD1INT)——ADC1 转换结束中断标志,该标志必须用软件清 0。

0:从最后一次将该位清 0 后,ADC1 还没有完成一次数据转换。

1:ADC1 完成一次数据转换。

位 4(AD1BUSY)——ADC1 忙标志位。

读:

0:ADC1 转换结束或不在进行数据转换。AD1INT 在 AD1BUSY 的下降沿被置 1。

1:ADC1 正在进行转换。

写:

0:无效。

1:若 AD1CM2~0=000b,则启动 ADC1 转换。

位 3~1(AD1CM2~0)——ADC1 转换启动方式选择。

AD1TM=0:

000——向 AD1BUSY 写 1 启动 ADC1 转换。

001——定时器 3 溢出启动 ADC1 转换。

010——CNVSTR 上升沿启动 ADC1 转换。

011——定时器 2 溢出启动 ADC1 转换。

1xx——向AD0BUSY写1启动ADC1转换(与ADC0软件命令转换同步)。

AD1TM=1:

000——向AD1BUSY写1时启动跟踪并持续3个SAR1时钟,然后进行转换。

001——定时器3溢出启动跟踪并持续3个SAR1时钟,然后进行转换。

010——只有当CNVSTR输入为逻辑低电平时才启动ADC1跟踪,在CNVSTR上升沿开始转换。

011——定时器2溢出启动跟踪并持续3个SAR1时钟,然后进行转换。

1xx——向AD0BUSY写1启动跟踪并持续3个SAR1时钟,然后进行转换。

位0——未使用。读=0b;写=忽略。

ADC1有5种A/D转换启动方式,由ADC1CN中的ADC1启动转换方式位(AD1CM2~0)的编程状态决定。转换启动源有:

(1) 向ADC1CN的AD1BUSY位写1;

(2) 定时器3溢出(即定时的连续转换);

(3) 外部ADC转换启动信号CNVSTR的上升沿;

(4) 定时器2溢出(即定时的连续转换)。

(5) 向ADC0CN的AD0BUSY位写1(用一个软件命令启动ADC1和ADC0)。

AD1BUSY位在转换期间被置1,转换结束后清0。AD1BUSY位的下降沿触发一个中断(当被允许时)并将ADC1CN中的中断标志置1。转换结果保存在ADC1的数据字ADC1中。当采用向AD1BUSY位写1这一启动方式时,建议通过查询AD1INT来确定转换何时完成。查询步骤同ADC0。

**3. 跟踪方式**

ADC1CN中的AD1TM位控制ADC1的跟踪保持方式。在默认状态下,ADC1输入被连续跟踪(转换期间除外)。当AD1TM位被设置为逻辑1时,ADC1工作在低功耗跟踪方式。在该方式下,每次转换之前都要有3个SAR时钟的跟踪周期(在启动转换信号之后)。当在低功耗跟踪方式下用CNVSTR信号作为转换启动源时,只在CNVSTR为低电平时跟踪,从CNVSTR的上升沿开始转换。当整个芯片处于低功耗停机或休眠方式时,跟踪被禁止。由于需要有建立时间,因此低功耗跟踪保持方式在需要频繁改变AMUX和PGA的场合也是非常有用的。ADC1跟踪和转换时序的举例见图5-12。

## 5.1.7 模数转换举例

**1. 片内温度传感器数据采集**

C8051F020的ADC0中有一个片内温度传感器,在图5-1中已标出。温度传感器产生一个与器件内部温度成正比的电压,该电压作为一个单端输入提供给ADC(模数转换器)的多路选择器。当选择温度传感器作为ADC的输入并且ADC启动一次转换后,可以通过简单的数学运算将ADC的输出结果转换为用度数表示的温度。温度转换器的典型应用有系统环境检测、系统过热测试和在基于热电偶的应用中测量冷端温度。

为了能使用温度传感器,它首先必须被允许,ADC及其相关的偏置电路也必须被允许。ADC可以使用内部电压基准,也可以使用外部电压基准。本例子使用内部电压基准。ADC转换的结果代码可以选择为左对齐或右对齐。本例子使用左对齐,这样可使代码的权值与

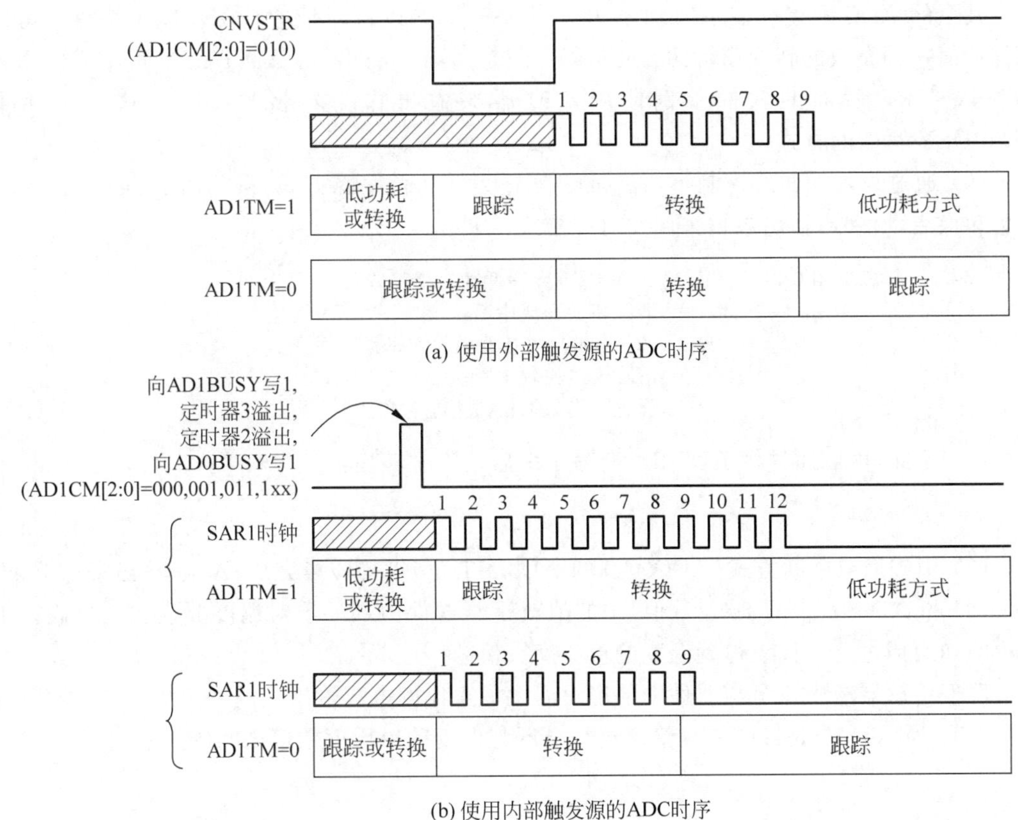


(a) 使用外部触发源的ADC时序

(b) 使用内部触发源的ADC时序

图 5-12 ADC1 跟踪和转换时序举例

ADC 的位数(12 或 10)无关。有关 ADC 转换步骤为：

(1) 通过将 TEMPE(REF0CN.2)设置为 1 来允许温度传感器工作。模拟偏置发生器和内部电压基准的允许位位于 REF0CN 中(分别为 REF0CN.1 和 REF0CN.0)。例如：

```
mov    REF0CN,#07 h          ;允许温度传感器、模拟偏置发生器和电压基准
```

(2) 选择温度传感器作为 ADC 的输入。这可以通过写 AMX0SL 来完成，例如：

```
mov    AMX0SL,#08 h          ;选择温度传感器作为 ADC 输入
```

AM0CF 的取值如何以及 AMUX 配置寄存器选择 ADC 是单端输入还是差分输入并不影响温度传感器工作。

(3) 设置位于 ADC0CF 中的 ADCSAR 时钟分频系数，特别是 ADC 转换时钟的周期至少应为 500ns。

(4) 选择 ADC 的增益。在单端方式下，ADC 能够接受的最大直流输入电压等于 VREF。如果使用内部电压基准，则该值大约为 2.4V。温度传感器所能产生的最大电压值稍大于 1V。因此，可以安全地将 ADC 的增益设置为 2，以提高温度分辨率。设置 ADC 增益的配置位在 ADC0CF 中。所以有：

```
mov    ADC0CF, #41h          ;设置 ADC 的时钟为 SYSCLK/8、ADC 增益为 2
```

其余的 ADC 配置位在 ADC0CN 中。这是一个可以位寻址的特殊功能寄存器。可以选择任何一种有效的转换启动源：定时器 2 或定时器 3 溢出、向 AD0BUSY 写 1 或使用外部 CNVSTR。后面的软件示例使用定时器 3 溢出作为转换启动源。这里采用向 AD0BUSY 写 1 的方式。

(5) 通过写入下面的控制字，将 ADC 配置为低功耗跟踪方式，采用向 AD0BUSY 写 1 作为转换启动信号，输出数据采用左对齐格式：

```
mov     ADC0CN, #C1H           ;允许 ADC; 允许低功耗跟踪方式
                               ;清除转换完成中断
                               ;选择 AD0BUSY 作为转换启动源
                               ;清除窗口比较中断
                               ;设置输出数据格式为左对齐
```

(6) 至此，可以通过将 AD0BUSY 写 1 来启动一次转换：

```
setb    AD0BUSY                ;启动转换
```

(7) 用查询或中断方式(ADC0CN 的 AD0INT 位)等待转换完成，ADC 输出寄存器(即 ADC0H 和 ADC0L 中的 16 位数值)中的值就是与器件内部的绝对温度成正比的代码。下面说明如何通过这一代码得到温度的摄氏度数值。

温度传感器产生一个与器件内部绝对温度成正比的电压输出。温度传感器的传输特性如图 5-13 所示。式(5-1)的方程给出这一电压与温度的摄氏度数值之间的关系：

$$V_{\text{temp}} = (2.86\text{mV}/℃) \times \text{Temp} + 776\text{mV} \tag{5-1}$$

其中：

$V_{\text{temp}}$——温度传感器的输出电压；

Temp——器件内部的摄氏温度值。

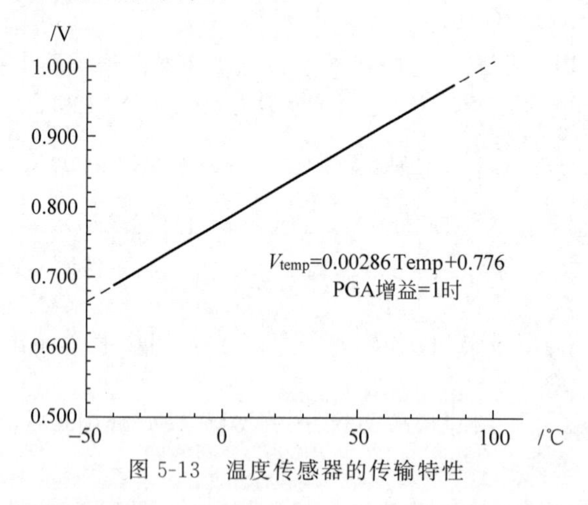


图 5-13　温度传感器的传输特性

温度传感器的电压不能直接在器件外部测量，它出现在 ADC 多路选择器的输入端，允许 ADC 测量该电压值并产生一个与电压值成正比的输出代码。ADC 在左对齐、单端方式下产生的输出代码与输入电压成正比，见式(5-2)。

$$\text{CODE} = V_{\text{in}} \times \frac{\text{Gain}}{V_{\text{REF}}} \times 2^{16} \tag{5-2}$$

其中：

CODE——左对齐的 ADC 输出代码；

Gain——PGA 的增益；

$V_{REF}$——电压基准的电压值，如果使用内部 $V_{REF}$，则大约为 2.43V。

把式(5-1)代入式(5-2)，并假设 Gain＝2 和 $V_{REF}$＝2.43V，解方程得到输出温度值为式(5-3)：

$$\text{Temp}=\frac{(\text{CODE}-41857)}{154} \tag{5-3}$$

其中：

Temp——温度的摄氏度数值；

CODE——左对齐的 ADC 输出代码。

温度传感器测量的是器件的内部温度。如果希望测量环境温度，则必须考虑器件的自热效应。由于器件功率消耗的原因，测量值很可能比环境温度值高几度，为了得到环境温度，应从结果中减去因自热产生的温度增加值。这一温度值可以通过计算或测量得到。

有很多因素影响器件的自热效应。其中最主要的是电源电压、工作频率、封装的热耗散特性、器件在 PCB 中的安装方式以及封装外壳周围的空气流通情况。温度增加值可以通过将器件的功率消耗乘以封装的热耗散常数(通常称为 $\theta_{JA}$)来计算。在用这一常数时假定采用标准的 PCB 安装方式，所有的引脚都焊到电路板上，封装周围没有气流通过。

例如，一个工作在 11.0592MHz、采用 3.3V 电源电压的 C8051F005 单片机，其功率消耗大致为 35mW。对于 64 引脚的 TQFP 封装，其 $\theta_{JA}$ 值是 39.5℃/W。这等价于 $39.5\times 35e^{-3}$ 的自热温度值，大约相当于 1.4℃。

因自热而导致的温度增加可以用几种方法测量。一种方法是在器件上电之后立即启动一次转换，得到一个"冷"温度值；然后再工作大约 1min 之后再测量一次，得到一个"热"温度值。这两个测量值的差就是因自热而产生的温度增加值。

另一种方法是让器件从一个低的 SYSCLK 频率开始工作，进行一次温度测量，然后再让器件工作在较高频率进行一次温度测量，取两者之差。在时钟频率更低时自热值是可忽略的，因为此时器件的功耗很低。

片内温度传感器的测量方法可以采用查询法或中断法。

(1) 查询法程序。

```
//此程序示范了 ADC0 的查询操作模式,ADC0 配置为写 AD0BUSY 作为转换的开始信号,测
//量片内温度传感器,温度传感器的输出转换为摄氏度由 UART0 传输出去。可以通过 PC
//超级终端来观察温度采样值。超级终端使用方法为: 以 Windows 2000 系统为例,选择
//"开始"→"程序"→"附件"→"通信"→"超级终端"命令进入超级终端(HyperTerminal)
//应用程序界面,新建一个通信终端,取名为 temp。单击"确定"按钮。选择终端的连接的
//串口(如串行口 1)
//设置对应于单片通信机程序的通信的格式和协议(如波特率、每字节的位数等)
//假设在 XTAL1 和 XTAL2 之间连接 22.1184MHz 晶体
//系统时钟频率存储在全局常量 SYSCLK,目标器件 UART 波特率存储在全局常量 BAUDRATE
//目标器件: C8051F020
//链接工具: KEIL C51 6.03 / KEIL EVAL C51
//-----------------------------------------
```

```
//包含文件
//-----------------------------------------------
#include <c8051f020.h>                          //SFR 声明
#include <stdio.h>
//-----------------------------------------------
//C8051F02X 的 16 位 SFR 定义
//-----------------------------------------------
sfr16 DP = 0x82;                                //数据指针
sfr16 TMR3RL = 0x92;                            //定时器 3 重装值
sfr16 TMR3 = 0x94;                              //定时器 3 计数器
sfr16 ADC0 = 0xbe;                              //ADC0 数据
sfr16 ADC0GT = 0xc4;                            //ADC0 大于窗口
sfr16 ADC0LT = 0xc6;                            //ADC0 小于窗口
sfr16 RCAP2 = 0xca;                             //定时器 2 捕捉/重装
sfr16 T2 = 0xcc;                                //定时器 2
sfr16 RCAP4 = 0xe4;                             //定时器 4 捕捉/重装
sfr16 T4 = 0xf4;                                //定时器 4
sfr16 DAC0 = 0xd2;                              //DAC0 数据
sfr16 DAC1 = 0xd5;                              //DAC1 数据
//-----------------------------------------------
//全局常量
//-----------------------------------------------
#define SYSCLK 22118400                         //系统时钟频率(Hz)
#define BAUDRATE 9600                           //UART 波特率(b/s)
//-----------------------------------------------
//函数原型
//-----------------------------------------------
void SYSCLK_Init(void);
void PORT_Init(void);
void UART0_Init(void);
void ADC0_Init(void);
//-----------------------------------------------
//主程序
//-----------------------------------------------
void main(void) {
    long temperature;                           //温度百分之一的精度
    int temp_int, temp_frac;                    //温度的整数和小数部分
    WDTCN = 0xde;                               //禁止看门狗定时器
    WDTCN = 0xad;
    SYSCLK_Init();                              //初始化振荡器
    PORT_Init();                                //初始化数据交叉开关和通用 I/O 端口
    UART0_Init();                               //初始化 UART0
    ADC0_Init();                                //初始化和使能 ADC
    while (1) {
        AD0INT = 0;                             //清除转换结束标记
        AD0BUSY = 1;                            //开始转换
        while (AD0INT == 0);                    //等待转换结束
        temperature = ADC0;                     //读 ADC0 数据
        //计算温度精度为百分之一度
        temperature = temperature - 41857;      //减去偏移量,使之对应 0℃ 的值
        temperature = (temperature * 100L) / 154;         //计算出对应的温度值(2.86mV/℃)
```

```
        temp_int = temperature / 100;           //得到温度值的整数部分
        temp_frac = temperature - (temp_int * 100);              //得到温度值的小数部分
        printf("Temperature is %+02d.%02d\n", temp_int, temp_frac);     //从串口输出
}
}
//-------------------------------------------------
//系统时钟初始化
//-------------------------------------------------
//此程序初始化系统时钟使用22.1184MHz晶体作为时钟源
void SYSCLK_Init(void)
    {
    int i;                          //延时计数器
    OSCXCN = 0x67;                  //启动外部振荡器22.1184MHz晶体
    for (i = 0; i < 256; i++);      //等待振荡器启动(>1ms)
    while (!(OSCXCN & 0x80));       //等待晶体振荡器稳定
    OSCICN = 0x88;                  //选择外部振荡器作为系统时钟源并使能丢失时钟检测器
}
//-------------------------------------------------
//I/O端口初始化
//-------------------------------------------------
//配置数据交叉开关和通用I/O端口
void PORT_Init(void)
    {
    XBR0 = 0x04;                    //使能UART0
    XBR1 = 0x00;
    XBR2 = 0x40;                    //使能数据交叉开关和弱上拉
    P0MDOUT |= 0x01;                //允许TX0为推挽输出
    }
//-------------------------------------------------
//UART0初始化
//-------------------------------------------------
//配置UART0使用定时器1产生波特率
void UART0_Init(void)
    {
    SCON0 = 0x50;                   //SCON0:模式1,8位UART,允许RX
    TMOD = 0x20;                    //TMOD:1定时器,模式2,8位重装
    TH1 = -(SYSCLK/BAUDRATE/16);    //按波特率设置定时器1重装值
    TR1 = 1;                        //启动定时器1
    CKCON |= 0x10;                  //定时器1使用系统时钟为时基
    PCON |= 0x80;                   //SMOD = 1
    TI0 = 1;                        //表示就绪
}
//-------------------------------------------------
//ADC0初始化
//-------------------------------------------------
//配置ADC0使用AD0BUSY作为转换源,使用左对齐输出模式
//使用正常跟踪模式,测量片内温度传感器输出
//禁止ADC0转换结束中断和ADC0窗口比较器中断
void ADC0_Init(void)
    {
    ADC0CN = 0x81;                  //ADC0使能;正常跟踪模式
```

```
                                   //当写 AD0BUSY 时 ADC0 转换开始,ADC0 数据左对齐
    REF0CN = 0x07;                 //使能温度传感器片内 VREF 和 VREF 输出缓冲器
    AMX0SL = 0x0f;                 //选择温度传感器作为 ADC 多路模拟转换器输出
    ADC0CF = (SYSCLK/2500000) << 3; //ADC 转换时钟 = 2.5MHz
    ADC0CF |= 0x01;                //PGA 增益 = 2
    EIE2 &= ~0x02;                 //禁止 ADC0 EOC 中断
    EIE1 &= ~0x04;                 //禁止 ADC0 窗口比较器中断
    }
//------------------------------------------------
```

(2) 中断法程序。

```
//此程序是 ADC0 应用例程在中断模式使用定时器 3 溢出作为转换开始信号,测量片内温度传感
//器输出
//ADC0 结果经简单的均值滤波处理,均值滤波计数值由常量 INT_DEC 给出
//ADC 结果经计算得出温度从 UART0 传输
//假设在 XTAL1 和 XTAL2 之间连接 22.1184MHz 晶体
//系统时钟频率存储在全局常量 SYSCLK,目标 UART 波特率存储在全局常量 BAUDRATE
//ADC0 采样率存储在全局常量 SAMPLERATE0
//目标器件: C8051F020
//链接工具: KEIL C51 6.03 / KEIL EVAL C51
//------------------------------------------------
//包含文件
//------------------------------------------------
#include <c8051f020.h>                  //SFR 声明
#include <stdio.h>
//------------------------------------------------
//C8051F02X 的 16 位 SFR 定义
//------------------------------------------------
sfr16 DP = 0x82;                        //数据指针
sfr16 TMR3RL = 0x92;                    //定时器 3 重装值
sfr16 TMR3 = 0x94;                      //定时器 3 计数器
sfr16 ADC0 = 0xbe;                      //ADC0 数据
sfr16 ADC0GT = 0xc4;                    //ADC0 大于窗口
sfr16 ADC0LT = 0xc6;                    //ADC0 小于窗口
sfr16 RCAP2 = 0xca;                     //定时器 2 捕捉/重装
sfr16 T2 = 0xcc;                        //定时器 2
sfr16 RCAP4 = 0xe4;                     //定时器 4 捕捉/重装
sfr16 T4 = 0xf4;                        //定时器 4
sfr16 DAC0 = 0xd2;                      //DAC0 数据
sfr16 DAC1 = 0xd5;                      //DAC1 数据
//------------------------------------------------
//全局常量
//------------------------------------------------
#define SYSCLK 22118400                 //系统时钟频率(Hz)
#define BAUDRATE 9600                   //UART 波特率(b/s)
#define SAMPLERATE0 50000               //ADC0 采样频率(Hz)
#define INT_DEC 256                     //均值滤波计数值
//------------------------------------------------
//函数原型
//------------------------------------------------
```

```
void SYSCLK_Init(void);
void PORT_Init(void);
void UART0_Init(void);
void ADC0_Init(void);
void Timer3_Init(int counts);
void ADC0_ISR(void);
//-------------------------------------------
//全局变量
//-------------------------------------------
long result;                        //放置经数字滤波后的结果
//-------------------------------------------
//主程序
//-------------------------------------------
void main(void) {
long temperature;                   //精度为百分之一的温度(℃)
int temp_int, temp_frac;            //温度的整数和小数部分
WDTCN = 0xde;                       //禁止看门狗定时器
WDTCN = 0xad;
SYSCLK_Init();                      //初始化振荡器
PORT_Init();                        //初始化数据交叉开关和通用 I/O 端口
UART0_Init();                       //初始化 UART0
Timer3_Init(SYSCLK/SAMPLERATE0);    //初始化定时器 3 溢出为采样速率
ADC0_Init();                        //初始化 ADC
AD0EN = 1;                          //使能 ADC
EA = 1;                             //使能所有中断
while (1) {
    EA = 0;                         //禁止中断
    temperature = result;
    EA = 1;                         //重使能中断
    //计算温度百分之一精度
    temperature = temperature - 41758;
    temperature = (temperature * 100L) / 154;
    temp_int = temperature / 100;
    temp_frac = temperature - (temp_int * 100);
    printf ("Temperature is % + 02d. % 02d\n", temp_int, temp_frac);
}
}
//-------------------------------------------
//系统时钟初始化
//-------------------------------------------
//此程序初始化系统时钟使用 22.1184MHz 晶体作为系统时钟源
void SYSCLK_Init(void)
    {
    int i;                          //延时计数器
    OSCXCN = 0x67;                  //启动外部振荡器 22.1184MHz 晶体
    for (i = 0; i < 256; i++);      //等待振荡器启动(> 1ms)
    while (!(OSCXCN & 0x80));       //等待晶体振荡器稳定
    OSCICN = 0x88;                  //选择外部振荡器作为系统时钟源并允许丢失时钟检测器
    }
//-------------------------------------------
//I/O 端口初始化
```

```
//---------------------------------------------
//配置数据交叉开关和通用 I/O 端口
void PORT_Init(void)
    {
    XBR0 = 0x04;                    //使能 UART0
    XBR1 = 0x00;
    XBR2 = 0x40;                    //使能数据交叉开关和弱上拉
    P0MDOUT |= 0x01;                //使能 TX0 推挽输出
    }
//---------------------------------------------
//UART0 初始化
//---------------------------------------------
//配置 UART0 使用定时器 1 作为波特率发生器
void UART0_Init(void)
    {
    SCON0 = 0x50;                   //SCON0: 模式 1, 8 位 UART, 使能 RX
    TMOD = 0x20;                    //TMOD: 定时器 1, 模式 2, 8 位重装
    TH1 = -(SYSCLK/BAUDRATE/16);    //按波特率设置 T1 重装值
    TR1 = 1;                        //启动定时器 1
    CKCON |= 0x10;                  //定时器 1 使用系统时钟作为时基
    PCON |= 0x80;                   //SMOD00 = 1
    TI0 = 1;                        //表示 TX0 就绪
    }
//---------------------------------------------
//ADC0 初始化
//---------------------------------------------
//配置 ADC0 使用定时器 3 溢出作为转换源, 转换结束产生中断
//使用左对齐输出模式允许 ADC 转换结束中断不使用时禁止 ADC
void ADC0_Init(void)
    {
    ADC0CN = 0x05;                  //ADC0 禁止; 正常跟踪 mode; 定时器 3 溢出 ADC0 转换开始
                                    //ADC0 数据是左对齐
    REF0CN = 0x07;                  //允许温度传感器片内 VREF 和 VREF 输出缓冲器
    AMX0SL = 0x0f;                  //选择温度传感器作为 ADC 多路模拟转换输出
    ADC0CF = (SYSCLK/2500000) << 3; //ADC 转换时钟 = 2.5MHz
    ADC0CF |= 0x01;                 //PGA 增益 = 2
    EIE2 |= 0x02;                   //允许 ADC 中断
    }
//---------------------------------------------
//定时器 3 初始化
//---------------------------------------------
//配置定时器 3,自动重装间隔由 counts 指定,不产生中断,使用系统时钟为时基
void Timer3_Init(int counts)
    {
    TMR3CN = 0x02;                  //停止定时器 3; 清除 TF3;
                                    //使用系统时钟为时基
    TMR3RL = -counts;               //初始化重装值
    TMR3 = 0xffff;                  //设置为立即重装
    EIE2 &= ~0x01;                  //禁止定时器 3 中断
    TMR3CN |= 0x04;                 //启动定时器 3
}
```

```
//--------------------------------------------
//ADC0 中断服务程序
//--------------------------------------------
//得到 ADC0 采样值，将它加到运行总数<accumulator>中
//数字滤波计数器 <int_dec>减 1，当<int_dec>为 0 时，在全局变量<result>放置经数字滤波后
//的结果
void ADC0_ISR(void) interrupt 15
    {
    static unsigned int_dec = INT_DEC;  //数字滤波计数器
                                        //当 int_dec = 0 时重设新值
    static long accumulator = 0L;
    AD0INT = 0;                         //清除 ADC 转换结束标志
    accumulator += ADC0;                //读 ADC 值并加到运行总数中
    int_dec--;                          //更新数字滤波计数器
    if (int_dec == 0) {                 //如果为 0 记入结果
    int_dec = INT_DEC;                  //重设计数器
    result = accumulator >> 8;          //除以 256,求平均值(数字滤波)
    accumulator = 0L;                   //复位 accumulator
    }
    }
```

**2. 多通道数据采集**

```
//此程序为 ADC0 的应用例程在中断模式使用定时器 3 溢出作为开始转换信号
//测量 AIN0 到 AIN7 的电压和温度传感器
//转换结果经过计算所得电压从 UART0 传输
//假设在 XTAL1 和 XTAL2 之间接 22.1184MHz 晶体
//系统时钟频率存储在全局常量 SYSCLK,目标 UART 波特率存储在全局常量 BAUDRATE
//ADC0 采样频率存储在全局常量 SAMPLERATE0,电压参考值存储在 VREF0
//目标器件：C8051F020
//链接工具：KEIL C51 6.03 / KEIL EVAL C51
//--------------------------------------------
//包含文件
//--------------------------------------------
#include <c8051f020.h>                  //SFR 声明
#include <stdio.h>
//--------------------------------------------
//C8051F02X 的 16 位 SFR 定义
//--------------------------------------------
sfr16 DP = 0x82;                        //数据指针
sfr16 TMR3RL = 0x92;                    //定时器 3 重装值
sfr16 TMR3 = 0x94;                      //定时器 3 计数器
sfr16 ADC0 = 0xbe;                      //ADC0 数据
sfr16 ADC0GT = 0xc4;                    //ADC0 大于窗口
sfr16 ADC0LT = 0xc6;                    //ADC0 小于窗口
sfr16 RCAP2 = 0xca;                     //定时器 2 捕捉/重装
sfr16 T2 = 0xcc;                        //定时器 2
sfr16 RCAP4 = 0xe4;                     //定时器 4 捕捉/重装
sfr16 T4 = 0xf4;                        //定时器 4
sfr16 DAC0 = 0xd2;                      //DAC0 数据
sfr16 DAC1 = 0xd5;                      //DAC1 数据
//--------------------------------------------
//全局常量
```

```
//-------------------------------------------------
#define SYSCLK 22118400                 //系统时钟频率(Hz)
#define BAUDRATE 9600                   //UART 波特率(b/s)
#define SAMPLERATE0 50000               //ADC0 采样频率(Hz)
#define VREF0 2430                      //VREF 参考电平(mV)
//-------------------------------------------------
//函数原型
//-------------------------------------------------
void SYSCLK_Init(void);
void PORT_Init(void);
void UART0_Init(void);
void ADC0_Init(void);
void Timer3_Init(int counts);
void ADC0_ISR(void);
//-------------------------------------------------
//全局变量
//-------------------------------------------------
long result[9];                         //AIN0 - 7 和温度传感器输出结果
//-------------------------------------------------
//主程序
//-------------------------------------------------
void main(void) {
long voltage;                           //电压以 mV 为单位
int i;                                  //循环计数器
WDTCN = 0xde;                           //禁止看门狗定时器
WDTCN = 0xad;
SYSCLK_Init();                          //初始化振荡器
PORT_Init();                            //初始化数据交叉开关和通用 I/O
UART0_Init();                           //初始化 UART0
Timer3_Init(SYSCLK/SAMPLERATE0);        //初始化定时器 3 溢出作为采样率
ADC0_Init();                            //初始化 ADC
AD0EN = 1;                              //允许 ADC
EA = 1;                                 //允许所有中断
while (1) {
for (i = 0; i < 9; i++) {
EA = 0;                                 //禁止中断
voltage = result[i];                    //从全局变量取得 ADC 值
EA = 1;                                 //重新使能中断
                                        //计算电压(mV)
voltage = voltage * VREF0;
voltage = voltage >> 16;
printf("Channel '%d' voltage is %ldmV\n", i, voltage);
}
}
}
//-------------------------------------------------
//系统时钟初始化
//-------------------------------------------------
//此程序初始化系统时钟使用 22.1184MHz 晶体作为系统时钟
void SYSCLK_Init(void)
{
    int i;                              //延时计数器
    OSCXCN = 0x67;                      //启动外部振荡器 22.1184MHz 晶体
    for (i = 0; i < 256; i++);          //等待振荡器启动 (> 1ms)
```

```
    while (!(OSCXCN & 0x80));        //等待晶体振荡器稳定
    OSCICN = 0x88;                   //选择外部振荡器作为系统时钟源并允许丢失时钟检测器
    }
//----------------------------------------------
//I/O 端口初始化
//----------------------------------------------
//配置数据交叉开关和通用 I/O 端口
void PORT_Init(void)
    {
    XBR0 = 0x04;                     //使能 UART0
    XBR1 = 0x00;
    XBR2 = 0x40;                     //使能数据交叉开关和弱上拉

    }
//----------------------------------------------
//UART0 初始化
//----------------------------------------------
//配置 UART0 使用定时 1 为波特率发生器
void UART0_Init(void)
    {
    SCON0 = 0x50;                    //SCON0: 模式 1, 8 位 UART, 允许 RX
    TMOD = 0x20;                     //TMOD: 定时器 1, 模式 2, 8 位重装
    TH1 = -(SYSCLK/BAUDRATE/16);     //按波特率设置定时器 1 重装值
    TR1 = 1;                         //启动定时器 1
    CKCON |= 0x10;                   //定时器 1 使用系统时钟为时基
    PCON |= 0x80;                    //SMOD00 = 1
    TI0 = 1;                         //表示 TX0 就绪
    }
//----------------------------------------------
//ADC0 初始化
//----------------------------------------------
//配置 ADC0 使用定时器 3 溢出作为转换源, 转换结束产生中断使用左对齐输出模式
//使能 ADC 转换结束中断禁止 ADC
//注意: 使能低功率跟踪模式保证当改变通道时的跟踪次数最少
void ADC0_Init(void)
    {
    ADC0CN = 0x45;                   //ADC0 禁止; 低功率跟踪模式
                                     //当定时器 3 溢出时 ADC0 转换开始; ADC0 数据左对齐
    REF0CN = 0x07;                   //使能温度传感器片内 VREF 和 VREF 输出缓冲器
    AMX0SL = 0x00;                   //选择 AIN0 为 ADC 多路模拟输出
    ADC0CF = (SYSCLK/2500000) << 3;  //ADC 转换时钟 = 2.5MHz
    ADC0CF &= ~0x07;                 //PGA 增益 = 1
    EIE2 |= 0x02;                    //允许 ADC 中断
    }
//----------------------------------------------
//定时器 3 初始化
//----------------------------------------------
//配置定时器 3 自动重装载时间间隔由<counts>指定(不产生中断)
//使用系统时钟作为时基
void Timer3_Init(int counts)
    {
    TMR3CN = 0x02;                   //停止定时器 3; 清除 TF3;
                                     //使用系统时钟作为时基
    TMR3RL = -counts;                //初始化重装值
```

```
        TMR3 = 0xffff;                  //设置为立即重装
        EIE2 &= ~0x01;                  //禁止定时器 3 中断
        TMR3CN |= 0x04;                 //启动定时器 3
        }
//--------------------------------------------------
//ADC0 中断服务程序
//--------------------------------------------------
//ADC0 转换结束中断服务程序
//读取 ADC0 采样值并存储在全局数组 <result>
//同时选择下一个通道转换
void ADC0_ISR(void) interrupt 15
        {
        static unsigned char channel = 0; //ADC 多路模拟通道(0-8)
        AD0INT = 0;                     //清除 ADC 转换结束标志
        result[channel] = ADC0;         //读 ADC 值
        channel++;                      //改变通道
        if (channel == 9) {
        channel = 0;
        }
        AMX0SL = channel;               //设置多路模拟转换器到下一个通道
}
```



# 5.2 数模转换器

## 5.2.1 数模转换原理及性能指标

### 1. 转换原理

D/A 转换器的原理很简单,可以总结为“按权展开,然后相加”几个字。即将要转换的数字量中每一位都按其权值分别转换为模拟量,并通过运算放大器求和相加,因此 D/A 转换器内部必须有一个解码网络,以实现按权值分别进行 D/A 转换。

解码网络通常有两种:二进制加权电阻网络和 T 型电阻网络。在二进制加权电阻网络中,每位二进制位的 D/A 转换是通过相应位加权电阻实现的,这必然导致加权电阻阻值差别极大,尤其在 D/A 转换器位数较大时更不能容忍。例如,若某 D/A 转换器有 12 位,则最高位加权电阻为 10kΩ 时的最低位加权电阻应当是 $10\text{k}\Omega\times 2^{11}=20\text{M}\Omega$。这么大的电阻在 VLSI 技术中很难制造出来,即便制造出来,其精度也很难符合要求。因此现代 D/A 转换器几乎毫不例外地采用 T 型电阻网络进行解码活动。

为了说明原理,现以 4 位 D/A 转换器为例介绍,它的原理框图如图 5-14 所示。在图中的虚线框内是 T 型电阻网络(桥上电阻为 $R$,桥臂电阻为 $2R$);OA 为运算放大器,A 点为虚拟地(接近 0V);$V_{\text{REF}}$ 为参考电压,由稳压电源提供;$S_3 \sim S_0$ 为电子开关,受 4 位 DAC 寄存器中 $b_3b_2b_1b_0$ 的控制。为了分析问题,设 $b_3b_2b_1b_0$ 全为 1,故 $S_3S_2S_1S_0$ 全部和 1 端相连。由于 A 点为虚地,B 点到 A 点和 B 点到地线的电阻一样都为 $2R$,即 $I_0=I_{\text{L0}}$,根据基尔霍夫电流定律:$I_{\text{L1}}=I_{\text{L0}}+I_0$,分析 C 点到 A 点的电阻及到地线的电阻可得 $I_1=I_{\text{L1}}$,则 $I_0=1/2I_1$,同理可推得 $I_1=1/2I_2$、$I_2=1/2I_3$,所以可得如下关系:

$$I_3=\frac{V_{\text{REF}}}{2R}=2^3\times\frac{V_{\text{REF}}}{2^4\times R}$$

$$I_2=\frac{I_3}{2}=2^2\times\frac{V_{\mathrm{REF}}}{2^4\times R}$$

$$I_1=\frac{I_2}{2}=2^1\times\frac{V_{\mathrm{REF}}}{2^4\times R}$$

$$I_0=\frac{I_1}{2}=2^0\times\frac{V_{\mathrm{REF}}}{2^4\times R}$$

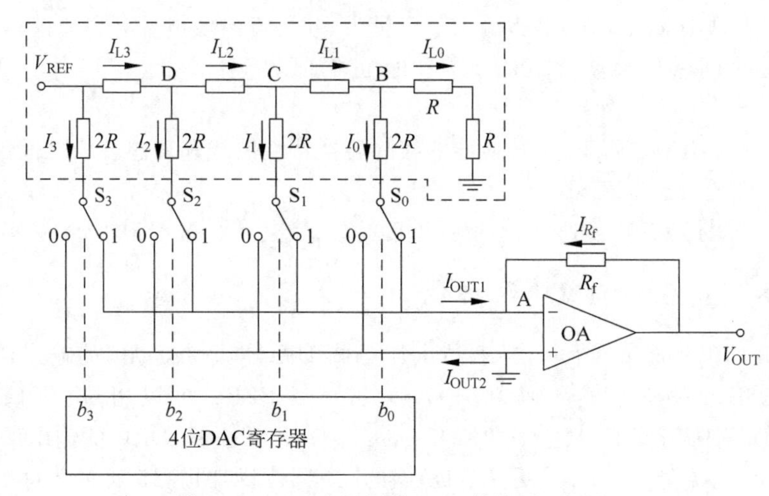


图 5-14 T 型电阻网络 D/A 转换原理框图

事实上，$S_3$～$S_0$ 的状态是受 $b_3b_2b_1b_0$ 控制的，并不一定是全 1，所以流入 A 点的电流应该是：

$$I_{\mathrm{OUT1}}=b_3I_3+b_2I_2+b_1I_1+b_0I_0=(b_32^3+b_22^2+b_12^1+b_02^0)\frac{V_{\mathrm{REF}}}{2^4R} \tag{5-4}$$

选取 $R_{\mathrm{f}}=R$，并考虑 A 点为虚地，则有 $I_{R_{\mathrm{f}}}=-I_{\mathrm{out1}}$。

因此，可以得到式(5-5)：

$$V_{\mathrm{OUT}}=I_{R_{\mathrm{f}}}R_{\mathrm{f}}=-(b_32^3+b_22^2+b_12^1+b_02^0)\frac{V_{\mathrm{REF}}}{2^4R}R_{\mathrm{f}}=-B\frac{V_{\mathrm{REF}}}{16} \tag{5-5}$$

对于 $n$ 位 T 型电阻网络，式(5-5)可变为：

$$V_{\mathrm{OUT}}=-(b_{n-1}2^{n-1}+b_{n-2}2^{n-2}+\cdots+b_12^1+b_02^0)\frac{V_{\mathrm{REF}}}{2^nR}R_{\mathrm{f}}=-B\frac{V_{\mathrm{REF}}}{2^n} \tag{5-6}$$

式中 $B$ 为一个二进制数，T 型电阻网络的 D/A 转换输出电压量绝对值与该二进制数的大小成正比。

**2. 性能指标**

D/A 性能指标是衡量芯片质量的重要参数，主要的性能指标有 4 条。

1）分辨率

分辨率(Resolution)是指 D/A 转换器能分辨的最小输出模拟增量，取决于输入数字量的二进制位数。一个 $n$ 位的 D/A 转换器所能分辨的最小电压增量定义为满量程值的 $2^{-n}$ 倍。例如，满量程为 10V 的 8 位 D/A 芯片的分辨率为 $10\mathrm{V}\times2^{-8}=39\mathrm{mV}$；而 16 位的 D/A 芯片的分辨率为 $10\mathrm{V}\times2^{-16}=153\mu\mathrm{V}$。

2）转换精度

转换精度(Conversion Accuracy)与分辨率是两个不同的概念。转换精度是指满量程时

D/A 的实际模拟输出值和理论值的接近程度。对 T 型电阻网络的 D/A 转换器,其转换精度与参考电压 $V_{REF}$、电阻值和电子开关的误差有关。例如,满量程时理论输出值为 10V,实际输出值是在 9.99 到 10.01 之间,则其转换精度为±10mV。通常 D/A 转换器的转换精度为分辨率的一半,即为 LSB/2。LSB(Least Significant Bit)是最低有效位,指最低 1 位数字变化引起输出电压幅度的变化量。

3) 偏移量误差

偏移量误差(Offset Error)是指输入数字量为零时,输出模拟量对零的偏移值。这种误差通常可以通过 D/A 转换器的外接 $V_{REF}$ 和电位器加以调整。

4) 线性度

线性度(Linearity)是指 D/A 转换器的实际转换特性曲线和理想直线之间的最大偏差。通常线性度不应超出±1/2LSB。

除此以外,指标还有转换速度、温度灵敏度等,通常这些参数都很小,一般不予考虑。

### 5.2.2 C8051F020 的 DAC 功能

C8051F020 单片机有两个片内 12 位电压方式 DAC。每个 DAC 的输出摆幅均为 0V 到(VREF-1LSB),对应的输入码范围是 0x000～0xFFF。可以用对应的控制寄存器 DAC0CN 和 DAC1CN 使能/禁止 DAC0 和 DAC1。在被禁止时,DAC 的输出保持在高阻状态,DAC 的供电电流降到 1μA 或更小。DAC 的功能框图如图 5-15 所示。每个 DAC 的电压基准在 VREFD 引脚提供。如果使用内部电压基准,为了使 DAC 输出有效,该基准必须被使能。有关配置 DAC 电压基准的详细信息将在 5.3 节介绍。

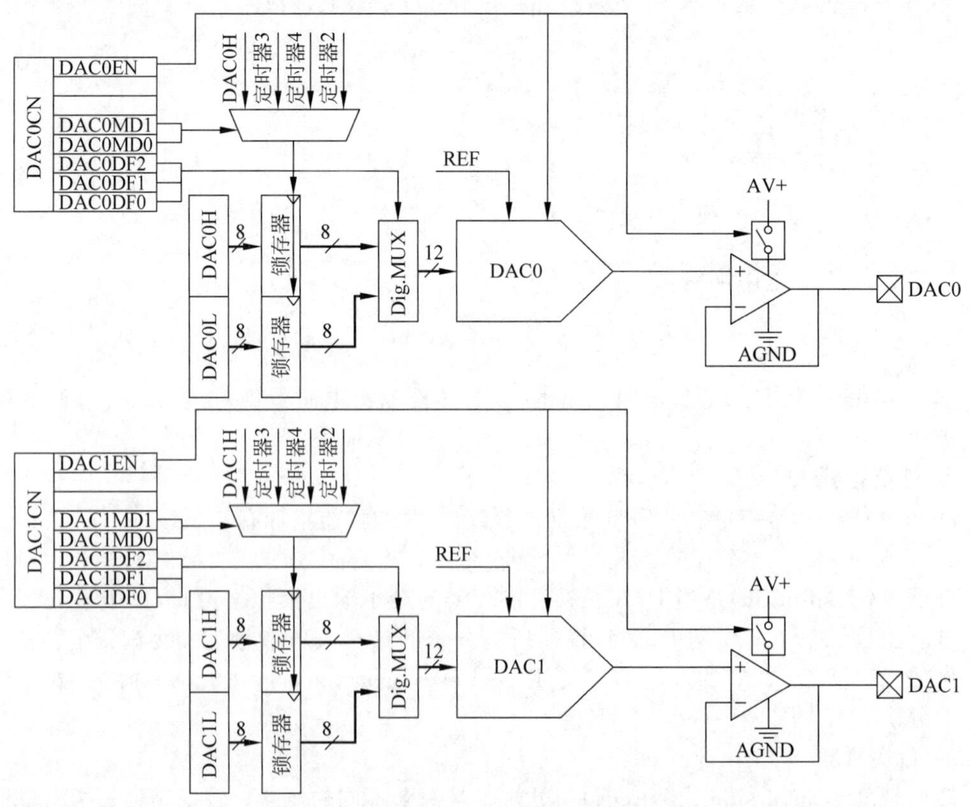


图 5-15 DAC 功能框图

控制 DAC 工作的主要是控制寄存器 DAC0CN 和 DAC1CN,两个 SFR 分别控制 DAC0 和 DAC1,以 DAC0CN 为例来说明。控制寄存器 DAC0CN 的格式为：

| R/W | R/W | R/W | R/W | R/W | R/W | R/W | R/W | 复位值 |
|---|---|---|---|---|---|---|---|---|
| DAC0EN | — | — | DAC0MD1 | DAC0MD0 | DAC0DF2 | DAC0DF1 | DAC0DF0 | 00000000 |
| 位7 | 位6 | 位5 | 位4 | 位3 | 位2 | 位1 | 位0 | SFR地址：0xD4 |

其中,各位的含义如下：

位 7(DAC0EN)——DAC0 使能位。

0：DAC0 禁止。DAC0 输出引脚被禁止,DAC0 处于低功耗关断方式。

1：DAC0 使能。DAC0 正常输出；DAC0 处于工作状态。

位 6 和位 5——未用。读＝0000b；写＝忽略。

位 4 和位 3(DAC0MD1－0)——DAC0 方式位。

00：DAC 输出更新发生在写 DAC0H 时。

01：DAC 输出更新发生在定时器 3 溢出时。

10：DAC 输出更新发生在定时器 4 溢出时。

11：DAC 输出更新发生在定时器 2 溢出时。

位 2～0(DAC0DF2～0)：DAC0 数据格式位。

000：DAC0 数据字的高4 位在DAC0H[3:0]，低字节在DAC0L。

| DAC0H | | | | | | | | DAC0L | | | | | | | |
|---|---|---|---|---|---|---|---|---|---|---|---|---|---|---|---|
| | | | | MSB | | | | | | | | | | | LSB |

001：DAC0 数据字的高5 位在DAC0H[4:0]，低7 位在DAC0L[7:1]。

| DAC0H | | | | | | | | DAC0L | | | | | | | |
|---|---|---|---|---|---|---|---|---|---|---|---|---|---|---|---|
| | | | MSB | | | | | | | | | | | LSB | |

010：DAC0 数据字的高6 位在DAC0H[5:0]，低6 位在DAC0L[7:2]。

| DAC0H | | | | | | | | DAC0L | | | | | | | |
|---|---|---|---|---|---|---|---|---|---|---|---|---|---|---|---|
| | | MSB | | | | | | | | | | | LSB | | |

011：DAC0 数据字的高7 位在DAC0H[6:0]，低5 位在DAC0L[7:3]。

| DAC0H | | | | | | | | DAC0L | | | | | | | |
|---|---|---|---|---|---|---|---|---|---|---|---|---|---|---|---|
| | MSB | | | | | | | | | | | LSB | | | |

1xx：高有效字节在DAC0H，低4 位在DAC0L[7:4]。

| DAC0H | | | | | | | | DAC0L | | | | | | | |
|---|---|---|---|---|---|---|---|---|---|---|---|---|---|---|---|
| MSB | | | | | | | | | | | LSB | | | | |

### 5.2.3 DAC 输出更新

每个 DAC 都具有灵活的输出更新机制,允许全量程内平滑变化并支持无抖动输出更新,适合于波形发生器应用。下面的描述都是以 DAC0 为例,DAC1 的操作与 DAC0 完全相同。注意,读 DAC0L 返回预锁存数据,所读值是最后写入该寄存器中的数据,而不是 DAC0L 锁存器中的值。但读 DAC0H 总是返回 DAC0H 锁存器中的值。

**1. 根据软件命令更新输出**

在默认方式下(DAC0CN.[4:3]=00),DAC0 的输出在写 DAC0 数据寄存器高字节(DAC0H)时更新。注意,写 DAC0L 时数据被保持,对 DAC0 输出没有影响,直到对 DAC0H 的写操作发生。如果向 DAC 数据寄存器写入一个 12 位字,则 12 位的数据字被写到低字节(DAC0L)和高字节(DAC0H)数据寄存器。在写 DAC0H 寄存器后数据被锁存到 DAC0。因此,如果需要 12 位分辨率,应在写入 DAC0L 之后写 DAC0H。DAC 可被用于 8 位方式,这种情况是将 DAC0L 初始化一个所希望的数值(通常为 0x00),将数据只写入 DAC0H。

**2. 基于定时器溢出的输出更新**

在前面介绍的 ADC 转换操作中,ADC 转换可以由定时器溢出启动,不用处理器干预。与之类似,DAC 的输出更新也可以用定时器溢出事件触发。这一特点在用 DAC 产生一个固定采样频率的波形时尤其有用,可以消除中断响应时间不同和指令执行时间不同对 DAC 输出时序的影响。当 DAC0MD 位(DAC0CN.[4:3])被设置为 01、10 或 11 时(分别为定时器 3、定时器 4 或定时器 2),对 DAC 数据寄存器的写操作被保持,直到相应的定时器溢出事件发生时 DAC0H:DAC0L 的内容才被复制到 DAC 输入锁存器,允许 DAC 数据改变为新值。

### 5.2.4 DAC 输出定标/调整

在某些情况下,对 DAC0 进行写入操作之前应对输入数据移位,以正确调整 DAC 输入寄存器中的数据。这种操作一般需要一个或多个装入和移位指令,因而增加软件开销和降低 DAC 的数据通过率。为了减少这方面的负担,数据格式化功能为用户提供了一种能对数据寄存器 DAC0H 和 DAC0L 中的数据格式编程的手段。3 个 DAC0DF 位(DAC0CN.[2:0])允许用户在 5 种数据字格式指定一种,具体见 DAC0CN 寄存器定义。

DAC1 的功能与上述 DAC0 的功能完全相同。

### 5.2.5 数模转换举例

D/A 转换器的编程相对 A/D 转换器要简单,按照要求设置好输出更新的条件,将要转换的数值量送到 DAC 数据寄存器就行。下面是产生锯齿波和阶梯波的示例。将 DAC0 设置成输出更新发生在写 DAC0H 时,即直接更新。DAC1 设置成输出更新发生在定时器 2 溢出时。

**1. 产生阶梯波**

DAC0 用程序更新输出,产生一个阶梯波形。

```
//-----------------------------------------------
//DAC 转换程序
//-----------------------------------------------
```

```
//--------------------------------------------
//INCLUDES
//--------------------------------------------
#include <C8051F020.h>                  //寄存器定义文件
//C8051F02X 的 16 位 SFR 定义
//--------------------------------------------
sfr16 DAC0  =  0xd2;                    //DAC0 数据寄存器
//--------------------------------------------
#define UP 0x010
#define T 1000
void d1ms(int count);                   //延时程序
void config(void);                      //配置程序
void main(void)
{
    int i;
    config();
    for(i = 0;i <= 4095;i + UP)         //形成阶梯波形
        {
        DAC0 = i;                       //送数字量到 DAC0 直接更新输出
        d1ms(T);
        }
}
void d1ms(int count)
{   int j;
    while(count -- != 0)
    {
        for(j = 0;j < 100;j++);
    }
}
//--------------------------------------------
//配置程序
//--------------------------------------------
void config(void) {
    //Local Variable Definitions
    int n  =  0;

    WDTCN  =  0x07;                     //看门狗控制寄存器
    WDTCN  =  0xDE;                     //禁止看门狗定时器
    WDTCN  =  0xAD;
//--------------------------------------------
//Oscillator Configuration
//--------------------------------------------
    OSCXCN  =  0x67;                    //外部振荡器寄存器,采用 11.0952MHz
    for (n  =  0; n < 255; n++);        //等待振荡器启动
    while ((OSCXCN & 0x80)  ==  0);     //等待晶振稳定
//--------------------------------------------
//Reference Control Register Configuration
//--------------------------------------------
    REF0CN  =  0x02;                    //内部偏压发生器工作
//--------------------------------------------
//--------------------------------------------
```

```
//DAC Configuration
//------------------------------------------------
    DAC0CN = 0x80;                  //允许 DAC0,程序直接更新输出,数据右对齐
    DAC0L = 0x00;                   //DAC1 数据寄存器初值
    DAC0H = 0x00;
//------------------------------------------------
}
```

**2. 产生锯齿波**

用 DAC1 产生锯齿波,T2 定时中断更新输出。

```
//------------------------------------------------
//DAC 转换程序
//------------------------------------------------
//------------------------------------------------
//INCLUDES
//------------------------------------------------
#include <C8051F020.h>              //寄存器定义文件
//C8051F02X 的 16 位 SFR 定义
//------------------------------------------------
sfr16 T2 = 0xcc;                    //定时器 2
sfr16 DAC1 = 0xd5;                  //DAC1 数据寄存器
//------------------------------------------------
void T2_ISR();                      //T2 中断服务程序
void config(void);                  //配置系统
void main(void)
{
config();                           //配置
EA = 1;                             //开中断
while(1);
}
void T2_ISR() interrupt 5
{
TF2 = 0;                            //清中断标志
DAC1++;                             //因为是 T2 溢出更新 DAC1 输出
                                    //所以可以对 SFR16 操作,此时并不立即更新
if(DAC1 >= 0x1000)
    DAC1 = 0;                       //形成锯齿波
}
//------------------------------------------------
//Config Routine
//------------------------------------------------
void config(void) {

//Local Variable Definitions
    int n = 0;
    WDTCN = 0x07;                   //看门狗控制寄存器
    WDTCN = 0xDE;                   //禁止看门狗定时器
    WDTCN = 0xAD;
//------------------------------------------------
//Oscillator Configuration
```

```
//-----------------------------------------------------------
OSCXCN = 0x67;                      //外部振荡器寄存器,采用 11.0952MHz
    for (n = 0; n < 255; n++);      //等待振荡器启动
    while ((OSCXCN & 0x80) == 0);   //等待晶振稳定
//-----------------------------------------------------------
//Reference Control Register Configuration
//-----------------------------------------------------------
REF0CN = 0x02;                      //内部偏压发生器工作
//-----------------------------------------------------------
//-----------------------------------------------------------
//DAC Configuration
//-----------------------------------------------------------
DAC1CN = 0x98;                      //允许 DAC1,T2 溢出中断更新输出,数据右对齐
DAC1L = 0x00;                       //DAC1 数据寄存器初值
DAC1H = 0x00;
//-----------------------------------------------------------
//-----------------------------------------------------------
//Timer Configuration
//-----------------------------------------------------------
    RCAP2H = 0x05;                  //重新装入的时间常数
    RCAP2L = 0x00;
    TH2 = 0x05;                     //初始值
    TL2 = 0x00;
    T2CON = 0x04;                   //启动 T2
//-----------------------------------------------------------
//-----------------------------------------------------------
//Interrupt Configuration
//-----------------------------------------------------------
    IE = 0x20;                      //T2 中断允许
}
```

# 5.3 电压基准

电压基准电路为控制 ADC 和 DAC 模块工作提供了灵活性。有 3 个电压基准输入引脚,允许两个 ADC 和两个 DAC 使用外部电压基准或片内电压基准输出。通过配置 $V_{REF}$ 模拟开关,ADC0 还可以使用 DAC0 的输出作为内部基准,ADC1 可以使用模拟电源电压作为基准,电压基准的功能框图如图 5-16 所示。内部电压基准电路由一个 1.2V、15ppm/℃(典型值)的带隙电压基准发生器和一个两倍增益的输出缓冲放大器组成。内部基准电压可以通过 $V_{REF}$ 引脚连到应用系统中的外部器件或图 5-16 所示的电压基准输入引脚。建议在 $V_{REF}$ 引脚与 AGND 之间接入 0.1μF 和 4.7μF 的旁路电容。电压基准的设置由基准电压控制寄存器 REF0CN 来完成,它可使能/禁止内部基准发生器和选择 ADC0、ADC1 的基准输入。REF0CN 中的 BIASE 位使能片内电压基准发生器,而 REFBE 位使能驱动 $V_{REF}$ 引脚的缓冲放大器。当被禁止时,带隙基准和缓冲放大器消耗的电流小于 1μA(典型值),缓冲放大器的输出进入高阻状态。如果要使用内部带隙基准作为基准电压发生器,则 BIASE 和 REFBE 位必须被置 1。如果不使用内部基准,则 REFBE 位可以被清 0。

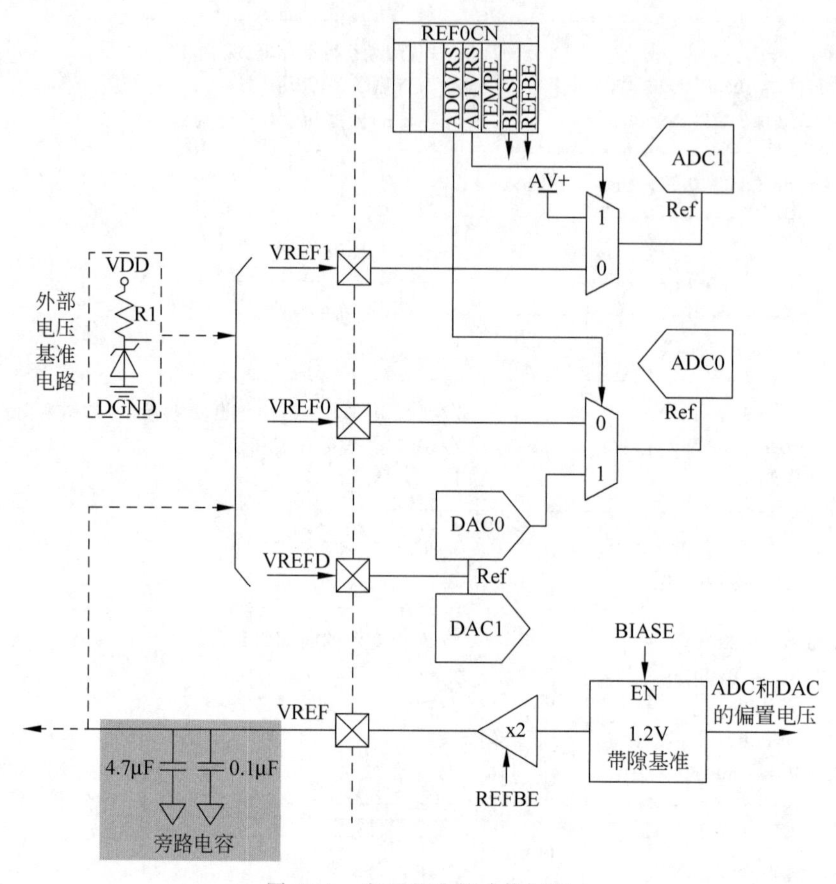


图 5-16　电压基准的功能框图

**注意**：如果使用 ADC 或 DAC，则不管电压基准取自片内还是片外，BIASE 位必须被置为逻辑 1。如果既不使用 ADC 也不使用 DAC，则这两位都应被清 0 以节省功耗。AD0VRS 和 AD1VRS 位分别用于选择 ADC0 和 ADC1 的电压基准源。基准电压控制寄存器 REF0CN 的格式如下：

| | R/W | R/W | R/W | R/W | R/W | R/W | R/W | R/W | 复位值 |
|---|---|---|---|---|---|---|---|---|---|
| | — | — | — | AD0VRS | AD1VRS | TEMPE | BIASE | REFBE | 00000000 |
| | 位7 | 位6 | 位5 | 位4 | 位3 | 位2 | 位1 | 位0 | SFR地址：0xD1 |

其中，各位的含义如下：

位 7～5——未用。读＝000b，写＝忽略。

位 4(AD0VRS)——ADC0 电压基准选择位。

0：ADC0 电压基准取自 VREF0 引脚。

1：ADC0 电压基准取自 DAC0 输出。

位 3(AD1VRS)——ADC1 电压基准选择位。

0：ADC1 电压基准取自 VREF1 引脚。

1：ADC1 电压基准取自 AV＋。

位 2(TEMPE)——温度传感器使能位。

0：内部温度传感器关闭。

1：内部温度传感器工作。

位 1(BIASE)——ADC/DAC 偏压发生器使能位(使用 ADC 和 DAC 时该位必须为 1)。

0：内部偏压发生器关闭。

1：内部偏压发生器工作。

位 0(REFBE)——内部电压基准缓冲器使能位。

0：内部电压基准缓冲器关闭。

1：内部电压基准缓冲器工作。内部电压基准提供从 $V_{REF}$ 引脚输出。

电压基准的电气特性可参见附录 C。温度传感器接在 ADC0 输入多路开关的最后一个输入端，REF0CN 中的 TEMPE 位用于使能和禁止温度传感器。当被禁止时，温度传感器为默认的高阻状态，此时对温度传感器的任何 A/D 测量结果都是无意义的。

## 5.4 比 较 器

C8051F020 单片机内部有两个比较器，原理图及功能框图分别如图 5-17 和图 5-18 所示。CIP-51 内核与每个比较器之间的数据和控制接口都通过特殊功能寄存器实现，它可以将任何一个比较器置于低功耗关断方式。

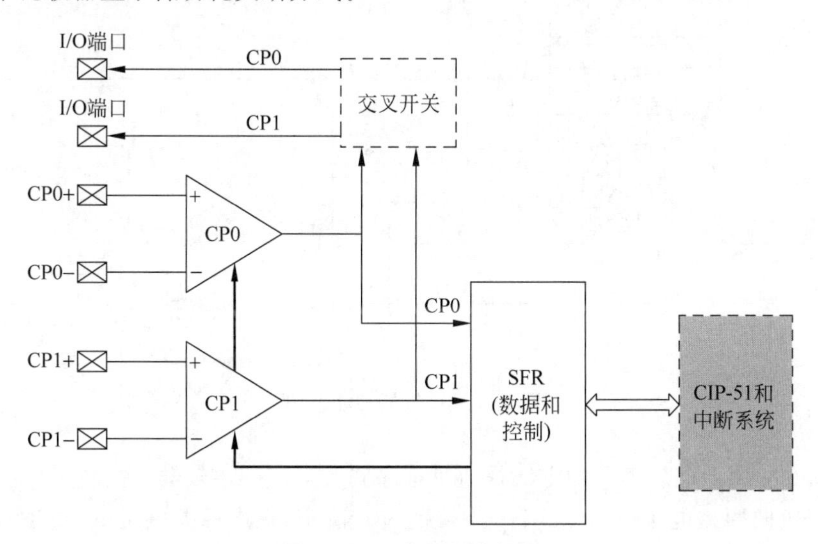


图 5-17　比较器原理框图

每个比较器都有两个输入引脚，可以承受－0.25V～(AV＋)＋0.25V 的外部驱动电压而不至损坏或发生工作错误。比较器的输出都可以经 I/O 交叉开关连到外部 I/O 引脚上。当被分配了外部引脚时，每个比较器的输出都可以被编程工作在漏极开路或者推挽方式，关于交叉开关和端口初始化的详细信息，请参见 2.4 节。

比较器的回差电压可以用软件通过比较器的控制寄存器进行编程，并且每个比较器都可以在上升沿、下降沿或在两个边沿产生中断。这些中断能将 CIP-51 内核从休眠方式唤醒，而比较器的输出状态可以用软件进行查询。两个比较器原理和使用方法类似，下面主要以比较器 0 为例介绍。

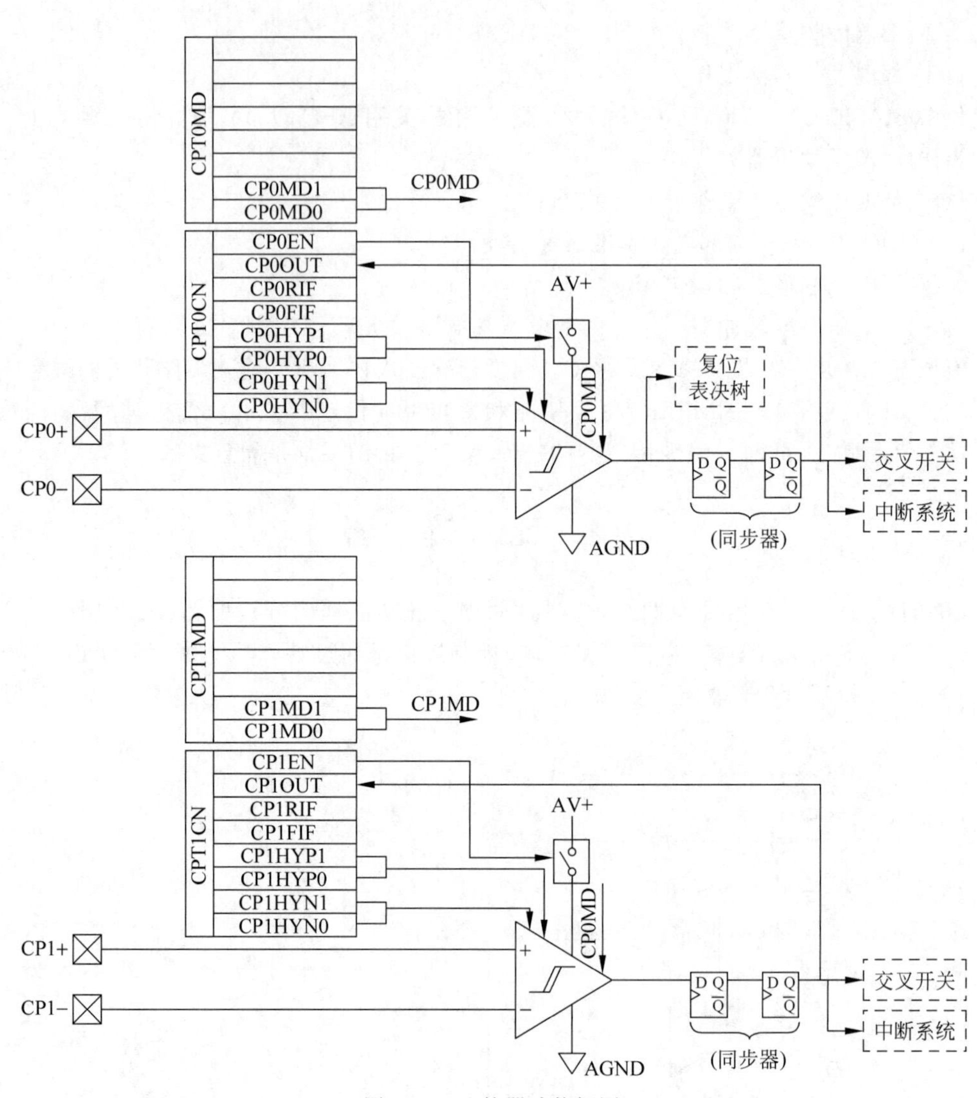


图 5-18 比较器功能框图

比较器 0 的回差电压编程的方法是通过程序修改对应的比较器 0 控制寄存器 CPT0CN 的位 3～0：负向回差电压值由 CP0HYN 位的设置决定，正向回差电压值由 CP0HYP 位决定。用户既可以选择对回差电压值(指输入电压)编程，也可以选择对门限电压两侧的正向和负向回差对称度编程。比较器回差电压曲线如图 5-19 所示，有关回差电压指标见附录 C 中的比较器电气特性。比较器 0 控制寄存器 CPT0CN 各位的定义如下：

| R/W | R/W | R/W | R/W | R/W | R/W | R/W | R/W | 复位值 |
|---|---|---|---|---|---|---|---|---|
| CP0EN | CP0OUT | CP0RIF | CP0FIF | CP0HYP1 | CP0HYP0 | CP0HYN1 | CP0HYN0 | 00000000 |
| 位 7 | 位 6 | 位 5 | 位 4 | 位 3 | 位 2 | 位 1 | 位 0 | SFR地址：0x9E |

其中，各位的含义如下：

位 7(CP0EN)——比较器 0 使能位。

0：比较器 0 禁止。

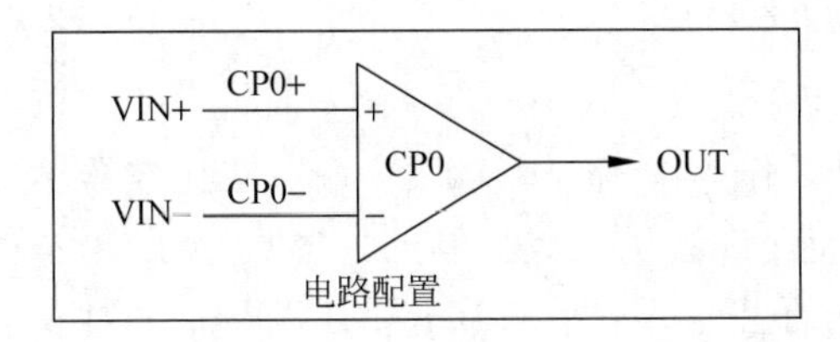


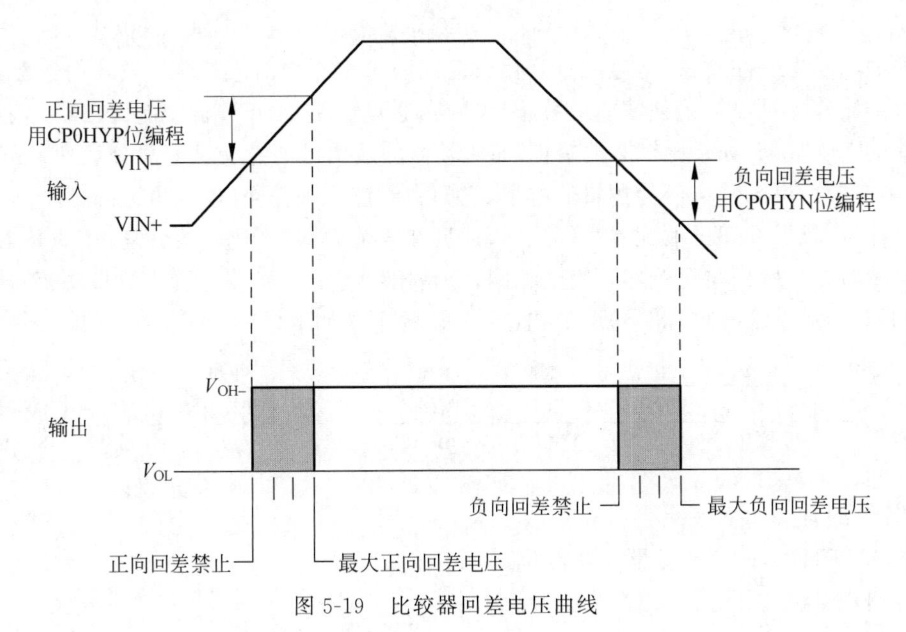


图 5-19　比较器回差电压曲线

1：比较器 0 使能。

位 6(CP0OUT)——比较器 0 输出状态标志。

0：电压值 CP0＋ ＜ CP0－。

1：电压值 CP0＋ ＞ CP0－。

位 5(CP0RIF)——比较器 0 上升沿中断标志。

0：自该标志位被清除后，没有发生过比较器 0 上升沿中断。

1：自该标志位被清除后，发生了比较器 0 上升沿中断。

位 4(CP0FIF)——比较器 0 下降沿中断标志。

0：自该标志位被清除后，没有发生过比较器 0 下降沿中断。

1：自该标志位被清除后，发生了比较器 0 下降沿中断。

位 3 和位 2(CP0HYP1－0)——比较器 0 正向回差电压控制位。

00：禁止正向回差电压。

01：正向回差电压＝2mV。

10：正向回差电压＝4mV。

11：正向回差电压＝10mV。

位 1 和位 0(CP0HYN1－0)——比较器 0 负向回差电压控制位。

00：禁止负向回差电压。

01：负向回差电压＝2mV。

10：负向回差电压=4mV。

11：负向回差电压=10mV。

比较器的输出可以采用软件查询，也可以作为中断源来触发中断。在比较器输出的上升沿和/或下将沿都可以产生中断(有关中断允许和优先级控制的内容见 2.3 节)。比较器 0 的下降沿中断置 1CP0FIF 标志，比较器 0 的上升沿中断置 1CP0RIF 标志。这些位一旦被置 1，将一直保持 1 状态直到被软件清除，可以在任意时刻通过读取 CP0OUT 位得到比较器 0 的输出状态。注意，在上电后直到比较器能稳定工作之前应忽略比较器的输出和中断。

每个比较器可以被单独使能或禁止(关断)，通过置 1，CP0EN 位使能比较器 0，通过清除该位禁止比较器 0。如果比较器被禁止，而比较器的输出已通过交叉开关分配到 I/O 端口引脚上，则对应的引脚默认值为逻辑低电平，它的中断能力被停止，电源电流降到小于 1μA。

另外，比较器 0 还可被配置为复位源，详见 2.6 节中的"3. 比较器 0 复位"的介绍。

比较器 1 的操作与比较器 0 完全相同，只是比较器 1 不能被配置为复位源，而比较器 1 受 CPT1CN 寄存器控制，寄存器 CPT1CN 各位的定义如下：

| | 位 7 | 位 6 | 位 5 | 位 4 | 位 3 | 位 2 | 位 1 | 位 0 | |
|---|---|---|---|---|---|---|---|---|---|
| 读写 | R/W | R/W | R/W | R/W | R/W | R/W | R/W | R/W | 复位值 |
| 位名 | CP1EN | CP1OUT | CP1RIF | CP1FIF | CP1HYP1 | CP1HYP0 | CP1HYN1 | CP1HYN0 | 00000000 |
| | | | | | | | | | SFR地址：0x9F |

其中，各位的含义如下：

位 7(CP1EN)——比较器 1 使能位。

0：比较器 1 禁止。

1：比较器 1 使能。

位 6(CP1OUT)——比较器 1 输出状态位。

0：电压值 CP1+ < CP1-。

1：电压值 CP1+ > CP1-。

位 5(CP1RIF)——比较器 1 上升沿中断标志。

0：自该标志位被清除后，没有发生比较器 1 上升沿中断。

1：自该标志位被清除后，发生了比较器 1 上升沿中断。

位 4(CP1FIF)——比较器 1 下降沿中断标志。

0：自该标志位被清除后，没有发生过比较器 1 下降沿中断。

1：自该标志位被清除后，发生了比较器 1 下降沿中断。

位 3 和位 2(CP1HYP1-0)——比较器 1 正向回差电压控制位。

00：禁止正向回差电压。

01：正向回差电压=2mV。

10：正向回差电压=4mV。

11：正向回差电压=10mV。

位 1 和位 0(CP1HYN1-0)——比较器 1 负向回差电压控制位。

00：禁止负向回差电压。

01：负向回差电压=2mV。

10：负向回差电压=4mV。

11：负向回差电压＝10mV。

# 习　题　5

1. A/D 转换器的作用是什么？D/A 转换器的作用是什么？各在什么场合下使用？

2. A/D 转换器在转换原理上有哪些类型？各有什么特点？C8051F 系列单片机采用什么类型的 A/D 转换器？

3. D/A 转换器一般为什么类型？为什么？

4. 衡量 D/A 转换器的技术指标有哪些？

5. 试用 C51 编程语言写出程序，分别用查询法和中断法（外部信号 CNVSTR 有效中断）对通道 AIN0.0～AIN0.3 进行采样，将采样数据通过 UART0 发送出去，通过 PC 的超级终端观察结果。

6. 如用 C8051F020 的 ADC0 进行 16 位数据的采集，用什么方法来实现？试用此方法对片内温度进行采集（查询法），将采集到的值转换为摄氏温度值通过 PC 的超级终端观察。如要得到器件周围的环境温度则如何计算？

7. 使用 C8051F020 的 DAC1 产生方波和锯齿波，使用定时器 T4 溢出更新输出。试用 C51 编程语言写出程序。

8. C8051F020 单片机有几个比较器？如何配置使用？思考在实际的项目开发中什么时候会用到 C8051F020 单片机的比较器。

# 第6章 复杂接口应用

随着 SoC 单片机集成度的不断提高，除了前面章节中介绍的常规的单片机接口以外，目前很多更复杂的接口在应用中广泛使用，本章将介绍 C8051F 系列单片机中的 SMBus、SPI 串行接口及相关的应用，如实时时钟、Flash 存储器芯片的读写、液晶显示器的接口及无线通信 GPRS 与 SMS 的应用。

## 6.1 系统管理总线 SMBus

目前，对控制系统微型化的要求越来越高，便携式的智能化仪器需求量越来越大。为了使智能仪器微型化，首先要设法减少仪器所用芯片的引脚数。这样一来，过去常用的并行总线接口方案由于需要较多的引脚而不得不舍弃，转而采用只需少量引脚数的串行总线接口方案。$I^2C$(Inter-Integrated Circuit)和 SPI(Serial Peripheral Interface)就是两种常用的串行总线接口。SPI 三线总线只需 3 根引脚线就可与外部设备相连。而 $I^2C$ 双线总线则只需 2 根引脚线就可与外部设备相连。目前，采用 $I^2C$ 或 SPI 总线接口的器件，如存储器、A/D、D/A、日历时钟、键盘显示等相当丰富，采用串行总线扩展单片机外围器件正成为一种理想的选择。

C8051F 系列单片机内部集成有与 $I^2C$ 公用双线总线完全兼容的 SMBus(System Management Bus)总线和 SPI 总线接口，本节先学习 SMBus 总线。

### 6.1.1 SMBus 原理

SMBus 是一种两线的双向同步串行总线，它首先由 Intel 公司开发。C8051F020 中的 SMBus 完全符合系统管理总线规范 1.1 版，与 $I^2C$ 串行总线兼容，$I^2C$ 串行总线则是 Philip 公司推出的芯片间串行传输总线。

SMBus 总线是一种用于 IC 器件之间的二线制同步串行通信总线。总线上的每一个器件都有唯一的地址并可以被总线中的其他器件访问。所有的传输过程都由一个主器件启动，如果一个器件识别出自己的地址并回应，则它就是该次传输的从器件。SMBus 总线采用了器件地址硬件设置的方法，通过软件寻址，完全避免了用片选线对器件的寻址方法，从而使硬件系统扩展简单灵活。SMBus 总线传输中的所有状态都生成相应的状态码，系统中的主机能够依照这些状态码自动地进行总线管理，用户只要在程序中装入这些标准处理模块，根据数据操作要求完成总线的初始化，启动总线就能自动完成规定的数据传送操作。

SMBus 只用 2 根信号线就可以实现同步串行接收和发送：

(1) 串行数据线 SDA(Serial Data)。

(2) 串行时钟线 SCL(Serial Clock)。

这两根信号线都是双向的,其方向取决于总线中器件所处的工作方式。SCL 总是由主器件提供,主、从器件都可以在 SDA 上传输数据。SMBus 线上的所有器件都使用漏极开路或集电极开路输出,这样可使总线空闲时,保持高电平。如果一个或多个器件输出低电平信号,则总线被拉为低电平。要使总线保持在高电平,所有的器件都必须输出高电平。两根线都应分别通过一个上拉电阻接到正电源。

由于 SMBus 只有一根数据线,因此信息的发送和接收只能分时进行。SMBus 串行总线工作时传输速率最高可达系统时钟频率的 1/8。在使用某些系统时钟时,该速率可能比 SMBus 的规定速率(400kb/s)要快,可以采用延长时钟低电平时间的方法协调同一总线上不同速度的器件。

SMBus 总线上所有器件的 SDA 线并接在一起,所有器件的 SCL 线并接在一起。SMBus 接口的工作电压可以为 3.0~5.0V,总线上不同器件的工作电压可以不同。图 6-1 所示为 SMBus 总线的典型配置。总线上的最大器件数只受所要求的上升和下降时间的限制,上升和下降时间分别不能超过 300ns 和 1000ns。

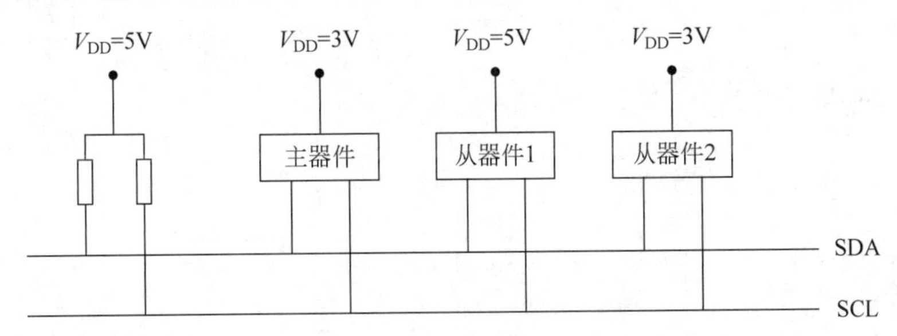


图 6-1　SMBus 总线的典型配置

C8051F020 片内的 SMBus 总线接口 SMBus0 的原理框图如图 6-2 所示。由图可知,SMBus0 提供了 SDA 控制、SCL 产生和同步、仲裁逻辑以及起始和停止的控制和产生电路。有 5 个与之相关的特殊功能寄存器:控制寄存器 SMB0CN、时钟速率寄存器 SMB0CR、地址寄存器 SMB0ADR、数据寄存器 SMB0DAT 和状态寄存器 SMB0STA。后面详细介绍这些寄存器的功能。

对于 SMBus0,需要使用 SDA 和 SCL 信号线,应将交叉开关寄存器 XBR0 中的 SMB0EN(XBR0.0)设置成 1,使 SDA 和 SCL 配置到确定的 I/O 端口。同时,使交叉开关寄存器 XBR2 中的 XBARE(XBR2.6)设置成 1,以允许交叉开关,如图 6-3 所示。至于 SDA 和 SCL 具体配置到哪一个引脚,则取决于系统中使用了哪些数字外设以及所使用的数字外设的优先级。

## 6.1.2　SMBus 协议

### 1. 传输握手信号和数据传输时序

因为 SMBus 总线器件没有片选控制线,所以 SMBus 总线必须由主器件产生通信的开始条件(SCL 高电平时,SDA 产生负跳变)和结束条件(SCL 高电平时,SDA 产生正跳变)。SDA 线上的数据在 SCL 高电平期间必须保持稳定(高电平为 1,低电平为 0),否则会被误认

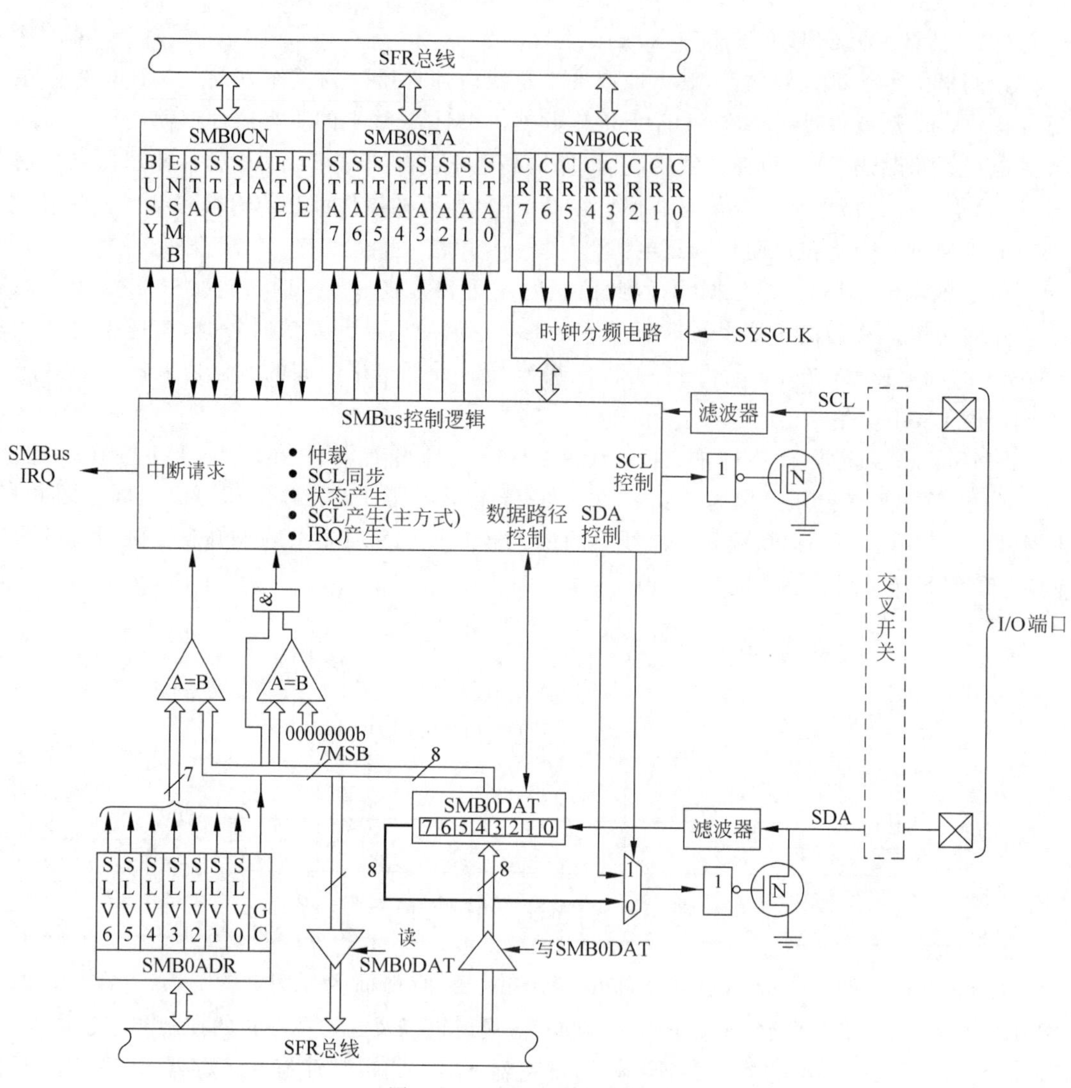


图 6-2　SMBus0 的原理框图

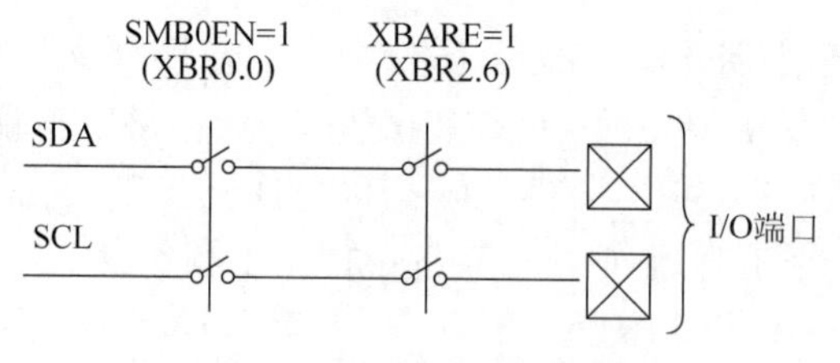


图 6-3　SMBus0 的引脚配置

为开始条件或结束条件,只有在 SCL 低电平期间才能改变 SDA 线上的数据。SMBus 总线上传输的每一字节均为 8 位,并且首先发出的是数据的最高位,但每启动一次 SMBus 总线,其后传输的数据字节数是没有限制的。每传输完 1 字节后都必须有一个接收器回应的应答位(低电平为应答信号 ACK,高电平为非应答信号 NACK)。图 6-4 给出了 SMBus 总线上握手信号的时序。

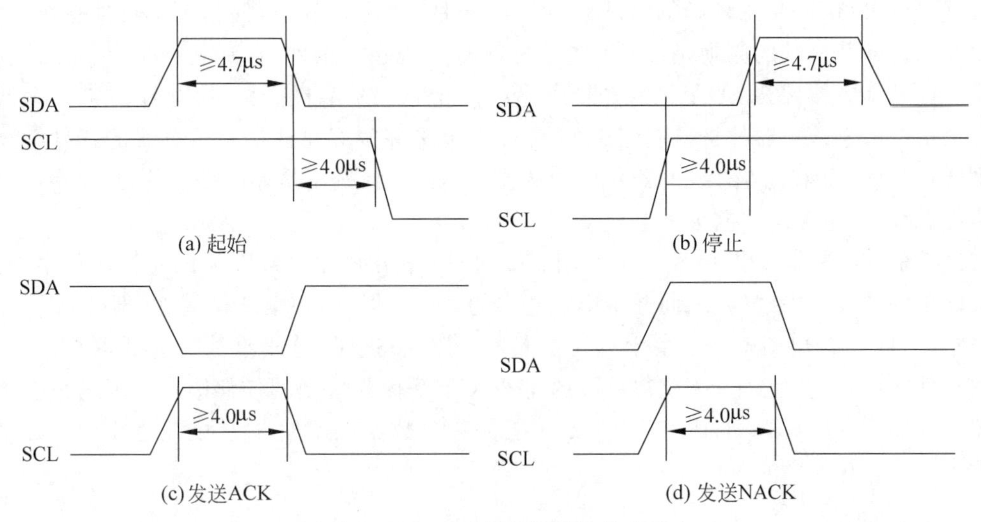


图 6-4　SMBus 总线上握手信号的时序

按照传输方向分，有两种数据传输类型：从主发送器到所寻址的从接收器（称为写操作）和从被寻址的从发送器到主接收器（称为读操作）。两种数据传输都是由主器件启动的，主器件还提供串行时钟。地址字节的最低位表示数据传输的方向位，1 表示读（R）操作，0 表示写（W）操作。

总线上可以有多个主器件。如果两个或多个主器件同时启动数据传输，仲裁机制将保证有一个主器件会赢得总线。任何一个发送起始条件（START）和从器件地址的器件就成为该次数据传输的主器件，所以没有必要在一个系统中指定某个器件作为主器件。

一次典型的 SMBus 数据传输包括一个起始条件（START）、一个地址字节（位 7～1：7 位从地址；位 0：R/W 方向位）、一个或多个后跟接收应答（ACK 或 NACK）的数据字节和一个停止条件（STOP，由主器件产生）。图 6-5 示出了典型的 SMBus 数据传输过程。

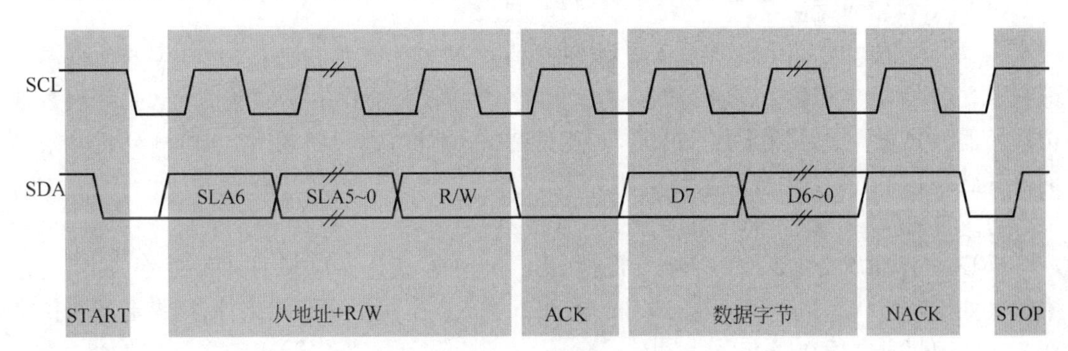


图 6-5　典型的 SMBus 数据传输过程

**2. 总线仲裁和其他传输协议**

1）总线仲裁

一个主器件只能在总线空闲时启动一次传输。在一个停止条件之后或 SCL 和 SDA 保持高电平超过指定时间，则总线是空闲的。由于产生起始条件的器件并不知道其他器件也正想占用总线，因此可能会有两个或多个主器件在同一时刻产生起始条件，这时 SMBus 使用仲裁机制,以保证在总线竞争中只有一个主器件取得发送权,迫使其他主器件退出竞争,放弃总线。仲裁机制的原则是:多个主器件同时发送起始条件,直到其中一个主器件发送高电平而其他主器件在 SDA 上发送低电平。由于总线是漏极开路的,总线将被拉为低电平。发送高电平的主器件将检测到这个 SDA 低电平并放弃总线。赢得总线的器件继续其数据传输过程,而未赢得总线的器件成为从器件。该仲裁机制是非破坏性的,总会有一个器件赢得总线,不会发生数据丢失。

图 6-6 所示为器件 X 和器件 Y 争用总线期间的输出时序。在开始的 4 个周期中,两个器件输出的电平是一致的,因而并不影响它们的发送。但是,在第 5 个周期,器件 X 输出为低电平,器件 Y 输出高电平。由于总线是漏极开路的,这时,总线将被拉为低电平,器件 Y 将根据仲裁机制退出竞争,而赢得总线的器件 X 不受仲裁机制的任何影响。因为数据是在移位寄存器中移出、移入的,所以器件 Y 不丢失任何数据。器件 Y 在放弃总线后开始接收数据。

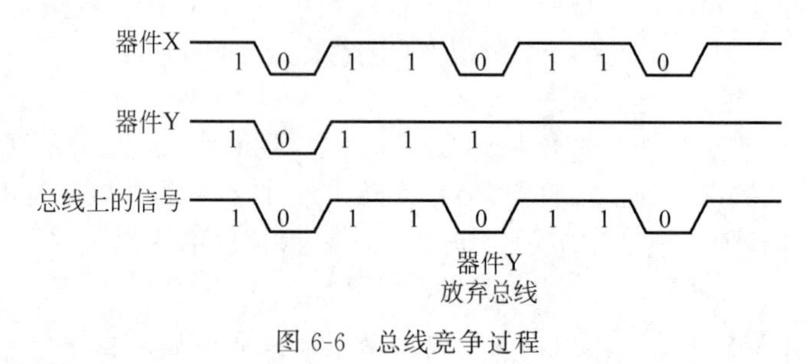


图 6-6　总线竞争过程

2) 时钟低电平扩展

SMBus 提供了一种同步机制,允许不同速度的器件共存于一个总线上。为了使低速从器件能与高速主器件通信,从器件可以在传输期间保持 SCL 为低电平以扩展时钟低电平时间,即降低串行时钟的频率。

3) SCL 低电平超时

如果 SCL 线被总线上的从器件保持为低电平,则不能再进行通信,并且主器件也不能强制 SCL 为高电平来纠正这种错误。为了解决这一问题,SMBus 协议规定:参加一次数据传输的器件必须检查时钟低电平时间,若超过 25ms 则被认为是"超时"。检测到超时条件的器件必须在 10ms 以内复位通信电路。

4) SCL 高电平超时(SMBus 空闲)

SMBus 标准规定:如果一个器件保持 SCL 和 SDA 线为高电平的时间超过 50μs,则认为总线处于空闲状态。如果一个 SMBus 器件正等待产生一个主起始条件,则该起始条件将在总线空闲超时之后立即产生。

### 6.1.3　SMBus 数据传输方式

SMBus 接口可以配置为主方式或从方式,共有 4 种工作方式:主发送器、主接收器、从发送器和从接收器。下面以中断方式的 SMBus0 应用为例来说明这 4 种工作方式,SMBus0 也可以工作在查询方式。

**1. 主发送器方式**

SMBus0 接口首先产生一个起始条件,然后发送含有目标从器件地址和数据方向位的第 1 字节。该方式下数据方向位(R/W)为逻辑 0,表示这是一个"写"操作。接着,SMBus0 接口在 SDA 线上发送 1 字节或多字节的串行数据且在 SCL 上输出串行时钟,并在每发送完 1 字节后等待由从器件产生的确认应答 ACK 或非确认应答 NACK。最后,为了指示串行传输的结束,SMBus0 产生一个停止条件。典型的主发送器时序如图 6-7 所示。

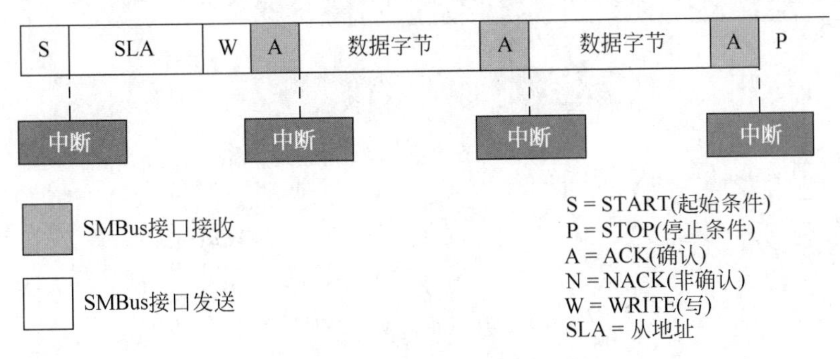


图 6-7　典型的主发送器时序

**2. 主接收器方式**

SMBus0 接口首先产生一个起始条件,然后发送含有目标从器件地址和数据方向的第 1 字节。该方式下数据方向位(R/W)为逻辑 1,表示这是一个"读"操作。接着,SMBus0 接口接收来自从器件的串行数据并在 SCL 上输出串行时钟。每收到 1 字节后,SMBus0 接口根据控制寄存器 SMB0CN 中 AA 位的状态产生一个确认应答 ACK 或非确认应答 NACK。最后,为了指示串行传输的结束,SMBus0 产生一个停止条件。典型的主接收器时序如图 6-8 所示。

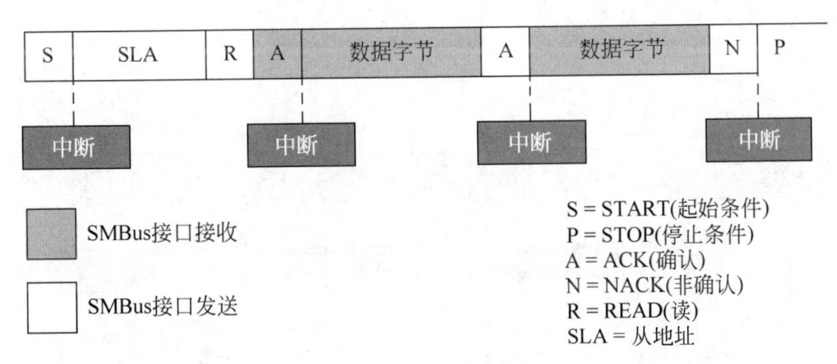


图 6-8　典型的主接收器时序

**3. 从发送器方式**

SMBus0 接口首先收到一个起始条件和一个含有从地址和数据方向位的字节。如果收到的从地址与地址寄存器 SMB0ADR 中保存的地址一致,则 SMBus0 接口产生一个 ACK 应答。如果收到的是地址是全局呼叫地址(0x00)并且全局呼叫地址允许位(SMB0ADR. 0)为 1,则 SMBus0 接口也会发出 ACK 应答。该方式下收到的数据方向位(R/W)为 1,表示这是一个"读"操作。接着,SMBus0 接口在 SCL 上接收串行时钟并在 SDA 上发送 1 字节或多字节的串行数据,每发送 1 字节后等待由主器件发送的确认应答 ACK 或非确认应答 NACK。最后,在收到主器件发出的停止条件后,SMBus0 接口退出从方式。典型的从发送器时序如图 6-9 所示。

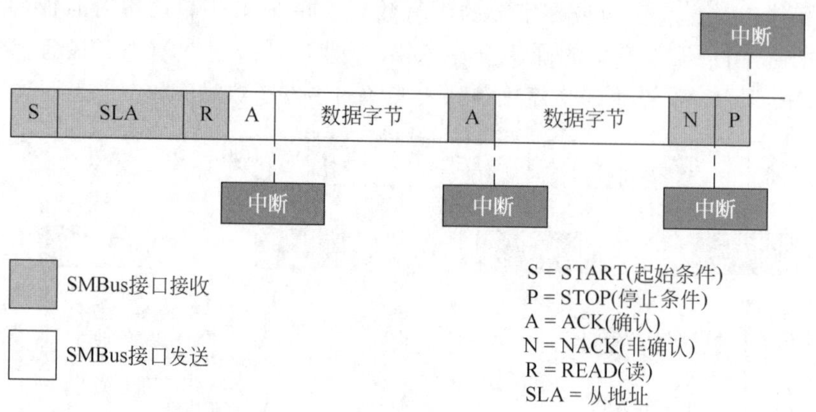


图 6-9 典型的从发送器时序

**4. 从接收器方式**

SMBus0 接口首先收到一个起始条件和一个含有从地址和数据方向位的字节。如果收到的从地址与地址寄存器 SMB0ADR 中保存的地址一致,则 SMBus0 接口产生一个 ACK 应答。如果收到的地址是全局呼叫地址(0x00)并且全局呼叫地址允许位(SMB0ADR.0)为 1,则 SMBus0 接口也会发出 ACK 应答。该方式下收到的数据方向位(R/W)为 0,表示这是一个“写”操作。接着,SMBus0 接口在 SCL 上接收串行时钟并在 SDA 上接收 1 字节或多字节的串行数据,每收到 1 字节后,SMBus0 接口根据控制寄存器 SMB0CN 中 AA 位的状态产生一个确认应答 ACK 或非确认应答 NACK。最后,在收到主器件发出的停止条件后,SMBus0 接口退出从接收器方式。典型的从接收器时序如图 6-10 所示。

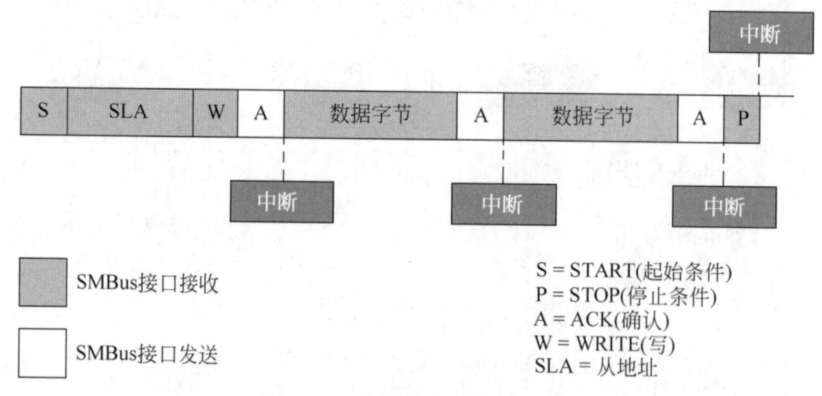


图 6-10 典型的从接收器时序

### 6.1.4 SMBus 特殊功能寄存器

对 SMBus0 串行接口的访问和控制通过 5 个特殊功能寄存器实现:控制寄存器 SMB0CN、时钟频率寄存器 SMB0CR、数据寄存器 SMB0DAT、地址寄存器 SMB0ADR 和状态寄存器 SMB0STA，如表 6-1 所示。下面对这 5 个与 SMBus0 接口操作有关的特殊功能寄存器进行详细说明。

表 6-1 SMBus0 特殊功能寄存器一览表

| 特殊功能寄存器 | 符　　号 | 地　　址 | 寻址方式 | 复　位　值 |
|---|---|---|---|---|
| SMBus0 控制寄存器 | SMB0CN | 0xC0 | 字节、位 | 0x00 |
| SMBus0 时钟频率寄存器 | SMB0CR | 0xCF | 字节 | 0x00 |
| SMBus0 数据寄存器 | SMB0DAT | 0xC2 | 字节 | 0x00 |
| SMBus0 地址寄存器 | SMB0ADR | 0xC3 | 字节 | 0x00 |
| SMBus0 状态寄存器 | SMB0STA | 0xC1 | 字节 | 0x00 |

**1. SMBus0 控制寄存器 SMB0CN**

SMBus0 控制寄存器 SMB0CN 用于配置和控制 SMBus0 接口。该寄存器中的所有位都可以用软件读或写。有两个控制位受 SMBus0 硬件的影响，当产生一个有效的串行中断条件时串行中断标志(SI，SMB0CN.3)由硬件置 1，该标志只能用软件清 0；当总线上出现一个停止条件时，停止标志(STO，SMB0CN.4)被硬件清 0。

设置 ENSMB 标志为 1 将使能 SMBus0 接口，把 ENSMB 标志清 0 将禁止 SMBus0 接口并将其移出总线。对 ENSMB 标志瞬间清 0 后又重新置 1 将复位 SMBus0 通信逻辑。然而不应使用 ENSMB 标志从总线上临时移出一个器件，因为这样做会使总线状态信息丢失。应使用确认标志(AA，SMB0CN.2)从总线上临时移出器件(见下面对 AA 标志的说明)。

设置起始标志(STA，SMBOCN.5)为 1 将使 SMBus0 工作于主方式。如果总线空闲，则 SMBus0 硬件将产生一个起始条件。如果总线不空闲，SMBus0 硬件将等待停止条件释放总线，然后根据 SMB0CR 的值在经过 5μs 的延时后产生一个起始条件。根据 SMBus 协议，如果总线处于等待状态的时间超过 50μs 而没有检测到停止条件，SMBus0 接口可以认为总线是空闲的。而如果在 SMBus0 处于主方式并且已经发送了 1 字节或多字节时，设置 STA 为 1，则 SMBus0 将产生一个重复起始条件。为保证操作正确，应在对 STA 位置 1 之前，将 STO 标志清 0。

在 SMBus0 接口处于主方式时，如果设置停止标志(STO，SMB0CN.4)为 1，则接口将在 SMBus0 上产生一个停止条件。在从方式中，STO 标志可以用于从一个错误条件中恢复。在这种情况下，SMBus0 上不产生停止条件，但 SMBus0 硬件上好像是收到了一个停止条件一样进入“未寻址”的从接收器状态。注意，这种模拟的停止条件并不能导致释放总线。总线将保持忙状态直到出现停止条件或发生总线空闲超时。当检测到总线上的停止条件时，SMBus0 硬件自动将 STO 标志清 0。

当 SMBus0 接口进入到 28 个可能状态之一(见表 6-2)时，串行中断标志(SI，SMB0CN.3)被硬件置 1。如果允许 SMBus0 接口中断，SI 标志置 1 时将产生一个中断请求。SI 标志必须用软件清 0。

**注意**：如果 SI 标志为 1 时 SCL 线为低电平，则串行时钟的低电平时间将被延长，串行传输暂时停止，直到 SI 被清 0 为止。SCL 的高电平不受 SI 标志的影响。

确认标志(AA，SMB0CN.2)用于在 SCL 线的应答周期中设置 SDA 线的电平。如果器件被寻址，设置 AA 标志为 1，将在应答周期发送一个确认应答 ACK(SDA 线上的低电平)；

设置AA标志为0,将在应答周期发送一个非确认NACK(SDA线上的高电平)。在从方式下,发送完1字节后可以通过清除AA标志使从器件暂时脱离总线。这样,从器件自身地址或全局呼叫地址都将被忽略。为了恢复总线操作,必须将AA标志重新设置为1以允许从地址被识别。

设置SMBus0空闲定时器允许位(FTE,SMB0CN.1)为1将使能SMB0CR中的定时器。当SCL变高时,SMB0CR的定时器向上计数。定时器溢出表示总线空闲超时,如果SMBus0等待产生一个起始条件,则将在超时发生后进行。总线空闲周期应小于50μs。

当SMB0CN中的超时允许位(TOE,SMB0CN.0)被设置为1时,定时器3将用于检测SCL低电平超时。如果定时器3被使能,则在SCL为高电平时定时器3被强制重载,SCL为低电平时使定时器3开始计数。当定时器3被使能并且溢出周期被编程为25ms(且TOE置1)时,定时器3溢出表示发生了SCL低电平超时;定时器3中断服务程序可以用于在发生SCL低电平超时的情况下复位SMBus0通信逻辑。

SMBus0控制寄存器SMB0CN的格式如下:

| R/W | R/W | R/W | R/W | R/W | R/W | R/W | R/W | 复位值 |
|---|---|---|---|---|---|---|---|---|
| BUSY | ENSMB | STA | STO | SI | AA | FTE | TOE | 00000000 |
| 位7 | 位6 | 位5 | 位4 | 位3 | 位2 | 位1 | 位0<br>(可位寻址) | SFR地址:<br>0xC0 |

其中,各位的含义如下:

位7(BUSY)——忙状态标志位。

0:SMBus0空闲。

1:SMBus0忙。

位6(ENSMB)——SMBus0允许位。该位允许或禁止SMBus0串行接口。

0:禁止SMBus0。

1:允许SMBus0。

位5(STA)——SMBus0起始标志位。

0:不发送起始条件。

1:当作为主器件时,如果总线空闲,则发送出一个起始条件;如果总线不空闲,则收到停止条件后再发送起始条件。如果STA被置1,而此时已经发送或接收了1字节或多字节并且没有收到停止条件,则发送一个重复起始条件。为保证操作正确,应在对STA位置1之前,将STO标志清0。

位4(STO)——SMBus0停止标志位。

0:不发送停止条件。

1:将STO置为1将发送一个停止条件。当收到停止条件时,硬件将STO清0。如果STA和STO都被置1,则发送一个停止条件后再发送一个起始条件。在从方式,置位STO标志将导致SMBus0的行为像收到了停止条件一样。

位3(SI)——SMBus0串行中断标志位。

当SMBus0进入28种状态之一(见表6-2)时该位被硬件置位(状态码0xF8不使SI置位)。当允许SI中断时,该位置1将使CPU转向SMBus0中断服务程序。该位不能由硬件自动清0,必须用软件清除。

位 2(AA)——SMBus0 确认标志位。该位定义在 SCL 线应答周期内返回的应答类型。

0：在应答周期内返回“非确认”应答(SDA 线高电平)。

1：在应答周期内返回“确认”应答(SDA 线低电平)。

位 1(FTE)——SMBus0 空闲定时器允许位。

0：无 SCL 高电平超时。

1：当 SCL 高电平时间超过由 SMB0CR 规定的极限值时发生超时。

位 0(TOE)——SMBus0 超时允许位。

0：无 SCL 低电平超时。

1：当 SCL 处于低电平的时间超过由定时器 3(如果被允许)定义的极限值时发生超时。

**2. SMBus0 时钟频率寄存器 SMB0CR**

时钟频率寄存器 SMB0CR 用于控制主方式下串行时钟 SCL 的频率。存储在 SMB0CR 寄存器中的 8 位值预装在一个专用的 8 位定时器中。该定时器向上计数，当计满回到 0x00 时，SCL 改变逻辑状态。SMB0CR 的值应根据下面的方程设置：

$$\mathrm{SMB0CR} < \frac{288 - 0.5 \times \mathrm{SYSCLK}}{1.125 \times 10^{6}}$$

式中，SMB0CR 为 SMB0CR 寄存器中的 8 位无符号数值。SYSCLK 为系统时钟频率，单位为 Hz。

SCL 信号的高电平和低电平时间由下式给出：

$$T_{\mathrm{LOW}} = T_{\mathrm{HIGH}} = \frac{256 - \mathrm{SMB0CR}}{\mathrm{SYSCLK}}$$

使用相同的 SMB0CR 值，总线空闲超时周期由下式给出：

$$T_{\mathrm{BFT}} \approx 10 \times \frac{(256 - \mathrm{SMB0CR}) + 1}{\mathrm{SYSCLK}}$$

SMBus0 时钟频率寄存器 SMB0CR 的格式如下：

| R/W | R/W | R/W | R/W | R/W | R/W | R/W | R/W | 复位值 |
|---|---|---|---|---|---|---|---|---|
| | | | | | | | | 00000000 |
| 位 7 | 位 6 | 位 5 | 位 4 | 位 3 | 位 2 | 位 1 | 位 0 | SFR地址：0xCF |

其中，各位的含义如下：

位 7～0——8 位 SMBus0 时钟频率预设值。

**3. SMBus0 数据寄存器 SMB0DAT**

SMBus0 数据寄存器 SMB0DAT 保存要发送或刚接收的串行数据字节。在 SI 为 1 时软件可以读或写数据寄存器；当 SMBus0 被允许并且 SI 标志被清 0 时，不应用软件访问 SMB0DAT 寄存器，因为硬件可能正在对该寄存器中的数据字节进行移入或移出操作。

SMB0DAT 中的数据总是先移出最高有效位(Most Significant Bit，MSB)。在每收到 1 字节后，接收数据的第一位位于 SMB0DAT 的 MSB。在数据被移出的同时，总线上的数据被移入。所以 SMB0DAT 中总是保存最后出现在总线上的数据字节。因此在竞争失败后，从主发送器转为从接收器时 SMB0DAT 中的数据仍保持正确。

SMBus0 数据寄存器 SMB0DAT 的格式如下：

| R/W | R/W | R/W | R/W | R/W | R/W | R/W | R/W | 复位值 |
|---|---|---|---|---|---|---|---|---|
|  |  |  |  |  |  |  |  | 00000000 |
| 位 7 | 位 6 | 位 5 | 位 4 | 位 3 | 位 2 | 位 1 | 位 0 | SFR地址：0xC2 |

其中,各位的含义如下：

位 7～0——8 位 SMBus0 数据。

**4. SMBus0 地址寄存器 SMB0ADR**

地址寄存器 SMB0ADR 保存 SMBus0 接口的从地址。在从方式下,该寄存器的高 7 位是从地址,最低位(位 0)用于允许全局呼叫地址(0x00)的识别。如果将该位设置为 1,则允许识别全局呼叫地址；否则,全局呼叫地址被忽略。当 SMBus0 硬件工作在主方式时,该寄存器的内容被忽略。

SMBus0 地址寄存器 SMB0ADR 的格式如下：

| R/W | R/W | R/W | R/W | R/W | R/W | R/W | R/W | 复位值 |
|---|---|---|---|---|---|---|---|---|
| SLV6 | SLV5 | SLV4 | SLV3 | SLV2 | SLV1 | SLV0 | GC | 00000000 |
| 位 7 | 位 6 | 位 5 | 位 4 | 位 3 | 位 2 | 位 1 | 位 0 | SFR地址：0xC3 |

其中,各位的含义如下：

位 7～1(SLV6～0)——7 位 SMBus0 从地址。用于存放 7 位从地址,当器件工作在从方式时,SMBus0 将应答该地址。SLV6 是地址的最高位,对应从 SMBus0 收到的地址字节的第一位。

位 0(GC)——全局呼叫地址允许位。用于允许全局呼叫地址(0x00)的识别。

0：忽略全局呼叫地址。

1：识别全局呼叫地址。

**5. SMBus0 状态寄存器 SMB0STA**

状态寄存器 SMB0STA 保存一个 8 位的状态码,用于指示 SMBus0 接口的当前状态。共有 28 个可能的 SMBus0 状态,每个状态有一个唯一的状态码与之对应。一个有效状态码的高 5 位是可变的,而低 3 位当 SI=1 时都固定为 0,因此所有有效状态码都是 8 的整数倍。这样就可以很容易地在软件中用状态码作为转移到正确中断服务程序的索引(允许 8 字节的代码对状态提供中断服务或转到更长的中断服务程序中)。

对于用户软件而言,SMB0STA 的内容只在 SI 标志为 1 时才有定义。软件不应对 SMB0STA 寄存器进行写操作,否则会产生不确定的结果。表 6-2 列出了 28 个 SMBus0 状态和对应的状态码。

状态寄存器 SMB0STA 的格式如下：

| R/W | R/W | R/W | R/W | R/W | R/W | R/W | R/W | 复位值 |
|---|---|---|---|---|---|---|---|---|
| STA7 | STA6 | STA5 | STA4 | STA3 | STA2 | STA1 | STA0 | 00000000 |
| 位 7 | 位 6 | 位 5 | 位 4 | 位 3 | 位 2 | 位 1 | 位 0 | SFR地址：0xC1 |

其中,各位的含义如下：

位 7～3(STA7～3)——5 位 SMBus0 状态代码。

表 6-2　SMB0STA 状态码和状态

| 方　式 | 状态码 | SMBus 状态 | 典型操作 |
|---|---|---|---|
| 主发送器/主接收器 | 0x08 | 起始条件已发出 | 将从"地址＋R/W"装入 SMB0DAT，清 0 STA |
| | 0x10 | 重复起始条件已发出 | 将从"地址＋R/W"装入 SMB0DAT，清 0 STA |
| 主发送器 | 0x18 | "从地址＋W"已发出，收到 ACK | 将要发送的数据装入 SMB0DAT |
| | 0x20 | "从地址＋W"已发出，收到 NACK | 确认查询重试，置位 STO＋STA |
| | 0x28 | 数据字节已发出，收到 ACK | 将下一字节装入 SMB0DAT；或置位 STO；或置位 STO，然后置位 STA 以发送重复起始条件 |
| | 0x30 | 数据字节已发出，收到 NACK | 重试传输或置位 STO |
| | 0x38 | 竞争失败 | 保存当前数据 |
| 主接收器 | 0x40 | "从地址＋R"已发出，收到 ACK | 如果只收到 1 字节，清 AA 位（收到字节后发送 NACK），等待接收数据 |
| | 0x48 | "从地址＋R"已发出，收到 NACK | 确认查询重试，置位 STO＋STA |
| | 0x50 | 数据字节收到，ACK 已发出 | 读 SMB0DAT，等待下一字节。如果下一字节是最后字节，则清除 AA |
| | 0x58 | 数据字节收到，NACK 已发出 | 置位 STO |
| 从接收器 | 0x60 | 收到自身的从地址＋W，ACK 已发出 | 等待数据 |
| | 0x68 | 在作为主器件发送 SLA＋R/W 时竞争失败。收到自身地址＋W，ACK 已发出 | 保存当前数据以备总线空闲时重试，等待数据 |
| | 0x70 | 收到全局呼叫地址，ACK 已发出 | 等待数据 |
| | 0x78 | 作为主器件发送 SLA＋R/W 时竞争失败。收到全局呼叫地址，ACK 已发出 | 保存当前数据以备总线空闲时重试 |
| | 0x80 | 收到数据字节，ACK 已发出 | 读 SMB0DAT，等待下一字节或停止条件 |
| | 0x88 | 收到数据字节，NACK 已发出 | 置位 STO 以复位 SMBus |
| | 0x90 | 在全局呼叫地址之后收到数据字节，ACK 已发出 | 读 SMB0DAT，等待下一字节或停止条件 |
| | 0x98 | 在全局呼叫地址之后收到数据字节，NACK 已发出 | 置位 STO 以复位 SMBus |
| | 0xA0 | 收到停止条件或重复起始条件 | 不需要操作 |
| 从发送器 | 0xA8 | 收到自己的从地址＋R，ACK 已发出 | 将要发送的数据装入 SMB0DAT |
| | 0xB0 | 在作为主器件发送 SLA＋R/W 时竞争失败。收到自身地址＋R，ACK 已发出 | 保存当前数据以备总线空闲时重试，将要发送的数据装入 SMB0DAT |
| | 0xB8 | 数据字节已发送，收到 ACK | 将要发送的数据装入 SMB0DAT |
| | 0xC0 | 数据字节已发送，收到 NACK | 等待停止条件 |
| | 0xC8 | 最后 1 字节已发送（AA＝0），收到 ACK | 置位 STO 以复位 SMBus |
| 从器件 | 0xD0 | SCL 时钟高电平定时器超时（根据 SMB0CR） | 置位 STO 以复位 SMBus |
| 所有方式 | 0x00 | 总线错误（非法起始条件或停止条件） | 置位 STO 以复位 SMBus |
| | 0xF8 | 空闲状态 | 该状态不置位 SI |

保存 SMBus0 状态码。共有 28 个可能的状态码,每个状态码对应一个 SMBus0 状态。在 SI 标志(SMB0CN.3)为 1 时,SMB0STA 中的状态码有效,当 SI 标志为 0 时,SMB0STA 中的内容无定义。任何时候对 SMB0STA 寄存器执行写操作将导致不确定的结果。

位 2～0(STA2～0):当 SI 标志位为 1 时,这 3 个 SMB0STA 最低位的读出值总是为 0。

### 6.1.5 实时时钟芯片 S-3530A

下面以 C8051F020 单片机的 SMBus 与串行日历时钟芯片 S-3530A 的连接为例,说明 SMBus 的使用方法。该例子设置当前时间存入 S-3530A,然后从 S-3530A 中读取实时时间并通过串口输出。

S-3530A 是一种支持 $I^2C$ 总线的 CMOS 实时时钟芯片,它按照 CPU 传送来的数据设置时钟和日历。该芯片通过两个引脚与 CPU 连接,还内置了两个中断/报警模块,这样可减少 CPU 的软件所需完成的工作。当振荡电路工作于恒定电压时,该芯片功耗很小。

**1. 引脚功能**

S-3530A 共 8 个引脚,有 DIP 和 SSOP 等封装形式。S-3530A 的引脚功能描述如表 6-3 所示,连接电路如图 6-11 所示。

表 6-3 S-3530A 的引脚功能

| 管脚号 | 标号 | 描　述 | 特　征 |
|---|---|---|---|
| 1 | $\overline{\text{INT1}}$ | 报警中断 1 输出脚,根据中断寄存器与状态寄存器来设置其工作模式,当定时时间到达时输出低电平或时钟信号。它可通过设置状态寄存器来禁止 | N 沟道开路输出(与 $V_{DD}$ 端之间无保护二极管) |
| 2 | XIN | 晶振连接脚(32768Hz)<br>(内部 Cd,外部 Cg) | |
| 3 | XOUT | | |
| 4 | $V_{SS}$ | 负电源(GND) | |
| 5 | $\overline{\text{INT2}}$ | 报警中断 2 输出脚,根据中断寄存器与状态寄存器来设置其工作模式,当定时时间到达时输出低电平或时钟信号。它可通过设置状态寄存器来禁止 | N 沟道开路输出(与 $V_{DD}$ 端之间无保护二极管) |
| 6 | SCL | 串行时钟输入脚,由于在 SCL 上升/下降沿处理信号,要特别注意 SCL 信号的上升/下降升降时间,应严格遵守说明书 | CMOS 输入(与 $V_{DD}$ 间无保护二极管) |
| 7 | SDA | 串行数据输入/输出脚,此引脚通常用一电阻上拉至 $V_{DD}$,并与其他漏极开路或集电器开路输出的器件通过线或方式连接 | N 沟道开路输出(与 $V_{DD}$ 间无保护二极管)CMOS 输入 |
| 8 | $V_{DD}$ | 正电源 | |

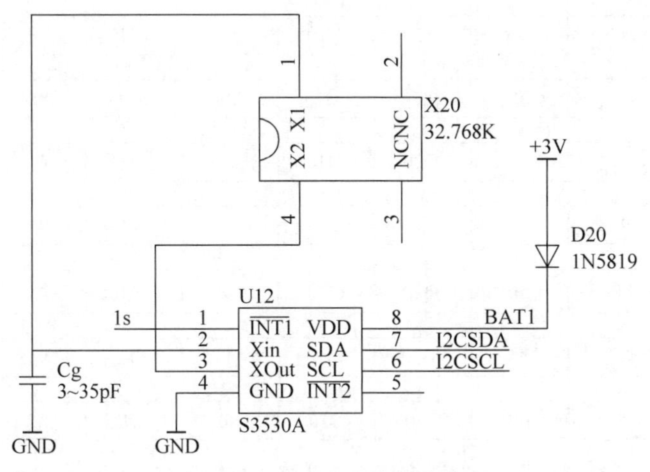


图 6-11 S-3530A 连接电路

**2. 指令描述**

S-3530A 将 4 位器件地址、3 位指令代码和 1 位读/写方式位组成器件地址字节，其中高 4 位称“器件地址”，代表器件的地址，固定为 0110。格式如下：

| 器件地址 | | | | 命令 | | | 读/写 |
|---|---|---|---|---|---|---|---|
| 0 | 1 | 1 | 0 | C2 | C1 | C0 | R/W |
| MSB | | | | | | | LSB |

S-3530A 共有 8 条执行多种寄存器读写操作的命令，如表 6-4 所示。

**表 6-4 指令表 S-3530A**

| C2 | C1 | C0 | 操　作 | ACK 数目 |
|---|---|---|---|---|
| 0 | 0 | 0 | 复位(00(年),01(月),01(日),0(星期),00(时),00(分),00(秒))① | 1 |
| 0 | 0 | 1 | 状态寄存器存取 | 2 |
| 0 | 1 | 0 | 实时数据 1(从年数据开始)存取 | 8 |
| 0 | 1 | 1 | 实时数据 2(从小时数据开始)存取 | 4 |
| 1 | 0 | 0 | 频率事件设置 1($\overline{\text{INT1}}$ 引脚) | 3 |
| 1 | 0 | 1 | 频率事件 2($\overline{\text{INT2}}$ 引脚) | 3 |
| 1 | 1 | 0 | 测试模式开始② | 1 |
| 1 | 1 | 1 | 测试模式结束② | 1 |

注：① 该命令不用 R/$\overline{\text{W}}$ 位。

② 这是一条供 IC 测试的特殊用途指令，禁止存取。

**3. 寄存器格式**

1) 实时数据寄存器

实时数据寄存器是一个 56 位的存储器，它以 BCD 码方式存储，包括年、月、日、星期、时、分、秒的数据。任何读/写操作或实时数据存取命令都通过发送或接收年数据的第一位 LSB 开始执行的。实时数据寄存器的格式如图 6-12 所示。

年数据(00～99)：设置最低两位数字(00～99)，通过自动日历功能计至 2099 年。

月数据(01～12)：每月包含天数通过自动日历功能来更改。

| | | | | | | | | |
|---|---|---|---|---|---|---|---|---|
| 年: | Y80 | Y40 | Y20 | Y10 | Y8 | Y4 | Y2 | Y1 |
| 月: | 0 | 0 | 0 | M10 | M8 | M4 | M2 | M1 |
| 日: | 0 | 0 | D20 | D10 | D8 | D4 | D2 | D1 |
| 星期: | 0 | 0 | 0 | 0 | 0 | W4 | W2 | W1 |
| 时: | $\overline{AM}$/PM | 0 | H20 | H10 | H8 | H4 | H2 | H1 |
| 分: | 0 | M40 | M20 | M10 | M8 | M4 | M2 | M1 |
| 秒: | TEST | S40 | S20 | S10 | S8 | S4 | S2 | S1 |

图 6-12　S-3530A 实时数据寄存器的格式

日数据(01～31)。

星期数据(00～06):七进制计数器,设置当前日期对应的星期几。

小时数据(00～23 或 00～11):对于 12 小时进制,最高位为 0 表示上午,1 表示下午;对于 24 小时进制,最高位没有意义,可以为 0 或 1。

分数据(00～59)。

秒数据(00～59)与测试标志。测试模式时最高位为 1。

2) 状态寄存器

状态寄存器是一个 8 位寄存器,用来显示和设置不同的模式,其中 POWER 是只读位,其他位均可读/写。状态寄存器的格式如下:

| R | R/W | R/W | R/W | R/W | R/W | R/W | R/W |
|---|---|---|---|---|---|---|---|
| POWER | #12/24 | INT1AE | INT2AE | INT1ME | INT2ME | INT1FE | INT2FE |
| 位 7 | 位 6 | 位 5 | 位 4 | 位 3 | 位 2 | 位 1 | 位 0 |

其中,各位的含义如下:

位 7(POWER)——在上电时或在电源电压改变时(小于检测电压),电源电压检测电路工作,此位置 1。该位一旦置 1,即使电源电压达到或超过检测电压,此位也不会变为 0,必须通过复位命令(或状态寄存器命令)才能使之复 0。本标志位为只读位。

位 6(#12/24):用于设置 12 小时制或 24 小时制。

0:12 小时制。

1:24 小时制。

位 5(INT1AE)、位 4(INT2AE)——用于设置从 $\overline{\text{INT1}}$、$\overline{\text{INT2}}$ 引脚输出的报警中断的状态。设定报警时间并设此位为 1 时,INT1(INT2)寄存器则开始有效。

0:报警中断输出禁止。

1:报警中断输出允许。

位 3(INT1ME)、位 2(INT2ME)——用于确定 $\overline{\text{INT1}}$、$\overline{\text{INT2}}$ 引脚的输出是否为每分钟中断。

0：报警中断或可选的频率的固定中断输出。

1：每分钟边沿中断或每分钟固定中断输出。

位1(INT1FE)、位0(INT2FE)——用于设定$\overline{\text{INT1}}$、$\overline{\text{INT2}}$引脚的输出为每分钟固定中断(周期一分钟，占空比50%)或选定频率的固定中断。如果选定频率固定中断输出被允许时，则应注意到INT1寄存器(或INT2寄存器)被认为是频率/事件的数据。

0：报警中断(INTxME=0)或每分钟边沿中断(INTxME=1)输出。

1：每分钟固定中断(INTxME=1)输出或选定频率固定中断(INTxME=0)输出。

3）报警时间/频率事件设置寄存器

有两组16位报警时间/频率事件设置寄存器，用于设置报警时间或频率事件，它们由INTxAE与INTxFE控制。设定的AM/PM标志位必须同12小时制或24小时制相对应，否则设定的小时数将与报警数据不匹配。该寄存器为只写寄存器。

INTxAE=1时，INT1和INT2寄存器被认为是报警时间数据。与实时数据寄存器中小时和分钟寄存器设置相同，它们用BCD码代表小时与分钟，格式如图6-13所示。不要设置任何不存在的时间。数据设置必须与在状态寄存器中的12小时制或24小时制一致。

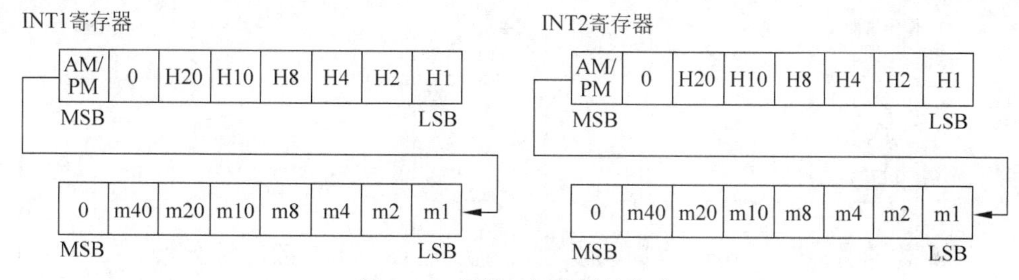


图6-13　报警时间数据的格式

INTxFE=1时，INT1与INT2寄存器被视为是频率事件数据，格式如图6-14所示。对相应位置1，则对应频率以“与”的方式输出。

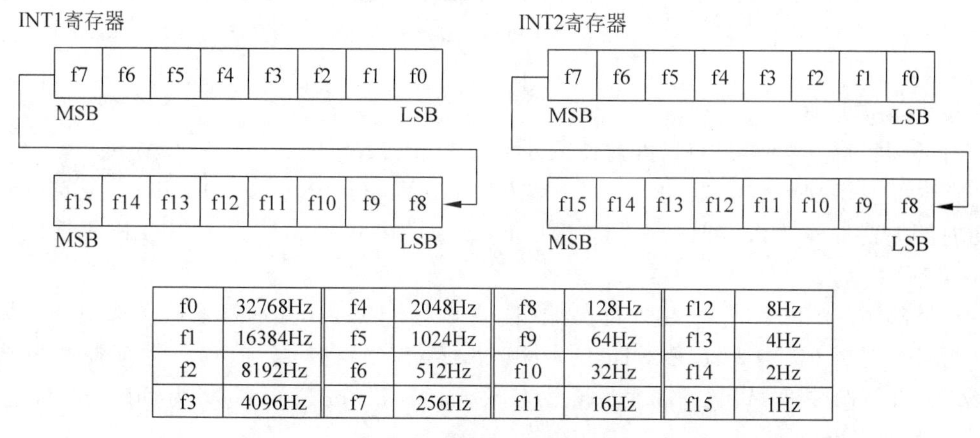


| f0 | 32768Hz | f4 | 2048Hz | f8 | 128Hz | f12 | 8Hz |
|---|---|---|---|---|---|---|---|
| f1 | 16384Hz | f5 | 1024Hz | f9 | 64Hz | f13 | 4Hz |
| f2 | 8192Hz | f6 | 512Hz | f10 | 32Hz | f14 | 2Hz |
| f3 | 4096Hz | f7 | 256Hz | f11 | 16Hz | f15 | 1Hz |

图6-14　频率事件数据的格式

### 6.1.6 程序代码

**1. 接口配置**

使用 ConfigWizard 程序进行接口配置,按下面的步骤进行配置操作。

1) PORT I/O 配置

由于在实验箱硬件电路设计时,将 P0 的引脚分别用作 UART0、SPI0、SMBus 接口,因此需启用交叉配置端口(选中 Enable Crossbar 复选框),然后需选中这 3 个接口(选中 UART0、SPI0、SMBus),让它们连接到引脚上,如图 6-15 所示。

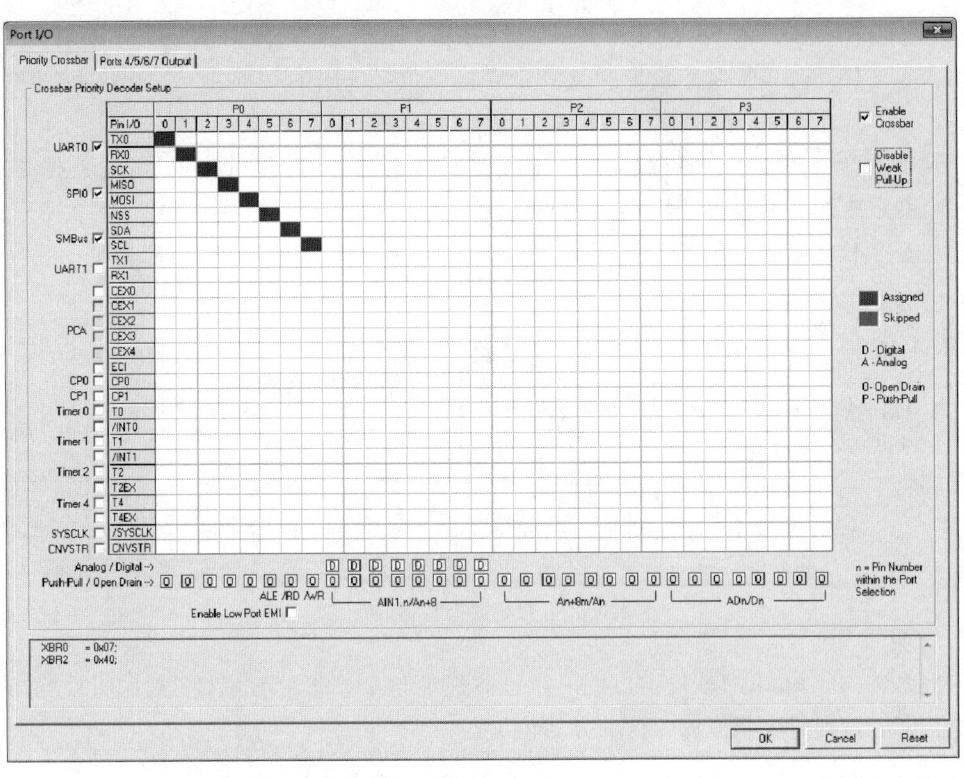


图 6-15 PORT I/O 配置

2) 振荡源选择

由于本实验需要使用串口,因此使用外接的 11.0592MHz 晶振作为振荡源。

在内部振荡源配置时,禁用内部振荡源(不选中 Enable Internal Oscillator 复选框),不使用内部振荡源作为系统时钟(不选中 User Internal Oscillator as SYSCLK 复选框),如图 6-16 所示。

在外部振荡源配置时,使用外部晶振(选中 Crystal Oscillator 复选框),选中外部振荡源作为系统时钟(选中 Use External Oscillator as SYSCLK 复选框)。频率控制位选中 6.7MHz<f 单选按钮。设置外部振荡频率(External Oscillator Frequency)为 11059200Hz。

3) 配置串口

串口使用模式 1,即 8 位可变波特率模式(选中 8Bit UART,Variable Baud Rate 单选按钮)。本实验不需要从串口接收信息,因此可以禁用串口接收功能(不选中 Enable UART0

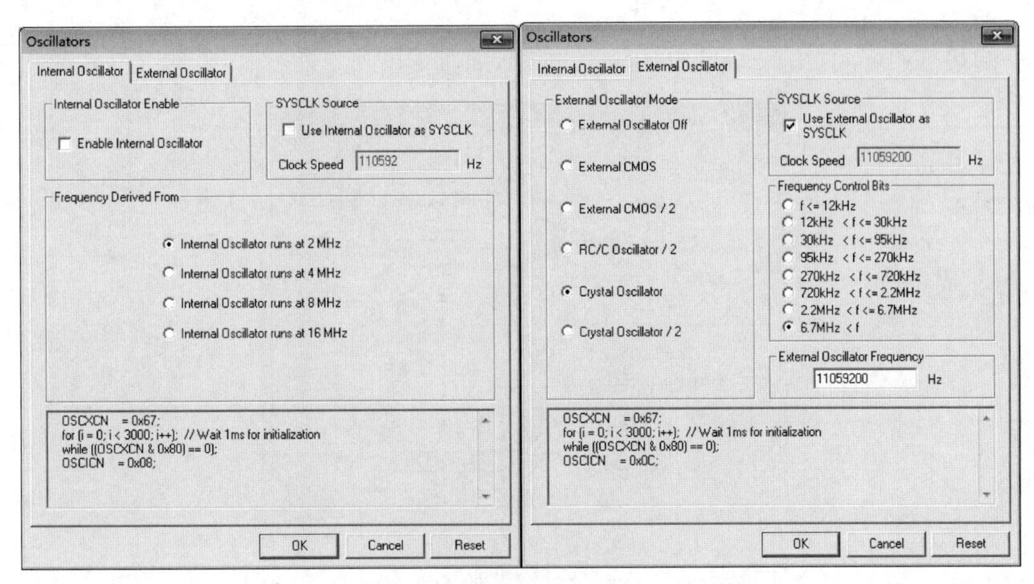


图 6-16　OSCILLATORS 配置

Reception 复选框)。本实验采用查询方法进行串口数据发送,因此可以不启用中断(UART0 Interrupt is Disabled)。单击“配置波特率”(Configure Baud Rate)按钮。

UART0 使用定时器 1 作为波特率发生器,设置定时器 1 的模式为模式 2,即 8 位自动重载模式(选中 8 Bit Counter/Timer Auto-Reload 单选按钮)。使用系统时钟(选中 SYSCLK 单选按钮),时钟源设置为预分频的时钟输入(选中 Prescaled Clock Input(Above) 单选按钮)。单击“波特率更改”(Change Baud Rate)按钮,将波特率设置为 9600。注意,需启用定时器(选中 Enable Timer 复选框),从而产生波特率,如图 6-17 所示。

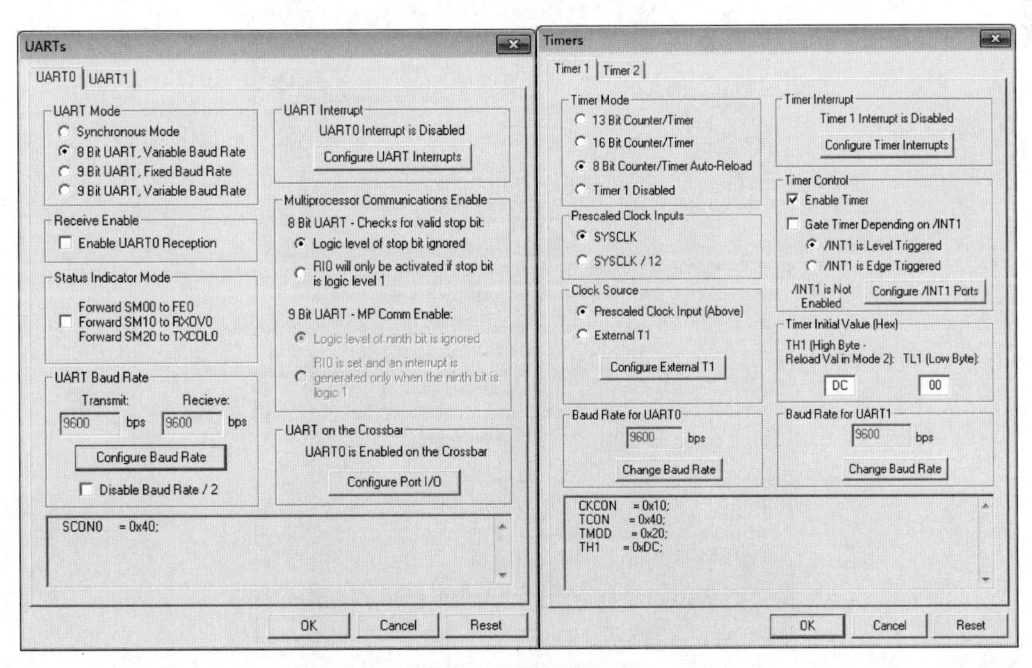


图 6-17　UARTs 配置

4）配置 SMBus

启用 SMBus(选中 Enable SMBus 复选框),如图 6-18 所示。

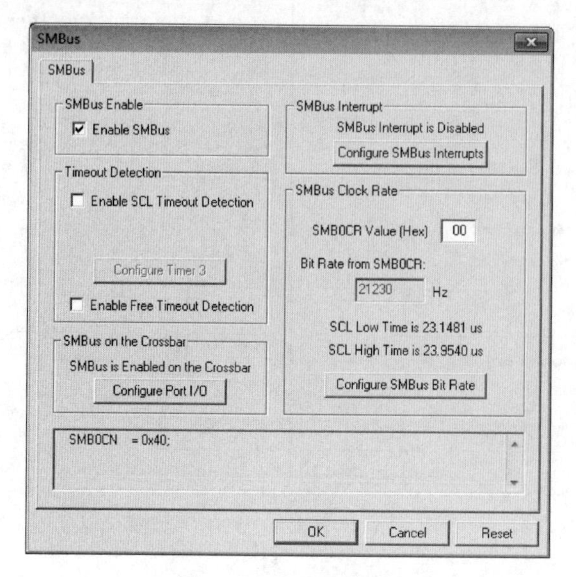


图 6-18　SMBus 配置

5）配置定时器 3

实际使用过程中可能会出现某些未知异常,导致 SMBus 通信无法完成,从而使程序进入死循环。为避免该情况,启用 TIMER3 进行超时检测恢复操作。单击“设置 25ms 超时”(Set Overflow to 25ms)按钮完成设置,如图 6-19 所示。

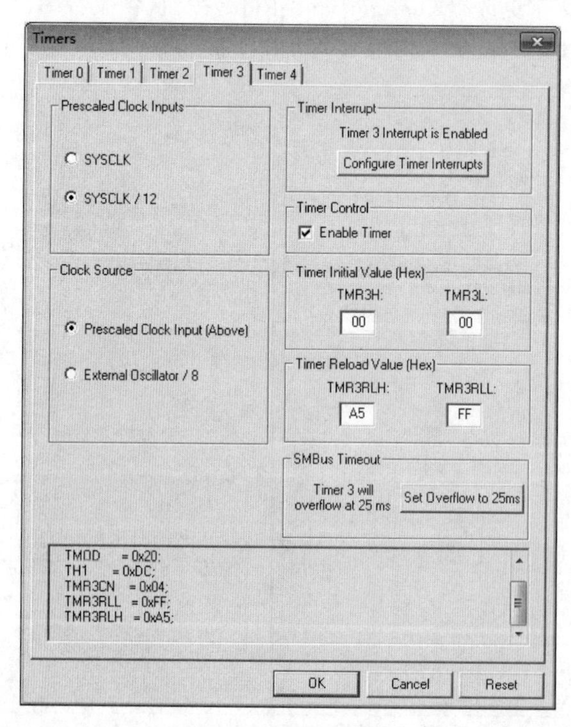


图 6-19　Timer3 配置

6）中断配置

启用全局中断允许（选中 Enable All Interrupt 复选框），启用 SMB0 中断（选中 Enable SMB0 Interrupt 复选框），启用定时器 3 中断（选中 Enable Timer 3 Interrupt 复选框），如图 6-20 所示。

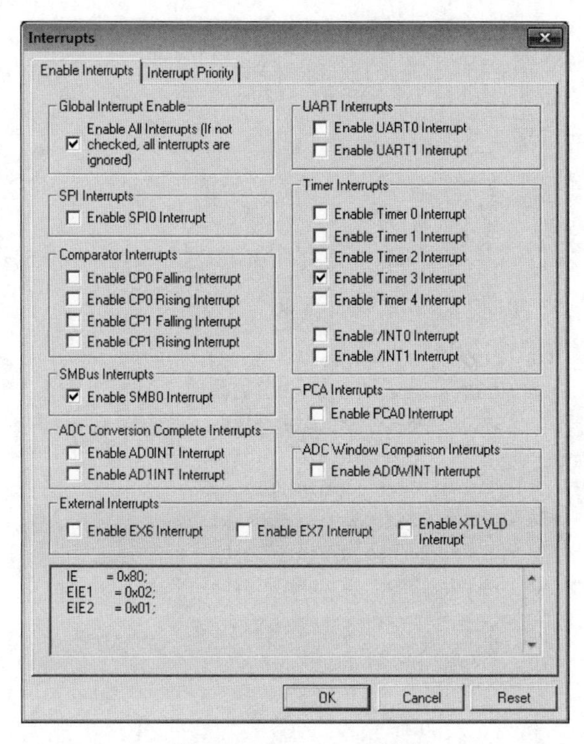

图 6-20 Interrupts 配置

**注意**：定时器 1 作为波特率发生器，使用模式 2，溢出时自动重装载计数值，无须启用中断。串口采用查询法实现，因此也无须启用中断。

配置完成，生成的语句保存到 CFG.C 文件中，并将该文件加入工程项目。

自动生成代码如下所示：

```
(1)  ////////////////////////////////////////
(2)  //Generated Initialization File //
(3)  ////////////////////////////////////////
(4)
(5)  #include <c8051f020.h>
(6)
(7)  //Peripheral specific initialization functions,
(8)  //Called from the Init_Device() function
(9)  void Timer_Init()
(10) {
(11)     CKCON    = 0x10;
(12)     TCON     = 0x40;
(13)     TMOD     = 0x20;
(14)     TH1      = 0xDC;
```

```
(15)      TMR3RLL    = 0xFF;
(16)      TMR3RLH    = 0xA5;
(17) }
(18)
(19) void UART_Init()
(20) {
(21)      SCON0      = 0x40;
(22) }
(23)
(24) void SMBus_Init()
(25) {
(26)      SMB0CN     = 0x40;
(27) }
(28)
(29) void Port_IO_Init()
(30) {
(31)      //P0.0 - TX0 (UART0), Open-Drain, Digital
(32)      //P0.1 - RX0 (UART0), Open-Drain, Digital
(33)      //P0.2 - SCK (SPI0), Open-Drain, Digital
(34)      //P0.3 - MISO (SPI0), Open-Drain, Digital
(35)      //P0.4 - MOSI (SPI0), Open-Drain, Digital
(36)      //P0.5 - NSS (SPI0), Open-Drain, Digital
(37)      //P0.6 - SDA (SMBus), Open-Drain, Digital
(38)      //P0.7 - SCL (SMBus), Open-Drain, Digital
(39)
(40)      XBR0       = 0x07;
(41)      XBR2       = 0x40;
(42) }
(43)
(44) void Oscillator_Init()
(45) {
(46)      int i = 0;
(47)      OSCXCN     = 0x67;
(48)      for (i = 0; i < 3000; i++);          //Wait 1ms for initialization
(49)      while ((OSCXCN & 0x80) == 0);
(50)      OSCICN     = 0x08;
(51) }
(52)
(53) void Interrupts_Init()
(54) {
(55)      IE         = 0x80;
(56)      EIE1       = 0x02;
(57)      EIE2       = 0x01;
(58) }
(59)
(60) //Initialization function for device,
(61) //Call Init_Device() from your main program
(62) void Init_Device(void)
(63) {
(64)      Timer_Init();
(65)      UART_Init();
```

```
(66)     SMBus_Init();
(67)     Port_IO_Init();
(68)     Oscillator_Init();
(69)     Interrupts_Init();
(70) }
```

主程序代码如下：

```
(1)   #include <c8051f020.h>
(2)   #include <intrins.h>                              //_crol_()循环左移函数使用
(3)   #include <stdio.h>
(4)   //***** 宏定义 *****//
(5)   #define WRITE     0x00                            //SMBus 写命令
(6)   #define READ      0x01                            //SMBus 读命令
(7)   //****** S-3530A 命令类型 *****//
(8)   #define CLOCK3530_ADDRESS_RESET     0x60          //时间值复位命令,1 个 ACK
(9)   #define CLOCK3530_ADDRESS_STATUS    0x62          //状态寄存器读取,2 个 ACK
(10)  #define CLOCK3530_ADDRESS_DATEHOUR  0x64          //时间读取年份开始,8 个 ACK
(11)  #define CLOCK3530_ADDRESS_HOUR      0x66          //时间读取,从小时开始,4 个 ACK
(12)  #define CLOCK3530_ADDRESS_INT1      0x68          //中断 1 频率设置,3 个 ACK
(13)  #define CLOCK3530_ADDRESS_INT2      0x6A          //中断 2 频率设置,3 个 ACK
(14)  //***** SMBus 状态: MT = 主发送器、MR = 主接收器 *****//
(15)  #define SMB_BUS_ERROR               0x00          //(所有模式) 总线错
(16)  #define SMB_START                   0x08          //(MT&MR) 开始条件已发送
(17)  #define SMB_RP_START                0x10          //(MT&MR) 重复开始条件已发送
(18)  #define SMB_MTADDACK                0x18          //(MT) 从地址 + W 已发送,收到 ACK
(19)  #define SMB_MTADDNACK               0x20          //(MT) 从地址 + W 已发送,收到 NACK
(20)  #define SMB_MTDBACK                 0x28          //(MT) 数据字节已发送,收到 ACK
(21)  #define SMB_MTDBNACK                0x30          //(MT) 数据字节已发送,收到 NACK
(22)  #define SMB_MTARBLOST               0x38          //(MT) 竞争失败
(23)  #define SMB_MRADDACK                0x40          //(MR) 从地址 + R 已发送,收到 ACK
(24)  #define SMB_MRADDNACK               0x48          //(MR) 从地址 + R 已发送,收到 NACK
(25)  #define SMB_MRDBACK                 0x50          //(MR) 数据字节已收到,ACK 已发出
(26)  #define SMB_MRDBNACK                0x58          //(MR) 数据字节已收到,NACK 已发出
(27)  //***** 引用的全局变量申明 *****//
(28)  union StTime                                      //时间值通信使用的数据结构
(29)  {
(30)      unsigned char ClockString[7];
(31)      struct RealClock
(32)      {
(33)          unsigned char Year,Month,Day,Week,Hour,Minute,Second;
(34)      } RT;
(35)  } RealTime;                                       //时间值通信缓冲区
(36)  unsigned char xdata Year,Month,Day,Week,Hour,Minute,Second;        //设置时间值暂存
(37)  char COMMAND;                                     //发送的命令(从地址 + R/W)
(38)  unsigned char * I2CDataBuff;                      //I2C 总线数据缓冲区指针
(39)  char BYTE_NUMBER;                                 //需发送的字节数
(40)  bit SM_BUSY;                                      //SMBus 总线忙标志
(41)  //***** 对所调用其他文件中函数的声明 *****//
(42)  void OutputStr(char * str);                       //通过串口输出字串
(43)  void Init_Device(void);                           //CFG.C 文件中定义的设备初始化函数
```

```
(44)  //***** 定时器 T3 中断服务程序 ***** //
(45)  void Timer3_ISR(void) interrupt 14
(46)  {                                                    //产生中断表示 SMBus 出错,强制复位
(47)      SM_BUSY = 0;
(48)      ENSMB = 0;                                       //ENSMB 短暂清 0 后置 1,复位 SMBus
(49)      ENSMB = 1;
(50)  }
(51)  //***** 等待的 SMBUS 操作完成 ***** //
(52)  void WaitSMFree(void)
(53)  {
(54)      TMR3RLL     = 0xFF;                              //设置 25ms 超时(从 CFG.C 中复制)
(55)      TMR3RLH     = 0xA5;
(56)      TMR3CN              |= 0x04;                     //运行 T3
(57)      while (SM_BUSY);                                 //等待发送完成
(58)      TMR3CN &= ~0x84;                                 //禁止 T3
(59)  }
(60)  //***** 复位 S-3530A ***** //
(61)  void ResetRealClock(void)
(62)  {
(63)    while (SM_BUSY)                                    //等待 SMBus 空闲
(64)    SM_BUSY = 1;                                       //置 SMBus 忙标志
(65)    SMB0CN = 0x44;                                     //使能 SMBus, 应答类型为 ACK
(66)    BYTE_NUMBER = 0;                                   //命令字节数,1 字节
(67)    COMMAND = (CLOCK3530_ADDRESS_RESET | READ);
(68)    STA = 1;                                           //开始发送
(69)    WaitSMFree();
(70)  }
(71)  //***** 写 S-3530A 内部实时数据寄存器(年、月、日、星期、时、分、秒) ***** //
(72)  void SetRealClock(void)
(73)  {
(74)    while (SM_BUSY);
(75)    SM_BUSY = 1;
(76)    SMB0CN = 0x44;
(77)    BYTE_NUMBER = 7;                                   //命令字节数,8 字节
(78)    COMMAND = (CLOCK3530_ADDRESS_DATEHOUR | WRITE);
(79)    RealTime.ClockString[0] = Year;
(80)    RealTime.ClockString[1] = Month;
(81)    RealTime.ClockString[2] = Day;
(82)    RealTime.ClockString[3] = Week;
(83)    RealTime.ClockString[4] = Hour;
(84)    RealTime.ClockString[5] = Minute;
(85)    RealTime.ClockString[6] = Second;
(86)    I2CDataBuff = &RealTime.ClockString[0];          //数据送入发送缓冲区
(87)    STA = 1;                                           //开始传送
(88)    WaitSMFree();
(89)  }
(90)  //* 读 S-3530A 实时数据(接收数据放入 RealTime 变量) * //
(91)  void GetRealClock(void)
(92)  {
(93)    while (SM_BUSY);
(94)    SM_BUSY = 1;
```

```
(95)    SMB0CN = 0x44;
(96)    BYTE_NUMBER = 7;
(97)    COMMAND = (CLOCK3530_ADDRESS_DATEHOUR | READ);
(98)    I2CDataBuff = &RealTime.ClockString[0];    //数据送入发送缓冲区
(99)    STA = 1;
(100)   WaitSMFree();
(101) }
(102)
(103) //***** 读 S-3530A 状态寄存器程序 *****//
(104) unsigned char GetRealClockStatus(void)
(105) {
(106)   unsigned char result;
(107)   while (SM_BUSY);
(108)   SM_BUSY = 1;
(109)   SMB0CN = 0x44;
(110)   BYTE_NUMBER = 1;
(111)   COMMAND = (CLOCK3530_ADDRESS_STATUS | READ);
(112)   I2CDataBuff = &result;                     //读取结果放在 result 中
(113)   STA = 1;
(114)   WaitSMFree();
(115)   return result;
(116) }
(117) //***** 写状态寄存器程序,对 S-3530A 进行设置 *****//
(118) void SetRealClockStatus(unsigned char status)
(119) {
(120)   while (SM_BUSY);
(121)   SM_BUSY = 1;
(122)   SMB0CN = 0x44;
(123)   BYTE_NUMBER = 1;
(124)   COMMAND = (CLOCK3530_ADDRESS_STATUS | WRITE);
(125)   I2CDataBuff = &status;                     //新设置值送入缓冲区
(126)   STA = 1;
(127)   WaitSMFree();
(128) }
(129)
(130) //***** 将无符号字节数高低位交换, *****//
(131) unsigned char revolve(unsigned char val)
(132) {
(133)   char i;
(134)   unsigned char val1 = 0;
(135)   for (i = 0;i < 8;i++){
(136)       if (val&0x1)
(137)           val1++;
(138)       val1 = _crol_(val1,1);
(139)       val = _cror_(val,1);
(140)     }
(141)     val1 = _cror_(val1,1);
(142)     return val1;
(143) }
(144) //***** 时间显示 *****//
(145) void DispTime(void)
```

```
(146) {
(147)     char szTmp[20];
(148)     char len;
(149)     GetRealClock();                                    //读取当前时间
(150)
(151)     len = sprintf(szTmp,                               //生成年月日信息
(152)         "%x-%x-%x",
(153)         (int)RealTime.RT.Year,
(154)         (int)RealTime.RT.Month,
(155)         (int)RealTime.RT.Day);
(156)
(157)     sprintf(szTmp + len,                               //生成时分秒信息
(158)         " %x:%x:%x\r\n",
(159)         (int)RealTime.RT.Hour,
(160)         (int)RealTime.RT.Minute,
(161)         (int)RealTime.RT.Second);
(162)     OutputStr(szTmp);
(163)     return;
(164) }
(165) //***** SMBus 中断服务程序 *****//
(166) void SMBUS_ISR (void) interrupt 7
(167) {
(168)     switch (SMB0STA)                                   //根据 SMBus 不同状态码转不同分支
(169)     {
(170)         case SMB_START:                                //主发送器/接收器起始条件已发送
(171)           SMB0DAT = COMMAND;                           //装入要访问的从器件的地址
(172)           STA = 0;                                     //手动清除 START 位
(173)           break;
(174)         case SMB_RP_START:                             //主发送器/接收器重复起始条件已发送
(175)           SMB0DAT = COMMAND;
(176)           STA = 0;
(177)           break;
(178)         case SMB_MTADDACK:                             //主发送器从地址 + W 已发送,收到 ACK
(179)         case SMB_MTDBACK:                              //主发送器数据字节已发送,收到 ACK
(180)           if (BYTE_NUMBER){                            //数据字节没写完
(181)               SMB0DAT = revolve( * I2CDataBuff);       //缓冲区内容送入数据寄存器
(182)               I2CDataBuff++;
(183)               BYTE_NUMBER--;
(184)           }
(185)           else {                                       //数据字节已写完,释放总线
(186)               STO = 1;
(187)               SM_BUSY = 0;
(188)           }
(189)           break;
(190)         case SMB_MTADDNACK:                            //主发送器从地址 + W 已发,收到 NACK
(191)           STO = 1;                                     //置位 STO + STA,重试
(192)           STA = 1;
(193)           break;
(194)         case SMB_MTDBNACK:                             //主发送器数据字节已发送,收到 NACK
(195)           STO = 1;                                     //置位 STO + STA,重试
(196)           STA = 1;
```

```
(197)         break;
(198)       case SMB_MTARBLOST:                          //主发送器竞争失败
(199)         STO = 1;                                   //不应出现,如果出现重新开始传输过程
(200)         STA = 1;
(201)         break;
(202)       case SMB_MRADDACK:                           //主接收器从地址 + R 已发送,收到 ACK
(203)         AA = 1;                                    //在应答周期发送 ACK
(204)         if (!BYTE_NUMBER){
(205)             STO = 1;                               //释放 SMBus
(206)             SM_BUSY = 0;
(207)         }
(208)         break;
(209)       case SMB_MRADDNACK:                          //主接收器从地址 + R 已发送,收到 NACK
(210)         STA = 1;                                   //从器件不应答,发送重复起始条件重试
(211)         break;
(212)       case SMB_MRDBACK:                            //收到数据字节,ACK 已发送
(213)         if (BYTE_NUMBER){                          //读 SMB0DAT
(214)              * I2CDataBuff = revolve(SMB0DAT);
(215)             I2CDataBuff++;
(216)             BYTE_NUMBER--;
(217)         }
(218)         if (!BYTE_NUMBER) AA = 0;                  //最后一字节,清除 AA
(219)         break;
(220)       case SMB_MRDBNACK:                           //收到数据字节 NACK 已发送
(221)         STO = 1;                                   //读操作已完成发送停止条件
(222)         SM_BUSY = 0;                               //释放 SMBus
(223)         break;
(224)       default:                                     //本例中其他状态没有意义,通信复位
(225)         STO = 1;
(226)         SM_BUSY = 0;
(227)         break;
(228)    }
(229)    SI = 0;                                        //清除中断标志
(230) }
(231) // ***** 通过串口输出字串 ***** //
(232) void OutputStr(char * str)
(233) {
(234)    int i;
(235)    i = 0;
(236)    while(str[i]!= '\0'){
(237)        TI0 = 0;
(238)        SBUF0 = str[i];
(239)        while(TI0 == 0);
(240)        i++;
(241)    }
(242) }
(243) // ***** 主程序 ***** //
(244) void main(void)
(245) {
(246)    unsigned char var;
(247)    WDTCN = 0xde;                                   //关看门狗定时器
```

```
(248)    WDTCN = 0xad;
(249)
(250)    SM_BUSY = 0;
(251)    Init_Device();
(252)
(253)    var = GetRealClockStatus();                    //读取 S-3530A 当前状态
(254)    if((var &0x80)||(var!= 0x40)){
(255)      ResetRealClock();                            //复位 S-3530A
(256)      SetRealClockStatus(0x40);                    //设置 S-3530A 状态,24 小时格式
(257)    }
(258)
(259)    //BCD 码表示 15-2-3 23: 57: 50
(260)    Week = 1;
(261)    Year = 0x15;
(262)    Month = 0x02;
(263)    Day = 0x03;
(264)    Hour = 0x23;
(265)    Minute = 0x57;
(266)    Second = 0x50;
(267)    SetRealClock();                                //设置时间写入 S-3530A
(268)    while(1)
(269)       DispTime();                                 //显示实时时间
(270)
(271) }
```

说明：

(1) c8051f020.h 文件中包含了所有特殊功能寄存器的地址定义。

(2) intrins.h 文件中包含了_crol_()等函数的定义。

(3) stdio.h 文件中包含了 sprintf()等函数的定义。

(5～6) 读写操作位,仅最后一位有效。

(7～13) S-3530A 命令编码,其高 4 位恒为 0110,最低位为读/写标志,此处设置为 0。

(14～26) SMBus 状态常量。

(28～35) 定义联合类型 StTime。由于对芯片进行操作时,时间数据是依次顺序处理的,因而使用数组更为方便；而编程对时间值进行处理时,则使用年、月、日、时、分、秒等更为直观。采用联合类型,则可以方便地使用两种格式对时间值进行处理。定义 StTime 类型变量 RealTime,用于时间值方式的读/写操作。

(36) 用多个独立字节变量表示的时间值。用于暂存时间设置值。

(37) COMMAND 保存要发送的命令值,该值由 READ/WRITE 和(7～13)定义的 S-3530A 命令拼接而成。

(38) I2CDataBuff,读/写操作时,使用的数据缓冲区指针。

(39) BYTE_NUMBER,通信时要传输的字节数,开始读写操作时初始化为 2。

(40) SM_BUSY,用于将多个 SMBUS 操作进行顺序化,避免因同时对 SMBus 操作造成系统崩溃。发送或接收开始时,首先检测该标志,如果为 1,则表示 SMBus 正在使用中,须等待操作完成；如果为 0,则将该位设置为 1,操作完成后由中断服务程序清 0。

(42) OutputStr 函数声明，该函数用于从串口输出字符串。

(43) Init_Device 函数声明，该函数是前面使用配置工具生成的接口配置函数，用于实现各个接口的初始化。

(45～50) Timer3_ISR，定时器 3 溢出中断处理，实现 SMBus 复位。NSMB 短暂清 0 后置 1，复位 SMBus。

(52～59) WaitSMFree，等待 SMBus 操作完成。使用定时器 3，实现最长等待时间为 25ms。

(61～70) ResetRealClock，将当前时间置为默认值。使用 BYTE_NUMBER 记录还需发送的字节数，由于当前已经发送了 1 字节，因此该值为总共需发送字节数减 1，也就是需发送的 ACK 个数值减 1。由于时间值复位命令只需一个 ACK，因此 BYTE_NUMBER 值设置为 0。

(72～89) SetRealClock，将日历时钟设置为指定值。该命令需 8 个 ACK。

(91～101) GetRealClock，获取当前的日历时钟值。该命令需 8 个 ACK。

(104～116) GetRealClockStatus，获取状态值。该命令需 2 个 ACK。

(118～128) SetRealClockStatus，设置状态值。该命令需 2 个 ACK。

(131～143) revolve，实现 1 字节数据的二进制表示的高低位的互换，即第 7 位与第 0 位互换，第 6 位与第 1 位互换，…，第 4 位与第 3 位互换。如 10110011 变为 11001101。

(145～164) DispTime，从串口输出当前的时间值，格式为 YY-MM-DD hh：mm：ss。

(165～230) SMBUS_ISR，SMBUS 中断服务程序。

(232～242) Outputstr，串口字符串输出函数。

(243～271) main，主函数，实现时间值设置，读取，并通过串口动态显示当前时间值。

## 6.2 SPI 总线

串行外设接口(Serial Peripheral Interface，SPI)总线是 Motorola 公司提出的一种同步串行外设接口，允许 MCU 与各种外围设备以同步串行方式进行通信。其外围设备种类繁多，从最简单的 TTL 移位寄存器到复杂的 LCD 显示驱动器、网络控制器等，可谓应有尽有。SPI 总线可直接与各厂家生产的多种标准外围器件直接接口，该接口一般使用 4 根线：串行时钟线 SCK、主机输入/从机输出数据线 MISO、主机输出/从机输入数据线 MOSI 和低电平有效的从机选择线 NSS。由于 SPI 总线系统只需 3 根公共的时钟、数据线和若干位独立的从机选择线(依据从机数目而定)，在 SPI 总线从设备较少而没有总线扩展能力的单片机系统中使用特别方便。即使在有总线扩展能力的系统中采用 SPI 总线设备也可以简化电路设计，省掉很多常规电路中的接口器件，从而提高设计的可靠性。

### 6.2.1 SPI 总线的原理、控制信号及交叉开关配置

#### 1. SPI 总线的原理

C8051F020 单片机的串行外设接口 SPI0 提供访问一个 4 线、全双工串行总线的能力。其原理框图如图 6-21 所示。由图可知，SPI0 内部由 4 部分组成：8 位移位寄存器和接收数

据寄存器 SPI0DAT、引脚控制逻辑、时钟逻辑和分频电路、SPI 控制和中断申请以及配置寄存器。在这些部分中,核心是 8 位移位寄存器和接收数据寄存器 SPI0DAT。发送时,写入数据寄存器 SPI0DAT,直接进入 8 位移位寄存器;接收时,8 位移完后,将数据送入数据寄存器 SPI0DAT,然后再读取数据。

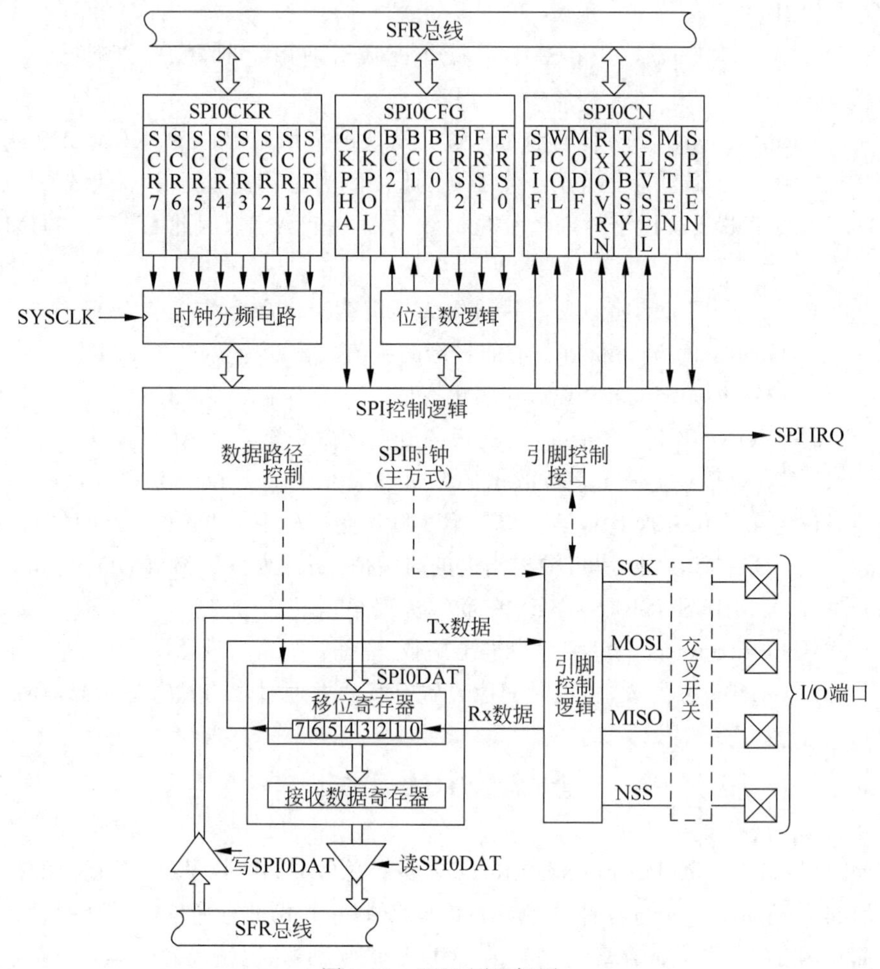


图 6-21 SPI0 原理框图

SPI0 支持在同一总线上将多个从器件连接到一个主器件的能力。一个独立的从选择信号(NSS)用于选择一个从器件并允许主器件和所选从器件之间进行数据传输。同一总线上可以有多个主器件。当两个或多个主器件试图同时进行数据传输时,系统提供了冲突检测功能。SPI0 可以工作在主方式或从方式。当 SPI0 被配置为主器件时,最大数据传输率(单位为 b/s)是系统时钟频率的 1/2。

SPI0 被配置为从器件时,如果主器件与系统时钟同步发出 SCK、NSS 和串行输入数据,则全双工操作时的最大数据传输率是系统时钟频率的 1/10。如果主器件发出的 SCK、NSS 及串行输入数据不同步,则最大数据传输率必须小于系统时钟频率的 1/10。在主器件只发送数据到从器件,而不需要接收从器件发出的数据(即半双工操作)时,SPI 从器件接收数据的最大数据传输率是系统时钟频率的 1/4(假设由主器件与系统时钟同步发出 SCK、

NSS 和串行输入数据)。

**2. 信号说明**

下面介绍 C8051F020 中 SPI0 总线接口使用的 4 个信号。

1) 主输出从输入数据线

主出从入(MOSI)信号线是主器件的输出和从器件的输入数据线,用于从主器件到从器件的串行数据传输。当 SPI0 作为主器件时,该信号是输出;当 SPI0 作为从器件时,该信号是输入。数据传输时最高位在先。

2) 主输入从输出数据线

主入从出(MISO)信号线是从器件的输出和主器件的输入数据线,用于从器件到主器件的串行数据传输。当 SPI0 作为主器件时,该信号是输入;当 SPI0 作为从器件时,该信号是输出。数据传输时最高位在先。当 SPI 从器件未被选中时,它将 MISO 引脚置于高阻状态。

3) 串行时钟线

串行时钟(SCK)信号线是主器件的输出和从器件的输入时钟信号线,用于同步主器件和从器件之间在 MOSI 和 MISO 线上的串行数据传输。当 SPI0 作为主器件时产生该信号。

4) 从器件选择线

从器件选择(NSS)信号线是从器件的输入信号线,主器件用它来选择处于从方式的 SPI 器件,在器件为主方式时用于禁止 SPI。

**注意**:NSS 信号总是作为 SPI0 从器件的输入,SPI0 工作在主方式时,从选择信号必须用通用 I/O 端口引脚进行输出。

图 6-22 给出了 SPI 总线的一种典型配置。在这个系统中,只允许有一个作为主 SPI 设备的主 MCU 和若干作为 SPI 从设备的 I/O 外围器件。MCU 控制着数据向一个或多个从外围器件的传送。从器件只能在主机发命令时才能接收或向主机传送数据,其数据的传输格式是高位(MSB)在前、低位(LSB)在后。当有多个不同的串行 I/O 器件要连至 SPI 上作为从设备时,必须注意两点:一是其必须有片选端;二是其接 MISO 线的输出脚必须有三态,片选无效时输出高阻态,以不影响其他 SPI 设备的正常工作。

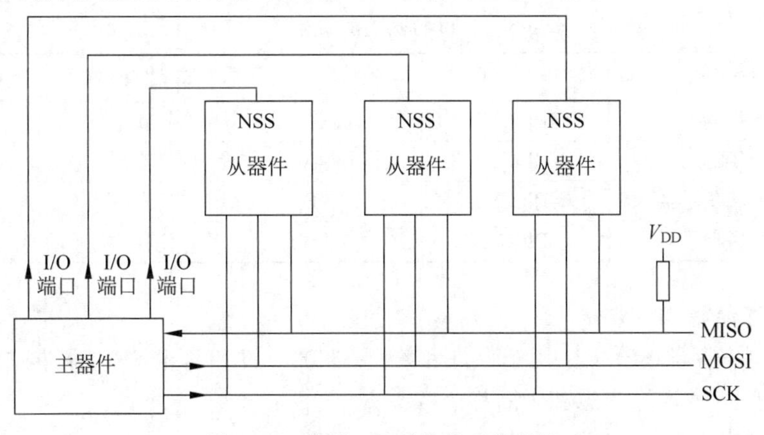


图 6-22　典型 SPI 总线的系统配置

当 SPI0 工作于从方式时,NSS 信号必须被拉为低电平以启动一次数据传输;当 NSS 被释放为高电平时,SPI0 将退出从方式。

**注意**:在 NSS 变为高电平之前,接收的数据不会锁存到接收缓冲器。对于多字节传输,在 SPI0 器件每接收 1 字节后 NSS 必须被释放为高电平至少 4 个系统时钟。

**3. 交叉开关配置**

当系统中使用 SPI0 时,应将交叉开关寄存器 XBR0 中的 SPI0EN(XBR0.1)置 1,以配置确定的 I/O 引脚连到 SCK、MOSI、MISO 及 NSS。同时使交叉开关寄存器 XBR2 中的 XBARE(XBR2.6)置 1,以允许交叉开关。

SPI0 交叉开关的配置示意图如图 6-23 所示。至于 SCK、MOSI、MISO 及 NSS 到底连到哪一个 I/O 端口,则取决于整个系统使用了哪些数字外设以及所使用数字外设的优先级。如果整个系统中仅使用 SPI0,则 SCK、MISO、MOSI 及 NSS 将分别连接到 P0.0、P0.1、P0.2 及 P0.3。

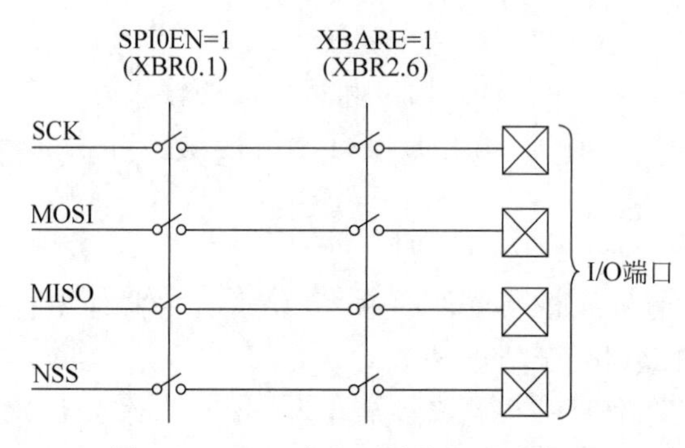


图 6-23 SPI0 交叉开关的配置示意图

## 6.2.2 SPI 特殊功能寄存器

对 SPI0 的访问和控制是通过系统控制器中的 4 个特殊功能寄存器实现的,即控制寄存器 SPI0CN、配置寄存器 SPI0CFG、时钟频率寄存器 SPI0CKR 和数据寄存器 SPI0DAT,如表 6-5 所示。下面分别介绍这 4 个特殊功能寄存器。

表 6-5 SPI0 特殊功能寄存器一览表

| 特殊功能寄存器 | 符 号 | 地 址 | 寻址方式 | 复位值 |
|---|---|---|---|---|
| SPI0 控制寄存器 | SPI0CN | 0xF8 | 字节、位 | 0x00 |
| SPI0 配置寄存器 | SPI0CFG | 0x9A | 字节 | 0x07 |
| SPI0 时钟频率寄存器 | SPI0CKR | 0x9D | 字节 | 0x00 |
| SPI0 数据寄存器 | SPI0DAT | 0x9B | 字节 | 0x00 |

**1. 控制寄存器 SPI0CN**

SPI0 控制寄存器 SPI0CN 用于允许和禁止 SPI0、允许和禁止 SPI0 主方式的控制,以及存放从方式标志、发送忙标志和中断标志等。

SPI0 控制寄存器 SPI0CN 的格式如下:

| R/W | R/W | R/W | R/W | R/W | R/W | R/W | R/W | 复位值 |
|---|---|---|---|---|---|---|---|---|
| SPIF | WCOL | MODE | RXOVRN | TXBSY | SLVSEL | MSTEN | SPIEN | 00000000 |
| 位7 | 位6 | 位5 | 位4 | 位3 | 位2 | 位1 | 位0<br>(可位寻址) | SFR地址：<br>0xF8 |

其中，各位的含义如下：

位7(SPIF)——SPI0中断标志位。该位在数据传输结束后由硬件置1。如果允许中断，置1该位会使CPU转到SPI0中断服务程序。该位不能由硬件自动清0，必须用软件清0。

位6(WCOL)——写冲突标志位。如果在数据传送期间对SPI0数据寄存器进行写操作，该位将由硬件置1。如果允许中断，置1该位会使CPU转到SPI0中断服务程序。该位不能由硬件自动清0，必须用软件清0。

位5(MODE)——方式错误标志位。当检测到主方式冲突(NSS为低电平且MSTEN＝1)时，该位由硬件置1。如果允许中断，置1该位会使CPU转到SPI0中断服务程序。该位不能由硬件自动清0，必须用软件清0。

位4(RXOVRN)——接收溢出标志位。当前传输的最后一位已经移入SPI0移位寄存器，而接收缓冲器中仍保存着前一次传输未被读取的数据时该位由硬件置1。如果允许中断，置1该位会使CPU转到SPI0中断服务程序。该位不能由硬件自动清0，必须用软件清0。

位3(TXBSY)——发送忙标志位。当一个主方式传输正在进行时，该位由硬件置1，传输结束后由硬件清0。

位2(SLVSEL)——从选择标志位。该位在NSS引脚为低电平时置1，说明SPI0被允许为从方式。在NSS变为高电平时清0，从方式被禁止。

位1(MSTEN)——主方式允许位。

0：禁止主方式，以从方式操作。

1：允许主方式，以主方式操作。

位0(SPIEN)——SPI0允许位。

0：禁止SPI0。

1：允许SPI0。

**2. 配置寄存器SPI0CFG**

SPI0配置寄存器SPI0CFG用于设定SPI0的时钟相位、时钟极性和数据帧长度以及对已发送的位进行计数。

SPI0配置寄存器SPI0CFG的格式如下：

| R/W | R/W | R/W | R/W | R/W | R/W | R/W | R/W | 复位值 |
|---|---|---|---|---|---|---|---|---|
| CKPHA | CKPOL | BC2 | BC1 | BC0 | SPIFRS2 | SPIFRS1 | SPIFRS0 | 00000111 |
| 位7 | 位6 | 位5 | 位4 | 位3 | 位2 | 位1 | 位0 | SFR地址：<br>0x9A |

其中，各位的含义如下：

位7(CKPHA)——SPI0时钟相位控制位。该位控制SPI0时钟的相位。

0：在SCK周期的第一个边沿采样数据。

1：在 SCK 周期的第二个边沿采样数据。

位 6(CKPOL)——SPI0 时钟极性控制位。该位控制 SPI0 时钟的极性。

0：SCK 在空闲状态时处于低电平。

1：SCK 在空闲状态时处于高电平。

位 5～3(BC2～0)——SPI0 发送计数位，用于指示发送到了 SPI 字的哪一位，如表 6-6 所示。

**表 6-6　SPI0 发送计数**

| BC2～0 | | | 已发送的位 | BC2～0 | | | 已发送的位 |
|---|---|---|---|---|---|---|---|
| 0 | 0 | 0 | 位 0(LSB) | 1 | 0 | 0 | 位 4 |
| 0 | 0 | 1 | 位 1 | 1 | 0 | 1 | 位 5 |
| 0 | 1 | 0 | 位 2 | 1 | 1 | 0 | 位 6 |
| 0 | 1 | 1 | 位 3 | 1 | 1 | 1 | 位 7(MSB) |

位 2～0(SPIFRS2～0)：SPI0 帧长度控制位，在主方式时用于控制数据传输期间 SPI0 移位寄存器移入/移出的位数，如表 6-7 所示。从方式时忽略这些位的值。

**表 6-7　SPI0 移入/移出的位数**

| SPIFRS2～0 | | | 移位数 | SPIFRS2～0 | | | 移位数 |
|---|---|---|---|---|---|---|---|
| 0 | 0 | 0 | 1 | 1 | 0 | 0 | 5 |
| 0 | 0 | 1 | 2 | 1 | 0 | 1 | 6 |
| 0 | 1 | 0 | 3 | 1 | 1 | 0 | 7 |
| 0 | 1 | 1 | 4 | 1 | 1 | 1 | 8 |

CKPHA 和 CKPOL 位的不同组合构成 SPI 的 4 种工作模式：模式 0、模式 1、模式 2、模式 3，如图 6-24 所示。

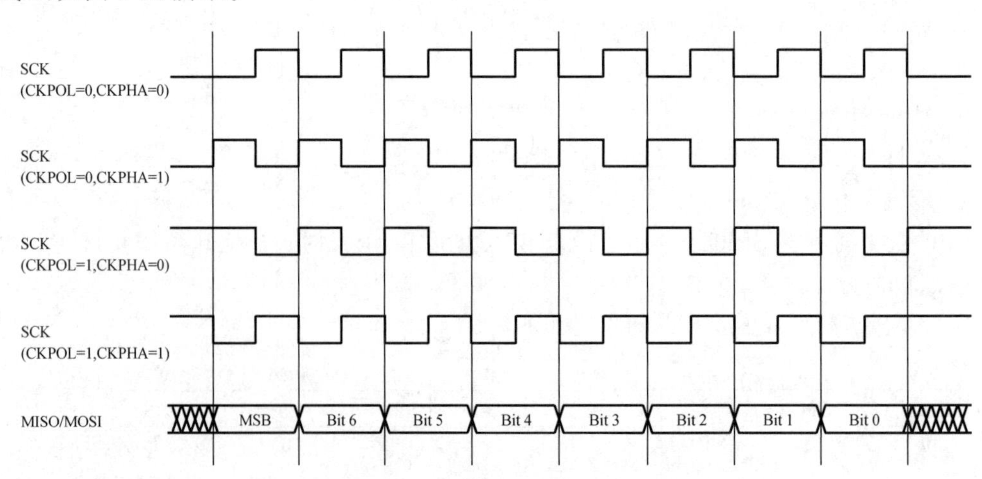


图 6-24　SPI 的 4 种工作模式

### 3. 时钟频率寄存器 SPI0CKR

当 SPI0 工作在主方式时，时钟频率寄存器 SPI0CKR 的值决定 SCK 输出的频率，该寄存器的格式如下：

| R/W | R/W | R/W | R/W | R/W | R/W | R/W | R/W | 复位值 |
|---|---|---|---|---|---|---|---|---|
| SCR7 | SCR6 | SCR5 | SCR4 | SCR3 | SCR2 | SCR1 | SCR0 | 00000000 |
| 位7 | 位6 | 位5 | 位4 | 位3 | 位2 | 位1 | 位0 | SFR地址：0x9D |

其中，各位的含义如下：

位7～0(SCR7～0)——SPI0时钟频率。

SCK时钟频率是从系统时钟分频得到的，由下面的方程给出：

$$f_{SCK}=\frac{SYSCLK}{2\times(SPI0CKR+1)}\quad(0\leqslant SPI0CKR\leqslant 255)$$

其中，SYSCLK是系统时钟频率，SPI0CKR是SPI0CKR寄存器中的8位值。

根据上式可推导出：

$$SPI0CKR=\frac{SYSCLK}{2\times(f_{SCK})}-1$$

例如，如果SYSCLK=3MHz，要使SPI的波特率为100kb/s，则SPI0CKR的计算如下：

$$SPI0CKR=\frac{3000kHz}{2\times 100kHz}-1=14=0x0D$$

**4. 数据寄存器SPI0DAT**

SPI0数据寄存器SPI0DAT用于发送和接收SPI0数据。在主方式下，向SPI0DAT写入数据时，数据立即进入移位寄存器并启动发送。读SPI0DAT则返回接收缓冲器的内容。

SPI0数据寄存器SPI0DAT的格式如下：

| R/W | R/W | R/W | R/W | R/W | R/W | R/W | R/W | 复位值 |
|---|---|---|---|---|---|---|---|---|
| | | | | | | | | 00000000 |
| 位7 | 位6 | 位5 | 位4 | 位3 | 位2 | 位1 | 位0 | SFR地址：0x9B |

其中，各位的含义如下：

位7～0(SPI0DAT)——SPI0发送和接收的数据。

## 6.2.3 用SPI实现串行Flash存储器芯片的读写

**1. Flash芯片概述**

快速擦写存储器(Flash Memory，又称Flash存储器)是Intel公司于20世纪80年代后期推出的新型存储器。它是在EEPROM工艺的基础上，增强了芯片在线电擦除和可再编程功能，是性能价格比和可靠性最高的可读写非易失存储器，因而在嵌入式系统中得到了广泛的应用。

Flash存储器根据读写的方式可分为并行Flash和串行Flash：

- 并行Flash存储器的地址和数据信号是并行输入/输出的，芯片的引脚数较多。一般容量比较大，速度比较快。
- 串行Flash存储器的地址和数据信号是串行输入/输出的，芯片的引脚数较少，芯片尺寸小，功耗低。

**2. AT45DB081B 引脚功能**

ATMEL 公司的 AT45DB081B 是 8Mb(1Mb×8)的串行 Flash 存储器芯片。该芯片有多种封装形式,表 6-8 给出了其引脚功能说明。

表 6-8　AT45DB081B 引脚功能说明

| 引　脚　名 | 输入/输出 | 功　　能 | 连 接 引 脚 |
|---|---|---|---|
| $\overline{\text{CS}}$ | 输入 | 片选信号 | P5.3 |
| SCK | 输入 | 串行时钟信号 | P0.2(SPICLK) |
| SI | 输入 | 串行数据输入 | P0.4(SPIMOSI) |
| SO | 输出 | 串行数据输出 | P0.3(SPIMISO) |
| $\overline{\text{WP}}$ | 输入 | 硬件页写保护引脚 | P5.1 |
| $\overline{\text{RESET}}$ | 输入 | 芯片复位 | P5.0 |
| RDY/$\overline{\text{BUSY}}$ | 输出 | 芯片就绪/芯片忙信号 | P3.7 |

**3. AT45DB081B 内部结构**

AT45DB081B 的内部结构如图 6-25 所示。

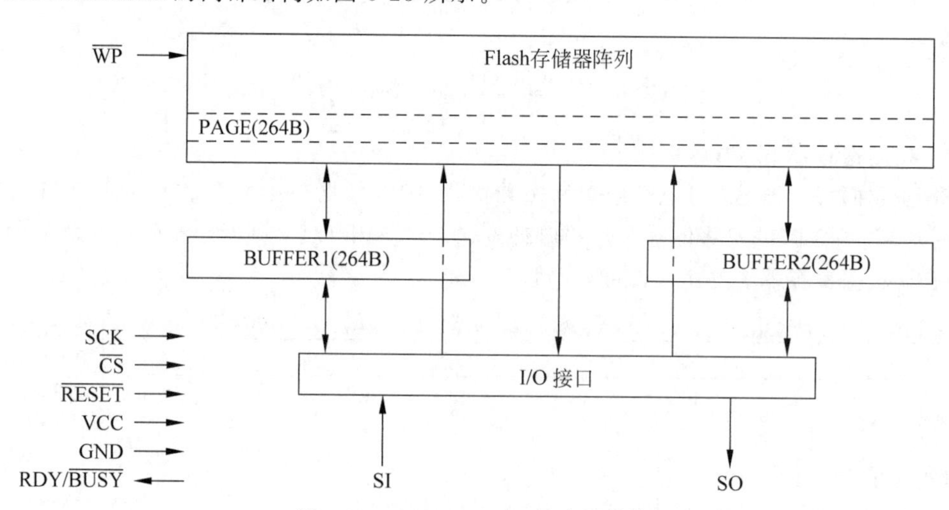


图 6-25　AT45DB081B 的内部结构

Flash 存储阵列:保存数据,断电后数据不会丢失。按页(PAGE,264B)存储。

两个缓冲区:BUFFER1/BUFFER2,用来暂存从 Flash 存储器中读出或要写入 Flash 存储器的数据。每个缓冲区为 1 页大小,相互独立。断电后缓冲区数据将丢失。

Flash 存储器空间共 4096 页(PAGE),每页 264B,一般使用 256B 存放信息,另外 8B 存放校验值。每 8 页组成 1 个块(Block),共 512 块。另外的存储单位是扇区(Sector),扇区大小不是常量。扇区 0 和块 0 指向相同存储空间(8 页);扇区 1 包含块 1 到块 31,共 248 页;扇区 2 包含块 32 到块 63,共 256 页;其他扇区均由 64 个块,即 512 个页构成,共 10 个扇区,如图 6-26 所示。

所有 Flash 存储器编程操作均按页进行;只有 Flash 存储器擦除操作可以按块或页进行。

**4. AT45DB081B 操作命令**

AT45DB081B 的操作命令有很多,可以按照是否是对 Flash 存储器进行操作分为两大类:

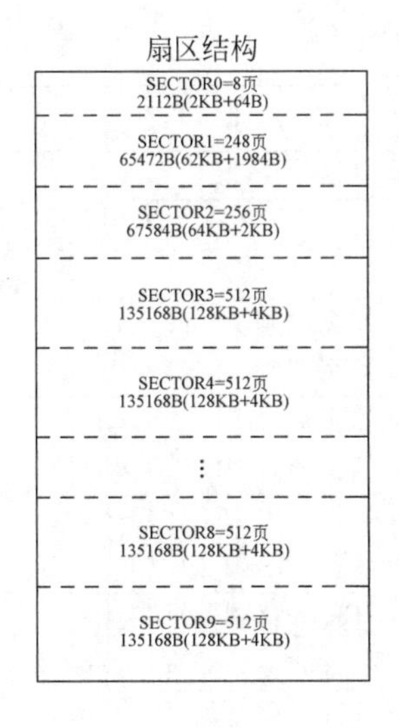


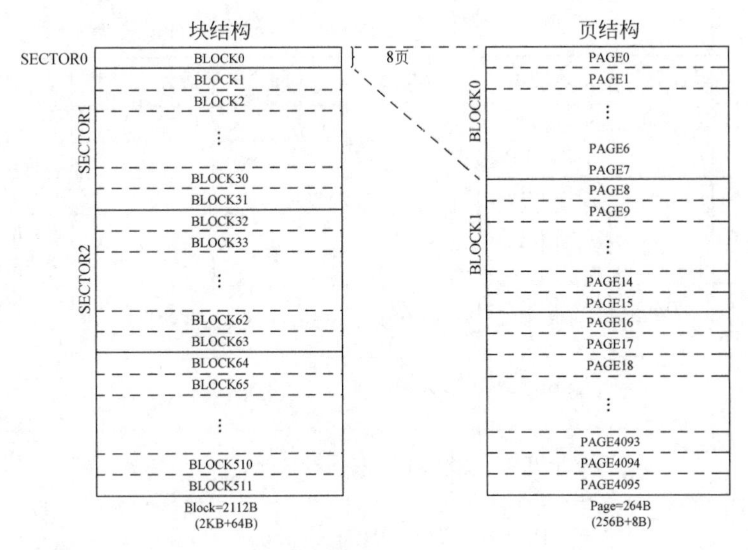


图 6-26　Flash 存储器体系结构

A 类包含以下操作：

(1) 主存页读取操作(Main Memory Page Read)：直接对 Flash 存储器进行读操作，即不经过缓冲区读取数据到内存。缓冲区的原有数据不改变。

(2) 主存数据读入缓冲区操作(Main Memory Page to Buffer 1/ 2 Transfer)：将 Flash 存储器的内容读入缓冲区。

(3) 主存数据与缓冲区数据比较操作(Main Memory Page to Buffer 1/2 Compare)：将 Flash 存储器的内容和缓冲区比较。

(4) 带自动擦除的缓冲区数据编程操作(Buffer 1/2 to Main Memory Page Program with Built-in Erase)：将缓冲区内容写入 Flash 存储器，并在写入前自动进行擦除。

(5) 不带自动擦除的缓冲区数据编程操作(Buffer 1/2 to Main Memory Page Program without Built-in Erase)：将缓冲区内容写入 Flash 存储器，但写入前不进行擦除。

(6) 页擦除操作(Page Erase)：擦除 Flash 存储器的指定页。

(7) 块擦除操作(Block Erase)：擦除 Flash 存储器的指定块(8 页)。

(8) 通过缓冲区进行的编程操作(Main Memory Page Program through Buffer)：该操作实际上先进行将内存数据写入缓冲区操作(Buffer 1/2 Write)，跟着进行带自动擦除的缓冲区数据编程操作。

(9) 自动页写入(Auto Page Rewrite)：和通过缓冲区进行的编程操作(Main Memory Page Program through Buffer)方式类似，但以完整页面方式操作。

B 类包含以下操作：

(1) 缓冲区数据读取(Buffer 1/2 Read)：从缓冲区读取数据到内存。

(2) 缓冲区数据写(Buffer 1/2 Write)：将内存数据写入缓冲区。

(3) 状态寄存器读取(Status Register Read)：读取状态寄存器的值。

在一个 A 类操作未完成前，不能开始新的 A 类操作，但可以开始新的 B 类操作。

**5. AT45DB081B 命令编码**

AT45DB081B 命令编码如表 6-9 所示。

表 6-9　AT45DB081B 命令编码

| 操作码 | 地址 1 | 地址 2 | 地址 3 | 额外字节数 | 说　明 |
|---|---|---|---|---|---|
| D7H/57H | N/A | N/A | N/A | N/A | 状态读取 |
| 50H | rrrPPPPP | PPPPxxxx | xxxxxxxx | N/A | 块删除 |
| 81H | rrrPPPPP | PPPPPPPx | xxxxxxxx | N/A | 页删除 |
| 53H<br>(55H) | rrrPPPPP | PPPPPPPx | xxxxxxxx | N/A | Flash 存储器页读到 BUF1<br>Flash 存储器页读到 BUF2 |
| 58H<br>(59H) | rrrPPPPP | PPPPPPPx | xxxxxxxx | N/A | Flash 存储器页通过 BUF1 自动重写<br>Flash 存储器页通过 BUF2 自动重写 |
| 60H<br>(61H) | rrrPPPPP | PPPPPPPx | xxxxxxxx | N/A | Flash 存储器页与 BUF1 比较<br>Flash 存储器页与 BUF2 比较 |
| 83H<br>(86H) | rrrPPPPP | PPPPPPPx | xxxxxxxx | N/A | BUF1 写入 Flash 存储器页带擦除<br>BUF2 写入 Flash 存储器页带擦除 |
| 88H<br>(89H) | rrrPPPPP | PPPPPPPx | xxxxxxxx | N/A | BUF1 写入 Flash 存储器页不带擦除<br>BUF2 写入 Flash 存储器页不带擦除 |
| 84H<br>(87H) | rrrxxxxx | xxxxxxxB | BBBBBBBB | N/A | 写入 BUF1<br>写入 BUF2 |
| D4H/54H<br>(D6H/56H) | rrrxxxxx | xxxxxxxB | BBBBBBBB | 1B | 读取 BUF1<br>读取 BUF2 |
| 82H<br>(85H) | rrrPPPPP | PPPPPPPB | BBBBBBBB | N/A | 通过 BUF1 写入 Flash 存储器<br>通过 BUF2 写入 Flash 存储器 |
| D2H/52H | rrrPPPPP | PPPPPPPB | BBBBBBBB | 4B | Flash 存储器直接读 |
| E8H/68H | rrrPPPPP | PPPPPPPB | BBBBBBBB | 4B | 连续读 |

上面表格中用“/”分隔的十六进制数表示用不同模式下的命令字,在数据手册中将这两个模式称为:

- Inactive Clock Polarity Low or High:在该模式下使用后一个命令字。
- SPI Mode 0 or 3:在该模式下使用前一个命令字。

两种模式略有不同,编程代码完全相同。

上面表格中用“()”分隔的十六进制数,外面的值用于选择缓冲区 1 进行操作,里面的值用于选择缓冲区 2 进行操作。

地址中的 r 表示保留位(未使用),P 表示页码位,x 表示任意位,B 表示页内地址位。

### 6.2.4　程序代码

#### 1. 接口配置

使用 ConfigWizard 程序进行接口配置,按下面的步骤进行配置操作。

1) PORT I/O 配置

由于在实验箱硬件电路设计时,将 P0 的引脚分别用作 UART0、SPI0、SMBus 接口,因此需启用交叉配置端口(选中 Enable Crossbar 复选框),然后需选中这 3 个接口(选中 UART0、SPI0、SMBus),让它们连接到引脚上。

由于在 SPI 接口连接的电路中,MOSI 和 SCK 未接上拉电阻,因此,如果这两个引脚设置为开漏方式,则无法输出高电平,因此必须把图 6-27 的 P0.2(SCK)和 P0.4(MOSI)配置为推拉方式。注意，接近底部的设置按钮，原来的设置值均为 O(Open Drain)，现在第 3 项和第 5 项被改成了 P(Push Pull)。

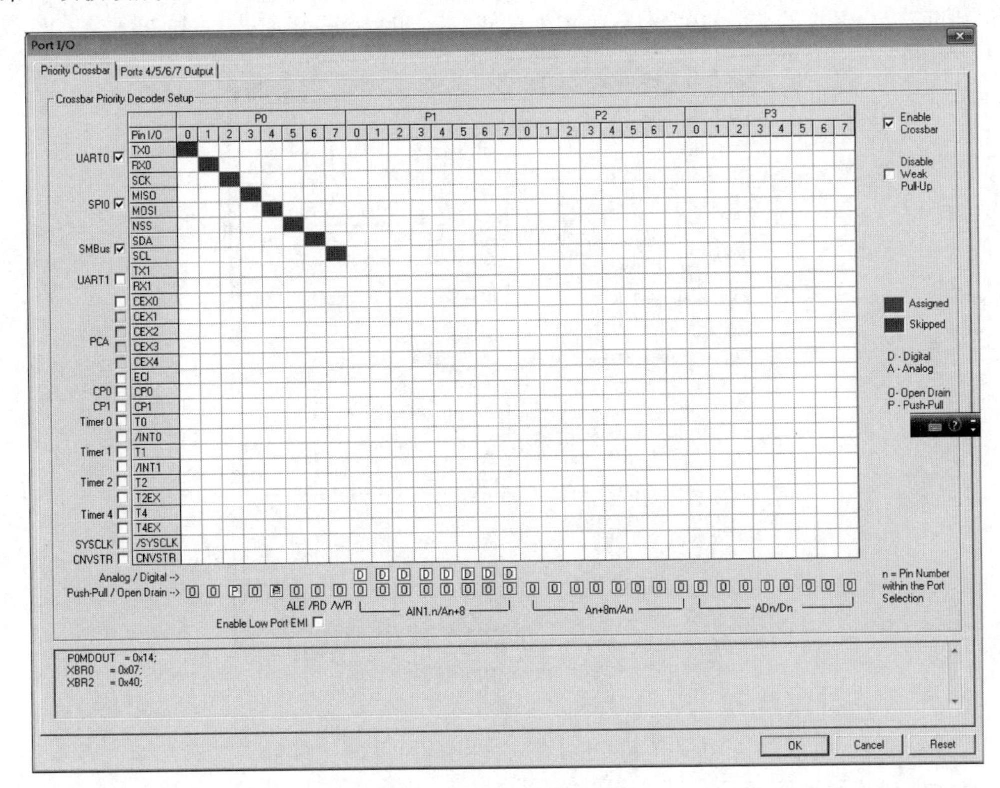


图 6-27　PORT I/O 配置

2）振荡源选择

由于本实验需要使用串口，因此使用外接的 11.0592MHz 晶振作为振荡源。

在内部振荡源配置时，禁用内部振荡源(不选中 Enable Internal Oscillator 复选框)，不使用内部振荡源作为系统时钟(不选中 Use Internal Oscillator as SYSCLK 复选框)。

在外部振荡源配置时，使用外部晶振(选中 Crystal Oscillator 复选框)，选中外部振荡源作为系统时钟(选中 Use External Oscillator as SYSCLK 复选框)。频率控制位选中 6.7MHz<f 单选按钮。设置外部振荡频率(External Oscillator Frequency)为 11059200Hz。

3）配置串口

串口使用模式 1，即 8 位可变波特率模式(选中 8 Bit UART，Variable Baud Rate 单选按钮)。本实验不需要从串口接收信息，因此可以禁用串口接收功能(不选中 Enable UART0 Reception 复选框)。本实验采用查询方法进行串口数据发送，因此可以不启用中断(UART0 Interrupt is Disabled)。单击“配置波特率”(Configure Baud Rate)按钮。

UART0 使用定时器 1 作为波特率发生器，设置定时器 1 的模式为模式 2，即 8 位自动重装载模式(选中 8 Bit Counter/Timer Auto-Reload 单选按钮)。使用系统时钟(选中 SYSCLK 单选按钮)，时钟源设置为预分频的时钟输入(选中 Prescaled Clock Input(Above) 单选按钮)。单击“波特率更改”(Change Baud Rate)按钮，将波特率设置为 9600。注意，需启用定时器(选中 Enable Timer 复选框)，从而产生波特率。

4）配置 SPI

使能 SPI0，作为主设备，使用模式 3(也可使用模式 0)，工作频率需低于 8MHz，因此 2 分频即可满足(晶振为 11.0592MHz)，简单起见，不使用中断，如图 6-28 所示。

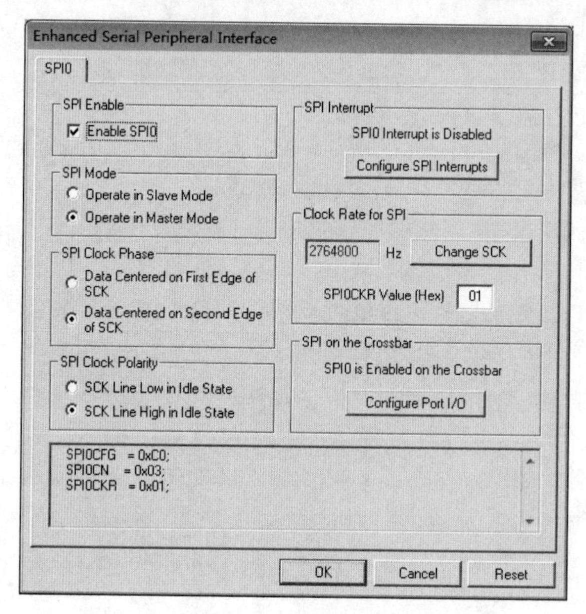


图 6-28 SPI0 配置

配置完成后，生成的语句保存到 CFG.C 文件中，并将该文件加入工程项目。

自动生成代码如下所示：

```
(1)  /////////////////////////////////////
(2)  //Generated Initialization File //
(3)  /////////////////////////////////////
(4)
(5)  #include <c8051f020.h>
(6)
(7)
(8)  //Peripheral specific initialization functions,
(9)  //Called from the Init_Device() function
(10) void Timer_Init()
(11) {
(12)     CKCON      = 0x10;
(13)     TCON       = 0x40;
(14)     TMOD       = 0x20;
(15)     TH1        = 0xDC;
(16) }
(17)
(18) void UART_Init()
(19) {
(20)     SCON0      = 0x40;
(21) }
(22)
```

```
(23) void SPI_Init()
(24) {
(25)     SPI0CFG    = 0xC0;
(26)     SPI0CN     = 0x03;
(27)     SPI0CKR    = 0x01;
(28) }
(29)
(30) void Port_IO_Init()
(31) {
(32)     //P0.0 - TX0 (UART0), Open - Drain, Digital
(33)     //P0.1 - RX0 (UART0), Open - Drain, Digital
(34)     //P0.2 - SCK (SPI0), Push - Pull, Digital
(35)     //P0.3 - MISO (SPI0), Open - Drain, Digital
(36)     //P0.4 - MOSI (SPI0), Push - Pull, Digital
(37)     //P0.5 - NSS (SPI0), Open - Drain, Digital
(38)     //P0.6 - SDA (SMBus), Open - Drain, Digital
(39)     //P0.7 - SCL (SMBus), Open - Drain, Digital
(40)     P0MDOUT    = 0x14;
(41)     XBR0       = 0x07;
(42)     XBR2       = 0x40;
(43) }
(44)
(45) void Oscillator_Init()
(46) {
(47)     int i = 0;
(48)     OSCXCN     = 0x67;
(49)     for (i = 0; i < 3000; i++); //Wait 1ms for initialization
(50)     while ((OSCXCN & 0x80) == 0);
(51)     OSCICN     = 0x08;
(52) }
(53)
(54) //Initialization function for device,
(55) //Call Init_Device() from your main program
(56) void Init_Device(void)
(57) {
(58)     Timer_Init();
(59)     UART_Init();
(60)     SPI_Init();
(61)     Port_IO_Init();
(62)     Oscillator_Init();
(63) }
(64) void SPI_Init()
(65) {
(66)     SPI0CFG    = 0xC0;
(67)     SPI0CN     = 0x03;
(68)     SPI0CKR    = 0x01;
(69) }
```

说明：(23～28)SPI_Init()函数对 SPI 进行初始化时，未设置 SPI 通信使用的数据位数，实际上应使用 8 位。

**2. Flash 存储器控制函数定义**

操作码：D7H/57H。

功能：读取状态寄存器。

函数定义：

```
unsigned char GetFlashStatus();
```

说明：状态寄存器格式如下

| R | R | R | R | R | R | R | R |
|---|---|---|---|---|---|---|---|
| RDY/#BUSY | COMP | 1 | 0 | 0 | 1 | X | X |
| 位 7 | 位 6 | 位 5 | 位 4 | 位 3 | 位 2 | 位 1 | 位 0 |

其中，各位的含义如下：

位 7(RDY/#BUSY)——忙状态标志位。

0：忙，前一操作未完成。

1：空闲，可以开始新操作。

位 6(COMP)——Flash 存储器页和缓冲区比较结果。

0：相同。

1：不同。

位 5～2——Flash 存储器容量编码。

AT45DB081B 编码为 1001。

操作码：50H。

功能：擦除 Flash 存储器对应块的内容。

函数定义：

```
void FlashEraseBlock(unsigned int nBlock);
```

说明：每个 Flash 存储器块包含 8 个 Flash 存储器页。合法块号为 0～511。

操作码：81H。

功能：擦除 Flash 存储器对应页的内容。

函数定义：

```
void FlashErasePage(unsigned int nPage);
```

说明：每个 Flash 存储器页为 264B。合法页号为 0～4095。

操作码：53H(55H)。

功能：读取 Flash 存储器页到缓冲区 1(缓冲区 2)。

函数定义：

```
void FlashPageToBuffer(unsigned char nBuf,unsigned int nPage);
```

说明：nBuf 值为 0，选择缓冲区 1；值为 1，选择缓冲区 2。nPage 为页号。

操作码：58H(59H)。

功能：通过缓冲区 1(缓冲区 2)自动重写 Flash 存储器页。

函数定义：

```
void FlashAutoProgViaBuffer(unsigned char nBuf,unsigned int nPage);
```

说明：相当于如下两个操作。

- 操作码：53H(55H)，读取 Flash 存储器页到缓冲区 1(缓冲区 2)。
- 操作码：83H(86H)，先擦除对应 Flash 存储器页，然后将缓冲区 1(缓冲区 2)数据写入。

操作码：60H(61H)。

功能：Flash 存储器页和缓冲区 1(缓冲区 2)进行比较。

函数定义：

```
unsigned char FlashPageCompareBuffer(unsigned char nBuf,unsigned int nPage);
```

说明：相同返回 0，不同返回非 0。

操作码：83H(86H)。

功能：先擦除对应 Flash 存储器页，然后将缓冲区 1(缓冲区 2)数据写入。

函数定义：

```
void FlashBufferProgAutoErase(unsigned char nBuf,unsigned int nPage);
```

说明：nBuf 为缓冲区选择，nPage 为页号。

操作码：88H(89H)。

功能：不擦除对应 Flash 存储器页，然后将缓冲区 1(缓冲区 2)数据写入。

函数定义：

```
void FlashBufferProgNoErase(unsigned char nBuf,unsigned int nPage);
```

说明：nBuf 为缓冲区选择，nPage 为页号。

操作码：84H(87H)。

功能：将用户数据写入缓冲区 1(缓冲区 2)。

函数定义：

```
void FlashBufferWrite(unsigned char nBuf,unsigned int nByteOffset,unsigned int len, unsigned
    char * buffer);
```

说明：从 nByteOffset 指定的位置开始写入，到达缓冲区结束位置后，回到 0 地址继续写入。

操作码：D4H/54H(D6H/56H)。

功能：从缓冲区 1(缓冲区 2)读出数据。

函数定义：

```
void FlashBufferRead(unsigned char nBuf,unsigned int nByteOffset,unsigned int len, unsigned
    char * buffer);
```

说明：从 nByteOffset 指定的位置开始读取，到达缓冲区结束位置后，回到 0 地址继续读取。

操作码：82H(85H)。

功能：通过缓冲区 1(缓冲区 2)写入 Flash 存储器页。

函数定义:

```
void FlashProgViaBuffer(unsigned char nBuf,unsigned int nPage,unsigned int nByte,unsigned int
len,unsigned char * buffer);
```

说明:相当于进行如下两个操作。

- 操作码:84H(87H),将用户数据写入缓冲区 1(缓冲区 2)。
- 操作码:83H(86H),先擦除对应 Flash 存储器页,然后将缓冲区 1(缓冲区 2)数据写入。

操作码:D2H/52H。

功能:直接读取 Flash 存储器页,不更改缓冲区 1 和缓冲区 2 的内容。

函数定义:

```
void FlashMainMemoryPageRead(unsigned int nPage, unsigned int nByteOffset, unsigned int len,
unsigned char * buffer);
```

说明:从 nByteOffset 指定的位置开始读取,到达页结束位置后,回到本页的 0 地址继续读取。

操作码:D2H/52H。

功能:直接连续读取 Flash 存储器页,不更改缓冲区 1 和缓冲区 2 的内容。

函数定义:

```
void FlashContinuousArrayRead(unsigned int nPage, unsigned int nByteOffset, unsigned int len,
unsigned char * buffer);
```

说明:从指定地址开始连续读取,不考虑页边界。即到达页结束位置后,回到下页的 0 地址继续读取。

Flash 存储器操作头文件内容:

```
(1)   #ifndef AD45SPI_H
(2)   #define AD45SPI_H
(3)
(4)   #define USE_SPI_CMD                          //命令类型选择
(5)
(6)   #define DF_RESET     P5& = ~0x01; P5| = 0X01;              //AT45DB081 复位,P50
(7)   #define DF_RDY_BUSY  P3| = 0x80; while(!(P3&0x80));        //等待 AT45DB081 就绪,P37
(8)   #define DF_PROTECT        P5& = ~0X02;   //等待 AT45DB081 保护开,P51
(9)   #define DF_NOPROTECT      P5| = 0X02;    //等待 AT45DB081 保护关,P51
(10)  #define DF_CHIP_SELECT P5& = ~0x08;      //AT45DB081 片选开,P53
(11)  #define DF_CHIP_NOSELECT P5| = 0x08;     //AT45DB081 片选关,P53
(12)
(13)  #define BUFFER_1 0x00                    //缓存区 1 符号常量
(14)  #define BUFFER_2 0x01                    //缓存区 2 符号常量
(15)  #define BUFFER_1_WRITE 0x84              //缓存区 1 写入命令
(16)  #define BUFFER_2_WRITE 0x87              //缓存区 2 写入命令
(17)  #define B1_TO_PAGE_WITH_ERASE 0x83       //缓存区 1 写入 Flash 存储器页带擦除命令
(18)  #define B2_TO_PAGE_WITH_ERASE 0x86       //缓存区 2 写入 Flash 存储器页带擦除命令
(19)  #define B1_TO_PAGE_WITHOUT_ERASE 0x88    //缓存区 1 写入 Flash 存储器页不带擦除命令
(20)  #define B2_TO_PAGE_WITHOUT_ERASE 0x89    //缓存区 2 写入 Flash 存储器页不带擦除命令
```

```
(21)  #define PAGE_PROG_THROUGH_B1 0x82              //通过缓存区 1 进行 Flash 存储器页编程命令
(22)  #define PAGE_PROG_THROUGH_B2 0x85              //通过缓存区 2 进行 Flash 存储器页编程命令
(23)  #define AUTO_PAGE_REWRITE_THROUGH_B1 0x58      //通过缓存区 1 进行 Flash 存储器页重写命令
(24)  #define AUTO_PAGE_REWRITE_THROUGH_B2 0x59      //通过缓存区 2 进行 Flash 存储器页重写命令
(25)  #define PAGE_TO_B1_COMP 0x60                   //Flash 存储器页和缓存区 1 比较命令
(26)  #define PAGE_TO_B2_COMP 0x61                   //Flash 存储器页和缓存区 2 比较命令
(27)  #define PAGE_TO_B1_XFER 0x53                   //将 Flash 存储器页读入缓存区 1 命令
(28)  #define PAGE_TO_B2_XFER 0x55                   //将 Flash 存储器页读入缓存区 2 命令
(29)  #define PAGE_ERASE 0x81                        //Flash 存储器页擦除命令
(30)  #define BLOCK_ERASE 0x50                       //Flash 存储器块擦除命令
(31)
(32)  #ifdef USE_SPI_CMD                            //SPI 类型
(33)  #define STATUS_REGISTER 0xD7                   //读 Flash 状态寄存器命令
(34)  #define BUFFER_1_READ 0xD4                     //读取缓存区 1 命令
(35)  #define BUFFER_2_READ 0xD6                     //读取缓存区 2 命令
(36)  #define MAIN_MEMORY_PAGE_READ 0xD2             //Flash 存储器页直接读取命令
(37)  #define CONT_ARRAY_READ 0xE8                   //Flash 存储器连续读取命令
(38)  #else                                         //非 SPI 类型
(39)  #define STATUS_REGISTER 0x57                   //读 Flash 状态寄存器命令
(40)  #define BUFFER_1_READ 0x54                     //读取缓存区 1 命令
(41)  #define BUFFER_2_READ 0x56                     //读取缓存区 2 命令
(42)  #define MAIN_MEMORY_PAGE_READ 0x52             //Flash 存储器页直接读取命令
(43)  #define CONT_ARRAY_READ 0x68                   //Flash 存储器连续读取命令
(44)  #endif
(45)  //Flash 相关函数声明(省略)
(46)
(47)  #endif
```

Flash 存储器操作函数定义：

```
(48)  #include <c8051f020.h>
(49)  #include "ad45spi.h"
(50)  //进行 SPI 输出数据发送
(51)  void SendSPIByte(unsigned char ch)
(52)  {
(53)    SPIF = 0;
(54)    SPI0DAT = ch;
(55)    while (SPIF == 0);                           //等待写结束
(56)  }
(57)  //进行 SPI 输入数据读取
(58)  unsigned char GetSPIByte(void)
(59)  {
(60)    SPIF = 0;
(61)    SPI0DAT = 0;
(62)    while (SPIF == 0);
(63)    return SPI0DAT;                              //等待读结束
(64)  }
(65)  //设置块号,20～12 位,共 9 位
(66)  unsigned long SetBlockAddr(unsigned int nBlock)
(67)  {
(68)    unsigned long startAddr = nBlock;
```

```
(69)    startAddr <<= 12;
(70)    return startAddr;
(71)  }
(72)  //设置页号,20~9位,共12位
(73)  unsigned long SetPageAddr(unsigned int nPage)
(74)  {
(75)    unsigned long startAddr = nPage;
(76)    startAddr <<= 9;
(77)    return startAddr;
(78)  }
(79)  //设置字节偏移,8~0位,共9位
(80)  unsigned long SetByteOffset(unsigned int nOffset)
(81)  {
(82)    unsigned long startAddr = nOffset;
(83)    startAddr& = 0x1ff;
(84)    return startAddr;
(85)  }
(86)  //读取状态
(87)  unsigned char GetFlashStatus()
(88)  {
(89)      unsigned char idata ret;
(90)      DF_CHIP_SELECT;
(91)      SendSPIByte(STATUS_REGISTER);
(92)      ret = GetSPIByte();
(93)      DF_CHIP_NOSELECT;
(94)      return ret;
(95)  }
(96)  //带地址信息的读操作
(97)   void FlashCoreRead(unsigned char nCMD, unsigned long startAddr, unsigned int nStub,
    unsigned int len,unsigned char * buffer)
(98)  {
(99)    unsigned int i;
(100)   DF_RDY_BUSY;                                          //测芯片就绪
(101)   DF_CHIP_SELECT;                                       //芯片使能
(102)   SendSPIByte(nCMD);                                    //发送命令
(103)   SendSPIByte((unsigned char)(startAddr >> 16));        //发送3字节地址
(104)   SendSPIByte((unsigned char)(startAddr >> 8));
(105)   SendSPIByte((unsigned char)(startAddr));
(106)   for(i = 0;i < nStub;i++)                              //发送额外的字节
(107)   {
(108)     SendSPIByte(0);                                     //任意值,为简单起见,使用0
(109)   }
(110)   for (i = 0;i < len;i++)                               //读取数据
(111)   {
(112)     buffer[i] = GetSPIByte();
(113)   }
(114)   DF_CHIP_NOSELECT;
(115) }
(116) //带地址信息的写操作
(117) void FlashCoreWrite(unsigned char nCMD, unsigned long startAddr, unsigned int len,
     unsigned char * buffer)
```

```
(118) {
(119)   unsigned int i;
(120)   DF_RDY_BUSY;
(121)   DF_CHIP_SELECT;
(122)   SendSPIByte(nCMD);
(123)   SendSPIByte((unsigned char)(startAddr >> 16));
(124)   SendSPIByte((unsigned char)(startAddr >> 8));
(125)   SendSPIByte((unsigned char)(startAddr));
(126)   for (i = 0;i < len;i++)
(127)   {
(128)     SendSPIByte(buffer[i]);
(129)   }
(130)   DF_CHIP_NOSELECT;
(131) }
(132)
(133) //直接连续数据读取
(134) void FlashContinuousArrayRead(unsigned int nPage,unsigned int nByteOffset,unsigned int
      len,unsigned char * buffer)
(135) {
(136)   unsigned long startAddr;
(137)   startAddr = SetPageAddr(nPage);
(138)   startAddr| = SetByteOffset(nByteOffset);
(139)   FlashCoreRead(CONT_ARRAY_READ,startAddr,4,len,buffer);
(140) }
(141) //直接按页数据读取
(142) void FlashMainMemoryPageRead(unsigned int nPage, unsigned int nByteOffset, unsigned int
      len, unsigned char * buffer)
(143) {
(144)   unsigned long startAddr;
(145)   startAddr = SetPageAddr(nPage);
(146)   startAddr| = SetByteOffset(nByteOffset);
(147)   FlashCoreRead(MAIN_MEMORY_PAGE_READ,startAddr,4,len,buffer);
(148) }
(149) //缓冲区数据读取,缓冲区大小为 264B
(150) void FlashBufferRead (unsigned char nBuf, unsigned int nByteOffset, unsigned int len,
      unsigned char * buffer)
(151) {
(152)   unsigned long startAddr;
(153)   startAddr = SetByteOffset(nByteOffset);
(154)   if(nBuf == BUFFER_1)
(155)     FlashCoreRead(BUFFER_1_READ,startAddr,1,len,buffer);
(156)   else
(157)     FlashCoreRead(BUFFER_2_READ,startAddr,1,len,buffer);
(158)
(159) }
(160)
(161) //缓冲区数据写入,缓冲区大小为 264B
(162) void FlashBufferWrite (unsigned char nBuf, unsigned int nByteOffset, unsigned int len,
      unsigned char * buffer)
(163) {
(164)   unsigned long startAddr;
```

```
(165)    startAddr = SetByteOffset(nByteOffset);
(166)    if(nBuf == BUFFER_1)
(167)      FlashCoreWrite(BUFFER_1_WRITE,startAddr,len,buffer);
(168)    else
(169)      FlashCoreWrite(BUFFER_2_WRITE,startAddr,len,buffer);
(170)
(171) }
(172) //将缓存数据写入 Flash 存储器页(先擦除)
(173) void FlashBufferProgAutoErase(unsigned char nBuf,unsigned int nPage)
(174) {
(175)    unsigned long startAddr;
(176)    startAddr = SetPageAddr(nPage);
(177)    if(nBuf == BUFFER_1)
(178)      FlashCoreWrite(B1_TO_PAGE_WITH_ERASE,startAddr,0,0);
(179)    else
(180)      FlashCoreWrite(B2_TO_PAGE_WITH_ERASE,startAddr,0,0);
(181)
(182) }
(183) //将缓存数据写入 Flash 存储器页(不擦除)
(184) void FlashBufferProgNoErase(unsigned char nBuf,unsigned int nPage)
(185) {
(186)    unsigned long startAddr;
(187)    startAddr = SetPageAddr(nPage);
(188)    if(nBuf == BUFFER_1)
(189)      FlashCoreWrite(B1_TO_PAGE_WITHOUT_ERASE,startAddr,0,0);
(190)    else
(191)      FlashCoreWrite(B2_TO_PAGE_WITHOUT_ERASE,startAddr,0,0);
(192)
(193) }
(194) //通过缓存区写入 Flash 存储器页,等效于写缓存 + 缓存写主存
(195) void FlashProgViaBuffer ( unsigned char nBuf, unsigned int nPage, unsigned int nByte,
    unsigned int len,unsigned char * buffer)
(196) {
(197)    unsigned long startAddr;
(198)    startAddr = SetPageAddr(nPage);
(199)    startAddr| = SetByteOffset(nByte);
(200)    if(nBuf == BUFFER_1)
(201)      FlashCoreWrite(PAGE_PROG_THROUGH_B1,startAddr,len,buffer);
(202)    else
(203)      FlashCoreWrite(PAGE_PROG_THROUGH_B2,startAddr,len,buffer);
(204)
(205) }
(206) //Flash 存储器页读出到缓存区后,回写到 Flash 存储器页
(207) void FlashAutoProgViaBuffer(unsigned char nBuf,unsigned int nPage)
(208) {
(209)    unsigned long startAddr;
(210)    startAddr = SetPageAddr(nPage);
(211)    if(nBuf == BUFFER_1)
(212)      FlashCoreWrite(AUTO_PAGE_REWRITE_THROUGH_B1,startAddr,0,0);
(213)    else
(214)      FlashCoreWrite(AUTO_PAGE_REWRITE_THROUGH_B2,startAddr,0,0);
```

```
(215)
(216) }
(217) //读 Flash 存储器页至缓存
(218) void FlashPageToBuffer(unsigned char nBuf,unsigned int nPage)
(219) {
(220)    unsigned long startAddr;
(221)    startAddr = SetPageAddr(nPage);
(222)    if(nBuf == BUFFER_1)
(223)      FlashCoreRead(AUTO_PAGE_REWRITE_THROUGH_B1,startAddr,0,0,0);
(224)    else
(225)      FlashCoreRead(AUTO_PAGE_REWRITE_THROUGH_B2,startAddr,0,0,0);
(226)
(227) }
(228) //擦除 Flash 存储器指定页的内容
(229) void FlashErasePage(unsigned int nPage)
(230) {
(231)    unsigned long startAddr;
(232)    startAddr = SetPageAddr(nPage);
(233)    FlashCoreWrite(PAGE_ERASE,startAddr,0,0);
(234)
(235) }
(236) //擦除 Flash 存储器指定块的内容(8 页)
(237) void FlashEraseBlock(unsigned int nBlock)
(238) {
(239)    unsigned long startAddr;
(240)    startAddr = SetBlockAddr(nBlock);
(241)    FlashCoreWrite(BLOCK_ERASE,startAddr,0,0);
(242)
(243) }
(244) //Flash 存储器页和缓存区比较
(245) unsigned char FlashPageCompareBuffer(unsigned char nBuf,unsigned int nPage)
(246) {
(247)    unsigned long startAddr;
(248)    unsigned char nval;
(249)    startAddr = SetPageAddr(nPage);
(250)    if(nBuf == BUFFER_1)
(251)      FlashCoreRead(PAGE_TO_B1_COMP,startAddr,0,0,0);
(252)    else
(253)      FlashCoreRead(PAGE_TO_B2_COMP,startAddr,0,0,0);
(254)    nval = GetFlashStatus();
(255)    return (nval&0x40);
(256) }
```

主程序功能：

```
(1)   #include <c8051f020.h>
(2)   #include <stdio.h>
(3)   #include <intrins.h>
(4)   #include "ad45spi.h"
(5)   void Init_Device(void);
(6)   //数组赋值
(7)   void FillPageData(unsigned char * nBuf,unsigned char nVal,char bInc)
```

```
(8)  {
(9)    int j;
(10)   for(j = 0;j < 264;j++){
(11)       nBuf[j] = nVal;
(12)     nVal += bInc;
(13)   }
(14) }
(15) //串口字符串输出
(16) void OutputStr(char * str)
(17) {
(18)   int i = 0;
(19)   while(str[i]!= '\0'){
(20)     TI0 = 0;
(21)     SBUF0 = str[i++];
(22)     while(TI0 == 0);
(23)   }
(24) }
(25) //显示数组内容
(26) void ShowBuffer(unsigned char * nBuf,unsigned int len)
(27) {
(28)   char nshow = 8;
(29)   int i;
(30)   char xdata szTmp[50];
(31)   int iIndex = 0;
(32)   if(len<(2 * 8))
(33)   {  //小于 16B,全部显示
(34)     for(i = 0;i < len;i++)
(35)     {
(36)       iIndex += sprintf(szTmp + iIndex," % 02x ",(int)nBuf[i]);
(37)     }
(38)   }
(39)   else
(40)   {  //显示前 8B 和后 8B
(41)     for(i = 0;i < nshow;i++)
(42)     {
(43)       iIndex += sprintf(szTmp + iIndex," % 02x ",(int)nBuf[i]);
(44)     }
(45)     iIndex += sprintf(szTmp + iIndex," … ");
(46)     for(i = 0;i < nshow;i++)
(47)     {
(48)       iIndex += sprintf(szTmp + iIndex," % 02x ",(int)nBuf[i + len - nshow]);
(49)     }
(50)   }
(51)   iIndex += sprintf(szTmp + iIndex,"\r\n");
(52)   OutputStr(szTmp);
(53) }
(54) void main(void)
(55) {
(56)   unsigned char nval;
(57)   unsigned int nOffset = 0;
(58)   unsigned char xdata MyBuff[270];
(59)   WDTCN = 0xde;                                     //禁止看门狗定时器
(60)   WDTCN = 0xad;
(61)   DF_NOPROTECT;
```

```
(62)   DF_RESET;
(63)   Init_Device();
(64)   SPI0CFG |= 0x07;
(65)
(66)   nval = GetFlashStatus();
(67)   FillPageData(MyBuff,0x1A,1);
(68)   FlashBufferWrite(BUFFER_1,nOffset,264,MyBuff);  //写数据至数据缓存区 1
(69)   FillPageData(MyBuff,0x2F,1);
(70)   FlashBufferWrite(BUFFER_2,nOffset,264,MyBuff);  //写数据至数据缓存区 2
(71)   FlashBufferProgAutoErase(BUFFER_1,0);
(72)
(73)   if(FlashPageCompareBuffer(BUFFER_1,0) == 0)
(74)     OutputStr("BUFFER_1 to PAGE0 SAME\r\n");
(75)   else
(76)     OutputStr("BUFFER_1 to PAGE0 DIFF\r\n");
(77)
(78)   if(FlashPageCompareBuffer(BUFFER_2,0) == 0)
(79)     OutputStr("BUFFER_2 to PAGE0 SAME\r\n");
(80)   else
(81)     OutputStr("BUFFER_2 to PAGE0 DIFF\r\n");
(82)
(83)   FlashMainMemoryPageRead(0,0,264,MyBuff);
(84)   ShowBuffer(MyBuff,264);
(85)
(86)   while(1);
(87) }
```

# 6.3 液晶显示器接口

单片机和外设相连时，可以采用专用接口，如 $I^2C$、SMBus，也可以直接使用通用端口仿真来实现。实现时，使用通用 I/O 引脚与外设的控制引脚相连接，通过延时实现相关时序。下面以金鹏电子有限公司的 OCMJ2X4C 液晶屏模块进行说明，其引脚说明见表 6-10。

表 6-10　OCMJ2X4C 引脚说明

| 引脚 | 名称 | 方向 | 说　明 | 引脚 | 名称 | 方向 | 说　明 |
|---|---|---|---|---|---|---|---|
| 1 | VSS | — | 电源地(0V) | 11 | DB4 | I/O | 数据 4 |
| 2 | VDD | — | 电源(+5V) | 12 | DB5 | I/O | 数据 5 |
| 3 | VO | — | LCD 供电(悬空) | 13 | DB6 | I/O | 数据 6 |
| 4 | RS(CS) | I | H：数据，L：指令(串行模式的芯片使能) | 14 | DB7 | I/O | 数据 7 |
| 5 | R/W(STD) | I | H：读，L：写(串行模式的数据信号) | 15 | PSB | I | H：并行模式；L：串行模式 |
| 6 | E(SCLK) | I | 并行使能信号，高电平有效(串行模式的时钟信号) | 16 | NC | — | 空脚 |
| 7 | DB0 | I/O | 数据 0 | 17 | $\overline{RST}$ | I | 复位信号，低电平有效 |
| 8 | DB1 | I/O | 数据 1 | 18 | NC | — | 空脚 |
| 9 | DB2 | I/O | 数据 2 | 19 | LEDA | — | 背光源正极(+5V) |
| 10 | DB3 | I/O | 数据 3 | 20 | LEDK | — | 背光源负极(OV) |

该液晶屏的指令分为基本指令集和扩展指令集。指令集的切换由基本指令集中的功能设定指令来实现。

液晶屏分为上下两个显示层：上层为图形显示层(GDRAM,图形数据RAM),可以显示128×64点阵的图像；下层为字符显示层(DDRAM,显示数据RAM),可以用来显示字符点阵。根据字符编码的不同可以显示如下3种字符：

- 当编码为0000H、0002H、0004H、0006H时,显示预先存储在CGRAM中的自定义字符点阵。
- 当编码为02H～7FH时,显示8×16的ASCII码英文字符点阵,其点阵信息存放在HCGROM中。
- 当编码为A140H～D75FH (BIG5)或A1A0H～F7FFH (GB)时,显示16×16的汉字字符点阵,其点阵信息存放在CGROM中。

**注意**：在中、英文混合显示时,汉字必须显示在偶数(0、2、4、6)位,否则会出现乱码。

字符显示时,第一行的地址为80H～87H,第二行的地址为90H～97H,第三行的地址为88H～8FH,第四行的地址为98H～9FH,地址不连续(可能是硬件设计问题)。

图形显示时,地址用行号、列号表示,128×64个点分为上下两屏,行号均由0～31表示。每个列号对应8列液晶显示单元(由字节的8个二进制位分别控制1列液晶显示单元),上半屏的列号为0～7,下半屏对应列号为8～15。

该模块接口可以使用4位模式或8位模式。

该模块可以工作在并行方式或串行方式：并行方式显示速度较快,但所需接口引脚较多；串行方式显示速度较慢,所需引脚较少。

**1. 并行方式**

当PSB引脚接高电位时,模块将进入并行模式,在并行模式下可由RS、RW、E、DB 0～7来实现传输动作。注意,随机读取数据时,设置数据操作的地址后,需先虚拟读(DUMMY READ)一次,然后再次进行读取操作,才会读取到正确数据。顺序读取时,直接进行读取操作,无须每次设置数据操作地址,也不需要DUMMY READ。并行模式的时序图如图6-29所示。

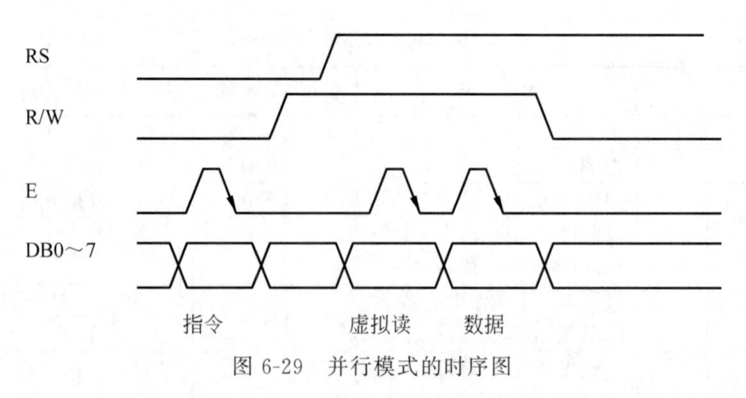


图6-29 并行模式的时序图

**2. 串行方式**

当PSB引脚接低电位时,模块将进入串行模式。串行传输时,首先传输起始字节,该字节由同步位字符串(5个连续的1)、读/写操作位(R/W)、指令/数据位(RS)及1位二进制0

构成；然后将要传送的 8 位的指令/数据字节分为两字节传送：第一字节由指令/数据字节的高 4 位加 4 个 0 构成,第二字节由指令/数据字节的低 4 位加 4 个 0 构成。

串行模式的时序图如图 6-30 所示。

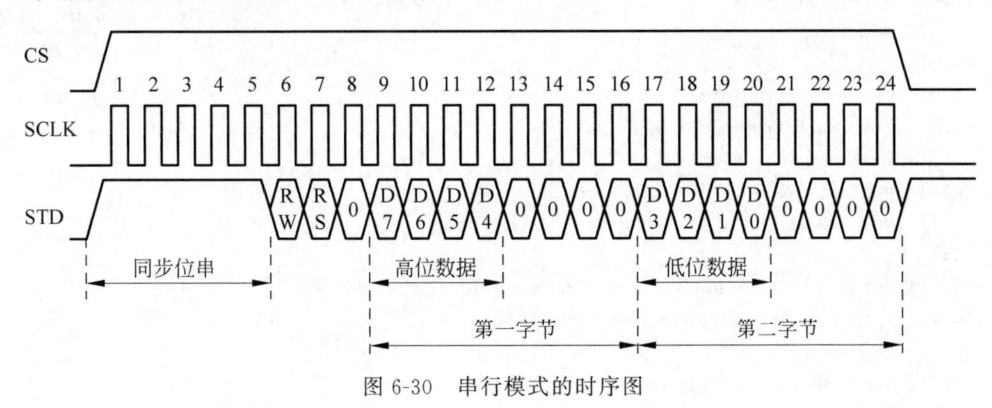


图 6-30　串行模式的时序图

## 6.3.1　并行连接方式

并行连接方式 MCU 引脚定义：

```
sbit rs = P1^6;         //命令与数据区分信号. 0,命令; 1,数据
sbit rw = P1^4;         //读操作与写操作区分信号. 0,写操作; 1,读操作
sbit e = P1^5;          //使能信号.0,无效; 1,有效
```

MCU 与 LCD 并行连接电路图如图 6-31 所示。

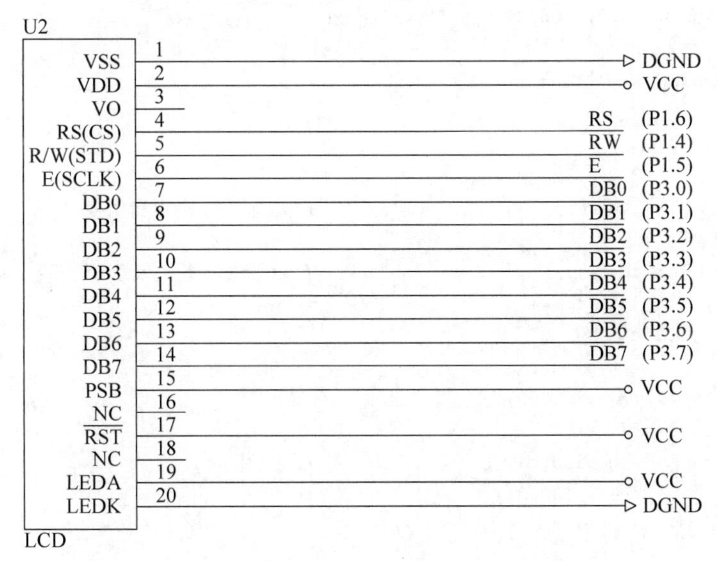


图 6-31　MCU 与 LCD 并行连接电路图

**注意：**

(1) PSB 信号接到 VCC(电源,高电平),表示使用并行模式。

(2) 电路中将 P3 端口与 LCD 的 DB7～0 相连。

```
(001)  #include "sfrpin.h"
(002)  #include <intrins.h>
(003)
(004)  #define comm 0                                          //发送指令
(005)  #define dat 1                                           //发送数据
(006)
(007)  char sys_init(void);
(008)  void pin_init(void);
(009)  void lcd_init(void);
(010)  void delay(void);
(011)  void delay1(unsigned int ms);
(012)
(013)  void wr_lcd(unsigned char dat_comm,unsigned char content);
(014)  void chn_disp(unsigned char code * chn);
(015)  void clrram(void);
(016)  void img_disp(unsigned char code * img);
(017)  //8×4汉字数组
(018)  unsigned char code tab1[] = {
(019)  "第一行汉字显示行"
(020)  "第三行汉字显示行"
(021)  "第二行汉字显示行"
(022)  "第四行汉字显示行"
(023)  };
(024)  //128×32点阵图片
(025)  unsigned char code tab5[] = {
(026)  0x00,0x1F,0xFF,0xFF,0xFF,0x80,0x00,0x00
(027)  //…省略
(028)  0x00,0x00,0x00,0x00,0x00,0xFE,0x7F,0xF0
(029)  };
(030)  int main(void)
(031)  {
(032)    char ret;
(033)
(034)    ret = sys_init();                                     //外部晶振使能和切换
(035)    if(!ret) {
(036)        pin_init();                                       //设置交叉开关及引脚初始化
(037)        lcd_init();
(038)        while (1) {
(039)            chn_disp(tab1);                               //显示汉字
(040)            delay1(8000);
(041)            clrram();
(042)            img_disp(tab5);                               //显示图片
(043)            delay1(8000);
(044)        }
(045)    }
(046)    return 0;
(047)  }
(048)
(049)
(050)
(051)
```

```
(052)  void lcd_init(void)
(053)  {
(054)
(055)    wr_lcd(comm,0x30);                  //功能设定命令,8位、基本指令模式
(056)    wr_lcd(comm,0x01);                  //清除显示命令,DDRAM数据区全部显示空格
(057)    delay();
(058)    wr_lcd(comm,0x06);                  //点设定命令,光标右移,AC自动加1
(059)    wr_lcd(comm,0x0c);                  //显示状态命令,开显示,光标关
(060)  }
(061)  /* -------------- 清 DDRAM ------------------ */
(062)  void clrram(void)
(063)  {
(064)
(065)    wr_lcd(comm,0x30);                  //功能设定命令,8位、基本指令模式
(066)    wr_lcd(comm,0x01);                  //清除显示命令,DDRAM数据区全部显示空格
(067)    delay();
(068)  }
(069)  void lcd_write(unsigned char dat_comm,unsigned char content)
(070)  {
(071)
(072)    chk_busy();                         //检测上次的液晶操作是否完成
(073)    if(dat_comm){                       //写命令
(074)        rs = 1;                         //data
(075)        rw = 0;                         //write
(076)    }
(077)    else {                              //写数据
(078)        rs = 0;                         //command
(079)        rw = 0;                         //write
(080)    }
(081)    sdelay();
(082)    P3 = content;                       //output data or comm
(083)    delay();
(084)    e = 1;                              //LCD使能
(085)    delay();
(086)    e = 0;
(087)    delay();
(088)  }
(089)
(090)  void chk_busy(void)
(091)  {
(092)
(093)    P3 = 0xff;
(094)    rs = 0;
(095)    rw = 1;
(096)    e  = 1;
(097)    _nop_();
(098)    while(P3&0x80);
(099)    e  = 0;
(100)  }
(101)  void delay1(unsigned int ms)
(102)  {
```

```
(103)     unsigned int i,j;
(104)     for(i = 0;i < ms;i++)
(105)         for(j = 0;j < 200;j++)
(106)             delay();
(107) }
(108)
(109) void delay(void)
(110) {
(111)     unsigned char i;
(112)     for(i = 0;i < 100;i++){
(113)         _nop_();
(114)
(115)     };
(116) }
(117)
(118) void chn_disp(unsigned char code * chn)
(119) {
(120)     unsigned char i,j;
(121)
(122)     wr_lcd(comm,0x30);                    //功能设定命令,8 位、基本指令模式
(123)     wr_lcd(comm,0x80);                    //设置 DDRAM 地址为 80H
(124)     for (j = 0;j < 4;j++){
(125)         for (i = 0;i < 16;i++)
(126)             wr_lcd(dat,chn[j * 16 + i]);
(127)     }
(128) }
(129) //整屏图像显示
(130) void img_disp(unsigned char code * img)
(131) {
(132)     unsigned char i,j;
(133)     //上半屏,显示数据
(134)     for(j = 0;j < 32;j++){
(135)         for(i = 0;i < 8;i++){
(136)             wr_lcd(comm,0x34);            //功能设定命令,8 位、扩展指令模式
(137)             wr_lcd(comm,0x80 + j);        //设置 GDRAM 行号
(138)             wr_lcd(comm,0x80 + i);        //设置 GDRAM 列号
(139)             wr_lcd(comm,0x30);            //功能设定命令,8 位、基本指令模式
(140)             wr_lcd(dat,img[j * 16 + i * 2]);
(141)             wr_lcd(dat,img[j * 16 + i * 2 + 1]);
(142)         }
(143)     }
(144)     //下半屏,显示数据
(145)     for(j = 32;j < 64;j++){
(146)         for(i = 0;i < 8;i++){
(147)             wr_lcd(comm,0x34);            //功能设定命令,8 位、扩展指令模式
(148)             wr_lcd(comm,0x80 + j - 32);   //行号重新从 0 开始递增
(149)             wr_lcd(comm,0x88 + i);        //设置 GDRAM 列号,从 8 开始递增
(150)             wr_lcd(comm,0x30);            //功能设定命令,8 位、基本指令模式
(151)             wr_lcd(dat,img[j * 16 + i * 2]);
(152)             wr_lcd(dat,img[j * 16 + i * 2 + 1]);
(153)         }
```

```
(154)     }
(155)     wr_lcd(comm,0x36);                       //扩充功能设定命令,显示图形
(156)  }
```

说明：

(001～002) 头文件引入。

(004～005) 为区分指令和数据,定义的字符常量。

(007～016) 函数声明。

(017～023) 整屏显示的汉字数组。注意,其在屏幕上显示的次序是：第一个字串显示在第一行,第二个字串显示在第三行,第三个字串显示在第二行,第四个字串显示在第四行。

(024～029) 128×32 位点阵图片,一行中连续的 8 个点用 1 字节表示,因而一行需要 16 字节,整屏数据需要 16×32 字节。

(030～040) 主函数,实现系统初始化及循环汉字和图像满屏显示。其中,sys_init()函数实现外部晶振切换,pin_init()函数实现交叉开关初始化和引脚配置,其内容和 SMBus、SPI 章节示例中端口初始化的代码类似。这里省略函数定义代码。

(052～060) LCD 初始化,关闭 GDRAM 图像显示,用空格字符(20H)增充 DDRAM,并开启 DDRAM 显示。

(069～088) 并行方式,液晶屏指令和数据写入。

(090～100) 液晶屏忙标志检测,当 P3 读入的 DB7 为 0 时,表示前次操作已经完成,进入空闲状态。

(101～107) 长延时,用于汉字显示与图像显示的切换。

(109～116) 短延时,用于实现 LCD 操作时序。

(118～127) 满屏汉字显示函数。112 和 113 的命令将 DDRAM 的 AC 初始值设置为 80H,即第一行的第一列。并且 AC 设置为自动增加,因此每显示一个汉字,AC 自动增加 1,即指向下一列。注意,由于该款 LCD DDRAM 地址编码的特殊性,80H～87H 对应第一行的 8 个汉字,88H～8FH 对应第三行的 8 个汉字,因此第 18 行汉字数组定义时,需更改第二行和第三行汉字的次序。

(130～156) 满屏图像显示函数。147 行的语句将指令模式更改为扩展指令模式,在扩展模式下,0X80(DB7 为 1)表示设置 GDRAM 地址,DB6～DB0 表示行号或列号。设置 GDRAM 地址时需连续设置两次,第一次为行号(0～310),第二次为列号(0～15)。115 行为扩展指令模式下的功能设置命令,这时 DB1 为 1 表示开启 GDRAM 显示。

## 6.3.2 串行连接方式

串行连接方式 MCU 引脚定义：

```
sbit cs = P1^6;        //LCD 使能控制：0,使能；1,禁用
sbit std = P1^4;       //LCD 串行数据输入
sbit sclk = P1^5;      //LCD 串行时钟输入
```

MCU 与 LCD 串行连接电路图如图 6-32 所示。

**注意**：PSB 引脚接 DGND(地,低电平),表示使用串行模式。

串行连接方式的代码与并行连接方式的代码基本相同,只需对 wr_lcd()函数进行更改。

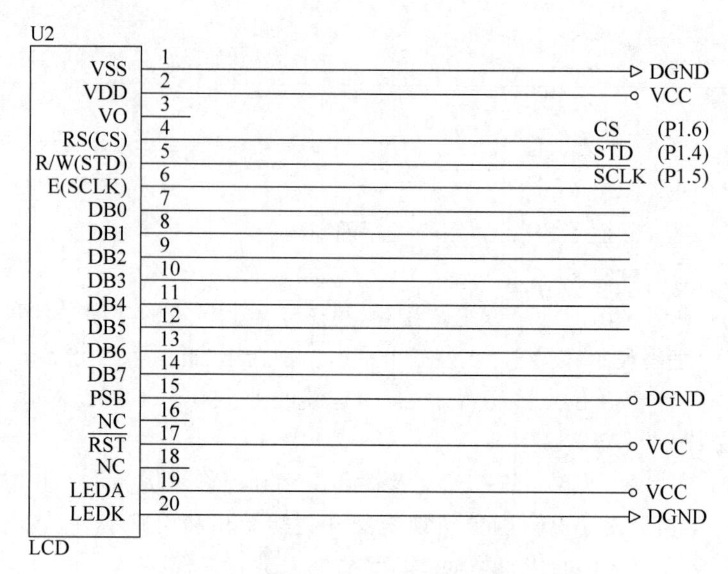


图 6-32　MCU 与 LCD 串行连接电路图

```
(01)  void wr_lcd(unsigned char dat_comm,unsigned char content)
(02)  {
(03)    unsigned char a,i,j;
(04)
(05)    delay();
(06)    a = content;
(07)    cs = 1;
(08)    delay();
(09)    //发送 5 个"1"的同步位
(10)    sclk = 0;
(11)    std = 1;
(12)    for(i = 0;i < 5;i++){
(13)        delay();
(14)        sclk = 1;
(15)        delay();
(16)        sclk = 0;
(17)    }
(18)    //rw 标志,std = 0,表示写
(19)    std = 0;
(20)    delay();
(21)    sclk = 1;
(22)    delay();
(23)    sclk = 0;
(24)    //rs 标志,数据/命令
(25)    if(dat_comm)
(26)        std = 1;                        //data
(27)    else
(28)        std = 0;                        //command
(29)    delay();
(30)    sclk = 1;
(31)    delay();
```

```
(32)    sclk = 0;
(33)
(34)    //第 8 位,恒为 0
(35)    std = 0;
(36)    delay();
(37)    sclk = 1;
(38)    delay();
(39)    sclk = 0;
(40)
(41)    //数据/指令字节分为两字节发送
(42)    for(j = 0;j < 2;j++){
(43)        for(i = 0;i < 4;i++){                //发送 4 位数据
(44)
(45)            if(a&0x80)
(46)                std = 1;
(47)            else
(48)                std = 0;
(49)            a = a << 1;
(50)            delay();
(51)            sclk = 1;
(52)            delay();
(53)            sclk = 0;
(54)        }
(55)        std = 0;
(56)        for(i = 0;i < 4;i++) {               //发送 4 个"0"
(57)            //write 0.
(58)            delay();
(59)            sclk = 1;
(60)            delay();
(61)            sclk = 0;
(62)        }
(63)    }
(64)    delay();
(65) }
```

说明：每个命令或数据字节发送时，均需发送 3 字节来完成。

- 第一字节由 5 个同步位(1)、1 个读写标志位 RW、1 个命令数据标志位 RS、1 个恒为 0 的位构成。
- 第二字节由命令或数据字节的高 4 位和 4 个 0 构成。
- 第三字节由命令或数据字节的低 4 位和 4 个 0 构成。

## 6.4 GPRS 与 SMS 的应用

在嵌入式系统中，有时需进行远程数据通信，越来越多的嵌入式系统采用手机模块实现远程无线通信。手机模块和 MCU 之间一般通过串口发送 AT 命令来实现控制和通信操作。

下面的例子通过使用 SIMCOM 的 SIM300 实现 GPRS 连接、SMS 通信。由于通信时需要发送多条 AT 命令,每个 AT 命令均需进行延时处理、应答处理、错误处理等,因此代码相当长,为此仅介绍编程的思路与方法。

### 6.4.1 设计思路

设计思路如下:

- 编程时使用了状态机进行 AT 命令的发送与应答接收处理。由于状态机较多,因此将状态机标识分为主状态和次状态。
- 使用的单片机 C8051F020 有两个串口,系统设计时,COM1 用来实现与 PC 的 RS-232 或 485 通信,COM2 用来和手机模块进行通信。
- 由于 MCU 和手机模块的通信相对复杂,如果仅使用通常的加断点或变量值查看的方法来调试,则相当不方便。因此在代码中增加条件编译控制,在调试状态下,利用串口 1,显示 MCU 的所处状态机的值,以及 MCU 发送的 AT 命令及收到的手机模块应答信息。退出调试状态后,串口 1 仍能够进行正常的 RS-232 或 485 通信。
- 为保证手机应答命令的正确接收,使用循环队列来存放收取的信息,信息处理时将循环队列中的数据复制到处理缓冲区进行处理。
- 串口通过超时来进行接收数据完成判断,超时细分为初始字节接收超时和字节间超时。例如,初始字节接收超时设置为 30s,字节间超时设置为 1s,表示最长等待 30s,在 30s 内未收到任何数据表示超时。若收到数据,则超过 1s 未收到字节表示接收完成,通知状态机进行应答判断。
- 有时手机模块的应答分为多个部分,每个部分之间有较长延时,此时可以增加状态机的状态,依次对和部分应答进行判断处理。
- 不同 AT 命令获得应答所需的时间并不完全相同,因此发送不同的 AT 命令前应先设置初始字节接收超时和字节间超时。
- 手机模块的应答可设置为 ASCII 字符串或数字方式。数字方式处理较为方便,但是由于该模块提供的状态代码不完整,有时无法了解出错的原因。为此实际处理时采用 ASCII 字符串应答方式,处理时采用字符串比较方式,该方式处理较烦琐,处理代码较多,处理速度较慢。
- 手机模块连续工作可能会出现死机或无法激活的情况,此时可对模块进行断电操作,并重新通电,确保其正常工作。可将程序设计为收到电话后重新通电,或者定时断电。
- 由于通信过程中会使用不同的通信方式,因此在串口中断函数中时进行了相应的处理。

(1) 直接发送,使用 AT 命令对手机模块进行相关控制时使用,数据不做处理。

(2) 分段发送,通过 GPRS 或 SMS 远程发送数据时,需先发送 AT 命令等待应答后发送实际数据。

(3) UDP 发送,通过 SMS UDP 模式发送数据时,需将 1 字节数据分解为 2 字节。为节约内存,分解操作在发送中断处理函数中完成。

主要处理函数说明:

(1) GPRS_PartModuleInit()——在模块出现故障无法恢复正常工作时,通过对给手机模块提供 4.2V 电源的 MIC29302 芯片的 EN 引脚(1 脚)加低电平,使之停止电源来实现。

断电 10s 后，重新使模块上电；然后进入 GPRS_PartModuleActive()函数，模块重新激活。

(2) GPRS_PartModuleActive()——300 模块使用前需将 PWRKEY 信号由高电平拉到低电平，持续超过 1.5s 然后复位到高电平，以激活模块。

(3) GPRS_PartModuleInit()——利用 AT 命令对手机模块进行初始化设置。依次发送以下命令：

- ATZ\r——使用预置参数初始化。
- ATE0\r——禁止回显，以便于应答数据接收。
- ATV1\r——使用冗余应答模式，可利用"\r\n"分隔应答，便于应答检测。
- 短消息模式选择——文本方式，发送"AT+CMGF=1\r"；PDU 方式，发送"AT+CMGF=0\r"。
- AT+CIPHEAD=1\r——在 GPRS 通信模式下，使用 IP 头部，便于数据分离。

若所有命令均应答 OK，则调用 GPRS_PartCMSRead()函数。

(4) GPRS_PartCMSRead()——在初始化完成后，或收到短消息后进入。依次发送以下命令：

- 列出所有 SMS——文本方式，AT+CMGL=\"ALL\"\r；PDU 方式，AT+CMGL=4\r。
- 读取指定的 SMS——AT+CMGR=序号\r。
- 删除指定的 SMS——AT+CMGD=序号\r。

若所有命令均应答 OK，则调用 GPRS_PartCommLink()函数。

(5) GPRS_PartCommLink()——根据连接方式的不同，分别实现发送数据生成和接收数据处理。在 GPRS 通信模式下，还要建立 GPRS 连接。

- 选择 IP 方式/DNS 方式建立连接——IP 地址方式，AT+CDNSORIP=1\r；域名方式 AT+CDNSORIP=0\r。
- AT+CIPSHUT\r——关断前面未成功的连接。
- AT+CIPSTART=\"TCP\",\"IP 地址"\",\"端口号\"\r——以 TCP 方式建立连接。

(6) GPRS_PartSMSOper()——实现短消息发送。

- 发送文本模式数据，首先发送"AT+CMGS=\"手机号码\"\r"，收到应答">"后，发送数据，最后发送 Ctrl+Z，即"\032"标识数据包结束。
- 发送 PDU 模式数据，首先发送"AT+CMGS=长度\r"，收到应答">"后，发送 PDU 数据，最后发送 Ctrl+Z，即"\032"标识数据包结束。

(7) GPRS_PartDataOper()——实现 GPRS 模式下数据发送：

- 发送定长数据，首先发送"AT+CIPSEND=长度值\r"，收到应答">"后，发送指定长度数据。
- 发送不定长数据，首先发送"AT+CIPSEND\r"，收到应答">"后，发送数据，最后发送 Ctrl+Z，即"\032"标识数据包结束。

### 6.4.2 核心代码

```
(001)  #define OPER_MINI_DELAY 0X80                    //允许在收到数据时提前退出延时
(002)  enum
```

```
(003)  {
(004)     SEND_NOT_FINISH = 0,                              //发送未完成
(005)     RECV_NOT_FINISH,                                  //接收开始但未完成
(006)     RECV_WAITTING,                                    //等待未收到数据
(007)     RECV_OVERTIME = OPER_MINI_DELAY,                  //读取超时
(008)     RECV_FINISHED,
(009)     COMM_OPER_MAX
(010)  };
(011)  #ifdef WATCHDOGON
(012)  #define MARCO_RESET_WDT() do{ WDTCN = 0XA5; }while(0)
(013)  #else
(014)  #define MARCO_RESET_WDT()
(015)  #endif
(016)
(017)  void GPRS_Init(void)
(018)  {
(019)     char i;
(020)     MARCO_RESET_WDT();
(021)
(022)  #ifdef GPRS_DEBUG
(023)     Debug_GPRS_Str("\r\n\r\nI1:GPRS Init\r\n");
(024)     Debug_GPRS_Time();
(025)  #endif
(026)     g_nGPRSActiveCount = 0;
(027)
(028)     Comm2_Init();
(029)     g_Comm2.m_RecvInterval = TIME_COMM2_INTERVAL;
(030)     g_Comm2.m_unSetTimerResend = TIME_COMM2_RESEND;
(031)     g_Comm2.m_unCommResendEnable = FALSE;              //初始化时不重试
(032)     g_nGPRSSendType = GPRS_SENDTYPE_SIMPLE;            //简单发送
(033)     g_nGPRSIPSendTryTimes = 0;
(034)     g_nGPRSLinkTryTimes = 0;
(035)
(036)     g_nGPRSPartStatus = GPRS_PART_MODULE_ACTIVE;
(037)     g_ulGPRSWaitTimes = 0;
(038)  }
(039)
(040)  void GPRS_Run()
(041)  {
(042)     MARCO_RESET_WDT();
(043)     g_nCurCommOper = GPRS_GetCurCommOper();            //获取当前状态
(044)     if(!(g_nCurCommOper&OPER_MINI_DELAY)){             //延时未完成,等待
(045)         return;
(046)     }
(047)     if(g_nCurCommOper == RECV_FINISHED){               //接收完成
(048)         GetComm2RecvData();                            //将循环队列中的数据复制到缓冲区
(049)  #ifdef GPRS_DEBUG
(050)         Debug_GPRSAnswer();                            //串口 1 显示接收信息
(051)  #endif
(052)     }
(053)
```

```
(054)     if(g_nCurCommOper == RECV_FINISHED){
(055)             //特殊字串处理
(056)         if(strstr(g_unComm2RecvBuffer,g_szClosed)){
(057)             //连接关断
(058)             g_ulGPRSWaitTimes = 0;
(059)             g_nGPRSPartStatus = GPRS_PART_MODULE_INIT;
(060)             g_nGPRSOperStatus = GPRS_MI_ATZ1_CMD_SEND;
(061)         }
(062)         //…省略
(063)     }
(064)     TR0 = 0;
(065)     g_ulLongTimer = 0;
(066)     g_ulGPRSWaitTimes = TIME_GPRS_ANSWER_WAIT;
(067)     TR0 = 1;
(068)     switch(g_nGPRSPartStatus)                          //状态机处理
(069)     {
(070)     case GPRS_PART_MODULE_ACTIVE:                      //模块激活操作
(071)         GPRS_PartModuleActive();
(072)         break;
(073)     case GPRS_PART_MODULE_POWER:                       //模块断电及上电操作
(074)         GPRS_PartModulePower();
(075)         break;
(076)     case GPRS_PART_MODULE_INIT:                        //模块初始化命令发送
(077)         GPRS_PartModuleInit();
(078)         break;
(079)     case GPRS_PART_CMS_READ:                           //短消息读取与处理
(080)         GPRS_PartCMSRead();
(081)         break;
(082)     case GPRS_PART_COMM_LINK:                          //远程连接
(083)         GPRS_PartCommLink();
(084)         break;
(085)     case GPRS_PART_DATA_OPER:                          //GPRS 数据接收与发送
(086)         GPRS_PartDataOper();
(087)         break;
(088)     case GPRS_PART_SMS_OPER:                           //SMS 数据接收与发送
(089)         GPRS_PartSMSOper();
(090)         break;
(091)     default :                                          //出错处理
(092)         g_nGPRSPartStatus = GPRS_PART_MODULE_ACTIVE;
(093)         g_nGPRSOperStatus = GPRS_MA_OPER_START;
(094)         break;
(095)     }
(096)   #ifdef GPRS_DEBUG
(097)     Debug_GPRS_State();
(098)   #endif
(099)     if(g_nMenuGroup == MENU_GROUP_COMM){
(100)         LCDDisp_CommMenuGroup(FALSE);                  //显示状态机当前所处模式
(101)     }
(102)
(103)   }
(104)
```

```
(105)  unsigned char GPRS_GetCurCommOper()
(106)  {
(107)    unsigned char nRet;
(108)    MARCO_RESET_WDT();
(109)    if(!(g_Comm2.m_unCommSendFinished)){
(110)        nRet = SEND_NOT_FINISH;                       //发送未完成
(111)    }
(112)    else
(113)    {
(114)        if(g_Comm2.m_iTmpRecvLen){                    //收到数据
(115)            if(!g_Comm2.m_unCommRecvFinished){
(116)                nRet = RECV_NOT_FINISH;               //接收未完成
(117)            }
(118)            else {
(119)                nRet = RECV_FINISHED;
(120)            }
(121)        }
(122)        else{
(123)            if(g_ulLongTimer > g_ulGPRSWaitTimes){    //是否超时
(124)                nRet = RECV_OVERTIME;
(125)            }
(126)            else{
(127)                nRet = RECV_WAITTING;
(128)            }
(129)        }
(130)    }
(131)    return nRet;
(132)  }
(133)
(134)
(135)  void Comm2_Open(void)
(136)  {
(137)
(138)    MARCO_RESET_WDT();
(139)
(140)    CKCON| = 0x40;                                    //T4 = SYSCLK
(141)    RCAP4H = (65536 - (SYSCLK/BAUDRATE1/32))/256;     //设置波特率
(142)    RCAP4L = (65536 - (SYSCLK/BAUDRATE1/32)) % 256;
(143)    TH4 = RCAP4H;
(144)    TL4 = RCAP4L;
(145)    SCON1 = 0x50;
(146)    T4CON = 0x30;
(147)    Comm2_ClearBuffer();
(148)    EIE2| = 0X40;                                     //UART1 中断允许
(149)    T4CON| = 0x04;                                    //T4 运行
(150)  }
(151)
(152)  void Comm2_ISR(void) interrupt 20                   //USED 直接发送方式
(153)  {
(154)    unsigned char nSendData;
(155)    short iTailPos;
```

```
(156)    EIE2& = (~0X40);                              //UART1 中断禁止
(157)    //Receive,接收
(158)    if (SCON1&0X01) {
(159)        SCON1 & = (~0X01);                        //TI0 = 0;
(160)        ET0 = 0;
(161)  //复位每个字间的延时
(162)        g_Comm2.m_CurRecvInterval = g_Comm2.m_RecvInterval;
(163)        ET0 = 1;
(164)        iTailPos = g_Comm2.m_iRecvTail + 1;
(165)        if(iTailPos > = COMM2_RECVBUFSIZE) {
(166)            iTailPos = 0;
(167)        }
(168)        if(iTailPos!= g_Comm2.m_iRecvBufHead){
(169)            g_unComm2RecvTmpBuf[g_Comm2.m_iRecvTail] = SBUF1;
(170)            g_Comm2.m_iRecvTail = iTailPos;
(171)            if(g_Comm2.m_unCommRecvFinished){
(172)                //结束后有数据,表示不完整数据包
(173)                g_Comm2.m_iTmpRecvLenEx++;
(174)            }
(175)            else{
(176)                //未结束
(177)                g_Comm2.m_iTmpRecvLen++;
(178)            }
(179)        }
(180)    }
(181)    //Send,发送
(182)    if (SCON1&0X02){
(183)        SCON1 & = (~0X02);
(184)        switch(g_nGPRSSendType)
(185)        {
(186)        case GPRS_SENDTYPE_SIMPLE:
(187)            //从数据缓冲区直接获取数据发送
(188)            g_Comm2.m_iSendHead++;
(189)            if(g_Comm2.m_iSendHead < g_Comm2.m_iSendTail){
(190)                //发送帧数据
(191)                SBUF1 = g_Comm2SendBuf[g_Comm2.m_iSendHead];
(192)            }
(193)            else{
(194)                g_Comm2.m_unCommSendFinished = TRUE;  //发送完成
(195)                g_nGPRSSendType = GPRS_SENDTYPE_SIMPLE;
(196)            }
(197)            break;
(198)        case GPRS_SENDTYPE_CMD:
(199)            g_Comm2.m_iSendHead++;
(200)            //发送 IPSEND 头
(201)            if (g_Comm2.m_iSendHead < strlen(g_szCMD)){
(202)                SBUF1 = g_szCMD[g_Comm2.m_iSendHead];
(203)            }
(204)            else{
(205)                g_Comm2.m_unCommSendFinished = TRUE;  //发送完成
(206)                g_nGPRSSendType = GPRS_SENDTYPE_SIMPLE;
```

```
(207)                }
(208)                break;
(209)           case GPRS_SENDTYPE_DATA:
(210)                //PDU 数据发送
(211)                g_Comm2.m_iSendHead++;
(212)                if(g_Comm2.m_iSendHead < g_Comm2.m_iSendTail * 2){
(213)                     nSendData = g_Comm2SendBuf[g_Comm2.m_iSendHead/2];
(214)                     if(g_Comm2.m_iSendHead % 2){
(215)                          //low part
(216)                          nSendData& = 0x0f;
(217)                     }
(218)                     else{
(219)                          //high part
(220)                          nSendData = (nSendData >> 4)&0x0f;
(221)                     }
(222)                     if(nSendData < 10){
(223)                          nSendData = '0' + nSendData;
(224)                     }
(225)                     else {
(226)                          nSendData = 'A' + nSendData - 10;
(227)                     }
(228)                     SBUF1 = nSendData;
(229)                }
(230)                else{
(231)                     if(g_Comm2.m_iSendHead % 2 == 0) {
(232)                          SBUF1 = ASCII_CTRL_Z;
(233)                     }
(234)                     else{
(235)                          g_Comm2.m_unCommSendFinished = TRUE;    //发送完成
(236)                          g_nGPRSSendType = GPRS_SENDTYPE_SIMPLE;
(237)                     }
(238)                }
(239)                break;
(240)           }
(241)      }
(242)      EIE2| = 0X40;                                         //UART1 中断允许
(243)
(244) }
```

分析：

(001～010) 枚举值定义。

(011～015) 看门狗定时器复位。

(017～038) GPRS 通信相关硬件、软件初始化。

(040～103) 发送或接收完成后状态机变换。

(054～063) 对收到的特殊应答进行处理,如连接断开等。

(064～067) 延时计时器和预置等待值复位。

(068～095) 对主模式分别进行处理。

(096～098) 调试信息输出。

(099～101) 显示主状态和次状态。

(105～131) 获取当前串口通信状态,状态按如下方法进行判断:

- 发送未完成,则状态为 SEND_NOT_FINISH。
- 发送已经完成,收到数据,并且字节间延时未超时,表示正在接收 RECV_NOT_FINISH。
- 发送已经完成,收到数据,并且字节间延时超时,则接收完成 RECV_FINISHED。
- 发送已经完成,未收到数据,且超过初始延时时间,则认为超时 RECV_OVERTIME。
- 发送已经完成,未收到数据,且未超过初始延时时间,则需等待 RECV_WAITING。

(135～150) 利用 T4 作为串口 2 的波特率发生器,实现 9600b/s、8-N-1 模式通信。

(152～244) 串口 2 中断处理函数。

(158～180) 接收数据存入循环队列。

(182～241) 对发送数据进行不同处理。

(187～196) GPRS_SENDTYPE_SIMPLE,将发送数据缓冲区中的数据逐个发送。

(198～207) GPRS_SENDTYPE_CMD,先发送 g_szCMD 字符串中的数据。发送完成后在 GPRS_Run()函数中进行应答信息处理。正常时设置为 GPRS_SENDTYPE_SIMPLE 方式,继续发送发送缓冲区中的数据。

(211～239) GPRS_SENDTYPE_DATA,PDU 方式短消息发送方式,数据转换处理。转换方式如下:将要发送的十六进制数据进行编码,变为两个 ASCII 字符发送。例如,字符 N 的 ASCII 为 4EH,则先发送 ASCII 码 4 然后发送 ASCII 码 E。发送完成后发送 Ctrl+Z 字符,由于一个字符变为两个字符,因此发送的总字符个数必为偶数。因此当已经发送数据个数等于 2 倍的发送缓冲区数据个数时,发送 Ctrl+Z;大于 2 倍的发送缓冲区数据个数时发送完成。

## 习　题　6

1. 了解 SMBus 总线的使用方法。查阅资料和网站,找出使用该接口的其他应用实例。
2. 了解 SPI 总线的使用方法。查阅资料和网站,找出使用该接口的其他应用实例。
3. 查阅资料和网站,了解 LCD 显示器的工作原理,了解常用的 LCD 类型。
4. 查阅资料和网站,了解 GPRS 通信的工作机制。

# 第7章　SoC 的特殊型号芯片介绍

在 C8051F 系列单片机中，除了前面介绍的 C8051F020 之外，还有其他一些典型的型号，本章介绍两款各具特点的 C8051F 芯片的资源和使用方法，为应用选型提供一个参考。它们是资源较少型的 C8051F30X、带有 CAN 总线的 C8051F5XX。本章最后介绍 TI 公司一种带无线通信功能的 SoC 单片机。

## 7.1　资源较少配置型 C8051F 单片机——C8051F30X

**1. 主要特点**

C8051F30X 有 6 个型号 C8051F300/1/2/3/4/5，仅有 11 个引脚、MLP 封装。结构图如图 7-1 所示。

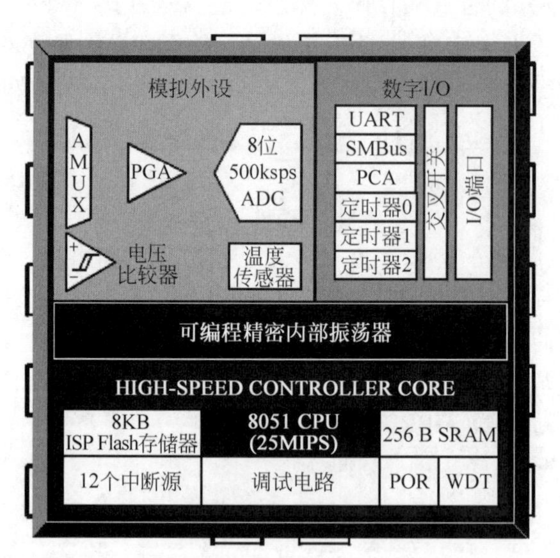


图 7-1　资源较少配置型单片机 C8051F30X

具有片内上电复位电路、VDD 监视器、看门狗定时器和时钟振荡器的 C8051F30X 是真正能独立工作的片上系统。Flash 存储器还具有在系统重新编程能力，可用于非易失性数据存储，并允许现场更新 8051 固件。用户软件对所有外设具有完全的控制，可以关断任何一个或所有外设以节省功耗。

片内 Silicon Laboratories 2 线(C2)开发接口允许使用安装在最终应用系统上的产品

MCU 进行非侵入式(不占用片内资源)、全速、在系统调试。调试逻辑支持观察和修改存储器和寄存器,支持断点、单步、运行和停机命令。在使用 C2 进行调试时,所有的模拟和数字外设都可全功能运行。两个 C2 接口引脚可以与用户功能共享,使在系统调试时不占用封装引脚。

该器件可在工业温度范围(−45～+85℃)内用 2.7～3.6V 的电压工作。I/O 端口和 $\overline{\text{RST}}$ 引脚容许 5V 的输入信号电压。其中 C8051F305 的片内模块示意图见图 7-2。

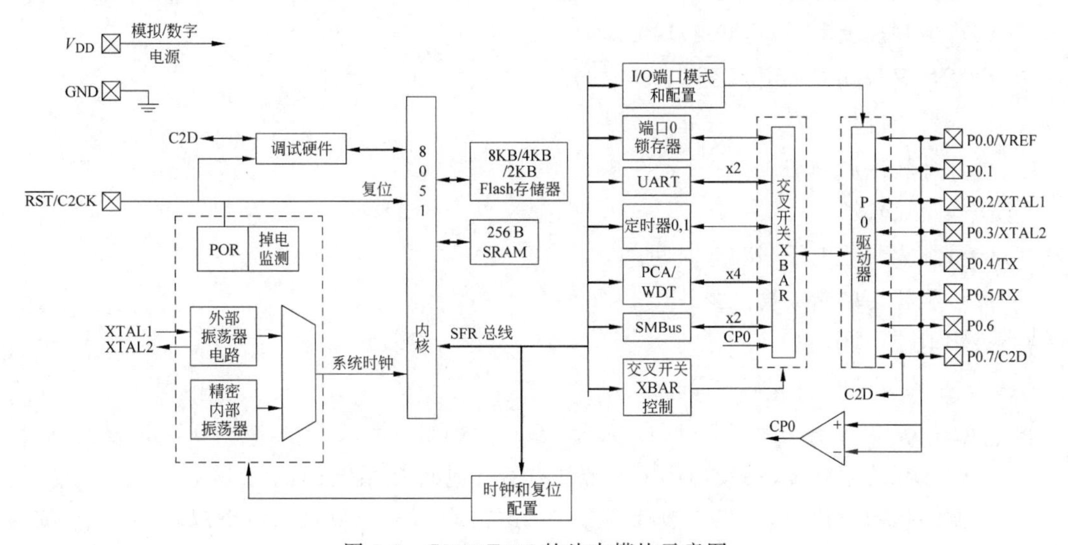


图 7-2　C8051F305 的片内模块示意图

C8051F305 片内包含的功能模块和相应的技术指标如下:

(1) 高速 8051 微控制器内核。

- 流水线指令结构;70%的指令的执行时间为一个或两个系统时钟周期。
- 速度可达 25MIPS(时钟频率为 25MHz 时)。
- 扩展的中断系统。

(2) 存储器。

- 256B 内部数据 RAM。
- 8KB Flash 存储器;可以在系统编程,扇区大小为 512B。

(3) 数字外设。

- 8 个 I/O 端口;所有口线均耐 5V 电压。
- 硬件增强型 UART 和 SMBus 串口。
- 3 个通用 16 位计数器/定时器。
- 16 位可编程计数器/定时器阵列,有 3 个捕捉/比较模块。
- 使用 PCA 或定时器和外部时钟源的实时时钟方式。

(4) 时钟源。

- 内部可编程振荡器:24.5MHz,±2%的精度,可支持 UART 操作。
- 外部振荡器:晶体、RC、C 或外部时钟。
- 可在运行中切换时钟源,适用于节电方式。

(5) 11 引脚微型封装。

3mm×3mm；实际 MLP 尺寸。

(6) 模拟外设。

① 8 位 ADC。

- 可编程转换速率,最大为 500ksps。
- 可多达 8 个外部输入。
- 可编程放大器增益：4、2、1、0.5。
- VREF 可在外部引脚或 VDD 中选择。
- 内置温度传感器。
- 外部转换启动输入。

② 模拟比较器。

- 可编程回差电压和响应时间。
- 可配置为中断或复位源。
- 小电流(＜0.5μA)。

(7) 在片调试。

- C8051F30X 有一个 Silicon Laboratories 2 线(C2)调试接口,支持 Flash 编程、边界扫描和使用安装在最终应用系统中的器件进行在系统调试。C2 接口与 JTAG 类似,只是它将 3 个 JTAG 数据信号(TDI、TDO、TMS)映射到一个双向的 C2 数据信号(C2D)。有关 C2 协议的详细信息见 C2 接口规范。
- 片内调试电路提供全速、非侵入式的在系统调试(不需要仿真器)。
- 支持断点、单步、观察/修改存储器和寄存器。
- 比使用仿真芯片、目标仿真头和仿真插座的仿真系统有更优越的性能。
- 完整的开发套件。

(8) 供电电压：2.7～3.6V。

- 典型工作电流：5mA@25MHz,11μA@32kHz。
- 典型停机电流：0.1μA。
- 温度范围：－40～＋85℃。

**2. C8051F300 单片机应用实例**

1) 系统结构

某个软件产品配有一个智能设备,通过该设备的异步通信 COM 口将外部数字信号输入 PC 来实现产品的相关功能。随着技术的发展,很多型号的 PC 特别是笔记本电脑逐步淘汰 COM 口而使用 USB 接口,原有的智能设备与 PC 的通信也需使用 USB 接口。为了与原来软件产品 100%兼容,使用 C8051F300 单片机加上专用芯片 CP2101 组成了具有 USB 通信功能的智能外设,其原理图如图 7-3 所示。图中的 U1 为 USB 转 UART 的专用芯片 CP2101/2；U2 为单片机 C8051F300/304；U3 为 USB 插座,与 PC 的 USB 接口连接；U4 是外部数字输入信号端子；U5 是单片机的调试下载接口(正常工作时可以去掉)。智能设备工作时接收外部输入信号,根据不同的信号产生相应的代码,原来是通过单片机的串口发送一系列代码到 PC，与 PC 上的应用软件进行交互。现在是加上 CP2101 专业芯片，智能设备与 PC 通过 USB 进行数据交互。

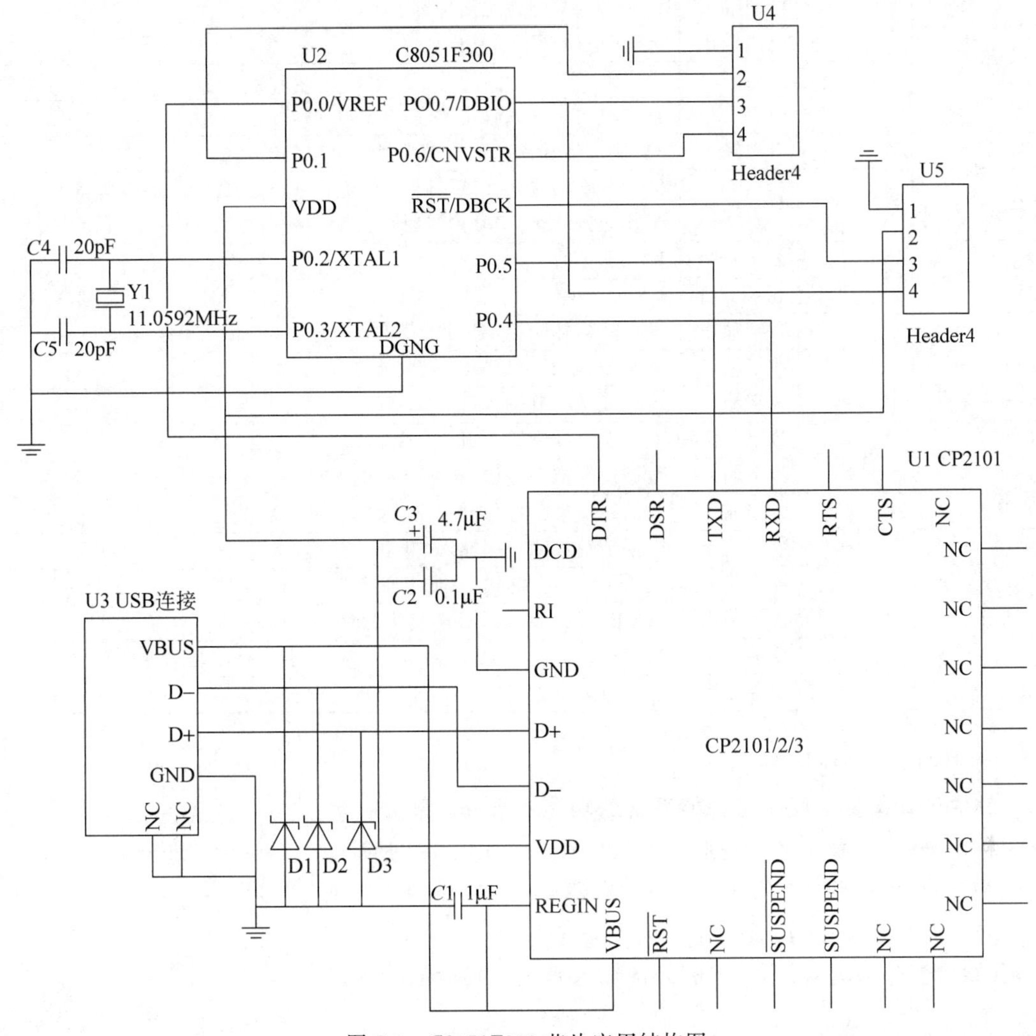


图 7-3 C8051F300 芯片应用结构图

2）CP2101 芯片介绍

CP2101 是一种 USB 转 UART 的桥接器，该芯片包含一个 USB 2.0 全速功能控制器、USB 收发器、振荡器和带有全部的调制解调器控制信号的异步串行数据总线（UART）。全部功能集成在一个 5mm×5mm MLP-28 封装的芯片中。芯片商免费提供 PC 上的器件驱动程序，PC 上原来的应用程序不需要进行任何改动，就可使得原来的 RS-232 接口设计更新到 USB 接口。CP2101 是一个 28 个引脚的专用芯片，其引脚定义见表 7-1，芯片所用电源由 USB 接口的 VBUS 信号提供，也即将 USB 接口上的 VBUS（+5V）信号连接到 CP2101 的 8 脚 VBUS，芯片内有一个 5V 转 3V 电压调节器，3V（最小 3V，典型 3.3V）被引出到 6 脚（VDD），该电压输出连接到 C8051F300 的 VDD 引脚，提供单片机电源，整个智能系统的工作就借助 USB 接口提供电源，不需外加电源系统。

表 7-1　CP2101 的引脚定义

| 引脚名称 | 引脚号 | 类　型 | 说　明 |
|---|---|---|---|
| VDD | 6 | 电源输入<br>电源输出 | 2.7～3.6V 电源电压输入。<br>3.3V 电压调节器输出 |
| GND | 3 | 接地 | |
| $\overline{\text{RST}}$ | 9 | 数字 I/O | 器件复位。输入低电平 15μs 以上可以产生一次系统复位 |
| REGIN | 7 | 电源输入 | 5V 调节器输入。此引脚为片内电压调节器的输入 |
| VBUS | 8 | 数字输入 | VBUS 感知输入。该引脚应连接至一个 USB 网络的 VBUS 信号，当连通到一个 USB 网络时该引脚上的信号为 5V |
| D+ | 4 | 数字 I/O | USB D+ |
| D− | 5 | 数字 I/O | USB D− |
| TXD | 26 | 数字输出 | 异步数据输出(UART 发送) |
| RXD | 25 | 数字输入 | 异步数据输入(UART 接收) |
| CTS | 23 | 数字输入 | 清除发送控制输入(低电平有效) |
| RTS | 24 | 数字输出 | 准备发送控制输出(低电平有效) |
| DSR | 27 | 数字输入 | 数据设置准备好控制输入(低电平有效) |
| DTR | 28 | 数字输出 | 数据终端准备好控制输出(低电平有效) |
| DCD | 1 | 数字输入 | 数据传输检测控制输入(低电平有效) |
| RI | 2 | 数字输入 | 振铃指示器控制输入(低电平有效) |
| SUSPEND | 12 | 数字输出 | 当 CP2101 进入 USB 挂起状态时，该引脚被驱动为高电平 |
| $\overline{\text{SUSPEND}}$ | 11 | 数字输出 | 当 CP2101 进入 USB 挂起状态时，该引脚被驱动为低电平 |
| NC | 10,13～22 | 没有使用 | 这些引脚不连接或连接到 VDD 的引脚 |

3）软件设计说明

软件设计部分主要按照智能系统的功能要求分 3 部分：系统初始化、外部信号检测、数据通信。程序流程如图 7-4 所示。程序初始化运行后，单片机不断检测 CP2101 芯片的 28 脚 DTR，如为有效(低电位)就表示智能设备与 PC 的 USB 连接正常，开始检测外部输入信号，如有外部输入则进行相应的处理。

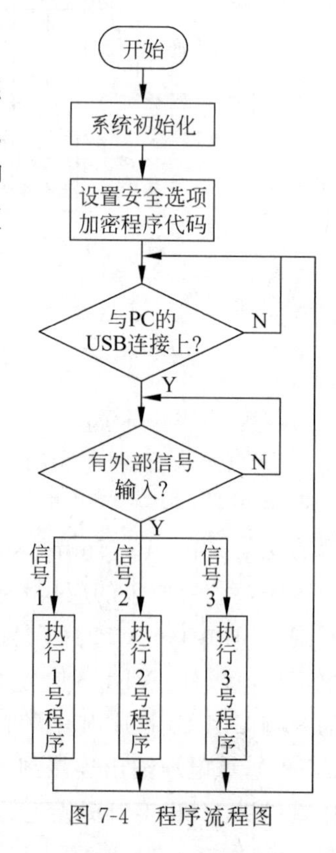


图 7-4　程序流程图

```
#include "c8051f300.h"
#include <intrins.h>
#include "F300_FlashPrimitives.h"
#define  SYSCLK     11059200  //系统时钟取自外部晶体
void Port_IO_Init()
{
//P0.0 - Unassigned, Open-Drain, Digital
//P0.1 - Unassigned, Open-Drain, Digital
//P0.2 - Skipped, Open-Drain, Analog 用于接外部晶振
//P0.3 - Skipped, Open-Drain, Analog 用于接外部晶振
//P0.4 - TX0 (UART0), Open-Drain, Digital
//P0.5 - RX0 (UART0), Open-Drain, Digital
//P0.6 - Unassigned, Open-Drain, Digital
//P0.7 - Unassigned, Open-Drain, Digital
P0MDIN  = 0xF3;
XBR0    = 0x0C;
XBR1    = 0x03;
```

```
XBR2    = 0x40;
}
void Oscillator_Init()
{
    int i = 0;
    OSCXCN = 0x67;
    for (i = 0; i < 3000; i++);          //延时等待时钟源稳定
    while ((OSCXCN & 0x80) == 0);
    OSCICN = 0x08;
}
void Init_Device(void)
{
Port_IO_Init();
Oscillator_Init();
UART_Init();
Timer0_Init();
}
void main()
{
    unsigned char k;
     Init_Device();
    PCA0MD |= 0x40;
    FLASH_ByteWrite(0x0fff, 0x00);       //设置安全选项,禁止从调试口读取代码,保护应用
                                         //代码的知识产权
    for (; ;)
    {
      while((P0&0x01) == 0)              //检测 CP2101 芯片通信口正常工作
    {
       k = P0;                           //读取外部信号输入口数据
       k = P0&0xc2;                      //检测有无外部信号
       if(k!= 0xc2){
       Delay1ms(80);                     //延时 10ns
    switch(k){
        case 0xc0:                       //外部信号 1
        {
        //处理外部信号 1 的有关功能
        }
      case 0x82:                         //外部信号 2
         {
        //处理外部信号 2 的有关功能
        }
      case 0x42:                         //外部信号 3
        {
        //处理外部信号 3 的有关功能
        }}
     }
     }
   }}
```

## 7.2 资源较多配置型单片机 C8051F5XX

C8051F5XX 有 C8051F500-511 等十几个型号,是完全集成的混合信号 SoC 微控制器单元,除了具有其他一般型号的片上资源外,其中有的型号还具有 CAN 总线、LIN(Local

Interconnect Network)接口。其各个型号配置列于表 7-2,以 C8051F500 为例,结构图见图 7-5。

表 7-2　C8051F5XX 的主要配置

| 型　　号 | Flash 存储器/KB | CAN2.0B | LIN2.0 | 数字 I/O 端口 | 外部存储器接口 | 封装 |
|---|---|---|---|---|---|---|
| C8051F500-IQ | 64 | √ | √ | 40 | √ | QFP-48 |
| C8051F501-IQ | 64 | — | — | 40 | √ | QFP-48 |
| C8051F502-IQ | 64 | √ | √ | 25 | — | QFP-32 |
| C8051F503-IQ | 64 | — | — | 25 | — | QFP-32 |
| C8051F504-IQ | 32 | √ | √ | 40 | √ | QFP-48 |
| C8051F505-IQ | 32 | — | — | 40 | √ | QFP-48 |
| C8051F506-IQ | 32 | √ | √ | 25 | — | QFP-32 |
| C8051F507-IQ | 32 | — | — | 25 | — | QFP-32 |
| C8051F508-IM | 64 | √ | √ | 33 | √ | QFN-40 |
| C8051F509-IM | 64 | — | — | 33 | √ | QFN-40 |
| C8051F510-IM | 32 | √ | √ | 33 | √ | QFN-40 |
| C8051F511-IM | 32 | — | — | 33 | √ | QFN-40 |

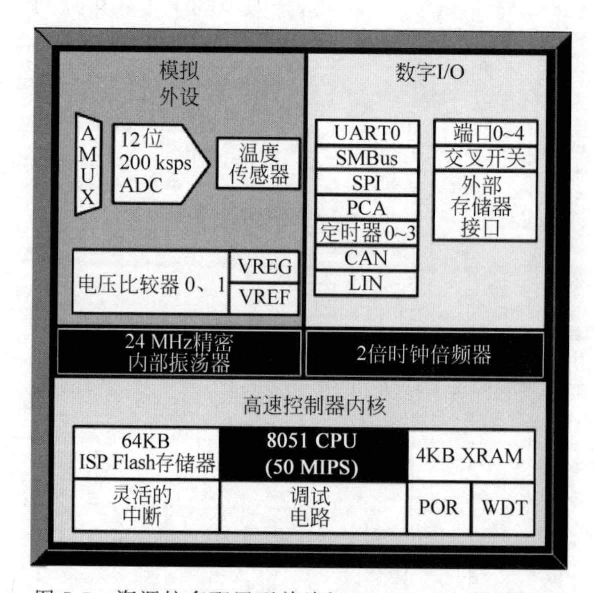


图 7-5　资源较多配置型单片机 C8051F500 的结构图

与 C8051F30X 一样,C8051F500 采用 2 线接口(C2),允许非侵入式(不使用任何片内资源)、全速、在系统调试。调试逻辑支持检查和修改存储器、寄存器,可以设置断点,可以单步执行,可以全速运行和停机。使用 C2 接口调试的同时,所有的模拟和数字外设都是正常工作的,不受调试的影响。C2 接口的两个引脚可以和用户共享,可以使在系统调试时不额外占用封装的引脚。

芯片在整个工作温度范围内(−40～+125℃)都可以使用 1.8～5.25V 的电源电压。I/O 端口引脚和复位 RST 引脚可以容忍 5V 的输入信号。C8051F500 有 48 引脚的 QFP 和 QFN 两种封装。模块示意图如图 7-6 所示。

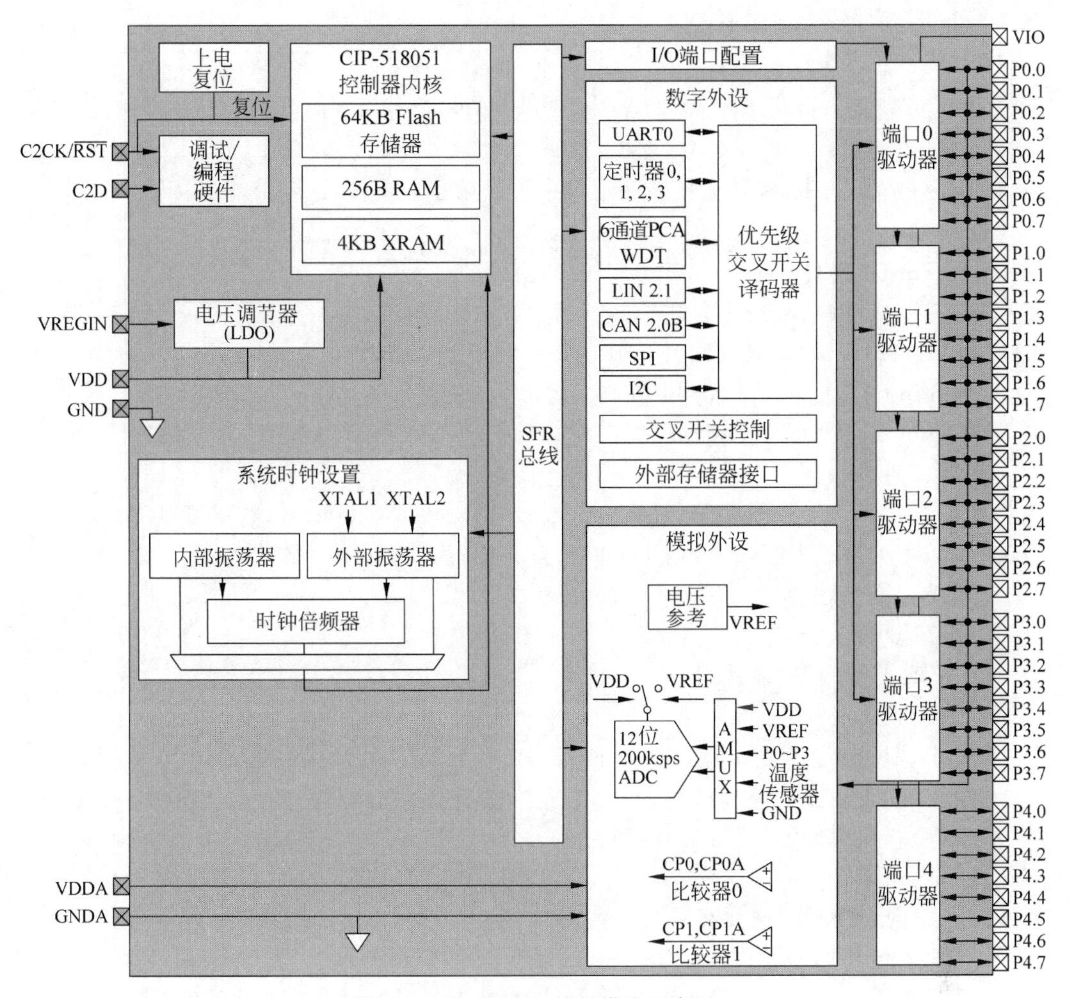

图 7-6　C8051F500 功能模块示意图

C8051F500 单片机内部的功能模块和技术指标如下：

(1) 高速的 8051 微控制器内核。

- 流水线指令结构，70%的指令执行只需要 1 或 2 个系统时钟。
- 最高 50MIPS 指令吞吐。

(2) 存储器。

- 64KB Flash 存储器。
- 4352B 数据 RAM(256B+4KB)。

(3) 数字外设。

- CAN 2.0B 控制器，不需要晶振。
- LIN 2.1 控制器(能够主/从)，不需要晶振。
- 多达 40 个数字 I/O；都是 5V 推挽模式。
- 硬件 SMBus，SPI 和 UART 串行接口。
- 带 6 个捕捉/比较模块的可编程 16 位计数器阵列。
- 4 个通用的 16 位计数器/定时器。

• 外部存储器接口(EMIF)。

(4) 时钟源。

• 内部 24MHz、精度 0.5%的振荡器：提供 CAN 2.0B 控制器、LIN 2.1 主控制器工作。

• 外部振荡器：晶体、RC、C 或外部时钟。

在节能工作模式中，两种振荡器在运行中可以相互切换，以达到节能的目的。

(5) 封装。

• 48-Pin QFP/QFN(C8051F500/1/4/5)。
  C8051F500-IM，48-引脚 QFN (RoHS)，7mm×7mm；
  C8051F500-IQ，48-引脚 QFP (RoHS)，9mm×9mm。

• 40-Pin QFN(C8051F508/9-F510/1)。

• 32-Pin QFP/QFN(C8051F502/3/6/7)。

(6) 模拟外设。

• 12 位 ADC，5V 输入信号，最多 32 个外部输入，最高 200ksps，数据窗口中断发生器，可编程增益放大器，参考电压可以来自芯片内部，也可由外部提供。

• 内置温度传感器(±3℃)。

• 两个电压比较器。

(7) VDD 监控/掉电监测器。

(8) 片上调试逻辑。

• 片上调试电路方便用于全速、非侵入式在系统调试，不需要仿真器。

• 提供断点、单步调试和观察点。

• 观察/修改存储器、寄存器和堆栈。

(9) 温度范围：-40～+125℃。

(10) 工作电压：1.8～5.25V。

• 多个省电和掉电模式。

• 典型的工作电流：18.5mA(在 50MHz 频率时)、95μA(在 200kHz 频率时)。

• 典型的停机方式电流：14μA。

## 7.3 带无线通信功能的 51 单片机

采用 MCS-51 指令系统的 8051 CPU 内核的单片机众多，表 7-3 列出了美国德州仪器(Texas Instruments，TI)公司兼容 8051 指令集的单片机产品和其外设资源对比，该系列的单片机产品都支持无线通信，其中 CC2530/CC2531/CC2533 支持 IEEE 802.15.4 和 ZigBee，CC2540/CC2540T/CC2541/CC2541-Q1 支持蓝牙 4.1 标准，而 CC2543/CC2544/CC2545 则支持专用 2.4GHz 无线射频(RF)通信。限于篇幅，本节简要介绍其中的 CC2530 单片机，它能够实现 IEEE 802.15.4 标准的射频通信，并支持 ZigBee 无线组网。

### 7.3.1 CC2530 单片机简介

CC2530 是美国 TI 公司推出的一个用于 IEEE 802.15.4、ZigBee 和 RF4CE(Radio Frequency for Consumer Electronics)、6LoWPAN(IPv6 over IEEE 802.15.4)应用的 SoC 解决方案，它能够以非常低的总器件成本设计强大的网络节点。CC2530 集成了增强工业标

表 7-3　美国德州仪器公司的 8051 内核 SoC 单片机产品

| 芯片型号 | CC2530 | CC2531 | CC2533 | CC2540 | CC2540T | CC2541 | CC2541-Q1 | CC2543 | CC2544 | CC2545 |
|---|---|---|---|---|---|---|---|---|---|---|
| 主频/MHz | 24 | 24 | 24 | 32 | 32 | 32 | 32 | 32 | 32 | 32 |
| Flash 存储器/KB | 最大 256 | 最大 256 | 最大 96 | 128/256 | 128/256 | 128/256 | 128/256 | 32 | 32 | 32 |
| SRAM/KB | 8 | 8 | 最大 6 | 8 | 8 | 8 | 8 | 1 | 2 | 1 |
| GPIO | 21 | 19 | 23 | 21 | 21 | 21 | 21 | 16 | 8 | 31 |
| $I^2C$ | 0 | 0 | 1 | 0 | 0 | 1 | 1 | 1 | 1 | 1 |
| SPI | 1 | 1 | 1 | 2 | 2 | 2 | 2 | 1 | 1 | 1 |
| UART | 1 | 1 | 1 | 1 | 1 | 1 | 1 | 1 | 1 | 1 |
| ADC | 12 位<br>8 通道 | 12 位<br>8 通道 |  | 12 位<br>8 通道 | 12 位<br>8 通道 | 12 位<br>8 通道 | 12 位<br>8 通道 | 12 位<br>8 通道 | 12 位<br>8 通道 | 12 位<br>8 通道 |
| 16 位定时器 | 1 | 1 | 1 | 1 | 1 | 1 | 1 | 1 | 1 | 1 |
| 待机功耗(μA)LPM3 | 0.4 | 0.4 | 0.4 | 0.4 | 0.4 | 0.5 | 0.5 | 0.4 | 0.4 | 0.4 |
| 其他特性 |  | USB |  | USB | 耐温 125℃ |  | 汽车应用 |  | USB |  |
| RF 标准 | ZigBee<br>6LoWPAN<br>IEEE 802.15.4 | ZigBee<br>6LoWPAN<br>IEEE 802.15.4 | IEEE 802.15.4<br>ZigBee | 蓝牙 4.1 | 蓝牙 4.1 | 蓝牙 4.1 | 蓝牙 4.1 | 专用<br>2.4GHz | 专用<br>2.4GHz | 专用<br>2.4GHz |
| 最大数据速率/kbps | 250 | 250 | 250 | 1000 | 1000 | 2000 | 2000 | 2000 | 2000 | 2000 |
| 安全 | AES128 | AES128 | AES128 | AES128 | AES128 | AES128 | AES128 | AES128 | AES128 | AES128 |
| 封装和尺寸宽(mm)×长(mm) | 40VQFN6×6 | 40VQFN6×6 | 40VQFN6×6 | 40VQFN6×6 | 40VQFN6×6 | 40VQFN6×6 | 40VQFN6×6 | 32VQFN5×5 | 32VQFN5×5 | 48VQFN7×7 |
| 最小 RX 电流/mA | 20.5 | 20 | 20 | 19.6 | 19.6 | 17.9 | 17.9 | 21.2 | 22.5 | 20.8 |

准的 8051 微控制器 MCU、业界领先的 RF 收发器、在系统可编程的 Flash 存储器、8KB RAM 和许多其他强大功能。

根据片内采用的 Flash 存储器的容量,CC2530 有 4 个芯片选型 CC2530F32、CC2530F64、CC2530F128 和 CC2530F256,分别具有 32KB、64KB、128KB 和 256KB 容量的 Flash 存储器。CC2530 单片机具备多种低功耗工作模式,因此非常适合需要超低功耗的系统,并且不同工作模式间的转换时间短,保证了对系统紧急事务的快速响应,并进一步降低了功耗。

同时,TI 公司还推出了业界领先的免费的 ZigBee 协议栈 Z-Stack,为无线监测和组网提供了一个强大完整的 ZigBee 解决方案;另外,TI 公司也推出了高水平的 RemoTI 栈,CC2530F64 和 CC2530F128/256 提供了一个强大完整的 ZigBee RF4CE 远程控制解决方案。该单片机的主要特点体现在如下几方面。

**1. 微控制器**

- 高性能、低功耗的具有代码预取功能的 8051 微控制器内核;
- 容量分别为 32KB、64KB、128KB 或 256KB 在系统可编程 Flash 存储器;
- 8KB RAM,具备在各种供电方式下的数据保持能力;
- 支持硬件调试。

**2. 低功耗**

- 主动模式接收 RX(CPU 空闲)电流为 24mA;
- 主动模式发送 TX 在 1dBm 输出功率电流(CPU 空闲)为 29mA;
- 电源模式 1(4μs 唤醒)电流为 0.2mA;
- 电源模式 2(睡眠定时器运行)电流为 1μA;
- 电源模式 3(外部中断)电流为 0.4μA;
- 电源电压范围宽,芯片可以工作于 2～3.6V。

**3. RF 射频模块**

- 兼容 IEEE 802.15.4 的 2.4GHz RF 收发器;
- 极高的接收灵敏度和抗干扰性能;
- 可编程的输出功率高达 4.5dBm;
- 射频电路只需极少的外接元件;
- 只需一个晶体,即可满足网状网络系统需要;
- 适用于遵守世界范围的无线电频率管理规定的系统目标:ETSI EN300 328 和 EN 300440(欧洲)、FCC CFR47 Part 15(美国)和 RF4CE ARIB STD-T-66(日本)。

**4. 外围设备**

- 强大的 5 通道 DMA 功能;
- IEEE 802.15.4 MAC 定时器,3 个通用定时器(1 个 16 位,2 个 8 位);
- 具有红外(IR)发生电路;
- 具有捕获功能的 32kHz 睡眠定时器;
- 硬件支持 CSMA/CA,并支持接收信号强度指示(RSSI)/链路质量指示(LQI);
- 片内电池监视器和温度传感器;
- 具有 8 路输入并可配置的 12 位 ADC;
- 支持 AES 高级加密标准的安全协处理器;
- 2 个支持多种串行通信协议的强大 USART;

- 21 个通用 I/O 引脚(19 个 4mA、2 个 20mA)：与标准的 8051 不同，CC2530 单片机有 P0 端口(8 位)、P1 端口(8 位)和 P2 端口(5 位)，没有 P3 端口，并且这些端口很多时候都复用了外设模块的功能；
- 片内看门狗定时器。

**5. 开发工具**

- CC2530 开发套件；
- CC2530 ZigBee 开发套件；
- 支持 RF4CE 的 CC2530 RemoTI 开发套件；
- Smart RF 软件和数据包嗅探器；
- IAR Embedded Workbench 集成开发环境。

**6. 应用领域**

- 2.4GHz IEEE 802.15.4 系统；
- RF4CE 远程控制系统(64KB 或者更高的 Flash 存储器)；
- ZigBee 系统(256KB Flash 存储器)；
- 家庭/建筑自动化、照明系统、工业控制和监测、低功耗无线传感器网络、消费类电子和医疗保健等。

## 7.3.2 CC2530 单片机的芯片封装和外部引脚

CC2530 单片机芯片共有 40 个引脚，采用 VQFN(Very-thin Quad Flat No-lead：超薄无引线四方扁平封装)的封装形式，外形长和宽分别只有 6mm，其引脚布局如图 7-7 所示，每个引脚的功能如表 7-4 所示。

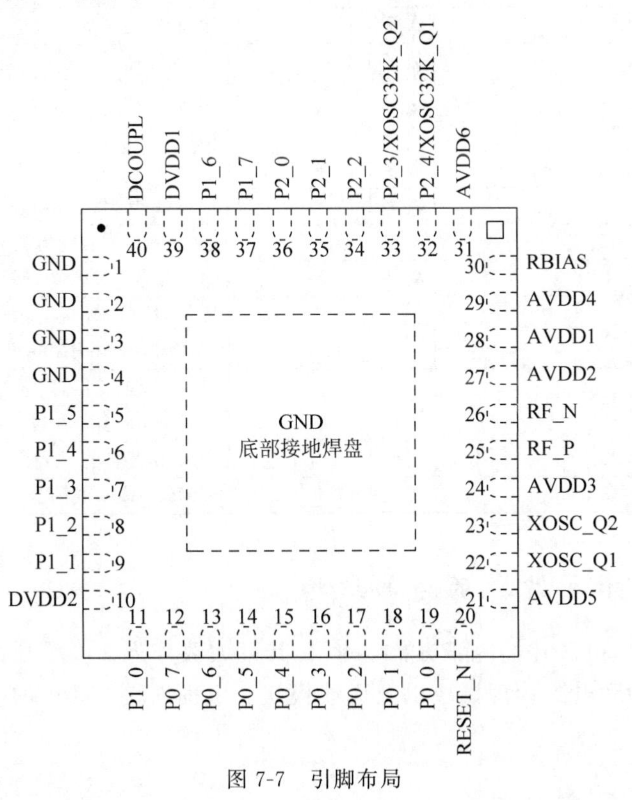


图 7-7 引脚布局

表 7-4 引脚的功能

| 引脚名称 | 引脚号 | 引脚类型 | 描述 |
| --- | --- | --- | --- |
| AVDD1～AVDD6 | 28,27,24,29,21,31 | 电源(模拟) | 2～3.6V 模拟电源连接 |
| DCOUPL | 40 | 电源(数字) | 1.8V 数字电源退耦,不需要外接电路 |
| DVDD1 | 39 | 电源(数字) | 2～3.6V 数字电源连接 |
| DVDD2 | 10 | 电源(数字) | 2～3.6V 数字电源连接 |
| GND | — | 接地 | 芯片底面的焊盘必须接地 |
| GND | 1,2,3,4 | | 未使用的引脚连接到 GND |
| P0_0 | 19 | 数字 I/O | 端口 0.0 |
| P0_1 | 18 | 数字 I/O | 端口 0.1 |
| P0_2 | 17 | 数字 I/O | 端口 0.2 |
| P0_3 | 16 | 数字 I/O | 端口 0.3 |
| P0_4 | 15 | 数字 I/O | 端口 0.4 |
| P0_5 | 14 | 数字 I/O | 端口 0.5 |
| P0_6 | 13 | 数字 I/O | 端口 0.6 |
| P0_7 | 12 | 数字 I/O | 端口 0.7 |
| P1_0 | 11 | 数字 I/O | 端口 1.0——具有 20mA 驱动能力 |
| P1_1 | 9 | 数字 I/O | 端口 1.1——具有 20mA 驱动能力 |
| P1_2 | 8 | 数字 I/O | 端口 1.2 |
| P1_3 | 7 | 数字 I/O | 端口 1.3 |
| P1_4 | 6 | 数字 I/O | 端口 1.4 |
| P1_5 | 5 | 数字 I/O | 端口 1.5 |
| P1_6 | 38 | 数字 I/O | 端口 1.6 |
| P1_7 | 37 | 数字 I/O | 端口 1.7 |
| P2_0 | 36 | 数字 I/O | 端口 2.0 |
| P2_1 | 35 | 数字 I/O | 端口 2.1 |
| P2_2 | 34 | 数字 I/O | 端口 2.2 |
| P2_3/XOSC32K_Q2 | 33 | 数字 I/O,模拟 I/O | 端口 2.3/32.768kHz XOSC |
| P2_4/XOSC32K_Q1 | 32 | 数字 I/O,模拟 I/O | 端口 2.4/32.768kHz XOSC |
| RBIAS1 | 30 | 模拟 I/O | 连接提供基准电流的外接精密偏置电阻器 |
| RESET_N | 20 | 数字 | 输入复位,低电平有效 |
| RF_N | 26 | RF | 接收时,负 RF 输入信号到 LNA;<br>发送时,来自 PA 的负 RF 输出信号 |
| RF_P | 25 | RF | 接收时,正 RF 输入信号到 LNA;<br>发送时,来自 PA 的正 RF 输出信号 |
| XOSC_Q1 | 22 | 模拟 I/O | 32MHz 晶体振荡器引脚 1,或外接时钟输入 |
| XOSC_Q2 | 23 | 模拟 I/O | 32MHz 晶体振荡器引脚 2 |

### 7.3.3 CC2530 单片机的内部结构

图 7-8 为 CC2530 芯片的内部功能结构图,其可大致分为 3 类模块:CPU 和相关存储器模块,外设、时钟和电源管理模块以及无线模块。下面对图 7-8 中的每个模块进行简单描述。

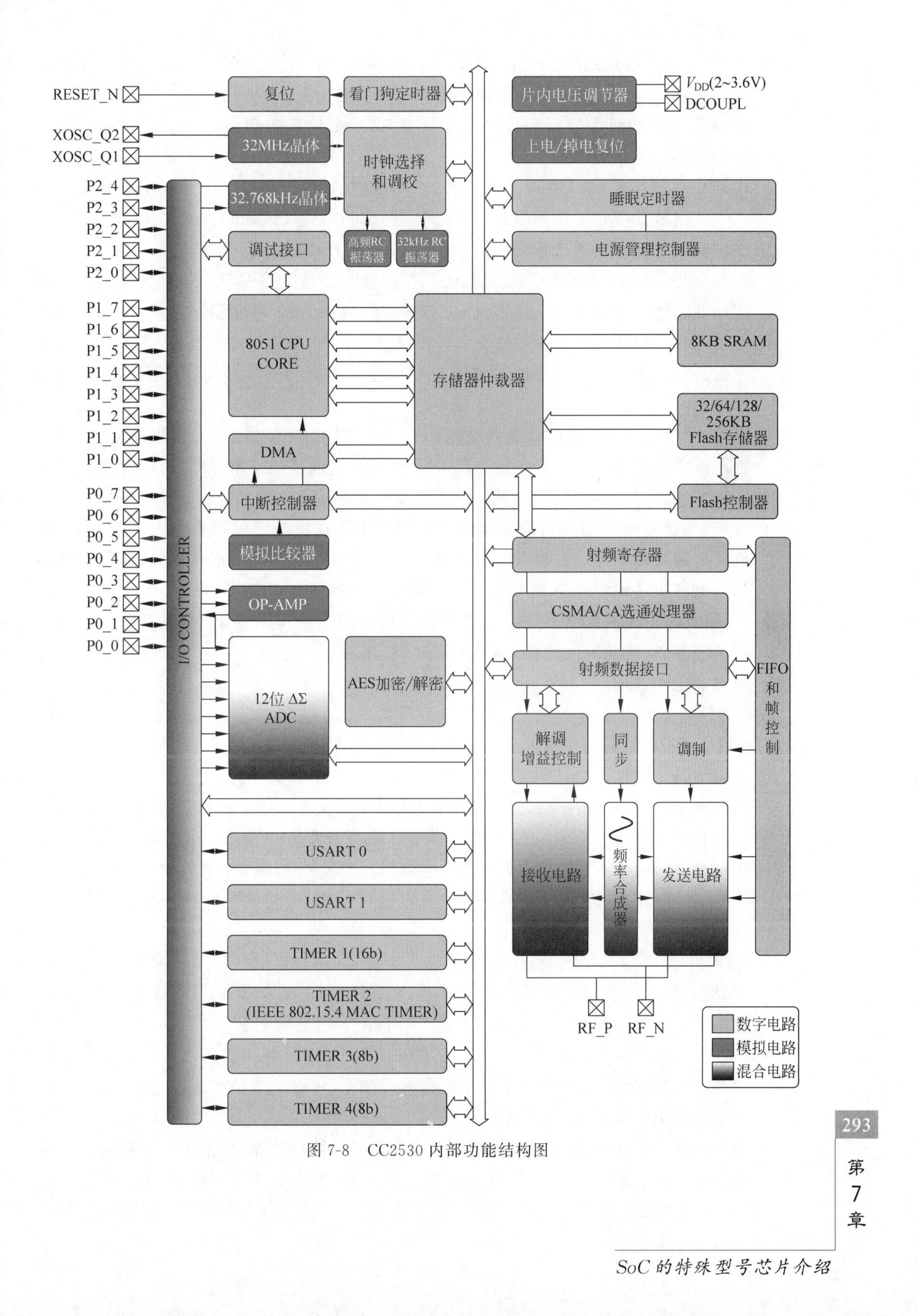


图 7-8　CC2530 内部功能结构图

**1. CPU 和存储器**

- CC2530 芯片使用的 8051 CPU 核心是一个单周期的 8051 兼容核心。它有 3 个不同的存储器访问总线(特殊功能寄存器 SFR、数据 DATA 和代码/外部数据 CODE/XDATA),单周期访问 SFR、DATA 和主 SRAM,它还包含一个调试接口和扩展的 18 路输入中断控制器。
- 中断控制器共有 18 个中断源,分为 6 个中断组,每个中断组赋值为 4 个中断优先级之一。当该设备处于空闲模式时,任何中断都可以使 CC2530 恢复到主动模式。某些中断还可以将设备从睡眠模式(电源模式 1～3)唤醒。
- 存储器交叉开关/仲裁位于系统核心,它通过 SFR 总线将 CPU、DMA 控制器、物理存储器和所有的外接设备连接起来。存储器仲裁有 4 个存储器访问点,访问可以被映射到 3 个物理存储器中的 1 个：1 个 8KB SRAM、Flash 存储器和 XREG/SFR 寄存器。存储器仲裁负责对访问到同一个物理存储器的同步存储器访问进行仲裁和排序。
- 8KB SRAM 映射到数据存储器空间和部分外部数据存储器空间。8KB SRAM 是一个超低功耗的 SRAM,甚至当数字部分掉电后(电源模式 2 和 3)它也能保持它的数据,对于低功耗应用领域,这是一个很重要的特性。
- 32/64/128/256KB Flash 存储器块为设备提供了在系统可编程非易失性存储器,并且映射到代码和外部数据存储器空间。除了保持程序代码和常量以外,非易失性存储器允许应用程序保存用户数据,以保证这些数据在设备重启后可用。使用此功能,可以实现无线网络节点在重启后直接使用保存的网络参数,不再需要经过完全启动、网络寻找和加入过程,缩短组网时间。

**2. 时钟和电源管理**

数字内核和外部设备由一个 1.8V 低差稳压器供电。它提供了电源管理功能,可以实现使用不同的电源模式以低功耗运行,从而延长电池寿命。

**3. 外部设备**

CC2530 包括许多不同的外部设备,使得应用程序开发者可以进行高级应用程序开发。

- 调试接口实现了一个专有的 2 线串行接口来进行在电路调试。通过调试接口可以实现对 Flash 存储器进行全片擦除、控制启动哪一个振荡器、停止和开始执行用户程序、在 8051 内核上执行给定的指令、设置代码断点、在代码中通过指令进行单步调试等功能。
- CC2530 包含用于存储程序代码的 Flash 存储器,通过调试接口用软件可以对 Flash 存储器进行编程。Flash 控制器处理对嵌入式 Flash 存储器的写和擦除。Flash 控制器允许页擦除和以 4 字节为单位进行 Flash 存储器编程。
- I/O 控制器负责所有通用 I/O 引脚。CPU 可以配置某些引脚是由外接设备模块控制或由软件控制,每个引脚可以配置为输入或输出,以及上拉或下拉电阻是否连接。每个引脚上能够单独使能 CPU 中断。
- 芯片内有一个通用的 5 通道 DMA 控制器,使用外部数据存储器空间来访问存储器,因此可以访问所有的物理存储器。每个通道都可以在存储器的任何位置用 DMA 描述来配置(触发、优先顺序、传输模式、寻址方式、源指针和目的指针、传输计数)。多数硬件外设(AES 核心、Flash 控制器、USART、定时器、ADC 接口)依靠 DMA 控制器在 SFR 或 XREG 地址和 Flash 存储器/SRAM 之间传输数据。

- 定时器 1 是一个 16 位定时器,具有定时器/计数器/脉宽调制功能。它有 1 个可编程分频器、1 个 16 位周期值和 5 个单独可编程计数/捕获通道,每个通道有一个 16 位比较值。每个计数/捕获通道可以用作 PWM 输出或用来捕获输入信号的边沿时间。
- 定时器 2 是 8 位的 MAC 定时器,是为支持 IEEE 802.15.4 MAC 或时间跟踪协议而特别设计的。该定时器具有一个可配置时间周期和一个可以用来记录已经发生的周期数轨道的 8 位溢出计数器。它还有一个 16 位捕获寄存器,用来记录一个帧开始定界符接收/发送的精确时间或者传输完成的精确时间,以及一个可以在特定时间对无线模块产生各种命令选通信号(开始接收、开始发送等)的 16 位输出比较寄存器。
- 定时器 3 和定时器 4 是 8 位定时器,具有定时器/计数器/PWM 功能。它们有一个可编程分频器、一个 8 位周期值和一个具有 8 位比较值的可编程计数器通道。每一个计数器通道可以被用来当作 PWM 输出。
- 睡眠定时器是一个超低功耗定时器,计数外部 32kHz 晶体振荡器或内部 32kHz RC 振荡器输出的周期时钟信号。睡眠定时器在所有运行模式下(除了电源模式 3)都可连续运行。睡眠定时器的典型应用是被当作一个实时计数器,或者被当作一个唤醒定时器来离开电源模式 1 或 2。
- ADC 在理想的 32～40kHz 带宽下支持 7～12 位分辨率。直流和音频转换最多可达 8 个输入通道(端口 0)。输入可以被选择为单端输入或差分输入。参考电压可以是内部 AVDD,或一个单端或差分外部信号。ADC 也有温度传感器输入通道,ADC 可以自动操作定期采样过程或通道序列转换过程。
- 随机数发生器使用一个 16 位线性反馈移位寄存器(LFSR)来产生随机数,它可以被 CPU 读取或被命令选通处理器直接使用。随机数可以被用作安全机制所需要产生的随机密钥。
- AES 加密/解密核心允许用户用 128 位密钥的 AES 算法来加密和解密数据。支持 IEEE 802.15.4 MAC 安全、ZigBee 网络层和应用层所要求的 AES 操作。
- 内置看门狗定时器允许 CC2530 在固件挂起时复位自己。当通过软件使能时,看门狗定时器必须被周期性擦除,否则时间一到它就会产生复位。如果不用看门狗功能,则该定时器可以被配置作为一般 32kHz 定时器使用。
- USART0 和 USART1 均可被配置为一个主/从 SPI 或一个 UART。它们提供在接收和发送时的双缓冲和硬件流控制,因而非常适合于大吞吐量全双工应用领域。每个 USART 都有专用的高精度波特率发生器,不占用普通的计时器。
- CC2530 有一个符合 IEEE 802.15.4 标准的无线收发器。RF 核心控制模拟无线模块,为 MCU 和无线之间提供了一个接口,以使得发送命令、读取状态、自动操作和对无线事件进行排序,无线部分还包括一个数据包过滤和地址识别模块。

## 7.3.4 CC2530 单片机的应用电路

CC2530 单片机仅需要很少的外接元件就可以工作,其典型应用电路如图 7-9 所示。外接元件概况如表 7-5 所示。

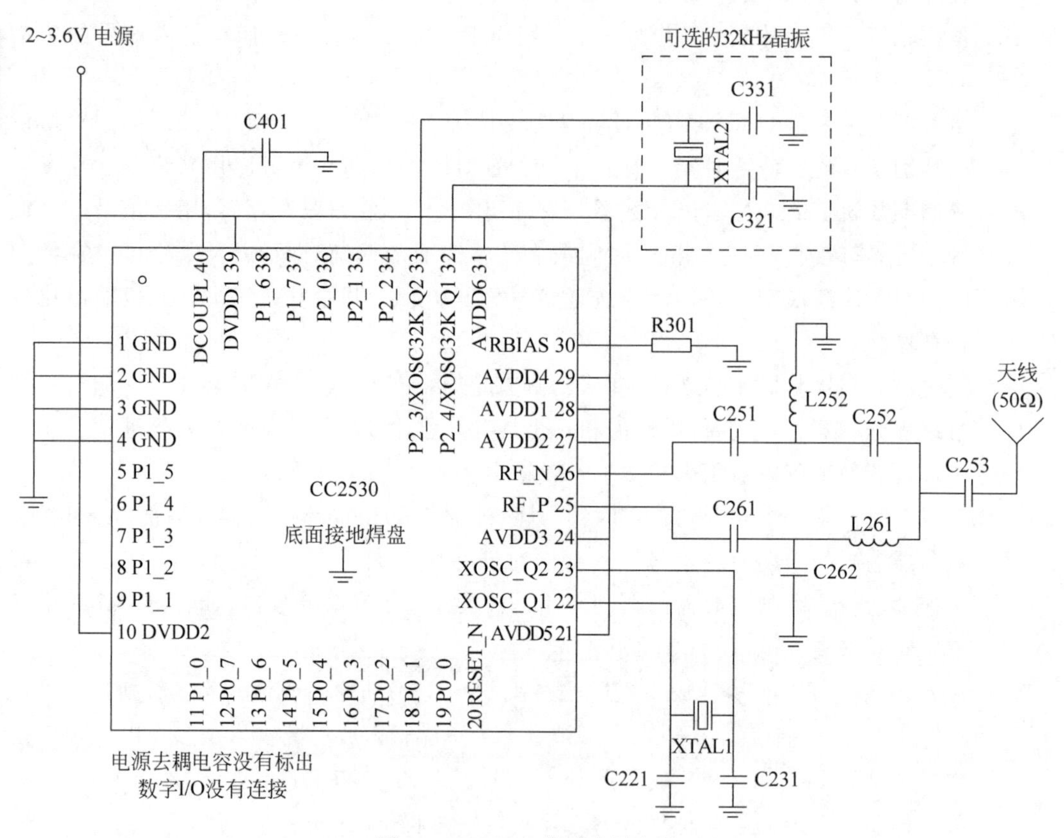


图 7-9 CC2530 典型应用电路

表 7-5 外接元件概况(不包括电源去耦电容器)

| 元 件 | 描 述 | 值 |
|---|---|---|
| C251 | RF 匹配网络部分 | 18pF |
| C261 | RF 匹配网络部分 | 18pF |
| L252 | RF 匹配网络部分 | 2nH |
| L261 | RF 匹配网络部分 | 2nH |
| C262 | RF 匹配网络部分 | 1pF |
| C252 | RF 匹配网络部分 | 1pF |
| C253 | RF 匹配网络部分 | 2.2pF |
| C331 | 32kHz 晶振负载电容 | 15pF |
| C321 | 32kHz 晶振负载电容 | 15pF |
| C231 | 32kHz 晶振负载电容 | 27pF |
| C221 | 32kHz 晶振负载电容 | 27pF |
| C401 | 内部数字稳压器的去耦电容 | 1μF |
| R301 | 内部偏置电阻 | 56kΩ |

当使用不平衡天线(例如单极天线)时,为了优化性能,就应当使用不平衡变压器。不平衡变压器可以运行在使用低成本的单独电感器和电容器的场合。推荐使用的不平衡变压器及其配套元件有 C262、L261、C252 和 L252。使用平衡天线,例如折叠式偶极天线,可以省略不平衡变压器。

## 7.3.5 CC2530 应用举例

**1. 硬件电路**

图 7-10 给出了一个无线遥控灯具和开关的电路,作为示例,仅给出了 1 个 LED 指示灯 D1 和 1 个开关 S1 进行说明,实际的灯具电路要考虑所控制灯具的驱动特点。为了简化,如图 7-10 所示的既是无线开关的电路(发射端),也是无线灯具的电路(接收端)。该电路使用 CC2530 单片机作为无线射频收发的控制器,其连接了指示灯 D1 和开关 S1,通过开关 S1 发出控制接收端灯具亮灭的信号,CC2530 单片机将该控制信息通过无线发送到接收端,由接收端的单片机解析后,控制所连接的指示灯 D1 点亮或者熄灭。

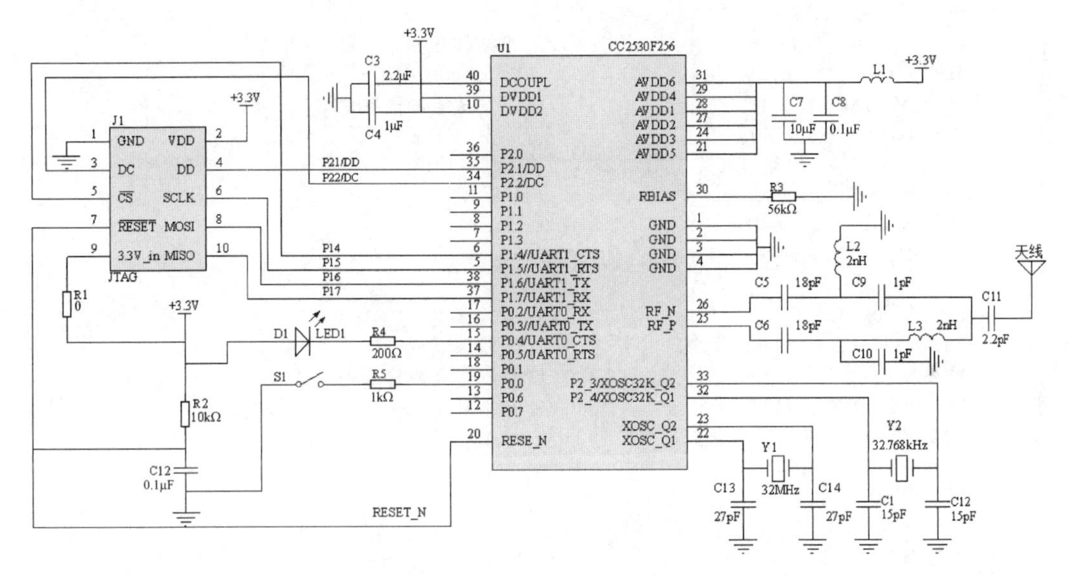


图 7-10　无线遥控灯具电路原理图

在图 7-10 所示的电路中,R2 和 C12 组成了单片机的上电复位电路,用于重新启动模块并初始化。JTAG 接口电路主要用来与仿真器连接到 PC,实现 CC2530 单片机程序的下载和调试功能,同时还可以通过与电源引脚相连接实现对模块进行供电。本设计中 JTAG 接口的 1 引脚接地,2 引脚 VDD 连接 3.3V 电源。3 引脚与 CC2530 芯片的 P2_2 引脚相连作为调试时钟信号引脚 DC,4 引脚与 CC2530 芯片的 P2_1 引脚相连作为调试数据引脚 DD,实现将程序下载到 CC2530 芯片。7 引脚与复位电路相连接,可以实现复位功能。

**2. 软件设计说明**

该无线开关和灯具的软件主要包含 4 部分:射频和端口初始化、开关状态检测、无线发送和无线接收。程序代码如下所示,在初始化阶段,选择系统外接的 32MHz 晶体振荡器作为工作时钟,并初始化指示灯 D1 所连接的端口为输出,并初始化射频接口电路工作于无线频道 11,完成射频收发的设置;在节点初始化完成之后,主程序循环判断开关的状态是否改变,如果发生改变,则将新的开关状态通过射频接口发送到灯具接收端;灯具接收端在射频接收的中断服务程序中完成数据的接收,在CRC校验正确并且接收到的有效数据长度等于预设值时,使用接收到的数据作为控制指令更新指示灯。



```
#include "ioCC2530.h"

#define D1 P0_4                        //指示灯: 0——点亮; 1——熄灭
#define S1 P0_0                        //开关 K1: 0——闭合; 1——断开

char key_state;                        //开关 K1 的状态变量

char rf_tx_buf[128];                   //射频发送缓冲区
char rf_rx_buf[128];                   //射频接收缓冲区

void rf_send(char * pbuf, int len) {
    RFST = 0xE3;                       //RF 接收使能 ISRXON
    //等待发送状态不活跃并且没有接收到 SFD
    while(FSMSTAT1 & ((1 << 1) | (1 << 5)));
    RFIRQM0 &= ~(1 << 6);              //禁止接收数据包中断
    IEN2 &= ~(1 << 0);                 //清除 RF 全局中断
    RFST = 0xEE;                       //清除发送缓冲区 ISFLUSHTX
    RFIRQF1 = ~(1 << 1);               //清除发送完成标志
    //填充缓冲区, 填充过程需要增加 2B,CRC 校验自动填充
    RFD = len + 2;
    for (int i = 0; i < len; i++) {
        RFD = * pbuf++;
    }
    RFST = 0xE9;                       //发送数据包 ISTXON
    while (!(RFIRQF1 & (1 << 1)));     //等待发送完成
    RFIRQF1 = ~(1 << 1);               //清除发送完成标志位
    RFIRQM0 |= (1 << 6);               //RX 接收中断
    IEN2 |= (1 << 0);
}

void rf_init() {
    TXPOWER = 0xD5;                    //发射功率为 1dBm
    CCACTRL0 = 0xF8;
    FRMFILT0 = 0x0C;                   //禁止接收过滤,即接收所有数据包
    FSCAL1 = 0x00;
    TXFILTCFG = 0x09;
    AGCCTRL1 = 0x15;
    AGCCTRL2 = 0xFE;
    TXFILTCFG = 0x09;
    FREQCTRL = 0x0B;                   //选择通道 11
    RFIRQM0 |= (1 << 6);               //使能 RF 数据包接收中断
    IEN2 |= (1 << 0);                  //使能 RF 中断
    RFST = 0xED;                       //清除 RF 接收缓冲区 ISFLUSHRX
    RFST = 0xE3;                       //RF 接收使能 ISRXON
}

void rf_receive_isr() {
    int len = 0;
    char crc = 0;
```

```
        len = RFD - 2;                          //长度去除 2B 附加结果
        len &= 0x7F;
        //将接收到的数据读取到接收缓冲区
        for (int i = 0; i < len; i++) rf_rx_buf[i] = RFD;
        crc = RFD;                              //读取 CRC 校验结果
        RFST = 0xED;                            //清除接收缓冲区
        if((crc & 0x80) && (len == 1)) D1 = (rf_rx_buf[0] == 0) ? 0 : 1;     //改变 LED 指示灯 D1
    }

    #pragma vector = RF_VECTOR
    __interrupt void rf_isr(void) {
        EA = 0;
        //接收到一个完整的数据包
        if (RFIRQF0 & (1 << 6)) {
            rf_receive_isr();                   //调用接收中断处理函数
            S1CON = 0;                          //清除 RF 中断标志
            RFIRQF0 &= ~(1 << 6);               //清除 RF 接收完成数据包中断
        }
        EA = 1;
    }

    void main(void) {
        EA = 0;                                 //全局中断禁止
        SLEEPCMD &= ~0x04;                      //设置系统时钟为 32MHz
        while(!(SLEEPSTA & 0x40));
        CLKCONCMD &= ~0x47;
        SLEEPCMD |= 0x04;
        rf_init();                              //RF 初始化
        EA = 1;                                 //全局中断使能
        P0DIR |= (1 << 4);                      //P0.4 输出
        D1 = 1;                                 //初始指示灯 D1 熄灭
        key_state = S1;                         //获得初始开关状态
        while(1) {
            if(key_state != S1) {               //开关状态改变
                key_state = S1;                 //更新开关状态
                rf_tx_buf[0] = key_state;       //填充射频发送缓冲区
                rf_send(rf_tx_buf, 1);          //通过无线射频发送开关状态
            }
        }
    }
```

## 习　题　7

1. 查阅有关网站，了解 C8051F 系列还有哪些型号的单片机有特殊的功能，如带 USB 接口的，了解其他系列的单片机，有无片上带以太网接口功能的单片机。

2. 查阅资料，了解 8051 内核单片机还有哪些生产厂商和芯片型号，对比这些型号单片机的特性，指出各自单片机的应用领域。

3. 查阅资料和网站，了解目前 TI 公司的 8051 内核单片机主要应用于人们身边的哪些产品中。

# 第 8 章 SoC 单片机实验介绍

通过前面各章的讲解，已经对 SoC 单片机有一个比较详细的了解，但"纸上得来终觉浅，绝知此事须躬行"，本章将通过实验进一步认识 C8051F020 单片机，主要内容包含如下 4 方面：

(1) C8051F020 实验系统介绍；

(2) 集成开发环境(Integrated Development Environment，IDE)使用方法介绍；

(3) C8051F 系列单片机实验项目的介绍和分析；

(4) 使用 Keil μVision2 开发 C8051F 系列单片机应用程序的方法。

## 8.1 C8051F020 实验系统介绍

实验系统由 Silicon Laboratories 的 SoC 单片机开发工具、可用于以太网测控的 NMC-20XX 核心模块、系统实验板 3 部分组成，应用该设备可进行 SoC 单片机典型应用的实验，实验设备如图 8-1 所示。

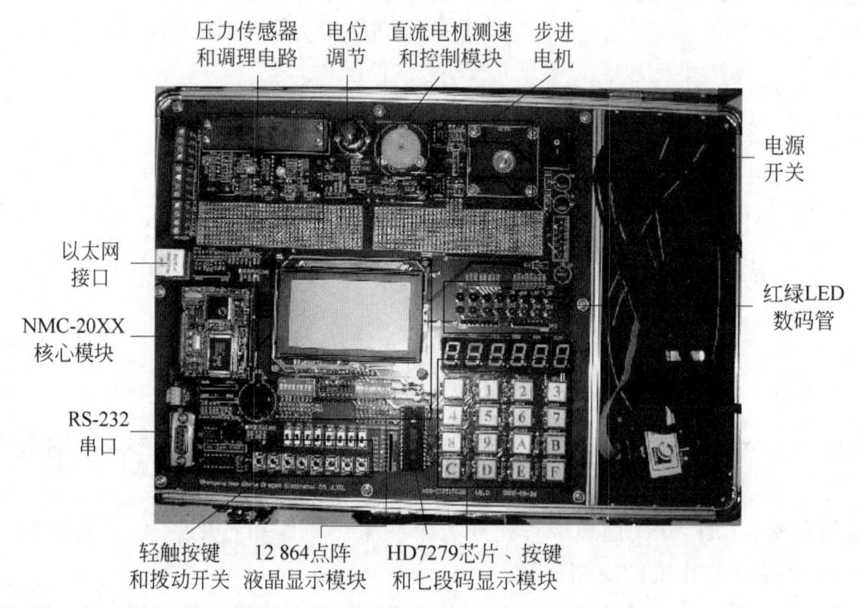


图 8-1 实验设备

**1. 系统的主要性能指标**

- 系统时钟最高可达 25MHz。
- 通过 RS-232 接口(或 USB)与 PC 连接。
- 支持汇编语言和 C51 源代码级调试。
- 支持第三方软件工具(Keil C)。

**2. IDE 软件运行环境**

- Windows 2000/XP/7/8/10 操作系统。
- 32MB RAM。
- 40MB 自由硬盘空间。
- 空闲的 COM 口,配 USB 接口的调试电缆可以用 USB 接口。

**3. 实验系统的使用**

C8051F 系列单片机的调试在第 2 章中就已经描述过,硬件连接及软件安装步骤为:

- 将 JTAG 扁平电缆一端与适配器(EC2)连接,另一端与目标系统连接。
- 将 RS-232 串行电缆的一端与 EC2 连接,另一端接到 PC。
- 给目标系统上电。
- 运行安装程序,将 IDE 软件安装到 PC,在 PC 的"开始"菜单的"程序"项中选择 Silicon Laboratories IDE,运行 IDE 软件。

### 8.1.1 C8051F 系列单片机开发工具

Silicon Laboratories 的开发工具由 IDE 调试环境软件、适配器和电缆组成。C8051F 系列所有的单片机片内均设计有调试电路,该调试电路通过边界扫描方式获取单片机片内信息,通过 4 线的 JTAG 接口(有的型号使用 2 线(C2)接口)与开发工具连接,对单片机在片编程调试。

适配器(EC2)一端与计算机相连,另一端与 C8051F 系列单片机 JTAG 口相连,应用 Silicon Laboratories 提供的 IDE 调试环境或 Keil 的 μVision2 调试环境就可以进行非侵入式、全速的系统编程(ISP)和调试。

IDE 调试环境运行在 PC 的 Windows 系统下,在调试状态下可以观察和修改单片机的存储器和寄存器;支持断点设置、观察点设置、堆栈指示器设置及单步运行、全速运行和停止运行等命令。调试时不需要额外的目标 RAM、程序存储器、定时器或通信通道,并且所有的模拟和数字外设都能正常工作。

开发工具支持所有 C8051F 系列单片机,根据不同单片机型号的调试接口,采用 JTAG 或 C2 接口的适配器。

### 8.1.2 NMC-20XX 核心模块简介

NMC-20XX 核心模块的外观可参见图 8-1 中的标注,结构框图见图 8-2。该模块是为用于工业测控(包括以太网测控功能)而设计的,模块中使用 C8051F020 单片机,片外扩展了 128KB 的 SRAM(UT62L1024 芯片),以串行方式扩展了 1MB 的 Flash 存储器

(AT45DB081 芯片);模块用 4 层 PCB 设计,面积仅为 42.5mm×53.8mm,模块上设计有连接 C8051F020 单片机的 JTAG 调试接口,有用于扩展和应用连接的 2×40P 双排针,该双排针可与不同用户设计的应用系统连接,在该实验系统上和系统实验板连接。

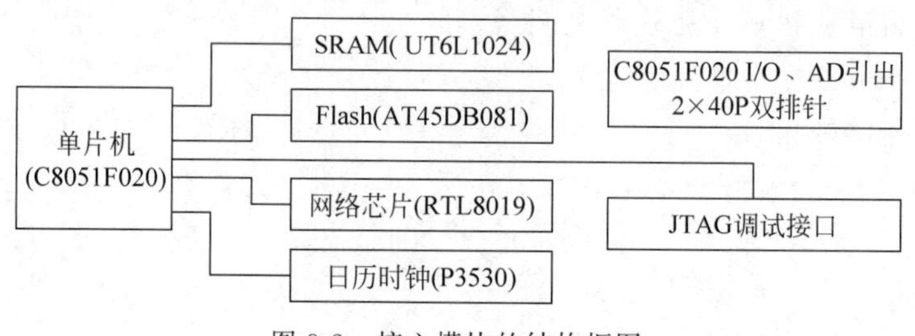


图 8-2 核心模块的结构框图

### 8.1.3 系统实验板

系统实验板除与 NMC-20XX 核心模块连接外,还配置了丰富的硬件资源,可根据需要安排多个实验内容。系统实验板的外观和各个实验模块的分布参看图 8-1。系统实验板硬件逻辑结构框图如图 8-3 所示。

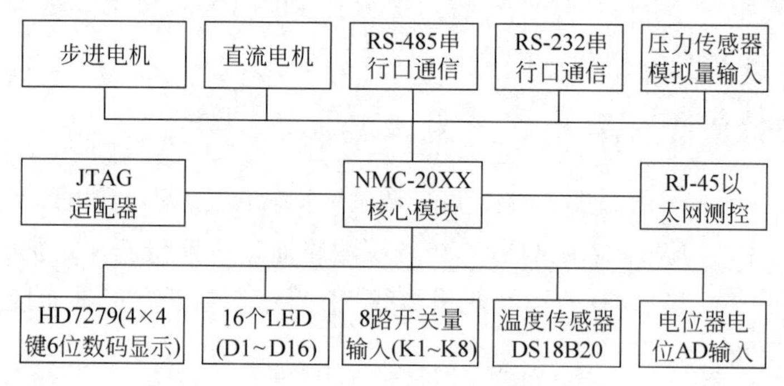


图 8-3 系统实验板结构框图

系统实验板与核心模块组成实验的目标系统,然后由运行在 PC 上的集成开发软件、JTAG 口的协议转换器(EC2)实现在系统开发调试。

实验者可参照本章后面的实验例程编译和下载各应用程序,也可独立设计程序(用 C 或汇编语言),然后就可开始在系统调试了。

该系统实验板由多个相对独立又能组合的实验硬件模块组成。硬件模块包含有:

(1) NMC-20XX 核心模块,核心模块资源。

① C8051F020 外扩 SRAM——UT62L1024。

② C8051F020 外扩串行方式扩展的 Flash 存储器——AT45DB081。

③ 用于以太网功能的 RTL8019。

④ 系统日历时钟芯片,日本精工 SP3530。

(2) HD7279 芯片,6 位 LED 数码显示与 4×4 键盘扫描电路。

(3) 开关量输出的 D1~D16 发光二极管。

(4) 8 路开关量输入接口 K1～K8,AN1～AN8。

(5) DS18B20 数字温度传感器。

(6) 电位器测量电压模拟输入电路。

(7) 压力应变片传感器模拟输入电路。

(8) 128×64 点阵液晶显示模块。

(9) RS-232 通信接口。

(10) RS-485 通信接口。

(11) RJ-45 以太网接口。

(12) 直流电机及调速电路。

(13) 步进电机及控制电路。

## 8.2 C8051F 系列单片机开发环境

C8051F 系列单片机开发时可以使用 Silicon Laboratories 公司的单片机集成开发环境或使用通用性更强的 Keil 公司的 μVision2 集成开发环境。

### 8.2.1 Silicon Laboratories IDE 简介

Silicon Laboratories IDE 是 Silicon Laboratories 公司开发的专门针对 C8051F 系列单片机的集成开发环境,它为设计者提供了开发和测试开发项目的所有工具,可以通过 Silicon Laboratories 公司或者相关产品提供商的网站下载得到,本章以该软件的 3.80 版本进行介绍。

### 8.2.2 集成开发环境的安装和配置

Silicon Laboratories IDE 软件的安装对于 PC 的配置要求比较低,现在的 PC 基本都能满足要求。安装完 Silicon Laboratories IDE 软件后,必须指定汇编器、链接器和编译器的安装路径,因为 Silicon Laboratories IDE 只是一个开发的界面,具体使用什么编译器等必须要另外安装和配置,下面就以安装完 Keil μVision2 开发工具后,对配置使用 Keil 的汇编器、链接器和编译器的过程进行介绍,将 Keil 8051 工具集成到 Silicon Laboratories IDE 后,就为开发者提供了一种最有效的开发环境,可以在同一个程序中进行编辑、编译、下载和调试,具体集成的步骤如下:

(1) 打开 IDE 软件,进入集成开发环境界面。

(2) 单击打开 Project 主菜单,选择 Tool Chain Integration 菜单项,出现 Tool Chain Integration 对话框,如图 8-4 所示。

(3) 在 Select Tool 下拉列表框中选择 Keil,表示使用 Keil 的汇编器、编译器和链接器。

(4) 汇编器工具定义:在对话框的 Assembler 选项卡中选择汇编器的可执行文件的目录和填写汇编器的命令行参数,也可以通过 Browse 按钮浏览、选择汇编器的可执行文件在 PC 的位置,通常是安装 Keil μVision 的目录,比如"C:\Keil\C51\BIN\A51.EXE"(Keil

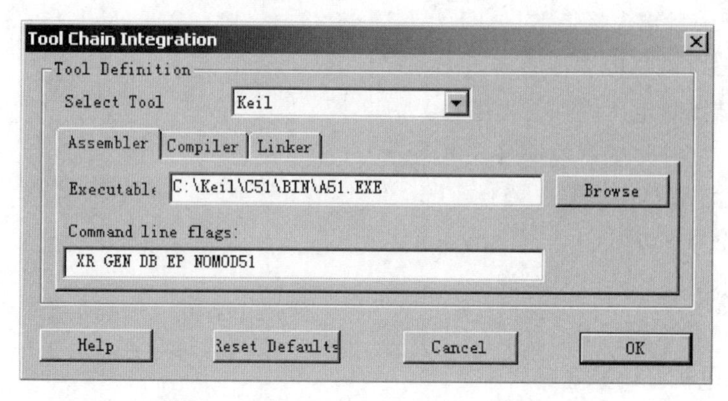


图 8-4　Tool Chain Integration 对话框

A51 程序的默认位置是“\Keil\C51\BIN\A51.EXE”)。在 Command line flags 文本框中输入合适的命令行参数,默认设置的 Keil 的命令行参数如图 8-4 所示,一般不用修改。

(5) 在 Tool Chain Integration 对话框的 Complier 选项卡中选择编译器的可执行文件的目录和填写编译器的命令行参数,也可以通过 Browse 按钮浏览、选择编译器的可执行文件的位置,通常是安装 Keil μVision 的目录,比如“C:\Keil\C51\BIN\C51.EXE”(Keil C51 程序的默认位置是“\Keil\C51\BIN\C51.EXE”)。在 Command line flags 文本框中输入合适的命令行参数,如图 8-5 所示,或者单击 Customize 按钮在如图 8-6 所示的 Keil Compiler Options 对话框中进行选择设置,为了能够进行源码级调试,要确保选中 Include symbol、Include debug information 和 Include Extended debug information 复选框。默认的 Keil 设置 Compiler 定义的参数如图 8-6 所示。

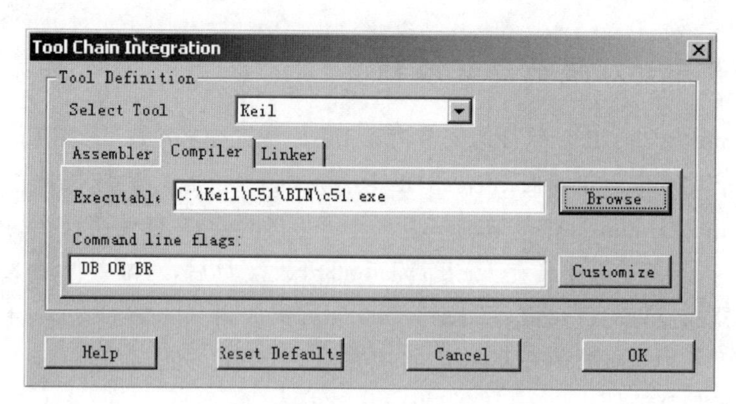


图 8-5　Compiler 选项卡定义编译器设置

(6) 在 Tool Chain Integration 对话框的 Linker 选项卡中选择链接器的可执行文件的目录和填写链接器的命令行参数,也可以通过 Browse 按钮浏览、选择链接器的可执行文件的位置,通常是安装 Keil μVision 的目录,比如“C:\Keil\C51\BIN\BL51.EXE”(默认的 Keil 链接器在“\Keil\C51\BIN\BL51.EXE”)。默认的 Keil 链接器的参数如图 8-7 所示,在 Command line flags 文本框中输入合适的命令行参数,或者单击 Customize 按钮得到如图 8-8 所示的 Keil Linker Options 对话框进行命令行参数的选择和设置。

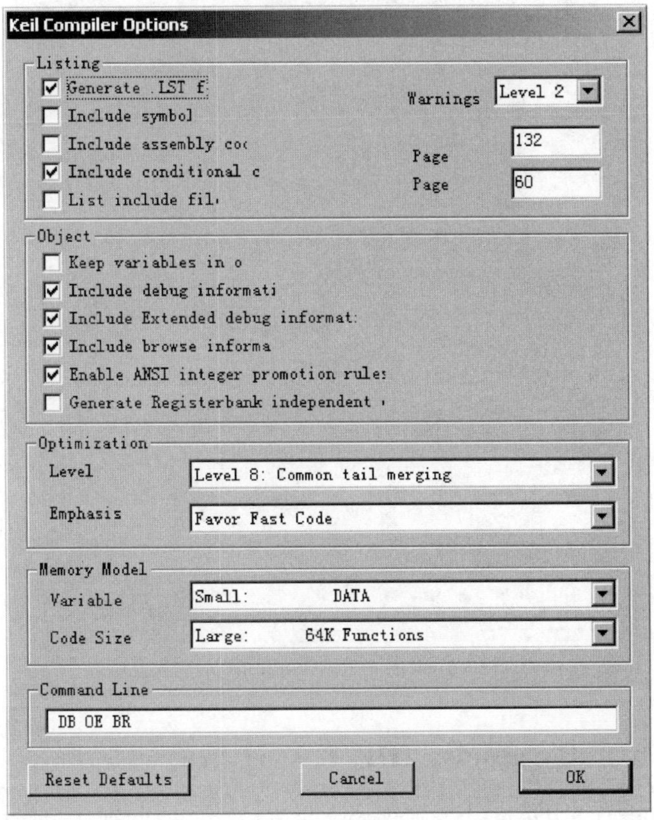

图 8-6　Keil Compiler Options 对话框

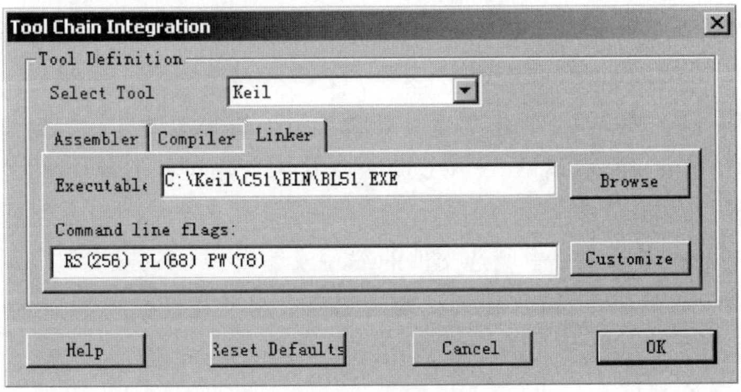

图 8-7　链接器 Linker 定义选项卡

(7) 以上命令行参数一般保持默认设置即可，然后单击 OK 按钮，设置完毕。

经过这样设置后实际上使用的是 Keil 8051 的开发工具进行程序文件的编译和链接，最终生成的 Intel OMF-51 绝对目标文件允许源码级调试，在后面的项目调试中就可以简单通过选择菜单中的 Assemble/Compile Current File 或 Build/Make Project 命令进行项目的编译。

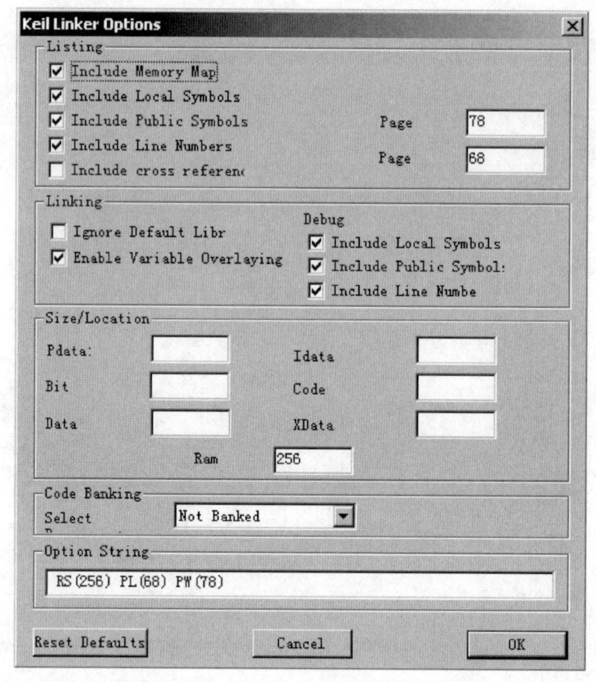


图 8-8　Keil Linker Options 对话框

## 8.2.3　Silicon Laboratories IDE 的软件界面

Silicon Laboratories IDE 的主界面如图 8-9 所示。下面分别介绍界面上的窗口、菜单和工具栏等的功能和作用。

**1. 软件的窗口**

Silicon Laboratories IDE 的主界面由项目窗口、编辑/调试窗口和输出窗口组成。

1) 项目窗口

- 文件查看(File View)——用于查看和管理与项目相关的文件。
- 符号查看(Symbol View)——用于查看项目中使用符号的地址。

2) 编辑/调试窗口

- 编辑窗口——用于项目中所选文件的编写或编辑。
- 调试窗口——代码下载后,在调试期间此窗口用于观察存储器、寄存器和变量等。

3) 输出窗口

输出窗口由 4 个选项卡组成,这些选项卡用于显示调试过程中的信息。

- Build 选项卡——显示由集成的汇编/编译/链接工具产生的输出信息,如果在汇编/编译过程中出错,用户可以双击窗口中的一条错误信息,则在编辑窗口中光标就会显示在发生错误的代码行。
- List 选项卡——用来显示最新编译或汇编所产生的列表文件。
- Tool 选项卡——如果工具输出被重定向到 tool. out 文件,此窗口将显示自定义工具所产生的输出。
- Find in Files 选项卡——用来显示进行查找操作时查找到的相符的文本行。

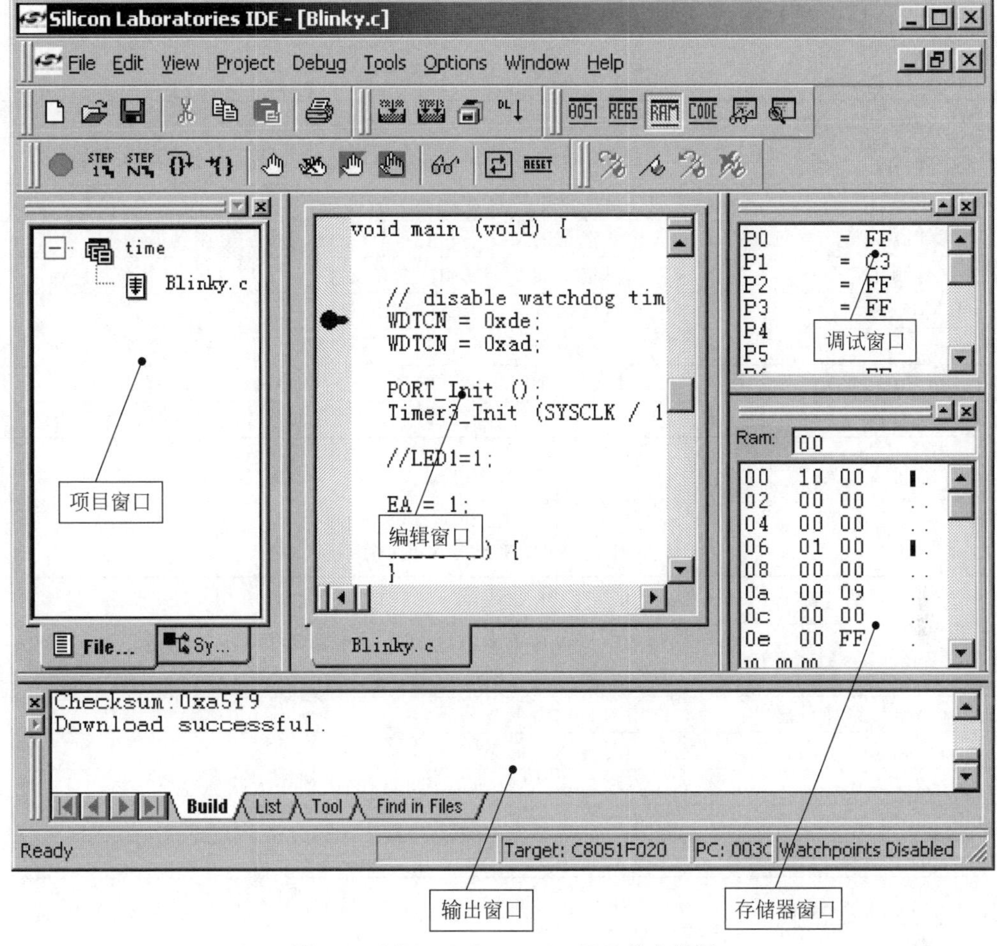

图 8-9 Silicon Laboratories IDE 的主界面

**2. 操作界面**

1）菜单

（1）File 菜单项及其功能如表 8-1 所示。

**表 8-1 File 菜单项及其功能**

| 菜 单 项 | 功 能 描 述 |
|---|---|
| New File(新文件) | 创建新文件或项目，比如汇编语言和 C 语言 |
| Open File(打开文件) | 打开存在的文件 |
| Close File(关闭文件) | 关闭当前打开的文件 |
| Save(保存) | 保存当前文件 |
| Save As(另存为) | 将当前文件保存为其他文件名 |
| Save All(保存所有) | 保存所有打开的文件 |
| Print Setup(打印设置) | 设置打印参数以便打印 |
| Print(打印) | 打印当前文件 |
| Recent Files(最近打开的文件) | 最近打开过的文件列表 |
| Recent Projects(最近打开的项目) | 最近打开过的项目列表 |
| Exit(退出) | 退出集成开发环境 |

(2) Edit 菜单项及其功能如表 8-2 所示。

**表 8-2　Edit 菜单项及其功能**

| 菜　单　项 | 功能描述 |
| --- | --- |
| Undo(撤销) | 撤销最近一次的编辑命令 |
| Redo(重做) | 重做最近一次被撤销的编辑命令 |
| Cut(剪切) | 使选定的文字(高亮)被删除,但将文字复制到剪贴板 |
| Copy(复制) | 将选定的文字复制到剪贴板 |
| Paste(粘贴) | 将剪贴板的内容粘贴到当前光标位置 |
| Find(查找) | 打开查找对话框,用户可输入查找的参数并在文件中查找 |
| Find in Files(多文件查找) | 同时对指定目录下的多个选定类型文件进行字符串查找 |
| Replace(替换) | 此命令打开替换对话框,用户在文件中查找并替换字符串 |

(3) View 菜单项及其功能如表 8-3 所示。

**表 8-3　View 菜单项及其功能**

| 菜　单　项 | 功能描述 |
| --- | --- |
| Debug Window(调试窗口) | 此菜单包含有子菜单,在子菜单中列出了所有存储器和寄存器窗口,这些窗口只有在调试时才可见 |
| Project Window(项目窗口) | 选中时显示 IDE 项目窗口 |
| Output Window(输出窗口) | 选中时显示 IDE 输出窗口 |
| Toolbars(工具栏) | 工具栏显示控制,如是否可见、是否使用大图标等 |
| Status Bar(状态栏) | 选中时显示 IDE 状态栏 |
| Workbook Mode(工作簿模式) | 选中时在 IDE 编辑窗口中显示文件名标签 |

(4) Project 菜单项及其功能如表 8-4 所示。

**表 8-4　Project 菜单项及其功能**

| 菜　单　项 | 功能描述 |
| --- | --- |
| Add Files To Project(添加文件到项目) | 添加文件到当前项目 |
| Add Group To Project(添加文件组到项目) | 添加文件组到当前项目,用于文件分组 |
| Assemble/Compile File(汇编/编译文件) | 此菜单将汇编/编译当前文件 |
| Build/Make Project(生成项目) | 对更改的文件进行汇编/编译,并生成目标代码 |
| Rebuild Project(重新生成项目代码) | 重新生成目标代码 |
| Stop Build(停止生成) | 停止生成目标代码 |
| New Project(创建项目) | 创建新项目 |
| Open Project(打开项目) | 打开存在的项目 |
| Save Project(保存项目) | 保存当前项目 |
| Save Project As(另存项目为) | 换名保存项目 |
| Close Project(关闭项目) | 关闭当前项目 |
| Reset Project(复位项目) | 创建一个未命名的空项目 |
| Load Recent Project on Startup(自动项目载入) | 启动程序时自动载入最后一次的项目 |
| Tool Chain Integration(工具链集成) | 打开工具链集成对话框来定义外部汇编器、编译器和链接器 |
| Target Build Configuration(目标生成配置) | 打开目标生成配置对话框,配置生成目标代码的选项 |

(5) Debug 菜单项及其功能如表 8-5 所示。

**表 8-5 Debug 菜单项及其功能**

| 菜 单 项 | 功能描述 |
|---|---|
| Connect(连接) | 通过调试适配器连接目标系统 |
| Disconnect(断开连接) | 断开已经建立的与目标系统的连接 |
| Download Object File(下载) | 将选择的指定目标代码文件下载到 Flash 存储器。下载文件必须是 Intel Hex 或 OMF-51 格式 |
| Go(运行) | 连续运行目标代码 |
| Stop(停止) | 停止目标代码的运行 |
| Step(单步) | 每次执行一条 C 语句或汇编指令 |
| Step Into(步入) | 单步执行,遇到函数调用时,转到函数的第一条语句执行 |
| Step Over(步越) | 单步执行,遇到函数调用时,将函数作为整体执行 |
| Run to Cursor(运行到光标处) | 允许用户程序代码运行到光标所在的代码行 |
| Breakpoints(断点) | 断点管理,如显示当前所有断点信息,加入/删除/允许/禁止断点等 |
| Watchpoints(观察点) | 观察点管理,如显示当前所有观察点信息,加入/删除/允许/禁止观察点等 |
| Refresh(刷新) | 对存储器或寄存器值进行更改后,将其写入硬件 |
| Reset(复位) | 和"复位"按钮一样,迫使 IDE 和硬件返回到调试初始状态 |
| Verify device content(设备内容校验) | 下载完成后,对写入设备的数据进行校验 |

(6) Tools 菜单项及其功能如表 8-6 所示。

**表 8-6 Tools 菜单项及其功能**

| 菜 单 项 | 功能描述 |
|---|---|
| Cygnal Configuration Wizard(Cygnal 配置向导) | 调用 Cygnal 配置向导能快速生成带有外设详细信息的初始化配置代码,需额外安装 |
| Memory Fill(填充存储器) | 对 RAM/代码/外部存储器填充数据 |
| Erase Code Space(擦除代码空间) | 删除和复位整个 Flash 存储器代码空间 |
| Upload Memory to File(输出存储器到文件) | 读取存储器中保存的数据并写入文件 |
| Add/Remove User Tool(加入/移出用户工具) | 用来添加、移出或修改用户工具 |

(7) Options 菜单项及其功能如表 8-7 所示。

**表 8-7 Options 菜单项及其功能**

| 菜 单 项 | 功能描述 |
|---|---|
| Connection Options(连接选项) | 连接设置,如接口类型等 |
| Multiple Step Configuration(多步配置) | 设置"多步执行"按钮每次执行的指令数 |
| Toolbar Configuration(工具栏配置) | 进行工具栏显示设置、工具栏按钮配置、创建新工具栏等操作 |
| Toolbar Extended Styles(工具栏扩展类型) | 对工具栏显示方式进行详细设置 |
| Editor Font Selection(编辑器字体选择) | 设定编辑器字型大小和颜色等 |
| Editor Tab Configuration | 设置 Tab 键占用的字符数 |

续表

| 菜单项 | 功能描述 |
|---|---|
| Select Language(选择语言) | 强制编辑器使用特殊语言配置文件 |
| Debug Window Font Selection(调试窗口字体选择) | 选择调试/编辑窗口的字体 |
| Disassembly View(反汇编视图) | 选择是否自动显示反汇编视图 |
| File Backup Settings(文件备份设置) | 选择备份文件的数量 |
| Suspend CAN0 on Halt(停机时暂停 CAN0) | 停机时暂停 CAN0 |
| Connect Before Open Project(打开项目时自动连接设备) | 打开项目时自动连接设备 |
| Flash Persist on Download(Flash 坚持写入) | Flash 坚持写入 |
| Flash Smart Download(Flash 智能写入) | Flash 智能写入 |
| Show ASCII in Memory Windows(内存窗口 ASCII 编码显示) | 选中时,显示内存数据时,同时显示其对应的 ASCII 码 |

(8) Window 菜单项及其功能如表 8-8 所示。

**表 8-8 Window 菜单项及其功能**

| 菜单项 | 功能描述 |
|---|---|
| Cascade(层叠) | 标准 Windows 层叠样式 |
| Tile Horizontal(水平平铺) | 标准 Windows 水平平铺样式 |
| Tile Vertical(垂直平铺) | 标准 Windows 垂直平铺样式 |
| Close All(关闭所有) | 关闭所有打开的编辑窗口 |

(9) Help 菜单项及其功能如表 8-9 所示。

**表 8-9 Help 菜单项及其功能**

| 菜单项 | 功能描述 |
|---|---|
| IDE Help | 帮助文档 |
| Release Note | 发行说明 |
| Check for Updates | 新版本检测 |
| About Silicon Laboratories IDE | 显示 IDE 版本信息 |

2) 工具栏(见表 8-10)

**表 8-10 工具栏按钮和功能**

| 工具栏 | 按钮 | | 功能描述 |
|---|---|---|---|
| 文件/编辑 | | 新建 | 创建一个新文件 |
| | | 打开 | 打开一个文件 |
| | | 保存 | 保存当前文件 |
| | | 剪切 | 剪切选定文本到剪贴板 |
| | | 复制 | 复制选定文本到剪贴板 |
| | | 粘贴 | 粘贴剪贴板到光标位置 |
| | | 打印 | 打印当前文件 |

续表

| 工　具　栏 | 按　　钮 | | 功能描述 |
|---|---|---|---|
| 编译和生成代码 | | 汇编/编译；<br>停止生成 | 汇编/编译当前文件；<br>停止生成代码 |
| | | 生成代码 | 汇编/编译和链接文件 |
| | | 连接；<br>断开 | 连接 IDE 和目标板；<br>断开按钮释放串口 |
| | DL | 下载 | 下载代码到目标硬件 Flash |
| 调试 | | 运行/停止 | 开始/停止执行目标处理器中的程序代码 |
| | RESET | 复位 | 硬件和 IDE 返回调试初态 |
| | STEP 1 | 单步 | 执行一条用户代码程序 |
| | STEP N | 多步 | 执行 $N$ 条用户代码程序 |
| | | 单步越过 | 单步越过函数或子程序 |
| | | 运行到光标 | 程序运行到光标处代码行 |
| | | 插入/移除断点 | 设置/清除光标处断点 |
| | | 移除所有断点 | 移除所有断点 |
| | | 允许/禁止断点 | 激活/禁止当前断点 |
| | | 禁止所有断点 | 禁止所有断点 |
| | | 内部观察点对话框 | 打开内部观察点对话框 |
| | | 刷新 | IDE 改变数值后强制写存储器 |
| 查看窗口 | 8051 | SFR 寄存器查看窗口 | 触发 SFR 寄存器查看窗口 |
| | REGS | 寄存器查看窗口 | 触发寄存器查看窗口 |
| | RAM | RAM 查看窗口 | 触发 RAM 查看窗口 |
| | CODE | 代码查看窗口 | 触发代码查看窗口 |
| | | 反汇编查看窗口 | 触发反汇编查看窗口 |
| 书签 | | 下一个书签 | 移动光标到下一书签位置 |
| | | 触发书签 | 设置/清除光标处书签 |
| | | 上一个书签 | 移动光标到前一书签位置 |
| | | 移除所有书签 | 移除所有书签 |

3）状态栏

状态栏显示目标系统中使用的 MCU 的型号、程序计数器 PC 的值、观察点的状态、程序的运行状态及光标所在的行和列。

### 8.2.4 程序开发的基本操作

程序开发的基本过程如下：

- 软件项目的创建和维护；
- 源程序的编辑和修改；
- 源程序的编译和链接；
- 目标系统的连接和代码下载；
- 程序的调试；
- 看门狗定时器的使用；
- 固件信息的保护。

**1. 软件项目的创建和维护**

1）新建项目

使用 Project 菜单中的 New Project 菜单项来创建项目。项目文件主要存储了以下信息：

(1）当前所有打开的文件。

(2）集成链接工具的设置选项。

(3）目标代码生成的配置选项。

(4）IDE 窗口的位置和尺寸。

(5）编辑器的设置选项。

2）重新打开项目

打开项目的方法有两种：

(1）选择 File 菜单中的 Recent Projects 菜单项列出的最近使用过的项目。

(2）使用 Project 菜单中的 Open Project 菜单项，打开 Open Workspace 对话框，选择计算机中保存的项目文件 *.wsp。

3）保存一个项目

使用 Project 菜单中的 Save Project 菜单项保存项目，也可用 Save Project As 菜单项来保存项目，此时会出现 Save Workspace 对话框来选择项目名称和存放的位置(项目文件的扩展名为.wsp)。

4）在项目中添加文件

可用下面的方法向已存在的项目中添加文件：

(1）在项目窗口的 File 选项卡中添加文件到项目。

① 在 File 选项卡中显示的项目或组上右击。

② 在弹出的快捷菜单中单击 Add Files 命令。

(2）从 Project 菜单中添加文件到一个打开的项目。

在 Project 菜单中用 Add Files to Project 菜单项添加文件到项目。

(3) 从 Build Button Definition 对话框中添加文件到项目。

① 通过 Project 菜单中打开 Target Build Configuration 对话框。

② 单击 Customize 按钮。

③ 单击 Add Files to Project 按钮。

5) 从项目中移出文件

从已有项目中移出文件可用下面的方法：在项目窗口的 File 选项卡中在要移出的文件上右击，在弹出的快捷菜单中单击 Remove filename from project 命令。移出项目的文件并非被删除，还存在于磁盘的原位置上，只是不再属于该项目。

**2. 源程序的编辑和修改**

IDE 包括一个全功能的编辑器，用来进行源程序的编辑和修改。用 File 菜单中的 New File 菜单项来新建文件，或用文件工具栏中的 New 按钮，然后开始输入源程序。只有当文件的扩展名为. asm 或. c 时，IDE 才会对源程序关键字符进行彩色显示。因此要使用关键字彩色显示功能，可用“保存”按钮，或用 File 菜单中的 Save 或 Save As 命令保存文件，然后再编辑源代码。

**3. 源程序的编译和链接**

1) 汇编和编译

可用 Build 工具栏中的“汇编/编译”按钮，或 Project 菜单中的 Assemble/Compile File 命令来对当前活动文件进行汇编/编译。

当汇编/编译完成后，将在输出窗口的 Build 选项窗中显示汇编/编译结果。如果源程序有错误，将在输出窗口中提示出错信息，双击错误提示，则在编辑窗口中光标将显示在源代码对应出错的那行。如果产生列表文件，那么将在输出窗口的 List 选项卡中显示。

2) 链接

可用 Build 工具栏中的“生成”按钮或用 Project 菜单中的 Build/Make Project 命令来生成项目目标代码，如果当前没有打开的项目，则此命令是被禁止的，显示为灰色。

链接时会对未汇编和编译的文件自动进行汇编和编译操作。

**4. 目标系统的连接和代码下载**

1) 连接前的准备工作

在代码下载前，必须对 IDE 与目标系统进行连接操作。连接前需进行以下操作：

(1) 使用电缆连接 PC 与调试适配器。应根据调试适配器的型号来选择 RS-232 串行电缆或 USB 电缆进行连接。

(2) 使用 JTAG 扁平电缆连接到调试适配器和目标系统。

(3) 开启目标系统电源，目标系统将会通过 JTAG 端口向调试适配器供电。

(4) 在 IDE 的 Options 菜单中选择使用的端口类型。对于串口，需在 Serial Port 子菜单中选择串行口号，即 PC 与调试适配器连接时使用的串口号；波特率设置为 115 200。

(5) 在 IDE 的 Options 菜单中的 Debug Interface 子菜单中选择的调试接口设置：

① 如果是 C8051F3XX 器件，则选择 C2。

② 如果是 C8051F 系列的其他器件，则选择 JTAG。

2) 目标系统的连接

准备工作完成后，可用 Build 工具栏中的“连接”按钮，或使用调试菜单中的 Connect

命令来完成连接。如果 IDE 不能访问串行口将报告出错信息,这可能是由于串行口被其他程序占用或者是串行口选择错误,如果是前一种情况,应关闭其他应用程序释放串行口然后重试连接;如果串行口选择错误,则在 IDE 的 Options 菜单的 Serial Port 子菜单中把串口选择为实际使用的串行口。

需要时可使用 Disconnect 命令,或 Build 工具栏中的"断开连接"按钮来断开连接,释放串口资源。

3) 下载代码到目标系统

连接完成后,单击 Build 工具栏中的"下载"按钮或使用 Debug 菜单中的 Download 命令就可以下载程序目标代码到目标系统的 Flash 存储器中。注意,只有在 IDE 和目标开发系统处于连接状态时,才能下载目标代码到目标硬件。如果在调用下载命令时有项目或文件已打开,则相关的目标文件将被下载;否则将弹出一个对话框要求选择需下载的文件。

IDE 下载的文件格式为 Intel Hex 或 OMF-51,下载后即可在 IDE 中对源文件进行源代码级调试。

**5. 程序的调试**

程序被下载到目标系统后,就可以在目标系统中调试和运行程序,所有的调试按钮都将允许使用。

1) 程序的运行控制

可用以下命令进行程序运行控制:

- Go 和 Stop 按钮——开始和停止目标用户代码执行。
- Step 按钮——单步执行代码,一次一条源代码指令(包括中断服务程序)。
- 可配置的 Multiple Step 按钮——一次可以执行多步,步数可以指定。
- Step Over 按钮——遇到函数时,一步越过函数体或子程序。
- Run to Cursor 按钮——运行到光标所在处。

2) 调试窗口的使用

IDE 包含很多调试窗口,在调试期间用它来查看和修改存储器及寄存器的信息。开发者可以通过 View(视图)菜单的 Debug Windows(调试窗口)菜单项来激活打开调试窗口。也可以通过单击工具栏中的图标按钮来激活某些调试窗口。图 8-10 显示了如何激活调试窗口。

3) 存储器和寄存器值的修改

当调试器处于暂停状态时,可以通过在调试窗口的光标处输入数值来修改寄存器或存储器的值。修改完成后,需使用 Refresh(刷新)按钮将修改后的值写入单片机,调试窗口将重新从单片机读取这些值,并将所有变化的值以红色显示。

**注意:** 修改寄存器的值只能在调试器处于暂停状态时进行。目标处理器正在执行用户代码时不允许写入。

4) 观察变量的添加与删除

在生成和下载程序代码后,调试者可以将要观察的变量添加到观察窗口:

(1) 在符号观察窗口中找到要加入的变量,在变量上右击并在弹出的快捷菜单中选择变量类型(见图 8-11)。

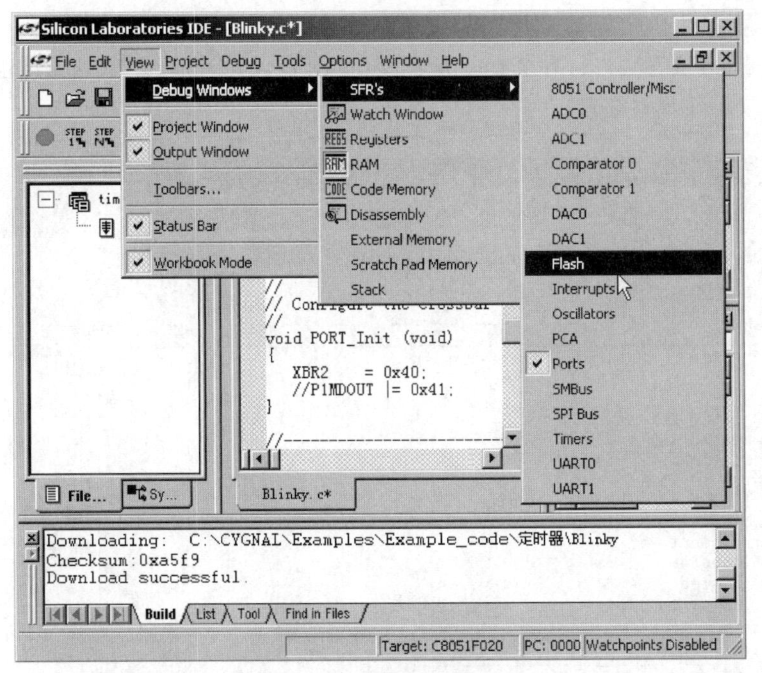


图 8-10　激活调试窗口

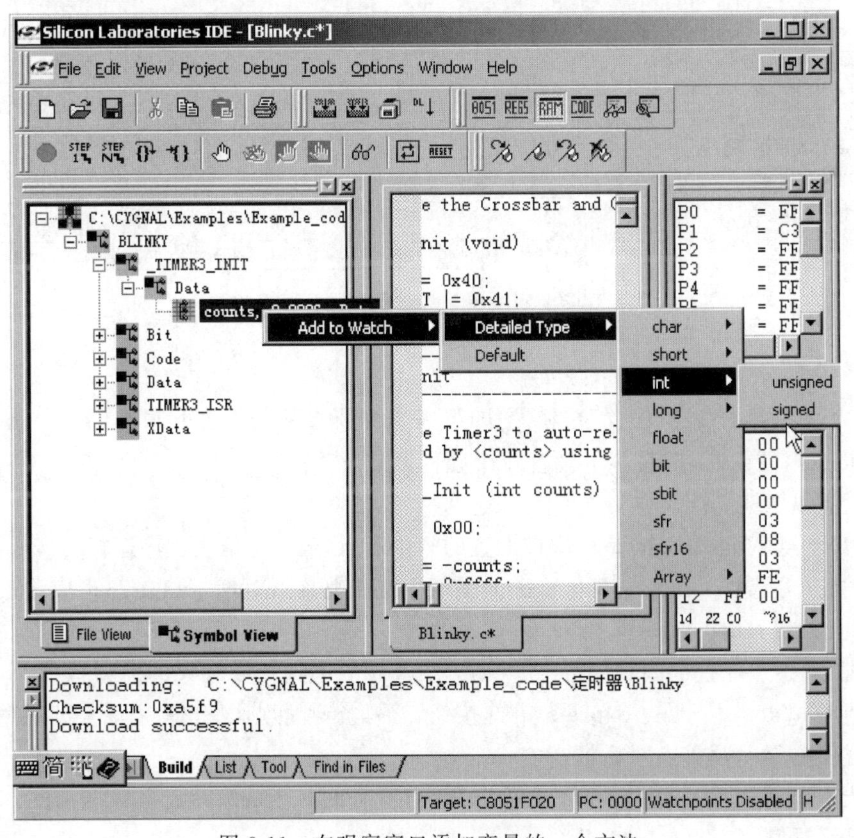


图 8-11　在观察窗口添加变量的一个方法

(2) 在源程序代码中找到需要加入观察窗口的变量,然后在变量上右击,在弹出的菜单选择 Add 变量名到观察窗口,并选择变量类型(见图 8-12)。在观察窗口中选定变量然后按 Delete 键,可以删除观察变量。

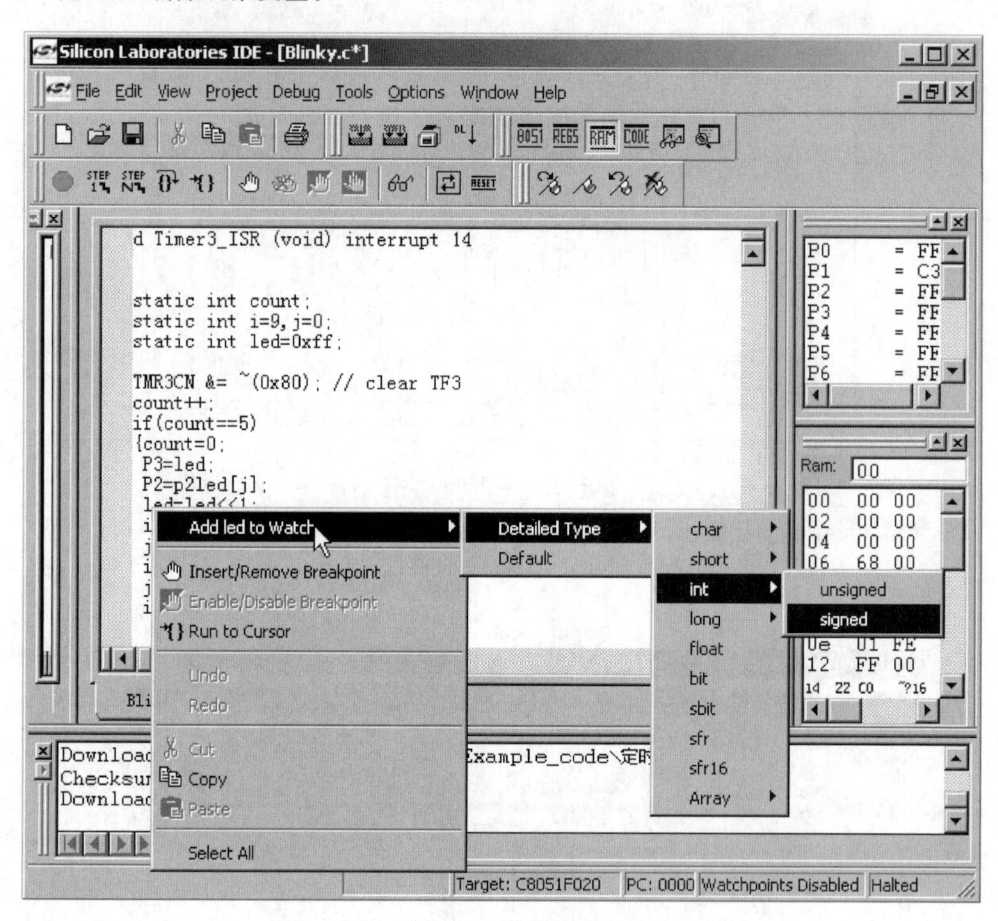


图 8-12　在观察窗口添加变量的另一个方法

5) 设置断点

单击工具栏中的"断点设置"按钮即可在光标所在的行设置和取消断点(Breakpoint)。注意,此断点为硬件断点,最多可设置 4 个硬件断点。

6) 设置观察点

(1) 观察点(Watchpoint)是由用户设置的软件断点,当设定值在程序运行时产生匹配时程序中断运行。可选择 Debug→Watchpoints 命令,打开观察点对话框(Internal Watchpoints)来进行观察点设置,如图 8-13 所示。

(2) 在观察点配置框(Watchpoint Configuration)中选择要观察的类型:

- 选中 Watch for any express 单选按钮,当 4 个观察点中有任意一个匹配时,IDE 将暂停并显示观察点对话框。
- 选中 Watch for all express 单选按钮,当所有的 4 个观察点都匹配时,IDE 将暂停并显示观察点对话框。

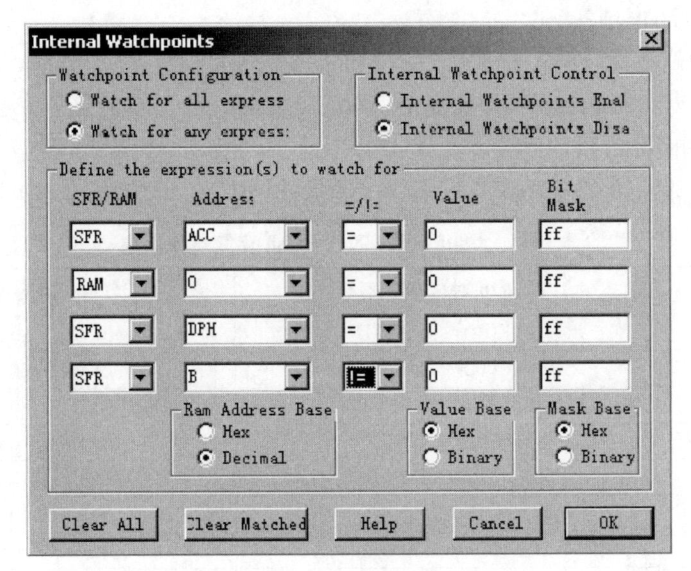


图 8-13　Internal Watchpoints 对话框

(3) 在内部观察点控制(Internal Watchpoint Control)中选择是否使用观察点功能：

- 选中 Internal Watchpoints Enabled(内部观察点使能)单选按钮,则允许观察点功能。
- 选中 Internal Watchpoints Disabled(内部观察点禁止)单选按钮,则禁止观察点功能。

(4) 观察点设置(Define the expression(s)to watch for)：

- 选择 RAM 或 SFR。
- 选择 RAM 单元地址或 SFR 寄存器名。注意,RAM 地址可以按十六进制或十进制指定。
- 选择停止条件：匹配停止或不相匹配停止。
- 指定与符号/变量的比较值。注意,变量值可以按十六进制或二进制指定。
- 指定要屏蔽的位。逻辑 1 查看,反之逻辑 0 忽略。注意,屏蔽位可以按十六进制或二进制指定。

(5) 单击 OK 按钮,现在可以单步或全速运行代码,当观察点匹配时 IDE 将暂停运行并显示观察点对话框。

(6) 一旦遇到匹配值,IDE 暂停并显示观察点对话框,为了 IDE 能够继续运行而不会因当前匹配而再次停止,匹配值必须清除或改变。Internal Watchpoints(内部观察点)对话框提供了 Clear All(清除所有)和 Clear Matched(清除匹配)按钮使清除更加容易。

**提示**：RAM 或 SFR 单元的地址信息,可以通过打开项目窗口的 Symbol 选项卡获取。

**6. 看门狗定时器的使用**

大多数 51 系列单片机都有看门狗定时器,当看门狗定时器被使能时,需要在指定的时间间隔对看门狗定时器进行清 0,如果未能及时进行清 0 操作,则系统将复位。因此,看门狗定时器可以解决由于干扰引起的程序“跑飞”问题。通常禁用看门狗定时器以便于程序调试,当调试完成后,应使能看门狗定时器,以解决程序“跑飞”问题。

**7. 固件信息的保护**

为了进行知识产权的保护和程序不被破坏,需要对存储在 Flash 存储器中的程序代码进行保护。为此 C8051F 系列单片机提供了以下几种软硬件信息的保护方法:

1) JTAG 存储区访问许可

如 C8051F020 芯片将 64KB 的程序/数据 Flash 存储器分为 8 个区,如表 8-11 所示。

**表 8-11　C8051F020 芯片 Flash 存储器分区表**

| 位 | F020 对应保护区 | F005 对应保护区 |
|---|---|---|
| 7 | 0xE000～0xFDFD | 0x7000～0x7DFD |
| 6 | 0xC000～0xDFFF | 0x6000～0x6FFF |
| 5 | 0xA000～0xBFFF | 0x5000～0x5FFF |
| 4 | 0x8000～0x9FFF | 0x4000～0x4FFF |
| 3 | 0x6000～0x7FFF | 0x3000～0x3FFF |
| 2 | 0x4000～0x5FFF | 0x2000～0x2FFF |
| 1 | 0x2000～0x3FFF | 0x1000～0x1FFF |
| 0 | 0x0000～0x1FFF | 0x0000～0x0FFF |

从表 8-11 可以看出,C8051F020 芯片将其内部的 64KB 的存储区划分为 8 个区域(注意,0xFE00～0xFFFF 区域为保留区域)。C8051F020 使用 0xFDFE 和 0xFDFF 单元来保存这 8 个区域访问许可标志,每个区域都用一个二进制位来表示。

0xFDFE 单元的值表示指定的程序存储区,是否可以通过 JTAG 来进行擦除和写入操作。二进制为 0 表示禁止擦除和写入操作;为 1 表示允许擦除和写入操作。

0xFDFF 单元的值表示指定的程序存储区,是否可以通过 JTAG 来进行读取操作。二进制为 0 表示禁止读取操作;为 1 表示允许读取操作。

当 0xFDFE 单元和 0xFDFF 单元所在的最高区域被锁定时(位 7 为 0),该这两个单元的内容不能被擦除,但允许写入。由于 Flash 存储器不先进行擦除,直接写入新值时,原有为 0 的二进制位不能变为 1,原有为 1 的位可以变为 0,因此只能增加被禁止擦除和写入的区域,而不能使原来被禁止擦除和写入的区重新允许写入。要想重新恢复 Flash 存储器的读出和写入功能,则必须通过 JTAG 接口对整个存储器进行擦除操作,由于此时是对整个 Flash 存储器进行擦除,对 0xFDFE 单元和 0xFDFF 单元不起作用。擦除完成后,所有的 Flash 存储器区域均为未保护状态。

使用访问许可功能后,程序就不能使用 JTAG 进行调试了。

2) 存储区分区功能

可以将存储区分为高地址区和低地址区。低地址区代码不受限制,而高地址区中的代码可以调用低地址区的代码,但不能使用 MOVX 和 MOVC 来访问位于低地址区的代码或数据。可使用特殊功能寄存器 FLACL 实现高地址区和低地址区的划分。

3) 用户程序 Flash 存储器写入允许

特殊功能寄存器 FLSCL 的最低位用于指定 Flash 存储器是否允许代码进行写入,1 表示允许写入。

特殊功能寄存器 PSCTL 的代码对 Flash 存储器的操作进行约束。PSCTL. 2 表示 Flash 存储器选择:为 0 选择 64KB 的代码/数据区,为 1 选择 128B 的 Scratchpad。PSCTL. 0

表示是否允许 MOVX 指令更改程序存储区，为 1 表示允许。当 PSCTL.0 为 1 时，如果 PSCTL.1 为 1，则表示写入字节时需对字节所属的整个扇区进行擦除操作。

```
#ifdef CODE_LOCK
#define LOCKRD((unsigned char xdata *)0xFDFFL)     //JTAG 读取保护字节
#define LOCKWR((unsigned char xdata *)0xFDFEL)     //JTAG 写擦除保护字节
void CodeLock()
{
    MARCO_RESET_WDT();                             //复位看门狗定时器
    EA = 0;                                        //禁止中断
    FLSCL |= 0X01;                                 //允许用户代码对 Flash 存储器进行操作
    PSCTL = 0X01;                                  //写代码区，允许 MOVX 写入
    *LOCKRD = 0X00;                                //JTAG 读取保护
    *LOCKWR = 0X00;                                //JTAG 写擦除保护
    PSCTL = 0X04;                                  //指向 Scratchpad 区，禁止写入
    FLSCL &= ~0X01;                                //禁止用户代码对 Flash 存储器进行操作
}
#endif
```

### 8.2.5 JTAG 接口及在线编程调试

老式的 MCU 使用 EEPROM 存储程序代码，因此编程时必须使用专用的编程器对芯片进行编程，然后将芯片安装到硬件系统中。调试时还必须使用专用的仿真器进行程序仿真调试。

新式 MCU 均采用 Flash 存储器进行程序代码的存储，因此可以采用在线编程（In-System Programmable，ISP）方式实现代码写入和调试操作，这种方式使程序代码升级更容易、程序调试更方便。在线编程通常使用 JTAG 接口来实现。JTAG 是英文 Joint Test Action Group（联合测试行为组织）词头字母的缩写，该组织提交的测试访问端口和边界扫描结构标准于 1990 年被 IEEE 批准（IEEE 1149.1—1990），所以该标准也称为 JTAG 标准。JTAG 原用于集成电路测试，现在大规模集成电路芯片中均包含该接口。JTAG 接口使用 5 个控制信号：TCK 为测试时钟输入信号；TDI 为测试数据输入信号；TDO 为测试数据输出信号；TMS 为测试模式选择信号；TRST 为复位信号，该信号为可选信号。

由于 Flash 存储器芯片也包含 JTAG 接口，因此 JTAG 也被广泛用于 Flash 存储器的在线编程与调试。JTAG 标准支持 SFR 和存储器的读取与写入、断点设置、单步执行等调试功能，因此已成为 MCU、DSP、FPGA 等器件的标准写入方法与调试手段。

### 8.2.6 Silicon Laboratories IDE 使用实例

本节通过一个具体的示例来说明使用 IDE 软件进行项目开发的过程。例如，要求使用片内 T3 定时器中断控制软件计数，计数器每 0.1s 加 1，当计数器加到 5 时，改变 P2、P3 口的状态，P2、P3 口驱动发光管实现走马灯效果。用 C51 语言编写一个程序，实现上述效果。源程序如下：

```
#include <c8051f020.h>            //包含特殊功能寄存器 SFR 声明的头文件
#define SYSCLK 2000000            //使用内部时钟振荡器，系统时钟频率近似为 2MHz
sfr16 TMR3RL  =  0x92;            //Timer3(定时器 3)重装值
```

```
sfr16 TMR3 = 0x94;                          //定时器 3 计数值
void PORT_Init(void);
void Timer3_Init(int counts);
void Timer3_ISR(void);

unsigned int xdata p2led[] = {0x7f,0xbf,0xdf,0xef,0xf7,0xfb,0xfd,0xfe};

void main(void) {
    WDTCN = 0xde;                           //禁用 WDT 看门狗定时器
    WDTCN = 0xad;
     PORT_Init();
    Timer3_Init(SYSCLK / 12 / 10);          //初始化定时器 3 来产生定时中断,中断频率为 10Hz
    EA = 1;                                 //使能系统中断
    while (1) {                             //循环等待中断
   }
}

//配置交叉开关和通用 I/O 输出端口
void PORT_Init(void) {
   XBR2 = 0x40;                             //使能交叉开关和弱上拉
}

//配置定时器 3 为自动重装计数初值的工作方式,定时器 3 中断的时间间隔由 counts 指
//定,定时器使用系统时钟除以 12(SYSCLK/12)作为时间基准
void Timer3_Init(int counts) {
   TMR3CN = 0x00;                           //停止定时器 3; 清除中断标志位 TF3;
                                            //使用 SYSCLK/12 作为时间基准
   TMR3RL = -counts;                        //初始化重装值
   TMR3 = 0xffff;                           //设定立即重装
   EIE2 |= 0x01;                            //使能定时器 3 中断
   TMR3CN |= 0x04;                          //启动定时器 3
}

//定时器 3 的中断服务子程序: 任何定时器 3 的溢出就改变 LED 指示灯的状态
void Timer3_ISR(void) interrupt 14 {
   static int count;
   static int i = 9, j = 0;
   static int led = 0xff;
   TMR3CN &= ~(0x80);                       //清除中断标志位 TF3
   count++;
   if(count == 5) {
          count = 0;
          P3 = led;
          P2 = p2led[j];
          led = led << 1;
      i--;
     j++;
    if(j == 8)j = 0;
     if(i == 0) {
          i = 9;
       led = 0xff;
```

```
        }
    }
}
```

调试过程为：

第一步，建立项目。

程序如上所示，下面说明如何进行项目建立。

(1) 打开 Silicon Laboratories IDE 软件界面，如图 8-14 所示，选择 Project→Save Project 命令，出现 Save Workspace 对话框，把自己的项目文件保存到自己的项目目录，例如命名为 timer. wsp。

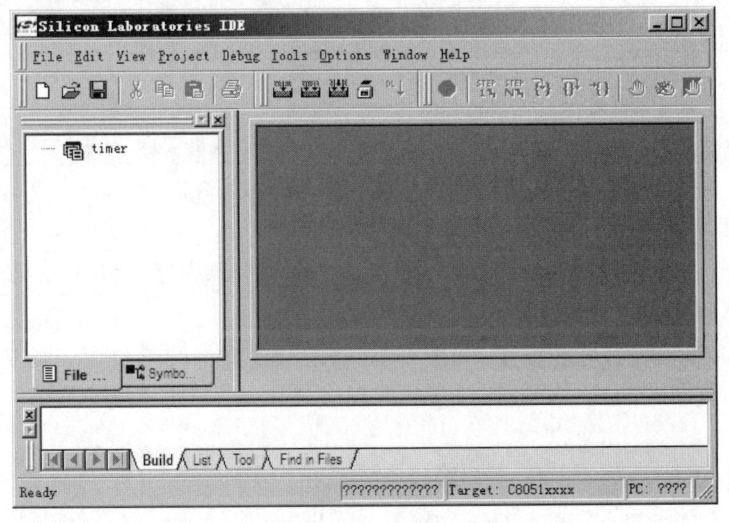


图 8-14　在集成开发环境中创建一个项目

(2) 选择 File→New File 命令，出现如图 8-15 所示的对话框，选择 C 源文件，输入文件名字，单击 OK 按钮确认。出现源程序编辑窗口，如图 8-16 所示，在其中把以上程序代码输入进去，编辑窗口和普通的文本编辑的功能类似。

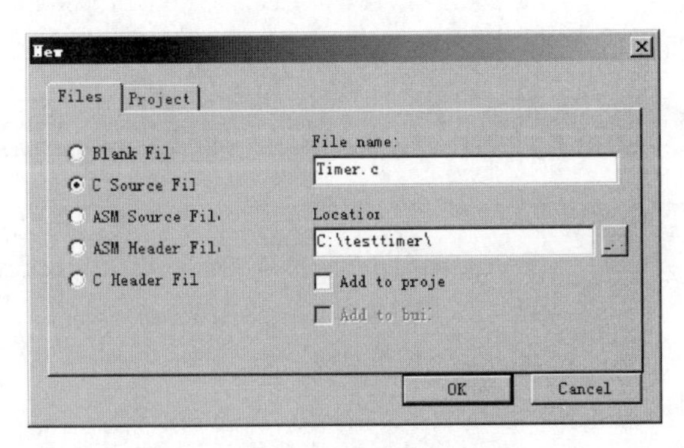


图 8-15　创建源程序对话框

(3) 编辑完毕，选择 File→Save 命令，保存程序。

(4) 添加程序到项目：选择 Project→Add Files to Project 命令，出现添加文件对话框，

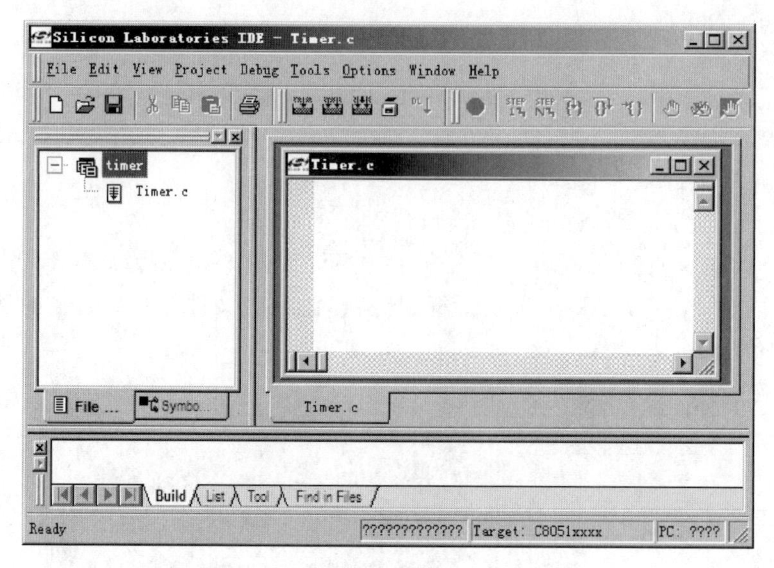


图 8-16　在编辑环境中输入程序代码

在其中选择自己要添加到项目中的文件,本项目只有一个源程序文件 Timer.c,选择它并单击 OK 按钮,然后选择 Project→Save Project 命令,保存项目。

这样一个简单的项目就建立了,如图 8-17 所示。在软件的项目窗口的 File View 选项卡中就可以看到项目 Timer.wsp 管理下的源程序 Timer.c 的层次结构。

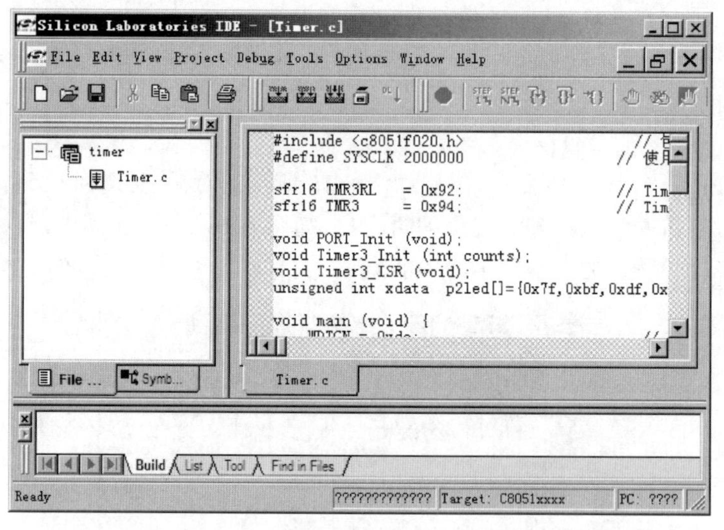


图 8-17　示例项目建立完成的界面

第二步,编译项目。

(1) C8051F020.h 的头文件定义了很多特殊功能寄存器 SFR 的信息,所以要把这个头文件从 IDE 软件的安装目录复制到项目目录,编译项目文件时才能识别出程序中的一些特殊功能寄存器,否则会报语法错误,本机中这个头文件位于"C:\SiLabs\MCU\Examples\C8051F02x\C"目录,当然 IDE 软件的安装情况不同,所在的位置就会不同,但是相对的安装路径不会变。

(2) 完成上面的步骤之后，选择 Project→Build/Make Project 命令，或者使用快捷键F7，软件就会进入项目的编译过程，编译过程中所有的信息都通过 Output Window 的 Build 选项卡窗口显示出来，包含编译过程中的出错信息；本项目可以顺利通过编译，为了说明编译过程中出错处理的过程，在上面的程序中可以注释掉特殊功能寄存器定义的两行，然后再编译：

```
sfr16 TMR3RL    = 0x92;         //定时器 3 重装值
sfr16 TMR3      = 0x94;         //定时器 3 计数值
```

再次编译，发现编译器报错，如图 8-18 所示。

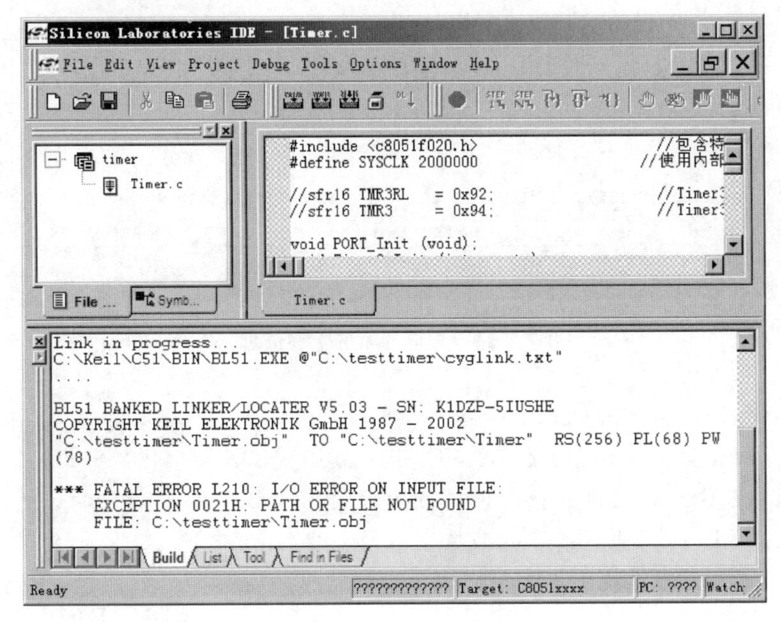


图 8-18　编译失败的界面

寻找出错的原因要从输出窗口的最开始输出的信息来找，拖动输出窗口的滚动条向上，可以看到开始编译时候的两条错误信息如图 8-19 所示。

可以看到，两个错误出现在源程序中的行号以及出错的原因都是未定义的标识符(Undefined Identifier)，双击出错信息源代码光标会定位在出错的代码行。由于 TMR3RL 和 TMR3 都是本程序自己定义的特殊功能寄存器，所以可以在源程序中把它们添加进去，就可以解决编译报错的问题。

(3) 编译过程中的错误排除之后就可以进入下载调试阶段。

第三步，下载调试。

(1) 硬件连接：上面的两大步骤都可以在没有连接实际硬件时进行，而下载调试则必须要连接硬件，按照实验设备的情况把设备连接起来，一般是通过串口把 PC 和协议转换器 EC2 连接起来，再通过 JTAG 电缆把协议转换器 EC2 和实验仪或者开发板连接起来，然后打开实验仪或者开发板的电源。

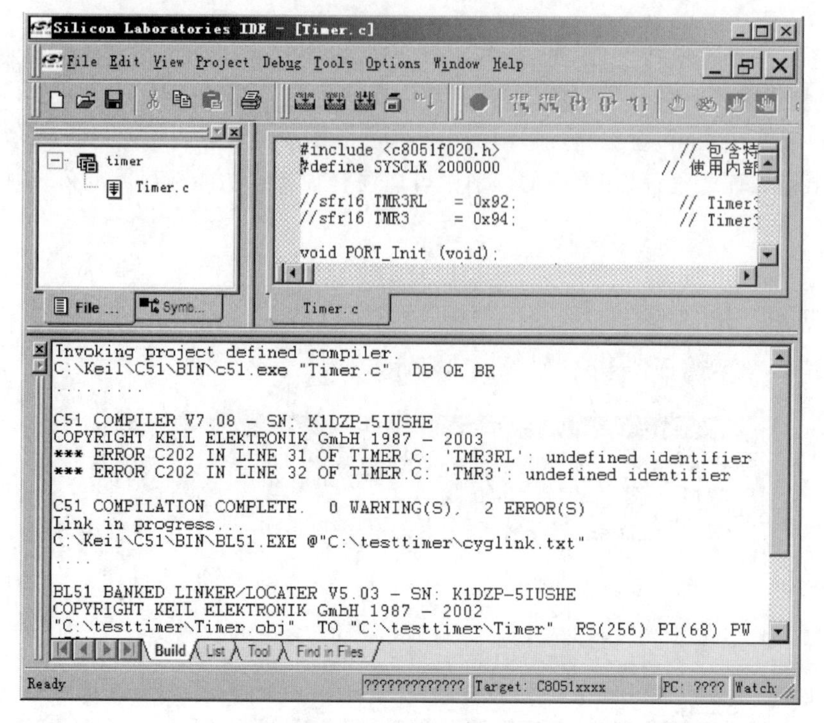


图 8-19　编译开始的报错信息

(2) 在 IDE 中,选择 Options→Connection Options 命令,出现 Connection Options(连接选项)对话框,如图 8-20 所示,在该对话框中选择硬件连接时使用的串口是 COM1 还是其他的 COM 口,其他的选项如波特率以及 JTAG 选项等在一个简单的开发系统上不需要修改。修改完成之后单击 OK 按钮返回 IDE 主界面。

(3) 软硬件连接:选择 Debug→Connect 命令或者单击工具条上的连接图标,如果硬件连接正确并已上电、软件没有设置错误以及相应的串口没有被其他的软件占用,则软硬件就会连接成功,这时整个 IDE 界面上很多灰色禁用的图标和菜单都会变为可用。

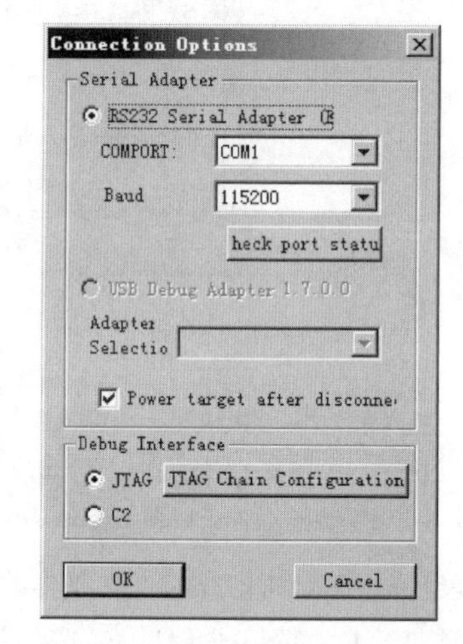


图 8-20　Connection Options 对话框

(4) 下载代码到程序 Flash 存储器:单击 Build 工具栏上的下载图标就可以把刚才编译过程中生成的目标代码下载到 Flash 存储器,或者是选择 Debug→Download Object File 命令,选择要下载的目标文件的位置,然后可以看到下载进度显示。下载代码结束后,IDE 界面上有关调试项目的 Debug 工具条就可以使用了。

(5) 调试:调试项目的方法就是根据自己的需要来有目的地设置一些断点或者观察点,通过单步、多步等执行手段了解程序的执行情况和一些变量的变化找出程序中的逻辑错误,设置的方法都在前面进行了详细介绍,此处不再赘述。

# 8.3 C8051F 系列单片机实验项目

本节介绍 7 个典型的 C8051F020 单片机的实验，这 7 个实验依次是：

实验一，数据传送实验；

实验二，查表实验；

实验三，七段码显示与按键实验；

实验四，定时器和走马灯实验；

实验五，直流电机测速和控制实验；

实验六，步进电机控制实验；

实验七，温度数据采集实验。

在这 7 个实验中，前面 2 个实验采用汇编语言编写代码和实现，后面 5 个实验采用 C51 语言编写代码。每个实验都给出了实验目的、实验内容、实验分析、实验参考程序、调试要点、思考和实验拓展。

## 8.3.1 数据传送实验

**1. 实验目的**

掌握对 C8051F020 内部 RAM 及外部 RAM 的数据操作方法。

**2. 实验内容**

本实验将内部 RAM 地址为 70H～7FH 的 16 字节数据依次送到外部 RAM 地址为 7000H～700FH 的单元中。

**3. 实验分析**

本实验中要访问单片机的内外部 RAM，涉及的汇编语言指令是 MOV 和 MOVX，访问内部 RAM 使用指令 MOV，而访问外部 RAM 使用指令 MOVX。

MOV 指令较为灵活、变化较多，但是本实验中要求进行读取内部 RAM 并且需要连续读取多字节，适合使用间接寻址的“MOV A,@R0”或者“MOV A,@R1”指令，此处 R0 或者 R1 作为间接寻址寄存器，存放要读取的 RAM 单元的地址。例如本实验采用 R1 来间接寻址访问内部 RAM。

写外部 RAM 的 MOVX 指令相对而言格式较为固定，本实验使用 DPTR 间接寻址的“MOVX @DPTR,A”指令，能够较容易地实现对相应单元的访问，DPTR 作为将要访问的外部 RAM 的地址寄存器。

因为实验要求传送 16 字节，可以考虑采用循环程序结构。而实现循环结构较容易想到的 MCS-51 的汇编语言指令是“DJNZ Rn,label”，这里 Rn 是循环计数器，可以是 R0～R7 中间的任何一个，一般使用 R2～R7 中任何一个，而把 R0 和 R1 留给间接寻址使用；标号 label 代表跳转的目的标号，用于循环结构中就是循环体部分的首条指令。本实验选用 R7 作为循环计数器。

作为一个结构完整的汇编语言程序，必须指明程序执行的入口点，对于 MCS-51 单片机，因为程序存储器的开始部分是中断入口的向量区域，所以一般安排在处理器的中断向量区域之后，可以使用汇编语言的伪指令“ORG xxxxH”的形式进行汇编语言指令的定位。

考虑 C8051F020 单片机一共有 21 个中断,每个中断入口的 8 字节不宜安排他用,程序最好跳过这些区域。如从 0100H 这个地址开始就完全不会和中断的区域重叠。本实验主程序就从 0100H 的程序存储器地址开始安排。

单片机复位后执行的第一条指令是程序存储器地址为 0 的指令,所以一般安排一个跳转指令,转移到主程序开始的地方执行。

按照以上分析,画出程序的流程图如图 8-21 所示。

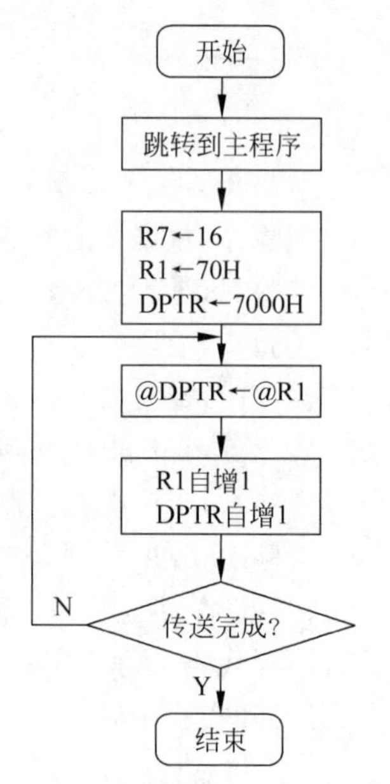


图 8-21　数据传送实验流程图

**4. 实验参考程序**

```
    ORG     0000H
        AJMP    MAIN
    ORG     0100H
MAIN:
        MOV     R7,#16
        MOV     R1,#70H             ;内部 RAM 地址 70H 送入 R1
        MOV     DPTR,#7000H         ;DPTR 指向 XRAM 地址 7000H
LOOP1:
        MOV     A,@R1               ;内部 RAM 内容送入累加器 A
        MOVX    @DPTR,A             ;将累加器 A 的值送到 XRAM
        INC     DPTR
        INC     R1
        DJNZ    R7,LOOP1            ;判断数据是否传送完
HERE:
        AJMP    HERE
    END
```

**5. 调试要点**

(1) 可单步执行、可设断点执行程序。

(2) 打开 RAM 及 EXTERNAL MEMORY 窗口,观察相对应的数据区的数据是否一致。

**6. 思考和实验拓展**

(1) 如何用比较不相等转移指令 CJNE 实现本实验要求的循环条件判断功能;

(2) 尝试将本实验程序的前 16 字节机器代码读取到外部 RAM 地址 7000H 开始的单元。

## 8.3.2 查表实验

**1. 实验目的**

熟悉 MCS-51 的查表指令功能和使用方法,掌握查表程序的设计和调试。

**2. 实验内容**

程序存储器中存放有一常数表,表中的每个元素都为一个字(2 字节),表的内容与索引号的对应关系如表 8-12 所示。现已经将索引号放入工作寄存器 R0 中,试用汇编语言编写根据 R0 的值查找表中对应元素的程序,将结果放入内部 RAM 的 20H(高字节)和 21H(低字节)单元中。例如给定索引 6,则查表得到最终结果在内部 RAM 中的(20H)=8BH,(21H)=0DCH。

表 8-12　查表实验的表格

| 字号 | 0 | 1 | 2 | 3 | 4 | 5 | 6 | 7 | 8 | 9 |
|---|---|---|---|---|---|---|---|---|---|---|
| 存储单元 | 8000H | 1001H | 8002H | 5203H | 4817H | 69A2H | 8BDCH | 7FEDH | 30F3H | 04BFH |

**3. 实验分析**

本实验主要练习汇编语言 MOVC 指令。查表指令有两条："MOVC A,@A+DPTR"和"MOVC A,@A+PC",这两条指令都采用基址加变址的寻址方式,并且访问的是程序存储器空间,因为程序存储器空间一般是只读存储器,所以往往存放一些常数表格,进行代码转换的应用。

使用查表指令时,一般使用 DPTR 或者 PC 作为基址寄存器存放表格的起始地址(首字节的地址,也即首址),而用变址寄存器 A 存放待查的偏移量,二者之和就是待查项的地址,然后通过间接寻址的形式取得对应的字节值。

而本实验中,一个索引对应连续的 2 字节内容,所以一次查表指令的执行只能取得 1 字节内容,要完成要求必须通过执行两次查表指令来完成。待查元素的地址=表格首地址+2×索引值+字节索引。这里索引值乘以 2 是因为每个待查项占用程序存储器连续的 2 字节空间,而字节索引为 0 或者 1,可以在取数据之前使地址寄存器增加 0 或者增加 1 获得。

本实验采用"MOVC A,@A+DPTR"的形式访问程序存储器。实验程序参考框图如图 8-22 所示。

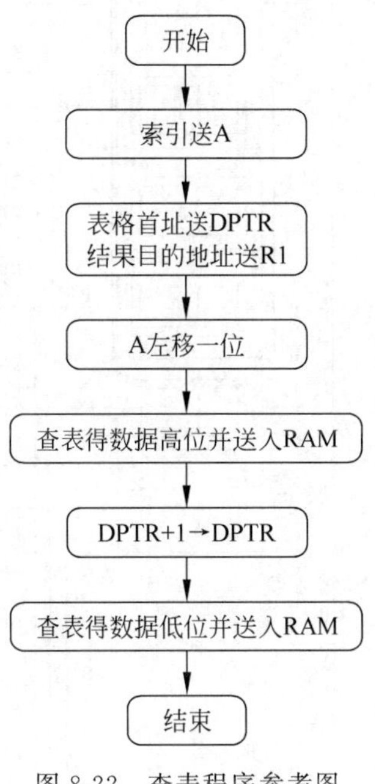


图 8-22　查表程序参考图

**4. 实验参考程序(略)**

**5. 调试要点**

(1) 通过单步运行程序,观察寄存器和 RAM 数据的变化;

(2) 设置断点,运行程序,观察最终 RAM 单元地址 20H 和 21H 的内容是否与表中对应项的内容相符。

**6. 思考和实验拓展**

(1) 如何用查表指令"MOVC A, @A+PC"实现本实验要求的功能;

(2) 尝试将本实验程序的机器代码从程序存储器读取出来并写入外部 RAM 地址 0 开始的单元。

## 8.3.3　七段码显示与按键实验

**1. 实验目的**

根据实验电路,阅读 HD7279A 芯片的数据手册,使用 C51 语言编程实现按键的读取和七段码显示器的控制,加深对 HD7279A 芯片功能的理解,培养单片机应用设计的能力。

**2. 实验原理**

HD7279A 是一片具有串行接口的、可同时驱动 8 位共阴式数码管(或 64 只独立 LED)的显示驱动芯片,该芯片同时还可连接多达 64 键的键盘矩阵(见图 8-23),在图 8-1 所示的实验箱上使用了图 8-23 实线框中所示的 16 个按键 S0~S15 和 6 位共阴式七段码显示器。芯片的引脚和功能说明见图 8-24 和表 8-13。

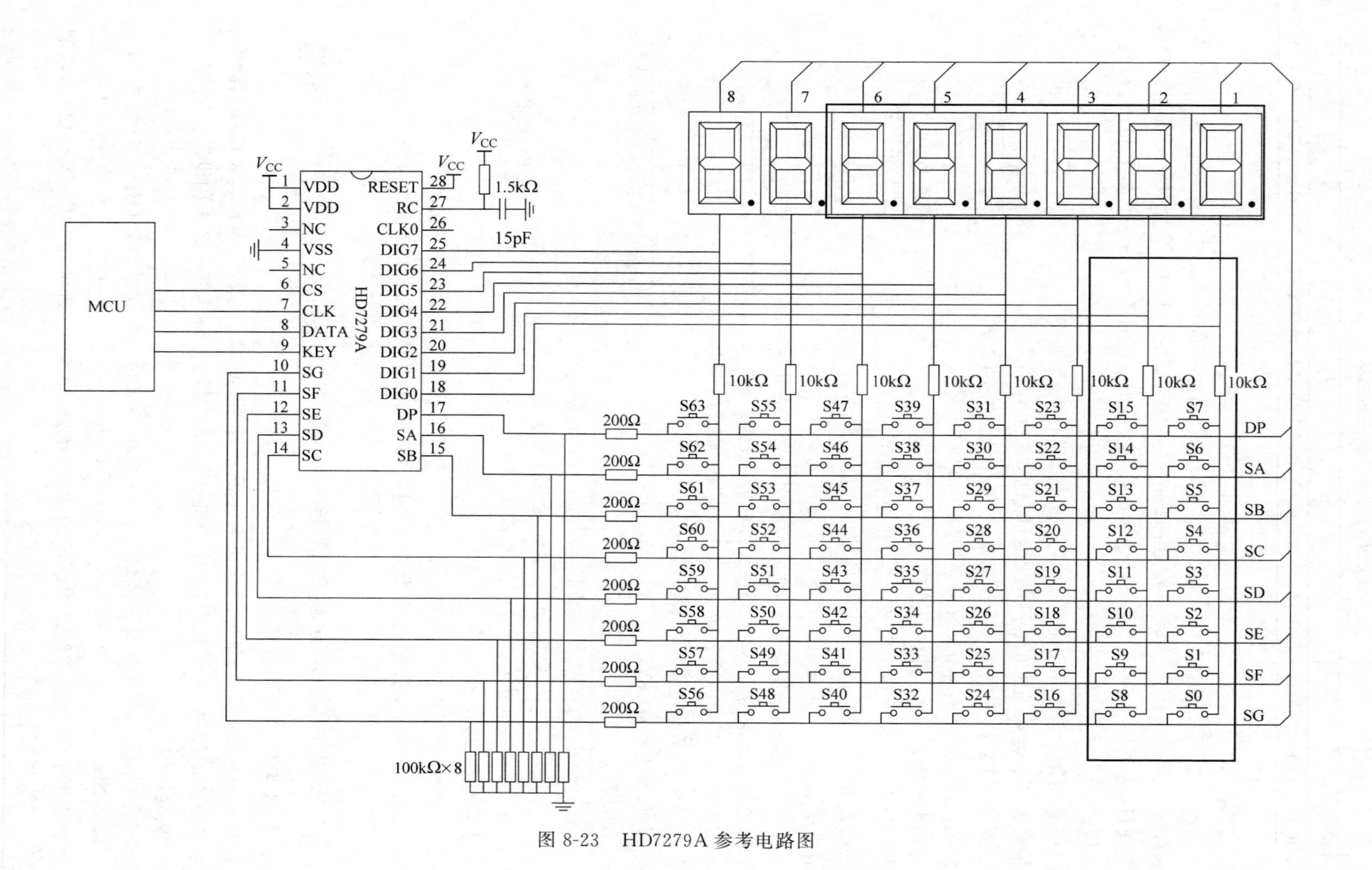


图 8-23 HD7279A 参考电路图

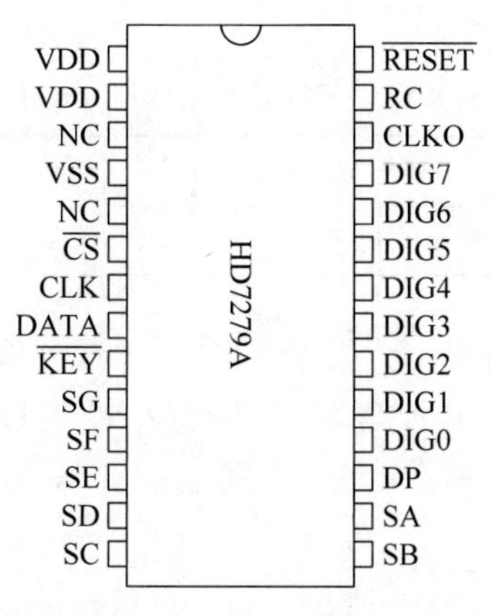


图 8-24 HD7279A 的引脚

**表 8-13 HD7279A 的引脚功能描述**

| 引 脚 | 名 称 | 说 明 |
|---|---|---|
| 1,2 | VDD | 正电源 |
| 3,5 | NC | 无连接,必须悬空 |
| 4 | VSS | 接地 |
| 6 | $\overline{\text{CS}}$ | 片选输入端。此引脚为低电平时,可以向芯片发送指令和读取键盘数据 |
| 7 | CLK | 同步时钟输入端。向芯片发送数据及读取键盘数据时,此引脚电平上升沿表示数据有效 |
| 8 | DATA | 串行数据输入/输出端。芯片接收指令时,为输入端;读取键盘数据时,此引脚在读指令的最后一个时钟周期的下降沿变为输出端 |
| 9 | $\overline{\text{KEY}}$ | 按键有效输出端。平时为高电平,当检测到有效按键时,此引脚变为低电平 |
| 10～16 | SG～SA | 段 g～段 a 驱动输出 |
| 17 | DP | 小数点驱动输出 |
| 18～25 | DIG0～DIG7 | 数码管 0～数码管 7 驱动输出 |
| 26 | CLKO | 振荡器输出端 |
| 27 | RC | RC 振荡器连接端 |
| 28 | $\overline{\text{RESET}}$ | 复位端 |

HD7279A 内部含有译码器,可直接接收十六进制码,HD7279A 还同时具有两种译码方式,HD7279A 还具有多种控制指令,如消隐、闪烁、左移、右移、段寻址等。

HD7279A 的显示以及各种控制是靠接收到的指令来完成的,指令有不带数据的纯指令和带有数据的指令,详细指令和指令格式可参考 HD7279A 数据手册,下面介绍本实验中用到的几个指令。

(1) 复位指令位图如表 8-14 所示。

**表 8-14 复位指令位图**

| D7 | D6 | D5 | D4 | D3 | D2 | D1 | D0 |
|---|---|---|---|---|---|---|---|
| 1 | 0 | 1 | 0 | 0 | 1 | 0 | 0 |

(2) 下载显示数据但不译码,如表 8-15 所示。

**表 8-15　下载显示数据指令位图**

| D7 | D6 | D5 | D4 | D3 | D2 | D1 | D0 | | D7 | D6 | D5 | D4 | D3 | D2 | D1 | D0 |
|---|---|---|---|---|---|---|---|---|---|---|---|---|---|---|---|---|
| 1 | 0 | 0 | 1 | 0 | a2 | a1 | a0 | | DP | A | B | C | D | E | F | G |

如表 8-15 所示,其中 a2、a1、a0 是位地址,选择显示到哪一个七段码上,DP、A、B、C、D、E、F、G 是段码,对应了选中的七段码的各段,当相应的段对应的位是 1 时,点亮,否则熄灭。段的定义见图 8-25。

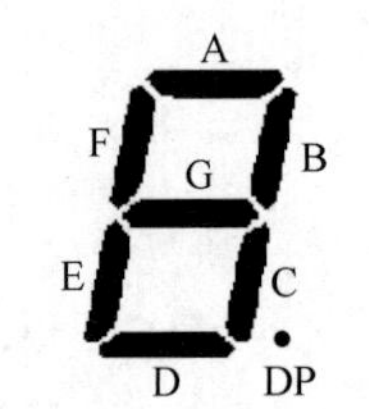


图 8-25　七段码的各段的定义

(3) 闪烁控制指令位图如表 8-16 所示。

如表 8-16 所示,此命令控制各个数码管的闪烁特性,d0～d7 分别对应数码管 1～8,值为 1 表示不闪烁,为 0 表示闪烁,开机默认不闪烁。

**表 8-16　闪烁控制指令位图**

| D7 | D6 | D5 | D4 | D3 | D2 | D1 | D0 | | D7 | D6 | D5 | D4 | D3 | D2 | D1 | D0 |
|---|---|---|---|---|---|---|---|---|---|---|---|---|---|---|---|---|
| 1 | 0 | 0 | 0 | 1 | 0 | 0 | 0 | | d7 | d6 | d5 | d4 | d3 | d2 | d1 | d0 |

(4) 读键盘数据指令位图如表 8-17 所示。

**表 8-17　读键盘数据指令位图**

| D7 | D6 | D5 | D4 | D3 | D2 | D1 | D0 | | D7 | D6 | D5 | D4 | D3 | D2 | D1 | D0 |
|---|---|---|---|---|---|---|---|---|---|---|---|---|---|---|---|---|
| 0 | 0 | 0 | 1 | 1 | 1 | 1 | 1 | | d7 | d6 | d5 | d4 | d3 | d2 | d1 | d0 |

如表 8-17 所示,该指令从 HD7279A 读出当前的按键代码,与其他指令不同,此命令的前一字节 15H 是送给 HD7279A 的指令,而后一字节 d0～d7 是 HD7279A 返回的按键代码,其范围是 0～3FH(无键按下时返回 FFH),各个按键的键盘代码的定义如图 8-23 所示,图中的键号就是键的代码。

此指令的前半段,HD7279A 的 DATA 引脚处于高阻输入状态,接收来自微处理器的指令,在指令的后半段,DATA 引脚从输入状态转为输出状态,输出键盘的代码。当 HD7279A 检测到有效的按键时,KEY 引脚从高电平变为低电平,并一直保持到按键结束,在此期间,如果 HD7279A 接收到读键盘数据的指令,则输出当前按键的代码,如果在收到读键盘指令时没有有效的按键,则 HD7279A 输出 FFH。

HD7279A 采用串行方式与微处理器通信,串行数据从 DATA 引脚送入芯片,并与 CLK 引脚同步,当片选信号变为低电平后,DATA 引脚上的数据在 CLK 引脚的上升沿被写入 HD7279A 的缓冲寄存器。

HD7279A 的指令结构有如下 3 种类型:

① 不带数据的纯指令。指令宽度为 8 位,微处理器需发送 8 个 CLK 脉冲,时序如图 8-26 所示。

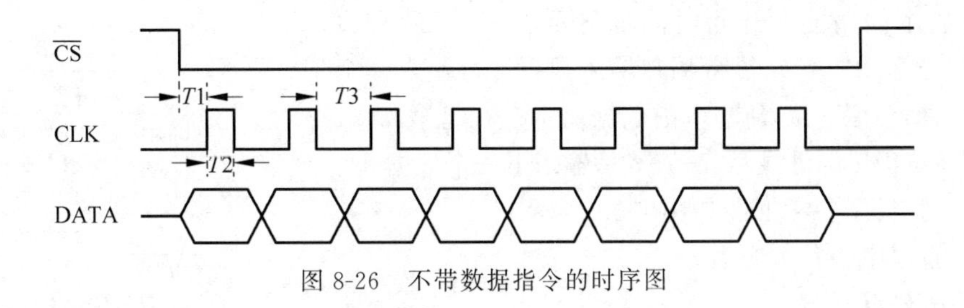

图 8-26　不带数据指令的时序图

② 带有数据的指令。宽度为 16 位,即微处理器需发送 16 个 CLK 脉冲,时序如图 8-27 所示。

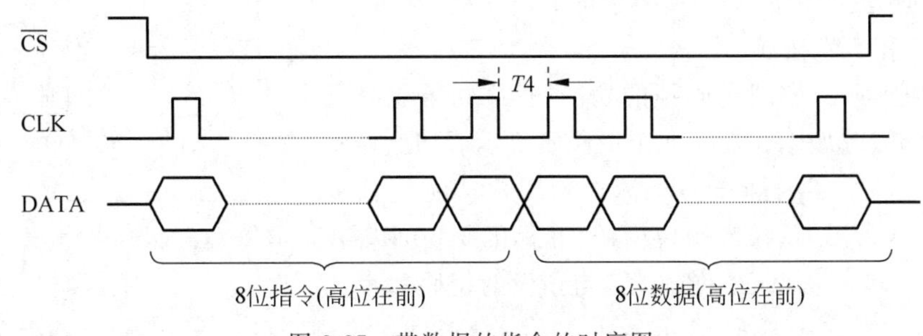

图 8-27　带数据的指令的时序图

③ 读取键盘数据指令。宽度为 16 位,前 8 位为微处理器发送到 HD7279 的指令,后 8 位为 HD7279A 返回的键盘代码,时序如图 8-28 所示。

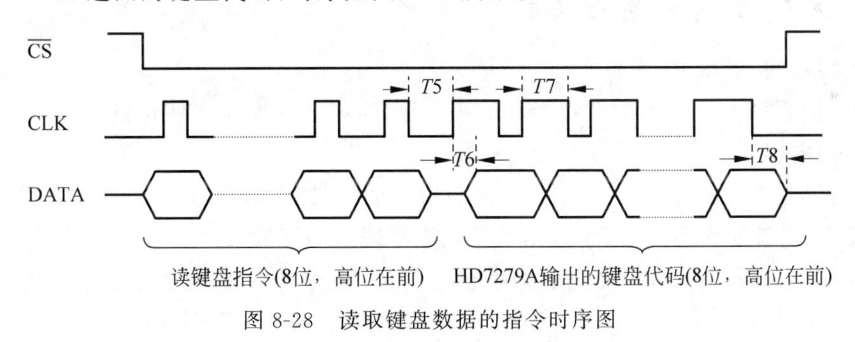

图 8-28　读取键盘数据的指令时序图

实验系统上使用的显示和按键的控制芯片就是 HD7279A,在实验箱上采用了 6 位共阴式数码管和 16 个按键,电路原理图就是图 8-23 中用矩形框标出的部分。

**3. 实验内容**

(1) 本实验通过 C8051F020 的 P1.6、P1.7 连接 7279A 的 CLK 和 DATA 实现串行数据编程,而 HD7279A 的片选引脚 CS 连在 P5.7,KEY 连在比较器 1 的同相输入端 CP1P,比较器 1 的反相输入端 CP1N 接 2.4V,利用比较器的输出来判断有无按键按下,当无键按下时,KEY 引脚保持高电平,所以比较器 CP1 输出高电平,而当有键按下时,KEY 引脚输出低电平,比较器 CP1 输出低电平。可以采用中断的方式,也可以采用查询的方式,本实验中采用查询的方式来判断按键。实现数据的显示、左移、右移及闪烁。

(2) 编写并调试一个实验程序,完成数据的显示、左移、右移及闪烁,并完成从键盘上输入数据并显示的功能。开始时闪烁显示“—”(即最右边的 LED 闪烁显示“—”),等待用户输入数据。每输入一个数据后原数据左移一位,新输入的数据显示在右起第二位,最右边的一位仍然闪烁显示“—”,等待输入下一个数据。

(3) 实验程序参考框图如图 8-29 所示。

**4. 实验程序(略)**

**5. 调试要点**

(1) 运行程序,观察显示的数值是否与框图一致,若有错可单步执行,排除程序错误。

(2) 全速运行程序,实现所要求的显示功能。

**6. 思考和实验拓展**

修改实验程序,实现密码锁的功能,程序初始化时预设 6 位的密码(例如 123456),6 个七段码显示器初始显示“------”,首位的“—”闪烁作为光标提示用户从实验箱上的小键盘输入密码,每输入 1 位密码,光标闪烁位置右移 1 位。在用户输入完 6 位的密码后,与预设的密码数字比较,如果正确,则在七段码显示器上显示 PASSED;否则,在七段码显示器上闪烁显示 FAILED,延时 2s 后让用户再次尝试,如果经过 5 次尝试仍旧不正确,在七段码显示器上显示 LOCKED,禁止用户尝试。

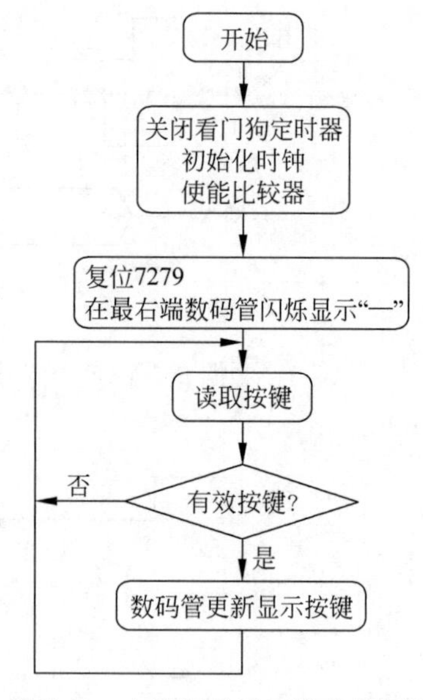


图 8-29 七段码显示程序参考框图

## 8.3.4 定时器和走马灯实验

**1. 实验目的**

掌握定时器 T0～T4 的方式选择和编程方法、定时器中断服务程序的设计方法。

**2. 实验内容**

(1) 使用片内定时器 T3 产生中断,控制软件计数,计数器每 0.1s 加 1,当计数器加到 5 时,改变 P2、P3 口的状态,P2、P3 口驱动发光管实现走马灯效果。

(2) 设置定时器 T3 的时钟基准为系统时钟的 12 分频。系统时钟采用片内 2MHz 的时钟源。

(3) 试编写一个程序,采用 T3 定时器,实现上述效果。

**3. 实验分析**

实验准备:将拨码开关 S1 和 S2 置于 OFF 位置,用连接线将实验箱上接线端子 CN7(CN8)按顺序连接到红色发光二极管,将接线端子 CN10(CN11)按顺序连到绿色发光管。

实验原理:实验箱上的端子 CN7(CN8)是 C8051F020 单片机的 P2 端口的引出端,CN10(CN11)是 C8051F020 单片机的 P3 端口的引出端,实验的原理如图 8-30 所示,实验程序参考流程图如图 8-31 所示。

**4. 实验参考程序(略)**

**5. 调试要点**

观察发光管的显示是否实现了走马灯的效果。如有错误应检查定时器的配置是否正确及 P2、P3 口的输出是否正确。

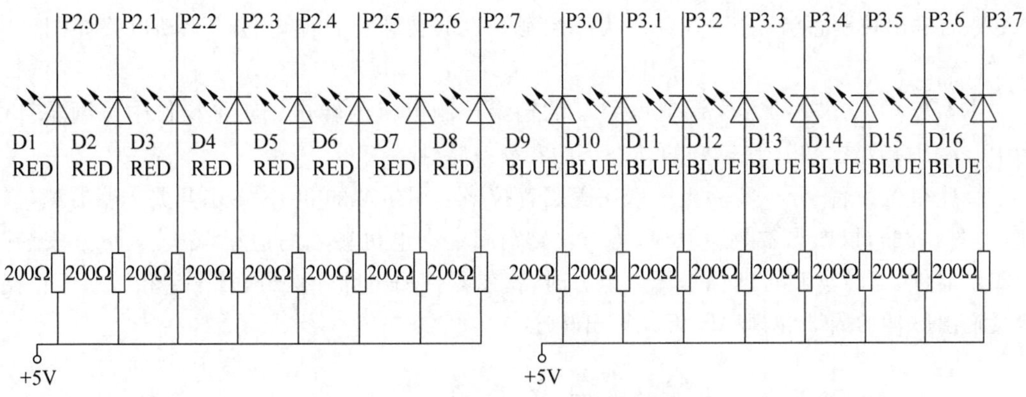


图 8-30　定时器实验(走马灯)的原理图

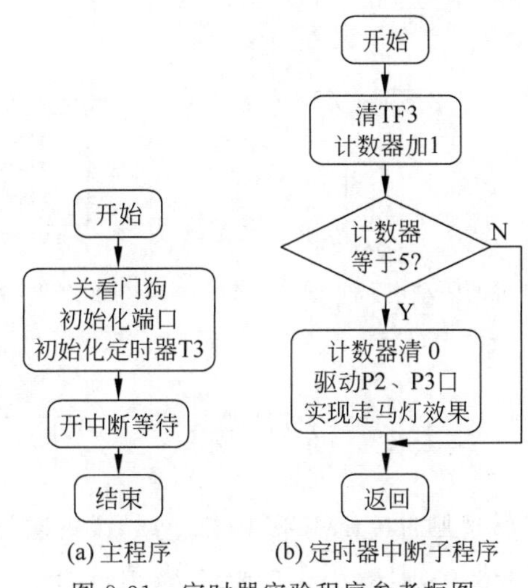


(a) 主程序　　(b) 定时器中断子程序

图 8-31　定时器实验程序参考框图

**6. 思考和实验拓展**

(1) 结合 8.3.3 节实验按键和显示的程序,通过定时器实现跑步秒表(简称跑表)的功能: 假设该跑表仅有 A 键和 B 键,A 键作为跑表清 0 复位键,B 键作为启动计时键和停止键,该跑表有 6 位数码管显示器,启动之初和被清 0 复位后为 00.00.00,点号分隔的 3 部分分别表示分、秒、毫秒; 在跑表停止状态显示上次计时的数据,可以按键 A 清 0 复位,在停止状态按下启动键 B 后开始计时,再次按下 B 键时停止计时,并显示计时的结果。

(2) 软件 PWM(Pulse Width Modulation)波实现指示灯的亮度 30%的显示效果: 利用定时器在 P2 和 P3 引脚所连接的数码管指示灯上输出一定占空比的矩形波,实现指示灯亮度控制的效果,为了保证指示灯显示稳定不闪烁,矩形波的频率不低于 50Hz。

### 8.3.5　直流电机测速和控制实验

**1. 实验目的**

了解直流电机的工作方式,掌握转速测量及控制的基本原理。

**2. 转速测量和控制的基本原理**

直流电机的转速与施加于电机两端的电压大小有关。本例程采用片内的 D/A 转换器

DAC0 的输出控制直流电机的电压，从而控制电机的转速。直流电机的驱动电路如图 8-32 所示。

本实验中采用差动方法调节 DAC0 的输出控制电机的转速。实际操作中可调整算法为 PI 或 PID 算法，以达到较好的动态特性和静态特性。

转速单位为转/分。实验板中选用美国普拉格公司生产的 3013 霍尔开关传感器测量转速(见图 8-33)，根据霍尔效应原理，将一块磁钢固定在电机转轴的边沿，在转盘下方安装一个霍尔器件，当转盘旋转到霍尔元件上方时，霍尔器件输出脉冲信号，其频率和转速成正比，测量输出脉冲的周期和频率即可计算出转速。

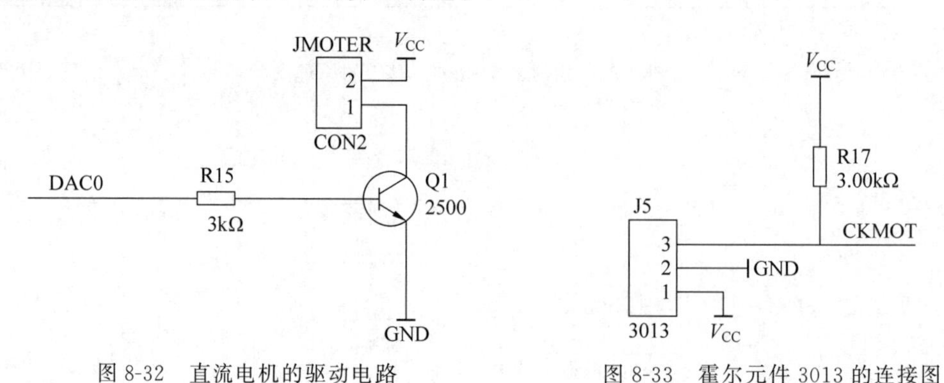


图 8-32　直流电机的驱动电路　　图 8-33　霍尔元件 3013 的连接图

**3. 实验准备**

用连线将 JH 端子的 CKMOT(转速的反馈信号)与 P10(INT0)连接。

**4. 实验内容**

(1) 采用 INT0 中断对转速脉冲 CKMOT 计数，每秒读一次计数值，将此值与预设的转速值比较，若大于预设的转速值，则减小 DAC0 的数值；若小于预设的转速值，则增加 DAC0 的值，不断调整电机的转速，直到转速值等于预设定的值。

(2) 编写并调试一个实验程序，将电机当前的转速值在七段数码管上显示出来，在电机的可控范围内控制电机转速等于预设值。

实验的流程图如图 8-34 所示。

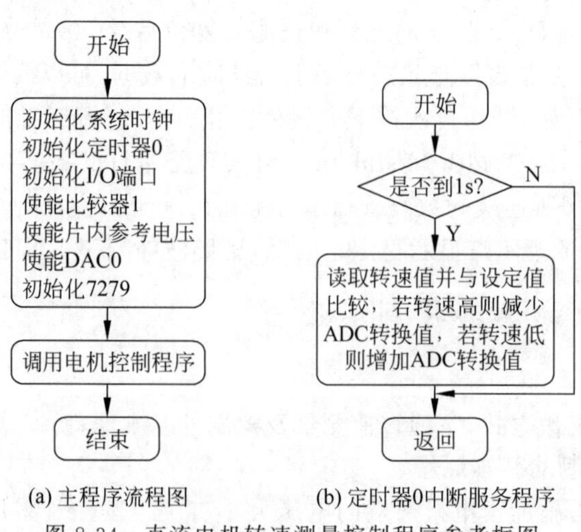


(a) 主程序流程图　　(b) 定时器0中断服务程序

图 8-34　直流电机转速测量控制程序参考框图

**5. 实验参考程序(略)**

**6. 调试要点**

(1) 打开观察 DAC0 的窗口,改变 DAC0 的数值,观察电机转速的变化。

(2) 使用示波器观察 CKMOT 的频率,计算出电机的转速,与七段数码管显示的数值比较,比较速度测量的准确性。

(3) 改变常量 SetSpeed 的值(转速的预设值),观察速度稳定后七段数码管的数值。

(4) 可将断点设在外部中断 INT0 的入口和 T0 中断的入口,运行程序,观察程序运行是否正常。

**7. 思考和实验拓展**

借鉴 8.3.3 节实验,为本实验加入键盘输入目标转速的功能,设定好目标转速后,让直流电机朝着目标转速进行调节。

## 8.3.6 步进电机控制实验

**1. 实验目的**

了解步进电机的工作原理,掌握使用 C8051F020 单片机控制步进电机的硬件设计方法,掌握步进电机驱动程序的设计与调试。

**2. 步进电机的工作原理**

以三相反应式步进电机为例:它的定子上有三对磁极,每一对磁极上绕着一相绕组,绕组通电时,这两个磁极的极性相反;三相绕组接成星形,转子铁芯及定子极靴上有小齿,定转子齿距通常相等。转子铁芯上没有绕组,转子的齿数为 40,相邻两个齿之间夹角为 9°。

当某一相绕组通电时,由于定转子上有齿和槽,因此当转子齿的相对位置不同时,在磁场的作用下,转子将转动一个角度,使转子和定子的齿相互对齐,这就是使步进电机旋转的原因。

步进电机运转是由脉冲信号控制的。通过改变各相通电的次序可以调整步进电机的运转方向。

改变脉冲信号的周期就可以改变步进电机的转动速度。

实验系统选用的是四相步进电机,实验例程采用四相四拍的方式驱动步进电机。步进电机的每相线圈由实验板上的 DS75452 来驱动,采用 C8051F020 单片机 P1 口的 4 个引脚控制 DS75452 的输入,步进电机的驱动电路如图 8-35 和图 8-36 所示。P1.2、P1.3、P1.4、P1.5 经过驱动器后依次驱动步进电机的 AA、BB、CC、DD 相。

正方向:A-B-C-D-A。

反方向:A-D-C-B-A。

**3. 实验内容**

(1) P12～P15 跳线到发光管,观察步进电机在四相单四拍工作方式下四相的通电顺序。

(2) 编写正向步进子程序、反向步进子程序和主程序,使步进电机按指定的步长运行。

实验程序参考框图如图 8-37 所示。实验准备:用连接线分别将 CN4 的 P12、P13、P14、P15 端子与 CN1 的 LED1、LED2、LED3、LED4 相连。P27 与 LED5 相连指示转动方向。

运行此程序,观察步进电机的转速和旋转方向以及 LED 的变化情况。

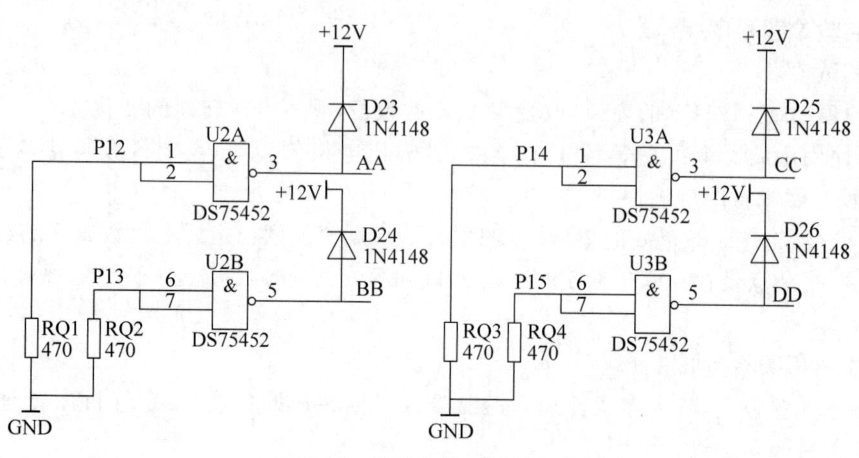


图 8-35　步进电机的驱动电路

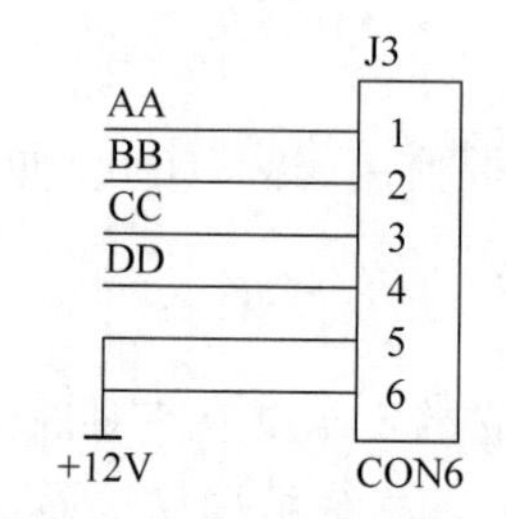


图 8-36　步进电机的连接端子

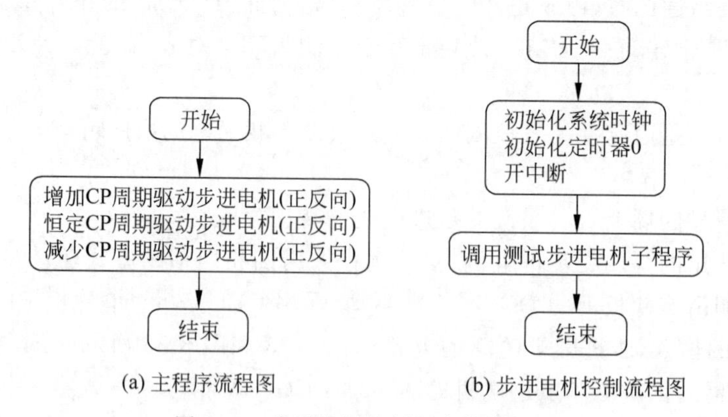


图 8-37　步进电机控制程序参考框图

**4. 实验参考程序(略)**

**5. 调试要点**

(1) 观察指示灯工作的状态是否与程序中控制的方向一致。

(2) 设置常量 CPTIME 的值,观察步进电机转速的变化。

**6. 思考和实验拓展**

修改实验程序分别实现四相八拍的步进电机程序。

## 8.3.7 温度数据采集实验

**1. 实验目的**

了解温度测量的方法，掌握 C8051F020 单片机内部 A/D 转换的工作原理及数据采集的编程方法。熟悉 C8051F020 单片机内部 A/D 转换器的配置方法。

**2. 温度测量工作原理**

C8051F020 单片机的 ADC0 中有一个片内温度传感器，在图 8-38 中用虚线椭圆框标出。温度传感器产生一个与器件内部温度成正比的电压，该电压作为一个单端输入提供给 ADC(模/数转换器)的多路选择器。当选择温度传感器作为 ADC 的输入并且启动 ADC 一次转换后，可以通过简单的数学运算将 ADC 的输出结果转换为相应的温度值。

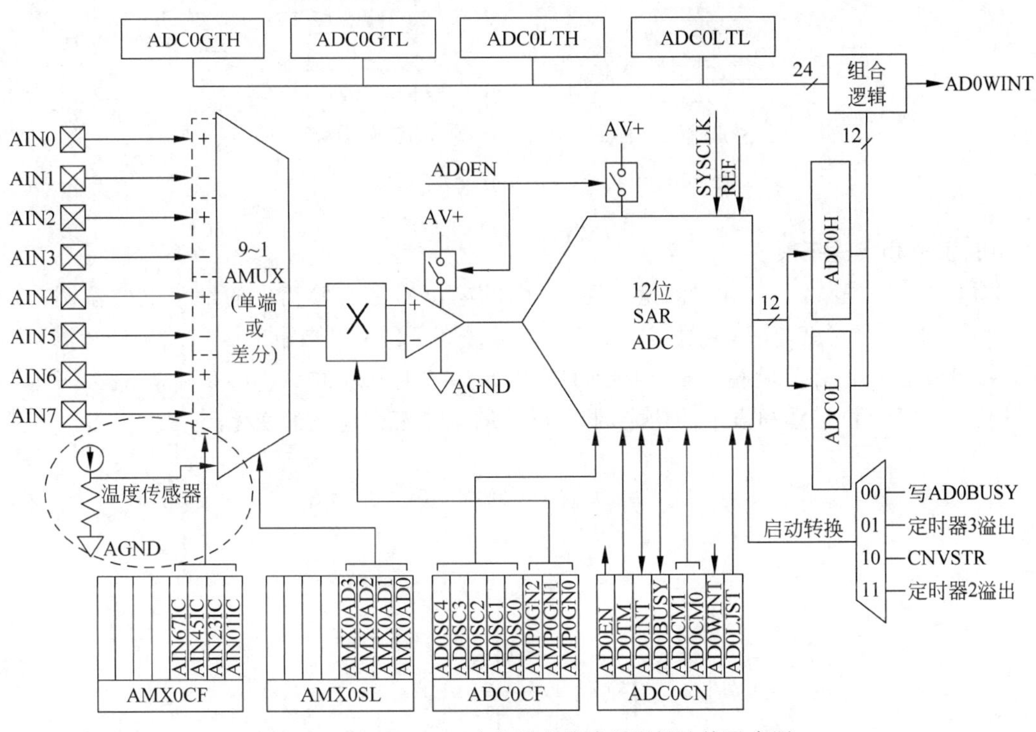


图 8-38 C8051F020 片内温度传感器逻辑连接示意图

为了能使用温度传感器，它首先必须被允许，ADC 及其相关的偏置电路也必须被允许。本例子使用内部电压基准，ADC 转换的结果代码使用左对齐，这样可使代码的权值与 ADC 位数(12 或 10)无关。

**3. 实验程序流程图**

**4. 实验参考程序(略)**

本实验程序分为 3 个小程序，分别是 main. c、adc. c 和 7279disp. c，实验的流程图参见图 8-39。

**5. 调试要点**

程序运行后，进行片内温度采集与显示，此时七段数码管显示 C8051F020 单片机的温度，可通过触摸 C8051F020 芯片，观察温度的变化。

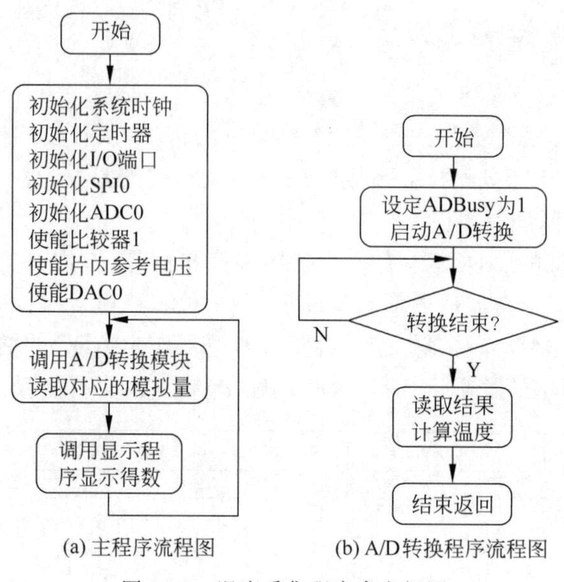

(a) 主程序流程图　　(b) A/D转换程序流程图

图 8-39　温度采集程序参考框图

**6. 思考和实验拓展**

图 8-40 是实验箱上的电位测量电路,图中的电位器是实验箱上的红色电位器调节旋钮,本质上是一个可变电阻,通过与电阻 $R_{13}$ 的分压在 AIN1 引脚输出 0～2.4V 的待测量电压,AIN1 引脚已经在实验箱的电路接到了单片机 C8051F020 的 AIN0.1 引脚,请参考本实验的代码实现电位采集和显示的功能,调节电位器旋钮观察电位的变化。

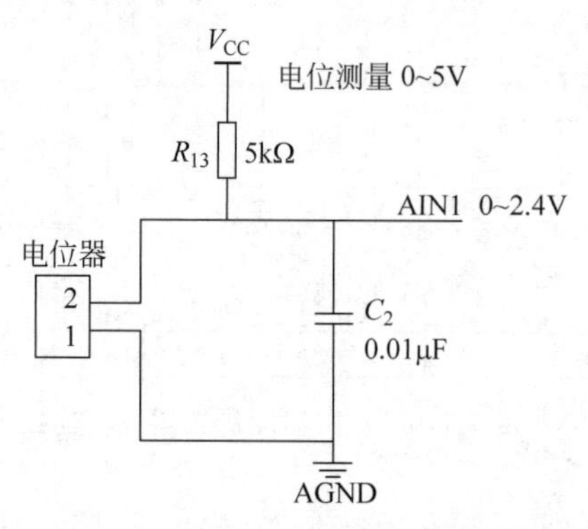

图 8-40　实验箱上的电位测量电路

# 8.4　Keil μVision2 开发环境

## 8.4.1　在 Keil μVision2 中集成 Silicon 的驱动和配置

从 Silicon Laboratories 公司网站下载 μVision2 Driver,下载之后双击进行安装,要求安装到 Keil 的安装目录中。要使用 Keil μVision2 来进行 Silicon Laboratories 公司的 C8051F 系列单片机开发,必须在新建的项目中修改项目的调试选项和 Flash 编程下载选项，过程如下：

(1) 用 Keil μVision2 新建一个项目，然后在 Keil μVision2 集成开发环境左侧的 Project Workspace(项目工作区)的 Files(文件)选项卡中，选中 Target 1，右击，出现快捷菜单，如图 8-41 所示，选择 Options for Target 'Target 1'菜单项，出现项目设置对话框，如图 8-42 所示。

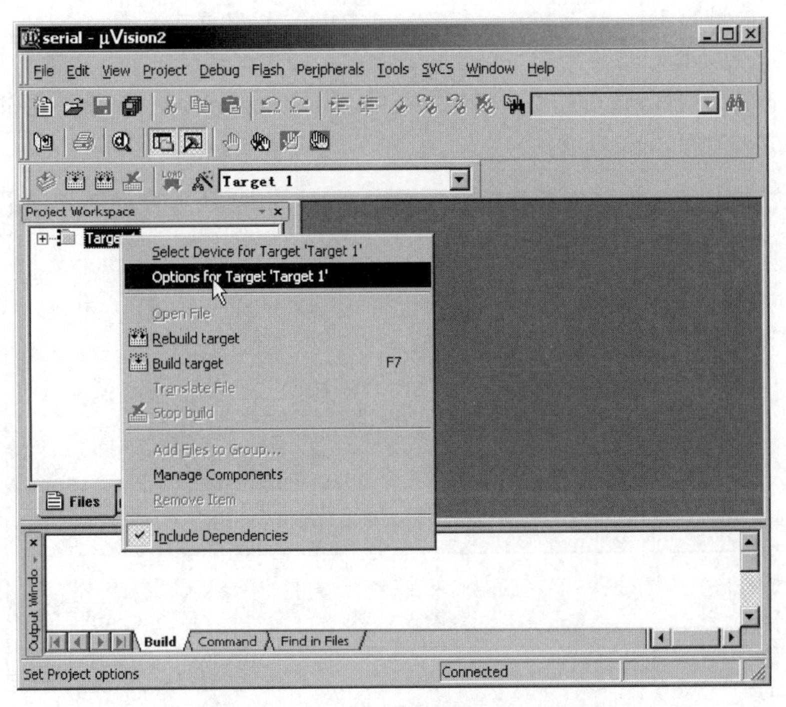


图 8-41　修改项目的设置和编译调试等选项

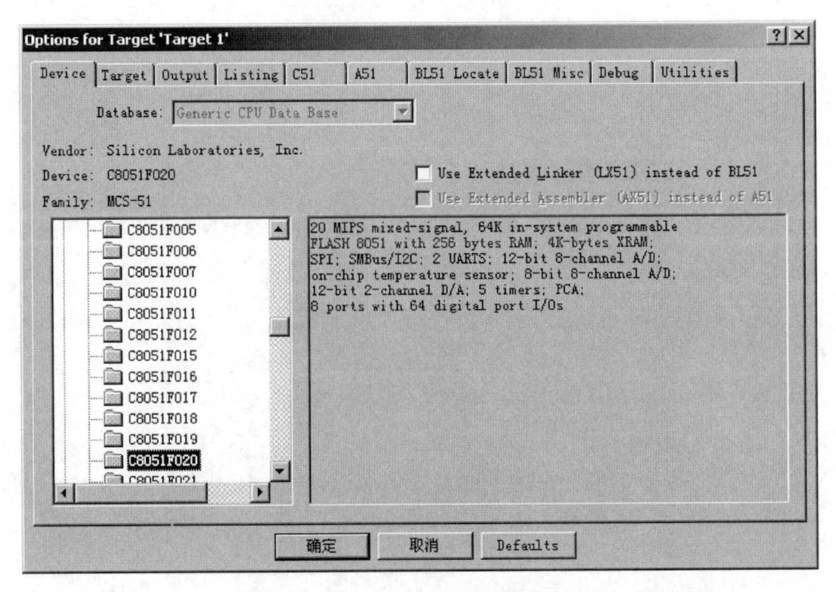


图 8-42　选择目标开发系统的单片机器件型号对话框

(2) 在项目设置对话框中,选择 Device(器件)选项卡进行单片机器件型号的选择。因为是使用 Silicon Laboratories 公司的 C8051F 系列单片机进行开发,所以在选项页左侧的树状厂商和器件型号列表框中,找到"Silicon Laboratories,Inc."节点,单击该节点打开树状器件型号列表,在其中选中自己实际开发使用的器件型号。

(3) 完成前面步骤后,在项目选项设置对话框中,选择 Debug(调试)选项卡进行调试参数设置,选中右侧的 Use 单选按钮,并在右边的下拉列表框中选择 Silicon Laboratories C8051Fxxx…,表明本项目使用 Silicon Laboratories 公司的调试器进行在系统调试,为了能够进行源代码级的调试,必须选中下面的 Load Application at Startup 和 Go till main 两个复选框。完成后如图 8-43 所示。

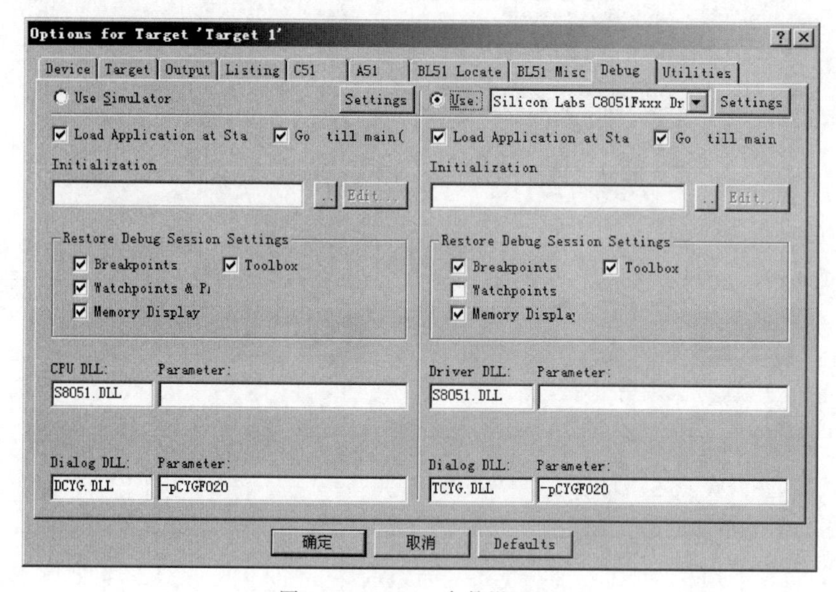


图 8-43 Debug 参数设置页

(4) 单击右侧的 Settings 按钮出现 Target Setup 对话框,在这里可以像 Silicon Laboratories IDE 软件一样进行在系统编程连接方式的设置,如图 8-44 所示。

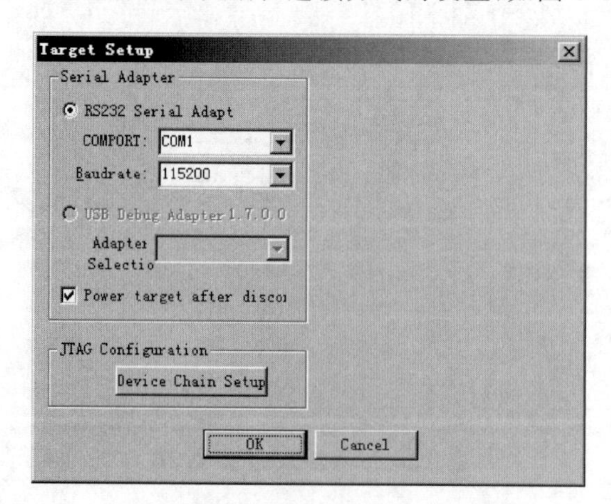


图 8-44 目标设备和 PC 开发环境的连接设置

(5) 选择使用的开发器的连接方式，例如，使用串行口的开发器，则选中 RS232 Serial Adapter 单选按钮，然后在下方的 COMPORT 下拉列表框中选择实际调试时开发器连接的串行口，比如 COM1，在 Baudrate 下拉列表框中选择合适的波特率，比如 115200，设置完成后单击 OK 按钮关闭 Target Setup 对话框，返回到项目的设置对话框的 Debug 选项卡。

(6) 在项目设置对话框中选择 Utilities 选项卡，如图 8-45 所示，该选项卡用来配置 Silicon Laboratories 公司的在系统编程工具，在 Configure Flash Menu Command 下面，选中 Use Target Driver for Flash Programming 单选按钮，在下方的下拉列表框中选择 Silicon Labs C8051Fxxx Driver。单击右侧的 Settings 按钮打开 Flash Download Setup 对话框设置在系统编程的下载选项，把 3 个复选框全都选中。完成后，如图 8-46 所示，单击 OK 按钮，关闭 Flash Download Setup 对话框，返回项目设置对话框的 Utilities 选项卡。

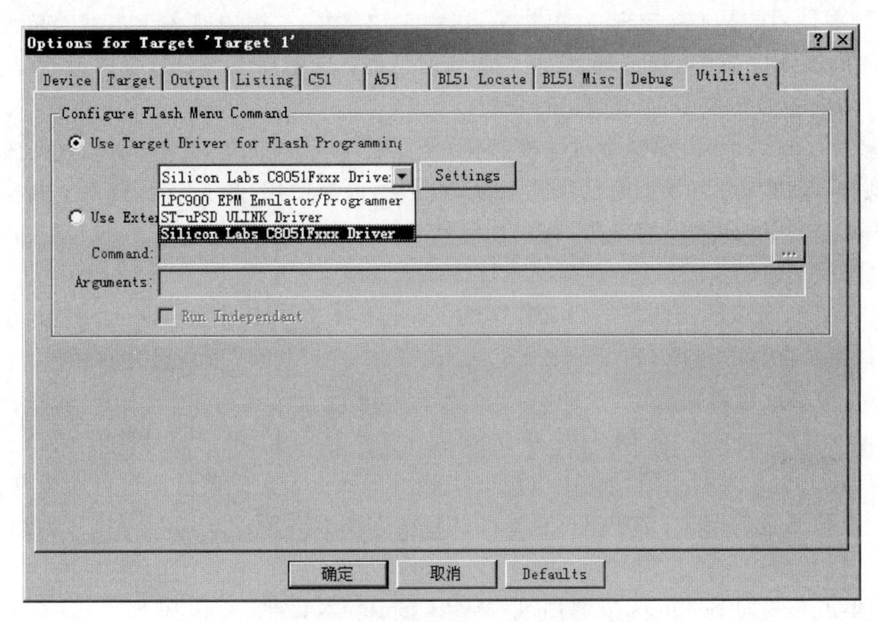


图 8-45　配置 Flash 编程下载工具为 Silicon Laboratories

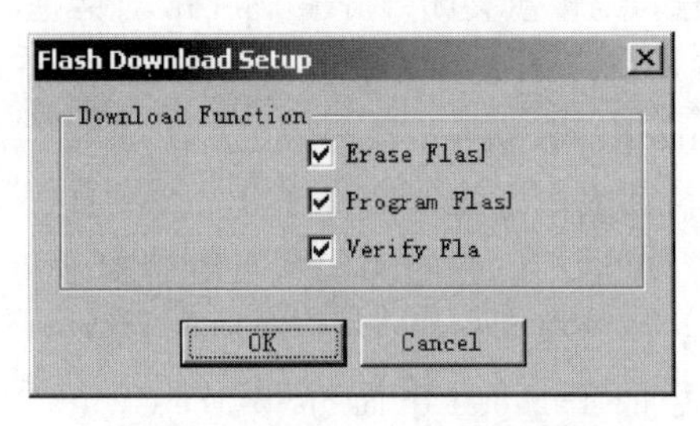


图 8-46　配置 Flash 下载的过程

(7) 完成上面的步骤后，单击 OK 按钮关闭项目设置对话框，返回 Keil μVision2 集成开发环境，保存所有的设置。经过这样设置之后，Keil μVision2 集成开发环境就能使用 Silicon Laboratories 公司的适配器和下载工具来进行后续的项目调试和代码下载。

### 8.4.2 使用 Keil μVision2 开发 C8051F020 单片机项目示例

下面以一个定时器 3 的例子来说明如何使用 Keil μVision2 开发环境进行 C8051F020 单片机的开发：

(1) 启动 Keil μVision2 集成开发环境，选择 Project→New Project 命令建立新项目，出现项目保存位置对话框，选择自己项目存放的位置，并给项目取一个名字，本例创建一个定时器项目，保存到 Timer 目录，项目名字为 timer. UV2(扩展名默认就是. UV2，不需要输入)，单击 Save 按钮，则出现为目标开发系统选择单片机器件和型号的对话框，如图 8-42 所示。

(2) 选择单片机器件和型号的对话框中，在左侧的树状列表框中，找到"Silicon Laboratories，Inc"节点，单击 Open 按钮，找到自己项目中具体使用的 C8051F 单片机的型号，如本例中使用的是 C8051F020 单片机，选中它，右侧文本框中有关于本型号单片机的资源描述。单击 OK 按钮接受选择，同时关闭该对话框；这一步也可以直接取消，在后面的项目设置对话框的 Device 选项卡中进行设置。

(3) 结束第(2)步，出现提示对话框，询问是否把标准 8051 单片机的启动代码复制过来并添加到本项目中，可以根据自己需要选择，本示例选择使用，单击 Yes 按钮；其实这步的选择也不重要，因为即使没有选择，在编译时软件也会自动为用户添加一个启动文件。

(4) 完成上面的步骤后，一个空的项目就建立完成了。

(5) 在 IDE 窗口的左侧的项目工作区的 Files 选项卡中，选中 Target 1，右击，出现快捷菜单，如图 8-41 所示，选择 Options for Target 'Target 1'，出现项目设置对话框。

(6) 在项目设置对话框中，选择 Debug 选项卡进行调试参数设置，如图 8-43 所示；在对话框设置页中选中右侧的 Use 单选按钮，并在其下拉列表框中选择 Silicon Labs C8051Fxxx Driver，表明本项目使用 Silicon Laboratories 公司的调试器进行系统调试，为了能够进行源代码级的调试，选中下面的 Load Application at Startup 和 Go Till Main 两个复选框。

(7) 单击右侧的 Settings 按钮出现 Target Setup 对话框，可以像 Silicon Laboratories IDE 软件一样进行系统编程连接方式的设置，如图 8-44 所示；本例中使用串行口 1，波特率为 115 200，设置完成后单击 OK 按钮关闭 Target Setup 对话框。

(8) 在项目设置对话框中选择 Utilities 选项卡，如图 8-45 所示，该选项卡可以用来配置 Flash 编程工具，在 Configure Flash Menu Command 中，选择 Use Target Driver for Flash Programming，在下面的下拉列表中选择 Silicon Labs C8051Fxxx Driver。

(9) 完成上面的步骤后，单击 OK 按钮关闭项目设置对话框，单击工具栏中的"新建文件"按钮新建一个程序文件；输入程序代码，完成后把该 C51 程序代码添加到项目中去，具体过程是，右击项目工作区中的 Target 1 下面的 Source Group 1，出现快捷菜单后选择 Add Files to Group 'Source Group 1'命令；出现添加文件对话框，找到刚编写的程序文件，单击 OK 按钮加入项目中，单击 Save 按钮。

(10) 在 IDE 主菜单选择 Project→Build Project 命令，进行项目的编译和链接；在编译和链接过程中出现的错误和警告信息显示在输出窗口的 Build 输出页中，可以单击相应的出错信息，光标会自动跳到出错所在的代码行。如果没有错误和警告，输出窗中会显示编译

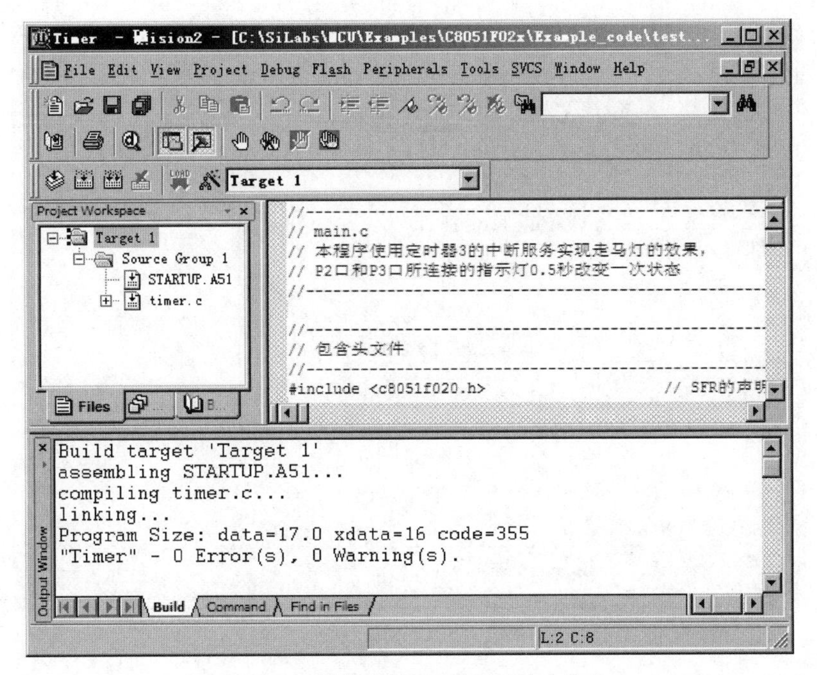


图 8-47　编译和链接过程以及输出信息

和链接的结果信息。本示例没有编译链接错误,如图 8-47 所示。

(11) 成功编译项目后就可以进行项目的调试,选择 Debug→Start/Stop Debug Session 命令;一开始是在项目代码的系统下载编程阶段,在该阶段,可以在状态栏看到下载的过程,如图 8-48、图 8-49 和图 8-50 所示(有些进度显示会很快,不一定能看到)。

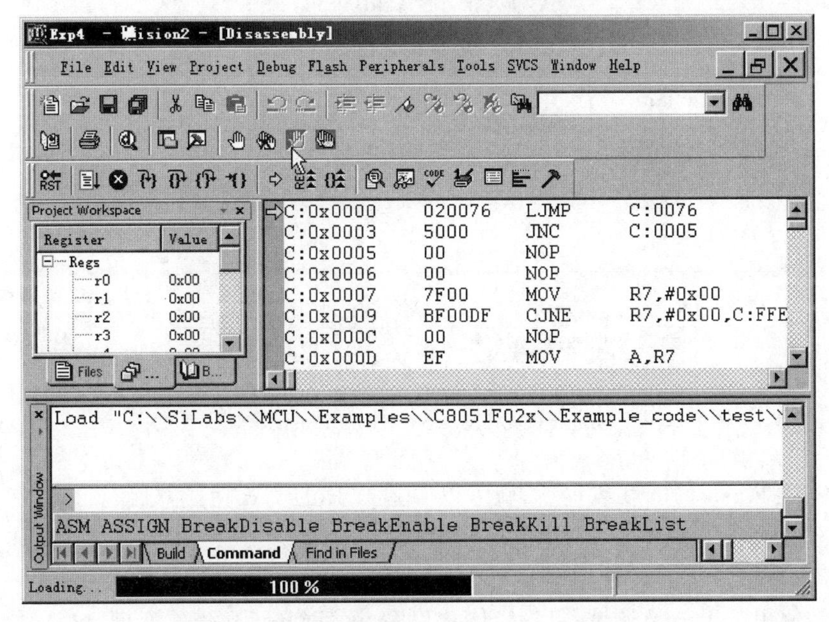


图 8-48　下载过程的第一步:Loading 进度显示

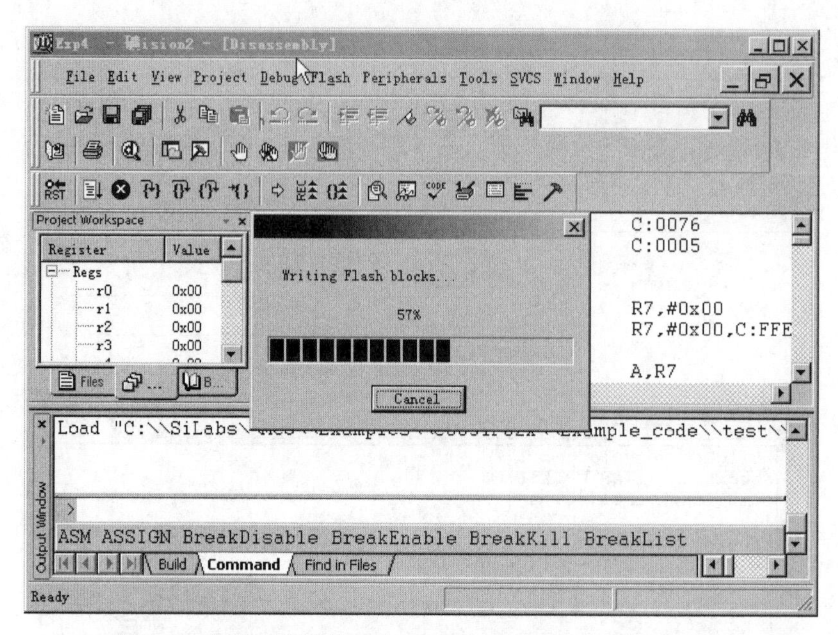


图 8-49 下载过程的第二步：Writing Flash Blocks 进度显示

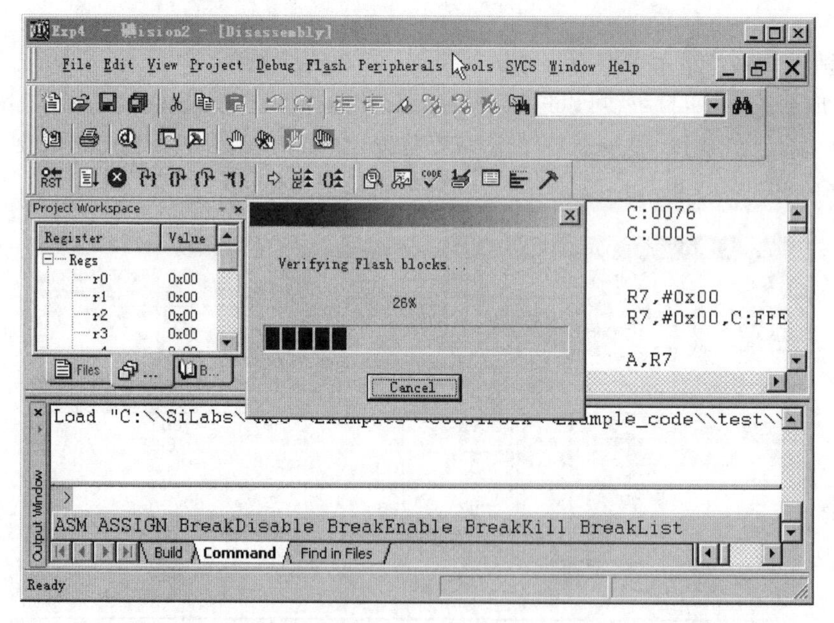


图 8-50 下载过程的第三步：Verifying Flash Blocks 进度显示

(12) 完成 Flash 的下载编程后，就可以看到 IDE 的调试功能开启，可以进行项目的调试，如图 8-51 所示；项目的调试过程和使用 Silicon Laboratories IDE 类似，具体调试的方法可以参阅 Keil μVision 的使用手册和 Silicon Laboratories IDE 的使用手册。

(13) 当使用μVision2 调试器启动/停止程序、运行到断点、查看变量、校验/修改存储器内容和单步运行程序时，实际是在目标硬件上运行代码。可以设置的硬件断点的个数还是4个。

图 8-51 下载完成后默认显示的是 Disassembly 窗口

(14) 除了可以进行自动下载外,还可以手工下载和擦除 Flash 存储器的代码,具体见步骤(15)和步骤(16)。

(15) 下载。打开 Flash 菜单,单击 Download 命令,出现提示对话框,单击 Yes 按钮,就开始进行下载,下载结束后,如图 8-51 所示。

(16) 擦除。打开 Flash 菜单,单击 Erase 命令,出现提示对话框,单击 OK 按钮,就开始擦除过程,擦除完成后会在输出窗口中给出提示。

(17) 如果没有连接开发系统,则会出现出错提示对话框,可以根据自己的连接情况查找原因。

(18) 图 8-52 是 Keil μVision2 IDE 中集成了 Silicon Laboratories μVision2 Driver 后可以使用的 Peripherals 菜单和调试工具条。

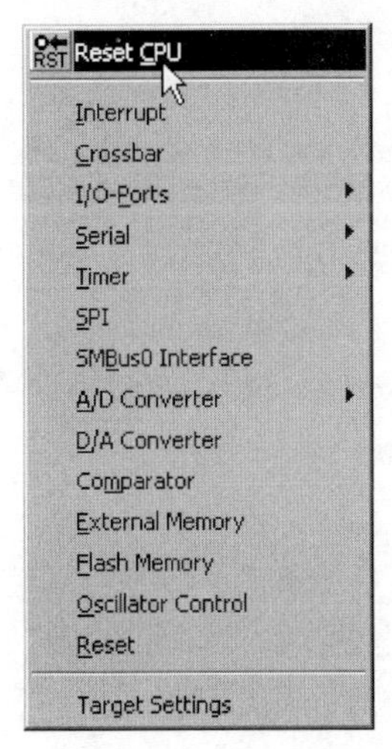

图 8-52 Peripherals 菜单和调试工具条

# 习 题 8

1. 分别用汇编语言和C51语言在Silicon Laboratories IDE中开发调试一个简单的实验项目,熟悉Silicon Laboratories IDE的开发环境。

2. 试着按照本章提供的Keil μVision2和Silicon Laboratories μVision2 Driver的集成方法,在自己的PC开发系统上把二者集成起来,并尝试将Keil μVision3和Silicon Laboratories μVision2 Driver进行集成。

3. 试着用Keil μVision2建立和调试一个简单的实验项目,对比Keil μVision2和Silicon Laboratories IDE两个开发环境在编辑、编译链接和下载调试上有哪些异同,根据自己的喜好选择一个适合自己的集成开发环境。

# 附录A CIP-51指令一览表

CIP-51的指令如表A-1所示。

表A-1 CIP-51的指令

| 助记符 | 功能说明 | 字节数 | 时钟周期数 |
|---|---|---|---|
| 算术操作类指令 | | | |
| ADD A,Rn | 寄存器加到累加器 | 1 | 1 |
| ADD A,direct | 直接寻址字节加到累加器 | 2 | 2 |
| ADD A,@Ri | 间址RAM加到累加器 | 1 | 2 |
| ADD A,#data | 立即数加到累加器 | 2 | 2 |
| ADDC A,Rn | 寄存器加到累加器(带进位) | 1 | 1 |
| ADDC A,direct | 直接寻址字节加到累加器(带进位) | 2 | 2 |
| ADDC A,@Ri | 间址RAM加到累加器(带进位) | 1 | 2 |
| ADDC A,#data | 立即数加到累加器(带进位) | 2 | 2 |
| SUBB A,Rn | 累加器减去存储器(带错位) | 1 | 1 |
| SUBB A,direct | 累加器减去间接寻址RAM(带错位) | 2 | 2 |
| SUBB A,@Ri | 累加器减去间址RAM(带错位) | 1 | 2 |
| SUBB A,#data | 累加法减去立即数(带错位) | 2 | 2 |
| INC A | 累加器加1 | 1 | 1 |
| INC Rn | 寄存器加1 | 1 | 1 |
| INC direct | 直接寻址字节加1 | 2 | 2 |
| INC @Ri | 间址RAM加1 | 1 | 2 |
| DEC A | 累加器减1 | 1 | 1 |
| DEC Rn | 寄存器减1 | 1 | 1 |
| DEC direct | 直接寻址字节减1 | 2 | 2 |
| DEC @Ri | 间址RAM减1 | 1 | 2 |
| INC DPTR | 数据地址加1 | 1 | 1 |
| MUL AB | 累加器和寄存器B加乘 | 1 | 4 |
| DIV AB | 累加器除以寄存器B | 1 | 8 |
| DA A | 累加器十进制调整 | 1 | 1 |
| 逻辑操作类指令 | | | |
| ANL A,Rn | 寄存器“与”到逻辑器 | 1 | 1 |
| ANL A,direct | 直接寻址字节“与”到累加器 | 2 | 2 |
| ANL A,@Ri | 间址RAM“与”到累加器 | 1 | 2 |
| ANL A,#data | 立即数“与”到累加器 | 2 | 2 |
| ANL direct,A | 累加器“与”到直接寻址字节 | 2 | 2 |
| ANL diect,#data | 立即数“与”到直接寻址字节 | 3 | 3 |
| ORL A,Rn | 寄存器“或”到累加器 | 1 | 1 |

续表

| 助记符 | 功能说明 | 字节数 | 时钟周期数 |
|---|---|---|---|
| 逻辑操作类指令 | | | |
| ORL A,direct | 直接寻址字节“或”到累加器 | 2 | 2 |
| ORL A,@Ri | 间址 RAM“或”到累加器 | 1 | 2 |
| ORL A,#data | 立即数“或”到累加器 | 2 | 2 |
| ORL direct,A | 累加器“或”到直接寻址字节 | 2 | 2 |
| ORL direct,#data | 立即数“或”到直接寻址字节 | 3 | 3 |
| XRL A,Rn | 寄存器“异或”到累加器 | 1 | 1 |
| XRL A,direct | 直接寻址数“异或”到累加器 | 2 | 2 |
| XRL A,@Ri | 间址 RAM“异或”到累加器 | 1 | 2 |
| XRL A,#data | 立即数“异或”到累加器 | 2 | 2 |
| XRL direct,A | 累加器“异或”到直接寻址字节 | 2 | 2 |
| XRL direct,#data | 立即数“异或”到直接寻址字节 | 3 | 3 |
| CLR A | 累加器清 0 | 1 | 1 |
| CPL A | 累加器求反 | 1 | 1 |
| RL A | 累加器循环左移 | 1 | 1 |
| RLC A | 经过进位位的累加器循环左移 | 1 | 1 |
| RR A | 累加器循环右移 | 1 | 1 |
| RRC A | 经过进位位的累加器循环右移 | 1 | 1 |
| SWAP A | 累加器内高低半字节交换 | 1 | 1 |
| 数据传输类指令 | | | |
| MOV A,Rn | 寄存器传送到累加器 A | 1 | 1 |
| MOV A,direct | 直接寻址字节传送到累加器 | 2 | 2 |
| MOV A,@Ri | 间址 RAM 传送到累加器 | 1 | 2 |
| MOV A,#data | 立即数传送到累加器 | 2 | 2 |
| MOV Rn,A | 累加器传送到寄存器 | 1 | 1 |
| MOV Rn,direct | 直接寻址字节传送到寄存器 | 2 | 2 |
| MOV Rn,#data | 立即数传送到寄存器 | 2 | 2 |
| MOV direct,A | 累加器传送到直接寻址字节 | 2 | 2 |
| MOV direct,Rn | 寄存器传送到直接寻址字节 | 2 | 2 |
| MOV direct,direct | 直接寻址字节传送到直接寻址字节 | 3 | 3 |
| MOV direct,@Ri | 间址 RAM 传送到直接寻址字节 | 2 | 2 |
| MOV direct,#data | 立即数传送到直接寻址字节 | 3 | 3 |
| MOV @Ri,A | 累加器传送到间址 RAM | 1 | 2 |
| MOV @Ri,direct | 直接寻址数传送到间址 RAM | 2 | 2 |
| MOV @Ri,#data | 立即数传送到间址 RAM | 2 | 2 |
| MOV DPTR,#data16 | 16 位数据常数装入数据指针 | 3 | 3 |
| MOVC A,@A+DPTR | 代码字节传送到累加器 | 1 | 3 |
| MOVC A,@A+PC | 代码字节传送到累加器 | 1 | 3 |
| MOVX A,@Ri | 外部 RAM(8 位地址)传送到 A | 1 | 3 |
| MOVX @Ri,A | 累加器传到外部 RAM(8 位地址) | 1 | 3 |
| MOVX A,@DPTR | 外部 RAM(16 位地址)传送到 A | 1 | 3 |
| MOVX @DPTR,A | 累加器传到外部 RAM(16 位地址) | 1 | 3 |

续表

| 助 记 符 | 功 能 说 明 | 字节数 | 时钟周期数 |
|---|---|---|---|
| 数据传输类指令 | | | |
| PUSH direct | 直接寻址字节压入栈顶 | 2 | 2 |
| POP direct | 栈顶数据弹出到直接寻址字节 | 2 | 2 |
| XCH A,Rn | 寄存器和累加器交换 | 1 | 1 |
| XCH A,direct | 直接寻址字节与累加器交换 | 2 | 2 |
| XCH A,@Ri | 间址 RAM 与累加器交换 | 1 | 2 |
| XCHD A,@Ri | 间址 RAM 和累加器交换低半字节 | 1 | 2 |
| 位操作类指令 | | | |
| CLR C | 清进位位 | 1 | 1 |
| CLR bit | 清直接寻址位 | 2 | 2 |
| SETB C | 进位位置 1 | 1 | 1 |
| SETB bit | 直接寻址位置位 | 2 | 2 |
| CPL C | 进位位取反 | 1 | 1 |
| CPL bit | 直接寻址位取反 | 2 | 2 |
| ANL C,bit | 直接寻址位“与”到进位位 | 2 | 2 |
| ANL C,/bit | 直接寻址位的反码“与”到进位位 | 2 | 2 |
| ORL C,bit | 直接寻址位“或”到进位位 | 2 | 2 |
| ORL C,/bit | 直接寻址位的反码“或”到进位位 | 2 | 2 |
| MOV C,bit | 直接寻址位传送到进位位 | 2 | 2 |
| MOV bit,C | 进位位传送到直接寻址位 | 2 | 2 |
| 控制转移类指令 | | | |
| JC rel | 若进位位为 1 则跳转 | 2 | 2/3 |
| JNC rel | 若进位位为 0 则跳转 | 2 | 2/3 |
| JB bit,rel | 若直接寻址位为 1 则跳转 | 3 | 3/4 |
| JNB bit,rel | 若直接寻址位为 0 则跳转 | 3 | 3/4 |
| JBC bit,rel | 若直接寻址位为 1 则跳转,并清除该位 | 3 | 3/4 |
| ACALL addr11 | 绝对调用子程序 | 2 | 3 |
| LCALL addr16 | 长调用子程序 | 3 | 4 |
| RET | 从子程序返回 | 1 | 5 |
| RETI | 从中断返回 | 1 | 5 |
| AJMP addr11 | 绝对转移 | 2 | 3 |
| LJMP addr16 | 长转移 | 3 | 4 |
| SJMP rel | 短转移(相对偏移) | 2 | 3 |
| JMP @A+DPTR | 相对 DPTR 的间接转移 | 1 | 3 |
| JZ rel | 累加器为 0 则转移 | 2 | 2/3 |
| JNZ rel | 累加器为非 0 则转移 | 2 | 2/3 |
| CJNE A,direct,rel | 比较直接寻址字节与 A,不相等则转移 | 3 | 3/4 |
| CJNE A,#data,rel | 比较立即数与 A,不相等则转移 | 3 | 3/4 |
| CJNE Rn,#data,rel | 比较立即数与寄存器,不相等则转移 | 3 | 3/4 |
| CJNE @Ri,#data,rel | 比较立即数与间接寻址 RAM,不相等则转移 | 3 | 4/5 |
| DJNZ Rn,rel | 寄存器减 1,不为 0 则转移 | 2 | 2/3 |
| DJNZ direct,rel | 直接寻址字节减 1,不为 0 则转移 | 3 | 3/4 |
| NOP | 空操作 | 1 | 1 |

寄存器、操作数和寻址方式说明:

Rn——当前选择的寄存器区的寄存器 R0～R7。

@Ri——通过寄存器 R0 和 R1 间接寻址的数据 RAM 地址。

rel——相对于下一条指令第一字节的 8 位有符号(2 的补码)偏移量。SJMP 和所有条件转移指令使用。

direct——8 位内部数据存储器地址。可以是直接访问数据 RAM 地址(0x00～0x7F)或一个 SFR 地址(0x80～0xFF)。

＃data——8 位立即数。

＃data16——16 位立即数。

bit——数据 RAM 或 SFR 中的直接寻址位。

addr11——ACALL 或 AJMP 使用的 11 位目的地址。目的地址必须与下一条指令的第一字节处于同一个 2KB 的程序存储器页。

addr16——LCALL 或 LJMP 使用的 16 位目的地址。目的地址可以是 64KB 程序存储器空间内的任何位置。

有一个未使用的操作码(oxA5),它执行与 NOP 指令相同的功能。

# 附录 B　C8051F020 的封装、引脚

C8051F020 的 TQFP-100 引脚图如图 B-1 所示。

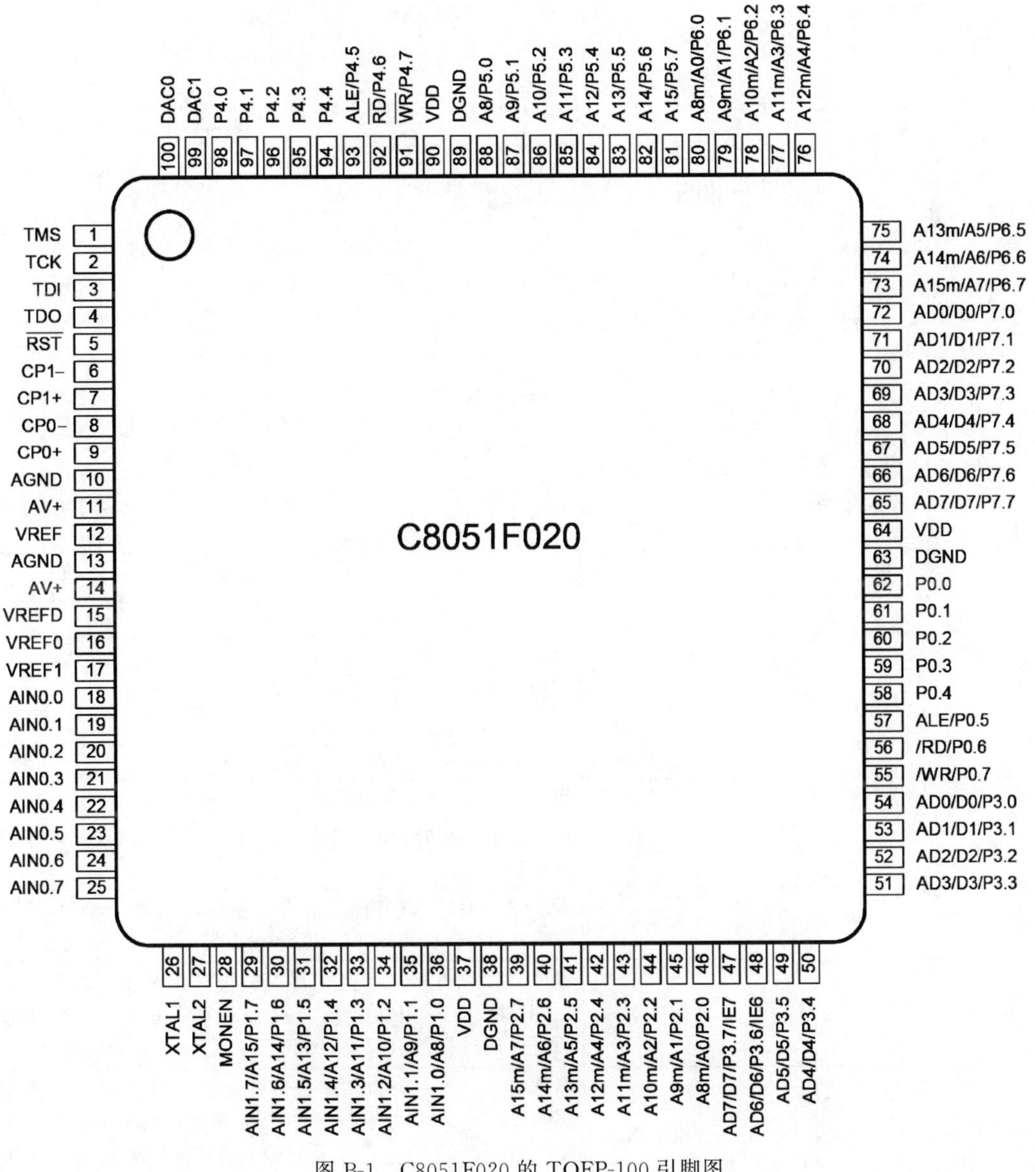


图 B-1　C8051F020 的 TQFP-100 引脚图

TQFP-100 封装图如图 B-2 所示。

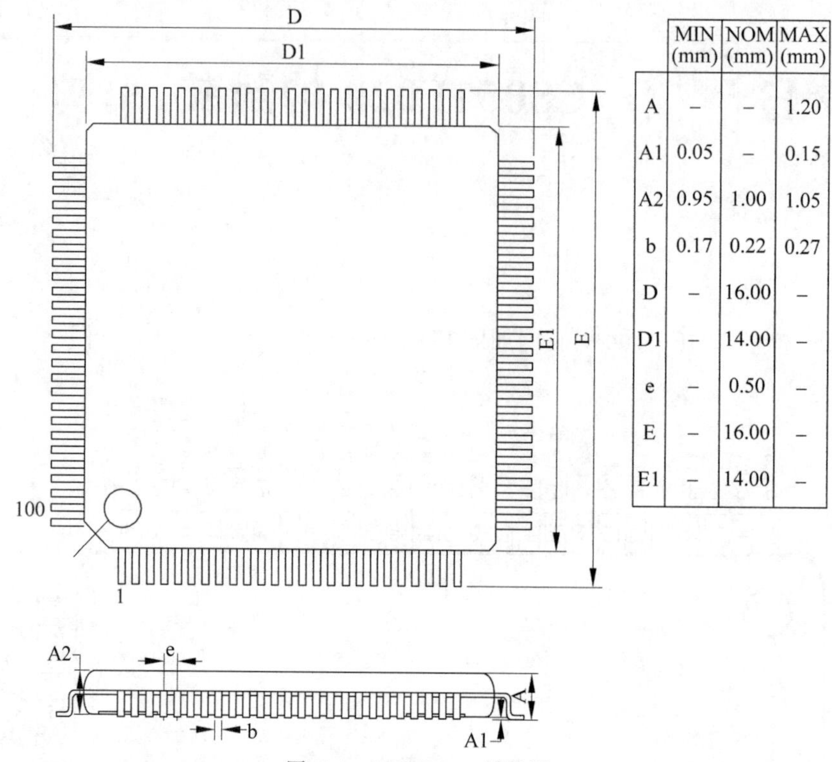


|  | MIN (mm) | NOM (mm) | MAX (mm) |
|---|---|---|---|
| A | – | – | 1.20 |
| A1 | 0.05 | – | 0.15 |
| A2 | 0.95 | 1.00 | 1.05 |
| b | 0.17 | 0.22 | 0.27 |
| D | – | 16.00 | – |
| D1 | – | 14.00 | – |
| e | – | 0.50 | – |
| E | – | 16.00 | – |
| E1 | – | 14.00 | – |

图 B-2　TQFP-100 封装图

C8051F020 引脚定义如表 B-1 所示。

**表 B-1　C8051F020 引脚定义**

| 引脚名称 | 引脚号 | 类　型 | 说　明 |
|---|---|---|---|
| $V_{DD}$ | 37,64,90 |  | 数字电源。必须接+2.7～+3.6V |
| DGND | 38,63,89 |  | 数字地,必须接地 |
| AV+ | 11,14 |  | 模拟电源。必须接+2.7～+3.6V |
| AGND | 10,13 |  | 模拟地,必须接地 |
| TMS | 1 | 数字输入 | JTAG 测试模式选择,带内部上拉 |
| TCK | 2 | 数字输入 | JTAG 测试时钟,带内部上拉 |
| TDI | 3 | 数字输入 | JTAG 测试数据输入,带内部上拉。TDI 在 TCK 上升沿被锁存 |
| TDO | 4 | 数字输出 | 带 JTAG 测试数据输出,带内部上拉。数据在 TCK 的下降沿从 TDO 引脚输出。TDO 输出是一个三态驱动器 |
| $\overline{RST}$ | 5 | 数字 I/O | 器件复位。内部 $V_{DD}$ 监视器的漏极开路输出。当 $V_{DD}$ < 2.7V 并且 MONEN 为高时被驱动为低电平。一个外部源可以通过将该引脚置为低电平启动一次系统复位 |
| XTAL1 | 26 | 模拟输入 | 晶体输入。该引脚为晶体或陶瓷谐振器的内部振荡器电路的反馈输入。为了得到一个精确的内部时钟,可以在 XTAL1 和 XTAL2 之间接上一个晶体或陶瓷谐振器。如果被一个外部 CMOS 时钟驱动,则该引脚提供系统时钟 |

续表

| 引脚名称 | 引脚号 | 类型 | 说明 |
|---|---|---|---|
| XTAL2 | 27 | 模拟输出 | 晶体输出。该引脚是晶体或陶瓷谐振器的激励驱动器 |
| MONEN | 28 | 数字输入 | $V_{DD}$ 监视器使能。该引脚接高电平时使能内部 $V_{DD}$ 监视器工作，当 $V_{DD}$<2.7V 时强制系统复位。该引脚接低电平时内部 $V_{DD}$ 监视器被禁止 |
| VREF | 12 | 模拟 I/O | 带隙电压基准输出 |
| VREF0 | 16 | 模拟输入 | ADC0 的电压基准输入 |
| VREF1 | 17 | 模拟输入 | ADC1 的电压基准输入 |
| VRED | 15 | 模拟输入 | DAC 的电压基准输入 |
| AIN0.0 | 18 | 模拟输入 | ADC0 输入通道 0 |
| AIN0.1 | 19 | 模拟输入 | ADC0 输入通道 1 |
| AIN0.2 | 20 | 模拟输入 | ADC0 输入通道 2 |
| AIN0.3 | 21 | 模拟输入 | ADC0 输入通道 3 |
| AIN0.4 | 22 | 模拟输入 | ADC0 输入通道 4 |
| AIN0.5 | 23 | 模拟输入 | ADC0 输入通道 5 |
| AIN0.6 | 24 | 模拟输入 | ADC0 输入通道 6 |
| AIN0.7 | 25 | 模拟输入 | ADC0 输入通道 7 |
| CP0＋ | 9 | 模拟输入 | 比较器 0 的同相输入端 |
| CP0－ | 8 | 模拟输入 | 比较器 0 的反相输入端 |
| CP1＋ | 7 | 模拟输入 | 比较器 1 的同相输入端 |
| CP1－ | 6 | 模拟输入 | 比较器 1 的反相输入端 |
| DAC0 | 100 | 模拟输出 | 数模转换器 0 的电压输出 |
| DAC1 | 99 | 模拟输出 | 数模转换器 1 的电压输出 |
| P0.0 | 62 | 数字 I/O | P0.0。详见端口输入/输出部分 |
| P0.1 | 61 | 数字 I/O | P0.1。详见端口输入/输出部分 |
| P0.2 | 60 | 数字 I/O | P0.2。详见端口输入/输出部分 |
| P0.3 | 59 | 数字 I/O | P0.3。详见端口输入/输出部分 |
| P0.4 | 58 | 数字 I/O | P0.4。详见端口输入/输出部分 |
| ALE/P0.5 | 57 | 数字 I/O | 外部存储器地址总线 ALE 选通(复用方式)。<br>P0.5。详见端口输入/输出部分 |
| $\overline{RD}$/P0.6 | 56 | 数字 I/O | 外部存储器接口的 $\overline{RD}$ 选通。<br>P0.6。详见端口输入/输出部分 |
| $\overline{WR}$/P0.7 | 55 | 数字 I/O | 外部存储器接口的 $\overline{WR}$ 选通。<br>P0.7。详见端口输入/输出部分 |
| AIN1.0/A8/P1.0 | 36 | 模拟输入<br>数字 I/O | ADC1 输入通道 0(详见 ADC1 说明)。<br>外部存储器地址总线位 8(非复用方式)。<br>P1.0。详见端口输入/输出部分 |
| AIN1.1/A9/P1.1 | 35 | 模拟输入<br>数字 I/O | ADC1 输入通道 1(详见 ADC1 说明)。<br>外部存储器地址总线位 9(非复用方式)。<br>P1.1。详见端口输入/输出部分 |
| AIN1.2/A10/P1.2 | 34 | 模拟输入<br>数字 I/O | ADC1 输入通道 2(详见 ADC1 说明)。<br>外部存储器地址总线位 10(非复用方式)。<br>P1.2。详见端口输入/输出部分 |

续表

| 引脚名称 | 引脚号 | 类　型 | 说　明 |
|---|---|---|---|
| AIN1.3/A11/P1.3 | 33 | 模拟输入<br>数字 I/O | ADC1 输入通道 3(详见 ADC1 说明)。<br>外部存储器地址总线位 11(非复用方式)。<br>P1.3。详见端口输入/输出部分 |
| AIN1.4/A12/P1.4 | 32 | 模拟输入<br>数字 I/O | ADC1 输入通道 4(详见 ADC1 说明)。<br>外部存储器地址总线位 12(非复用方式)。<br>P1.4。详见端口输入/输出部分 |
| AIN1.5/A13/P1.5 | 31 | 模拟输入<br>数字 I/O | ADC1 输入通道 5(详见 ADC1 说明)。<br>外部存储器地址总线位 13(非复用方式)。<br>P1.5。详见端口输入/输出部分 |
| AIN1.6/A14/P1.6 | 30 | 模拟输入<br>数字 I/O | ADC1 输入通道 6(详见 ADC1 说明)。<br>外部存储器地址总线位 14(非复用方式)。<br>P1.6。详见端口输入/输出部分 |
| AIN1.7/A15/P1.7 | 29 | 模拟输入<br>数字 I/O | ADC1 输入通道 7(详见 ADC1 说明)。<br>外部存储器地址总线位 15(非复用方式)。<br>P1.7。详见端口输入/输出部分 |
| A8m/A0/P2.0 | 46 | 数字 I/O | 外部存储器地址总线位 8(复用方式)。<br>外部存储器地址总线位 0(非复用方式)。<br>P2.0。详见端口输入/输出部分 |
| A9m/A1/P2.1 | 45 | 数字 I/O | 外部存储器地址总线位 9(复用方式)。<br>外部存储器地址总线位 1(非复用方式)。<br>P2.1。详见端口输入/输出部分 |
| A10m/A2/P2.2 | 44 | 数字 I/O | 外部存储器地址总线位 10(复用方式)。<br>外部存储器地址总线位 2(非复用方式)。<br>P2.2。详见端口输入/输出部 |
| A11m/A3/P2.3 | 43 | 数字 I/O | 外部存储器地址总线位 11(复用方式)。<br>外部存储器地址总线位 3(非复用方式)。<br>P2.3。详见端口输入/输出部分 |
| A12m/A4/P2.4 | 42 | 数字 I/O | 外部存储器地址总线位 12(复用方式)。<br>外部存储器地址总线位 4(非复用方式)。<br>P2.4。详见端口输入/输出部分 |
| A13m/A5/P2.5 | 41 | 数字 I/O | 外部存储器地址总线位 13(复用方式)。<br>外部存储器地址总线位 5(非复用方式)。<br>P2.5。详见端口输入/输出部分 |
| A14m/A6/P2.6 | 40 | 数字 I/O | 外部存储器地址总线位 14(复用方式)。<br>外部存储器地址总线位 6(非复用方式)。<br>P2.6。详见端口输入/输出部分 |
| A15m/A7/P2.7 | 39 | 数字 I/O | 外部存储器地址总线位 15(复用方式)。<br>外部存储器地址总线位 7(非复用方式)。<br>P2.7。详见端口输入/输出部分 |
| AD0/D0/P3.0 | 54 | 数字 I/O | 外部存储器地址/数据总线位 0(复用方式)。<br>外部存储器数据总线位 0(非复用方式)。<br>P3.0。详见端口输入/输出部分 |

续表

| 引脚名称 | 引脚号 | 类型 | 说明 |
|---|---|---|---|
| AD1/D1/P3.1 | 53 | 数字 I/O | 外部存储器地址/数据总线位1(复用方式)。<br>外部存储器数据总线位1(非复用方式)。<br>P3.1。详见端口输入/输出部分 |
| AD2/D2/P3.2 | 52 | 数字 I/O | 外部存储器地址/数据总线位2(复用方式)。<br>外部存储器数据总线位2(非复用方式)。<br>P3.2。详见端口输入/输出部分 |
| AD3/D3/P3.3 | 51 | 数字 I/O | 外部存储器地址/数据总线位3(复用方式)。<br>外部存储器数据总线位3(非复用方式)。<br>P3.3。详见端口输入/输出部分 |
| AD4/D4/P3.4 | 50 | 数字 I/O | 外部存储器地址/数据总线位4(复用方式)。<br>外部存储器数据总线位4(非复用方式)。<br>P3.4。详见端口输入/输出部分 |
| AD5/D5/P3.5 | 49 | 数字 I/O | 外部存储器地址/数据总线位5(复用方式)。<br>外部存储器数据总线位5(非复用方式)。<br>P3.5。详见端口输入/输出部分 |
| AD6/D6/P3.6/IE6 | 48 | 数字 I/O | 外部存储器地址/数据总线位6(复用方式)。<br>外部存储器数据总线位6(非复用方式)。<br>P3.6。详见端口输入/输出部分 |
| AD7/D7/P3.7/IE7 | 47 | 数字 I/O | 外部存储器地址/数据总线位7(复用方式)。<br>外部存储器数据总线位7(非复用方式)。<br>P3.7。详见端口输入/输出部分 |
| P4.0 | 98 | 数字 I/O | P4.0。详见端口输入/输出部分 |
| P4.1 | 97 | 数字 I/O | P4.1。详见端口输入/输出部分 |
| P4.2 | 96 | 数字 I/O | P4.2。详见端口输入/输出部分 |
| P4.3 | 95 | 数字 I/O | P4.3。详见端口输入/输出部分 |
| P4.4 | 94 | 数字 I/O | P4.4。详见端口输入/输出部分 |
| ALE/P4.5 | 93 | 数字 I/O | 外部存储器地址总线 ALE 选通(复用方式)<br>P4.5。详见端口输入/输出部分 |
| $\overline{RD}$/P4.6 | 92 | 数字 I/O | 外部存储器接口的 $\overline{RD}$ 选通<br>P4.6。详见端口输入/输出部分 |
| $\overline{WR}$/P4.7 | 91 | 数字 I/O | 外部存储器接口的 $\overline{WR}$ 选通<br>P4.7。详见端口输入/输出部分 |
| A8/P5.0 | 88 | 数字 I/O | 外部存储器地址总线位8(非复用方式)。<br>P5.0。详见端口输入/输出部分 |
| A9/P5.1 | 87 | 数字 I/O | 外部存储器地址总线位9(非复用方式)。<br>P5.1。详见端口输入/输出部分 |
| A10/P5.2 | 86 | 数字 I/O | 外部存储器地址总线位10(非复用方式)。<br>P5.2。详见端口输入/输出部分 |
| A11/P5.3 | 85 | 数字 I/O | 外部存储器地址总线位11(非复用方式)。<br>P5.3。详见端口输入/输出部分 |
| A12/P5.4 | 84 | 数字 I/O | 外部存储器地址总线位12(非复用方式)。<br>P5.4。详见端口输入/输出部分 |

续表

| 引脚名称 | 引脚号 | 类 型 | 说 明 |
| --- | --- | --- | --- |
| A13/P5.5 | 83 | 数字 I/O | 外部存储器地址总线位 13(非复用方式)。<br>P5.5。详见端口输入/输出部分 |
| A14/P5.6 | 82 | 数字 I/O | 外部存储器地址总线位 14(非复用方式)。<br>P5.6。详见端口输入/输出部分 |
| A15/P5.7 | 81 | 数字 I/O | 外部存储器地址总线位 15(非复用方式)。<br>P5.7。详见端口输入/输出部分 |
| A8m/A0/P6.0 | 80 | 数字 I/O | 外部存储器地址总线位 8(复用方式)。<br>外部存储器地址总线位 0(非复用方式)。<br>P6.0。详见端口输入/输出部分 |
| A9m/A1/P6.1 | 79 | 数字 I/O | 外部存储器地址总线位 9(复用方式)。<br>外部存储器地址总线位 1(非复用方式)。<br>P6.1。详见端口输入/输出部分 |
| A10m/A2/P6.2 | 78 | 数字 I/O | 外部存储器地址总线位 10(复用方式)。<br>外部存储器地址总线位 2(非复用方式)。<br>P6.2。详见端口输入/输出部分 |
| A11m/A3/P6.3 | 77 | 数字 I/O | 外部存储器地址总线位 11(复用方式)。<br>外部存储器地址总线位 3(非复用方式)。<br>P6.3。详见端口输入/输出部分 |
| A12m/A4/P6.4 | 76 | 数字 I/O | 外部存储器地址总线位 12(复用方式)。<br>外部存储器地址总线位 4(非复用方式)。<br>P6.4。详见端口输入/输出部分 |
| A13m/A5/P6.5 | 75 | 数字 I/O | 外部存储器地址总线位 13(复用方式)。<br>外部存储器地址总线位 5(非复用方式)。<br>P6.5。详见端口输入/输出部分 |
| A14m/A6/P6.6 | 74 | 数字 I/O | 外部存储器地址总线位 14(复用方式)。<br>外部存储器地址总线位 6(非复用方式)。<br>P6.6。详见端口输入/输出部分 |
| A15m/A7/P6.7 | 73 | 数字 I/O | 外部存储器地址总线位 15(复用方式)。<br>外部存储器地址总线位 7(非复用方式)。<br>P6.7。详见端口输入/输出部分 |
| AD0/D0/P7.0 | 72 | 数字 I/O | 外部存储器地址/数据总线位 0(复用方式)。<br>外部存储器数据总线位 0(非复用方式)。<br>P7.0。详见端口输入/输出部分 |
| AD1/D1/P7.1 | 71 | 数字 I/O | 外部存储器地址/数据总线位 1(复用方式)。<br>外部存储器数据总线位 1(非复用方式)。<br>P7.1。详见端口输入/输出部分 |
| AD2/D2/P7.2 | 70 | 数字 I/O | 外部存储器地址/数据总线位 2(复用方式)。<br>外部存储器数据总线位 2(非复用方式)。<br>P7.2。详见端口输入/输出部分 |
| AD3/D3/P7.3 | 69 | 数字 I/O | 外部存储器地址/数据总线位 3(复用方式)。<br>外部存储器数据总线位 3(非复用方式)。<br>P7.3。详见端口输入/输出部分 |

续表

| 引脚名称 | 引脚号 | 类　型 | 说　明 |
| --- | --- | --- | --- |
| AD4/D4/P7.4 | 68 | 数字 I/O | 外部存储器地址/数据总线位 4(复用方式)。<br>外部存储器数据总线位 4(非复用方式)。<br>P7.4。详见端口输入/输出部分 |
| AD5/D5/P7.5 | 67 | 数字 I/O | 外部存储器地址/数据总线位 5(复用方式)。<br>外部存储器数据总线位 5(非复用方式)。<br>P7.5。详见端口输入/输出部分 |
| AD6/D6/P7.6 | 66 | 数字 I/O | 外部存储器地址/数据总线位 6(复用方式)。<br>外部存储器数据总线位 6(非复用方式)。<br>P7.6。详见端口输入/输出部分 |
| AD7/D7/P7.7 | 65 | 数字 I/O | 外部存储器地址/数据总线位 7(复用方式)。<br>外部存储器数据总线位 7(非复用方式)。<br>P7.7。详见端口输入/输出部分 |

# 附录 C　C8051F020 的电气参数

C8051F020 的电气参数分别如表 C-1～表 C-7 所示。

**表 C-1　极限参数**

| 参　　数 | 条件 | 最小值 | 典型值 | 最大值 | 单位 |
|---|---|---|---|---|---|
| 环境温度(通电情况下) | | −55 | | 125 | ℃ |
| 存储温度 | | −65 | | 150 | ℃ |
| 任何引脚相对 DGND 的电压($V_{DD}$ 和 I/O 端口除外) | | −0.3 | | $V_{DD}$+0.3 | V |
| 任何 I/O 端口或/RST 相对 DGND 的电压 | | −0.3 | | 5.8 | V |
| $V_{DD}$ 引脚相对 DGND 的电压 | | −0.3 | | 4.2 | V |
| 通过 $V_{DD}$、AV+、DGND 和 AGND 的最大总电流 | | | | 800 | mA |
| 任何端口引脚的最大输出灌电流 | | | | 100 | mA |
| 任何其他 I/O 端口的最大输出灌电流 | | | | 50 | mA |
| 任何端口引脚的最大输出拉电流 | | | | 100 | mA |
| 任何其他 I/O 端口的最大输出拉电流 | | | | 50 | mA |

注：超过这些列出的“极限参数”可能导致器件永久性损坏。

**表 C-2　总体直流电气特性**

| 参　　数 | 条　　件 | 最小值 | 典型值 | 最大值 | 单位 |
|---|---|---|---|---|---|
| 模拟电源电压 | | 2.7 | 3.0 | 3.6 | V |
| 模拟电源电流 | 内部 REF、ADC、DAC、比较器都工作 | | 1.7 | | mA |
| 模拟电源电流<br>(模拟子系统不工作) | 内部 REF、ADC、DAC、比较器都不工作；振荡器被禁止；$V_{DD}$ 监视器被禁止 | | 0.2 | | μA |
| 模拟与数字电源电压之差(\|$V_{DD}$−AV+\|) | | | | 0.5 | V |
| 数字电源电压 | | 2.7 | 3.0 | 3.6 | V |
| 数字电源电流<br>CPU 工作 | $V_{DD}$=2.7V,CLK=25MHz<br>$V_{DD}$=2.7V,CLK=1MHz<br>$V_{DD}$=2.7V,CLK=32kHz | | 10<br>0.5<br>20 | | mA<br>mA<br>μA |
| 数字电源电流<br>CPU 不工作(不访问 Flash 存储器) | $V_{DD}$=2.7V,CLK=25MHz<br>$V_{DD}$=2.7V,CLK=1MHz<br>$V_{DD}$=2.7V,CLK=32kHz | | 5<br>0.2<br>10 | | mA<br>mA<br>μA |
| 数字电源电流<br>(停机方式) | $V_{DD}$=2.7V,振荡器不运行,$V_{DD}$ 监视器被禁止 | | 0.2 | | μA |

续表

| 参　　数 | 条　　件 | 最小值 | 典型值 | 最大值 | 单位 |
|---|---|---|---|---|---|
| 数字电源(RAM 数据保持电压) | | | 1.5 | | V |
| 额定工作温度范围 | | −40 | | +85 | ℃ |
| SYSCLK(系统时钟频率) | | 0 | | 25 | MHz |
| $T_{SYSH}$(SYSCLK 高电平时间) | | 18 | | | ns |
| $T_{SYSL}$(SYSCLK 低电平时间) | | 18 | | | ns |

注 1：模拟电源 AV+必须大于 1V 才能使 VDD 监视器工作。

注 2：为能使用调试功能，SYSCLK 至少应为 32kHz。

注 3：条件为−40～+85℃，25MHz 系统时钟(除非另有说明)。

**表 C-3　12 位 ADC0 电气特性**

| 参　　数 | 条　　件 | 最小值 | 典型值 | 最大值 | 单位 |
|---|---|---|---|---|---|
| **直流精度** | | | | | |
| 分辨率 | | | 12 | | 位 |
| 积分非线性 | | | | ±1 | LSB |
| 微分非线性 | 保证单调 | | | ±1 | LSB |
| 偏移误差 | | | −3±1 | | LSB |
| 满度误差 | 差分方式 | | −7±3 | | LSB |
| 偏移温度系数 | | | ±0.25 | | ppm/℃ |
| **动态性能(10kHz 正弦波输入，低于满度值 0～1dB，100ksps)** | | | | | |
| 信号与噪声失真比 | | 66 | | | dB |
| 总谐波失真 | 到 5 次谐波 | | −75 | | dB |
| 有效动态范围 | | | 80 | | dB |
| **转换速率** | | | | | |
| SAR 时钟频率 | | | | 2.5 | MHz |
| 转换占用 SAR 时钟数 | | 16 | | | 周期 |
| 跟踪/保持捕获时间 | | 1.5 | | | μS |
| 转换速率 | | | | 100 | ksps |
| **模拟输入** | | | | | |
| 电压转换范围 | 单端方式 | 0 | | $V_{REF}$ | V |
| 共模电压范围 | 差分方式 | AGND | | AV+ | V |
| 输入电容 | | | 10 | | pF |
| **温度传感器** | | | | | |
| 非线性度 | | −1.0 | | 1.0 | ℃ |
| 绝对精度 | | | ±3 | | ℃ |
| 增益 | PGA 增益=1 | | 2.86 | | mV/℃ |
| 偏移 | PGA 增益=1，温度=0℃ | | 0.776 | | V |
| **电源指标** | | | | | |
| 电源电流(AV+给 ADC 供电) | 工作状态，100ksps | | 450 | 900 | μA |
| 电源抑制比 | | | ±0.3 | | mV/V |

注：$V_{DD}$=3.0V，AV+=3.0V，$V_{REF}$=2.40V(REFBE=0)，PGA 增益 1，−40～+85℃(除非另有说明)。

**表 C-4　8位 ADC1 电气特性**

| 参　　数 | 条　　件 | 最小值 | 典型值 | 最大值 | 单位 |
|---|---|---|---|---|---|
| **直流精度** | | | | | |
| 分辨率 | | | 8 | | 位 |
| 积分非线性 | | | | ±1 | LSB |
| 微分非线性 | 保证单调 | | | ±1 | LSB |
| 偏移误差 | | | 0.5±0.3 | | LSB |
| 满度误差 | 差分方式 | | −1±0.2 | | LSB |
| 偏移温度系数 | | | TBD | | ppm/℃ |
| **动态性能(10kHz 正弦波输入,满度值的 0 到 −1dB,500ksps)** | | | | | |
| 信号与噪声失真比 | | 45 | 47 | | dB |
| 总谐波失真 | 到5次谐波 | | −51 | | dB |
| 有效动态范围 | | | 52 | | dB |
| **转换速率** | | | | | |
| SAR 转换时钟 | | | | 6 | MHz |
| 转换占用 SAR 时钟数 | | 8 | | | 周期 |
| 跟踪/保持捕获时间 | | 300 | | | ns |
| 最大转换速率 | | | | 500 | ksps |
| **模拟输入** | | | | | |
| 电压转换范围 | | 0 | | $V_{REF}$ | V |
| 输入电容 | | | 10 | | pF |
| **电源指标** | | | | | |
| 电源电流(AV+给 ADC1 供电) | 工作方式,500ksps | | 420 | 900 | μA |
| 电源抑制比 | | | ±0.3 | | mV/V |

注：$V_{DD}$=3.0V,AV+=3.0V,$V_{REF1}$=2.40V(REFBE=0),PGA1=1,−40～+85℃(除非另有说明)。

**表 C-5　DAC 电气特性**

| 参　　数 | 条　　件 | 最小值 | 典型值 | 最大值 | 单位 |
|---|---|---|---|---|---|
| **静态性能** | | | | | |
| 分辨率 | | | 12 | | 位 |
| 积分非线性 | 数据字从 0x014 到 0xFEB | | ±2 | | LSB |
| 微分非线性 | 保证单调(数据从 0x014 到 0xFEB) | | | ±1 | LSB |
| 输出噪声 | 无输出滤波器<br>100kHz 输出滤波器<br>10kHz 输出滤波器 | | 258<br>128<br>41 | | μVms |
| 偏移误差 | 数据字=0x014 | | ±3 | ±30 | mV |
| 偏移误差温度系数 | | | 6 | | ppm/℃ |
| 增益误差 | | | ±20 | ±60 | mV |
| 增益误差温度系数 | | | 10 | | ppm/℃ |
| $V_{DD}$ 电源抑制率 | | | −60 | | dB |
| 关断方式下的输出阻抗 | DAC$n$EN=0 | | 100 | | kΩ |

续表

| 参　　数 | 条　　件 | 最小值 | 典型值 | 最大值 | 单位 |
|---|---|---|---|---|---|
| 输出灌电流 | | | 300 | | μA |
| 输出短路电流 | 数据字=0xFFF | | 15 | | mA |
| **动态性能** | | | | | |
| 输出压摆率 | 负载=40pF | | 0.44 | | V/μs |
| 输出建立时间<br>(到 1/2LSB) | 负载=40pF,输出摆幅为从数据字 0xFFF 到 0x014 | | 10 | | μs |
| 输出电压摆幅 | | 0 | | REF−1LSB | V |
| 启动时间 | DAC 使能有效 | | 10 | | μs |
| **模拟输出** | | | | | |
| 负载调整率 | $I_L$=0.01～0.3mA<br>当数据字为 0xFFF 时 | | 60 | | ppm |
| **消耗电流(每个 DAC)** | | | | | |
| 电源电流(AV+供电给 DAC) | 数据字=0x7FF | | 110 | 400 | μA |

注: $V_{DD}$=3.0V,AV+=3.0V,$V_{REF}$=2.40V(REFBE=0),无输出负载(除非另有说明)。

**表 C-6　电压基准电气特性**

| 参　　数 | 条　　件 | 最小值 | 典型值 | 最大值 | 单位 |
|---|---|---|---|---|---|
| **内部基准(REFBE=1)** | | | | | |
| 输出电压 | 环境温度 25℃ | 2.36 | 2.43 | 2.48 | V |
| $V_{REF}$ 短路电流 | | | | 30 | mA |
| $V_{REF}$ 温度系数 | | | 15 | | ppm/℃ |
| 负载调整率 | 负载=(0～200μA)到 AGND | | 0.5 | | ppm/μA |
| $V_{REF}$ 开启时间 1 | 4.7μF 钽电容,0.1μF 陶瓷旁路电容 | | 2 | | ms |
| $V_{REF}$ 开启时间 2 | 0.1μF 陶瓷旁路电容 | | 20 | | μs |
| $V_{REF}$ 开启时间 3 | 无旁路电容 | | 10 | | μs |
| **外部基准(REFBE=0)** | | | | | |
| 输入电压范围 | | 1.00 | | (AV+)−0.3 | V |
| 输入电流 | | | 0 | 1 | μA |

注: $V_{DD}$=3.0V,AV+=3.0V,−40～+85℃(除非另有说明)。

**表 C-7　比较器电气特性**

| 参　　数 | 条　　件 | 最小值 | 典型值 | 最大值 | 单位 |
|---|---|---|---|---|---|
| 响应时间 1 | (CP+)−(CP−)=100mV | | 4 | | μs |
| 响应时间 2 | (CP+)−(CP−)=10mV | | 12 | | μs |
| 共模抑制比 | | | 1.5 | 4 | mV/V |
| 正向回差电压 1 | CP*n*HYP1−0=00 | | 0 | 1 | mV |
| 正向回差电压 2 | CP*n*HYP1−0=01 | 2 | 4.5 | 7 | mV |
| 正向回差电压 3 | CP*n*HYP1−0=10 | 4 | 9 | 13 | mV |
| 正向回差电压 4 | CP*n*HYP1−0=11 | 10 | 17 | 25 | mV |

续表

| 参数 | 条件 | 最小值 | 典型值 | 最大值 | 单位 |
|---|---|---|---|---|---|
| 正向回差电压 1 | CPnHYN1－0＝00 | | 0 | 1 | mV |
| 正向回差电压 2 | CPnHYN1－0＝01 | 2 | 4.5 | 7 | mV |
| 正向回差电压 3 | CPnHYN1－0＝10 | 4 | 9 | 13 | mV |
| 正向回差电压 4 | CPnHYN1－0＝11 | 10 | 17 | 25 | mV |
| 反相或同相输入电压范围 | | －0.25 | | (AV＋)＋0.25 | V |
| 输入电容 | | | 7 | | pF |
| 输入偏置电流 | | －5 | 0.001 | ＋5 | nA |
| 输入偏移电压 | | －10 | | ＋10 | mV |
| **电源** | | | | | |
| 上电时间 | CPnEN 为 0～1 | | 20 | | μs |
| 电源抑制比 | | | 0.1 | 1 | mV/V |
| 电源电流 | 在直流工作方式(每个比较器) | | 1.5 | 10 | μA |

注：$V_{DD}$＝3.0V，AV＋＝3.0V，－40～＋85℃(除非另有说明)。

# 参 考 文 献


[1] 赵德安，等. 单片机原理与应用[M]. 2版. 北京：机械工业出版社，2009.

[2] 麦肯齐，法恩. 8051微控制器[M]. 张瑞峰，等译. 4版. 北京：人民邮电出版社，2008.

[3] QIAN K，HARING D D，CAO L. Embedded Software Development with C[M]. Berlin：Springer，2009.

[4] PARAB，J S，SHELAKE V G，KAMAT R K，et al. Exploring C for Microcontrollers：A Hands on Approach[M]. Berlin：Springer，2007.

[5] 张俊谟. SoC单片机原理与应用——基于C8051F系列[M]. 北京：北京航空航天大学出版社，2007.

[6] 万光毅，孙九安，蔡建平，等. SoC单片机实验、实践与应用设计——基于C8051F系列[M]. 北京：北京航空航天大学出版社，2006.

[7] 胡汉才. 单片机原理及其接口技术[M]. 3版. 北京：清华大学出版社，2010.

[8] 潘琢金、施国君. C8051Fxxx高速SoC单片机原理及应用[M]. 北京：北京航空航天大学出版社，2002.

[9] 潘琢金，孙德龙，霞秀峰. C8051F单片机应用解析[M]. 北京：北京航空航天大学出版社，2002.

[10] 朱善君，孙新亚，古吟东. 单片机接口技术与应用[M]. 北京：清华大学出版社，2005.

[11] 徐爱钧，彭绣华. 单片机高级语言C51程序设计[M]. 北京：电子工业出版社，1998.

# 图书资源支持

感谢您一直以来对清华版图书的支持和爱护。为了配合本书的使用，本书提供配套的资源，有需求的读者请扫描下方的“书圈”微信公众号二维码，在图书专区下载，也可以拨打电话或发送电子邮件咨询。

如果您在使用本书的过程中遇到了什么问题，或者有相关图书出版计划，也请您发邮件告诉我们，以便我们更好地为您服务。

**我们的联系方式：**

地　　址：北京市海淀区双清路学研大厦 A 座 714

邮　　编：100084

电　　话：010-83470236　010-83470237

客服邮箱：2301891038@qq.com

QQ：2301891038（请写明您的单位和姓名）

资源下载：关注公众号“书圈”下载配套资源。

资源下载、样书申请

书圈

图书案例

清华计算机学堂

观看课程直播